松辽盆地北部深层油气成藏条件与资源潜力研究新进展

陈树民　陆加敏　冉清昌　杨　亮
张大智　孙立东　关晓巍　李笑梅　等著

石油工业出版社

内 容 提 要

本书系统论述了松辽盆地北部深层基底、火石岭组、沙河子组、营城组、登娄库组的构造、地层、沉积特征、油气成藏条件和富集规律与勘探新进展，并对各领域采用的针对性的勘探方法、地球物理技术和勘探经验进行了分析总结，对丰富和发展松辽盆地北部深层油气成藏理论具有较高的学术价值，对进一步加大松辽盆地北部深层油气勘探开发力度具有较大的现实指导意义，对国内类似断陷盆地的勘探开发工作具有较好的借鉴意义。

本书可供从事油气地质勘探和石油地质综合研究的专业人员学习参考，也可作为高等院校油气地质与勘探专业本科生和研究生的参考书目。

图书在版编目（CIP）数据

松辽盆地北部深层油气成藏条件与资源潜力研究新进展 / 陈树民等著 . -- 北京：石油工业出版社，2024.8
ISBN 978-7-5183-6856-3

Ⅰ . P618.130.2

中国国家版本馆 CIP 数据核字第 2024G0097Y 号

出版发行：石油工业出版社
　　　　　（北京安定门外安华里 2 区 1 号　100011）
　　　　网　　址：www.petropub.com
　　　　编辑部：（010）64523708
　　　　图书营销中心：（010）64523633
经　　销：全国新华书店
印　　刷：北京中石油彩色印刷有限责任公司

2024 年 8 月第 1 版　2024 年 8 月第 1 次印刷
787×1092 毫米　开本：1/16　印张：28.75
字数：720 千字

定价：230.00 元
（如出现印装质量问题，我社图书营销中心负责调换）
版权所有，翻印必究

《松辽盆地北部深层油气成藏条件与资源潜力研究新进展》撰写组

组　　长： 陈树民　陆加敏

副组长： 冉清昌　张晓东　印长海　曹宝军　杨　亮

成　　员：（按姓氏拼音排序）

包　燚	蔡　壮	陈　斌	陈鸿安	陈志德	戴世立
戴　想	狄嘉祥	丁吉丰	杜长鹏	杜　影	冯肖宇
高　翔	关晓巍	胡　博	黄清华	姜传金	纪学雁
康　冶	兰慧田	李广伟	李国政	李　晶	李来林
李　莉	李　伟	李笑梅	刘　超	刘红艳	刘家军
刘庆辉	马宝全	裴江云	裴明波	乔　卫	覃　豪
沈加刚	施立冬	孙立东	孙友海	唐晓花	王　成
王春燕	王海娇	王　辉	王建民	王　江	王　猛
王　珊	王晓莲	王晓蔷	文瑞霞	吴志远	徐　妍
许金双	闫伟林	杨步增	杨晓波	杨志会	殷树军
张尔华	张大智	张　帆	张晶晶	张　熠	张　莹
张春宇	朱国同				

PREFACE

序

松辽盆地北部深层进入 21 世纪以来，以火山岩作为主要储层的天然气勘探获得了重大突破，形成了中国特色的火山岩油气地质理论和配套技术，不仅提交了近 3000 亿立方米的天然气探明储量，也揭示松辽盆地具有万亿立方米级规模大气田的潜力。随着松辽盆地北部徐家围子富气断陷火山岩气藏步入精细勘探阶段，解放思想，重新审视松辽盆地深层资源潜力、资源类型，重新审视更大、更广的发展空间，成为大庆勘探人在新阶段的新追求。

这部《松辽盆地北部深层油气成藏条件与资源潜力研究新进展》专著的出版，是"十二五"以来，在中国石油天然气股份公司两期重大科技专项和风险勘探项目的大力支持下，松辽盆地北部油气勘探取得重要的理论认识、勘探成果和勘探做法等进展的总结。一是系统开展了松辽盆地北部深层油气成藏条件基础地质研究，勘探领域得到全面拓展，从营城组火山岩拓展到源岩层沙河子组致密气、从断陷期地层拓展到基岩潜山、从白垩系含气组合拓展到古生界页岩气、从天然气拓展到石油、从常规油气拓展到非常规油气等；二是加大了对未知领域的风险勘探和甩开预探，多个勘探领域取得重大进展，徐家围子致密气、中央古隆起、双城登娄库组高丰度油藏、古龙高压 CO_2—氮混合气藏等取得重要突破；三是地震勘探、钻井、录井、测井和压裂改造技术等工程技术均取得了重要的进展，并强化了地质与地球物理深度融合、钻井压裂工程设计与地质模型深度融合。这些重要的理论和技术的进步，实现了松辽盆地北部深层多类型油气勘探的重要进展，重新估算了松辽盆地北部深层可能具有 2 万亿至 3 万亿立方米天然气的资源潜力，进一步坚定在松辽盆地建设万亿立方米级大气区的可能性。同时，书中在复杂深层含火山断陷盆地的勘探方法和勘探思路上也形成了一批成功经验，对国内深层断陷盆地深化具有重要的借鉴价值。

因此，无论是深层多个领域取得的勘探成果、盆地级基础地质研究对资源前景的再认识，还是重点区带的精细部署、地质工程深度融合的做法和经验，《松辽盆地北部深层油气成藏条件与资源潜力研究新进展》都是一部优秀的学术、技术专著。

中国科学院院士：刘嘉麒

2024 年 3 月 29 日

FOREWORD

前 言

松辽盆地北部深层是指泉头组二段及其以下层位，包括泉头组一段和二段、登娄库组、营城组、沙河子组、火石岭组及盆地基底。埋藏深度一般大于2500m，主要目的层在3000~5000m范围，是以勘探天然气为主的勘探层系。松辽盆地北部深层天然气勘探具有目的层埋藏深、岩石类型多、成岩作用强、油气富集规律复杂等诸多地质难点，因此，深层天然气勘探始终是挑战和机遇并存。

通过几代勘探工作者的不懈努力，2001年以后在松辽盆地北部深层发现并探明了徐深气田，提交探明储量近$3000 \times 10^8 m^3$，并带动了全国火山岩作为主要储层的油气勘探新发展。以此为契机，作为牵头单位承担了国家重大基础研究计划"973"项目《火山岩油气藏的形成机制与分布规律》，形成了盆地火山岩油气勘探理论和配套技术，抢占了火山岩勘探领域国际制高点。近十年，随着国内非常规油气勘探大趋势的到来，尤其是"十三五"期间在中国石油天然气股份公司科技专项和风险勘探的支持下，松辽盆地北部深层天然气勘探及时调整思路，不仅在徐家围子断陷营城组火山岩精细勘探又取得一批重要的勘探成果；同时，重点开展了沙河子组烃源岩层为主的致密气成藏条件研究和勘探部署，实现了多点突破，形成了满凹含气的场面，并首次提交了深层致密气探明储量。另外，在徐家围子断陷以外的双城断陷登娄库组发现了高产、高丰度油田；在古龙断陷火山岩勘探获得二氧化碳和氦气混合高压高产工业气流的重要突破；并在久攻不破的基岩实现了基岩风化壳高产工业气流的重大突破；还重新认识了广泛分布二叠系页岩气的勘探潜力。通过新一代勘探人的努力，近十年松辽盆地北部勘探工作在勘探难度巨大的情况下，进入了多类型油气勘探并举的新阶段。

深层天然气勘探难度大，一是难在目的层岩石类型多样，储层科学评价难度大。深层不仅包括沉积岩，还有广泛分布的火山岩和基底侵入岩和变质岩，其中深层碎屑岩储层是短距离物源沉积，岩相变化快，多发育砾岩、砂砾岩等粗碎屑岩，沉积储层受断陷分割、后期构造多期改造影响，研究难度比较大。营城组、火石岭组火山岩，从酸性岩到中性岩和基性岩都有发育，既有爆发相的火山角砾岩、凝灰岩，又有溢流相熔岩。基底发育花岗岩类等侵入岩，也发育不同类型的变质岩，既有动力变质作用形成的碎裂岩、糜棱岩，又有浅变质的泥板岩等。这些不同类型的沉积岩、火山岩和变质岩都可以作为天然气储层，但它们的储层地质特征、地球物理特征则完全不同。二是难在含油气层系多，油气富集规律科学把握难度很大。受断陷期地层源岩规模和品质控制，虽然泉头组一段、泉二段到登娄库组、营城组、沙河子组、火石岭组、基岩等不同程度见到显示，但是规模储量主要集中在徐家围子断陷，古龙—林甸、莺山—双城及其他外围小断陷、基岩等勘探领域一直久攻不破。三是难在勘探目标评价难。松辽盆地地温梯度高，成岩作用强，地震资料多数为二维地震勘探和以浅层为主的三维地震勘探资料，深层成像和储层预测精度都远远不够，2500m以下储层的孔隙度一般都在10%以内，渗透率一般在0.1mD以下，也给气水层解释、储层地球物理预测带来极大的难度。

  本书重点是对近十年（尤其是"十三五"以来）松辽盆地北部深层不同地质对象的地质认识深化和勘探评价技术、勘探经验做法的总结，对徐家围子断陷营城组火山岩的研究认识，从早期以地层单元段级别营城组一段、三段火山岩分布规律研究和岩体预测、岩性识别，发展到对每一个段级地层单元内部精细火山喷发期次、旋回的分析，并形成相应的地震地质一体化研究方法，这更有利于发现更多的隐蔽火山口圈闭；对沙河子组这套主要的沉积岩系，过去重在烃源条件的研究，目前按照非常规致密气的思路重点开展了致密气形成条件、储层"甜点"特征和富集规律的研究，并开展了断陷级别盆地原型分析、井震结合沉积相关键"甜点"要素研究，形成了配套的"甜点"预测方法；过去针对基岩的研究主要集中在盆地级石炭系—二叠系基本地质条件，本轮研究不仅系统地开展了石炭系—二叠系油气地质条件研究，并对资源潜力和重点勘探领域进行预测，特别是中央古隆起潜山型气藏形成条件和资源潜力的认识及风化壳储层地球物理预测技术都取得了丰硕的成果，本书总结了这些领域近十年的最新研究成果和评价技术、勘探经验。

  通过对松辽盆地北部深层天然气近十年比较系统的基础地质研究和配套的预测评价技术研究，已在松辽盆地北部深层多种油气藏类型分布规律和潜力上取得一些重要的认识，形成适用配套的技术方法和勘探经验，有效指导了近十年来深层天然气多个领域的勘探部署，实现了一批重要的勘探突破；同时，对各勘探领域存在的问题和技术局限性也做了比较深入的分析，并对下一步勘探突破方向和工作重点进行了展望。因此，本书对今后进一步加大松辽盆地北部深层天然气勘探具有重要的指导意义，同时对国内相同类型的盆地和勘探领域的研究也具有重要参考价值。

  由于笔者水平有限，书中难免存在疏漏和不足之处，敬请读者批评指正。

目录

第一章 绪论 ········· 1
第一节 深层天然气勘探经历的四个阶段 ········· 1
第二节 松辽盆地北部深层油气地质理论研究新进展 ········· 5
第三节 深层天然气勘探新成果 ········· 7

第二章 松辽盆地北部深层地质特征研究新进展 ········· 13
第一节 松辽盆地区域地质特征和地壳构造格架 ········· 13
第二节 松辽盆地深层构造特征及其演化规律 ········· 24
第三节 松辽盆地深层地层学研究新进展 ········· 40
第四节 松辽盆地北部深层生—储—盖组合特征 ········· 53

第三章 营城组火山岩气藏成藏条件、富集规律研究与勘探新进展 ········· 69
第一节 营城组火山岩气藏勘探历程 ········· 69
第二节 营城组地质特征 ········· 72
第三节 营城组火山岩气藏成藏条件与富集规律 ········· 99
第四节 营城组火山岩气藏精细勘探主要做法与勘探技术进展 ········· 126
第五节 营城组火山岩气藏勘探进展与前景展望 ········· 142

第四章 沙河子组致密气成藏条件、富集规律研究与勘探新进展 ········· 146
第一节 沙河子组致密气勘探概况及勘探历程 ········· 146
第二节 沙河子组地质特征 ········· 149
第三节 沙河子组致密气成藏条件与富集规律 ········· 190
第四节 沙河子组致密气勘探主要做法与勘探技术新进展 ········· 239
第五节 沙河子组致密气勘探成效与前景展望 ········· 254

第五章 登娄库组油气成藏条件、富集规律研究与勘探新进展 ········· 256
第一节 登娄库组油气勘探历程与研究现状 ········· 256
第二节 登娄库组地质特征 ········· 261

  第三节 登娄库组油气藏成藏条件与富集规律 ·· 269

  第四节 登娄库组油气勘探成果及前景展望 ·· 291

第六章 火石岭组油气地质条件研究与勘探新进展 ·· 298

  第一节 火石岭组油气勘探历程与研究现状 ··· 298

  第二节 火石岭组地质特征 ·· 300

  第三节 火石岭组油气地质条件 ·· 310

  第四节 火石岭组油气勘探进展与前景展望 ··· 315

第七章 基岩油气地质条件、富集规律研究与勘探新进展 ·· 323

  第一节 基岩油气勘探历程与研究现状 ·· 323

  第二节 二叠系油气地质特征 ··· 324

  第三节 基底特殊岩性气藏成藏条件与富集规律 ·· 351

  第四节 基岩勘探的主要做法及勘探技术进展 ··· 379

  第五节 基岩油气勘探进展与前景展望 ·· 409

第八章 松辽盆地北部深层油气勘探经验与突破方向 ·· 425

  第一节 松辽盆地北部深层油气勘探实践的经验与启示 ···································· 425

  第二节 松辽盆地北部深层勘探重点方向与勘探难点 ······································· 435

参考文献 ··· 444

第一章 绪 论

松辽盆地深层是指白垩系泉头组二段及以下地层。深层储层岩性类型多样，控藏因素复杂，多年来经历了从普查探索到发现小型构造气藏和大规模勘探火山岩气藏再到多种类型气藏综合勘探几个重要阶段，发现了以火山岩储层为主的徐深大气田，致密砂砾岩、基底花岗岩等也展现出良好的勘探前景。

第一节 深层天然气勘探经历的四个阶段

一、深层气探索阶段（1985年之前）

松辽盆地北部早期在进行中浅层石油勘探的同时也开展了少量的深层勘探工作，1963年就钻探了深井松基六井，形成了登娄库组四分结构的基本认识。专门针对深层的勘探始于1976年，至1985年，共完成多次覆盖二维地震测线 $2.32×10^4$km（其中数字地震测线 $0.38×10^4$km），完成深探井15口，勘探取得新进展。

该阶段一是确定了松辽盆地北部深层断陷分布的基本格局；二是确定了营城组、沙河子组和火石岭组三套断陷期地层基本的岩性组合；三是对深层断陷进行了初步的评价，认识到徐家围子—莺山地区为有利勘探地区。

在中央古隆起带肇州西凸起上的ZS1井，射开登娄库组底部和花岗岩风化壳，压裂后日产气量略大于 $5000m^3$，获低产气流。此外在中央古隆起南部ES1井基底、徐家围子断陷WS3井登娄库组、莺山断陷三站构造上的SS1井沙河子组也见到日产数百立方米的低产气流。

二、小型构造气藏发现阶段（1986—2000年）

按照深层浅勘探思路，早期主要是在埋藏较浅的隆起区重点针对深层上部层序登娄库组等展开勘探。1988年中央古隆起带FS1井登娄库组获得工业气流，是深层产气量最高的第一口井，1989年初步控制了昌德气田，打开了深层天然气勘探的大门。1995年，ShS2井在2880~2904m断陷期营城组四段砂岩获自然产能日产气量 $32.6972×10^4m^3$；同年，W903井营城组火山岩、W902井基岩获得工业气流，开辟了新的勘探领域。通过这一系列发现，认识到深层除登娄库组砂岩气藏以外，断陷期火山岩、砂砾岩地层及基岩也可找到丰度高的气藏。1998年，昌德气田在深层首次提交探明地质储量 $117.08×10^8m^3$。

2000年，在升平气田提交探明地质储量44.99×10^{8}m^3。

"七五"到"九五"之间的15年中，经多轮攻关研究，不仅对深层天然气地质条件有了较为清晰的认识，深层勘探配套技术也取得了长足的进步，为实现深层天然气勘探战略突破打下了坚实的基础。这一阶段针对深层勘探共完钻深探井71口，完成二维地震勘探9021.8km，完成汪家屯—升平、杏山、卫深4三块三维地震勘探665.2km^2。

这一时期开展了多项深层地质研究工作，在基底岩性和构造解释、断陷分布和岩性预测、深层区域构造划分、致密气层的孔隙结构特征和储层评价、登娄库组以下深部地层的对比分层和沉积相带的展布、深部地层的生油气条件和油气源对比、盖层特征和分布、深层圈闭的类型和分布、深层和煤系地层的生烃量及资源预测、引入煤岩学的研究对过成熟生油岩进行评价、深层油气聚集有利区带的预测等方面均有新的进展。初步认识到火山岩和砂砾岩可以作为深层储层，为深层天然气勘探大发展奠定了基础。

三、深层大型火山岩气藏的发现及规模勘探阶段（2001—2010年）

由于砂岩储层致密，"十五"之前深层勘探发现的气藏规模小、产量低，形不成规模和效益。经过系统研究评价后，认识到徐家围子断陷具有较大的资源潜力，勘探重点转向断陷内部，勘探目标以火山岩为重点，在徐家围子断陷营城组火山岩、砂砾岩取得了重要突破，发现了徐深大气田。这一时期共完成针对深层三维地震勘探4333.87km^2，完成深层探井112口，获工业气流井50口，提交探明储量超过2000×10^{8}m^3。

1. 徐家围子断陷探明了储量超2000×10^{8}m^{3}的徐深气田

"九五"末利用二维地震勘探资料在徐家围子中部发现"坳中隆"——兴城鼻状隆起区，2001年在"坳中隆"上部署XS1井，2002年试气火山岩获无阻流量超百万立方米的高产工业气流，从而拉开了火山岩气藏勘探的大幕。XS6井是兴城隆起上第二口井，在火山岩气层之上见到厚层砂砾岩气层，压裂后获得无阻流量超百万立方米的高产工业气流，可以作为兼探层。两套高产气层的发现，得到了中国石油天然气集团公司的重视，并做出了加快勘探评价的决策，兴城和丰乐地区部署三维地震勘探509.6km^2，加快资料处理解释，2003—2004年对预测的火山岩体整体部署9口甩开预探井，发现了XS5、XS3、XS7、XS8、XS9等气藏，接着钻探评价井10口，开发部门及时介入先后在XS1区块和SS2区块实施了11口开发控制井，对5口井进行了系统试采，单井日产量稳产在3×10^4~20×10^{4}m^3。2005年徐深气田提交探明地质储量1018.68×10^{8}m^3，含气面积110.97km^2。

在集中勘探中部隆起带同时，积极研究和甩开部署，勘探重点转向安达凹陷和徐东斜坡。2003年在安达完成了三维地震勘探，预测西部为火山岩有利区，在此部署的WS1井、DS3井、DS4井、DS7井等井均获工业气流；2005年应用三维地震勘探在徐东预测3个火山岩有利区带，2006—2007年完钻的XS21井、XS23井、XS27井、XS28井均获日产万立方米以上高产气流。2007年徐深气田在安达、徐东和丰乐三个区块提交探明地质储量1198.91×10^{8}m^3，含气面积174.14km^2，其中XS28井以二氧化碳气为主，二氧化碳含量89.82%。

2. 深层外围断陷取得了新发现

随着徐家围子断陷的勘探突破，"十五"以来逐步向其他外围断陷甩开勘探，选定双城和古龙等断陷作为深层天然气勘探的重点突破领域，勘探也见到较好的效果。2005年在古龙断陷南部敖南洼槽部署了深层三维地震勘探358.4km²，并针对有利火山岩体部署风险探井GS1井，营城组发育火山岩储层，气测显示情况较好，压裂获低产气流，揭示古龙断陷是一个含气断陷。截至2010年底，古龙—林甸断陷完成二维地震勘探2139.28km；重磁勘探7873km²。

之后继续向莺山断陷甩开勘探，2006年针对莺山断陷中部部署深层三维地震勘探321km²。2008年针对有利火山岩体部署YS2井，在营城组和沙河子组都钻遇到优质烃源岩，营城组火山岩获得日产$4.61×10^4$m³的工业气流，实现了莺山—双城断陷勘探的突破。2005—2006年完成高精度重磁勘探5664km²。2009年莺山—双城断陷完成了三个三维地震勘探工区的连片处理及四站三维地震勘探166km²。截至2010年底，共完成深探井11口，其中低产气流井5口，获工业气流井1口。

这一阶段，深层地质研究取得重要进展，一是重新确立了深层地层层序，将火石岭组、沙河子组和营城组断陷期地层划归下白垩统，细分营城组为四段（营城组一段、二段、三段、四段，分别简称营一段、营二段、营三段、营四段），沙河子组分上下段；二是徐家围子断陷深层沉积相研究逐步深入，认识到营四段主要发育辫状河—辫状三角洲体系、扇三角洲、河流三角洲及滨浅湖沉积体系，对营四段砂砾岩储层特征、影响控制因素也形成比较明确的认识；三是对火山岩开展了系统的研究，明确了火山岩的岩性、岩相特征，认识到徐家围子断陷南部兴城地区以酸性火山岩为主，向北至安达地区，中基性火山岩比例逐渐增加；研究了火山岩储层特征，明确了岩性、岩相、构造作用和次生改造是火山岩储层发育的主要控制因素，明确了徐家围子断陷火山岩气藏分布规律，纵向主要分布在营一段和营三段中，少量见于沙河子组和火石岭组，火山岩气藏沿断裂成带分布，构造高部位富集；四是进一步明确了沙河子组为深层主力烃源岩，母质类型多种多样，既有湖相水生生物来源，又有陆源高等植物输入，资源潜力大。形成了火山岩岩性和气水层井筒识别技术、火山岩岩体识别和储层地震预测技术，同时对徐家围子6000km²三维地震勘探资料开展了连片叠前时间偏移处理和解释，创新了地震成像和连片解释技术，为整体认识徐家围子断陷起到重要作用。

四、多种类型（油）气藏勘探阶段（2011年以来）

2011年以来，深层天然气勘探面临剩余火山岩目标隐蔽性强、接替领域不明朗的现状，勘探目标由以火山岩为重点转向火山岩、致密砂砾岩等多层位、多种类型气藏分层次进行勘探，按照"徐家围子断陷精细火山岩，突破沙河子组致密气，中央古隆起和其他外围断陷实施风险勘探"的思路，徐家围子断陷火山岩实现隐蔽火山口和溢流相水平井提产双突破，2012年针对沙河子组致密砂砾岩钻探的SS9H井获高产工业气流；2019年中央古隆起风险井LP1井获日产$11.5×10^4$m³高产工业气流；2022年古龙断陷风险井GL2井获日产$44×10^4$m³高产工业气流（二氧化碳占比高，含量为95%），取得了新地区、新层系的多项突破。这一阶段截至2022年底,针对深层采集三维地震勘探数据1249.828km²,钻深层探井85口,获工业气流井26口,工业油流井6口,以火山岩为主,在营城组再次提交探明储量530.39×10⁸m³,沙河子组致密砂砾岩首次提交了探明储量189.24×10⁸m³。这一阶段在莺山—双城断陷双城凹陷钻探发现登娄库组油藏,首次在深层提交石油探明储量1105.73×10⁴t。

这一时期,火山岩开展了精细勘探。随着火山岩勘探程度的不断提高,特征明显的火山岩圈闭基本勘探完毕,进入到寻找隐蔽圈闭和突破溢流相致密储层阶段。通过精细识别隐蔽火山口和溢流相火山岩岩性气藏,在肇州ZS16井、ZS19井,宋站地区SS11井等发现了一批规模小但产能高、效益好的气藏;通过部署水平井,针对近火山口溢流相中基性岩勘探也取得重要进展,SS103H井获得高产工业气流。

沙河子组致密气是未来增储的重要领域。由于非常规致密油气勘探理论认识逐步深化,勘探技术逐步发展,这一时期开始探索沙河子组致密砂砾岩。2011年对DS302井等3口老井开展压裂,日产气仅有几千立方米,为此探索水平井加体积压裂提产,首先在扇三角洲相平原厚层砂砾岩钻探SS9H井获日产20.81×10⁴m³的高产工业气流,接着在辫状河三角洲平原和前缘钻探的DS20H井、DS21H井、DS12H井均获日产10×10⁴m³以上工业气流。2013年甩开勘探在徐东XS1井压裂后获日产天然气9.1×10⁴m³,徐西地区XS1开发区块加深钻探的XS6-302井、XS6-308井压裂后获工业气流。2019年徐南地区ZS32井压裂后获日产天然气8.11×10⁴m³,这些成果表明沙河子组已逐步成为深层勘探的主要领域,2019年在安达地区提交了天然气探明储量189.24×10⁸m³。

中央古隆起是深层天然气聚集的有利区带,早期即开展了勘探工作,1979年就获得了低产气流,后期也陆续开展过一些勘探工作,但由于地质条件复杂,勘探工艺技术限制,一直未能真正实现勘探展开,"十三五"期间为拓展深层勘探领域,重新研究评价中央古隆起,优选有利目标部署风险探井,2019年LP1井压裂后获日产11.5×10⁴m³工业气流,实现产能突破。

古龙—林甸断陷是松辽盆地北部深层三大断陷之一,由于断陷期主要地层沙河子组分隔发育,上覆坳陷期登娄库组、泉头组等各组地层厚度均较大,导致深层埋深大,成藏条件较差,虽然2006年GS1井获得了日产1455m³低产气流,但一直未能突破;这一时期加强研究,重新认识断陷结构及成藏条件,2021年优选目标部署风险探井GL2井,在营城组钻遇厚层火山岩超压气藏,压裂后日产天然气4.46×10⁴m³,以二氧化碳为主(占95%)混合烃类天然气,勘探见到好苗头。

莺山—双城断陷双城凹陷营城组发育一套优质烃源岩,埋藏浅达到了成熟成油阶段,2016年钻探S66井于登娄库组钻遇含油层,压裂后试油日产10.02t,获得工业油流;2019年钻探的S68井在登娄库组地层常规测试(MFE)+自喷日产油100t,获得高产工业油流,当年评价提交探明储量1105.73×10⁴t。

这一时期重新开展资源评价研究,由于勘探领域和勘探目标类型的扩展,深层资源量达到1.5×10¹²m³,勘探潜力更大;徐家围子断陷精细研究火山岩,将营城组发育火山岩的营一段和营三段进一步划分为六个喷发期次,其中营一段一期和营三段二期以中基性岩为主，营一段二期、三期和营三段一期、三期主要为酸性岩，落实了各期次火山岩的平面分布；沙河子组细化四个三级层序，明确了各层序西侧陡坡带发育扇三角洲，东侧缓坡带发育辫状河三角洲。沙河子组各层序均发育烃源岩和致密储层，源储叠置近源聚集，具有形成致密气藏的有利条件。对深层外围断陷开展综合评价研究，确定外围断陷三个油气勘探层次及突破方向，第一勘探层次是东部断陷带的莺山—双城断陷；第二勘探层次是西部断陷带的古龙断陷、林甸断陷；第三勘探层次是东部断陷带的绥化、兰西等断陷，明确了勘探方向。

第二节　松辽盆地北部深层油气地质理论研究新进展

松辽盆地北部深层徐家围子断陷及周边地区勘探程度高、勘探效果好，是勘探重点地区。关于营城组火山岩、沙河子组致密砂砾岩及古隆起基底风化壳的研究认识主要来自这一地区。此外火石岭组火山岩、古龙—林甸和莺山—双城等断陷火山岩、致密砂砾岩及滨北地区埋藏较浅的石炭系—二叠系基底也有一定的研究。

一、徐家围子断陷火山岩地质理论研究新进展

"十二五"之前，已经认识到徐家围子断陷深层火山岩主要发育在营城组和火石岭组，营城组火山岩可划分两个层段，营城组一段以酸性火山岩为主，主要分布于徐家围子断陷中南部地区，营城组三段以中基性火山岩为主，主要发育于徐家围子断陷北部地区；火山岩储集空间类型包括宏观气孔、缩小原生气孔、斑晶溶蚀孔隙、基质内溶蚀孔隙、构造裂隙、溶蚀构造裂缝、充填构造缝、火山角砾岩基质收缩缝等，受源岩和储层控制，形成岩性构造和构造岩性气藏，建立了地震火山岩体预测及火山岩储层预测，测井火山岩岩性预测及参数解释等技术方法。"十二五"以来开展精细的火山岩研究，纵向细化营城组火山岩喷发期次，平面细化相带，精细成藏研究，认识到徐家围子断陷营城组火山岩两段可以进一步划分为6个喷发期次，同一期次内又可划分岩体、喷发韵律。细分期次开展了火山岩岩相和储层预测研究，在细分期次基础上，分析气藏控制因素，认识到气藏分布与岩性、岩相、界面、构造与储层等因素有关，形成了"岩性控制储集空间类型和组合、岩相控制储层空间展布和规模、喷发期次控制储层、气藏的发育位置"的断陷盆地火山岩成藏富集规律认识。此外首次系统开展了火石岭组火山岩发育情况及成藏条件研究，初步建立火石岭组两分地层结构，明确了火石岭组火山岩储层发育特点和成藏模式。

二、徐家围子断陷沙河子组致密砂砾岩地质理论研究新进展

过去只是把沙河子组当作烃源岩层系研究，进行烃源岩评价。关于沙河子组致密气藏的研究始于"十二五"，首次明确了四分三级、九分四级的层序结构，分层序开展了沉积相研究，认识到沙河子组为扇三角洲、辫状河三角洲—湖泊沉积体系，西部陡坡带发育扇三角洲，东部缓坡带发育辫状河三角洲；各层序均发育烃源岩，层序2、3分布暗色泥岩范围广，层序1、4分布厚度大；有机质丰度较高，母质类型以Ⅲ型为主，存在部分的

II_1型、II_2型有机质及少量的 I 型有机质，下部层序有机碳含量好于上部层序，安达—徐东地区好于其他地区。沙河子组储层发育主要受沉积相控制，扇三角洲前缘、辫状河三角洲前缘储层厚度大物性好，为主要"甜点"发育区，以砂砾岩为主要储层，孔隙度分布范围 0.3%~10%，孔隙度主要集中在 0.3%~4% 之间，渗透率分布范围 0.001~10mD，渗透率主要集中在 0.01~0.1mD 之间，为典型的致密储层，发育原生孔、次生孔隙及微裂隙三种孔隙类型，其中溶蚀孔和晶间孔较发育，其次为原生残留粒间孔和微裂缝。结合致密储层微观表征，建立了致密储层的分类评价标准。沙河子组致密砂砾岩气藏为非常规致密岩性气藏，烃源岩发育区内具有"陡坡富砂、成岩控储、前缘富集"的天然气富集规律。

三、中央古隆起带基底地质理论研究新进展

"十二五"之前中央古隆起开展过基底岩性预测研究，对各类变质岩、花岗岩的分布有了基本的了解。"十二五"以来开展基底结构研究，认识到中央古隆起是由一系列叠瓦状逆冲推覆体和稳定块体组成，形成 6 个凸起构造。基底岩性主要为变质岩（千枚岩、片岩及浅变质安山岩）及侵入岩类，局部发育动力变质岩，南部以花岗岩为主，北部以变质岩为主，中部岩性复杂多样，沿着徐西断裂带发育糜棱岩。中央古隆起带基底主要储层为花岗岩，此外也发育变质岩和构造角砾岩储层，基岩孔隙度范围为 0.1%~4.8%，平均值为 0.83%，渗透率范围为 0.004~2.26mD，平均值为 0.14mD，非常致密；但裂缝发育，裂缝主要以构造缝和微裂缝为主，孔隙以沿裂缝发育的溶蚀孔隙、岩石破碎产生的碎裂粒间孔隙为主。中央古隆起带具有新生古储、侧向运移为主的成藏特点，隆起区侧向发育大型生气断陷，断陷区沙河子组烃源岩形成的天然气沿着断裂和不整合面侧向运移至隆起区风化壳或内幕聚集，形成不整合气藏。

四、双城地区深层石油地质条件及成藏地质理论研究新进展

双城地区深层石油勘探发现是"十二五"以来深层勘探重要成果之一，对于盆地内埋藏较浅的小型断陷盆地具有重要的借鉴作用。

双城地区含油层系主要为早白垩世营城组和登娄库组，不同于徐家围子断陷等主要大型断陷，烃源岩为营四段，TOC 一般为 0.74%~35.92%，平均值为 3.02%；有机质类型以 II 型为主，R_o 介于 0.8%~1.2% 之间，处于生油阶段。登娄库组辫状河三角洲河道砂体形成优质砂岩储层，孔隙度一般为 15%~25%，平均值为 18.7%，渗透率一般为 50~500mD，属于中孔隙度、中渗透率储层。此外，营四段扇三角洲砂砾岩也是一套重要储层，孔隙度主要介于 5.0%~15.0% 之间，平均值为 11.4%，渗透率主要介于 0.01~10mD 之间，67.7%样品的渗透率小于 1mD，物性相对较差。在成藏主控因素分析的基础上，形成了双城地区"构造控区，断裂控藏"的成藏规律。

五、滨北基底石炭系—二叠系地质理论研究新进展

基底石炭系—二叠系是松辽盆地北部深层潜在的后备勘探领域。研究认为，西部林西地层小区石炭系—二叠系发育相对齐全，而东部地区则基本缺失石炭系，二叠系发育

较为齐全；早二叠世和中二叠世以海相为主导、晚二叠世以陆相为主导的岩相古地理格局；花岗岩类主要发育于盆地西部，砂岩主要发育于北部边缘，泥岩、泥板岩则见于盆地中部及其以东的广大地区，特别是东南部地区稳定分布，变质岩和石灰岩分布相对局限；基底石炭系—二叠系泥岩、泥板岩具有一定的有机质含量，残余有机碳含量分布范围为 0.35%~3.47%，平均值为 1.2%，但成熟度较高，R_o 大多在 4% 以上，局部地区成熟度为 2%~4%，具有一定的生气潜力。松辽盆地北部石炭系—二叠系岩石孔隙度和渗透率均较低，孔隙度介于 0.1%~14.3% 之间，平均值为 1.1%；渗透率分布范围为 0.005~8.62mD，平均值为 0.37mD。总体物性条件较差，但局部地区纵向上仍然存在物性相对较好的层段。因此滨北地区基底石炭系—二叠系具有形成页岩气的条件，值得进一步研究。

第三节　深层天然气勘探新成果

"十二五"以来，深层勘探有四大成果，一是精细火山岩，发现一批小型火山岩气藏，提交探明储量 $500×10^8m^3$；二是沙河子组致密气实现勘探突破，展现良好勘探场面；三是中央古隆起基底实现产能突破，展现良好勘探前景；四是双城石油勘探重大发现，提交 $1000×10^4t$ 优质探明石油储量。

一、精细研究火山岩，探索小型火山口和溢流相致密火山岩，发现一批小型火山岩气藏，提交探明储量 $500×10^8m^3$

徐家围子断陷营城组火山岩是主要的含气层位之一，2005—2007 年提交探明储量 $2000×10^8m^3$。火山岩剩余资源主要是小型隐蔽火山口形成的构造岩性气藏和溢流相中基性致密储层形成的岩性气藏。通过细分期次精细研究，识别层间剩余未钻探隐蔽火山口，同时针对溢流相中基性岩岩性气藏进行预测评价，发现一批小型火山岩气藏。

安达地区 2010 年针对东侧营城组小型火山口部署实施 DS10 井、DS12 井，压裂后分别获得日产 $4.9×10^4m^3$ 和 $6.12×10^4m^3$ 的工业气流，展现小型火山口具有一定的勘探潜力。根据分期次精细解释结果，2013—2015 年优选小型火山口部署 SS11 井和 DSx23 井等井。SS11 井为营三段期次 Ⅱ 基性岩火山口，钻遇安山质、玄武质角砾凝灰岩、凝灰熔岩等 430m，解释裂隙气层 1 层 54.6m，差气层 3 层 27.4m，有效孔隙度平均值为 6.1%，压裂后试气获日产 $7.2977×10^4m^3$；DSx23 井营城组三段期次 Ⅱ 岩性为玄武岩、玄武质角砾熔岩、玄武质熔结角砾岩、英安岩等，有效孔隙度平均值为 13.1%，综合解释气层 2 层 16.6m、差气层 9 层 74.2m、差气界限层 1 层 13.6m；2017 年对营城组火山岩进行压裂改造，日产天然气 $13.96×10^4m^3$。针对营三段期次 Ⅲ 和营一段期次 Ⅱ 酸性岩小型火山口部署实施成功的井包括 ZS16 井、ZS19 井和 ShS9 井等井。2011 年在肇州地区针对营三段期次 Ⅲ 小型火山口目标部署 ZS16 井，火山岩岩体面积 $4.65km^2$，ZS16 井营城组为流纹岩等酸性喷发岩，解释气层 3 层 84.6m，常规测试获日产气 $9.23×10^4m^3$。2013 年在相邻的面积 $5.22km^2$ 火山岩岩体部署 ZS19 井，岩性为酸性喷发岩，解释气层 3 层 222.4m，压裂后获日产气 $21.78×10^4m^3$。2016 年在升平地区针对营一段期次 Ⅱ 酸性火山岩火山口部署 ShS9 井，钻入火山岩层233m，解释气层1层63.2m，压裂后日产气15.82×10⁴m³。这些酸性岩火山口虽然规模小，但气层产量高，开发效果好，ZS16区块后期钻探的开发井ZS16井—P1井试气无阻流量达231×10⁴m³，产量高，效益好。

在勘探小型火山口气藏的同时，探索溢流相中基性岩，也取得重要成果。安达地区营三段期次Ⅱ稳定发育一套中基性岩，溢流相熔岩发育区也普遍含气，但产能较低。2013年为进一步提高营城组期次Ⅱ中性岩单井产能，采用大井眼长水平段钻探SS103H井，钻遇营城组火山岩1289.44m，岩性为安山岩，储层物性、含气性好，综合解释气层5层98m，差气层40层566.8m，压裂后自喷求产，日产气11.74×10⁴m³，获工业气流，溢流相致密储层获得高产。

2017年对这些小型火山岩气藏开展评价研究，徐家围子断陷火山岩再次提交探明储量500×10⁸m³。

二、徐家围子断陷沙河子组致密气效益勘探初见成效，长期试采产量压力稳定，打开沙河子组致密气勘探的新局面

徐家围子断陷沙河子组分布广，面积3731km²，厚度大，地层厚度一般为500~2000m，最厚超过2900m。顶面埋深一般在2800~4500m之间，最大埋深超过6000m。为一套煤系地层，砂砾岩、砂岩与泥岩互层，局部夹煤层，探井普遍见气显示，但砂砾岩储层致密，试气只获得低产气流。沙河子组纵向上划分4个三级层序，发育完整的沉积旋回，每个层序储层与烃源岩间互发育，源储一体，形成良好的生—储—盖组合，具有形成致密气藏的有利条件。

2012年针对安达西侧扇三角洲平原亚相层序4厚层砂砾岩体，优选SS1井区埋藏浅、物性相对好、气层厚度大的"甜点"区部署水平井SS9H井。综合解释差气层15段613.4m，差气界限层15段390.6m，合计1004m，压裂后日产气20.8×10⁴m³，沙河子组致密砂砾岩勘探首获工业突破。2013年，优选东部辫状河三角洲沉积体系相带好、埋藏浅、构造相对平缓的有利目标区SS4井区，部署SS12H井，该井水平段砂砾岩长度398m，解释气层6段395.8m，差气层3段43.4m。压裂后日产气15.1×10⁴m³。安达地区东西两带均获突破，展示了沙河子组致密气良好的勘探前景。

2014年进一步展开，在前缘相带部署DS20HC井、DS21HC井，落实资源规模。DS20HC井水平段钻遇砂岩累计734.1m，压裂改造获得日产7.96×10⁴m³的工业气流。DS21HC井水平段钻遇砂岩累计厚度约135m，虽砂砾岩储层钻遇率低，压裂后也获得日产4.19×10⁴m³的工业气流，东西两侧前缘相带含气性也得到证实。

四口水平井分别探索四类不同相带砂体，均获得成功，展现了沙河子组致密砂砾岩大面积含气，"甜点"富集的含气特征，具有良好的勘探潜力。2015—2018年，安达沙河子组勘探中部评价，南北拓展，相继部署DS22H井、DS24井、SS10井和SS18井等以直井为主的探评井9口，有5口获得工业气流。安达沙河子组形成大面积连片含气的场面，在2015年和2016年累计提交预测天然气地质储量867.66×10⁸m³，2017年和2018年局部升级控制储量311.9×10⁸m³，并在2018年局部升级探明储量189.24×10⁸m³。

在评价安达凹陷的同时，积极甩开探索，徐西、徐东和徐南均取得勘探突破，展现良

好的勘探前景。徐东地区地层埋藏相对浅，顶面埋深在3100~4200m之间，沙河子组发育辫状河三角洲相沉积，扇体多期叠置，规模大，砂砾岩储层发育，分布稳定性较好。2013年优选目标部署风险探井XT1井，沙河子组解释气层7.8m/1层，孔隙度平均值为6.8%，渗透率平均值为0.05mD，差气层131.4m/19层，孔隙度平均值为3.2%，渗透率平均值为0.01mD。压裂后日产气$9.1×10^4m^3$，徐东地区沙河子组勘探获得突破。徐西地区整体勘探程度低。2015年勘探开发一体化部署，开发井加深钻探沙河子组，部署钻探了XS6-302井，XS6-302井沙河子组厚度499m，砂砾岩与煤层间互发育，砂砾岩厚度264m，砂地比52.9%，综合解释含气层27层92.4m，孔隙度平均值为4.9%，Ⅰ类储层5层5.6m，孔隙度平均值为6.9%，Ⅱ类储层22层86.8m，孔隙度平均值为4.4%，压裂后获日产天然气$44053m^3$工业气流。2016年继续加深钻探XS6-308井，沙河子组综合解释Ⅰ类储层4层7.8m，孔隙度平均值为5.4%，有效厚度7.4m；Ⅱ类储层20层56.6m，孔隙度平均值为3.5%，有效厚度42.4m。压裂后获得日产$11.1×10^4m^3$的工业气流，徐西沙河子组展现良好勘探场面。徐南地区勘探程度低，2017年针对Ⅱ类"甜点"区部署ZS32井，沙河子组厚度474m，砂砾岩厚度350m，解释Ⅰ类储层1层1.6m，测井孔隙度7.1%，Ⅱ类储层41层211.4m，测井孔隙度3.9%，压裂后试气获得了日产$8.1×10^4m^3$的工业气流。

2018年，在勘探程度高、物性相对较好的安达地区SS9H区块，首次提交探明储量$189.42×10^8m^3$。2019年至今，随着勘探的不断深入，逐渐认识到徐家围子断陷沙河子组致密气具有"满凹含气不含水"的气藏特征，展示出良好的勘探前景。但致密气试采初期产量下降快、稳产能力差，能否长期稳产是致密气效益动用的关键问题。2019年，为获得致密气产气能力和产量递减资料，分析致密气富集稳产控制因素和产量递减规律，为致密气高效开发提供支撑，同时探索致密气效益勘探的方向，选择SS9H井和XS6-308井开展长期试采。

SS9H井于2017年9月投产，初期配产$7×10^4m^3/d$，套压30MPa；初期压力、产量下降快；截至2019年，日产量下降至$3×10^4m^3$，套压下降至20MPa，产量年递减率32%。2019年之后，天然气产量和压力逐渐稳定，截至2023年12月，日产气约$2×10^4m^3$，套压为7.6MPa，产量年递减率约为10%；截至2023年12月，SS9H投产75个月，开井1514天，累计产气$5340×10^4m^3$。

XS6-308井于2019年1月投产，初期配产$8×10^4m^3/d$，套压17.5MPa；天然气产量稳定，压力下降缓慢。截至2023年12月，日产气$6.7×10^4m^3$，套压8.5MPa，产量平均年递减率约为5%；截至2023年12月，SS9H投产59个月，开井1315天，累计产气$8899×10^4m^3$。

通过致密气长期投产开采，不断深化致密气富集规律的认识，形成超压控藏控富理论。徐家围子断陷沙河子组致密气具有超压控富控藏的规律；源储配置决定含气饱和度，较高的压力条件下，低渗透性储层也能够富集天然气，从常压到超高压，储层渗流能力异常增大，且发育裂缝。气藏超压是高产稳产的关键因素。

三、积极拓展新领域，中央古隆起基底风险勘探，实现产能重大突破

中央古隆起是深层天然气勘探的重点领域，早在1979年ZS1井已获得天然气流，但

由于地质条件复杂，勘探工艺技术条件限制，一直未能有效突破和展开，"十二五"以来加强研究攻关和实施风险勘探，按照"立足风化壳获得高产，争取获得更大规模场面"的部署原则在昌德、肇州等地区均取得了勘探发现，其中2018年肇州凸起部署的水平井LP1井基底钻入1625m，岩性主要为碎裂花岗岩、花岗岩、花岗闪长岩，解释差气层38层727.4m，测井平均孔隙度2.37%，通过大规模体积压裂获日产气$11.5×10^4m^3$，后期对该井进行长时期试采，产量、压降稳定，中央古隆起带基岩勘探实现重大突破。2019年，LP1井稳定开采，日产量$2×10^4~3×10^4m^3$，稳产1245天，累计产气$3820×10^4m^3$，压力稳定，效果好。

为实现基岩领域战略展开，为大幅度增加单井产量，进一步探索花岗岩风化壳规模，在LP1井突破基础上，2019—2020年在昌德凸起和肇州凸起北部分别部署水平井CS1HC井和LS1HC井均钻遇较厚的风化壳储层，见到较好的显示。其中CS1HC井位于中央古隆起中部昌德凸起，钻入基底1460m，岩性以绿灰色糜棱化花岗岩为主，见异常显示58层180m，全烃最大值7.73%，比值45.8倍，综合解释差气层40层544.4m，平均孔隙度2.88%。LS1HC井为整体评价肇州凸起，在凸起北侧构造高部位甩开部署的1口水平井，目的是落实肇州凸含气规模，LS1HC井钻入基底1704m，综合解释差气层36层1398m，平均孔隙度3.22%，储层厚度是LP1井的1.9倍，这两口新钻井通过压裂改造，取得较好效果。2022年，在肇州凸起提交了$353.443×10^8m^3$的预测储量，实现产能重大突破，揭示中央古隆起基岩勘探是深层天然气拓展的现实领域。

四、古龙断陷营城组火山岩取得突破，发现高孔高压二氧化碳气藏

古龙断陷位于松辽盆地北部中部断陷带，勘探面积$8900km^2$。2019年以来，以火山岩控藏认识为指导，落实火山口控储机理，明确大型火山岩岩体是规模成储的关键，认为火山岩埋藏较浅、储层物性相对较好，是古龙断陷勘探重点。

基于这一认识，以古龙断陷20口探井、$7800km^2$三维地震勘探资料为基础，通过构造、沉积等成藏条件系统梳理，重新认识了古龙地区石油地质条件。在烃源岩认识的基础上，成因法计算总生气量为$16.6×10^{12}m^3$，其中沙河子组为主力烃源岩，生气量为$12.4×10^{12}m^3$；通过营城组火山岩岩体刻画、沙河子组扇体刻画，落实了营城组火山岩、沙河子组致密气两套主力层系资源潜力$4800×10^8m^3$。其中营城组火山岩资源潜力$1700×10^8m^3$，认为营城组火山岩为古龙断陷突破的重点层位，可作为勘探主要目的层。通过全区精细解释，落实火山体23个，分布面积$1020km^2$，厚度一般为100~500m；通过岩相刻画，落实火山口区27个，其中面积大于$10km^2$的火山口10个，累计面积$525km^2$，主要集中在葡西凹陷带。在此基础上优选规模较大的火山岩岩体进行风险勘探，部署GL2井。

GL2井于2021年1月21日开钻，2021年7月28日完钻，完钻井深4838m，钻入营城组233m，岩性以流纹岩、流纹质凝灰熔岩等酸性岩类为主。储层厚度101.8m，有效厚度74.3m，储层孔隙度10%~20%。2022年11月27日至28日采用油管大规模体积压裂方式完成压裂施工，2022年12月1日开始测气，压裂后日产气$44.6×10^4m^3$，无阻流量

绪论

$177×10^4m^3$，油压48.12MPa，压力系数1.96，气体组分复杂，CH_4含量3.07%，C_2—C_3含量0.11%，N_2含量1.7%，CO_2含量95%，XAI含量0.053%，H_2含量0.067%，为超高压混合气藏。

GL2井重大发现，带来四个重要认识，为下一步勘探指明方向。一是在近5000m发现孔隙度20%的高孔隙度储层，突破了松辽盆地深度下限，火山岩勘探前景好；二是重新认识烃源岩，具有沙河子组和营城组两套烃源岩供烃的条件；三是首次在松辽盆地发现压力系数1.96的超高压气藏，研究发现古龙断陷具备规模超压的地质条件；四是气体组分复杂，发育多种资源类型，可构建烃类气、氦气等新能源两类气藏勘探模式，实现古龙断陷多种资源类型的勘探大场面。

五、徐家围子断陷火石岭组取得突破，新层系首获工业产量

松辽盆地火石岭组分布范围广，属于中性火山喷发为主的一套火山岩系。松辽盆地多个断陷火石岭组见到含气显示，证实火石岭组为一有利的含气层系，具备形成规模气藏的地质条件，可形成一套新的含油气组合，资源丰富、突破意义大。

"十三五"以前，未对火石岭组开展过针对性探索，整体认识程度比较低。徐家围子断陷钻遇火石岭组探井12口，均为"口袋"井。DS28井在3610.6~3713.6m压裂后日产气$9300m^3$、日产水$28m^3$；XS1井在4446~4466m压裂后日产气$14825m^3$；ShS101井在2842~2954.4m压裂后日产气$29361m^3$、日产水$47.88m^3$；ShS34井、ShS6井、WS5井、XS6-308井有气测显示，证实火石岭组发育含气储层。

2019年至今，针对火石岭组开展了一系列构造背景及岩相古地理研究，认为松辽盆地火石岭组是前白垩系拼合褶皱基底向断陷盆地构造体制发生重大转化过程中以火山岩和粗碎屑含煤层系为主的构造过渡层，原型盆地沉积中心位于齐家—古龙、徐家围子、长岭、莺山和榆树等地区，认为火石岭组具有油气成藏的基本条件，成为新层系勘探的重要探索领域。

2021年，在徐家围子断陷安达大型火山岩岩体部署了风险探井HT1井。

HT1井于2021年12月31日开钻，2022年3月14日完钻，完钻井深3994m，火石岭组岩性以中性安山岩为主，夹火山角砾岩，气测见烃类显示90.2m/9层，全烃最大0.74%~17.87%，比值1.54~13.24，综合解释差气层50.2m/3层，差气界限层19.6m/1层。2023年6月16日至18日进行火石岭组二段压裂施工，加砂$342m^3$，加液$5238m^3$，加酸$60m^3$，返排率32.45%。采用10.31mm油嘴求产，压裂后日产气$2.01×10^4m^3$。新层系火石岭组首获工业产量，开启火石岭组火山岩勘探的新篇章。

通过HT1井的突破，重新对徐家围子断陷火石岭组开展评价，共识别火山岩岩体35个，面积$547km^2$。综合烃源岩、断层、供烃窗口、火山岩岩相等要素将徐家围子断陷火石岭组划分两类有利勘探区，估算资源量$1497×10^8m^3$。

HT1井钻后综合评价得到三点启示：(1)首次落实火石岭组为拼合基底向断陷盆地转化过程中形成的一套过渡层，原始分布不受断陷控制，改变断陷早期地层局部分布的认识；(2)HT1井在火二段、火一段顶面不整合面处钻遇优质储层，揭示两个孔隙发育带，

证实火石岭组火山岩"机构控储+溶蚀改造"储层发育新模式;(3)建立了"二源主次生烃、供烃窗口控藏、源储压差驱动"侧生侧储型成藏新模式,改变了营城组火山岩下生上储垂向运移的模式,发现沙河子组侧源、火石岭组源内两套含气系统,实现新层系火石岭组气藏新发现。

六、双城断陷深层石油勘探取得进展,登娄库组首次提交石油探明储量

双城地区处于松辽盆地深层东部断陷带,2013年综合研究认为莺山—双城断陷双城南洼槽整体埋藏浅,具有形成石油的成藏条件。S59井营城组钻遇暗色泥岩67m,TOC为2.81%,有机质类型为Ⅱ型、Ⅲ型,R_o平均值为0.97%。在砂岩中发现含油层,压裂后获低产油流,坚定了深层找油信心。2018年S68井登娄库组获得日产110.4m³的高产油流,整体提交石油预测地质储量$2118×10^4$t,发现了双城断陷登娄库组高产、高丰度富集区块。2019年立足双城南洼槽登娄库组,勘探开发整体部署探评井13口,其中预探实施南部无井控断块,扩大含油面积;评价实施已落实的S68断块、S70断块、S66断块,落实储量和产能。S661井、S72井两口探井分别获得日产21.96t、33.84t的高产工业油流,评价实施9口井,试油5口井均获工业油流,3口井高产。2019年整体升级探明石油地质储量$1105.73×10^4$t。

第二章　松辽盆地北部深层地质特征研究新进展

松辽盆地总面积约 $26×10^4 km^2$，是在古生界褶皱基底上形成的侏罗系—白垩系陆相沉积盆地。同时，松辽盆地也是一个油气资源非常丰富的断陷、坳陷叠合盆地。20 世纪 50 年代末，在坳陷层系发现了大庆长垣油田。之后经过近半个世纪的勘探，在长垣两侧和松辽南部找到了数十亿吨的石油储量，主要来自坳陷构造层三角洲前缘带和河流相砂体形成的岩性油藏。其后在深层断陷层系的过程中，也发现了丰富的天然气资源，进一步揭示了松辽盆地的巨大勘探潜力。

从中新生代大地构造位置看，松辽盆地位于东北亚大陆边缘的内带，东部毗邻滨太平洋构造带。松辽盆地的形成与演化受控于西太平洋板块向东亚大陆板块的俯冲作用，形成了晚侏罗世—早白垩世断陷、晚白垩世坳陷两期原型盆地，并经历了晚燕山期和喜马拉雅期构造运动的改造。两期盆地发育不同的烃源岩和储—盖组合，石油地质条件和油气分布规律存在很大的差异。

第一节　松辽盆地区域地质特征和地壳构造格架

中国东北地区，位于亚洲大陆东缘北部，隔日本海和日本列岛与太平洋相望，北邻西伯利亚地台，南接华北克拉通，属于显生宙地壳构造变动极为强烈而复杂地区（北亚造山区东段）（图 2-1-1）。该区南部阴山山脉、燕山山脉及长白山脉南段，属于华北克拉通，其北的广阔地区为显生宙造山区。该区显生宙地质历史被划分为古生代和中生代、新生代两个大阶段，其古生代构造又被称为古亚洲（洋）构造域，中生代以来的构造又被称为滨太平洋构造域。

一、主要地质特征

在中国东北地区，地表和地下浅部保存了几乎在所有地质时期形成于不同地球动力学环境的各种地质记录。在该区的不同山脉和盆地中，这些地质记录的时空分布和保存情况不尽相同，揭示出这些地理地貌单元在地质组成、资源赋存和结构构造等方面各具特色。把这些地质记录按形成时代划为太古宙—古元古代、中元古代—新元古代中期、南华纪—志留纪、泥盆纪—中三叠世、晚三叠世—古新世和始新世—全新世共 6 套地质体组合，其空间分布情况如图 2-1-2 所示，在该区不同地理地貌单元中的发育情况简述如下。

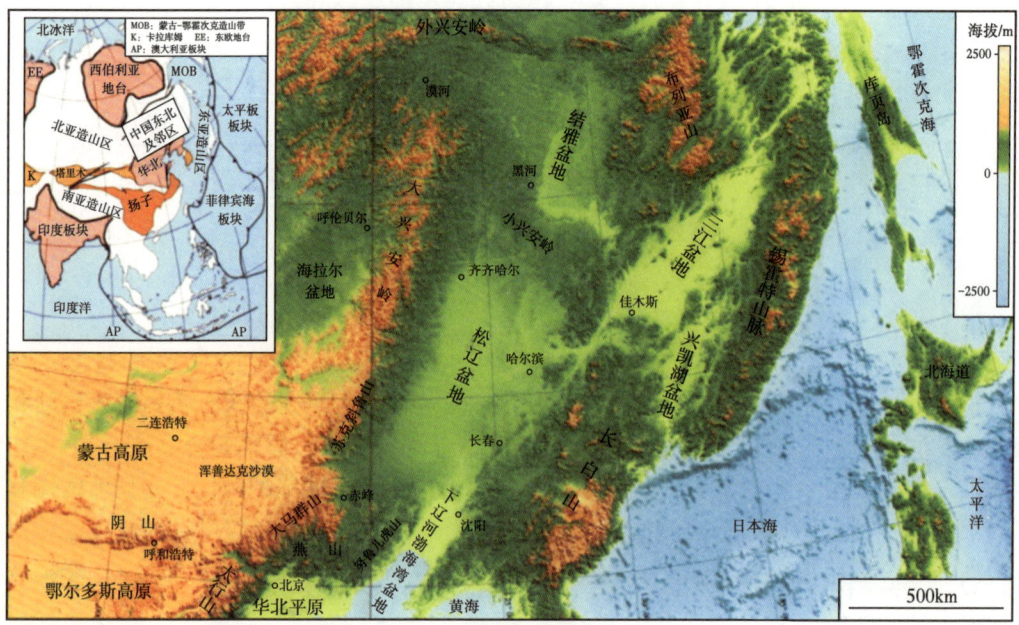

图 2-1-1　中国东北地区地理特征

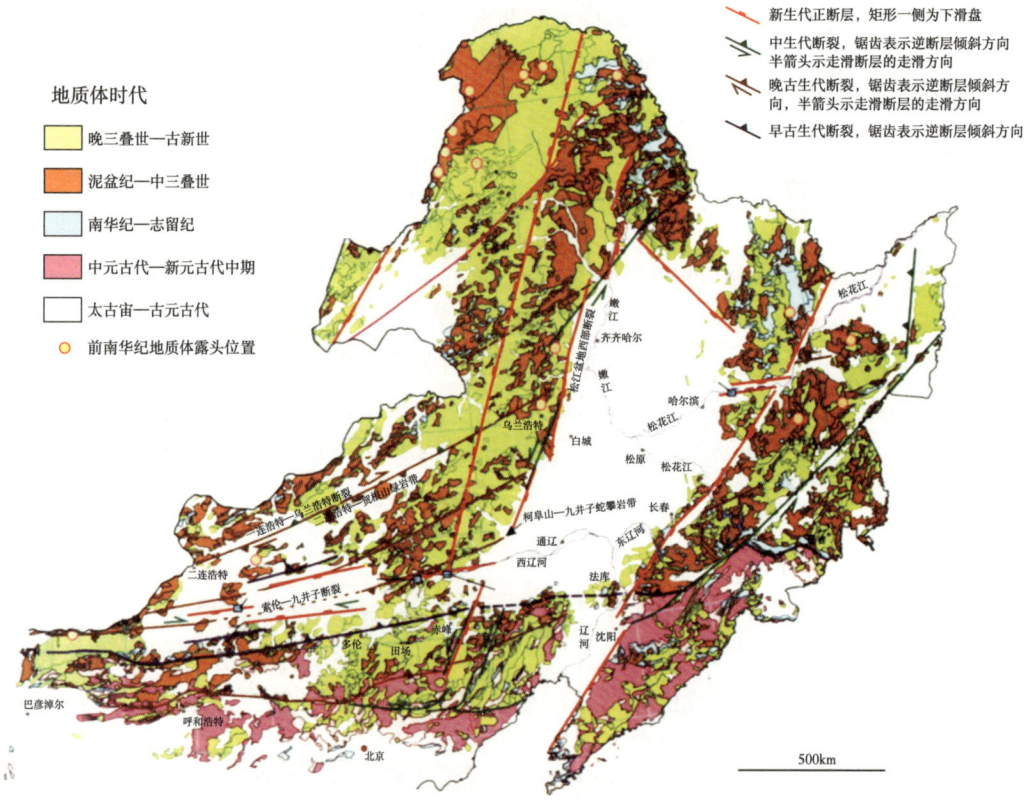

图 2-1-2　中国东北地区地质简图

1. 阴山—燕山山脉

南部的阴山山脉和燕山山脉，南为华北平原和鄂尔多斯高原，以及二者之间的太行山脉，北以浑善达克沙漠和西拉木伦河为界，与大兴安岭及其以西的蒙古高原相邻。在该山脉中，6套地质组合都有出露，但又大体以白云鄂博北—化德南—赤峰北一线为界，划分为南部山脉区和北部山麓区。在南部山脉区，太古宙—古元古代变质杂岩和中元古代—新元古代早期浅海相沉积岩系及少量侵入岩构成了该区地壳主体，南华纪—志留纪地质记录主要为海相盖层沉积岩系，仅局部残存。晚石炭世至二叠纪侵入岩发育在固阳—赤城—隆化—阜新一线以北地区，以中酸性岩为主。同时期的沉积岩以海相为主，因后期地质作用改造仅零星出露。在西段阴山地区，中生代地质体主要为侵入岩，沉积岩和火山岩为陆相且少见。在东部燕山地区，中生代侵入岩和火山沉积岩系虽然也为陆相但几乎是同等发育，其中，晚侏罗世的冲积扇沿山脉走向构成一条东西向延伸长度近千米的冲积扇带。在燕山山脉西段北部发现了石炭纪中期的榴辉岩和古生代晚期的变质岩，以及古生代晚期—三叠纪的花岗质侵入岩，揭示出那里在古生代晚期可能发生了构造属性的改变。在北部山麓区，地表只见南华纪以来地质体。沿着与南部山脉区界线处，发育早古生代洋岩石圈残片，其中以阴山北麓的温都尔庙地区出露面积最大。在燕山北麓的该界线上，则仅见蛇纹岩岩块。这些早古生代地质体都不同程度发生变质并遭受了多期构造变形。在西段，志留纪晚期的浅海相沉积岩系不整合覆盖在其下的奥陶纪岛弧型火山岩之上。晚古生代地质体以二叠纪火山沉积岩系和侵入岩为主，主要出露在燕山北麓地区。现已在该区南部陆续发现了被认为形成于伸展环境的少量泥盆纪侵入岩和火山岩，在赤峰市以东的敖汉地区，发育相对保存完好的石炭纪—二叠纪浅海相火山沉积岩系。在该区，中生代陆相火山岩比较发育，其喷发时代以白垩纪为主，局部发育同时期的侵入岩。在辽西地区，中生代中晚期的沉积岩也被大面积保存下来。新生代的火山岩以幔源玄武岩为主，集中发育在张家口市以北的阴山、燕山和太行山交界地区及燕山北麓赤峰地区。新生代堆积物主要发育在阴山与燕山交界地区，以及其他地区的山间沟谷及山间小型盆地中。

2. 大兴安岭及蒙古高原东南部

在位于阴山—燕山山脉以北的大兴安岭和蒙古高原区，地表所见主要为古生代、中生代和新生代形成的岩浆岩和沉积岩，前寒武纪的地质体仅局部残存。古生代沉积岩多形成于海相环境，岩浆岩大部具有活动陆缘岩浆岩的成分亲缘性；零散分布的新元古代晚期—二叠纪的蛇绿岩，构成吉峰—呼玛（呼玛—牙克石）、阿尔山—扎兰屯、二连浩特—贺根山（二连浩特—乌兰浩特）、交其尔、达青牧场、迪彦庙、柯单山—九井子、索伦山—满都拉和温都尔庙等近东西走向或北东东走向的蛇绿岩带（图2-1-2、图2-1-3）。在这些蛇绿岩带之间，主要为奥陶纪、石炭纪—二叠纪的弧岩浆杂岩。中生代岩浆岩主要为早白垩世早期的火山岩（在一些文献中被称为大兴安岭火山岩），三叠纪和侏罗纪侵入岩分布广泛，但火山岩露头相对要少得多。中生代沉积岩多为陆相，除了大兴安岭北端的漠河地区、海拉尔地区和二连浩特—乌兰浩特之间地区外，其他地区仅零星出露。新生代幔源玄武岩集中发育在锡林浩特地区和阿尔山地区，新生代堆积物广泛发育在蒙古高原区，在大兴安岭仅见于沟谷和山间盆地内。

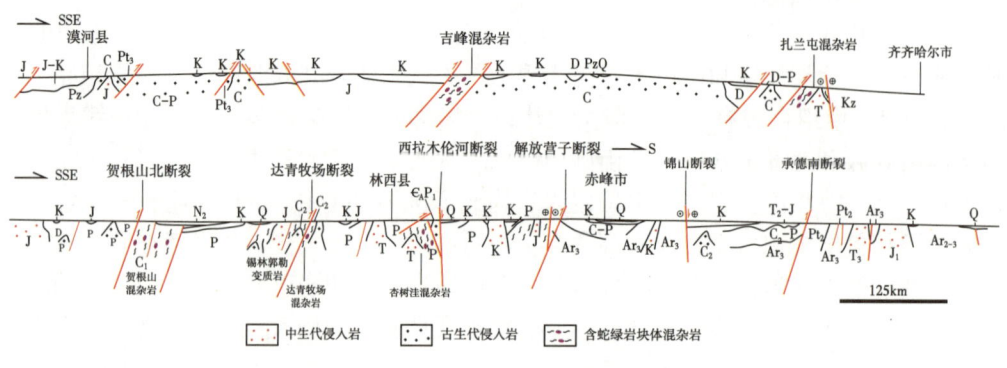

图 2-1-3　大兴安岭地区地质构造剖面简图

3. 松辽盆地

在大兴安岭以东的松辽盆地区，在新生代堆积物之下，为卷入了宽缓褶皱并被北北东走向为主的断裂构造切错的白垩纪中晚期盆地堆积物。勘探揭示出在这些白垩纪盆地堆积物之下，发育有白垩纪早期和侏罗纪的火山岩和沉积岩。再向下，大体以北纬44°线为界，盆地北部为古生代沉积岩和花岗岩，南部则有早前寒武纪的地质体，大兴安岭地区的古生代构造线，都与松辽盆地西界高角度相交，揭示盆地中生代堆积物之下，可能有与大兴安岭地区类似的地质体和结构构造。

4. 小兴安岭

小兴安岭呈北西走向位于松辽盆地北部，分别以嫩江上游和松花江与大兴安岭及长白山山脉相邻，大体以黑河—嫩江和嘉荫—伊春为界，分为三段。北西段为黑河—嫩江以北地区，与毗邻的大兴安岭地区类似，不同之处在于那里奥陶系—石炭系发育更为完好。中段由北东走向的北安断隆及其两侧的断坳组成，在断坳中堆积的新生代沉积物和玄武岩都已经隆起成山，指示小兴安岭是一个晚新生代隆升的断块山系。南段则主要出露奥陶纪、二叠纪和晚三叠世—早侏罗世花岗岩，其中残存少量古生代沉积岩和前南华纪地质体。在其北东麓萝北至嘉荫之间，出露被称为黑龙江杂岩的含有洋岩石圈残片的混杂岩。其中斜长角闪岩的变质年龄为256Ma，侵入其中的花岗岩锆石年龄为264Ma，指示该混杂岩的形成不晚于中二叠世。

5. 长白山山脉

长白山山脉呈北东走向位于松辽盆地和下辽河盆地以东地区，其地质组成大体以法库南—柳河—桦甸北—延吉南为界，划分为北段和南段。长白山山脉北段又以敦化—密山断裂为界，其北西侧为张广才岭和那丹哈达岭，南东侧为老爷岭。张广才岭出露的地质体主要为二叠纪—侏罗纪花岗岩，局部有少量的奥陶纪花岗岩和奥陶纪—二叠纪火山沉积岩系。在其北东部零星残存前寒武纪地质体。在张广才岭南段小绥河地区出露石炭纪早期形成的蛇绿岩残片，在张广才岭北段西麓五常市龙凤山水库西北也发现了早石炭世初期形成的蛇绿岩残片，它们的构造线走向都呈现出与张广才岭走向高角度相交的近东西走向或北东走向。位于张广才岭以东的那丹哈达岭，在其北麓依兰县—桦南县和西麓牡丹江市—穆棱市等地,出露也被称为黑龙江群的变质岩,其中含有古洋岩石圈残片和蓝片岩透镜体,都遭受了早二叠世晚期和侏罗纪变质作用改造,构造线分别呈近东西走向和北东—南西走向。依兰—桦南带以北为双鸭山隆起,那里发育早古生代侵入岩和少量元古代花岗岩,残存少量可能为前南华纪的条带状变质铁矿建造。其东在宝清以东发育近南北走向的泥盆纪—二叠纪火山沉积岩系,再向东则为完达山三叠纪—侏罗纪混杂岩。地球物理资料进一步证实了完达山西麓可能存在向西俯冲的古俯冲带。依兰—桦南带以南,为白垩纪含煤盆地沉积岩系和被称为麻山群的变质岩,以及早古生代、二叠纪和少量白垩纪侵入岩。已有的地质年代学资料显示,麻山群的原岩可能形成于元古代,变质作用发生在寒武纪期间。敦化—密山断裂南东的老爷岭,主要出露古生代以来的花岗岩和火山沉积岩系。大体以延吉盆地为界,以北构造线呈北东—南西走向,以南呈北西—南东走向。在延吉市以南的开山屯,残存可能是二叠纪的蛇绿岩。在该区零星出露的一些变质岩,曾经被当地地质工作者置于前南华纪,但是已获得的年代学资料显示它们变质作用发生在古生代晚期—早中生代。长白山山脉南段地壳主要由太古宙—古元古代变质杂岩组成。在该区西部鞍山地区,出露有中国大陆最古老的表壳岩系和花岗质侵入岩。其上残存中—新元古代沉积岩系、寒武纪—奥陶纪沉积岩系和石炭纪—二叠纪沉积岩系等盖层沉积。中生代侵入岩发育,局部有少量中生代盆地堆积物保存下来。位于中朝边界处的长白山,是该区面积最大的新生代火山岩分布区。

二、大型断裂构造

中国东北地区发育古生代以来不同时期的断裂(图2-1-2)。这些断裂的形成和活动,不同程度地改造和破坏了已有的构造格局。其中规模较大的新生代断裂包括位于大兴安岭主脊和东麓的北北东走向的走滑断裂、位于松辽盆地东侧北东走向的依兰—伊通正滑断裂、位于大兴安岭与阴山、燕山之间近东西走向的西拉木伦走滑断裂。中生代断裂主要为敦化—密山左行走滑断裂,嫩江—八里罕左行走滑断裂和燕山南部近东西走向的右行走滑断裂。古生代断裂主要为固阳—赤城—阜新断裂、白云鄂博—化德—法库南断裂、索伦—九井子断裂、达青牧场南断裂、二连浩特—乌兰浩特断裂、阿尔山—扎兰屯断裂和牙克石—呼玛断裂等。该区的前中生代断裂在中生代基本都有强烈活动,其中有些断裂的运动学特征与古生代有明显差别。例如索伦—九井子断裂古生代期间的运动学特征表现为上盘向北的逆冲,但是在中生代期间,无论在西段的索伦—满都拉段,还是东段的柯单山—九井子段,晚三叠世的活动都表现为右行走滑,侏罗纪晚期的构造活动都表现为上盘向南的逆冲。此外,地球物理资料揭示在大兴安岭东麓存在一个地壳厚度陡变带,又被称为大兴安岭东麓重力梯度带。其东侧地壳厚度明显小于其西侧地区。那里刚好也是松辽盆地与大兴安岭的界线,在地质构造上,是新生代向东陡倾的正滑断层和白垩纪中期左行走滑构造的位置。

三、地壳构造格架

中国东北地区地壳构造格架,以阴山和燕山北麓的化德—赤峰—法库南—延吉一线为界,南部为稳定区(又被称为中朝准地台、华北陆台、中朝地块、华北克拉通),北部为活动区（又被称为天山—兴安褶皱区、兴蒙造山带、中亚造山带或北亚造山区）。南部稳定区的地壳形成于早前寒武纪，从中元古代开始直到古生代晚期，长期处于稳定的地球动力学环境。北部活动区的地壳主要形成于古生代期间，只有东部边陲的完达山地区的地壳是在侏罗纪晚期固结的。

1. 始新世以来地壳构造格局

地质界对于中国东部中生代以来的地质历史，虽然有不同认识，但是多数研究都认为在白垩纪—古近纪期间（即在新近纪以前），包括东北地区在内的中国东部乃至亚洲大陆东部地区，一直处于伸展构造环境，所形成的地貌主要为北北东走向的隆起与盆地。然而，在中国东北地区，古新世地质记录缺失，白垩纪沉积岩系的构造变形及普遍被始新世以来沉积物不整合覆盖，表明白垩纪—古近纪不是连续演化的过程，其地球动力学环境也不是一直处于伸展背景，而是在白垩纪末期—新生代初期，遭受了以挤压作用为主的地壳构造变动，导致其前后构造格局具有比较明显的差别。

该区始新世以来，其地壳变动虽然确如前人所说，以伸展作用为主，但是其地球动力学环境却具有以挤压为主的特征，所形成的断裂构造除了北北东走向的正断层外，还有近东西走向和北西走向的正断层。除了上述断裂构造外，该区地貌特征也揭示出多个方向伸展构造的存在。松辽盆地中部的白城—长春一带的隆起，把该盆地分割为北部和南部，也分隔了松花江水系和辽河水系。辽北隆起分隔了松辽盆地与下辽河盆地。松辽盆地中辽河水系、嫩江水系和松花江水系急剧转向，在指示地貌特征的同时，也揭示出近东西走向断裂构造的存在。海拉尔盆地、二连浩特南东地区的蒙古高原区和三江盆地区前新生代地质体的出露情况，也揭示出北北东走向和近东西走向或北西走向等多个方向正滑断层的存在。

所有这些地质现象都表明东北地区新生代的隆起与断（坳）陷，除了文献中经常提到的北北东走向以外，还有北西走向或近东西走向。综合已有资料，可将中国东北地区新生代构造单元划分为海拉尔—锡林浩特断（坳）陷带、大兴安岭隆起带、小兴安岭隆起带、松辽盆地断（坳）陷带、长白山隆起带、三江盆地—兴凯湖断（坳）陷带、阴山—燕山隆起带和下辽河—渤海湾断（坳）陷带等八个构造单元，其中有些构造单元还可以进一步划分为多个隆起和断陷。

根据断陷盆地中堆积物时代，以及宏观上呈北东走向的中新世堆积物卷入了北西走向的小兴安岭隆起，可以大体确定北北东走向的隆起与断陷可能形成较早，北西走向和近东西走向的隆起与断陷形成较晚。虽然目前还不能确定深部幔源岩浆上侵活动对该区伸展构造形成的具体贡献，但是基于难以将该区多个方向的伸展构造归结于与幔源岩浆活动相关的断裂构造系统，基本可以排除这些伸展构造完全是由地幔岩浆上侵或地幔柱活动造成的可能性。通过对区域地球动力学背景分析认为，中国东北地区不同方向的伸展构造，可能主要与区域上太平洋板块和菲律宾海板块向西、澳大利亚—印度洋板块向北及欧亚板块向东的运动，具有成因联系。也就是说，中国东北地区的新生代伸展构造，可能都是水平挤压作用形成的压张性构造。

2. 晚三叠世—古新世的构造格局

中国东北地区中生代构造单元，在早期的文献中划分出完达山中生代优地槽褶皱带和漠河冒地槽褶皱带，以及松辽盆地等上叠盆地。板块构造理论被应用于中国大陆构造研究之后，最初推测那里是一个二叠纪—三叠纪的向北西西俯冲的板块俯冲带。后来的研究进一步确认那里是中生代增生造山带，而北部的漠河冒地槽褶皱带是蒙古—鄂霍次克造山带的前陆盆地。基于已有的岩浆岩、沉积岩和构造变形等方面的资料，把该区晚三叠世—白垩纪末期（可能包括古新世早期）的地质历史，进一步划分为晚三叠世—中侏罗世、晚侏罗世、早白垩世和晚白垩世等亚阶段。

东北地区晚三叠世地质记录主要是酸性为主的侵入岩，几乎遍布全区，而同时期的沉积岩及火山沉积岩，除了完达山地区外，仅见于承德市—长春市南—牡丹江市南一线以南地区。早—中侏罗世的侵入岩空间分布与晚三叠世一样，也是几乎遍布整个东北地区，不同之处在于早—中侏罗世的沉积岩分布面积要比晚三叠世大得多。目前已有资料还不足以对晚三叠世—中侏罗世的岩浆岩做进一步的分带。从已有岩石化学资料看，这些岩浆岩可能形成于岛弧和弧后伸展等多种环境。考虑到完达山地区增生杂岩中含有三叠纪和侏罗纪中期的放射虫化石的硅质岩，中侏罗世镁铁质岩石和玄武岩，以及区域上在这一时期蒙古—鄂霍次克带前身及完达山以东的古太平洋还没有完全消亡，暂时认为东北地区晚三叠世—中侏罗世的构造环境为古太平洋活动大陆边缘，把该区这一时期的构造单元划分为完达山弧前增生区、东北活动陆缘区及白云鄂博以西地区的陆内区三个构造单元。就该区晚三叠世—中侏罗世岩浆岩石组合特征看，该活动陆缘区与安第斯型和环太平洋岛弧型都不同，发育大量的壳源酸性岩浆岩，少量中性岩和幔源基性岩浆岩，显示出略有类似于科迪勒拉型的特点。晚侏罗世沉积岩，主要分布在北部漠河盆地、南部阴山—燕山和吉林市中部的长白山脉中段，前者显示出与蒙古—鄂霍次克造山带前身洋盆相关的残余盆地沉积特征，后者则构成北东东走向的一条带，被认为是晚侏罗世古蒙古高原南缘的边缘沉积带。晚侏罗世的岩浆岩，主要发育在大兴安岭主脊以东地区。考虑到区域地质背景及完达山增生杂岩形成时代方面的资料，基于上述地质记录的分布特征，中国东北晚侏罗世构造单元被划分为与北部蒙古—鄂霍次克造山带前身古太平洋演化有关的漠河残余盆地、二连浩特—依兰高原台地和华北北部前渊带三个构造单元，与东缘完达山增生杂岩代表的古太平洋岩石圈板块俯冲有关的陆缘增生区、活动陆缘区和陆内区三个构造单元。两个体系的构造单元在空间上呈现出叠置的特征，即与蒙古—鄂霍次克造山带相关的三个构造单元，与完达山增生杂岩相关的两个构造单元（陆缘区与陆内区）是叠置在一起的。

随着完达山增生杂岩在侏罗纪晚期至白垩纪初期的就位，中国东北地区的地壳固结已经完成。从白垩纪开始，该区进入了一个新的地质时期。中国东北地区的白垩纪地质记录，可以大体划分为早白垩世早—中期大规模岩浆活动，早白垩世中—晚期陆相沉积盆地的出现、北东走向大型左行走滑构造的形成，以及大致同期的伸展构造。从白垩纪不同时期岩浆岩和沉积岩的分布情况，可以大体恢复出该区当时地壳的构造格局。早白垩世早—中期岩浆活动，在大兴安岭地区以火山岩为主，在小兴安岭南段和长白山脉，主要为侵入岩，且分布零星。该期岩浆活动，在空间上要比中生代其他时期分布更广泛，特别是相对于晚侏罗世而言，其分布区域明显向西扩展遍布全区，并且向西还可以在毗邻的蒙古境内大部分地区和我国阿拉善北部地区见到这一时期岩浆岩的记录。中国东北地区该期岩浆活动的这一空间分布几乎遍及晚侏罗世高原所有地区，与华北地区和华南地区同时期岩浆活动限于东部有限区域形成鲜明对比。因此，把东北地区白垩纪早中期的岩浆活动都归因于亚洲东缘洋岩石圈板块的向西俯冲是不合适的。

该区早白垩世的岩浆岩具有多种岩石组合和多样的岩石地球化学成分，文献中多将其成因与古太平洋及相关的陆缘演化联系起来，有的认为其形成环境为大陆裂谷，有的认为其形成与蒙古—鄂霍次克洋闭合以后的岩石圈伸展有关，有的认为其形成先是与加厚陆壳的坍塌或拆沉，继之与大陆东缘的古太平洋板块的俯冲及弧后伸展或拆沉有关，还有的认为先是蒙古—鄂霍次克造山带造山后伸展，继之为亚洲大陆东缘弧后伸展。如上文所述，仅考虑该岩石圈板块俯冲，很难解释该期岩浆岩活动如此广泛的分布范围。未见大规模的幔源岩浆岩和与之匹配的区域性线性伸展构造，不利于将其成因归因于大陆裂谷的论点。洋盆关闭以后是什么因素导致岩石圈伸展，也同样还需要加以科学论证。与这一时期的岩浆活动相伴生大规模的左行走滑构造，包括大兴安岭东麓的嫩江左行走滑构造和八里罕左行走滑构造，松辽盆地以东切割长白山脉的敦化—密山左行走滑构造。这些大型左行走滑构造分布范围，与华北地区和华南地区同时期的同类型的断裂构造波及范围大体相当，揭示出它们具有相同的成因机制。这一大规模壳源为主少量幔源的岩浆活动和大规模左行走滑构造的伴生，显示出与美洲大陆西缘科迪勒拉地区新生代构造环境的某种相似性。

在白垩纪早期大规模岩浆活动之后，区域上广泛发育了白垩纪早—中期的沉积盆地。其分布范围与比其略早的岩浆活动范围大体相当，揭示它们之间有可能具有成因联系。结合古地貌的恢复，推测除了亚洲大陆东缘的古太平洋岩石圈板块的俯冲作用外，沿蒙古—鄂霍次克造山带陆陆碰撞导致的地壳加厚，继之形成的古高原演化晚期的地壳深熔作用，有可能也是导致该期岩浆活动的主要因素之一。时间稍晚的大规模沉积盆地的发育，可能是该古高原在大规模岩浆活动之后地壳热塌陷的表现。只是现有资料还难以将与古太平洋板块俯冲有关和与古高原深熔作用有关的岩浆活动产物区分开。

根据这一时期沉积岩的现今分布，该区当时构造单元大致可以划分为漠河—海拉尔断（坳）陷、呼玛—阿尔山隆起、白云鄂博—哈尔滨断（坳）陷和化德—林西隆起。其中化德。林西隆起位于白云鄂博—哈尔滨断（坳）陷中部。晚白垩世岩浆岩空间分布范围相对于早白垩世而言，明显缩小，其分布区的西界大体位于大兴安岭的东麓。显示其成因可能主要与古太平洋板块向欧亚板块之下的俯冲有关。同一时期的沉积岩系，主要分布在白垩纪早—中期的白云鄂博—哈尔滨坳陷的区域内。结合区域地质资料，将晚白垩世地表构造划分为完达山隆起、双鸭山—锦州坳陷、呼玛—林西隆起和二连浩特—临河坳陷四个构造单元。

3. 古生代—中三叠世构造单元

中国东北地区古生代构造单元，主要为陆缘增生造山带与碰撞造山带的复合，而不是陆块的拼贴，松辽盆地两侧构造单元是贯通的，燕山—阴山是古生代晚期陆缘活化造山带，那里作为克拉通的组成部分，只是在早古生代和中—新元古代。

大兴安岭造山系包括西拉木伦河及其延长线以北的大兴安岭及其以西的蒙古高原区，构造线即古山脉走向为北东—南西走向和北东东—南西西走向，属于西伯利亚古板块南缘的奥陶纪—二叠纪的增生边缘。根据地壳形成时限，自北向南进一步划分为额尔古纳奥陶纪岛弧造山带、加格达奇早古生代增生造山带、乌里雅斯太前石炭纪增生造山带、锡林浩特—乌兰浩特前二叠纪增生造山带和林西二叠纪增生造山带。

额尔古纳岛弧造山带位于最北部，其南界为呼玛—牙克石断裂。该区曾经被称为加里东褶皱带，则多被称为额尔古纳地块。在该带范围内，目前已经发现最老的地质体是位于呼玛北西地区的古元古代晚期花岗片麻岩，其次是位于西段靠近国境线奇乾一带的新元古代中期的花岗岩、闪长岩和辉长岩，以及在根河北西地区钻孔中发现的新太古代晚期花岗岩。然而就地表出露的地质体而言，除了中生代地质体外，该区主体为寒武纪—志留纪的侵入岩，其次为石炭纪和二叠纪的侵入岩。上述元古代花岗岩残存在古生代花岗岩之中。从上述古元古代晚期花岗岩附近的围岩片麻岩中的黑云母中获得了三叠纪的 Ar-Ar 年龄。地质资料表明，该区在早古生代和古生代晚期岩浆活动极为发育，在三叠纪遭受了变质作用的改造。

该带范围内的古生代侵入岩，虽然多数在成分上属于高钾钙碱系列，但是就岩石组合而言，还是类似于活动陆缘的岩浆岩而不同于碰撞阶段或陆内伸展环境下的岩浆岩。因此认为该带主体为具有元古代基底的早古生代岛弧而不是稳定的地块或陆块，其在古生代晚期和早中生代再次叠加有活动陆缘的岩浆活动。其中的古生代晚期是与北侧蒙古—鄂霍次克造山带前身的古太平洋岩石圈板块向南俯冲有关，还是与南侧古亚洲洋岩石圈板块的向北俯冲有关，还有待于进一步研究；其早中生代的岩浆活动与北侧的洋岩石圈板块向南俯冲有关。

加格达奇和乌里雅斯太增生造山带位于二连浩特—贺根山—乌兰浩特断裂带以北，其范围与文献中的兴安地块范围大体相当。依据近年从其中部识别出来的伊尔施—扎兰屯蛇绿岩带可将二者分开。加格达奇增生带造山带内目前已知确切的最古老的地质体是北侧新元古代的蛇绿岩；在该带东段多宝山地区，发育奥陶纪的岛弧火山岩和侵入岩。类似的岛弧岩浆岩在扎兰屯以北地区也有发育。此外，区域地质调查在多宝山地区识别出可能为奥陶纪的蛇绿岩残片，那里原来被置于早奥陶世关鸟河组大理岩，和与其伴生的玄武岩可能构成了洋岛组合的残片。在该区中部海拉尔（呼伦贝尔）市以南的头道桥一带发育有蓝片岩，其原岩形成于寒武纪，蓝片岩相变质作用发生在志留纪。在红花尔基林场以西地区，奥陶系构造线呈北西—南东走向，指示其可能位于岛弧地体之间的地带。此外，在该带中还有数量不等的泥盆纪、石炭纪和二叠纪及中生代的侵入岩和火山岩。需要说明的是，在扎兰屯附近，已有的区域地质调查资料显示可能发育新元古代的花岗岩，但是一直未得到可靠资料的进一步证实。此外在扎兰屯市以南的龙江地区，发现了早前寒武纪的花岗岩，但是该期岩体的规模非常有限，显示有可能是被古生代岩浆活动改造后的残余体。这些地质资料表明，该带主体已经不是前寒武纪形成的地块，而是古生代岛弧及增生杂岩的拼合体。从乌里雅斯太增生造山带识别出了与多宝山地区类似的早古生代的侵入岩；还在二连浩特市北从原来被置于泥盆纪地层中识别出了混杂岩。在该带中发育大量的晚古生代侵入岩。这些资料显示该带与加格达奇增生造山带具有类似的特征。区域地质调查资料显示，多宝山地区石炭纪早期的海相沉积岩系与下伏泥盆系连续沉积，后者又与下伏的志留纪沉积岩系连续沉积，其上被石炭纪晚期或二叠纪沉积岩系不整合覆盖。这些资料表明该增生造山带的主体是在晚石炭世以前形成的。

图瓦贝动物群化石的发育情况，表明加格达奇和乌里雅斯太两个增生造山带都形成于西伯利亚古陆南缘。锡林浩特—乌兰浩特前二叠纪造山带包括了北侧二连浩特—贺根山蛇绿岩带和南侧的迪彦庙—达青牧场石炭纪蛇绿岩带。位于二者之间的地区，西段发育白音宝力道和锡林浩特奥陶纪与石炭纪复合岛弧，以及位于白音宝力道岛弧南侧的早古生代增生杂岩等。白音宝力道岛弧及其向两侧延伸地带的变质岩，在早期的文献中被称为锡林郭勒杂岩，获得的资料显示，其主体可能属于古生代中期的侵入岩和变质岩。在白音宝力道早古生代岛弧杂岩以北地区，发现了中元古代的侵入岩，是该带中确切的前寒武纪地质体。此外，在东段靠近松辽盆地边缘古生代花岗岩中残存的变质岩中，获得了古元古代的锆石年龄，是该带迄今发现的最古老的地质信息。尽管这些信息揭示该带可能曾经存在较多的前寒武纪地质体，但是由于后期地质作用的改造，这些地质体遭受了强烈破坏，现今仅是零星残存，难以构成一个统一的大陆块体。该带中除了少量奥陶纪的弧岩浆岩外，主体为石炭纪—二叠纪初期的与俯冲相关的岩浆岩。还有报道说在迪彦庙一带残存有类似于初始岛弧的玄武岩和埃达克质的岛弧火山岩，揭示那里可能曾经存在类似于西南太平洋的洋内俯冲。上述特征表明，该带主体可能属于由古老大陆地壳作为基底的成熟岛弧、洋内岛弧及奥陶纪和石炭纪增生杂岩组成的前二叠纪的增生造山带。

林西增生造山带位于迪彦庙—达青牧场—二道井蛇绿岩带以南，柯单山—九井子蛇绿岩岩带以北。该带主体为二叠纪的地质体，包括弧岩浆杂岩和增生杂岩，其上被二叠纪晚期的沉积岩系不整合覆盖。依据这些资料暂将其称为二叠纪增生造山带。

上述向南逐渐变年轻的造山带的空间关系，除了在大兴安岭地区以外，还可以见于二连浩特—苏尼特右旗一带。广泛发育的晚二叠世—中三叠世富钾富铝花岗岩、晚三叠世—早白垩世以壳源为主的岩浆岩、晚三叠世右行走滑构造变形和侏罗纪晚期上盘向南的逆冲构造变形，揭示这些造山带都不同程度遭受了二叠纪晚期沿柯单山—九井子混杂岩带的碰撞造山作用，早中生代古太平洋岩石圈板块的俯冲作用和侏罗纪晚期沿蒙古—鄂霍次克造山带的碰撞造山作用的叠加改造。此外还遭受了白垩纪伸展构造、北东走向的左行走滑构造和上盘向北西的逆冲构造及新生代幔源玄武岩喷发的改造。

阴山—燕山造山系位于北侧索伦山—柯单山—九井子一线与南侧固阳—武川—尚义—赤城—隆化一线之间，进一步以白云鄂博北—多伦北—解放营子一线为界，分为北部的包尔汗图—乌丹岛弧造山带和南部的白云鄂博—围场陆缘活化造山带。包尔汗图—乌丹岛弧造山带，主要由包尔汗图岛弧岩浆杂岩、白乃庙岛弧杂岩、乌丹北岛弧杂岩和温都尔庙及图林凯混杂岩等组成，其上被志留系西别河组、石炭系阿木山组及二叠系三面井组等沉积岩系不整合覆盖。在温都尔庙地区，早古生代岛弧杂岩的南、北两侧均为古洋岩石圈的残片。在北侧的古洋岩石圈残片中，变质矿物白云母的晚奥陶世的 Ar-Ar 年龄指示变质作用发生在早古生代晚期。而依据从同一地点被认为是蛇绿岩组合的玄武岩中获得了二叠纪的锆石年龄，有些研究者认为其是在二叠纪—三叠纪的小洋盆中形成的，有些研究者将该带与西侧的索伦山—满都拉蛇绿岩带和东侧的柯单山—九井子蛇绿岩带相连，作为古亚洲洋最后消失的位置。然而，根据对其他地区的研究，认为该玄武岩的二叠纪锆石年龄很可能是后期地质作用导致锆石同位素体系重置的结果。玄武岩中的锆石年龄本身就有很大的不确定性，在与区域地质资料矛盾且难以证实该年龄是所测锆石结晶年龄还是后期改造年龄的情况下，更趋向于以区域地质资料为基础。

当前的区域地质调查确认温都尔庙蛇绿混杂岩被下二叠统不整合覆盖，以前的区域地质调查资料表明，在温都尔庙蛇绿混杂岩出露区以北的二叠系中，含有阿尔卑斯型超镁铁岩块体，基于这些资料认为后者才是古亚洲洋最后消失的位置。在图林凯地区，早古生代弧岩浆岩侵入了那里的蛇绿岩，显示该弧可能是属于洋内俯冲的初始岛弧，在早古生代晚期拼贴到华北克拉通北缘。此后遭受了石炭纪晚期—二叠纪晚期活动陆缘碰撞造山作用，以及侏罗纪晚期至早白垩世陆内造山作用的叠加改造。白云鄂博—化德陆缘活化造山带，大致相当于文献中的内蒙地轴的范围。该造山带由早前寒武纪和中元古代地质体为基础，造山作用的地质记录主要为石炭纪晚期—二叠纪的侵入岩、晚石炭世榴辉岩和伴生的超镁铁岩及二叠纪变质沉积岩系等。构造变形表现为上盘向南的逆冲叠瓦构造。对张家口市崇礼区红旗营子乡一带红旗营子群变质岩的研究，发现其原岩形成于二叠纪早—中期，变质变形发生在二叠纪晚期。约260Ma的花岗岩侵入其中，限定了该造山带形成时间的上限。在华北北部，发育与碰撞造山作用有关的二叠纪晚期—三叠纪前陆盆地沉积岩系，揭示该陆缘活化造山带在二叠纪晚期—三叠纪期间，遭受了碰撞造山作用的叠加改造；此外，该带还遭受了中生代岩浆活动和构造变形的强烈改造。

小兴安岭造山系位于松辽盆地东北缘，北西走向与大兴安岭造山系之间为嫩江断裂分隔，南与张广才岭造山系之间以依兰—伊通断裂为界。如上文所述，小兴安岭为新生代隆生形成的山脉，这里所说的小兴安岭造山系，系指出露在小兴安岭的古生代造山带，自北西向南东，可以划分为黑河附近、孙吴附近和伊春地区等北东走向的古生代造山带。黑河一带的古生代造山带为大兴安岭加格达奇增生造山带的向北东延伸，孙吴一带的可能属于乌里雅斯太造山带向北东延伸，伊春地区的古生代造山带则可能以嘉荫—萝北地区的黑龙江群为代表的北东走向的古生代造山带为界，北部属于乌里雅斯太造山带的东延，南部属于锡林浩特—乌兰浩特增生造山带的向北东延伸。对小兴安岭南段的上述认识，主要基于对嘉荫—萝北地区构造变形研究所获得的新资料。那里的黑龙江群构造变形，表现为枢纽向北西倾伏的巨型A型褶皱，该A型褶皱的形成源于上盘向南东的逆冲。前人报道的斜长角闪岩的256Ma的变质年龄和该套杂岩被264Ma的花岗岩侵入，限定了该套变质杂岩形成时代的上限。现已有报道从该套杂岩中获得的侏罗纪变质年龄，很可能是区域上早—中生代岩基侵入以及其后侏罗纪中晚期上盘向南的叠加变形改造的产物。

张广才岭古生代造山系位于依兰—伊通断裂和敦化—密山断裂之间，与上述小兴安岭造山系类似，包括了北部依兰—桦南混杂岩带、中部小绥河北东走向的石炭纪蛇绿岩带和牡丹江—穆棱一带北东走向的黑龙江群变质杂岩、南段吉林中部地区北西—南东走向的早古生代造山带等不同时代不同走向的造山带。北段夹持在北部依兰—桦南带和南部小绥河—牡丹江—穆棱带之间地区，包括了石炭纪的龙凤山蛇绿岩及与该蛇绿岩伴生的二叠纪沉积岩系、早古生代和二叠纪岩浆岩等，所有这些地质体都呈残片残存于中生代花岗岩基之中。南段夹持在小绥河—穆棱带与华北克拉通之间的地区，主体为二叠纪花岗岩，其中残存有奥陶纪—二叠纪不同地质时期的地质体,被晚三叠世幔源镁铁质—超镁铁质岩石和壳源的花岗岩及侏罗纪至白垩纪花岗岩穿切,显示出早古生代造山作用和晚古生代造山作用的叠加特征,并被中生代多期造山作用进一步改造。根据古生代晚期花岗岩和早古生代侵入岩与阴山—燕山地区同时期地质体的相似性,推测该区与华北北缘的两个造山带有成因联系,差别在于这一地区的中生代改造,特别是隆升剥蚀更为强烈。

老爷岭造山系指敦化—密山断裂南东地区,进一步划分为延吉以南地区北西—南东走向的造山带和延吉以北地区北东—南西走向的造山带,前者可以与张广才岭南段的同时期造山带对比,后者西部中酸性侵入岩发育区与那丹哈达岭类似,东部变质岩系是否与完达山地区类似,属于古太平洋构造体系。

华北克拉通的地质组成包括前寒武纪基底及不整合覆盖其上的寒武纪至奥陶纪石炭纪晚期至二叠纪沉积盖层。研究区属于该克拉通的北部边缘,其北部边界在古生代期间发生了比较明显的变化。在早古生代期间,其北界位于白云鄂博北—化德北—解放营子一线,该界线向东可能通过松辽盆地南部延伸到开原(四平南),再向东转为南东方向到柳河地区,然后被敦化—密山断裂左行切错,最后沿桦甸北—延吉南一线延伸到朝鲜北部,大体与文献中的中朝准地台的北部边界相当。在晚古生代期间,该克拉通的北部边界向南迁移到固阳—武川—尚义—赤城—隆化断裂,在松辽盆地以东,同样有明显的向南迁移,在敦化—密山断裂北西一侧最为明显,有可能向南移至铁岭市北郊。结果是早古生代属于该克拉通组成部分的内蒙地轴区,与其北侧早古生代晚期增生的岛弧造山带一起,成为晚古生代陆缘活化造山带的组成部分。

综上所述,中国东北地区地质构造发育中国境内最古老的地质记录,新元古代晚期—中生代早期多个地质时期洋岩石圈残片与岛弧杂岩带镶嵌,中生代多期次大规模壳源为主的岩浆活动广泛分布,新生代多个方向隆起与坳陷及幔源岩浆喷发构成的盆地与山脉相间地貌,以及北东向、北北东向和近东西向大型断裂构造等为特征。该区的地壳结构构造,表现为早前寒武纪形成的大陆块体、古生代陆缘增生带和碰撞带、中生代活动大陆边缘和新生代活化大陆边缘镶嵌叠置。前白垩纪挤压为主的北东东走向和近东西走向断裂构造,白垩纪北东走向走滑断裂和伸展构造、近南北走向和北东走向的逆冲断裂构造,新生代北北东走向和近东西走向的张性断裂构造,造就了现今所见的该区地壳构造格架及不同山系地质组成的巨大差异。

第二节　松辽盆地深层构造特征及其演化规律

松辽盆地位于蒙古—华北板块东北部边缘带,其北部通过蒙古—鄂霍次克缝合带与西伯利亚板块相连,东部通过锡霍特—阿林构造带与太平洋板块相连,是在两个活动陆缘共同影响下形成的以白垩系为主的富油气盆地。

纵向序列上,营城组顶面(T_4反射层)和嫩江组顶面(T_{03}反射层)2个区域性不整合面,把整个盆地充填分割成3个构造层:(1)同裂谷期火山—沉积序列(断陷层)、(2)后裂谷期沉积层序(坳陷层)、(3)挤压反转期向上变粗层序(构造反转层);前者属火山裂谷盆地，后两者属陆内坳陷盆地。

一、区域构造背景

与松辽盆地构造—盆地充填相关的区域构造背景主要涉及与其毗邻的条、块和下伏地壳的三维空间特点。条是指线型构造，包括板块缝合带和控盆/控陷断裂的性质及其与盆地充填的关系。块是指面状单元，包括相关板块、边界属性及其相互关系。下伏地壳指盆地基底顶面至软流圈顶界的岩石圈厚度、组成和地质属性。这三方面是从全球构造—盆地类型的角度表征松辽盆地的基本要素。

1. 相关板块及其关系

松辽盆地位于蒙古—华北、西伯利亚和太平洋三大板块交会区，是发育在蒙古—华北板块之上的以白垩系为主、含侏罗系和新生界的富油气盆地（图2-2-1）。其基底主要为石炭纪—二叠纪碎屑岩、火山碎屑岩和中酸性侵入岩，局部见石灰岩，多经历板岩—千枚岩浅变质作用（冯子辉等，2005），是前中生代古亚洲洋构造域众多微板块、地体拼贴形成的复合陆块（葛荣峰等，2010）。松辽盆地北部通过蒙古—鄂霍次克缝合带与西伯利亚板块（陆壳）相连。松辽盆地东部于白垩纪时期通过锡霍特—阿林构造带与太平洋板块（洋壳）相连（Abrajevitch等，2012），当时日本海尚未形成。

2. 板块边界或缝合带级别断裂系统

1）西拉木伦河缝合带

此带构成松辽盆地南边界，奠定了松辽盆地基底。它是沿西拉木伦河—长春—延吉近东西向分布的宽度可达数十千米的构造拼接带，表现为带状分布的（前）二叠系蛇绿混杂岩、蓝片岩高压变质带、深海浊积岩和放射虫硅质岩。其属性在古生代属于俯冲消减带，中生代早期以挤压、压扭为主，白垩纪以来以张性活动为主，新生代以张性活动、张扭性活动为主。根据放射虫和碰撞期花岗岩时代，其洋壳闭合时间为晚二叠世（王玉峰等，1997；孙德有等，2004）。这里需要强调的是，华北板块与西伯利亚板块间的拼接带，涉及从西拉木伦河缝合带到蒙古—鄂霍次克缝合带北缘近千千米宽的广大范围，是一个包含大量古老微陆壳的构造带，其中存在不同时代的蛇绿岩和岩浆岩带，表明具有较长的发育时限和微板块拼合历史（童英等，2010）。从这个意义上讲，蒙古—鄂霍次克缝合带是蒙古—华北板块与西伯利亚板块的最终拼接带，而西拉木伦河缝合带属于蒙古—华北板块内部的板内缝合带，是古生代黑龙江微板块—蒙古微板块，亦统称为佳蒙地块（Wang等，2009）与华北板块北缘于晚二叠世的对接带（张贻侠等，1999）。

2）蒙古—鄂霍次克缝合带

此带是位于松辽盆地西北边界以北400~500km的晚古生代—中生代巨型构造—岩浆岩带，为西伯利亚板块与蒙古—华北板块的最终缝合带，其晚中生代的缝合作用可能对松辽盆地断陷期的构造—盆地充填产生了显著影响。西部从蒙古的杭爱山脉（北纬48°）向北东东方向蜿蜒延伸到东部鄂霍次克海（北纬54°），长度超过3000km，宽200~300km。其北部为西伯利亚地台及其增生边缘，南部为蒙古—华北板块及其以北的造山带。其构造特征主要表现为南北向逆冲推覆和近东西向走滑作用。在西伯利亚地台南缘，该带由弧前盆地和早中生代活动大陆边缘堆积体组成。西段弧前盆地为上三叠统—下侏罗统东段充填上三叠统—侏罗系，造山带由中古生代—早中生代褶皱海相地层组成，发育与造山带演化有关的岩浆岩带（Karsakov等，2001）。蒙古—鄂霍次克洋自西向东呈"剪刀式"关闭，其西部和中部的主体闭合时间为三叠纪—侏罗纪，但碰撞后的块体旋转作用一直持续到早白垩世晚期（Cogné等，2005；Halim等，1998）；在其东部的鄂霍次克海地区，闭合和增生作用一直持续到晚白垩世（Bazhenov等，1999；Soloviev等，2006）。

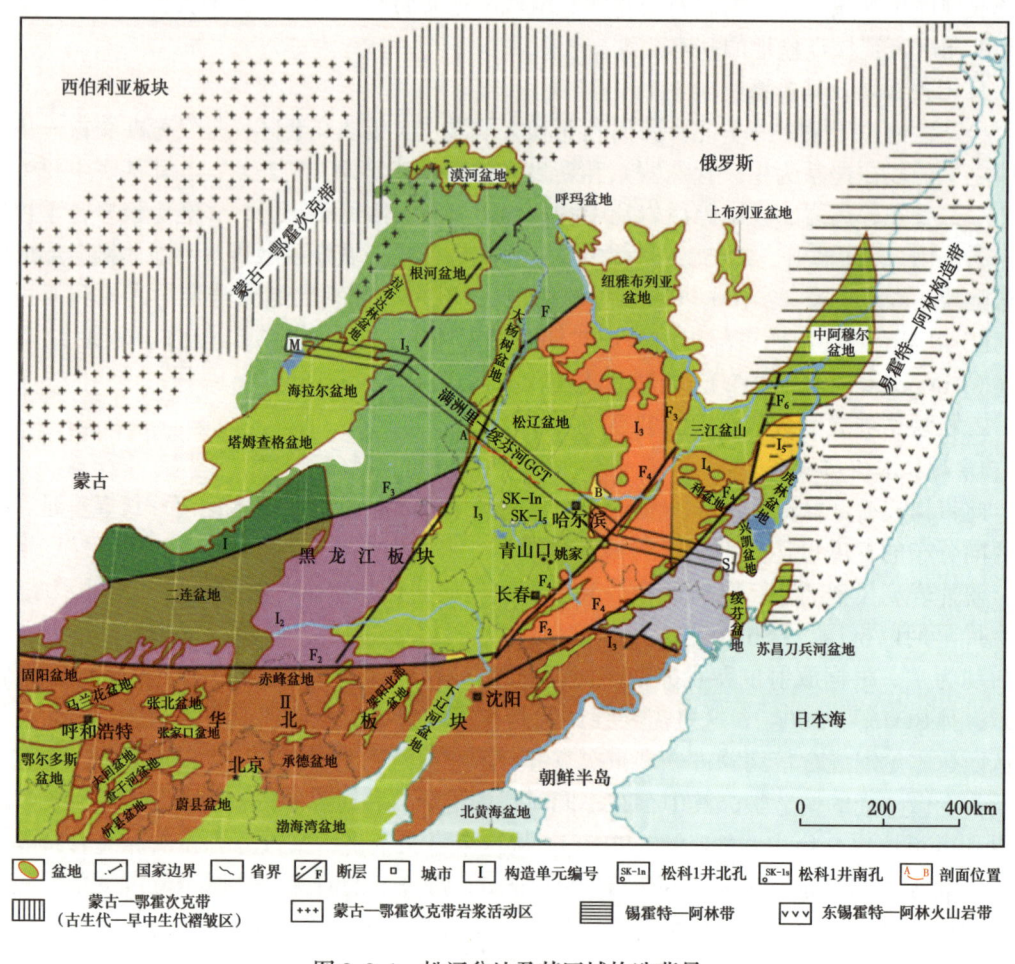

图2-2-1 松辽盆地及其区域构造背景

Ⅰ—黑龙江板块；I_1—额尔古纳—兴安板块；I_2—温都尔庙—贺根山大陆边缘增生带；I_3—松辽—张广才岭微板块；I_4—佳木斯微板块；I_5—那丹哈达大陆边缘增生带；Ⅱ—华北板块；F_1—塔源—喜桂图旗断裂带；F_2—嫩江断裂带；F_3—牡丹江断裂带；F_4—佳木斯—伊通断裂带；F_5—敦化—密山断裂带；F_6—下黑龙江断裂带；F_7—西拉木伦河断裂带；F_8—贺根山断裂带；蒙古—华北板块为图中蒙古—鄂霍次克带以南的全部陆壳区域包括黑龙江板块

3）锡霍特—阿林构造带

此带位于松辽盆地东缘以东500~600km的欧亚大陆边缘带，由平行于欧亚大陆边缘呈北北东向展布的锡霍特—阿林造山带和东锡霍特—阿林火山岩带共同构成（童英等，2010）。前者为晚中生代（晚燕山期）造山带，后者以晚白垩世—古近纪弧型中酸性火山岩为主、新近纪高原玄武岩为辅。造山带与火山带之间为一系列左旋走滑断裂带（Kemkin 等，2008）。古地磁数据显示，该带东侧的西萨哈林（库页岛）盆地从早白垩世赤道附近逐渐向北漂移，于晚白垩世至北纬40°左右，漂移速率约10cm/a，平行于陆缘边界的运移发生在早白垩世至塞诺曼期，晚白垩世发生持续的约50°顺时针旋转（Abrajevitch等，2012）。

另外，从牡丹江断裂至锡霍特—阿林带西缘，包括佳木斯地块、那丹哈达地体和兴凯地块等，主要为中生代俯冲增生杂岩带（周建波等，2009；Zhou等，2010）和碰撞期后伸展岩浆岩带（孙德有等，2005）。这些均说明，该带中生代以来一直是欧亚与太平洋板块边界的活动陆缘带。

3. 控盆或控陷断裂系统

1）佳木斯—伊通断裂

它属于松辽盆地东界控盆断裂系统，表现为边界为主断层控制的不对称堑垒构造带，走向北东，倾向多变。断裂带中发育有张性、大型逆冲和走滑韧性剪切等不同性质的断裂。沿断裂带的橄榄玄武岩具幔源岩浆性质，指示断裂的切割深度65~70km（武殿英，1989），属岩石圈断裂。该断裂系主要经历5期构造演化阶段（孙晓猛等，2006）。（1）左旋走滑阶段（J_3—K_1），与松辽盆地断陷期对应，标志着板块重组背景下一个新生陆缘断裂系统的形成。（2）区域伸展阶段（K_1晚期—K_2早期），持续进行的左旋走滑导致区域张扭—伸展，表现为松辽盆地初始坳陷沉积越过佳伊断裂向东部扩展，在佳伊断裂带附近沉积了登娄库组—泉头组。持续的张扭—深切割作用在青山口组达到高峰，于青山口组沉积晚期出现板内玄武岩喷发。（3）挤压逆冲阶段（K_2—Pg），表现为松辽盆地嫩江组沉积末期的区域抬升剥蚀事件，使本区普遍缺失上白垩统和古新统，使始新统与下白垩统呈角度不整合接触。（4）右旋走滑—断陷阶段（始新世—渐新世），在地堑中沉积了厚的新安村组—宝泉岭组（奢岭组—齐家组）；表现出与松辽盆地的显著差异，与之相当的依安组仅在松辽盆地西北部少量发育，标志着松辽盆地演化已经结束。（5）挤压反转阶段（渐新世末期），表现为古生代地层或海西期花岗岩逆冲于新近系之上，同时古近系发生褶皱；在松辽盆地表现为东南隆起区的进一步抬升。

2）嫩江—八里罕断裂

它属于松辽盆地西界的控盆断裂系统，表现为具有一定宽度的断裂带，其主线是从呼玛—嫩江—甘南—龙江—扎赉特旗—镇西—八里罕一线通过。它是中生代形成的断裂，该断裂从嫩江至龙江一带与古生代黑河—贺根山板块拼接带（蒙古—华北板块内部的缝合带）叠加在一起，在地壳的中浅层以韧性剪切为主，在浅表层（盆地盖层）表现为脆性断裂（韩国郷等，2009）。叠加于黑河—贺根山拼接带上的嫩江断裂，继承和改造了黑河—贺根山断裂，从而形成了向东倾斜且上陡下缓的断裂。其形成时代晚于西拉木伦河拼接带，在早白垩世早期断裂开始活动，早白垩世晚期—晚白垩世，嫩江—八里罕断裂两侧发生差异性隆升—沉降，断裂以东地区热沉降形成松辽坳陷盆地，以西地区隆升形成古大兴安岭。在断裂北端还分布有第四系更新统玄武岩（夏林圻，1990），表明该断裂自早白垩世至新生代一直处于构造活动状态，并控制了松辽盆地西边界的形成与演化。

3）松辽盆地中央断裂带

此带走向以北北东向为主，亦有北西向，主要包括孙吴—双辽、四平—哈尔滨及其相邻的断裂系统，是松辽盆地中部重要的地质界线，在坳陷早期的登娄库组—青山口组以陆上或水下隆起的形式控制沉积相展布，后期仍对油气分布和成藏特征有控制（如大庆长垣）。现今松辽地区的地震活动也主要沿该断裂系分布（如松原地区2013年11月间的5级以上地震）。这些新构造运动可能会引起油气再次运聚，同时也表明中央断裂带的长期活动性。它属于北北东向展布的壳断裂，表现为断裂两侧重磁异常特征差异和莫霍面特征差异（杨宝俊等，2003）。该断裂带形成于晚中生代，大致可分为5个活动期：早白垩世早期、登娄库组一二段沉积时期、泉头组三四段至青山口组沉积时期、嫩江组沉积末期、明水组沉积末期。该断裂带在松辽盆地断陷—坳陷形成演化过程中，以伸展为主，但也伴随主伸展期后的挤压反转（任延广等，2004）。

4. 下伏地壳

松辽盆地下伏地壳中生代以来一直属于减薄陆壳。杨宝俊等（2006）根据地学断面和深反射地震及区域重磁资料，系统总结了松辽盆地及邻区岩石圈结构特征。本区地壳厚度为30~40km，中部盆地区的地壳薄，最薄处大致位于哈尔滨附近为30km，最厚40km位于大兴安岭西侧。中部盆地区岩石圈厚度亦比周边山区薄，为60~70km，大兴安岭及西侧山区厚约120km。东北地区的岩石圈厚度南部比北部变化范围大，为60~100km。岩石圈内存在多组超壳断裂如郯庐断裂北延断裂系（佳伊断裂和敦密断裂）、嫩江断裂、牡丹江断裂、大兴安岭—太行山断裂。在额尔古纳地区、滨北地区、饶河宝清地区，地壳上部存在多组逆冲断裂。松辽盆地下伏莫霍面与盆地底部呈非对称式双斜镜像关系，即盆地下面有两个盆底凹陷和两个莫霍面隆起，但二者不呈双双对应的镜像关系（图2-2-2）。盆底凹陷分别在大庆和哈尔滨，而相应的莫霍面隆起分别在齐齐哈尔（较盆底偏西）和宾县帽儿山（较盆底偏东）（杨宝俊等，1996）。西部的莫霍面隆起规模较小，对应的盆地底部规则，与坳陷期盆地相吻合。东部的莫霍面隆起不仅规模较大，而且对应的盆地底部也不规则，可能反映的是经过改造的断陷期盆底特征（Wang等，2007）。

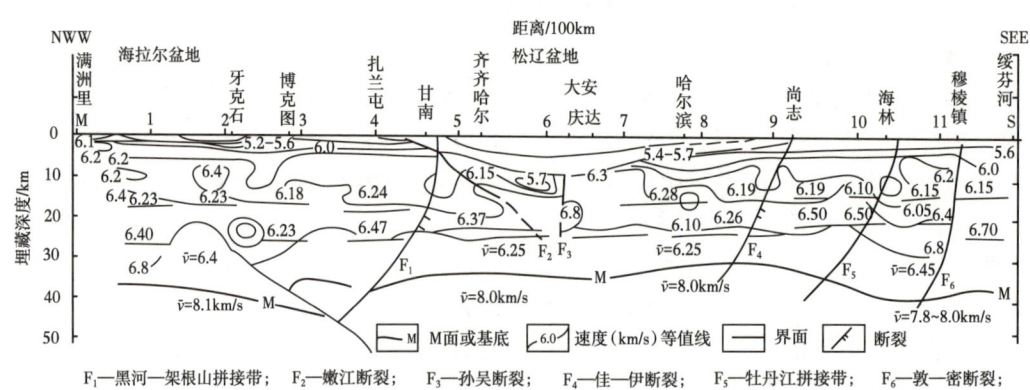

图2-2-2 松辽盆地及邻区下伏地壳结构（据杨宝俊等，1996）

二、深层断陷构造分区

松辽盆地深层沙河子组共发育有33个大小不等的断陷，除中部断陷区和东部断陷区发育有较大规模的断陷外，其他地区深层断陷的规模均较小，断陷期地层分布范围小，断陷期地层厚度也小（表2-2-1）。

表2-2-1 松辽盆地深层断陷基本特征表

断陷带	断陷名称		长/km	宽/km	面积/km²	顶面平均埋深/m	断陷类型	控陷断裂长度/m	走向	测线	沙河子组厚度/m		
											最小	一般	最大
西部断陷带	宝山		46	20.6	790	-500	地堑	75.4	南北	FY00-264	100	200	300
	富裕		83.4	24	749	-1400	地堑	34	北东	FY00-308	100	200	800
	梅里斯		57.7	45	2547	-1100	复合	15.3	东西	ZL91-213	100	300	600
	四方坨子		16.6	8.1	190	-1000	地堑	21.4	北北东	dp91-150			
	依安		43	62.2	1597	-1800	地堑	43.3	南北	YL92-317	100	300	600
中部断陷带	林甸		98	39.5	3116	-3200	箕状	93.8	北北东	BB04-199	200	500	1000
	小林克		34.3	7.8	270	-2300	地堑	41.5	北北东	TK02-192	100	300	500
	古龙	①号	51	7.4	468	-2800	箕状	51.8	南北	GL03-96	100	300	400
		②号	31.9	8.4	300	-4500	箕状	40.5	北北东	GL03-116	100	300	400
		③号	42.7	11	472	-5300	箕状	57	北北东转南北	GL03-87	200	300	500
		④号	21.2	8.1	174	-5200	箕状	20.1	南北	GL03-87	100	200	300
		⑤号	24.7	18.7	375	-5200	地堑	30.5	北北东	GL03-64	200	400	600
		⑥号	28.1	13.9	423	-5700	地堑	28.2	南北	GL03-64	300	400	600
	长岭		177	36.1	6584	-5100	复合	142.5	南北转北西	dpcj-540	100	850	2000
	通榆		36.6	14.8	420	-4000	地堑	45.5	北北东	dpcj492	300	600	1000
	古恰		7.5	10	81.4	-3800	地堑	11.6	北北西	GL01-20			
	孤店		42	28	930	-2500	箕状	61.2	北西转北东	dpm-561	120	300	800
	伏龙泉		49.2	11.3	900	-2500	箕状	71.4	北北东转北北西	dpm512	100	300	1000
	双辽		47.7	19	1202	-2000	地堑	64.9	南北转北北东	SL97-408	120	300	500
东部断陷带	北安		63.1	18.2	2283	-700	复合	75.5	北北东	BA93-355A	200	600	1300
	兴华		55.6	14	758	-700	地堑	72.7	北北东	BQ95-244	100	400	700
	中和		30	10	484	-1800	地堑	26.5	北北西	HY91-215	100	400	700
	绥化		93.8	38.6	3523	-1300	复合		东西		100	300	500
	徐家围子		115	33	3079	-3900	箕状	92.1	北北西	dpb-in840	200	600	1300
	任民镇		45.6	16.9	678	-1400	箕状	51.2	北北西	LX89-134	100	400	700
	兰西		29	18.8	1156	-1000	箕状	41.6	南北	LX89-158B	200	300	500
	呼兰北		24.2	38.9	1036	-1000	地堑	27.2	北北东	LX89-133.8	100	300	600
	莺山		108	19.2	1818	-3000	地堑	67.4	南北	MT93-130	200	600	1200
	双城		138	25.7	3780	-2600	地堑	82.5	北北东		100	200	1500
	榆树		84	21	2458	-1500	地堑	121	北北东	DY97-586	125	230	500
	榆东		47.1	21.3	1046	-1300	箕状	58.6	北北西	YS98-642	240	395	1400
	德惠		63.9	25.1	2608	-2000	双断	87.9	北北东	534	128	443	1945
	梨树		69.5	24.5	1834	-2500	箕状	53	南北转北东	SL434东	100	600	1900
	梨东		34.7	8.7	283	-1800	地堑	44.9	北北东	408	100	250	300

1. 深层断陷结构类型

1）箕状断陷

箕状断陷的特点可归纳为以下几点：（1）断陷主要受一条边界断裂控制，断陷期的沉降中心沿控陷断裂展布，断陷期地层在控陷断裂根部最厚，由控陷断裂根部向远端不断变薄，断陷期地层在控陷断裂远端超覆或者尖灭，或者终止于另一条控陷断裂；（2）控陷断裂的走向在平面上变化较大，一般由北北西向和北北东向两组断裂连接而成，沙河子组沉降中心往往位于控陷断裂的连接处或北北西向断裂附近；（3）沙河子组沿主沉降中心形成水域面积较大、水体较深的暗色泥岩沉降区域，生烃中心规模大，发育时间长，暗色泥岩厚度大，资源潜力大。

属于箕状断陷的深层断陷有12个，分别为徐家围子断陷、林甸断陷、长岭断陷、古龙断陷、莺山—双城断陷、绥化断陷、梨树（十屋）断陷、榆东断陷、任民镇断陷、兰西断陷、孤店断陷、伏龙泉断陷。准确地说，黑鱼泡次级断陷南部也具有明显的箕状断陷特征，而黑鱼泡断陷北部呈"双断式"的对称地堑特征。其中前6个断陷规模大，断陷期地层厚度大；后6个断陷的规模小、断陷期地层薄，控陷断裂联合程度低、延伸长度短、断裂走向在平面上变化小。

2）"双断式"地堑

"双断式"地堑主要有以下特点：（1）断陷受两条对倾的边界断裂控制，两条控陷断裂对断陷期地层的沉积基本上起到同等的控制作用，断陷期没有明显的主沉降中心发育；（2）控陷断裂的走向总体上以北北东—北东东向为主，各区段走向在平面上变化大；（3）沙河子组沉降中心分散在多个区域内，湖域面积小，水体较浅，暗色泥岩厚度较薄，在滨浅湖相区域可形成一定规模的碳质泥岩沉积区域，生烃中心规模较小，资源潜力较小。

属于"双断式"地堑的深层断陷中，德惠断陷、双城西（莺山）断陷、双城东（双城—王府）断陷、榆树断陷以及双辽断陷的断陷面积较大，但断陷期地层厚度并不大；准确地说，黑鱼泡次级断陷北部（BB04-213测线以北）也属于此类断陷。其他的该类型断陷规模都较小、断陷期地层薄，如依安断陷、呼兰北断陷、兴华断陷、中和断陷、富裕断陷、宝山断陷、小林克断陷等，这些断陷多为沙河子组沉积时期断裂活动造成的断块式沉降，断陷为边界断裂所围限，断陷期地层厚度较均一；控陷断裂联合程度低、延伸长度短、断裂走向在平面上变化小。

3）复合式断陷

复合式断陷结构是由两个或两个以上的地堑或半地堑连接而成，这种类型的断陷一般规模较大，断陷轮廓复杂，早期表现为分割性的地堑或半地堑断陷，晚期或最大沉陷期大多数断陷连通，形成复合式的断陷，这类断陷主要分布在中央断陷带，如长岭断陷、古龙断陷等。

（1）北安断陷。

北安断陷呈明显的东断西超的箕状结构，断陷呈北北东向长条形展布，南北延伸70 km左右，东西延伸仅十几千米。北安断陷由北向南可分为三个区段。

北部箕状结构明显断陷期地层厚度大，沙河子组厚度最大可达1000m以上。火石岭组为一套弱反射，由于沙河子组沉积时期断裂的伸展活动，使得火石岭组剥蚀严重，现残留范围较小；沙河子组呈楔状沉积于断陷内，与下伏火石岭组呈微弱的角度不整合接触，与上覆营城组呈角度不整合接触，T_4^1 地震反射层不整合现象明显；营城组倾角平缓，超覆于沙河子组之上。

中部断陷规模较小，断陷期地层较薄，沙河子组厚度不足 500m。北安断陷中部应是南北两个区段的连接区带，断陷发生较晚，沙河子组充填时间较短。

南部（BA93-321 测线以南），断陷结构与北部相似，呈东断西超的箕状结构，但断陷规模小于断陷的北部，沙河子组厚度也小于断陷北部。

（2）梅里斯断陷。

梅里斯断陷是由北东向和北西向—近南北向的断裂相互作用与连接而形成的复合式断陷。深凹在齐齐哈尔的西南，为一近似三角形的盆地。从东西向的 213 剖面上可以看出，此断陷为西断东超的构造样式。两条具有控制作用的东倾断层分别控制形成二个半地堑，形成了两个次级的坳陷带。它们的连接部位发育断层崖式的凸起，在火石岭组沉积时期和沙河子组沉积时期起到分割的作用，同时可以作为两个次凹的物源区。在营城组沉积末期地层发生反转、抬升，遭受强烈的剥蚀。与其上覆泉头组之间形成了大规模的区域性角度不整合。

（3）绥化断陷。

绥化断陷大体上为北东向复合断陷。断陷主体发育在绥化—望奎地区，相比明水地区断陷规模较小。绥化断陷在火石岭组—沙河子组沉积时期发育有若干个北东走向的次级断陷，在营城组沉积时期部分组合成统一的断陷。224 测线显示出该断陷的复合构造样式。在 Shua1 井之东发育一个规模较小但深度很大的箕状半地堑式断陷，解释深达 4500m，呈东断西超的构造样式。在 562~582 测线之间发育了另一个箕状半地堑式断陷，总体呈西断东超的构造样式。在营城组沉积后至泉头组沉积之前，发生反转构造，地层被褶皱或掀斜，使得营城组及沙河子组遭受剥蚀，缺失登娄库组，与泉头组呈不整合接触，显示剥蚀作用是长期的。白垩纪末期本区发生了与挤压有关的强烈构造作用，发生了又一次构造反转作用，形成了松辽盆地滨北地区东部的一个大规模的反转背斜构造带，呈北北东向展布。

2. 深层断陷展布特征

松辽盆地深层总体具中隆侧坳，隆坳相间的构造格局，分为西部断陷带、中部断陷带和中部断陷带，三个断陷带之间为两个隆起带，分别为西部隆起带和中部隆起带，总体具有"三断两隆"的断陷构造格局（图 2-2-3）。断陷地层层序以分割断陷为主，断陷晚期联合形成北北东向断陷带。断陷地层主体构造格架是断陷期形成的，并经历了断陷末期构造运动和盆地坳陷与反转作用的改造。纵向构造具有继承性和差异性，断陷区沿袭基底构造薄弱带发育；坳陷层序分布继承断陷区、断隆区的发育部位，坳陷早期继承断陷区发育部位形成坳陷中心；盆地反转期强烈挤压反转部位也是断陷作用最活跃部位。

盆地萎缩期的构造变形并未改变断陷盆地的总体构造面貌。基岩顶面埋藏很深的地区断陷期沉积厚度大，上部反射层为负向构造。如林甸—齐家—古龙—长岭断陷的上部为齐家—古龙—长岭坳陷，杏山断陷上部为徐家围子向斜，中央古隆起带西侧斜坡上发育了大庆长垣等。

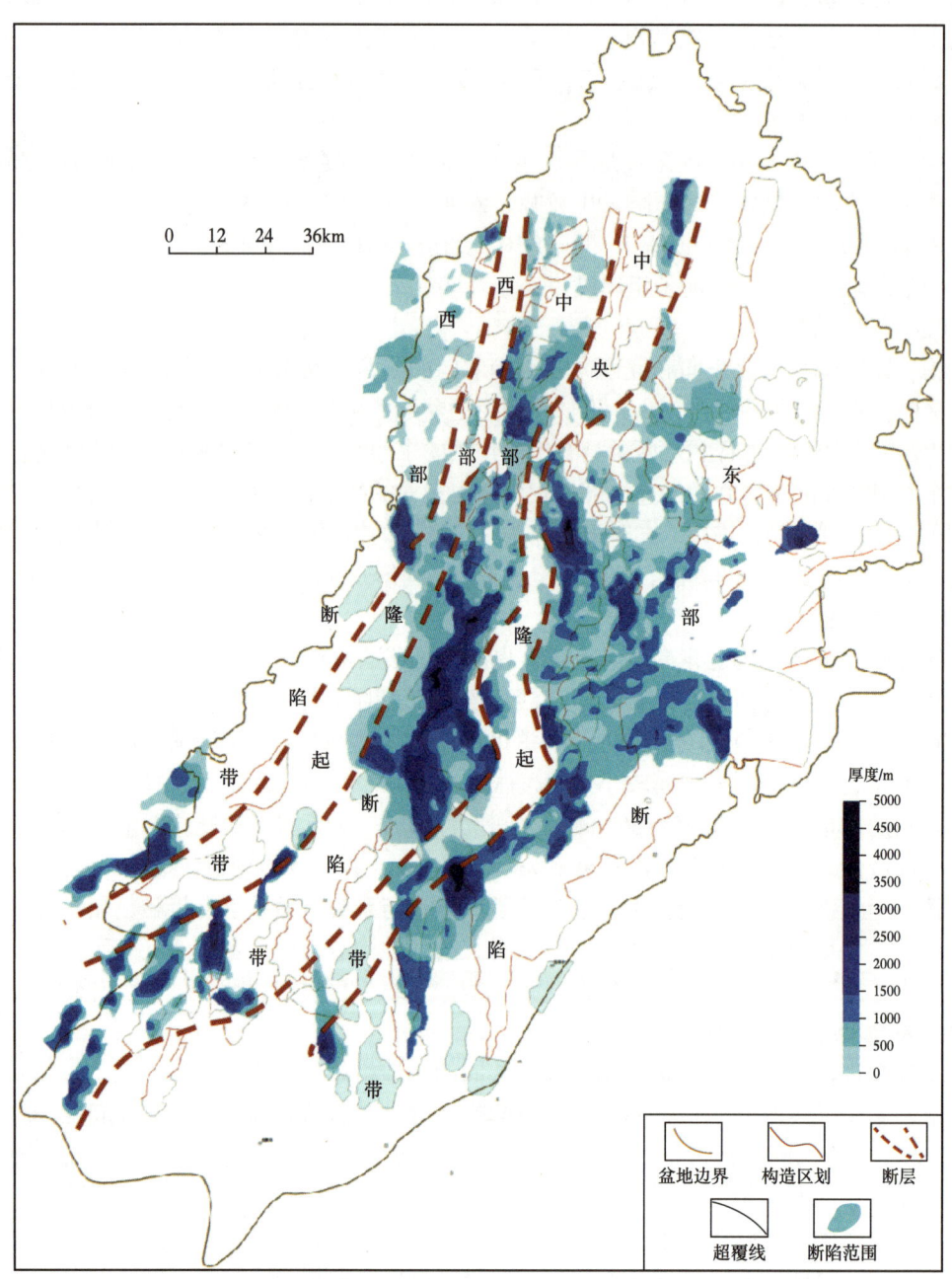

图 2-2-3　松辽盆地深层断陷构造格局图（据冉清昌和李瑞磊，2010）

根据松辽盆地基岩顶面构造、断陷地层厚度、断陷的分布、基底深断裂的控制作用、基底对坳陷层构造带的影响等因素，可以将松辽盆地深层断陷地层层序划分为 5 个 Ⅰ 级构造单元，即西部断陷带、西部断隆带、中部断陷带、中央断隆带、东部断陷带，整体构造格局呈北北东向。东部断陷带包括徐家围子断陷、双城西断陷、双城东—榆树断陷、德惠断陷、梨树（十屋）断陷；中部断陷带包括林甸断陷、古龙断陷、长岭断陷；西部断陷带包括富裕断陷、宝山断陷、梅里斯断陷。

从松辽盆地深层断陷的发育特征来看，松辽盆地深层断陷的主要发育时期为沙河子组沉积时期。沙河子组沉积时期的伸展断裂系统虽然孕育在火石岭组火山岩台地发育期，但大规模的伸展和裂陷还是发生在沙河子组沉积时期。沙河子组沉积时期伸展断裂系统控制的沉降格局和沉积格局，改造了火石岭组的原始分布特点，也在一定意义上控制了营城组的填平补齐作用。

根据断陷期地层的现今赋存特征，松辽盆地深层规模较大的断陷主要有林甸断陷、长岭断陷、徐家围子断陷、双城西（莺山）断陷、双城东（双城—王府）断陷、榆树断陷、德惠断陷、梨树（十屋）断陷。包括古龙断陷在内的其他地区多为非连续分布的中小型断陷，断陷面积以及断陷期地层厚度均不大。主要断陷构成三个北北东向断陷带：梅里斯—小林克断陷带（位于西部，包括梅里斯断陷、小林克断陷及西部斜坡带上的小断陷），依安—乾安断陷带（沿孙吴—双辽断裂带分布，包括北安断陷、林甸断陷、古龙小型断陷群及长岭断陷），绥化—梨树断陷带（位于东部，包括绥化断陷、双城—王府断陷、双城西断陷、榆树断陷、徐家围子断陷、德惠断陷、梨树断陷、双辽断陷等），断陷带之间为中央古隆起及其北延部分和西部斜坡中部所隔。

3. 断陷地层分布特征

松辽盆地断陷地层发育，面积达44200km^2，平均厚度700~800m，分布于50多个断陷内。受北北东向、北东向基底大断裂控制，大致沿西部、中部和东部三个沉降带展布，总体上呈北北东向展布。

1）断陷地层的埋深特征

断陷地层的埋深（T$_4$）除与断陷的发育程度有关外（断陷幅度），还与盆地区域构造演化有关，总体而言，腹部地区的断陷埋深最大。从北到南，由北部的纳莫尔河断裂，向南经富裕—明水断裂，滨州线断裂呈断阶下降，断陷的深度由北向南加深，到腹部断陷区埋深达到最大，过松花江断裂向南，断陷地层埋深开始变浅。从东到西，以中部断陷群埋深最大，其次是东部断陷群，西部断陷群埋深浅。总的来说，越接近盆地边缘，断陷地层埋藏就越浅，一般在北部和西部边缘，断陷地层埋深均不大。

断陷地层埋深南北向的变化与断陷发育程度有关，腹部地区是断陷群发育的中心区，断陷几乎连片，断裂伸展作用强，沉降幅度大，形成古龙、徐家围子、双城、王府等断陷群。后期坳陷地层具有一定的继承性发育，埋深较大。东西向埋深变化与盆地坳陷层沉降中心的迁移和盆地边缘抬升剥蚀有关，登娄库组—嫩江组沉积时期，是盆地整体沉降期。登娄库组沉积早期，坳陷初期沉降、沉积作用仍受断陷作用影响，登娄库组一段、二段的沉积受基底断裂控制，沿袭中部断裂带和东部断陷带形成齐家—古龙—乾安和杏山—莺山东西两条北北东向大面积坳陷带，中间夹有中央古隆起带。登娄库组三段、四段沉积超越断陷带逐渐向外扩大超覆。登娄库组沉积末期中央古隆起带基本被覆盖，两大坳陷被连通逐渐形成大型统一坳陷。泉头组—嫩江组是盆地大型坳陷发展的全盛时期，沉积范围逐渐扩大，各组段向边缘超覆。至嫩江组二段沉积时期沉积范围达到最大，东西均超出现今盆地边界，在此发展过程中，东部坳陷逐步缩小，西部坳陷逐步扩大，中央古隆起逐步减弱，沉积中心逐渐西迁，至姚家组沉积时期，除中央古隆起带南北两端，中段几乎消失。四方台组沉积时期和明水组沉积时期，盆地再度沉降。在齐家—古龙断陷和长岭断陷上形成凹陷沉积中心。晚白垩世明水组沉积末期，东部隆起区大幅度抬升剥蚀，其结果是中部断陷埋深最大，如古龙断陷埋深超过5000m，向东部边缘埋深逐渐减小。

2）断陷地层厚度

断陷地层厚度与断陷地层埋深没有一一对应关系，主要与断陷发育程度有关，东部断陷以箕状断陷为主，断陷沉降幅度大，断陷地层厚度大，其中腹部断陷地层厚度一般都在3000~4000m之间，最大厚度可达6000m，其他断陷地层厚度都在2000m以内。中部断陷带的埋深较大，但断陷地层的厚度不如中东部断陷地层的厚度大，中部断陷以地堑断陷为主，断裂侧向伸展作用弱，沉降幅度小，断陷地层沉积厚度较小。西部断陷的厚度普遍薄，一般为300~500m。

断陷地层自北向南沉积岩和煤层减少，火山岩增加，北部为一些较浅的断陷，主要为一些粗碎屑含煤建造，向南断陷含煤减少或不含煤。但岩浆活动加剧，有很多井全为火山碎屑岩或火山熔岩。就南北两个独立的部分来说，西部的火山岩多于东部，西部各断陷大多以火山岩为主或全部为火山岩堆积，而向东火山岩减少，火山岩与断裂有一定联系，一般沿断裂特别是断陷的边缘部分，火山岩发育，且以熔岩为主。在断陷内部，断陷地层的分布与断陷的结构有关，地堑式断陷的最大厚度分布在断陷中心地带，而半地堑或箕状断陷的最大厚度则分布在控陷断裂一侧。

总体而言，松辽盆地深层断陷具有东部厚、中部大的分布特点，面积大于2000km^{2}且厚度大于2000m的断陷有9个，其中东部断陷带3个，分别为徐家围子断陷、昌图断陷、双城断陷；中部断陷带5个，分别为长岭断陷、林甸断陷、茫汉断陷、英台断陷、古龙断陷；西部断陷带1个，为陆家堡断陷。从深层油气勘探实践证实，松辽盆地中部和东部断陷带仍有较大勘探潜力。

三、深层构造演化规律

本部分在对松辽盆地所在区域深层地震构造解析的基础上，结合区域大地构造背景，对该盆地的形成时间、盆地属性、形成演化的过程及其动力学环境和进行了研究，以期为该层系天然气勘探提供科学依据。

1. 松辽盆地属性

1）弧后伸展裂谷阶段

松辽盆地上古生界二叠系—下三叠统含火山物质碎屑岩系分布受断裂控制（图2-2-4），主要分布在裂陷槽内。松辽盆地东侧牡丹江蛇绿混杂岩带内具有古洋壳残片特征的依兰东平安村变堆晶辉长岩侵入年龄（251±1Ma）和变枕状玄武岩喷发年龄（252±1Ma），表明牡丹江洋形成于二叠纪（Liu等，2019）；佳木斯地块东缘地区具有活动大陆边缘沉积环境特征的上石炭统珍子山组发育（Liu等，2019），这说明佳木斯地块东侧古太平洋洋壳在晚石炭世已开始俯冲。另外，该时期松辽地块群快速自西向东漂移（Scotese，2016）。

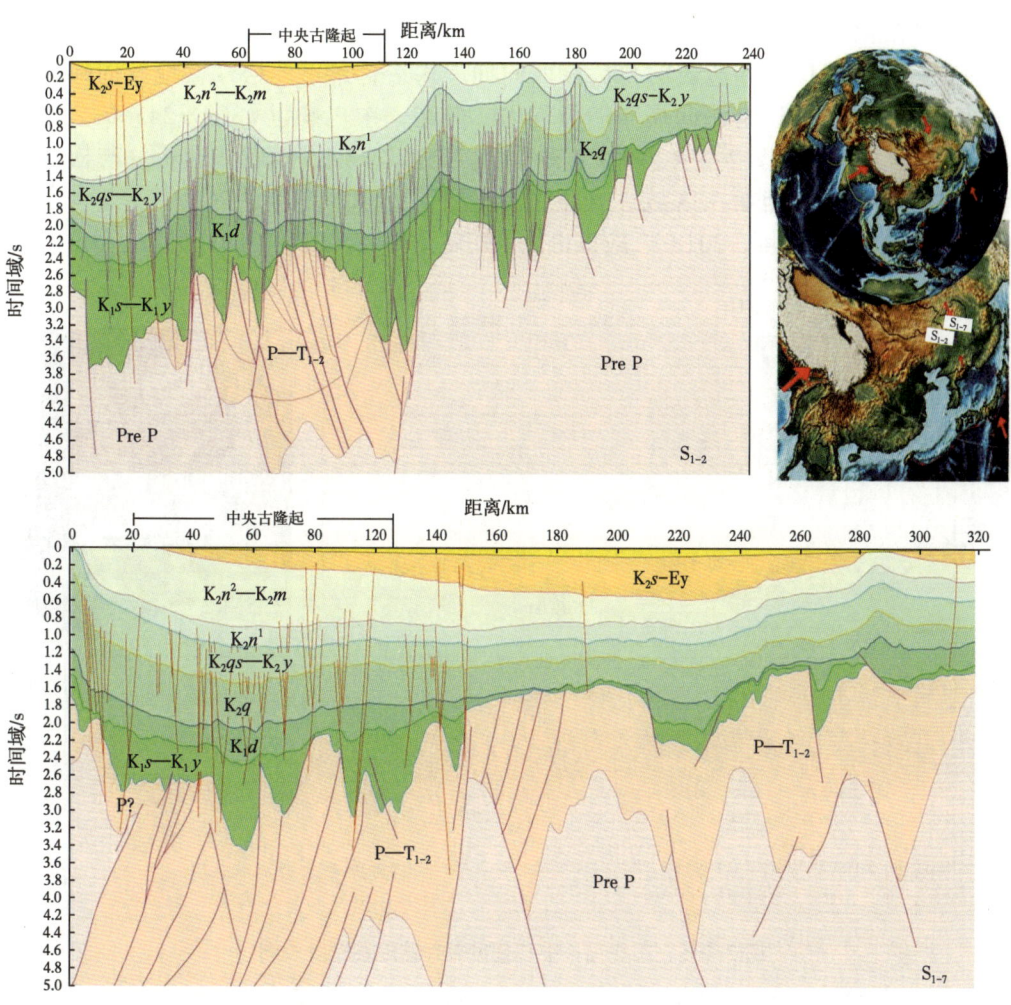

图 2-2-4 松辽盆地地质大剖面图

以上证据表明自海西期晚期开始，由于古太平洋板块洋壳的快速俯冲后撤，引起弧后伸展，导致牡丹江洋扩张形成，并造成松嫩地块及邻区处于弧后伸展构造背景下，这一过程可能持续至印支期早—中期。

2）碰撞裂谷阶段

索伦—西拉木伦—长春—延吉缝合带（简称西拉木伦缝合带）内温都尔庙蛇绿岩中枕状熔岩年龄（260Ma）、林西县杏树洼蛇绿岩带中二叠世硅质岩中放射虫发现、吉林大玉山同碰撞型花岗岩体形成时间（248Ma）、内蒙古东部林西组砂岩中发育早中生代碎屑锆石（238Ma 或 249–233Ma），表明晚二叠世末期—早三叠世西拉木伦缝合带才开始闭合（Miao 等，2007；Wang 等，1997；Sun 等，2004；Han 等，2015；Wang 等，2021；Wang 等，2016），同时华北板块北缘地区开始为林西地区林西组提供物源供给。这也说明松辽盆地及周邻地区地壳东西向伸展裂谷事件可能受南缘华北板块碰撞导致的碰撞裂谷事件的影响，松辽盆地及周邻地区进入了碰撞被动裂谷阶段。

1. 构造演化过程

在古太平洋板块俯冲造成的弧后东西向伸展构造背景下，松辽盆地及周邻地区地壳东西向伸展，造成近南北向展布的裂谷内二叠纪—中三叠世（308—245Ma之间，峰值270Ma）火山喷发（图2-2-4、图2-2-5）。晚二叠世末期，随着华北板块与松辽地块群陆陆碰撞，松辽盆地所在区域进入碰撞裂谷阶段。SK2井岩心钻遇中三叠世安山岩（242.6±0.77Ma，Hou等，2018），应该也是该期碰撞裂谷火山事件的证据。

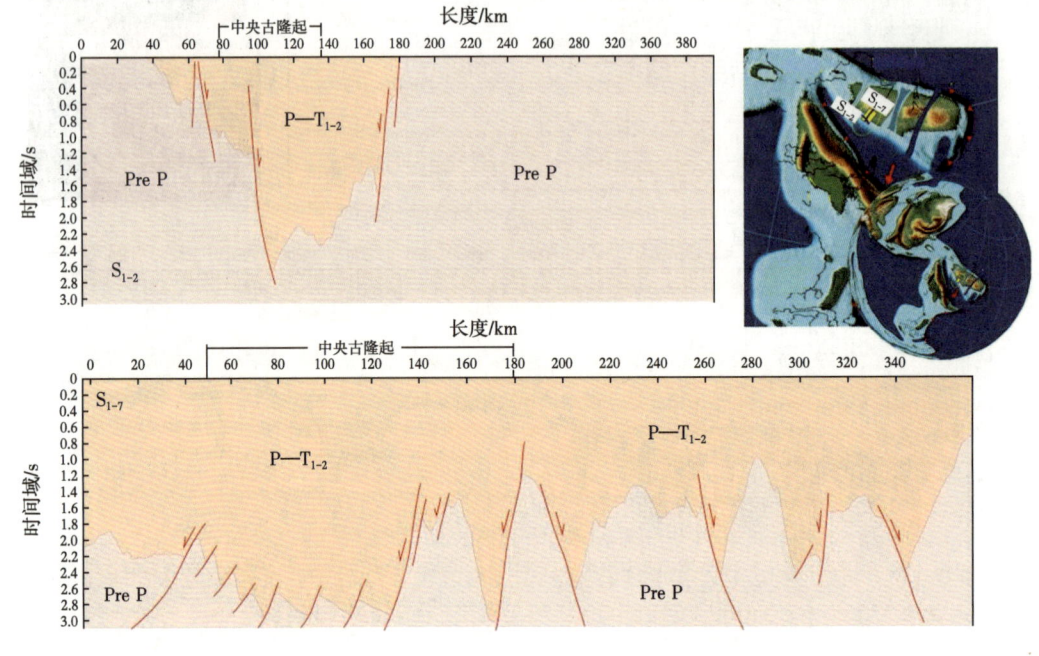

图 2-2-5　二叠纪—中三叠世裂谷盆地发育阶段图

2. 松辽盆地后期改造作用

总体而言，松辽盆地上古生界—早中生界裂谷层系形成后经历了复杂的后期构造演化，造成不同性质、不同产状断裂发育，相互交织，其中内近东西向和近南北向的逆冲断裂发育，其上负花状走滑断裂构造发育。

1）印支期晚期—燕山期早期的挤压逆冲改造作用

（1）印支期晚期南北向挤压逆冲改造。

松辽盆地内近东西向逆冲断裂发育。晚三叠世，受华北板块与东北亚块体群（含松嫩块体）陆陆碰撞影响，松嫩块体南缘遭受强烈挤压，这由西拉木伦缝合带东段长春—磐石—桦甸—开山屯变质杂岩（230Ma）发生变质事件（Zhou等，2018）、吉林省中部地区（216±3Ma）存在晚三叠世花岗岩侵入（Sun等，2005）及华北板块北缘近东西向展布印支期S形花岗带（Xie，2016）等证据均可证明。以上证据说明印支期晚期，在近南北向陆陆碰撞挤压的构造背景下，松辽盆地内裂谷层系遭受南北向强烈挤压逆冲改造，南倾的叠瓦扇式逆断层发育（图2-2-4、图2-2-6），并伴有印支期晚期岩浆侵入活动，如ZS11井（214Ma）、ZS10井（224Ma）花岗岩发育。

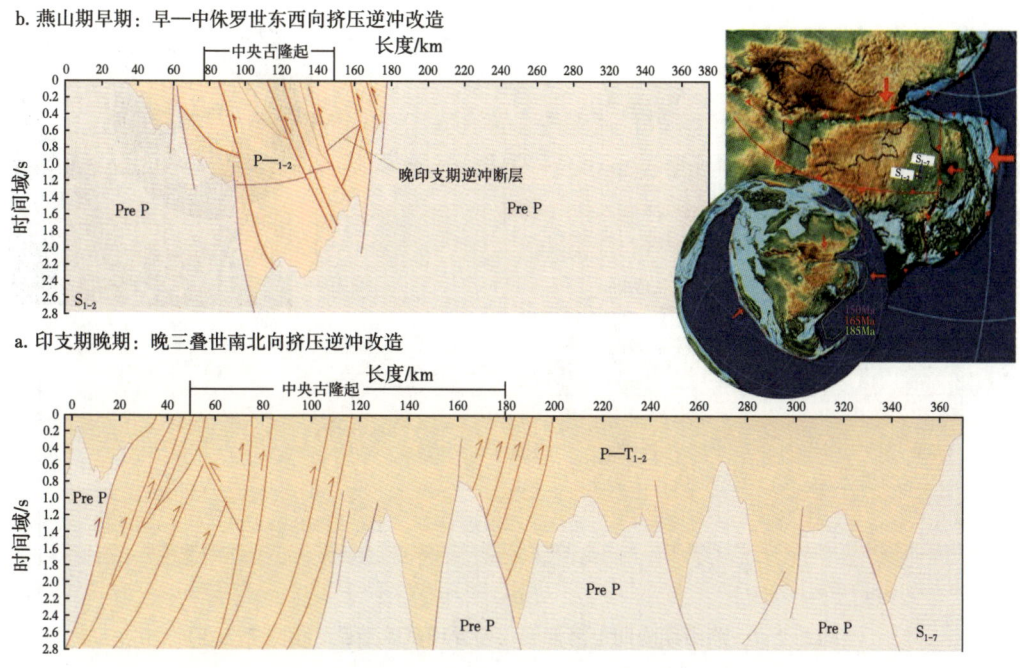

图 2-2-6 印支期晚期和燕山期早期逆冲改造改造图（续图 2-2-5）

（2）燕山期早期东西向挤压逆冲改造。

松辽盆地内近南北向逆冲断裂发育。位于佳木斯地块与松嫩地块间的黑龙江群蛇绿混杂岩形成于早侏罗世（Wu 等，2007），其内构造混杂岩的变质年龄为 180—165Ma（Wu 等，2004），这反映佳木斯地块与松嫩地块的碰撞拼合应该发生在燕山期早期。松辽盆地东缘吉林中部和张广才岭大量侏罗纪花岗岩产生（Sun 等，2005；Wu 等，2007）及延边地区出现的侏罗纪（192—168Ma）花岗岩（Zhang 等，2004）均应是这次俯冲碰撞响应。

上述证据说明早—中侏罗世在佳木斯块体与松嫩地块俯冲及其后陆陆碰撞挤压的构造背景下，松辽盆地遭受强烈近东西向构造挤压，上古生界—早中生界裂谷层系内近南北向展布的东倾逆冲推覆构造发育（图 2-2-4、图 2-2-6）。这次燕山期早期碰撞事件还造成燕山期早期花岗岩浆侵入，造成上古生界—早中生界裂谷层系热液改造。该期花岗岩 ZC3 井（170Ma）、ZC7 井（170Ma）、C403 井（172Ma）、FS901 井（180Ma）等井均有钻遇。

2）早白垩世火石岭组—登娄库组沉积时期的差异埋藏改造作用

早白垩世火石岭组—登娄库组沉积时期，受中特提斯洋关闭导致的远程挤压效应影响，松嫩地块向北运移（Hou 等，2009），并处于右旋走滑伸展背景下（Lin 等，2003）。在右旋走滑伸展背景下，松辽盆地区早期形成的近南北向基底断裂走滑伸展，造成徐家围子断陷和古龙断陷的快速沉降，同时引起地幔上涌、火山喷发。这造成上古生界—早中生界裂谷层系遭受差异升降或埋藏改造，局部断块活动上升而快速隆起（图 2-2-4、图 2-2-7）、局部断陷遭受深埋。徐家围子断陷内中性—酸性流纹岩火山岩（116-108Ma，峰值 113—111Ma）记录了该期裂陷事件（Zhang，2007）。

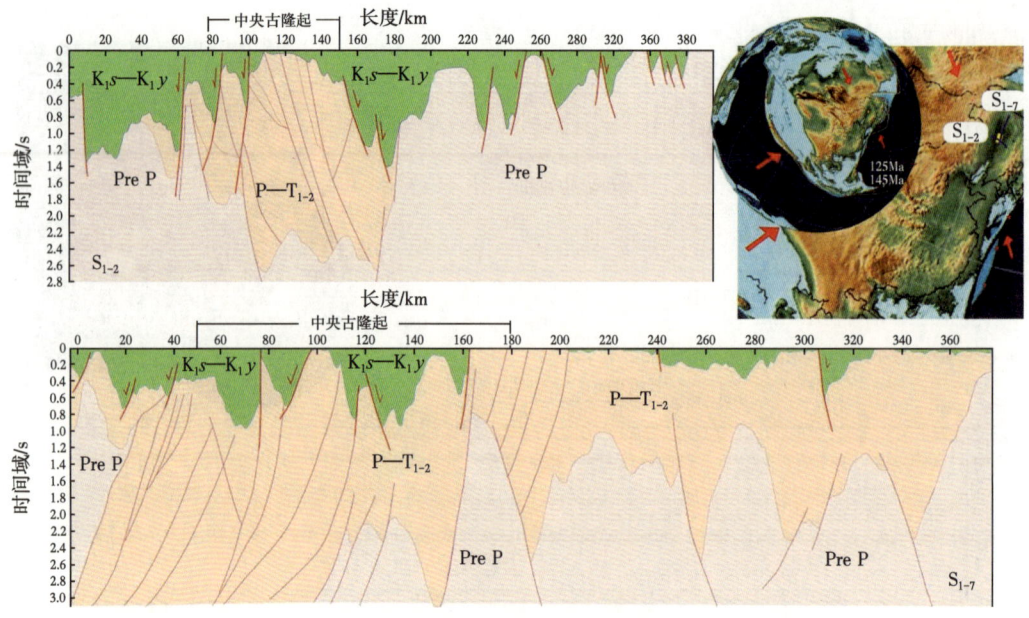

图 2-2-7　燕山期晚期走滑伸展与差异埋藏改造图（续图 2-2-5）

3）早白垩世青山口组—嫩江组沉积时期的剪切深埋改造作用

早白垩世青山口组—嫩江组沉积时期，松辽盆地范围内地壳塑性减薄、火山喷发、大幅度强烈热沉降，同时小型雁列式负花状同沉积正断层系广泛发育（图 2-2-4、图 2-2-8）。该时期，受中特提斯洋关闭和伊泽奈崎板块高角俯斜向冲后撤（Maruyama 等，1996；Maruyama，1997）的共同影响，造成松辽盆地快速向南漂移（Hou 等，2009）。

这说明，伊泽奈崎板块高角俯斜向冲后撤和中特提斯洋关闭造成的右旋走滑和地幔汇聚上涌的构造背景下，松辽盆地区强烈沉降，以致上古生界—早中生界裂谷层系被登娄库组二段及以上巨厚地层覆盖（图 2-2-8），并遭受一定右旋走滑剪切改造。SK2 井嫩江组火山岩（83.35±0.11Ma，83.498±0.052Ma）便是该构造事件的记录（Hou 等，2018）。

4）燕山期末期—喜马拉雅期早期的强烈挤压改造作用

晚白垩世嫩江期沉积晚期—明安组沉积时期，松辽盆地松辽盆地向北迁移（Hou 等，2009），并湖盆沉积中心明显向西移、逐渐萎缩（Song，2010），最后形成了包括大庆长垣等在内的一系列北东向褶皱和其内北西向雁列式正断层系（Huang 等，2019），这表明显示该期处于强烈挤压兼左旋走滑剪切构造活动背景下（图 2-2-4、图 2-2-9）。

该时期，西伯利亚板块和太平洋板块相向俯冲汇聚挤压，蒙古—鄂霍次克海槽最终关闭（Scotese，2016），同时太平洋俯冲带向南南东向迁移（图 2-2-9），这说明松辽盆地所在区处于以蒙古—鄂霍次克海槽为主的南东东向俯冲挤压为主的构造背景下。

由上可知，燕山期末期—喜马拉雅期早期，在北西西—南南东向挤压兼左旋走滑的构造背景下，松辽盆地上古生界—早中生界受剪切挤压改造，上覆层系形成一系列北北东向褶皱（图 2-2-4）。至此，松辽盆地基本定型，喜马拉雅期晚期在早期形成的侵蚀夷平上仅沉积了一套厚度达 150m 以上的磨拉石建造。

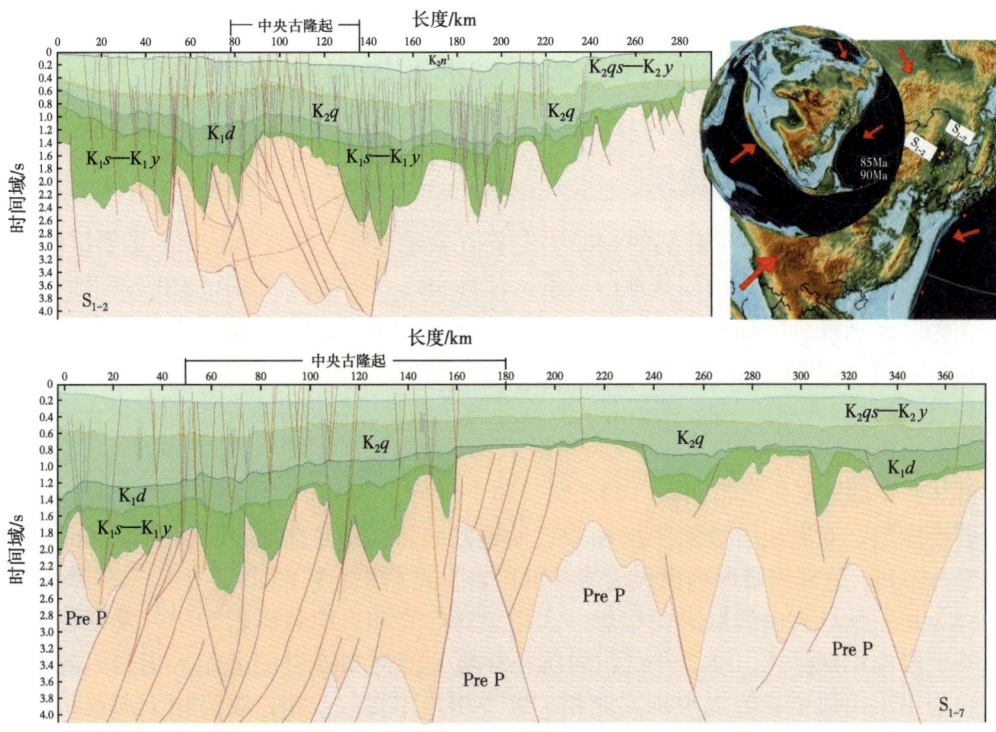

图 2-2-8　燕山期晚期走滑伸展与深埋藏改造图（续图 2-2-5）

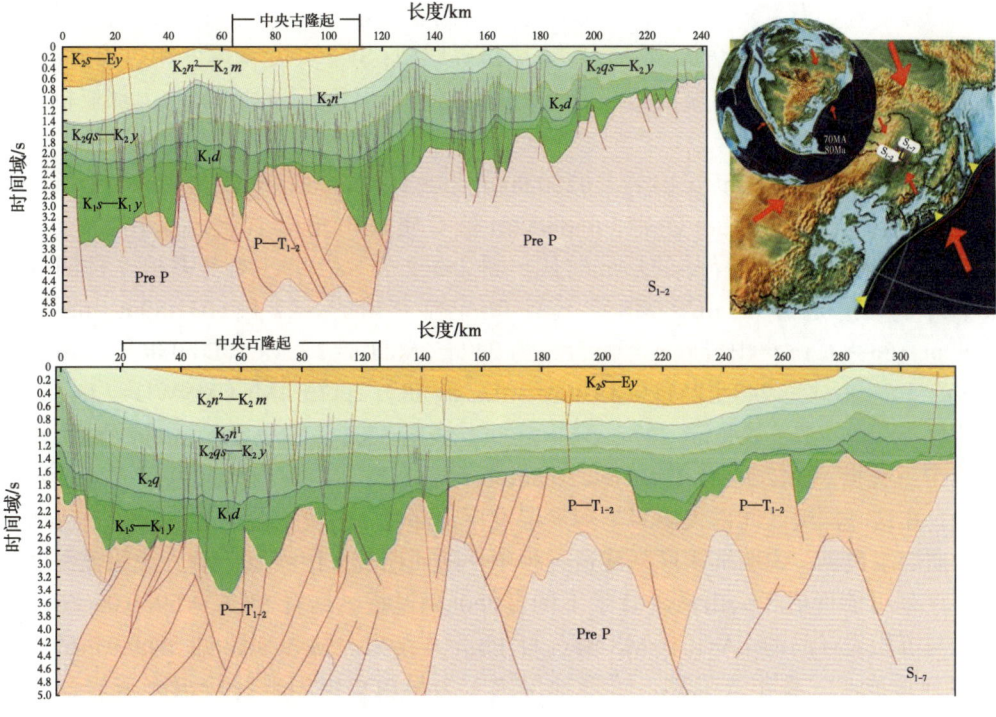

图 2-2-9　燕山期末期—喜马拉雅早期强烈左旋挤压与隆升剥蚀改造图（续图 2-2-5）

第三节 松辽盆地深层地层学研究新进展

一、SK2 井地层研究成果

位于松辽盆地徐家围子断陷的 SK2 井是松辽盆地国际大陆科学钻探的重要组成部分，为了确定 SK2 井是否打穿松辽盆地白垩系，针对 SK2 井岩心开展 LA-ICP-MS 锆石 U-Pb 定年工作，发现该科学探井在 5960.05~6958.60m 井段发育一套三叠纪火山序列、沉积岩石序列（Yin 等 2019）。

1. 首次利用 LA-ICP-MS 锆石 U-Pb 定年方法在松辽盆地基底中识别出早—中三叠世岩石

SK2 井钻遇地层包括第四系、明水组、四方台组、嫩江组、姚家组、青山口组、泉头组、登娄库组、营城组、沙河子组和松辽盆地基底。SK2 井在 5960.05~6958.60m 揭示三叠纪岩石序列，这套岩石序列由火山岩和沉积岩组成（图 2-3-1）。

SK2 井三叠纪火山岩以火山熔岩、火山角砾熔岩和火山角砾岩为主，发育凝灰岩夹层。基于岩相识别标志、SK2 井沉积岩沉积环境分析将 SK2 井三叠纪火山岩、沉积岩序列中识别出火山通道相隐爆角砾岩亚相，爆发相热碎屑流亚相，喷溢相下部亚相和上部亚相。各岩相类型厚度占比从高到低依次为喷溢相（49%）、扇三角洲相（26%），爆发相（21%）和火山通道相（4%）。SK2 井扇三角洲相岩性表现为砂砾岩，其中扇三角洲前缘亚相以砂岩和细砾岩为主，扇三角洲平原亚相以杂色复成分中砾岩为主；火山通道相隐爆角砾岩亚相岩性表现为隐爆角砾岩，发育隐爆角砾结构；SK2 井发育爆发相热碎屑流亚相，岩性表现为火山角砾岩，而喷溢相表现为火山熔岩和火山角砾熔岩，其中上部亚相火山岩发育气孔、杏仁构造。

选取 SK2 井 6031.89m 安山岩、6280.00m 安山岩、6286.24m 砂岩、6371.20m 砂岩、6373.90m 粗安岩、6375.00m 砂岩、6688.62m 粗安质火山角砾岩岩心采用 LA-ICP-MS 锆石 U-Pb 定年手段确定样品的形成时代。图 2-3-2 为 SK2 井三叠纪基底 7 件测年样品的年代学特征。通过 LA-ICP-MS 锆石 U-Pb 定年获得的 SK2 井 6031.89m、6280.00m、6373.90m、6688.62m 火山岩形成年龄分别为 242 ± 2Ma（$n=7$，MSWD=0.06）、246 ± 6 Ma（MSWD=1.8，$n=4$）、243 ± 2Ma（MSWD=1.02，$n=18$）、247 ± 4Ma（MSWD=1.04，$n=2$）。上述定年结果在 242 ± 2Ma 至 247 ± 4 Ma 之间，表明 SK2 井三叠纪基底地层时代整体上归属于中三叠世。SK2 井 6137.40~6423.88m 沉积岩为扇三角洲相的杂色复成分砾岩和岩屑砂岩，在这一深度区间内火山岩呈薄夹层发育，部分杂色复成分砾岩陆源砾石碎屑被绿色安山质熔浆包裹，说明沉积序列建造过程中伴随同期的火山喷发活动，说明该深度区间的岩石序列可能形成于火山活动背景下的事件沉积过程。结合 SK2 井 5960.05~6958.60m 火山岩与沉积岩样品的 LA-ICP-MS 锆石 U-Pb 定年结果，认为 SK2 井 5960.05~6958.60m 岩石序列形成于三叠纪安尼期。这套地层之上为早白垩世阿普特阶沉凝灰岩、凝灰岩（5943.19m 沉凝灰岩形成年龄为 117.9 ± 1.6Ma，5958.62m 凝灰岩形成年龄为 118.2 ± 1.5Ma

（Liu 等，2021））。

2. 研究表明早—中三叠世松辽盆地潜在发育区处于汇聚板块边缘构造背景

SK2 井揭露的三叠纪岩石序列中，6137.35~6423.85m 井段以沉积岩为主，火山岩以薄夹层产状出现。根据沉积岩岩性组合特征，SK2 井 6137.35~6423.85m 沉积岩序列可以分为 6137.35~6248.10m 与 6248.10~6423.85m 上下两部分，上部发育杂色复成分中砾岩，呈块状构造，砾石成分成熟度与结构成熟度均较低；下部发育砂岩和细砾岩。通过 SK2 井三叠纪砂岩骨架成分、砾岩砾石成分分析显示，火山岩岩屑和砾石是 SK2 井沉积岩的主要碎屑组成，这些火山岩岩屑与沉积序列之上、之下及夹层中发育的火山岩成分类似，多为中性火山岩。

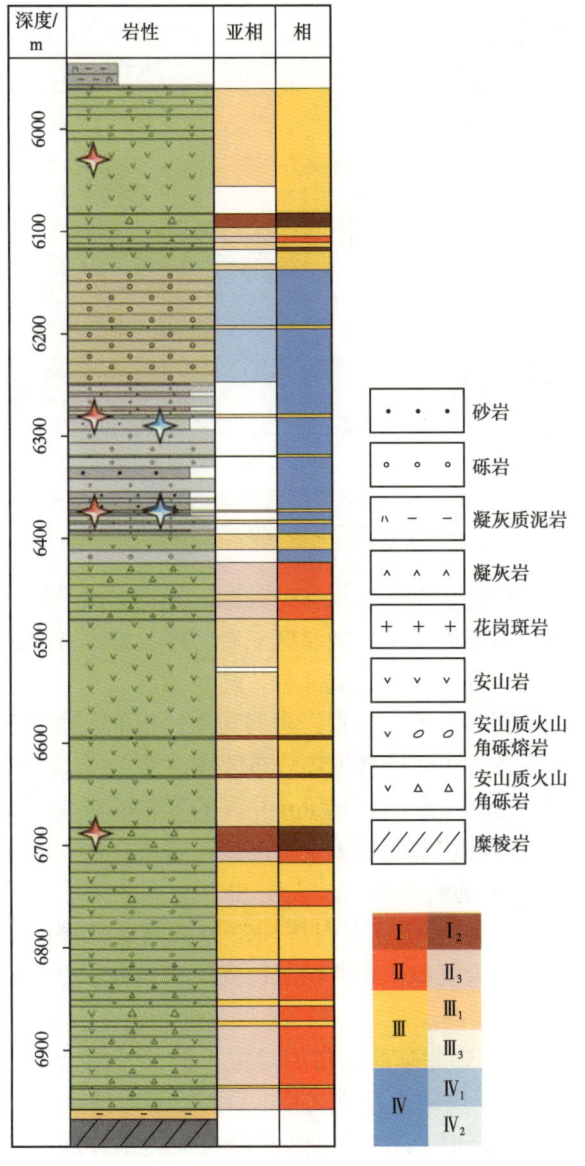

图 2-3-1 SK2 井三叠纪基底岩性、岩相序列

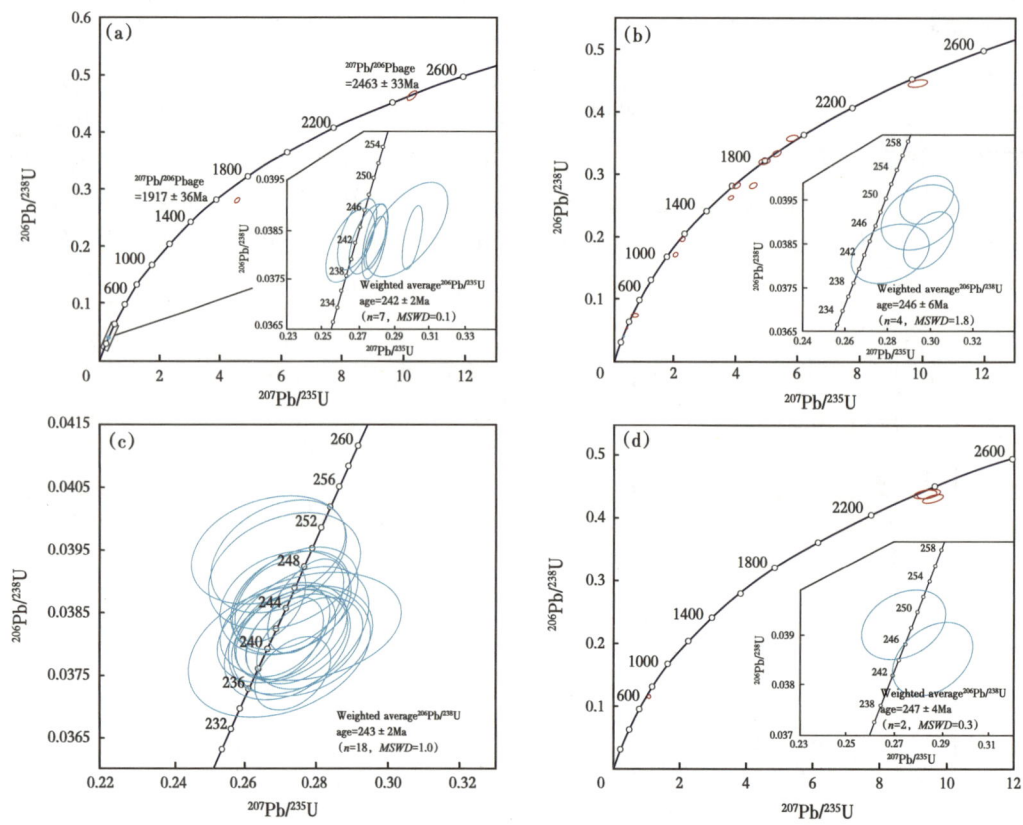

图 2-3-2　SK2 井三叠纪火山岩测年样品锆石 U-Pb 定年谐和图

砂岩骨架成分构造背景分析：不同构造背景下沉积盆地蚀源区发育的岩性组合特征不同。大陆块蚀源区、岩浆岛弧蚀源区和再旋回造山带蚀源区三者之中，SK2 井砂岩骨架成分分析结果显示火山岩岩屑为砂岩骨架成分的主要组成部分，陆块蚀源区基岩中较为发育的钾长石和再旋回造山带蚀源区多见的多晶石英、沉积岩岩屑均占比很低，这些砂岩样品数据在砂岩骨架成分图解中分布在岩浆弧蚀源区砂岩优势分布区域。

砾岩砾石成分构造背景分析：6225.3m 井深和 6347.8m 井深的砾岩砾石成分均主要由中性火山岩组成，沉积岩岩屑占比次之，陆块基底较多发育的变质岩占比最少，未见硅质岩、蛇绿岩这些再循环造山带蚀源区常见的物源碎屑，表明 SK2 井砾岩砾石成分主要由中性火山岩组成，蚀源区可能发育较多的弧火山，它们是 SK2 井揭露区三叠纪沉积作用的最主要物源；沉积岩出露地表，也可作为沉积作用的物源；变质岩发育十分局限，仅有少量变质岩成为沉积作用的物源。

砂岩碎屑锆石组成构造背景分析：汇聚背景盆地指的是位于俯冲带附近的海沟、弧前盆地和弧后盆地；碰撞背景盆地指的陆块碰撞过程之中（后）位于碰撞造山带附近的盆地；伸展背景盆地指的是裂谷盆地、被动板块边缘盆地和克拉通内部伸展盆地。不同构造背景同沉积岩浆活动规律和沉积作用碎屑的物源供给特征差异使得：（1）不同构造背景岩浆作用规模不同；（2）不同构造背景不同年龄、不同来源的碎屑锆石纳入同一沉积事件的难易程度不同；（3）不同构造背景陆内基岩中孕育的"古老"锆石纳入沉积事件以及所占比重不同。以上三个因素造成不同构造背景（汇聚、碰撞、伸展）沉积盆地沉积岩的碎屑锆石年龄频谱图具有不同的特征，从而让碎屑锆石频谱特征具备了构造背景判别意义，即：（1）汇聚背景沉积岩的最大沉积年龄最接近沉积岩的真实沉积年龄，伸展背景盆地的最大沉积年龄与沉积岩的真实沉积年龄差距最大，可达数十（数百）百万年，碰撞背景沉积岩的最大沉积年龄与沉积岩真实沉积年龄的差距介于前两种构造背景之间；（2）汇聚背景沉积岩不同年龄、不同来源岩浆与碎屑锆石和来自陆内基岩的"古老"锆石所占比例最小，伸展背景不同年龄、不同来源岩浆与碎屑锆石和来自陆内基岩的"古老"锆石所占比例最大，碰撞背景不同年龄、不同来源岩浆与碎屑锆石和来自陆内基岩的"古老"锆石所占比例介于前两种构造背景之间。SK2井砂岩碎屑锆石年龄组成分析显示，砂岩中的碎屑锆石以与沉积作用同期或形成时代相近的碎屑锆石为主。上述沉积岩碎屑成分特征暗示 SK2 井揭露的三叠纪沉积岩蚀源区主要由中性火山岩组成，形成时代与沉积岩相同或相近，临近沉积岩沉积区，可能为汇聚板块边缘构造背景下的岩浆弧。

3. 基于松辽盆地早—中三叠世基底岩石中的前寒武纪锆石年龄分析认为松辽盆地发育前寒武纪基底

梳理先前报道的松辽盆地基底锆石 U-Pb 测年数据，以 Liu 等（2017）确定的索伦—西拉木伦河—长春—延吉缝合带在松辽盆地的分布为界分别统计松辽盆地南部和北部基底岩石锆石 U-Pb 年龄分布。统计结果显示，在松辽盆地北部基底岩石 128 颗锆石年龄中，仅有 2 颗前寒武纪锆石年龄，占锆石颗粒总数的 2%；松辽盆地南部基底岩石 158 颗锆石年龄中，存在 79 颗前寒武纪锆石年龄，占锆石颗粒总数的 50%。前期研究松辽盆地基底岩心锆石 U-Pb 定年数据表明：松辽盆地北部基岩中鲜有前寒武纪年龄的锆石存在，而松辽盆地南部基岩中广泛发育前寒武纪年龄的锆石。基于上述观察，加之松辽盆地南部靠近华北克拉通北缘，部分学者基于认为松辽盆地南部基底与北部基底组成明显不同，松辽盆地南部基底是覆盖在盆地中生代沉积地层之下的华北克拉通北缘的一部分，具有二元结构特征，发育古生代—中生代基底和前寒武纪结晶基底；松辽盆地北部基底具有单一结构，仅发育古生代—中生代基底，不发育前寒武纪结晶基底（Wu 等，2001；裴福萍等，2006；Liu 等，2017；Liu 等，2021）。

松辽盆地所在区域是松辽—锡林浩特地块的重要组成部分，然而松辽盆地内部基岩样品测年工作开展得较为局限。除 LS3 井安山岩外，本次研究中涉及松辽盆地三叠纪基底测年岩心样品全部分布在索伦—西拉木伦河—长春—延吉缝合带在松辽盆地的展布范围以北的地区。本次研究获得的索伦—西拉木伦河—长春—延吉缝合带北部松辽盆地三叠纪基底岩心 371 颗锆石中 36 颗锆石的年龄归属于前寒武纪，占锆石总数的 10%；沉积岩样品 225 颗锆石中 16 颗锆石的年龄归属于前寒武纪，占锆石总数的 7%；火成岩样品 146 颗锆石中 20 颗锆石的年龄归属于前寒武纪，占锆石总数的 14%。

通过松辽盆地三叠纪基底样品锆石 U-Pb 定年数据显示，索伦—西拉木伦河—长春—

延吉缝合带北部松辽盆地北部三叠纪基岩中也发育前寒武纪锆石，更新了前期研究松辽盆地基底锆石 U-Pb 定年数据呈现出的松辽盆地北部基底鲜有前寒武纪岩石风化剥蚀后的地表搬运沉积过程；火成岩中前寒武纪锆石可能形成于盆地基底深部前寒武纪结晶基底中发育的锆石被上涌的高温岩浆同化捕获过程。松辽盆地火成岩中发育前寒武纪锆石，说明松辽盆地北部可能也发育前寒武结晶基底；松辽盆地三叠纪砂岩中存在前寒武纪碎屑锆石说明三叠纪松辽盆地地表可能存在形成时代为前寒武纪的露头或者形成时代晚于前寒武纪但是发育前寒武纪锆石的露头。根据笔者在松辽盆地北部钻井中发现的前寒武纪锆石年龄信息以及前期研究获得的中国东北地区各微陆块中的前寒武纪年龄线索与酸性岩的锆石 Hf 同位素特征，认为松辽—锡林浩特地块可能与额尔古纳地块和佳木斯地块类似，是发育前寒武纪结晶基底的古老微陆块，而兴安地块和那丹哈达增生地体则可能是陆陆/洋陆碰撞增生的新生地体，不发育前寒武纪结晶基底。

前期研究报道的松辽盆地发育前寒武纪锆石年龄的基底岩心样品的展布规律是目前推测的索伦—西拉木伦河—长春—延吉缝合带在松辽盆地展布的依据之一，本次研究松辽盆地二叠纪基底锆石 U-Pb 定年数据对前期研究松辽盆地基底样品锆石 U Pb 定年数据的补充更新了前期研究报道的松辽盆地发育前寒武纪锆石年龄的基底岩心样品的展布规律，发现前期确定的索伦—西拉木伦河—长春—延吉缝合带在松辽盆地展布范围南北两侧均发育含有前寒武纪锆石年龄的松辽盆地基底岩心样品，这使得后续研究需要寻找其他的地质证据去约束索伦—西拉木伦河—长春—延吉缝合带的在松辽盆地的展布特征。

4. 基于松辽盆地早—中三叠世岩石的构造背景分析认为松辽盆地早—中三叠世岩石是古亚洲洋北向俯冲的地质记录

松辽盆地南侧为索伦—西拉木伦河—长春—延吉缝合带。地层学、火成岩地球化学和蛇绿岩研究发现古亚洲洋岩索伦—西拉木伦河—长春—延吉缝合带呈现出西部闭合早、东部闭合晚的"剪刀式"穿时闭合特征（崔军平等，2013；Wang 等，2015；刘永江等，2019）。在缝合带西侧，内蒙古中东部地区二叠系中发育海相放射虫化石（尚庆华，2004；王惠等，2005），索伦—西拉木伦河—长春—延吉缝合带沿线发育晚古生代海相地层（王成文等，2008），缝合带南、北两侧中二叠统中华夏型植物群与安加拉型植物群混生现象不明显（孙跃武等，2018），上述证据表明晚古生代华北克拉通北缘与中国东北地区之间的仍然发育古亚洲洋洋盆。内蒙古东部古地磁研究显示下三叠统华北克拉通北缘与松辽—锡林浩特地块南缘古纬度接近，表明中三叠统松辽盆地西部古亚洲洋残余洋盆可能已经（或即将）完全闭合（Zhang 等，2018）。内蒙古东部地区中二叠统哲斯组为浅海相沉积建造，而上二叠统林西组、下三叠统老龙头组为陆相沉积建造（孙跃武等，2011），表明下三叠统松辽盆地西部地区索伦—西拉木伦河—长春—延吉缝合带两侧华北克拉通与松辽—锡林浩特地块可能已经拼合。

在缝合带东侧，彭玉鲸等（2012）在吉林省东部前人所定的陆相地层中发现了含有腕足、海百合茎和舌形贝等海相化石的海相层，其中卢家屯组黑色页岩全岩 Rb-Sr 等时线定年结果显示其形成时代归属于中三叠世。张超（2014）针对吉林中部地区新东村组浅变质岩地球化学特征研究表明这套浅变质岩原岩为沉积岩，形成于浅海沉积环境，锆石

U-Pb年代学数据表明其最大沉积年龄时代归属于中三叠世,其中最年轻的碎屑锆石年龄为242Ma。以上两个发现表明中三叠世松辽盆地东部古亚洲洋残余洋盆可能尚未消亡,华北克拉通北缘与松辽—锡林浩特地块之间残留小型洋壳盆地。吉林省长春市双阳盆地大酱缸组是一套古亚洲洋在该地区沿着索伦—西拉木伦河—长春—延吉缝合带闭合之后,不整合与缝合带之上的一套磨拉石建造(孙革等,1983;吉林省地质矿产局,1997;辛玉莲等,2011),碎屑锆石年代学研究显示大酱缸组最年轻的一组碎屑锆石的加权平均年龄为 225 ± 1 Ma($n=168$,MSWD=0.39)(曹嘉麟,2020),表明其形成于晚三叠世。松辽盆地东部地区三叠纪沉积岩沉积环境与地质年代学研究表明古亚洲洋在松辽盆地东部的闭合时间晚于松辽盆地西部,于晚三叠世之前沿索伦—西拉木伦河—长春—延吉缝合带最终闭合。

在松辽盆地东部,前期研究基于火成岩地质年代学、地球化学研究及综合地层对比论证了二叠纪—早三叠世华北克拉通北缘与松辽—锡林浩特地块和兴凯地块南缘之间的双向俯冲过程(Jia等,2004;曹花花等,2012;Guan等,2022),基于火成岩地球化学研究论证了晚寒武世—早泥盆世古亚洲洋的北向俯冲过程(Pei等,2016)、中二叠世—中三叠世古亚洲洋的"剪刀式"闭合与其向华北克拉通北缘之下的南向俯冲过程(Wang等,2015;Wang等,2019);在松辽盆地西部,索伦—西拉木伦河—长春—延吉缝合带南部安第斯型岩浆弧记录了志留纪古亚洲洋向华北克拉通北缘之下的南向俯冲过程(陈斌等,2001;刘敦一等,2003;石玉若等,2005;Jian等,2008;Shi等,2010;Wilde,2015;Xiao等,2014),内蒙古中东部地区晚二叠世—早中三叠世埃达克岩是古亚洲洋北向俯冲洋壳部分熔融的产物(李世超等,2020)。在索伦—西拉木伦河—长春—延吉缝合带的南部,俯冲、碰撞相关岩浆作用在华北克拉通北缘呈东西向展布,为古亚洲洋南向俯冲提供了有效制约(王芳等,2009;Zhang等,2009a,2009b;Zhang等,2010;Liu等,2012;Ma等,2013;Liu等,2013),Wang等(2018)和Wang等(2019)分别基于华北克拉通北缘火成岩地球化学和沉积岩碎屑锆石物源分析研究提出华北克拉通北缘存在早—中三叠世古亚洲洋南向俯冲的地质记录。

与华北克拉通北缘不同,松辽盆地中生代沉积地层的覆盖使得前期研究难以在索伦—西拉木伦河—长春—延吉缝合带北部建立起对早中生代岩石成因与分布整体性认识;内蒙古东部地区位于索伦—西拉木伦河—长春—延吉缝合带与黑河—贺根山缝合带的构造叠加部位,吉林中东部地区位于古亚洲洋构造域与古太平洋构造域的构造叠加部位,增加了前期研究判断俯冲相关地质证据是否受控于古亚洲洋最终闭合过程的难度;加之各位学者对古亚洲洋最终闭合过程中洋盆闭合时间和对洋壳俯冲方式理解的差异,索伦—西拉木伦河—长春—延吉缝合带北部是否发育古亚洲洋北向俯冲的地质记录较少被提及,亦不清楚松辽盆地基底是否存在这一过程的地质记录。

笔者揭示了松辽盆地三叠纪基底的6口钻井中均发育埃达克质火成岩,岩石地球化学分析表明它们最有可能形成于俯冲洋壳的部分熔融,其中最年轻的火成岩形成时代归属于早三叠世。除LS3井安山岩外,本文识别出的松辽盆地三叠纪埃达克岩均位于Liu等(2017)标定的索伦—西拉木伦河—长春—延吉缝合带的北部;前期研究在内蒙古东部地区报道的晚古生代—早中生代中酸性火成岩也具有俯冲洋壳部分熔融成因埃达克岩的地球化学特征，这些埃达克岩的空间分布范围从林西向北西方向至少延伸至东乌旗附近。杨东光（2017）在松辽盆地东侧珲春南部也识别出早—中三叠世俯冲洋壳部分熔融成因的埃达克岩。笔者通过对松辽盆地及邻区三叠纪岩体与地层的分布梳理工作发现：洮安、汪清、东宁地区典型三叠系剖面中均发育安山岩。就空间展布特征而言，俯冲洋壳部分熔融成因的早—中三叠世埃达克岩及三叠纪剖面中的中性火山岩沿着索伦—西拉木伦河—长春缝合带在其北部呈东西向展布，这些埃达克岩体在缝合带的北部最远延伸至约350km，构成一个宽阔的埃达克岩带，类似于秘鲁—智利地区太平洋板块低角度（＜10°）向东俯冲于南美洲陆块之下部分熔融产生的埃达克岩的展布特征（Uyeda，1983；Gutscher等，2000）。此外，在索伦—西拉木伦河—长春—延吉缝合带的北部，松辽盆地松科2井三叠纪砂岩与其东西两侧砂岩样品骨架成分组成和碎屑锆石年龄组成均类似于汇聚板块边缘岩浆弧蚀源区砂岩，岩屑在砂岩骨架成分中占比最高，一方面，通过对前期针对松辽盆地外围缝合带演化过程研究成果的梳理，发现早—中三叠世松辽盆地潜在发育区东侧处于伸展背景下的洋盆打开过程，松辽盆地潜在发育区西侧处于洋盆闭合陆陆碰撞之后的后碰撞构造背景，松辽盆地潜在发育区南部正在经历古亚洲洋沿索伦—西拉木伦河—长春—延吉缝合带的最终闭合过程；另一方面，通过松辽盆地基底及邻区晚古生代—早中生代俯冲洋壳部分熔融成因的埃达克岩的展布，发现松辽盆地及邻区古生代—早中生代埃达克岩沿索伦—西拉木伦河—长春—延吉缝合带在缝合带北部呈近东西向展布，而且索伦—西拉木伦河—长春—延吉缝合带在缝合带北部松辽盆地及邻区中三叠世砂岩的骨架成分特征均与汇聚板块边缘构造背景下的砂岩类似。基于以上两个因素，笔者认为，松辽盆地基底潜在发育区早—中三叠世处于汇聚板块边缘构造背景，松辽盆地三叠纪基底火成岩与沉积岩是古亚洲洋沿索伦—西拉木伦河—长春—延吉缝合带最终闭合时洋壳向北俯冲于松辽—锡林浩特地块之下过程中岩浆作用与沉积作用的地质记录。

二、松辽盆地地震大剖面解释成果

为了重新建立松辽盆地基岩、断陷期、坳陷期组—段级地层和构造格架，重新认识松辽盆地北部构造、地层分布特征及演化规律，为重新认识松辽盆地油气富集规律奠定基础，基于松辽盆地北部已有的三维地震勘探资料、二维地震勘探资料，优选了22条格架地震—地质剖面，开展了精细的二维/三维地震勘探联合处理。通过22条重新处理的地震大剖面重新地震—地质联合解释，建立22条综合地震—地质大剖面组级地层地震—地质解释模式，通过中浅层地震反射层横向统一、深层地震反射层纵向调整，不但实现了解释成果的在线共享，也实现松辽盆地主要地质界面地震地质模型统一、井—震层位统一。

1. 地层测年与井—震标定技术相结合，精细标定了松辽盆地的基底，明确了基底以下地层的地震—地质结构

多年以来，一直认为松辽盆地的基底就是石炭系—二叠系的顶界，松辽盆地白垩系火石岭组下伏地层为古生界的石炭系—二叠系，基底地层特征比较简单。据SK2井和松辽盆地南部部分探井可知，松辽盆地白垩系火石岭组下覆地层主要为三叠系和古生界的石炭系—二叠系变质岩，基底地层特征比较复杂。SK2井自上而下的测年资料也证实了这一观点（深度5943.19m，沉凝灰岩，测年：117.9±1.6Ma；深度5958.62m，流纹质晶屑凝灰岩，测年：118.2±1.5Ma；深度6032.00m，安山岩，测年：242.4±2.1Ma；深度6286.20m，砂岩，碎屑锆石测年：242.2Ma；深度6374.00m，安山岩，测年：242.6±1.5Ma；深度6453.17m，角砾安山岩，测年：245.0±1.7Ma；深度6958.38m，花岗斑岩，测年：243.8±2.5Ma；深度6973.10m，糜棱岩，测年：263.2±8.8Ma；深度7035.00m，千糜岩，测年：381.1±7.2Ma）。据此看徐家围子断陷HT1井—SK2井联井剖面的地震—地质标定结果就存在明显的错误，原解释T_5（白垩系底界）在SK2井处位于三叠系内部，而在HT1井处位于二叠系内部（HT1井在深度3754.08m，测年：262Ma；深度3207.22m，测年：269.5±1.6Ma；深度3443.75m，测年：262.3Ma，HT1井4块样品锆石U-Pb年龄结果介于262—277Ma之间，表明样品所处地层年代为二叠纪，属于基底火山岩）。且横向对比标准也不统一，存在明显的窜时现象（图2-3-3），地层测年与井震标定技术相结合，精细标定了松辽盆地的基底结构（图2-3-4）。

火石岭组顶界（T_4^1）为沙河子组上超面，下部强振幅反射为火山岩反映，火石岭组与沙河子组不整合接触，沙河子组超覆与火石岭组之上，火石岭组顶面整体表现为一组中—强反射，上部沙河子组为平行反射，强弱相间，下部火石岭组为中—强反射特征，局部为杂乱反射，后期抬升导致大规模地层剥蚀。基底与火石岭组不整合接触，杂乱反射，认为火石岭组是前白垩系拼合褶皱基底向断陷盆地构造体制发生重大转化过程中以火山岩和粗碎屑含煤层系为主的构造过渡层，且火石岭组的分布不受白垩纪早期断陷的控制。

三叠系顶界（T_5）为强振幅底界包络，具有顶部剥蚀特征，证据1为古亚洲洋在三叠纪末期闭合，盆地建造期完成；证据2为准确厘定松辽盆地的基底T_5应该重新定义为三叠系顶面，中间缺失三叠系，是一个1.24Ga地质夷平面系为区域沉积的夷平面；证据3为区域内SK2井、HT1井、SG1井、R7井的测年资料。

二叠系顶界（T_6）为强振幅波组断面特征，代表二叠系韧性剪切带的顶界具有强烈韧性变形特点的基底滑脱面，低角度韧性滑脱面对松辽盆地形成演化及油气形成演化的控制作用应该深入研究。

2. 开展中浅层、深层地震一体化解释，理顺了断陷期和凹陷期的断裂特征和构造叠置关系

从构造演化来看，大庆长垣构造带始终位于盆地的沉积和沉降中心，只是嫩江组沉积末期的构造反转的原因，盆地的沉积和沉降中心向西部迁移，应加大长垣青山口组一段页岩油的勘探力度（图2-3-5）。而滨北地区则构造相对简单，黑鱼泡凹陷与齐家—古龙凹陷相比形成时间晚，黑鱼泡凹陷是在嫩江组末期盆地构造反转期形成的；区域构造长期继承性发育，深部控陷断裂不但控制断陷期地层的沉积与演化，而且晚期的重新活动也控制凹陷期构造带的形成，早期区域应力拉张形成多个近南北向的断陷湖盆，晚期区域应力场的挤压作用在重新活动的深部控陷断裂上盘形成有利的区域构造带。

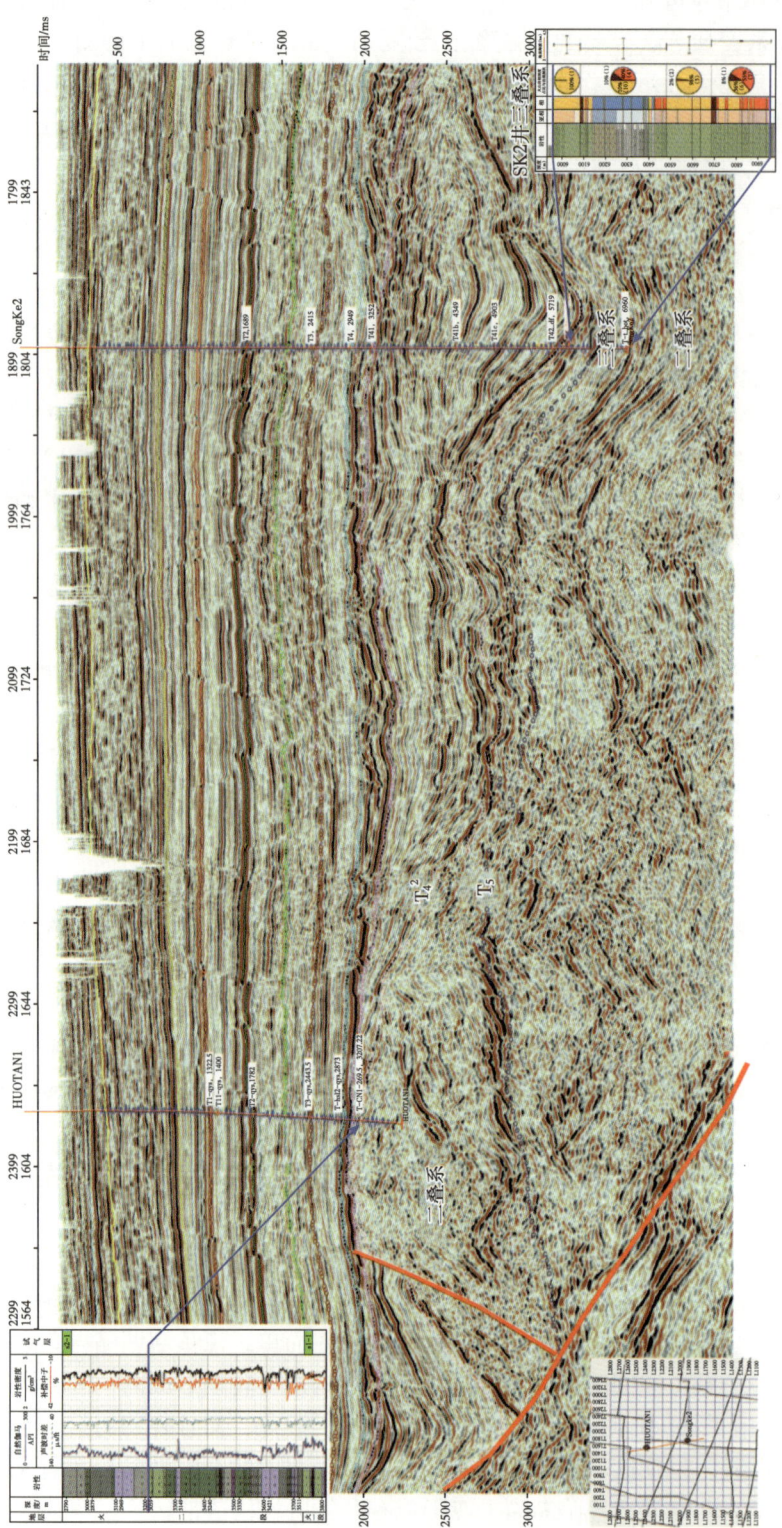

图 2-3-3　HT1井—SK2井井震标定图（原方案）

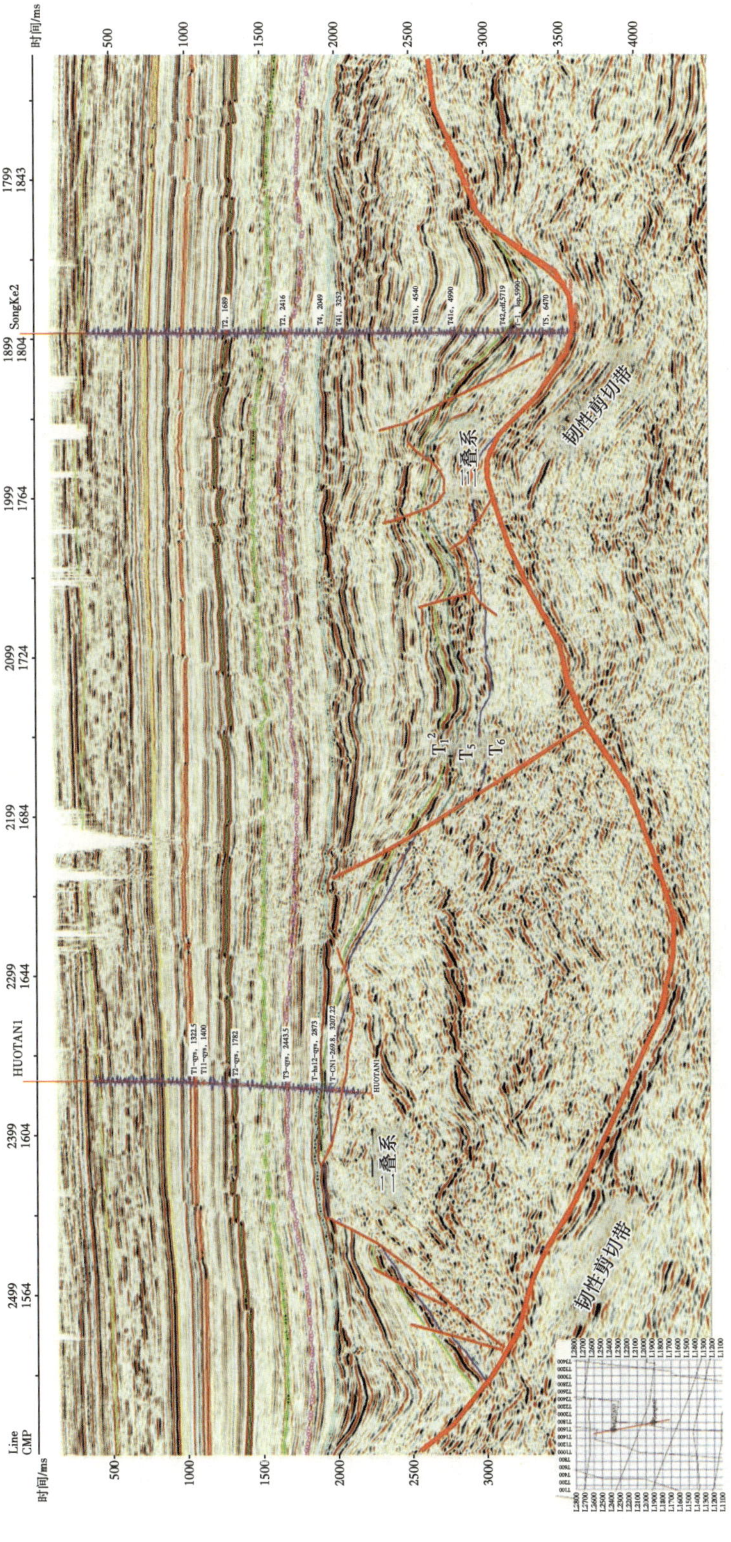

图 2-3-4　HT1井—SK2井井震标定图（现方案）

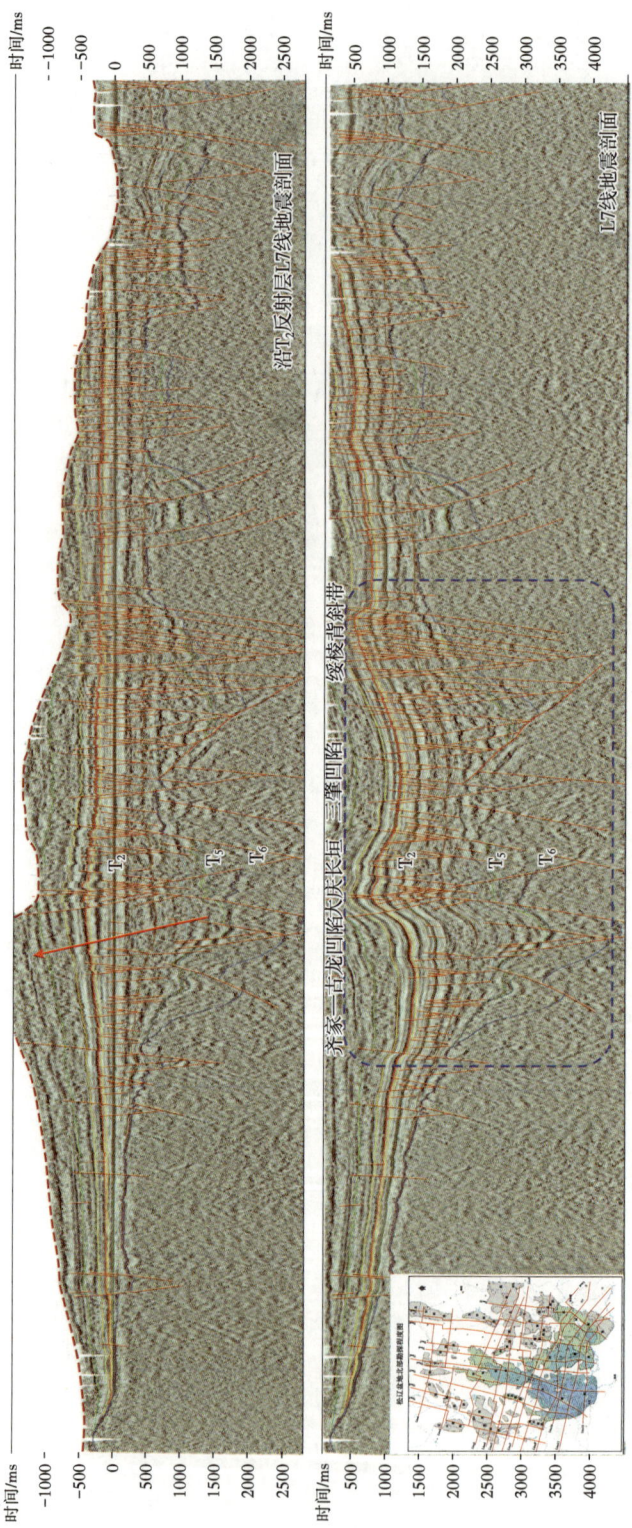

图2-3-5 L7线地震剖面

3. 松辽盆地北部三叠系归属

联合火山岩锆石 U-Pb 测年、地层划分对比和二维地震勘探资料解释落实典型井地层归属，将松辽盆地北部划分为七个地层分区，建立了地层格架，认为松辽盆地北部三叠系主要分布在古龙—徐家围子—明水—任民—绥化地区（表 2-3-1）。

表 2-3-1　松辽盆地北部石炭系—二叠系—三叠系分区对比表

地层				杜尔伯特地区（代表井：D101井）	依安—北安地区（代表井：YS1井、BS1井、BC1井）	林甸—黑鱼泡地区（代表井：LS2井、LS4井、SS4井、YS1井、D20井）	明水—任民—绥化地区（代表井：XR7井、SG1井、R11井、R7井、S1井、Y1井）	三肇地区（代表井：CS8井、CS1井、CS2井、SS2井）	四站—庙台子—双城地区（代表井：SS1井、YS5井、ZS1井、S16井）	中央古隆起带（代表井：W901井、LT1井、ZS11井、ZS6井、ShS10井）
界	系	统	组 段							
中生界	三叠系	下三叠统	老龙头组	缺失	缺失	缺失	紫红色泥岩与灰色砂岩、砾岩	缺失	缺失	缺失
上古生界	二叠系	上二叠统	林西组	缺失	黑灰色变质泥岩、泥板岩、砂岩与砂砾岩组合，局部为花岗岩、闪长岩、糜棱岩等	黑灰色泥板岩与砂岩，局部可见正长岩	黑灰色泥板岩与变余砂岩，局部见千枚岩及闪长岩	黑灰色泥板岩、变余砂岩，局部见千枚岩、花岗岩、闪长岩	灰黑色泥岩、粉砂岩及砂泥质板岩组合，局部见千枚岩及少量侵入岩	黑灰色泥板岩、变余砂砾岩与英安岩、凝灰岩组合
		中二叠统	哲斯组	上部为黑灰色中细晶白云质灰岩夹砂岩与泥岩，见海相化石；下部为灰色泥板岩、灰色砂砾岩为主	灰色、灰黑色砂岩与泥板岩组合	灰色、灰黑色砂岩与泥板岩组合	灰色、灰黑色砂岩与泥板岩组合	灰色、灰黑色砂岩与泥板岩组合	灰色、灰黑色砂岩与泥板岩组合	灰色、灰黑色砂岩与泥板岩组合
		下二叠统	大石寨组	以火山岩、火山碎屑岩为主，夹砂岩与泥板岩	以火山岩、火山碎屑岩为主，夹砂岩与泥岩	石英正长岩夹灰色泥板岩	以火山岩、火山碎屑岩为主，夹砂岩与泥岩	以火山岩、火山碎屑岩为主，夹砂岩与泥岩	以火山岩、火山碎屑岩为主，夹砂岩与泥岩	以火山岩、火山碎屑岩为主，夹砂岩与泥岩
	石炭系	上石炭统	宝力高庙组	陆相火山岩、火山碎屑岩及正常沉积建造	陆相火山岩、火山碎屑岩及正常沉积建造	二长花岗岩、闪长岩、糜棱岩	陆相火山岩、火山碎屑岩及正常沉积建造	陆相火山岩、火山碎屑岩及正常沉积建造	陆相火山岩、火山碎屑岩及正常沉积建造	陆相火山岩、火山碎屑岩及正常沉积建造
		下石炭统	洪湖吐河组	下部以火山碎屑岩为主，上部为正常沉积碎屑岩与凝灰岩	下部以火山碎屑岩为主，上部为正常沉积碎屑岩与凝灰岩	砂岩、泥岩和千枚岩为主，夹凝灰岩	下部以火山碎屑岩为主，上部为正常沉积碎屑岩与凝灰岩	下部以火山碎屑岩为主，上部为正常沉积碎屑岩与凝灰岩	下部以火山碎屑岩为主，上部为正常沉积碎屑岩与凝灰岩	下部以火山碎屑岩为主，上部为正常沉积碎屑岩与凝灰岩

由 L7 地震大剖面可见松辽盆地北部三叠系主要分布于古龙断陷、徐家围子断陷和任民镇断陷，其中预测三叠系在古龙断陷分布广、厚度大，这与松辽盆地南部的长岭断陷对三叠系的认识相符（图 2-3-6）。三叠系主要分布在早期断层控制形成的深大断陷内部。

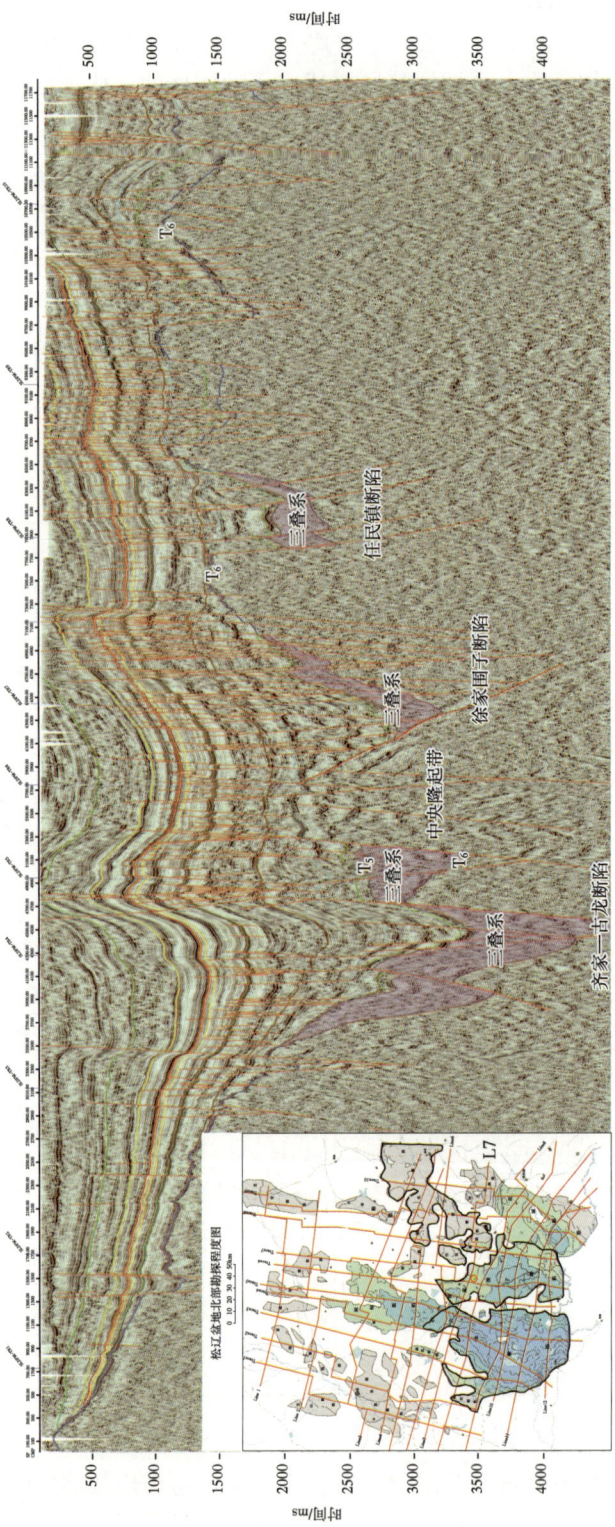

图2-3-6 L7线三叠系分布地震剖面图

第四节 松辽盆地北部深层生—储—盖组合特征

松辽盆地北部深层沙河子组、营城组和登娄库组等多层位发育烃源岩，其中以沙河子组为主要烃源岩，营城组也是重要的烃源岩，特别是莺山断陷营城组为登娄库组油藏的形成提供烃源条件。深层自基底到火石岭组、沙河子组、营城组、登娄库组和泉头组一段、二段各个层位都发育储层，但各层位存在不同的储层岩性类型。深层登娄库组和泉头组一段、二段泥岩发育，形成区域盖层，各层位发育的泥岩和致密层可形成局部盖层。沙河子组、营城组烃源岩形成的油气运移到深层各层位聚集成藏，形成不同的生—储—盖组合。

一、松辽盆地北部深层烃源岩研究新进展

前人对深层徐家围子断陷沙河子组烃源岩研究较多，但其他层位和外围断陷研究程度低，为此开展了深层有效烃源岩评价与生—储—盖组合研究。在"四次资评"的基础上，立足三个层次、四套烃源岩层系（火石岭组、沙河子组、营城组、登娄库组），采用新资料、新方法、新技术，对深层有效烃源岩、生—储—盖组合特征进行深入研究，精细评价有效烃源岩的发育层位及分布地区，指出有利生—储—盖发育区，为深层天然气勘探寻找新的领域提供重要的技术支撑。

1. 深层烃源岩地球化学特征

1）火石岭组烃源岩地球化学特征

松辽盆地北部徐家围子断陷火石岭组泥质烃源岩的有机质丰度（TOC）值分布在 0.20%~26.19% 之间，平均值为 2.11%，其中 TOC 值主要分布在 0.2%~2.0% 之间，有机质丰度好，根据泥质气源岩评价标准，徐家围子断陷火石岭组泥质烃源岩为好气源岩；徐家围子火石岭组煤的有机质丰度为 1.20%~26.19%，平均值为 9.33%。

松辽盆地北部外围断陷包括古龙—林甸断陷、莺山—双城断陷、绥化断陷、北安断陷，其火石岭组泥质烃源岩的有机质丰度（TOC）值分布在 0.61%~14.39% 之间，平均值为 4.89%，其中 TOC 值主要分布在 0.5%~2.0% 及 5.0%~30.0% 之间，有机质丰度好，根据泥质气源岩评价标准，外围断陷火石岭组泥质烃源岩为好气源岩。

从热解参数看，徐家围子和外围断陷火石岭组烃源岩有机质类型均以Ⅲ型为主，是良好的气源岩。

从干酪根镜检数据看，徐家围子火石岭组烃源岩有机质类型以Ⅲ型为主，存在部分的Ⅱ$_2$ 型有机质，是良好的气源岩；外围断陷火石岭组烃源岩有机质类型以Ⅲ型为主，存在部分的Ⅱ$_1$ 型、Ⅱ$_2$ 型有机质，是良好的气源岩。

徐家围子断陷火石岭组烃源岩有机质成熟度（R_o）为 1.62%~2.39%，平均值为 2.01%，从松辽盆地北部深层火石岭组烃源岩有机质 R_o 与现今埋深的关系可以看出大部分样品的 R_o 值大于 1.3%，演化程度处于高—过成熟阶段。

外围断陷火石岭组烃源岩有机质成熟度（R_o）为 1.03%~4.20%，平均值为 2.31%，从松辽盆地北部深层火石岭组烃源岩有机质 R_o 与现今埋深的关系可以看出大部分样品的 R_o 值大于

1.0%，烃源岩演化程度以高—过成熟阶段为主，部分烃源岩演化程度处于成熟阶段。

2）沙河子组烃源岩地球化学特征

松辽盆地北部徐家围子断陷沙河子组泥质烃源岩的有机质丰度（TOC）值分布在 0.2%~76.6% 之间，平均值为 2.62%，其中 TOC 值主要分布在 0.5%~2.0% 之间，有机质丰度好，根据泥质气源岩评价标准，徐家围子断陷沙河子组泥质烃源岩为好气源岩；徐家围子沙河子组煤的有机质丰度为 1.10%~84.44%，平均值为 43.77%。

松辽盆地北部外围断陷沙河子组泥质烃源岩的有机质丰度（TOC）值分布在 0.20%~73.73% 之间，平均值为 2.33%，其中 TOC 值主要分布在 0.2%~2.0% 之间，有机质丰度好，根据泥质气源岩评价标准，外围断陷沙河子组泥质烃源岩为好气源岩；外围断陷沙河子组煤的有机质丰度为 2.12%~82.69%，平均值为 44.35%。

从热解参数看，徐家围子和外围断陷沙河子组烃源岩有机质类型均以Ⅲ型为主，存在少量的$Ⅱ_2$型有机质，是良好的气源岩。

从干酪根镜检数据看，徐家围子断陷沙河子组烃源岩有机质类型以Ⅲ型为主，存在部分的$Ⅱ_1$型、$Ⅱ_2$型有机质及少量的Ⅰ型有机质，是良好的气源岩；外围断陷沙河子组烃源岩有机质类型以Ⅲ型为主，存在部分的$Ⅱ_1$型、$Ⅱ_2$型有机质及少量的Ⅰ型有机质，是良好的气源岩。

徐家围子断陷沙河子组烃源岩有机质成熟度（R_o）为 1.07%~3.56%，平均值为 2.22%，从松辽盆地北部深层沙河子组烃源岩有机质 R_o 与现今埋深的关系可以看出大部分样品的 R_o 值大于 1.0%，烃源岩演化程度以高—过成熟阶段为主，部分烃源岩演化程度处于成熟阶段（张帆等，2019）。

外围断陷沙河子组烃源岩有机质成熟度（R_o）为 0.42%~5.36%，平均值为 2.29%，从松辽盆地北部深层沙河子组烃源岩有机质 R_o 与现今埋深的关系可以看出大部分样品的 R_o 值大于 1.0%，烃源岩演化程度以高—过成熟阶段为主，部分烃源岩演化程度处于成熟阶段，少量烃源岩演化程度处于低成熟阶段。

3）营城组烃源岩地球化学特征

松辽盆地北部徐家围子断陷营城组泥质烃源岩的有机质丰度（TOC）值分布在 0.21%~14.25% 之间，平均值为 1.14%，其中 TOC 值主要分布在 0.2%~2.0% 之间，有机质丰度好，根据泥质气源岩评价标准，徐家围子断陷营城组泥质烃源岩为好气源岩；徐家围子营城组煤的有机质丰度为 2.31%~76.85%，平均值为 27.21%。

松辽盆地北部外围断陷（不包括双城断陷）营城组泥质烃源岩的有机质丰度（TOC）值分布在 0.21%~22.74% 之间，平均值为 0.97%，其中 TOC 值主要分布在 0.2%~1.0% 之间，有机质丰度差—中等，根据泥质气源岩评价标准，该断陷营城组泥质烃源岩为差—中等气源岩。

松辽盆地北部双城断陷营城组泥质烃源岩的有机质丰度（TOC）值分布在 0.27%~30.06% 之间，平均值为 2.85%，其中 TOC 值主要分布在 1.0%~5.0% 之间，有机质丰度好，根据泥质气源岩评价标准，该断陷营城组泥质烃源岩为好气源岩；双城断陷营城组煤的有机质丰度为 0.83%~72.63%，平均值为 18.25%。

从热解参数看，徐家围子和外围断陷（不包括双城断陷）营城组烃源岩有机质类型均以Ⅲ型为主，双城断陷以Ⅱ$_1$型、Ⅱ$_2$型有机质为主，是良好的生油岩。

从干酪根镜检数据看，徐家围子断陷营城组烃源岩有机质类型以Ⅲ型为主，存在部分的Ⅱ$_2$型有机质，是良好的气源岩；外围断陷（不包括双城断陷）营城组烃源岩有机质类型以Ⅲ型为主，存在部分的Ⅱ$_2$型有机质及少量Ⅰ型有机质，是良好的气源岩；双城断陷营城组烃源岩有机质类型以Ⅱ$_2$型为主，存在部分的Ⅲ型有机质及少量的Ⅰ型有机质，是良好的生油岩（孙立东等，2019）。

徐家围子断陷营城组烃源岩有机质成熟度（R_o）为1.50%~3.14%，平均值为2.25%，从松辽盆地北部深层营城组烃源岩有机质R_o与现今埋深的关系可以看出大部分样品的R_o值大于1.3%，演化程度处于高—过成熟阶段。

外围断陷（不包括双城断陷）营城组烃源岩有机质成熟度（R_o）为0.61%~3.95%，平均值为1.90%，从松辽盆地北部深层营城组烃源岩有机质R_o与现今埋深的关系可以看出样品的R_o值较分散，烃源岩演化程度以高—过成熟阶段为主，部分烃源岩演化程度处于低—成熟阶段。

双城断陷营城组烃源岩有机质成熟度（R_o）为0.80%~1.07%，平均为0.93%，从松辽盆地北部深层营城组烃源岩有机质R_o与现今埋深的关系可以看出大部分样品的R_o值在1.0%左右，双城断陷烃源岩演化程度处于成熟阶段，可大量生油。

4）登娄库组烃源岩地球化学特征

松辽盆地北部徐家围子断陷登娄库组泥质烃源岩的有机质丰度（TOC）值分布在0.20%~3.70%之间，平均值为0.48%，其中TOC值主要分布在0.2%~1.0%之间，有机质丰度差—中等，根据泥质气源岩评价标准，该断陷登娄库组泥质烃源岩为差—中等气源岩。

松辽盆地北部外围断陷登娄库组泥质烃源岩的有机质丰度（TOC）值分布在0.20%~5.25%之间，平均值为0.56%，其中TOC值主要分布在0.2%~0.5%之间，有机质丰度差，根据泥质气源岩评价标准，该断陷登娄库组泥质烃源岩为差气源岩。

从热解参数看，徐家围子和外围断陷登娄库组烃源岩有机质类型均以Ⅲ型为主，存在少量的Ⅱ$_2$型有机质，是良好的气源岩。

从干酪根镜检数据看，徐家围子断陷登娄库组烃源岩有机质类型以Ⅲ型为主，存在少量的Ⅱ$_1$型、Ⅰ型有机质，是良好的气源岩；外围断陷登娄库组烃源岩有机质类型以Ⅲ型、Ⅱ$_2$型有机质为主，存在部分的Ⅱ$_1$型有机质，是良好的气源岩。

徐家围子断陷登娄库组烃源岩有机质成熟度（R_o）为1.13%~2.62%，平均值为1.94%，从松辽盆地北部深层登娄库组烃源岩有机质R_o与现今埋深的关系可以看出大部分样品的R_o值大于1.4%，演化程度处于高—过成熟阶段。

外围断陷登娄库组烃源岩有机质成熟度（R_o）为1.12%~3.36%，平均值为2.20%，从松辽盆地北部深层登娄库组烃源岩有机质R_o与现今埋深的关系可以看出大部分样品的R_o值大于1.0%，外围断陷演化程度以高—过成熟阶段为主，少量烃源岩演化程度处于成熟阶段。

2. 深层烃源岩分布研究

1) 测井计算 TOC

由于地球化学分析对象是采集的岩心或岩屑样品，样品数量有限，采样位置和层段也有很大的人为因素，且其分析数据是非连续的。采用实测数据的数学统计平均值或用暗色泥岩厚度代表烃源岩厚度等做法实际上忽视了烃源岩的高度非均质性，极大地影响了对烃源岩体描述的精度。数字测井的数据是连续的，测井数据分辨率为每米 8 个点，依靠测井数据可以将地球化学数据粗化到整个探井。依据地球物理数据（测井和地震）与沉积相和层序地层相结合，可以得到更加精确且符合地质非均质性特征的烃源岩平面分布信息。

$\Delta \lg R$ 技术（Passey 等，1990）是一种利用测井资料识别和定量计算含有机质岩层总有机碳的一种方法。$\Delta \lg R$ 技术已经比较成熟，它适用于探井和有机碳数据较多的地区，松辽盆地恰好提供了这个得天独厚的条件。其基本原理为：非渗透性岩层中高有机质含量可能引起声波时差增高，电阻率的升高又可能指示烃源岩开始成熟并生成烃类流体，用适当比例的声波时差和电阻率叠合的幅度差来判断有机质丰度。$\Delta \lg R$ 幅度差越大表明有机质丰度越高，有机质富集的层段声波时差值增大，电阻率也相应地增大，有机质转化成烃类取代岩石孔隙中的水也会使电阻率增大。

此方法的主要优点是两曲线对孔隙度的变化都敏感。在已知岩性的情况下，一旦基线确定，孔隙度变化会影响两条曲线的响应，表现为一条曲线的位移，也反映在另一条曲线上位移量相当。因此只要孔隙度和电阻率正确地标度，孔隙度的增大会导致声波时差和电阻率曲线产生同样幅度的偏移，可以消除对岩石孔隙度的依赖关系。如果检验井的实测有机碳含量与计算有机碳含量相关性较好，再把有机碳含量计算公式推广到周围未取心井上，得出未取心井总有机碳含量曲线。

本次研究利用测井计算 TOC 的方法，在松辽盆地北部深层的五个断陷（徐家围子断陷、古龙—林甸断陷、莺山—双城断陷、绥化断陷、北安断陷）精确计算了 137 口探井的全井段 TOC，对该区烃源岩总有机质进行了有效预测。对深层烃源岩电性特征建立测井模型时，在总结以往使用该方法的经验的同时，针对松辽盆地北部深层烃源岩的特征做出了以下几点创新：(1) 对于烃源岩薄互层井段，采用分段处理的技术手段，使得计算值与实测值相关性更好；(2) 对于总有机碳丰度较低的烃源岩井段，采用调整基值的方法，让纵向上剖面特征更为明显，减小误差；(3) 对于测井曲线低声波井段，采用调低基线的处理手段，避免出现负值或者岩性电性不一致情况；(4) 对于非均质较强的井段，做到整体符合。

以 SX67 井为代表，沙河子组实测 TOC 平均值为 2.49%，测井计算 TOC 平均值为 2.55%，高丰度烃源岩发育在沙河子组一段中下部，沙河子组烃源岩为好烃源岩，其中 TOC 大于 1% 的烃源岩厚度为 96m。

2) 徐家围子沙河子组细分层烃源岩对比

由于油气勘探向"精细"方向发展，在烃源岩研究上，关注烃源岩精细刻画和优质烃源岩的评价，为满足精细研究和评价烃源岩特征，本次研究对徐家围子沙河子组烃源岩进行了精细对比。

从 DS3 井—DS303 井—DS401 井—SS1 井—SS3 井—SS7 井—SS6 井烃源岩 TOC 连井剖面图和 DS14 井—DS11 井—DS6 井—DS15 井—DS16 井—DS17 井—SS4 井—SS11 井烃源岩 TOC 连井剖面可以看出，徐家围子断陷北部沙河子组烃源岩从丰度上和厚度上由北向南越来越好，优质烃源岩主要分布在安达地区，整体表现为沙河子组四段丰度高连续性好。通过 TOC 精细对比表明，沙河子组每个层序组内可发育 3 个旋回的优质烃源岩，徐家围子断陷北部沙河子组烃源岩 TOC 值以 1%~3% 为主，部分井 TOC 值大于 3%。

从 DS401 井—SS2 井—DS20 井—DS16 井—DS21 井烃源岩 TOC 连井剖面可以看出，徐家围子断陷沙河子组北部洼槽内发育厚层优质烃源岩，烃源岩东西差别较大，由西部洼槽边缘向东部洼槽内越来越好，洼槽内烃源岩 TOC 值大多大于 3%。

从 XS1 井—XS33 井—XS801 井—XS8 井—ZS9 井—ZS6 井—ZS20 井烃源岩 TOC 连井剖面和 XT1 井—XS212 井—XS27 井—XS11 井—XS904 井—CS8 井烃源岩 TOC 连井剖面可以看出，徐家围子断陷南部沙河子组烃源岩由北向南越来越差，徐东地区优质烃源岩不发育。TOC 精细对比表明，徐家围子断陷南部沙河子组烃源岩 TOC 值以 1%~3% 为主，部分井 TOC 值小于 1%。

从 FS7 井—XS33 井—XS35 井—XS212 井—XS21 井—XS25 井—XS26 井烃源岩 TOC 连井剖面可以看出，徐家围子断陷南部沙河子组烃源岩东西发育差别不大，但呈现出中间优于两侧的趋势，断陷中心烃源岩 TOC 值主要在 1%~3% 之间，两侧烃源岩 TOC 值多数小于 1%。

综上所述，徐家围子断陷沙河子组优质烃源岩主要分布在安达地区及断陷中部，整体表现为沙河子组四段丰度高连续性好，北部烃源岩丰度高于南部，4 个层序均发育高—很高丰度的烃源岩，纵向上不同丰度烃源岩呈互层分布，优质烃源岩多数分布在层序的顶底部或者中部，反映了各个层序组的水体环境以不同的旋回变化。

从 YS3 井—SS10 井—SS1 井—ZS1 井—YS5 井—WS1 井—MS1 井烃源岩 TOC 连井剖面图和 SS1 井—YS4 井—YS6 井—YS2 井—YS1 井—SS10 井—S66 井—S59 井烃源岩 TOC 连井剖面可以看出，莺山—双城断陷南北向烃源岩丰度分布具有较强的非均质性，沙河子组局部发育高丰度烃源岩，营城组发育中等丰度烃源岩。东西向剖面显示，营城组在西侧洼槽内发育中等丰度烃源岩，双城地区东南部营城组四段发育良好生油岩。

3）烃源岩地球化学参数平面分布特征研究

（1）徐家围子断陷烃源岩平面分布特征。松辽盆地北部徐家围子断陷火石岭组、登娄库组这两个层位泥岩分布局限，火石岭组只在断陷中部发育厚度较小的几个区域，根据地层厚度预测，最厚地区不到 100m；登娄库组泥岩只分布在断陷南部和中部较小范围内，根据地层厚度预测，在 XS271 井附近的最厚泥岩不到 140m。这两个层位的泥岩有机质丰度分布特征与泥岩厚度分布特征基本一致，而且烃源岩有机质丰度较低，TOC 值普遍在 1.5% 以下。

松辽盆地北部徐家围子断陷营城组营城组泥岩分布范围较广，整体上南部厚度较大，ZS14 井附近的最厚区域厚度达 300m，断陷中部有一沉积中心，泥岩沉积厚度可达 140m。营城组有机质丰度在该区的最南端、最北端及断陷中部最好，TOC 值大于 2.0%，为好烃源岩。

松辽盆地北部徐家围子断陷沙河子组泥岩在全断陷广泛发育。从泥岩厚度看，整体东西两翼薄中部厚，呈南北向条带状分布，南部（XS141井以南）和北部（DS15井以北）相对中部较薄，烃源岩厚度普遍大于200m。断陷中部存在三个厚度较大的区域，其中SS3井附近和ZS5井以西区域烃源岩最厚达900m，XS213井和XS401井之间的区域烃源岩最厚达1300m，是沙河子组最发育井区。沙河子组烃源岩有机质丰度高，全区范围内TOC值普遍高于1.6%，XS401井附近最高TOC值在4.0%以上，沙河子组为该区主力烃源岩。

在前期烃源岩精细评价的基础上，根据全部探井、录井、岩性、测井计算TOC结果（去除油基钻井液污染）及R_o数据，参考地层厚度和沉积相趋势，研究徐家围子断陷沙河子组烃源岩四个层序（sh1层、sh2层、sh3层、sh4层）的泥岩厚度，TOC分布、R_o分布及TOC分级厚度（TOC＞5%、TOC=3%~5%、TOC=2%~3%、TOC=1%~2%、TOC=0.5%~1%）情况。

从以上可以看出，沙河子组烃源岩无论厚度还是丰度在纵向上四个层序的分布趋势与特征差别不大，其平面分布特征与沙河子组整体分布特征相近，说明该区沉积中心稳定，发育多旋回优质烃源岩，整体表现为较高丰度含煤烃源岩，其中sh4层最好。从TOC分级厚度可以看出，徐家围子沙河子组烃源岩有机质丰度主要分布在0.5%~5.0%之间。其中，以TOC值1.0%~2.0%为主，约占整个沙河子组泥岩厚度的50%左右。

为了达到精细评价的目的，对安达地区沙河子组四级层序（沙河子组一段、二段、三段、四段，分别简称沙一段、沙二段、沙三段、沙四段）进一步细分，将沙四段3分，沙三段、沙二段、沙一段分别2分，即沙河子组共分为9个小层。通过对这9个小层烃源岩地球化学参数的精细对比，发现该区沙四段暗色泥岩厚度由下至上逐渐变大，sh4-3小层中部及南部沉积较厚，可达200m以上，sh4-2小层及sh4-1小层有北、中、西三个沉积中心，最大厚度120m左右；沙四段三个小层TOC总体趋势为西大东小，纵向上sh4-3小层最好，D303井及DS4井区附近为高值区，可达3%以上。沙三段、沙二段、沙一段的上下两个小层烃源岩分布特征均无明显差别，安达地区洼槽内丰度高。

整体来看，安达地区沙河子组整体为较高丰度烃源岩，sh4-3层序相对最好；沉积中心稳定，发育多旋回优质烃源岩，有效厚度大的地区对应泥岩厚度大。

（2）全区烃源岩地球化学参数平面分布整体特征。

从松辽盆地北部深层泥岩厚度图上看（图2-4-1），火石岭组暗色泥岩在古龙—林甸断陷不发育，整体上呈现南厚北薄、西厚东薄的分布特征；绝大部分地区泥岩厚度在10~50m之间，只有在莺山—双城断陷西北部SS1井附近，泥岩厚度达到160m。沙河子组暗色泥岩整个工区都有分布，平面上表现为工区北部窄南部宽、中部厚两翼薄的南北走向条带状分布特征；泥岩厚度总体较厚，厚度大于300m的泥岩分布范围大，徐家围子断陷为200~1234m，外围断陷100~600m，其中徐家围子断陷中部泥岩最厚，最大厚度可达1200m，也是全区沙河子组泥岩发育最好的地区。营城组暗色泥岩全区都有发育，整体呈现出南北两侧厚度大、中间厚度小的分布特征；徐家围子和林甸断陷部分地区泥岩厚度较大，一般为100~200m，古龙—林甸断陷LS3井附近厚度最大，可达338m。登娄库组暗色泥岩整个工区都有分布，整体上呈东厚西薄的趋势；该层大部分地区泥岩厚度小于

300m，古龙—林甸断陷厚度较大，一般为100~300m，最厚层位于LS3井附近，最大厚度达523m。暗色泥岩厚度排序为沙河子组＞登娄库组＞营城组＞火石岭组。

从松辽盆地北部深层泥岩TOC平面图上看（图2-4-2），火石岭组泥岩有机质丰度大部分在1.0%以下，但绥化断陷登娄库组泥岩有机质丰度好，分布在3%~4%左右，该层没有有效烃源岩。沙河子组泥岩有机质丰度分布特征与泥岩厚度分布特征基本一致，TOC值大于1.0%的分布范围很大，徐家围子中部地区TOC最大可达4%以上；经泥岩厚度与有机质丰度的迭加运算，全区沙河子组有效烃源岩面积为2800.7km^2。营城组泥岩有机质丰度表现为东高西低的分布特点，徐家围子断陷和莺山—双城断陷较好，TOC值大于1.0%，其他地区基本都小于1.0%；经过计算，全区营城组有效烃源岩面积为494.5km^2。登娄库组泥岩有机质丰度整体表现出中部优于东西两翼的分布特点，两翼TOC值基本在0.6%以下，中部丰度最好的安达地区TOC值在1.6%左右；经过计算，全区登娄库组有效烃源岩面积为444.7km^2。总体来看，TOC值东高西低；徐家围子断陷4层烃源岩TOC均较高，为1%~4%，最大12%；外围断陷中莺山—双城断陷营城组、沙河子组TOC高（2%~3%，最大4.6%），其他断陷TOC为0.5%~1.7%。TOC排序为沙河子组＞营城组＞火石岭组＞登娄库组。

从松辽盆地北部深层泥岩R_o平面图上看（图2-4-3）。火石岭组绝大部分地区样品R_o值大于1.0%，烃源岩演化程度以高—过成熟阶段为主，部分烃源岩演化程度处于成熟阶段。沙河子组大部分地区样品R_o值大于1.0%，烃源岩演化程度以高—过成熟阶段为主，部分烃源岩演化程度处于成熟阶段，少量烃源岩演化程度处于低熟阶段。营城组泥岩R_o值相对较为分散，烃源岩演化程度以高—过成熟阶段为主，部分烃源岩演化程度处于低—成熟阶段。登娄库组大部分地区样品R_o值大于1.4%，烃源岩演化程度以高—过成熟阶段为主，少量烃源岩演化程度处于成熟阶段。总体来看，R_o西高东低；古龙—林甸断陷R_o高，处于高—过成熟阶段（2%~4%）；中部徐家围子断陷和莺山断陷R_o为1.4%~4.0%；东部绥化、双城、北安R_o为0.8%~1.0%。深层断陷主要处于生气阶段，双城和北安断陷处于生油区间。

综上所述，松辽盆地北部深层发育多套多类型含煤烃源岩，生烃潜力好。区域上表现为徐家围子断陷中部发育烃源岩最好，纵向上表现为沙河子组烃源岩发育最好，有机质丰度高、成熟度好，泥岩连续性好。外围断陷多层位纵向叠置厚层烃源岩，整体构成含气断陷，古龙—林甸和莺山—双城断陷资源前景好。

3. 深层有效烃源岩评价标准建立及油气资源评价

1）生排烃热模拟实验研究

通过选取10块样品进行生烃动力学实验，4块样品56个模拟点进行热解生烃实验，对深层3类有机质（煤、煤系泥岩、泥岩）的生烃特征进行了研究。

（1）生烃动力学实验。

开放体系有机质成烃实验采用Rock-Eval 6型热解仪，加入20mg样品，分别在升温速率为5℃/min、10℃/min、30℃/min条件下，从200℃升温至700℃，实时记录产物量，即可得到产烃率和转化率与温度的关系。同时利用OPTKIN软件拟合不同温度下的反应速率常数得到指前因子及活化能分布数值。

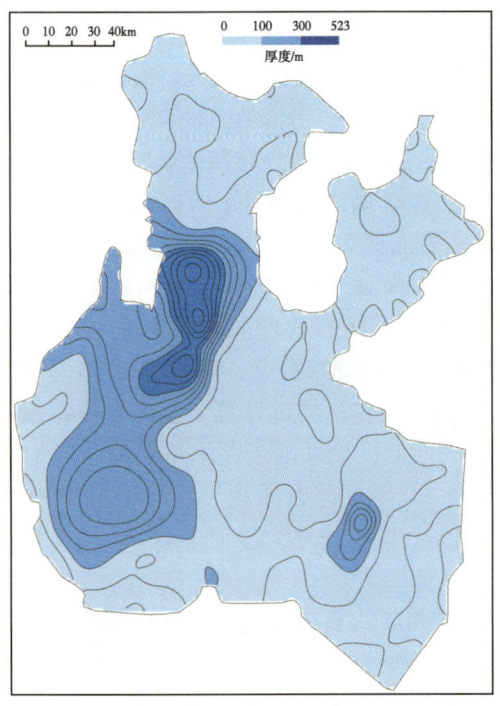

(a)松辽盆地北部深层登娄库暗色泥岩厚度平面图

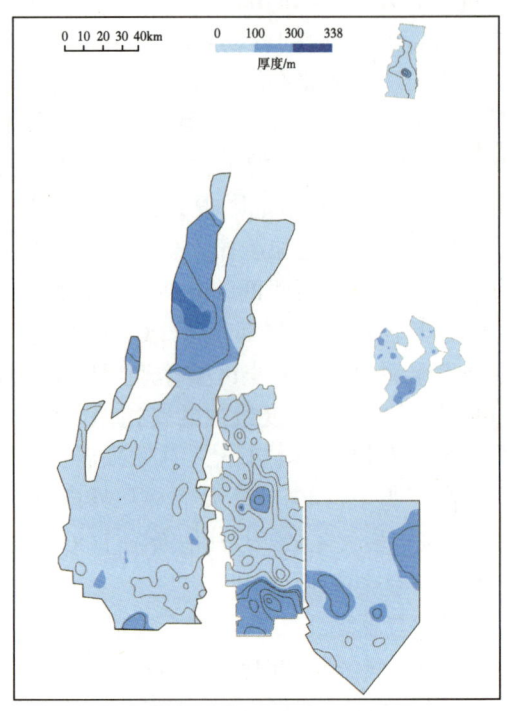

(b)松辽盆地北部深层营城组泥岩厚度平面图

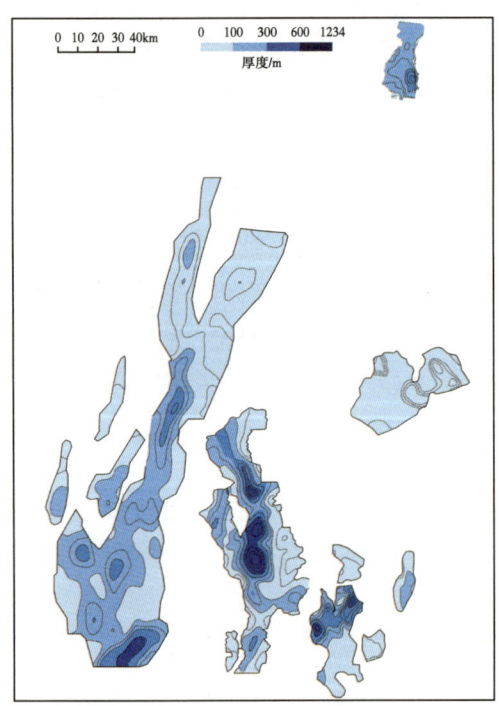

(c)松辽盆地北部深层沙河子组泥岩厚度平面图

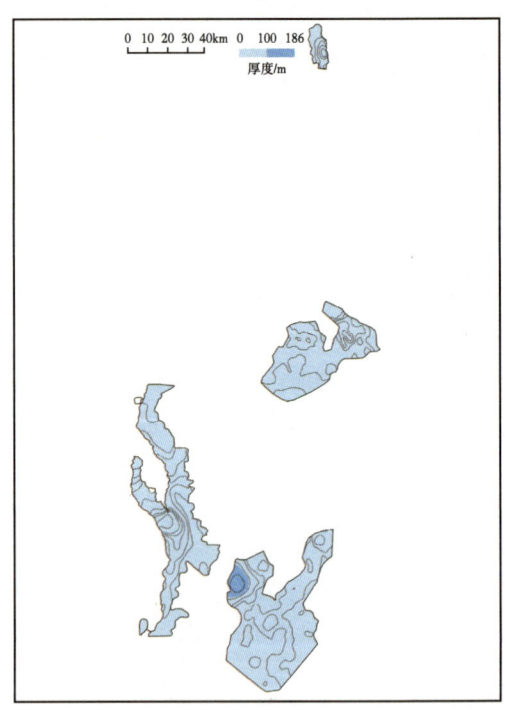

(d)松辽盆地北部深层火石岭组泥岩厚度平面图

图 2-4-1　松辽盆地北部深层 4 套烃源岩厚度图

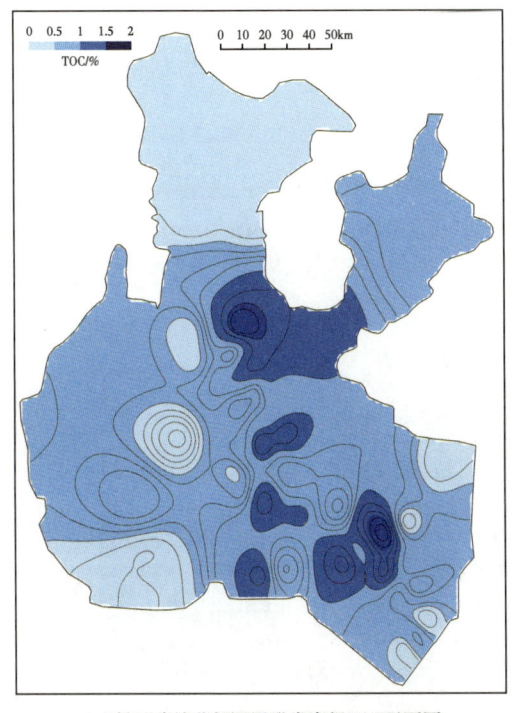

(a) 松辽盆地北部深层登娄库组TOC平面图

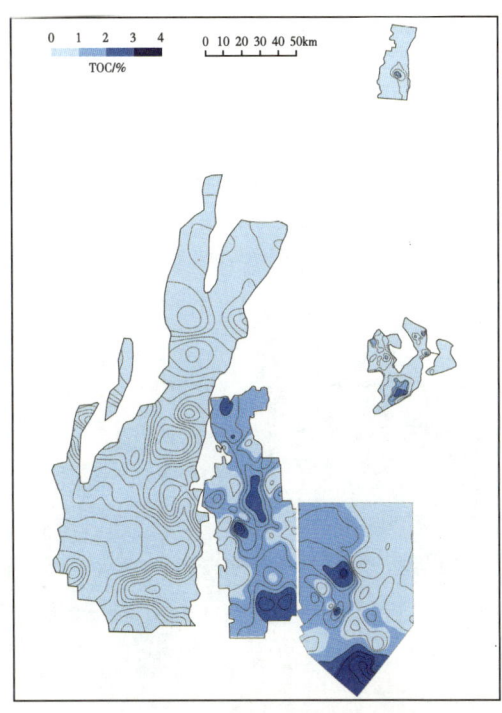

(b) 松辽盆地北部深层营城组TOC平面图

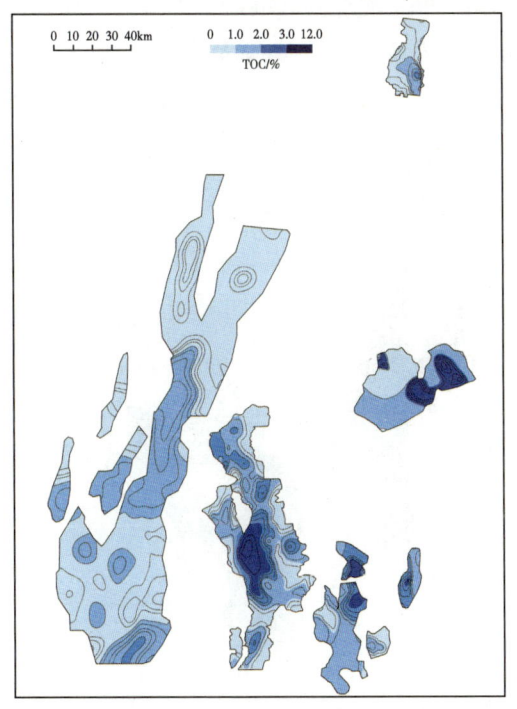

(c) 松辽盆地北部深层沙河子组TOC平面图

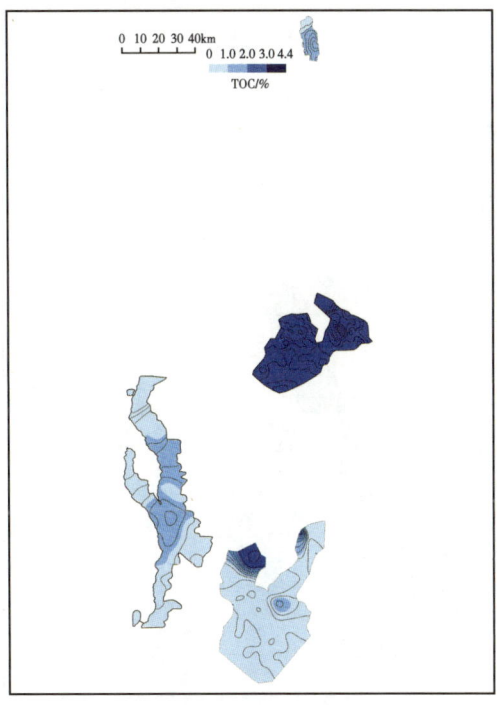

(d) 松辽盆地北部深层火石岭组TOC平面图

图 2-4-2　松辽盆地北部深层 4 套烃源岩 TOC 平面图

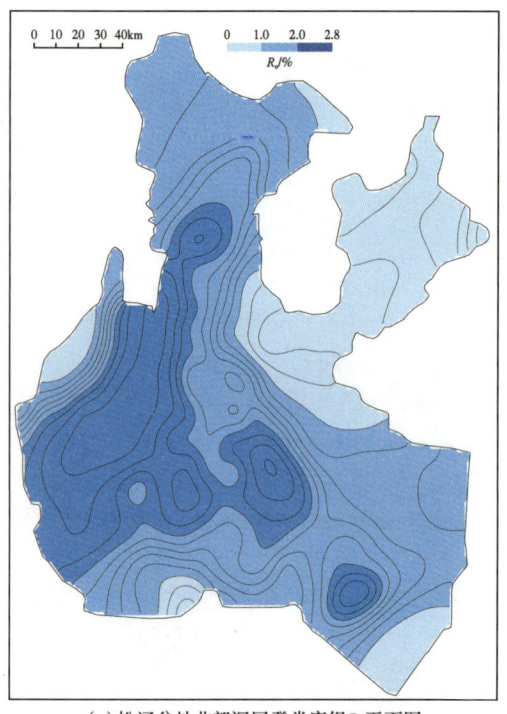

(a)松辽盆地北部深层登娄库组R_o平面图

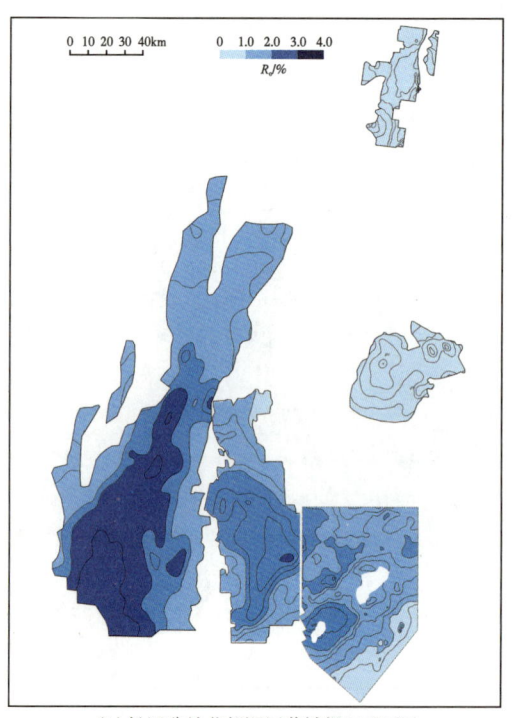

(b)松辽盆地北部深层营城组R_o平面图

(c)松辽盆地北部深层沙河子组R_o平面图

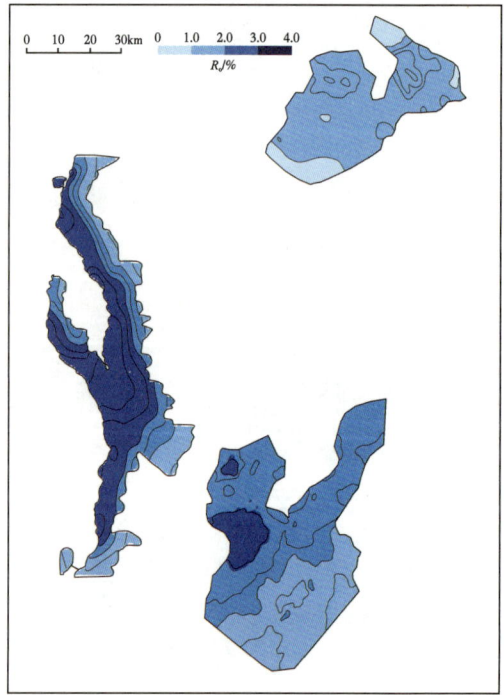

(d)松辽盆地北部深层火石岭组R_o平面图

图 2-4-3　松辽盆地北部深层 4 套烃源岩 R_o 平面图

从 BC1 井沙河子组 2452.10m 泥岩活化能的研究中认为，其体现了Ⅲ型烃源岩的特点：分布分散，活化能在 42~80kcal/mol 之间，表明以高等植物为主要生源的有机质大量生烃范围很宽；数值高，大部分大于 60kcal/mol，表明大部分生烃潜力在进入高成熟阶段后才能释放；同时存在较低活化能，在低成熟条件下可以生烃。

从 LS3 井营四段 3257.36m 泥岩活化能的研究中认为，由于其成熟度高（R_o 为 1.98%），其体现Ⅲ型烃源岩的特点：分布更加分散，数值范围为 36~70kcal/mol，表明以高等植物为主要生源的有机质大量生烃范围很宽；数值高，大部分大于 60kcal/mol，表明大部分生烃潜力在进入高—过成熟阶段以后才能释放。

通过活化能分布特征拟合温度—R_o 关系可得到转化率曲线。从 BC1 井沙河子组泥岩生烃转化率曲线中的Ⅲ型有机质生烃转化率曲线几乎是一条斜线，即 R_o 在 0.6%~3.3% 范围内都能大量生烃，且 R_o 为 0.7% 时转化率已达 20%，完全满足干酪根吸附油气量，表明深层Ⅲ型烃源岩生排气较早。

（2）热解生烃实验。

热解生烃实验设备为地化室自行设计研制，为岩石热解仪外接色谱仪。实验方法是，在岩石热解仪中加入 20mg 样品，200~630℃ 之间每 30℃ 为一个实验温度区间，通过 2℃、10℃、20℃ 三条升温速率进行加热，然后冷却至室温通过色谱仪进行油、轻质油、气组分比例计算。

以 BC1 井沙河子组 2452.10m 泥岩为代表的Ⅲ型烃源岩主要生烃温度范围为 420~630℃。从产物比例来看，气的比例为 96.38%，轻质油的比例为 3.62%，表明深层Ⅲ型泥岩主要生气。

2）地球化学指标恢复

国内外学者提出了很多针对高—过成熟烃源岩 TOC 恢复的方法，研究发现，这些方法均是在一定的假设和前提下提出的，有一定的适用性，但是每种方法都有一定的局限性，很难普遍适用。自然演化剖面法要求整个剖面的岩性相似、有机相相近、成熟度变化范围大，符合该要求的地球化学剖面难以见到；热解模拟实验法要求烃源岩样品的成熟度较低，而现今残余的烃源岩中满足此项要求的样品又很少，受高温短时间实验条件的限制，该方法的准确性并不高；物质守恒法仅从有机质热演化的角度出发分析问题，没有考虑在地史过程中外来元素的加入、无机反应的影响；理论推导法是从有机质演化与生排烃规律出发，直接推导出有机碳恢复系数的数学计算公式，但公式中所需参数较多，且许多参数需要由热解模拟实验得到或由人为因素确定，计算过程繁琐且结果受参数取值和热模拟实验条件等因素的影响。

近些年庞雄奇等学者提出了基于物质平衡原理的 TOC 恢复方法。

原始有机碳恢复系数计算公式如下：

$$K=\frac{\text{TOC}_o}{\text{TOC}}=\frac{1-\phi_o}{1-\phi}\cdot\frac{\rho_r}{\rho_{ro}}\cdot\left(1+R_p\cdot K_e\cdot K_c\right) \qquad (2\text{-}4\text{-}1)$$

式中　K——TOC 恢复系数；

TOC_o——原始 TOC，%；
ϕ——烃源岩孔隙度，%；
ϕ_o——烃源岩原始孔隙度，%；
ρ_r——烃源岩密度，$0.1g/cm^3$；
ρ_{ro}——烃源岩原始密度，$0.1g/cm^3$；
R_p——油气发生率，%；
K_e——有效排烃系数；
K_c——烃类含碳系数。

泥岩基准孔隙度、密度的确定原则：将不同盆地烃源岩层的孔隙度和密度转化为同一热演化程度之下进行比较。以烃源岩大量排烃前（R_o=0.5%）为原始母质丰度 TOC_o 的基准点。泥岩现今孔隙度及密度值依据测井曲线读取和计算。

基于地质条件下源岩的氢指数变化对油气发生率 R_p 进行计算，K_e 有效排烃系数根据学者发表的不同类型不同成熟度阶段数值结合大庆实际样品模拟实验值给出，烃类含碳系数 K_c 由热解模拟实验获得的各烃类产物的加权值获得，泥岩一般为0.87（庞雄奇等，2014）。

选取 S59 井、S66 井、YS5 井营城组泥岩，YS20 井、YS5 井、SS1 井的沙河子组泥岩及 YS5 井火石岭组的泥岩做了 TOC 恢复（表2-4-1），S59 井等Ⅱ型泥岩原始 TOC 恢复结果表明在 R_o 小于1.0%的中—低成熟阶段，TOC 恢复系数在1.1~1.2之间，即此阶段的残余 TOC 与原始 TOC 差别不大；ZS5 井等Ⅲ型泥岩原始 TOC 恢复结果表明在 R_o 从0.89%演化至2.79%，TOC 恢复系数从1.00增加到1.35，即高—过成熟阶段残余 TOC 与原始 TOC 差别较大。

表2-4-1　深层探井原始有机碳恢复数据表

井号	层位	样品描述	R_o/%	镜检	恢复系数
S66	K_1yc	黑色泥岩	0.8	Ⅱ$_2$型	1.14
S59	K_1yc	黑色泥岩	1.004	Ⅱ$_2$型	1.19
S59	K_1yc	黑色泥岩	1.027	Ⅱ$_2$型	1.13
S66	K_1yc	黑色泥岩	0.891	Ⅲ型	1.00
YS5	K_1yc	黑色泥岩	1.467	Ⅲ型	1.05
YS5	K_1yc	灰黑色泥岩	1.569	Ⅲ型	1.16
ZS20	SQ_2	黑色泥岩	1.661	Ⅲ型	1.17
YS5	SQ_4	黑色泥岩	1.903	Ⅲ型	1.22
YS5	SQ_4	黑色泥岩	1.973	Ⅲ型	1.25
YS5	SQ_3	黑色泥岩	2.001	Ⅲ型	1.25
SS1	SQ_3	暗色泥岩	2.52	Ⅲ型	1.28
YS5	SQ_1	黑色泥岩	2.527	Ⅲ型	1.29
YS5	SQ_1	黑色泥岩	2.65	Ⅲ型	1.31
YS5	K_1h	灰黑色泥岩	2.791	Ⅲ型	1.35

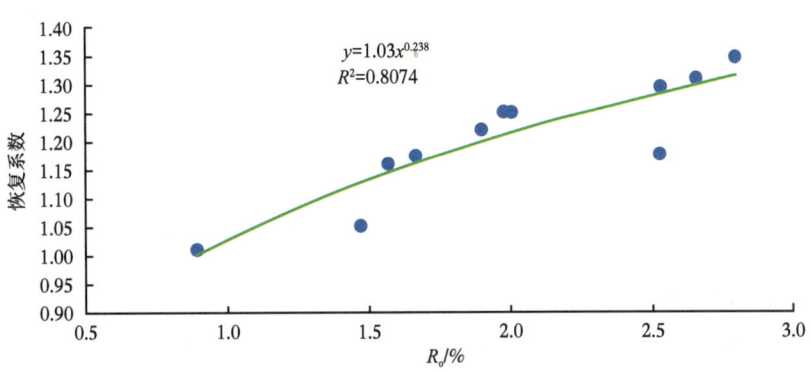

图 2-4-4　Ⅲ型干酪根 TOC 恢复系数—R_o 关系图

深层Ⅲ型泥岩 TOC 恢复系数与 R_o 数据通过拟合，得到 TOC 恢复曲线（图 2-4-4），高—过成熟烃源岩 TOC 恢复系数可达 1.35。根据我国现行的行业标准，有效烃源岩 S_1+S_2 大于 2mg/g；陈建平等（1997）等学者标准，原始 TOC 大于 1% 可评价为有效烃源岩，通过计算深层泥岩残余 TOC 大于 0.75% 即可评价为有效烃源岩。

3）有效烃源岩评价标准建立

据业界共识，中国大中气田的生烃条件为生烃强度大于 $20×10^8 m^3/km^2$。生烃强度计算公式如下所示：

$$E_g = 10^{-15}(z_2 - z_1) \cdot M \cdot d \cdot C \cdot \frac{1}{(R_{o_2} - R_{o_1})^2} \int_{R_{o_1}}^{R_{o_2}} G_r dR_o \int_{R_{o_1}}^{R_{o_2}} C_f dR_o \qquad (2\text{-}4\text{-}2)$$

式中　E_g——烃源岩层的生气强度，$10^8 m^3/km^2$；

　　　Z_1——烃源岩层顶界的深度，m，由该层顶界的埋藏史确定；

　　　Z_2——烃源岩层底界的深度，m，由该层底界的埋藏史确定；

　　　M——烃源岩层内烃源岩的含量，%；

　　　d——烃源岩层内烃源岩的密度，t/km^3；

　　　C——残余有机碳含量，%；

　　　R_{o_1}——烃源岩层顶界的 R_o 值，%，由该层顶界的 R_o 史确定；

　　　R_{o_2}——烃源岩层底界的 R_o 值，%，由该层底界的 R_o 史确定；

　　　G_r——生气率，m^3/t_{TOC}，它是 R_o 的函数，由烃源岩层顶底界的 R_o 史及实地的生气率—R_o 关系曲线确定；

　　　C_f——残余有机碳恢复系数，它是 R_o 的函数，由烃源岩层顶底界的 R_o 史及实地的残余有机碳恢复系数—R_o 关系曲线确定。

经过理论计算，得到徐家围子沙河子组泥岩厚度与 TOC 关系的理论曲线，如图 2-4-4 蓝色曲线所示。选取 DS12 井、XS1 井、ZS32 井等井，测定其沙河子组泥岩厚度及 TOC，并将实测值与理论曲线进行比较（图 2-4-4），分析可知沙河子组中等丰度泥岩（TOC=1%）厚度大于 400m 可作为有效烃源岩，高丰度泥岩（TOC＞5%）厚度可小于 100m。

4）油气资源评价

本次资源评价通过成因法计算资源量，公式为：

$$QC = S \cdot h \cdot \rho \cdot C \cdot KC \cdot IH \cdot X \quad (2\text{-}4\text{-}3)$$

$$Q = QC \cdot R \quad (2\text{-}4\text{-}4)$$

式中　QC——生气量，m^3；

　　　Q——资源量，m^3；

　　　S——成熟烃源岩面积，m^2；

　　　h——为成熟生油岩平均厚度，m；

　　　ρ——为生烃源岩密度，$0.1t/m^3$；

　　　C——残余有机碳，%；

　　　KC——C恢复系数；

　　　IH——产烃率，g_{HC}/g_{TOC}；

　　　X——成烃转化率，m^3/t；

　　　R——运聚系数。

计算结果见表2-4-2。

表2-4-2　徐家围子断陷细分层天然气资源量计算表

层位	烃源岩厚度/m	TOC/%	生气量/$10^8 m^3$	占比/%
登娄库组	0~200	0.36	1805	0.61
营城组	0~300	0.78	9361	3.16
沙四段泥岩	0~600	1.63	52626	17.78
沙四段煤层	0~80	60	19004	6.42
沙三段泥岩	0~300	1.39	44531	15.05
沙三段煤层	0~60	55	14522	4.91
沙二段泥岩	0~500	1.53	61097	20.64
沙二段煤层	0~45	53	7959	2.69
沙一段泥岩	0~800	1.19	72056	24.35
沙一段煤层	0~60	57	9596	3.24
火石岭组	0~100	0.72	3399	1.15
总计			295956	100

细分层资源量计算结果表明，4套烃源岩生气量占比沙河子组＞营城组＞火石岭组＞登娄库组；沙河子组烃源岩生烃强度大，大部分地区大于$20×10^8 m^3/km^2$，可以形成大中型气田。沙一段和沙二段泥岩贡献最大，沙四段煤层占比较大。

生气量对比"四次资评"（$313800×10^{12} m^3$）稍小，主要原因是"四次资评"沙河子组泥岩未细分层，采用R_o平均值比本次细分层的要偏大。采用四次资评的运聚系数3.27%，本次资源评价常规气+致密气为 $9678\times10^8\text{m}^3$。

以 DS17 井为代表，沙四段"泥包砂"层段厚度大于 30m，泥页岩 R_o 为 1.27%~3.56%，平均值为 2.31%，凹陷主体可达 3.5%；TOC 大于 2% 的页岩气有利区面积为 756km²，具备形成页岩气的地质条件，是断陷湖盆油气勘探的新类型。

根据 Pepper（1995）气吸附系数 0.02，生气量 $30\times10^{12}\text{m}^3\times0.02$，估算残留气 $6000\times10^8\text{m}^3$。天然气室的杨亮根据资源量=面积×厚度×密度×含气量，估算页岩气 $5221\times10^8\text{m}^3$。二者结果接近，表明徐家围子断陷至少有几千亿立方米页岩气资源。

新层系资源评价：徐家围子断陷营城组优质烃源岩主要分布 XS22 井及 ZS14 井附近。营城组厚层泥岩局部发育，生烃强度大于 $10\times10^8\text{m}^3/\text{km}^2$ 的面积为 517km²，有较大资源潜力。徐家围子断陷火石岭组、登娄库组生烃强度小，对资源量贡献小。

外围断陷资源评价：外围断陷多层位纵向叠置厚层烃源岩，整体构成含气断陷，洼槽区生烃强度大，资源前景好。古龙—林甸断陷在沙河子组、营城组和登娄库组分别以 GS2 井、GS3 井和 LS4 井为代表发育中等—好烃源岩；绥化断陷在 SuS1 井营城组发育好烃源岩；北安断陷在 BC1 井沙河子组发育好烃源岩，具备生油能力。古龙—林甸、莺山—双城、北安断陷沙河子组及绥化断陷营城组的洼槽区生烃强度大，达 $20\times10^8\sim350\times10^8\text{m}^3/\text{km}^2$，具备大中型气田的资源基础。古龙—林甸断陷登娄库组和莺山—双城断陷营城组生烃强度较大，部分地区可达 $10\times10^8\text{m}^3/\text{km}^2$，具有较大的资源潜力。根据最新钻井资料、结合地震资料预测泥岩厚度图，利用测井曲线计算 TOC 值，通过实测 R_o 值校正热史，最终通过 PetroMod 软件计算了外围几个主要断陷各层烃源岩的生烃量（古龙断陷应用最新三维地震勘探解释成果，北部通过多参数类比计算资源量）。古龙—林甸最大，莺山—双城次之，绥化和北安断陷由于有效烃源岩面积小，资源量很小，下一步除了在双城可以继续石油勘探外，建议在古龙断陷和莺山断陷进行天然气勘探（表 2-4-3）。

表 2-4-3 外围断陷油气资源量计算表（成因法）

层位	古龙—林甸			莺山—双城			绥化			北安			备注
	烃源岩厚度/m	生气量/10^{12}m^3	资源量/10^8m^3	烃源岩厚度/m	生气量/10^{12}m^3	资源量/10^8m^3	烃源岩厚度/m	生气量/10^{12}m^3	资源量/10^8m^3	烃源岩厚度/m	生烃量/10^{12}m^3	资源量/10^8m^3	
登娄库组	0~613	2.6225	858	0~454	0.5493	180	0~8	0.0000	0				
营城组	0~294	1.5545	508	0~165	2.5248	826	0~302	0.1974	65	0~270	0.0000	0	双城石油资源 $7755\times10^4\text{t}$
沙河子组	0~737	8.8034	2879	0~873	4.8458	1585	0~37	0.5892	193	0~538	0.0635	21	
火石岭组				0~186	0.0002	0.07	0~11	0.2913	95	0~19	0.0065	2	
合计		12.9804	4245		7.9201	2590		1.0779	353		0.0699	23	

注：运聚系数 3.27%。

根据 Pepper（1995），气吸附系数 0.02，通过生气量 ×0.02 估算残留气，古龙—林甸、莺山—双城、绥化断陷的非常规天然气资源分别为 $2600×10^8m^3$、$1600×10^8m^3$、$200×10^8m^3$。

综上所述，松辽盆地北部深层除了围绕徐家围子断陷沙河子组主力烃源岩勘探，下一步还有望在其他外围断陷营城组和登娄库组扩大天然气勘探，以及在北安断陷获得石油发现（张帆等，2022）。

二、松辽盆地北部深层生—储—盖组合特征

以沙河子组为主要烃源岩层，基底、火石岭组、沙河子组、营城组和登娄库组为主要层，登娄库组和泉头组一段、二段为区域盖层，形成以下三种主要的成藏组合。

1. 新生古储成藏组合

沙河子组为气源岩，形成的天然气沿基底顶面不整合面和火石岭组顶面不整合面侧向运移至高部位基底风化壳及火石岭组火山岩储层中，上覆登娄库组为盖层，聚集成藏，形成新生古储型成藏组合，例如中央古隆起肇州气藏、升平 ShS101 井区火石岭组气藏。

2. 自生自储成藏组合

主要是沙河子组烃源岩形成的天然气聚集于沙河子组致密砂砾岩储层中，天然气自生自储自盖，形成自生自储型成藏组合。另外双城地区营城组烃源岩形成的油气也在营城组砂砾岩中聚集，形成自生自储成藏组合。

3. 古生新储成藏组合

沙河子组形成的天然气垂向及侧向运移至上覆或邻近营城组火山岩、登娄库组砂岩中，以登娄库组、泉头组一段、二段为封盖层聚集成藏，形成古生新储成藏组合，这是松辽盆地北部深层主要的成藏组合，徐深气田营城组气藏、昌德等登娄库组气藏及双城地区登娄库组油藏都是这种成藏组合（图 2-4-5）。

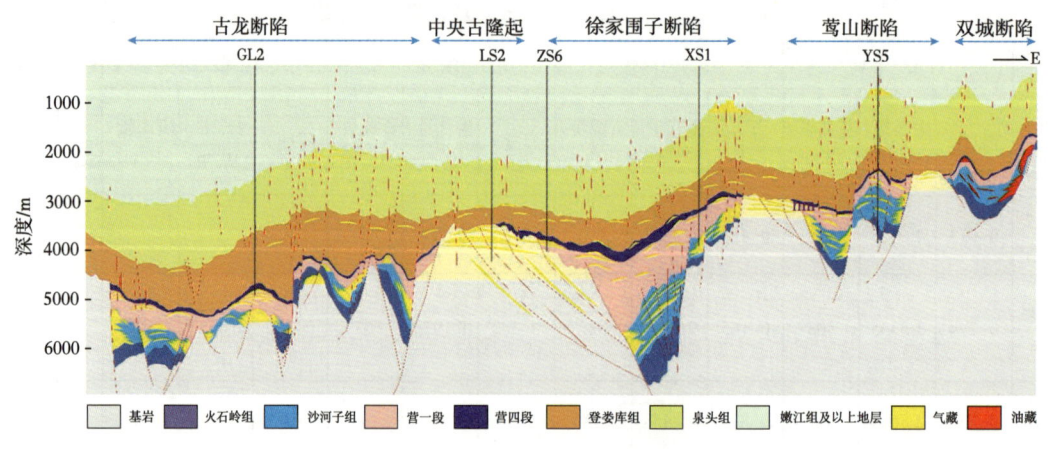

图 2-4-5 松辽盆地深层油气藏剖面图

第三章 营城组火山岩气藏成藏条件、富集规律研究与勘探新进展

松辽盆地北部深层火山岩分布在徐家围子断陷、莺山—双城断陷、古龙断陷等18个断陷（群）中，总勘探面积33167km², 资源潜力大。2000年以来，大庆油田以徐家围子断陷为重点，进行区带评价和火山岩岩性圈闭的识别评价。2002年，XS1井获得高产工业气流，在徐家围子断陷中部升平—兴城构造带发现了大型火山岩气藏，标志着松辽盆地深层天然气勘探取得重大突破。徐家围子断陷营城组火山岩地层中气藏探明储量现已超过 $2000 \times 10^8 m^3$，是松辽盆地深层天然气勘探的重要领域。

本章根据钻井揭示结果，并结合地质、地球物理综合分析，探讨了徐家围子断陷营城组多期次火山岩分布规律，明确了储层发育的控制因素，分析了气藏富集的控制因素，预测了气藏分布。勘探实践证实，营城组火山岩可划分为两段六期，火山口区沿断裂带展布，酸性岩与中基性岩火山口区展布规模差异大；火山岩储层受岩性、岩相控制，酸性岩优于中基性岩，平面上火山口区最优，远火山口区最差；纵向上受期次控制，各期上部发育优质储层；酸性岩火山口区、近火山口区气藏主要受构造控制，为岩性—构造气藏，远火山口区发育致密岩性气藏，中基性岩气藏整体为致密岩性气藏。最后综合天然气藏分布的主控因素，分期次预测六个有利区带，为深层天然气勘探指明了方向，取得了良好的勘探效果。

第一节 营城组火山岩气藏勘探历程

徐家围子断陷营城组火山岩是松辽盆地内晚侏罗世—早白垩世规模较大、延续时间较长，分布面积较广的一期火山喷发活动，地层分布面积3900km², 火山机构类型多样、岩性复杂，具有纵向上多期互相叠置、间歇性喷发特征。随着火山岩勘探程度的不断提高，特征明显的火山岩圈闭已基本勘探完毕，进入到寻找隐蔽圈闭和突破溢流相致密储层阶段。通过精细识别隐蔽火山口和溢流相火山岩岩性气藏，在肇州ZS16井、ZS19井、宋站地区SS11井等发现了一批规模小但产能高、效益好的气藏；通过部署水平井，针对近火山口溢流相中基性岩勘探也取得重要进展，SS103H井获得高产工业气流。

一、深层大型火山岩气藏发现及规模勘探（2001—2010年）

由于砂岩储层致密，"十五"之前深层勘探发现的气藏规模小、产量低，未形成规模和效益。经过系统研究评价后，认识到徐家围子断陷具有较大的资源潜力，勘探重点转向

断陷内部，勘探目标以火山岩为重点，在徐家围子断陷营城组火山岩、砂砾岩取得了重要突破，发现了徐深大气田，使得大庆油田成为中国陆上第五大气区。这一时期共完成针对深层三维地震勘探 $4333.87km^2$，完成深层探井 112 口，获工业气流井 50 口，提交探明储量超过 $2000×10^8m^3$。

1. 徐家围子断陷探明了超 $2000×10^8m^3$ 的徐深气田

"九五"末利用二维地震勘探资料在徐家围子中部发现"坳中隆"——兴城鼻状隆起区，2001 年在"坳中隆"上部署 XS1 井，2002 年试气火山岩获无阻流量超百万立方米级的高产工业气流，从而拉开了火山岩气藏勘探的大幕。XS6 井是兴城隆起上第二口井，在火山岩气层之上见到厚层砂砾岩气层，压裂后获得无阻流量超百万立方米级的高产工业气流，可以作为兼探层。两套高产气层的发现倍受重视，之后做出了加快勘探评价的决策，兴城和丰乐地区部署三维地震勘探 $509.6km^2$，加快资料处理解释，2003—2004 年对预测的火山岩体整体部署 9 口甩开预探井，发现了 XS5 井、XS3 井、XS7 井、XS8 井、XS9 井等气藏，接着钻探评价井 10 口，开发部门及时介入先后在 XS1 区块和 SS2 区块部署了 11 口开发控制井，对 5 口井进行了系统试采，单井日产量 $3×10^4~20×10^4m^3$。2005 年徐深气田提交探明地质储量 $1018.68×10^8m^3$，含气面积 $110.97km^2$。

在集中勘探中部隆起带同时，积极研究和甩开部署，勘探重点转向安达凹陷和徐东斜坡。2003 年在安达完成了三维地震勘探，预测西部为火山岩有利区，在此部署的 WS1 井、DS3 井、DS4 井、DS7 井等井均获工业气流；2005 年应用三维地震勘探在徐东预测 3 个火山岩有利区带，2006—2007 年完钻的 XS21 井、XS23 井、XS27 井、XS28 井均获日产 $10×10^4m^3$ 以上高产气流。2007 年徐深气田在安达、徐东和丰乐三个区块提交探明地质储量 $1198.91×10^8m^3$，含气面积 $174.14km^2$，其中 XS28 井以二氧化碳气为主，含量 89.82%。

2. 深层外围断陷取得了新发现

随着徐家围子断陷的勘探突破，"十五"以来逐步向其他外围断陷甩开勘探，双城和古龙等断陷作为深层天然气勘探的重点突破领域，并见到较好的勘探效果。2005 年在古龙断陷南部敖南洼槽部署了深层三维地震勘探 $358.4km^2$，并针对有利火山岩岩体部署的的风险探井 GS1 井，营城组气测显示情况较好，压裂获低产气流，揭示古龙断陷是一个含气断陷，发育火山岩储层。截至 2010 年年底，古龙—林甸断陷完成二维地震勘探 $2139.28km$；重磁勘探 $7873km^2$。

之后继续向莺山断陷甩开勘探，2006 年针对莺山断陷中部部署深层三维地震勘探 $321km^2$。2008 年针对有利火山岩岩体部署的 YS2 井，在营城组和沙河子组都钻遇到优质烃源岩，营城组火山岩获得日产 $4.614×10^4m^3$ 的工业气流，实现了莺山—双城断陷勘探的突破。2005—2006 年完成高精度重磁 $5664km^2$。2009 年莺山—双城断陷完成了三个三维地震勘探工区的连片处理及四站三维地震勘探共 $166km^2$。截至 2010 年年底，共完成深探井 11 口，其中低产气流井 5 口，获工业气流井 1 口。

这一阶段，深层地质研究取得重要进展，一是重新确立了深层地层层序，将火石岭组、沙河子组和营城组断陷期地层划归下白垩统，细分营城组为四段，沙河子组分为上段、下段；二是徐家围子断陷深层沉积相研究逐步深入，认识到营城组四段主要发育辫状河—辫状三角洲体系、扇三角洲、河流三角洲及滨浅湖相沉积体系，对营城组四段砂砾岩储层特征、影响控制因素也形成了比较明确的认识；三是对火山岩开展了系统的研究，明确了火山岩的岩性、岩相特征，认识到徐家围子断陷南部兴城地区以酸性火山岩为主，向北至安达地区，中基性火山岩比例逐渐增加；研究了火山岩储层特征，明确了岩性、岩相、构造作用和次生改造是火山岩储层发育的主要控制因素，明确了徐家围子断陷火山岩气藏分布规律，纵向上主要分布在营城组一段、三段中，少量见于沙河子组和火石岭组，火山岩气藏沿断裂成带分布，构造高部位富集；四是进一步明确了沙河子组为深层主力烃源岩，母质类型多种多样，既有湖相水生生物来源，又有陆源高等植物输入，资源潜力大。本阶段形成了火山岩岩性和气水层井筒识别技术、火山岩岩体识别和储层地震预测技术，同时对徐家围子 6000km^2 三维地震勘探资料开展了连片叠前时间偏移处理和解释，创新了地震成像和连片解释技术，为整体认识徐家围子断陷起到重要作用。

二、地质理论研究及勘探成果新进展（2011年至今）

1. 地质理论研究新进展

通过火山岩油气地质理论创新，实现从常规油气藏到大面积致密油气勘探理念的转变，勘探领域大幅度拓展，勘探开发成效显著提高，火山岩已成为重要的现实勘探领域。取得的主要成果如下。

通过火山岩油气藏成藏构造背景、储层形成机制和成藏机制，构建了火山岩油气藏地质理论。具体包括：裂谷盆地火山岩与烃源岩配置良好，是形成火山岩油气藏的有利环境；火山岩均可形成局部优质和大面积分布的致密有效储层；火山岩具有非常规致密油气形成条件和"多源促烃、相—面控储、断—壳运移、复式聚集"的成藏机制。

形成了火山岩重—磁宏观预测、火山岩油气藏地震识别技术、火山岩油气藏测井评价技术、火山岩储层微观评价技术四类技术系列，研发方法44种，创新技术17项，建立了一套较为完整的火山岩油气藏识别评价技术方法，有效支撑油田探井部署，钻井成果显示，探井成功率提高近10%。

建立了火山岩储层地震预测技术要求、火山岩岩性测井识别技术规范、火山岩油气储层评价方法三项行业技术规范，为火山岩储层识别与评价技术的推广奠定了基础。

初步查明了火山岩油气藏分布规律，指明了10个油气有利目标区，推进了东部、西部两个万亿立方米级大气区建设。首次提出我国东部中生代火山岩油气藏是受火山机构控制的"局部甜点"大面积分布致密型油气藏。

2. 勘探成果新进展

徐家围子断陷营城组火山岩是主要的含气层位之一，2005—2007年提交探明储量 $2000×10^8m^3$。火山岩剩余资源主要是小型的隐蔽火山口形成的构造岩性气藏和溢流相中基性致密储层形成的岩性气藏。通过细分期次精细研究，识别层间剩余未钻探隐蔽火山口，同时针对溢流相中基性岩岩性气藏进行预测评价，发现一批小型火山岩气藏。

安达地区2010年针对东侧营城组小型火山口部署实施DS10井、DS12井，压裂后分别获得日产 $4.9×10^4m^3$、$6.12×10^4m^3$ 的工业气流，展现小型火山口具有一定的勘探潜力。

根据分期次精细解释结果。2013—2015 年优选小型火山口部署 SS11 井和 DSx23 井等井。SS11 井为营城组三段期次Ⅱ基性岩火山口，钻遇安山质、玄武质角砾凝灰岩、凝灰熔岩等 430m，解释裂隙气层 1 层 54.6m，差气层 3 层 27.4m，有效孔隙度平均 6.1%，压裂后试气获日产气 $7.3 \times 10^4 m^3$；DSX23 井营城组三段期次Ⅱ岩性为玄武岩、玄武质角砾熔岩、玄武质熔结角砾岩、英安岩等，有效孔隙度平均值 13.1%，综合解释气层 2 层 16.6m、差气层 9 层 74.2m、差气界限层 1 层 13.6m。2017 年对营城组火山岩进行压裂改造，日产天然气 $13.96 \times 10^4 m^3$。针对营城组三段期次Ⅲ和营城组一段期次Ⅱ酸性岩小型火山口部署实施成功的井包括 ZS16 井、ZS19 井和 ShS9 井等井。2011 年在肇州地区针对营城组三段期次Ⅲ小型火山口目标部署 ZS16 井，火山岩岩体面积 $4.65km^2$，ZS16 井营城组为流纹岩等酸性喷发岩，解释气层 3 层 84.6m，常规测试获日产气 $9.23 \times 10^4 m^3$。2013 年在相邻的面积 $5.22km^2$ 火山岩岩体部署 ZS19 井，岩性为酸性喷发岩，解释气层 3 层 222.4m，压裂后获日产天然气 $21.78 \times 10^4 m^3$。2016 年在升平地区针对营城组一段期次Ⅱ酸性火山岩火山口部署 ShS9 井，钻入火山岩层 233m，解释气层 1 层 63.2m，压裂后日产气 $15.82 \times 10^4 m^3$。这些酸性岩火山口虽然规模小，但气层产量高，开发效果好，ZS16 区块后期钻探的开发井 ZS16 井—P1 井试气无阻流量达 $231 \times 10^4 m^3$，产量高，效益好。

在勘探小型火山口气藏的同时，探索溢流相中基性岩也取得重要成果。安达地区营城组三段期次Ⅱ稳定发育一套中基性岩，溢流相熔岩发育区也普遍含气，但产能较低。2013 年为进一步提高营城组期次Ⅱ中性岩单井产能，采用大井眼长水平段钻探 SS103H 井，钻遇营城组火山岩 1289.44m，岩性为安山岩，储层物性、含气性好，综合解释气层 5 层 98m，差气层 40 层 566.8m，压裂后自喷求产，日产气 $11.74 \times 10^4 m^3$，获工业气流，溢流相致密储层获得高产。2017 年对这些小型火山岩气藏开展评价研究，徐家围子断陷火山岩再次提交探明储量 $500 \times 10^8 m^3$。

近几年，除了深化徐家围子断陷富集规律，又拓展了古龙断陷。古龙断陷是深层勘探的新领域，面积约 $8900km^2$，通过深化复式断陷大型火山岩岩体控藏新认识，发现了多个规模火山岩岩体，2021 年针对大型酸性火山岩岩体部署 GL2 井，该井完钻井深 4838m，钻入营城组 233m，岩性以流纹岩、流纹质凝灰熔岩、流纹质角砾熔岩等酸性岩类为主，储层厚度 101.8m，储地比 44%。综合解释气层 69.8m/2 层，差气层 32m/1 层，划分有效厚度 74.3m/3 层，测井孔隙度为 10%~20%，气藏压力系数 1.96，折算地层压力 92.3MPa。试气层位为营城组一段 127 号层、132 号层，射孔厚度 29.5m，压裂后自喷求产，采用 7.94mm 油嘴三相分离器测气，日产气 $44.6 \times 10^4 m^3$，无阻流量 $177 \times 10^4 m^3$，为高压、伴生 CO_2 气藏。

第二节　营城组地质特征

徐家围子断陷到营城组沉积时期，受徐中断裂控制明显，营城组三段火山岩的分布受徐东负花状构造断裂带控制明显，营城组四段砂砾岩基本上不受断裂控制，具有中间厚、两侧薄的特点。营城组火山有三种喷发模式，即裂隙式喷发、中心式喷发和复合式喷发，以裂隙式喷发为主，火山机构沿徐中断裂和徐东花状构造断裂带分布，北东断裂对火山喷发有诱导作用，北西向大断裂与北东向大断裂的交叉汇处的火山喷发能量强、规模大，最终形成以北西向为主、北东向为辅的火山机构，因此形成了徐家围子大面积连片的火山岩分布。

一、营城组构造特征

徐家围子断陷近南北向展布，南北向长120km，东西向中部最宽60km，断陷面积5350km^2，是松辽盆地深部规模较大的断陷。断陷周边基岩顶面海拔高程-2500~-3500m，断陷内高程低于-8000m。区域构造特征表明徐家围子断陷是南北向，总体上"两凹夹一隆、东西分带、南北分块的箕状断陷"，徐家围子断陷受东西向拉张，在徐西大断裂的控制形成了近南北走向的箕状断陷，同时，在火石岭组—沙河子组沉积时期，受北东东向断层的分割，断陷具有南北分块的特征，另外，在火石岭组沉积时期，北部的安达地区、徐中南部地区局部发育东侧控陷断裂；沙河子组沉积之后，由于北北西向徐中断裂切割徐西大断裂，并产生右旋走滑，致使徐西大断裂变为南北两段（南部仍称徐西断裂，北部称徐西北断裂），中央古隆起带的部分老地层被推到徐家围子断陷中（升平凸起、汪家屯凸起）形成了"两凹夹一隆、东西分带、南北分块"的基本构造格局，在火石岭组—沙河子组沉积时期，徐东断裂是一条近南北向局部发育的小断裂，控陷作用不强，到营城组沉积时期，受徐中断裂控制明显，营城组三段火山岩的分布受徐东负花状构造断裂带控制明显，营城组四段砂砾岩基本上不受断裂控制，具有中间厚、两侧薄的特点。

1. 营城组一段顶面构造特征

营城组一段以发育火山岩为主，局部地区也发育大套沉积岩，总体表现为东西两翼高、中间低的特征，在中部发育多个凹中隆构造。与T_4^1反射层具有明显的继承性：一是在徐西断层上升盘的中央古隆起上缺失营城组一段，其他凸起如升平凸起、万隆凸起、丰乐凸起的构造高部位上也缺失该套地层；二是凹陷中心仍处于XS22井区一带；三是整个T_{4c}反射层凹陷特征表现为中部宽而深，南部、北部都有缺失，总体形成以中部XS22井区为中心，东西和南北高北西走向的向斜特征。在向斜以东为西倾斜坡，以东为东倾斜坡。由于火山岩的喷发特征和充填序列与沉积岩相比具有很大的差异，因此该反射层与沙河子组顶面相比，具有明显的特征差异：一是徐西断层对营城组一段没有控制作用，但东西两个凹陷仍然发育；二是由于断层活动的差异性，导致营城组一段岩性分布具有明显的分带性，沿徐中断裂火山岩发育，远离断裂活动带发育沉积岩，ShS6井—XS7井—XS10井一线，火山锥发育，构造圈闭也明显较T_4^1发育，东西两个凹陷的箕状断陷特征消失；三是T_{4c}反射层在升深气田和汪深气田以北缺失，不发育营城组一段；四是构造圈闭分布与火山锥分布有较好的对应关系。该反射层凹陷中心位于XS22井区，最低位于XS22井以西，为-5500m；构造高部位位于工区东部和西部边缘，海拔高程在-1925~-2500m，最高部位位于工区东南部，为-1925m。该反射层上断层发育，既有控制断陷的控陷断层，又有控制构造带和控制局部构造的断层，断层走向以北西向和北南向为主，也发育少量北东向断层，北西向断层延伸较长，而南部（XS10井以南）以北南走向断层为主；构造圈闭以背斜和断鼻为主，中部构造圈闭发育，面积较大；南部构造圈闭较少，面积较小（图3-2-1）。

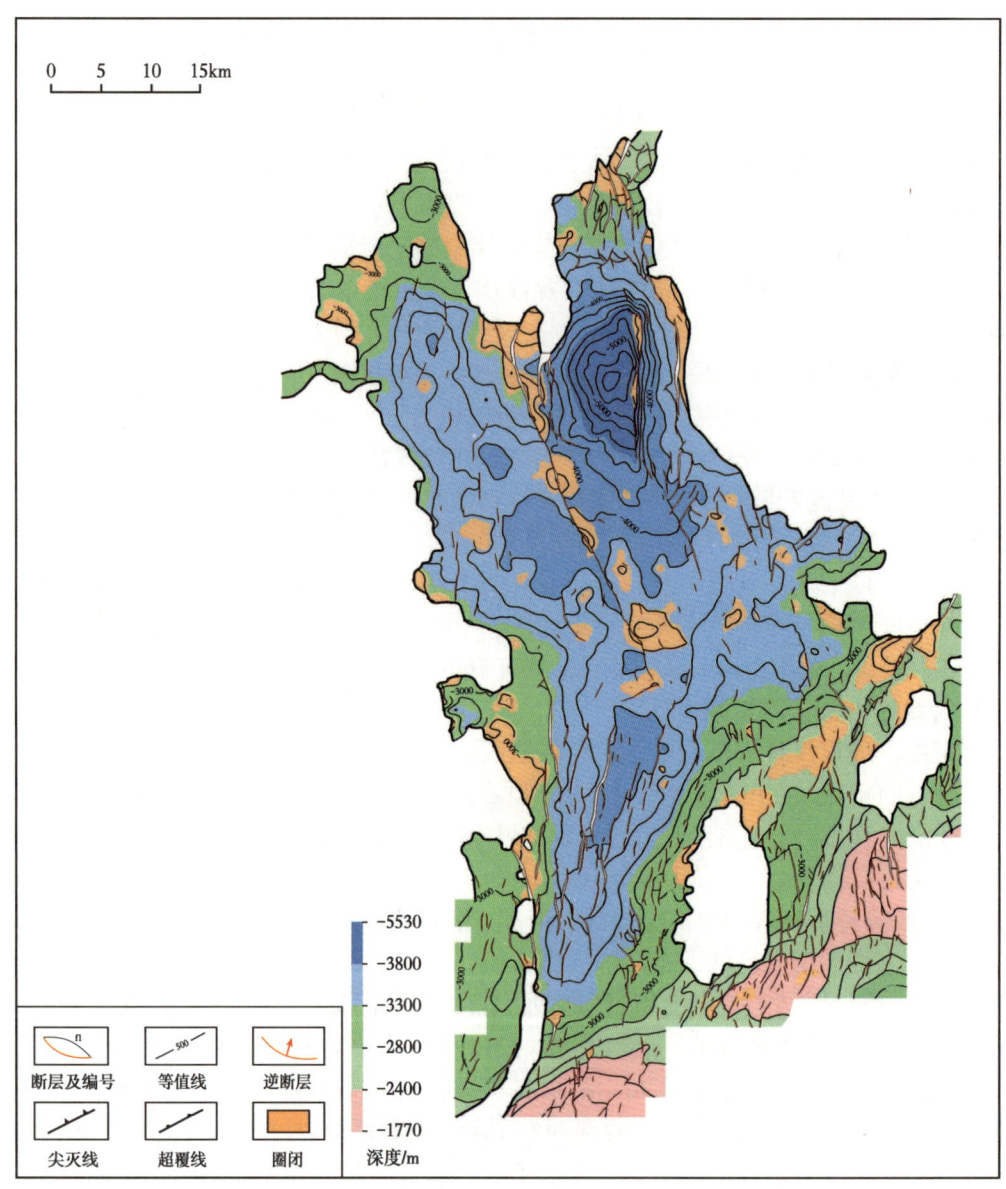

图 3-2-1 松辽盆地北部徐家围子断陷营城组一段顶面构造图

2. 营城组三段顶面构造特征

营城组三段以发育火山岩为主，只发育在徐家围子断陷的中北部，营城组三段顶面反射层分布在北西走向的徐中断层的东侧，向南超覆尖灭在 XS301 井—XS27 井—CS1 井一线，在这个范围内仅在升平凸起和丰乐凸起的构造高部位缺失该反射层。总体表现为北高南低、东北向西南倾没，东高西低的特征尤其明显。该反射层凹陷中心位于 XS28 井区，为 -4025m；构造高部位位于工区东部边缘，海拔高程在 -1850～-2500m，最高部位位于工区东北部，为 -1850m。该反射层上断层发育，控制构造带和构造的断层走向以北西向和北南向为主，北西向断层延伸较长；构造圈闭分布与火山锥分布有较好的对应关系。构造圈闭以背斜和断鼻为主（图 3-2-2）。

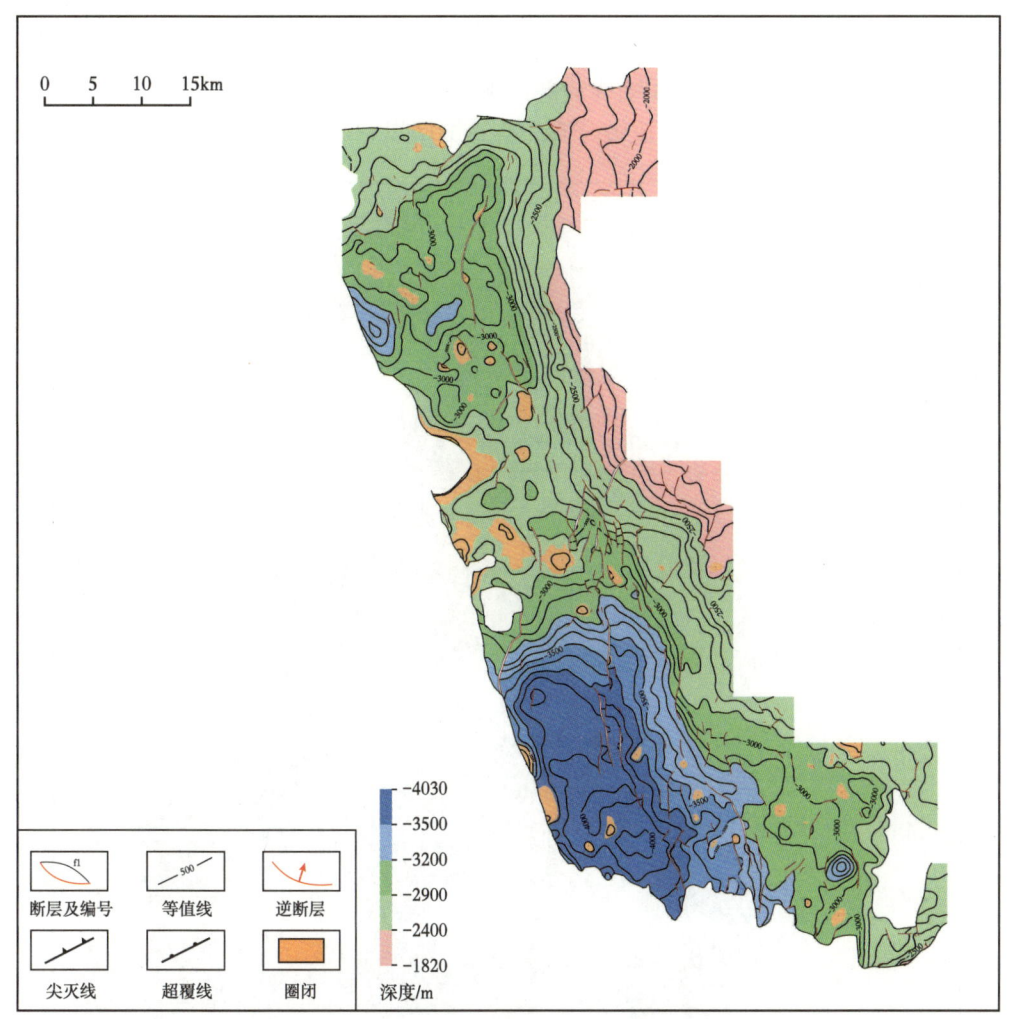

图 3-2-2 松辽盆地北部徐家围子断陷营城组三段顶面构造图

3. 营城组顶面构造特征

营城组顶面总体表现为南高北低、东西两翼高中间低，与沙河子组顶面 T_4^1 反射层有较好的可比性：一是在徐西断层上升盘的中央古隆起上缺失该反射层，其他凸起如升平凸起、万隆凸起上也缺失该反射层，但分布范围较 T_4^1 大，只在隆起的构造高部位缺失；二是断陷特征不明显，凹陷特征明显，东西两个凹陷仍然发育；三是徐东凹陷的东部斜坡特征明显；四是整个 T_4 反射层凹陷特征表现为中部宽而深，南部、北部窄而浅，凹陷中心向南迁移，总体形成以中部 XS7 井—XS28 井区为中心，东西和南北均高的北西走向的向斜特征，在向斜以东为西倾斜坡，以东为东倾斜坡；五是在工区中部，ShS6 井—XS7 井—XS10 井一线，发育北西走向的徐中走滑断层，沿断层构造圈闭仍然发育，但

较 T_{4c} 反射层少。该反射层凹陷中心位于 XS7 井区—XS28 井区，最低位于 XS28 井以西，为 -3725m；构造高部位位于工区东部边缘，海拔高程在 -1900~-2300m，最高部位位于工区东南部，为 -1900m。该反射层上断层发育，控制构造带和局部构造的断层以北西和北南走向为主，北西向断层延伸较长；北部营城组四段缺失区域构造圈闭分布与火山锥分布有较好的对应关系。其余区域构造圈闭明显较 T_{4c}、T_{4a} 少，在北西走向的徐中断层附近构造发育尽管萎缩，但仍然成带分布，构造圈闭以背斜和断鼻为主（图 3-2-3）。

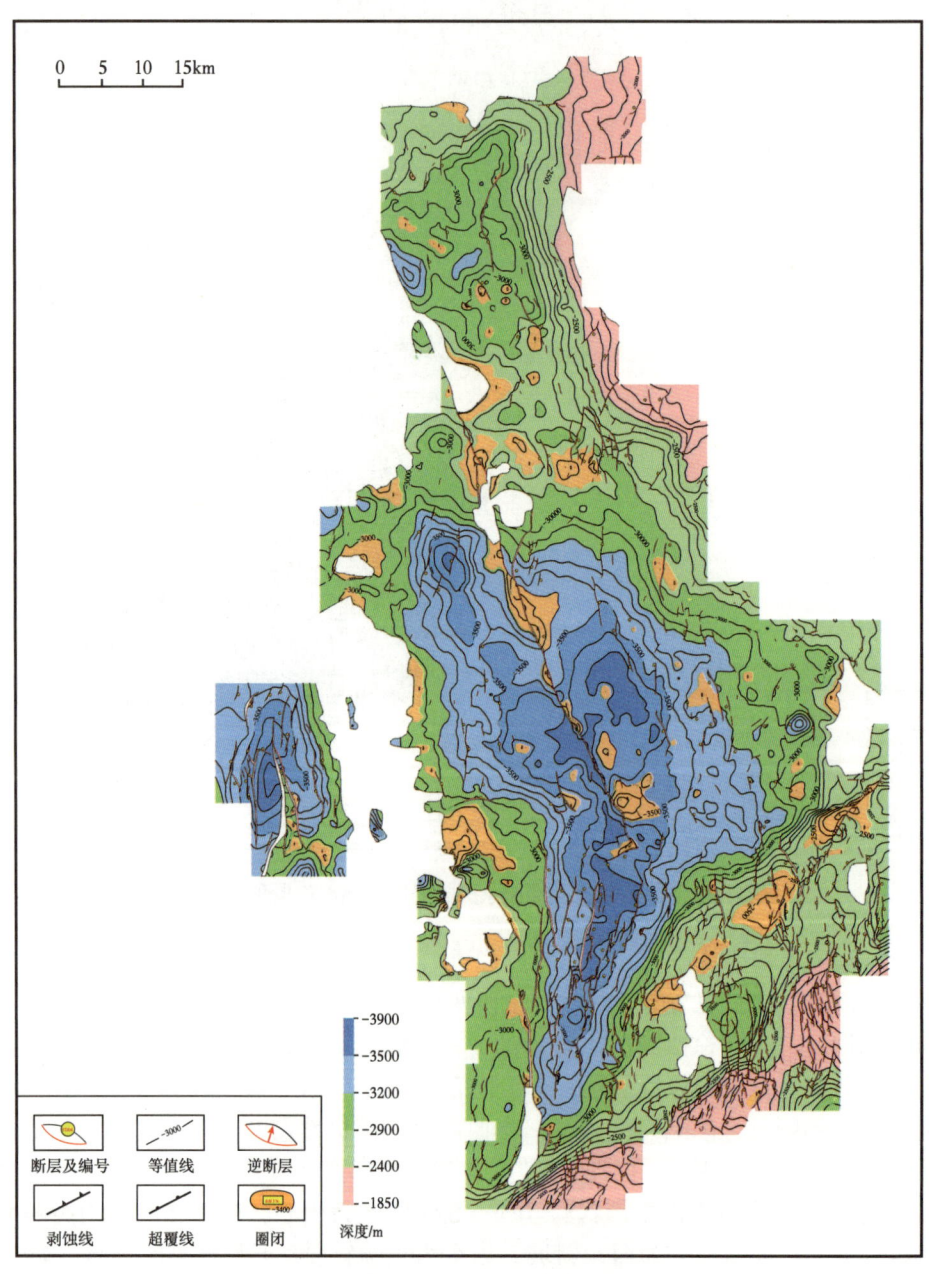

图 3-2-3　松辽盆地北部徐家围子断陷营城组顶面构造图

二、营城组含火山岩地层特征

1. 营城组层段地层特征

营城组比沙河子组的沉积范围扩大,此期内基底断裂活动频繁,火山活动强烈,在断陷内形成了大范围分布的火山岩。本区营城组分四段,营城组一段发育大套火山岩,以酸性火山岩为主,为深灰色及黑灰色晶屑凝灰岩、灰色及灰白色流纹岩及杂色火山角砾岩,局部发育基性玄武岩;营城组二段灰黑色砂泥岩、绿灰色和杂色砂砾岩,有时夹数层煤;营城组三段发育大段火山岩,分布在徐中断层的东侧,XS3 井以北,岩性发育情况复杂,汪家屯气田、升平气田、徐东(XS21 井区—XS23 井区)以酸性岩为主,安达地区基性玄武岩、中性安山岩及中基性岩相对发育;营城组四段表现为上部和下部粒度细,中部粒度粗,储层以砾岩为主。

1)营城组一段分布特征

沙河子组沉积末期,徐中断层发生了大规模走滑移位,导致全区差异抬升,沙河子组及火石岭组遭受削蚀,形成营城组底界(T_4^1)是全区最大的不整合面,同时断陷的边界的徐西断层活动能力减弱或者停止活动。由于徐中断层的大规模走滑拉分,断陷内的火山活动能力大幅加强,火山活动强烈,形成多期、多个火山喷发,在断陷内形成了横向叠置大范围分布的火山岩。钻井揭示营城组一段发育大段火山岩,火山岩以酸性—中酸性为主,下部发育少量基性喷发岩。火山岩岩相以爆发相、溢流相和二者混合相为主,也有少量的侵出相、火山通道相和火山沉积相。在平面上,工区中部以爆发相、溢流相为主,南缘(ZS14 井以南)则以沉积岩为主;在纵向上,多期的爆发相和溢流相在空间上相互叠置。岩石类型主要有集块岩、角砾岩、凝灰岩、流纹岩、英安岩、安山岩、玄武岩等。

从火山岩相序看,营城组一段火山喷发至少可以分为三期:早期的喷发分布范围有限,主要在洼陷内,厚度 0~400m。第二期和第三期喷发全区分布,厚度分布明显受火山口分布的影响。在第二期与第三期之间有一喷发间歇期,间歇期内在工区大部分区域沉积了厚度小于 50m 的沉积岩。总体看,营城组一段火山岩表现为高位喷发、低位充填,在火山口附近厚度大,远离火山口厚度小。表现出沿徐中断裂带裂隙式喷发和局部中心式喷发的特征。从营城组一段现今残存的地层分布及厚度来看:西部边界基本以徐西断层为边界断层,断层上升盘的中央古隆起上地层缺失。隆起以西的小凹陷中仍然发育营城组一段;西部边界的范围较沙河子组又有所扩大,从南到北,在万隆凸起、丰乐凸起的构造高部位、尚家鼻状凸起、宋站凸起的西翼缺失;在南北方向上,从升平凸起以北不发育营城组一段。整个营城组一段分布范围为 3438km²,占工区 6020km² 的 57.1%。

营城组一段的发育主要受火山喷发量的影响,同时也受后期地层削蚀量的影响,从现今厚度看,在整体东西两翼薄、中部厚的分布特点之下,厚度具有沿断裂带,呈带状分布的特征。在火山活动强的井区,如 XS15 井—XS10 井—XS9 井—XS3 井—XS28 井—XS23 井区厚度大,最大达 1086m;南部 XS14 井西北部,地层厚度达 850m,分析其岩性为火山岩和沉积岩都发育。

全区钻探的 187 口井中,钻遇或钻穿营城组一段的有 132 口井,其中揭示了营城组一段的井有119口；钻穿营城组一段的井一般分布在断陷的东西两翼和断陷内的凸起上，揭示营城组一段的119口井中有XS17井、XS1井等83口井钻遇并钻穿营城组一段，有36口井未钻穿营城组一段。在揭示营城组一段的119口井中，揭示地层大于500m的井有XS15井、XS19井、XS2井、XS3井、XS7井、XS9井、XS902井共7口井，这7口井均位于断陷中部的火山锥上，火山岩的含量占地层厚度的比例高，基本为纯火山岩。厚度最大的井为XS3井，为976m。揭示的岩性为角砾岩、凝灰岩、流纹岩、英安岩、玄武岩、沉积岩，在ZS14井以南、FS7井以西主要发育沉积岩，在其余营城组一段分布区域，火地比高，一般高于90%（图3-2-4）。

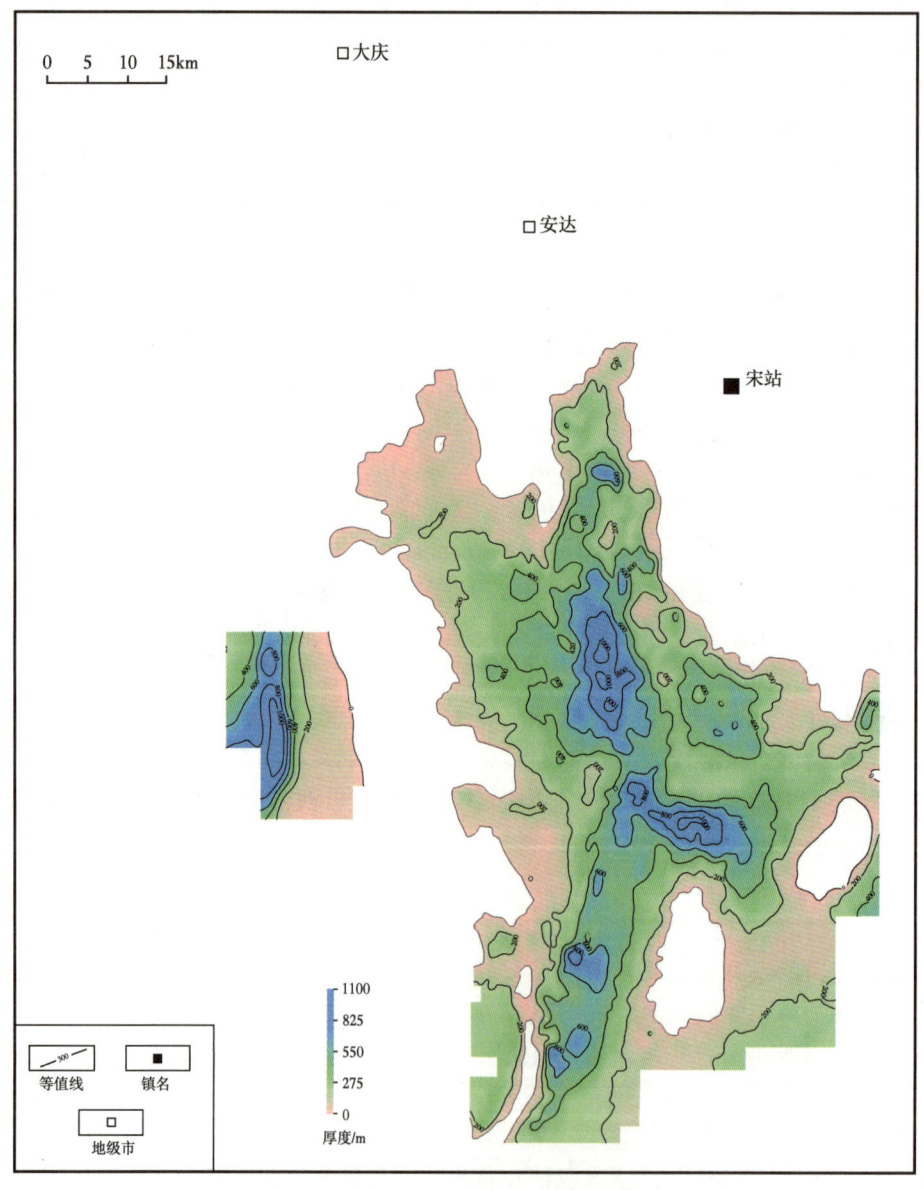

图 3-2-4　松辽盆地北部徐家围子断陷营城组一段厚度图

2）营城组二段分布特征

营城组二段在松辽盆地是广泛存在的，年龄为 110—108Ma，时代为早白垩世晚期，2—3Ma 的火山喷发间歇期为营城组二段的形成提供了时间条件。主体岩性为凝灰质砂砾岩、凝灰质砂岩、凝灰质泥岩、沉凝灰岩、泥岩、煤等岩石类型，以富含凝灰质夹煤层为主要特征，完整岩性序列由下至上呈现"粗—细—粗"的变化规律。

营城组二段成因有两种成因，一种主要受火山期后的热沉降作用影响，其沉积速率高、沉积厚度大，地层以富含凝灰质等火山物质的细粒沉积为主；另一种则主要受古地貌控制，物源主要来自沙河子组甚至更古老的地层，在岩性特征上与沙河子组有一定的继承性，火山物质含量低。因其成因不同而具有不同的地球物理响应特征，火山期后形成的营城组二段，由于其富含凝灰质等火山物质，伽马值较高，各测井曲线呈现剧烈抖动的细齿状，地震反射轴呈现连续性好、强反射、易于追踪等特征；主要受古地貌控制形成的营城组二段，火山物质含量低，伽马值较低，各测井曲线呈现整体较平直的微弱细齿状，地震反射轴呈现连续性差、中—弱振幅的杂乱反射特征。

3）营城组三段分布特征

营城组三段是营城组又一火山岩发育层段。钻井揭示营城组三段发育大段火山岩，火山岩以酸性—中酸性、基性、中性为主，尤其是基性和中性岩明显较营城组一段发育。火山岩岩相以爆发相、溢流相和二者混合相为主，也有少量的侵出相、火山通道相和火山沉积相。在平面上，工区 DS2 井北部以溢流相为主，南部以爆发相、溢流相为主，在 SS6 井东侧以沉积岩为主；在纵向上，多期的爆发相和溢流相在空间上相互叠置。岩石类型主要有集块岩、角砾岩、凝灰岩、流纹岩、玄武岩、英安岩、安山岩、沉积岩等。总体看，营城组三段火山岩表现为高位喷发，低位充填，在火山口附近厚度大，远离火山口厚度小。表现出沿徐东构造带裂隙式喷发和局部中心式喷发的特征。从营城组三段现今残存的地层分布及厚度来看：西部边界基本以徐中断层为边界，断层西侧地层不发育；南部边界位于 XS301 井—XS27 井一线，营城组三段超覆在营城组一段之上。工区北缘也不发育营城组三段，分析其原因可能是工区北缘断陷已不发育，基本属于中央古隆起的构造单元；另外，在 ShaS1 井区也缺失营城组三段，分析该井区远离火山口，又处于构造高部位，也不发育碎屑岩。整个营城组三段分布范围为 1973km^2，占工区 6020km^2 的 32.8%。营城组三段的发育主要受火山喷发量的影响，同时也受后期地层削蚀量的影响，从现今厚度看，在整体东西两翼薄中部厚的分布特点之下，厚度具有沿断裂带的分布特征。火山活动强的井区，如 DS1 井—DS301 井—DS2 井—ShS203 井—XS22 井区厚度大，也是火山锥发育区，XS22 井区由于地形低洼，后期削蚀量少，现今地层最厚，达 2033m（图 3-2-5）。

全区钻探的 187 口井中，钻遇或钻穿营城组三段的有 84 口井，其中揭示了营城组三段地层的井有 68 口；揭示营城组三段的 68 口井中有 DS1 井、XS21 井等 51 口井钻遇并钻穿营城组三段，分布在断陷内的井也较多；有 XS43 井等 17 口井未钻穿营城组三段。在揭示营城组三段的 68 口井中，揭示地层厚度大于 500m 的井有 XS22 井、XS24 井、SS1 井、DSX7 井等 10 口井，这 10 口井均位于断陷中部的火山锥上，火山岩的含量占地层厚度的比例高，除 SS1 火山岩含量为 89.35%，其余基本为纯火山岩，含量为 99%~100%。厚度最大的井为 XS22 井，揭示厚度为 1292m。揭示的岩性为角砾岩、凝灰岩、流纹岩、安山岩、玄武岩、集块岩、沉积岩，以流纹岩、安山岩、玄武岩居多。在 SS5 井—SS6 井以西，沉积岩发育，SS3 井、SS6 井、SS5 井火地比分别为 0%、23.1%、51.7%；在其余营城组一段分布区域，火地比高，一般高于 90%。

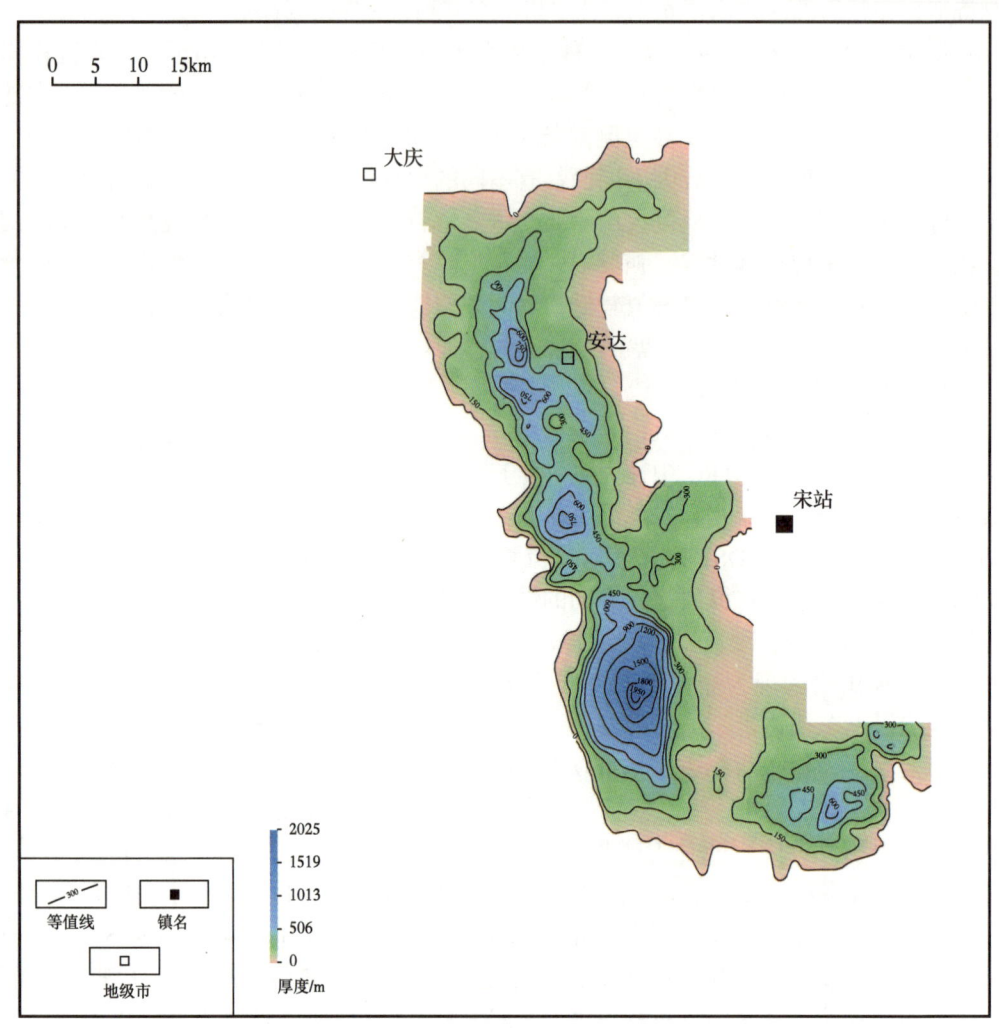

图 3-2-5　松辽盆地北部徐家围子断陷营城组三段厚度图

4）营城组四段分布特征

营城组一段、三段火山猛烈喷发之后，徐家围子断陷进入一个构造相对平静期，发育了一套碎屑岩建造，地层分布具有沉积范围逐渐扩大的特征，主要为砾岩和砂泥岩沉积，沉积厚度受古地形控制，在火山口顶部薄、翼部厚。沿徐中构造带呈蝶形分布，形成徐中、徐南两个沉积中心。

本区营城组四段以碎屑岩为主，岩性组合特点是：上部和下部粒度细，主要发育砂泥岩、以泥岩夹砂岩为主，较少发育砾岩；中部粒度粗，主要发育砾岩和粗砂岩。从营城组四段现今残存的地层分布及厚度来看：西部边界基本以徐西断层为边界断层，断层上升盘的中央古隆起上缺失，分析主要是原始没有沉积；隆起以西的小凹陷中局部发育营城组四段；在南北方向上，从升平凸起以北不发育营城组四段，万隆凸起、丰乐凸起的构造高部位、CS5 井以西也缺失营城组四段。整个营城组四段分布范围为 3925km²，占工区 6020km² 的 65.2%。从现今厚度看，营城组四段厚度变化不大，一般在 100~200m 之间，最大厚度位于 XS5 井—XS21 井之间的凹陷中，厚度达 522m（图 3-2-6）。

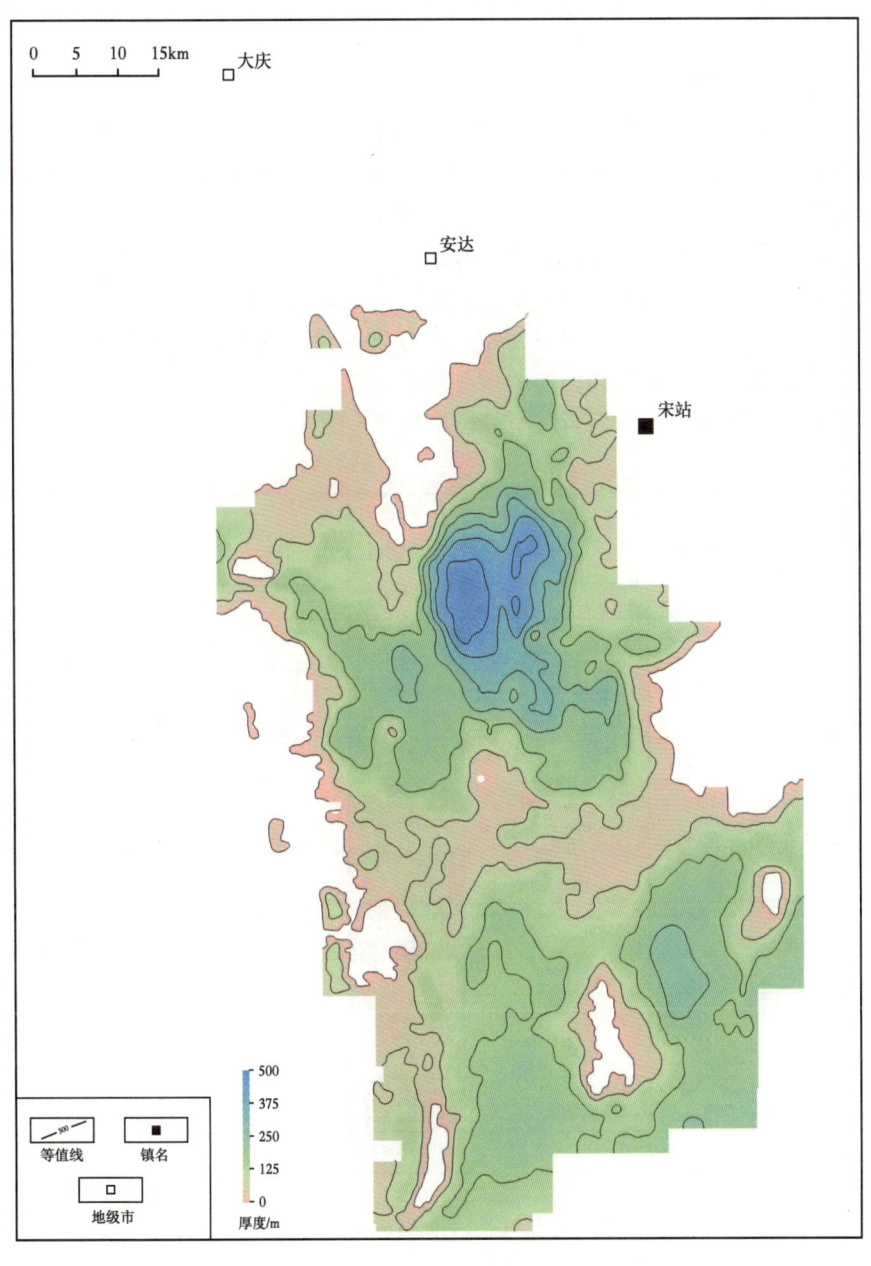

图 3-2-6　松辽盆地北部徐家围子断陷营城组四段厚度图

全区钻探的187口井中，钻遇或钻穿营城组四段的有141口井，除C103井、FS3井、SS1井外有138口井钻遇并钻穿营城组四段。在揭示营城组四段141口井中，揭示地层厚度大于250m的井有XS22井、XS42井、SS502井、ZS5井等11口井，这11口井均位于断陷以XS22井为中心的向斜中。厚度最大的井为XS22井，揭示厚度为438m。揭示的岩性为上部为砂泥岩，中部为砾岩，下部为泥岩夹砂砾岩。

在营城组四段上段中XS21井获在该段获日产6389m³的低产气流；在营城组四段中段（砾岩段）中XS7井获工业气流，XS29井、XS21-1井、ZS5井等6口井获低产气流；在营城组四段下亚段中XS13井获工业气流。

2. 营城组火山岩期次地层序列

营城组一段划分为四个岩性段，三个喷发期次，最下面为一套喷溢相开始、爆发相为主的中基性岩，可以归为营城组一段期次Ⅰ，上面为一套爆发相为主、夹杂火山沉积相的酸性火山碎屑岩，归为营城组一段期次Ⅱ，再往上为两个岩性段，分别为以大套溢流相为主的酸性岩地层和以爆发相为主的酸性岩地层，标志着营城组一段时期火山喷发规模达到最大，归为营城组一段期次Ⅲ；营城组二段为一套碎屑岩地层，以普遍含凝灰质为主要特征；营城组三段分为三个期次，最下面是一套爆发相为主的酸性碎屑岩地层，归为营城组三段期次Ⅰ，中间为一套溢流相为主的中基性岩地层，归为营城组三段期次Ⅱ，最上面为一套酸性熔岩为主的地层，归为营城组三段期次Ⅲ（图3-2-7）。

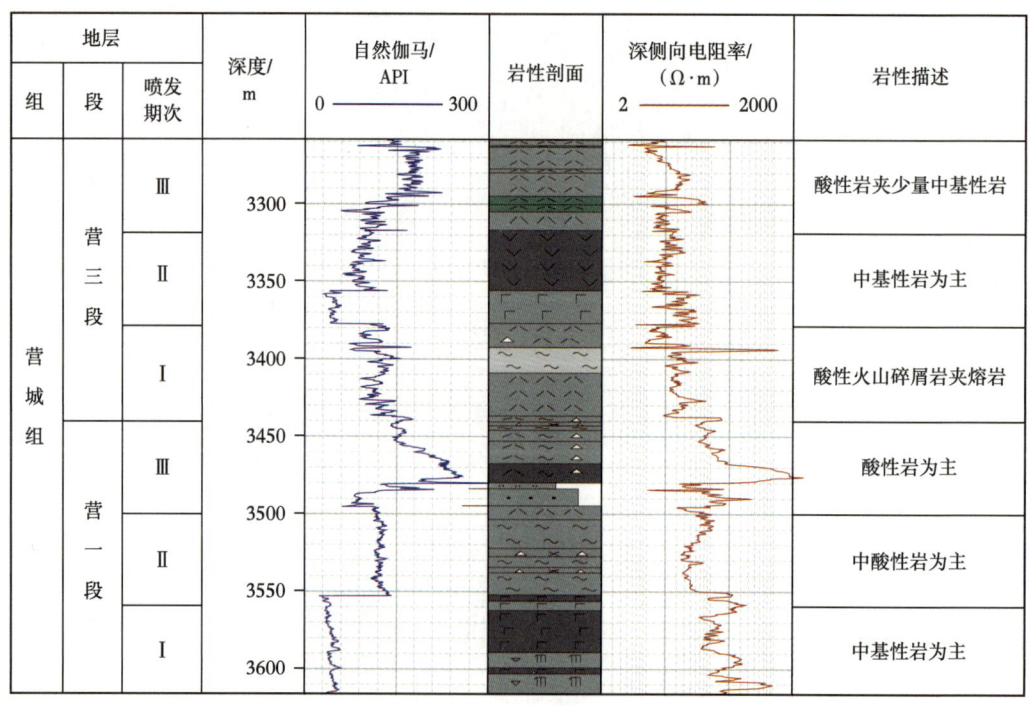

图3-2-7　盆缘剖面营城组序列特征

1）期次界面识别标志

由于营城组火山岩形成时间持续达 10Ma，而每一期火山机构建造时间可能在相对较短的时间内完成，后期改造时间较长，因此火山岩顶部存在风化壳和沉积夹层等间断界面。营城组火山活动多以爆发相开始，以大量火山灰的喷出为特征，且向上粒度变粗。火山间歇期，在一定区域范围内，也在接受来自远（异）源喷发产生的火山灰沉积。这些标志层都可作为期次的划分界面。

通过以上分析，建立了徐家围子断陷营城组火山岩喷发期次界面识别三种标志：

（1）沉积间断，代表两次火山喷发之间有较长的时间间隔，可以是两次喷发间期的沉积夹层（泥岩、砾岩），或是喷发后露出地表的氧化红层（风化壳）；

（2）岩性界面，表现为不同火山岩的岩性变化带，具体表现为酸性岩和中基性岩的岩性突变面，代表着不同来源的火山喷发；

（3）火山岩的相序列末期，代表着一次火山喷发的结束，可以是层状火山灰层（层状凝灰岩层），或者是各喷发期间的松散层（风化淋滤带）。

风化壳：两次熔浆喷溢间隔时间较长时，在早期形成的熔岩表面往往有风化剥蚀面，成分、颜色差异明显，一般不难辨认。

相邻期次之间的风化壳由其下伏火山岩经过长期风化形成，同原岩相比较，易活动组分（如 FeO、MnO、Na_2O、K_2O 等）发生了一定迁移，同时惰性成分（如 TiO_2、Fe_2O_3、MgO、P_2O_5 等）发生富集（丁林等，2000）。风化过程中对放射性物质吸附能力强，钻井的测井曲线响应特征通常表现为高伽马、低电阻、低密度（郭振华等，2006）。风化壳松散易碎，钻井取心不易获得，但通过分析其测井曲线特征不难识别。

风化壳成分和厚度因地而异，主要与原岩岩性、气候和风化作用的时间相关。通常情况下认为，在一定时限内，除去剥蚀作用影响的情况下，经历的风化时间越长，风化壳的厚度越大。野外露头揭示及盆内钻井识别的风化壳厚度范围为几十厘米至几米不等。

沉积夹层：火山地区在火山活动间歇期接受区域性沉积，野外露头和钻井岩心观察过程中，常见大套火山岩段之间夹有薄层沉积岩，其厚度通常为几米左右，最大可达几十米，可以是正常沉积岩，但大多数情况下为火山（碎屑）沉积岩类。它们在成岩方式上基本一致，主要为压实固结；不同之处在于火山沉积岩中含有来自下部的火山碎屑物（含量 10%~50%）（王璞珺等，2007）。研究中习惯将其统称为沉积夹层。

在长井段连续取心的火山岩岩心上，经常可以观察到火山岩层与沉积夹层的接触界面；一般来说，沉积夹层的顶面即为当时的原始地层表面。

岩性界面：火山岩期次识别的岩性界面是指酸性岩和中基性岩的岩性突变面。酸性岩是上部地壳的主要组成岩石，也是大陆地壳都有的成分，一般认为，酸性岩岩浆主要来自地壳，而中基性岩主要来自地幔，因此酸性岩和中基性岩的岩性突变面可以作为期次界面识别的标志。

火山灰层：以喷出火山灰开始的火山喷发形成的火山灰层，以及火山活动间歇期接受异源喷发沉积的火山灰层，都可以作为期次划分的界面。受地形影响，火山灰层底面往往起伏不平，而顶面则较为平整，一般情况下，可以据此确定其顶底面。

薄层火山灰层常被认为是远（异）源喷发的降落沉积，厚层火山灰层则为近源沉积。常规测井的分辨率为15~20cm，因而钻井非取心段利用测井资料可识别的火山灰层厚度要大于20cm。

松辽盆地上侏罗统—下白垩统层序中发育有多层火山灰沉积层，习惯上称为凝灰岩夹层或膨润土层。实际上，它们都是含晶屑和玻屑的凝灰岩，晶屑以长石和石英为主，细粒组分主要是伊利石、蒙脱石和伊/蒙混层矿物。纯净的伊利石层呈白色，单层厚度可达数米。

在地质界面识别基础上，利用测井曲线变化特征和成像测井可以较好地对钻井全井段火山岩岩性和岩相进行识别，进一步可以结合岩相分析方法确定期次的区间及边界。三级界面所对应的测井响应特征为（图3-2-8）：

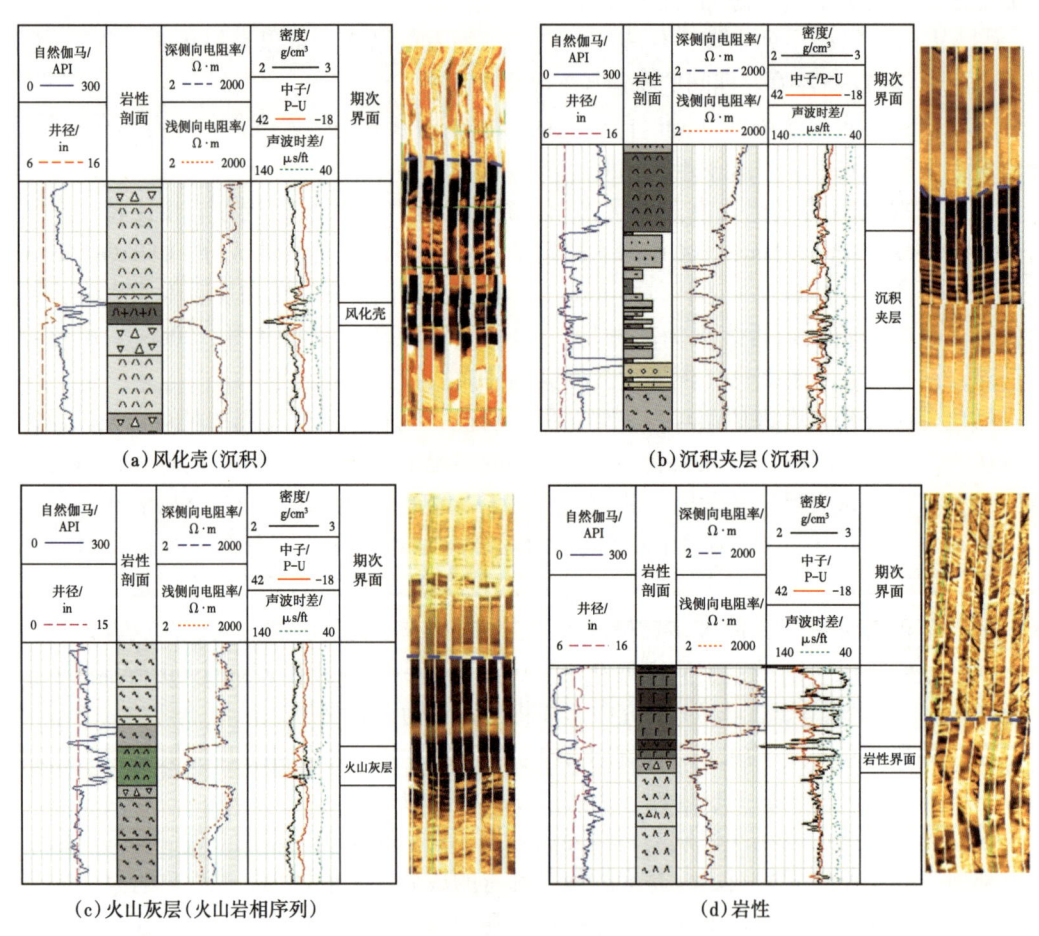

图3-2-8 火山岩期次地质界面的测井曲线特征

（1）一级界面，曲线形态呈锯齿状变化（沉积夹层），伽马值升高，电阻率降低，密度突变（风化壳），成像测井上呈暗色反射（沉积夹层、风化壳）；

（2）二级界面，伽马值突变，成像测井上结构变化明显（酸性岩—中基性岩改变）；

（3）三级界面，伽马值升高，电阻率降低（层状凝灰岩层）。

2）火山岩期次地层格架

（1）标志井火山岩期次界面特征。

徐家围子断陷营城组发育两套火山岩，分别发育3个火山喷发期次，下面分别介绍营城组三段火山岩和营城组一段火山岩发育的标志井火山喷发期次的岩性、岩相特征。

①营城组一段标志井火山岩期次划分（XS401井）。

XS401井位于徐西凹陷中部，期次发育齐全，钻井揭示营城组一段火山岩井段为3922~4366m，厚度为444m，本井火山岩发育3个火山喷发期次（图3-2-9），都属于营城组一段火山岩地层。

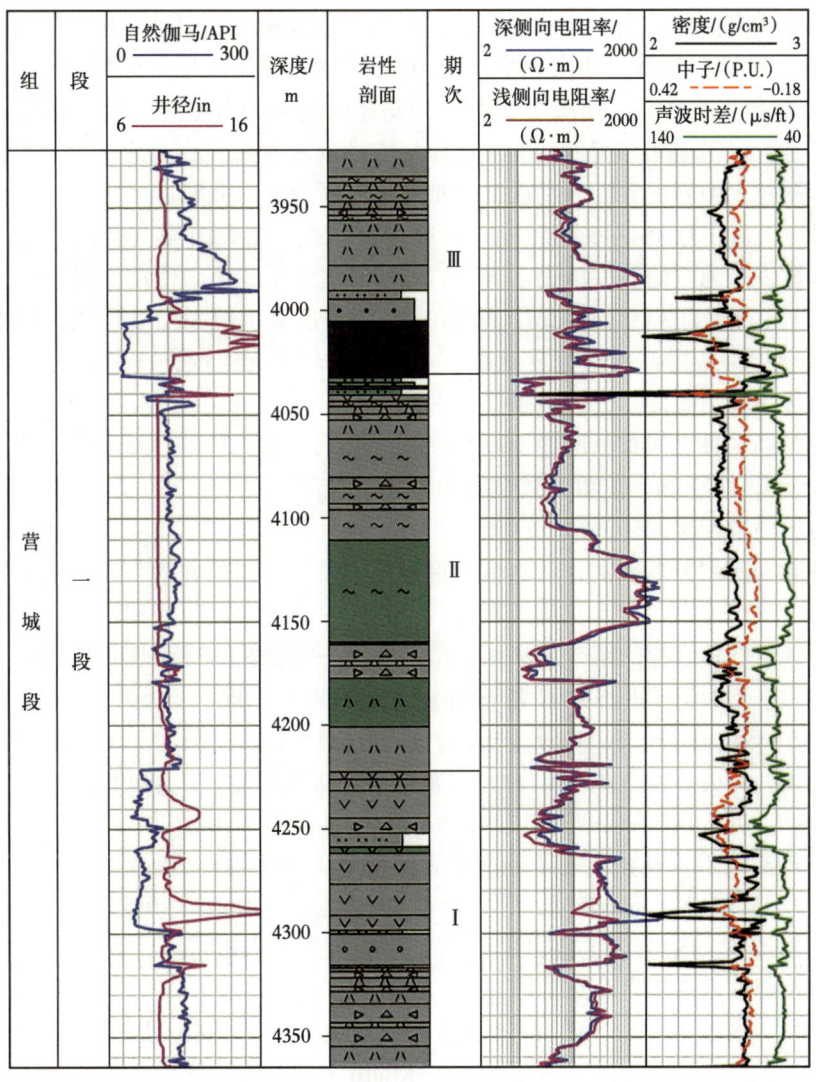

图3-2-9 XS401井火山岩期次划分综合柱状图

期次Ⅰ：4222.09~4366m，厚度143.91m，主要为溢流相的安山岩，下部含少量沉积岩和凝灰岩，与邻井不具备可对比性，统一划为期次Ⅰ，与期次Ⅱ以岩性突变为界。

期次Ⅱ：4031.88~4222.09m，厚度192.21m，主要为喷溢相的流纹岩和爆发相的凝灰岩互层，期次Ⅱ火山岩顶部与上伏期次Ⅲ地层以沉积夹层为界，揭示火山活动减弱至间歇。

期次Ⅲ：3922~4031.88m，由多次火山喷发活动形成，以爆发相的火山碎屑岩为主，发育大段的凝灰岩和火山角砾岩，夹杂少量的玄武岩，与邻井不具备可对比性，统一划为期次Ⅲ，揭示火山经过长期的休眠后，进入猛烈喷发阶段。

②营城组三段标志井火山岩期次划分（DS1井）。

DS1井位于安达凹陷西侧，期次发育齐全，营城组三段火山岩井段为3221~3672.5m，岩石类型主要为玄武岩、安山岩和凝灰岩，岩相类型为喷溢相和爆发相。根据其岩性组合和变化特征，划分3个喷发期次（图3-2-10）。以沉积泥岩夹层和岩性界面为划分标志。通过岩心、岩屑取样鉴定，期次Ⅰ、期次Ⅱ发育以喷溢相为主的大套玄武岩夹薄层凝灰岩；期次Ⅲ发育以喷溢相和爆发相为主的厚层酸性凝灰岩夹玄武岩薄层。期次Ⅰ、Ⅱ之间的界面是不同源火山岩性界面，期次Ⅱ、Ⅲ之间界面为沉积夹层。

期次Ⅰ（下部）为3543~3672.5m，厚129.5m，由多次火山喷发活动形成，发育以火山沉积相和爆发相为主的酸性沉火山碎屑岩和凝灰岩互层，火山作用由强渐弱。

期次Ⅱ（中部）为3333~3543m，厚210m，由多次火山喷发活动形成，以喷溢相玄武岩为主，夹薄层凝灰岩，每个喷发间歇均有多个冷却单元组成，冷却单元顶部发育风化壳，测井曲线表现为高伽马、低电阻、低密度。

期次Ⅱ与期次Ⅲ之间有一段厚16m的灰黑色泥岩夹层（3317~3333m）。期次Ⅲ（上部）为3221~3317m，厚96m，主要为酸性凝灰岩夹玄武岩。

③火山岩喷发期次的连井横向对比。

在单井上期次划分基础上，从本区的标志井出发，依据单井的各喷发期次界面的识别和划分，结合火山通道、火山机构开展连井的横向对比。在此重点展示2条连井线，通过连井的界面、岩性和岩相的组合规律，总结本区每一期喷发的特征及分布规律。

a.W905井—SS101井—SS102井—DS17井连井对比剖面。

W905井—SS101井—SS102井—DS17井连井对比剖面（图3-2-11）是安达的一条自西向东的剖面，为营城组三段火山岩。营城组三段期次Ⅰ火山岩为酸性岩，只在W905井揭示，向SS101井方向尖灭，与营城组三段期次Ⅱ中基性火山岩以岩性突变为界，Ⅱ期中基性岩各井均有揭示。营城组三段期次Ⅲ为酸性岩，各井均有揭示，从岩性来看，SS102井和DS17井为凝灰岩、沉凝灰岩，为远火山口岩性组合；W905井角砾岩、流纹岩均发育，表现为火山口特征；SS101井以流纹岩为主，表现为近火山口特征，从对比来看，期次Ⅲ酸性火山岩主要在西部喷发，东部以远火山口为主。

b.ZS6井—XS17井—XS141井—XS13井—XS401井—XS602井连井对比剖面。

ZS6井—XS17井—XS141井—XS13井—XS401井—XS602井连井对比剖面（图3-2-12）为经徐西凹陷由南向北的一条连井线，营城组一段Ⅰ期火山岩为中基性岩，在本条连井线上，除 ZS6 井外，其余井均有钻遇，分布稳定，与上部期次火山岩以岩性突变为界，营城组一段期次 Ⅱ 火山岩为酸性岩，XS401 井和 XS602 井钻遇，在 XS401 井与 XS13 井之间尖灭，在南部期次 Ⅱ 缺失，期次 Ⅲ 和期次 Ⅰ 直接接触。期次 Ⅱ 和期次 Ⅲ 之间有一套分布稳定的沉积夹层。营城组一段期次 Ⅲ 为酸性岩，各口井均有钻遇，分布稳定。

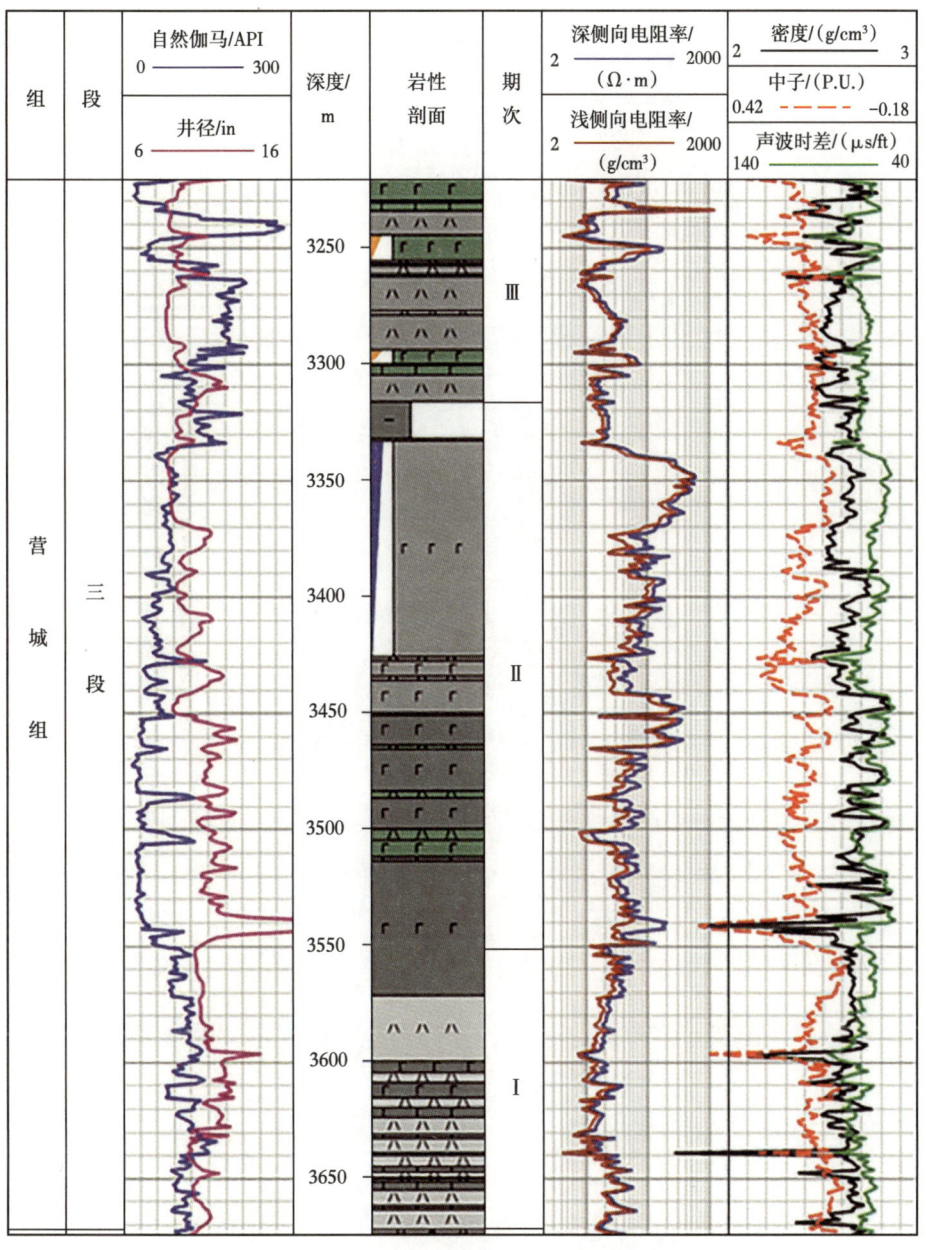

图 3-2-10　DS1 井火山岩期次划分综合柱状图

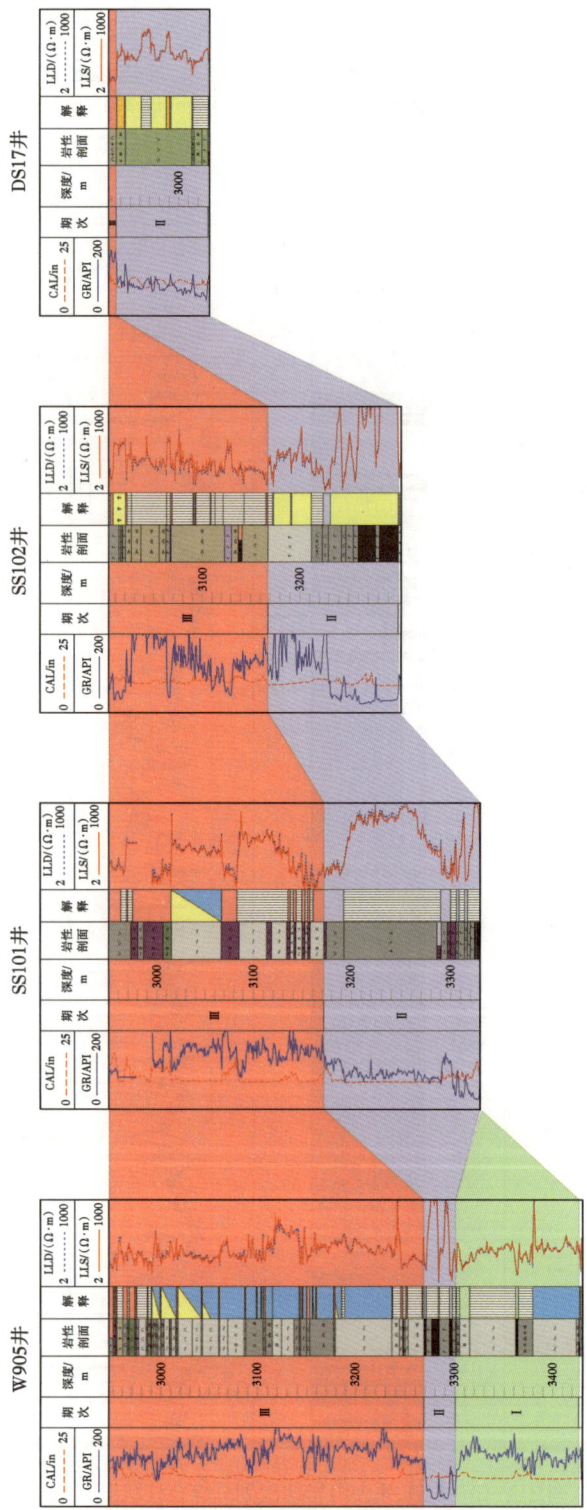

图3-2-11 安达地区营城组三段火山岩喷发期次对比图

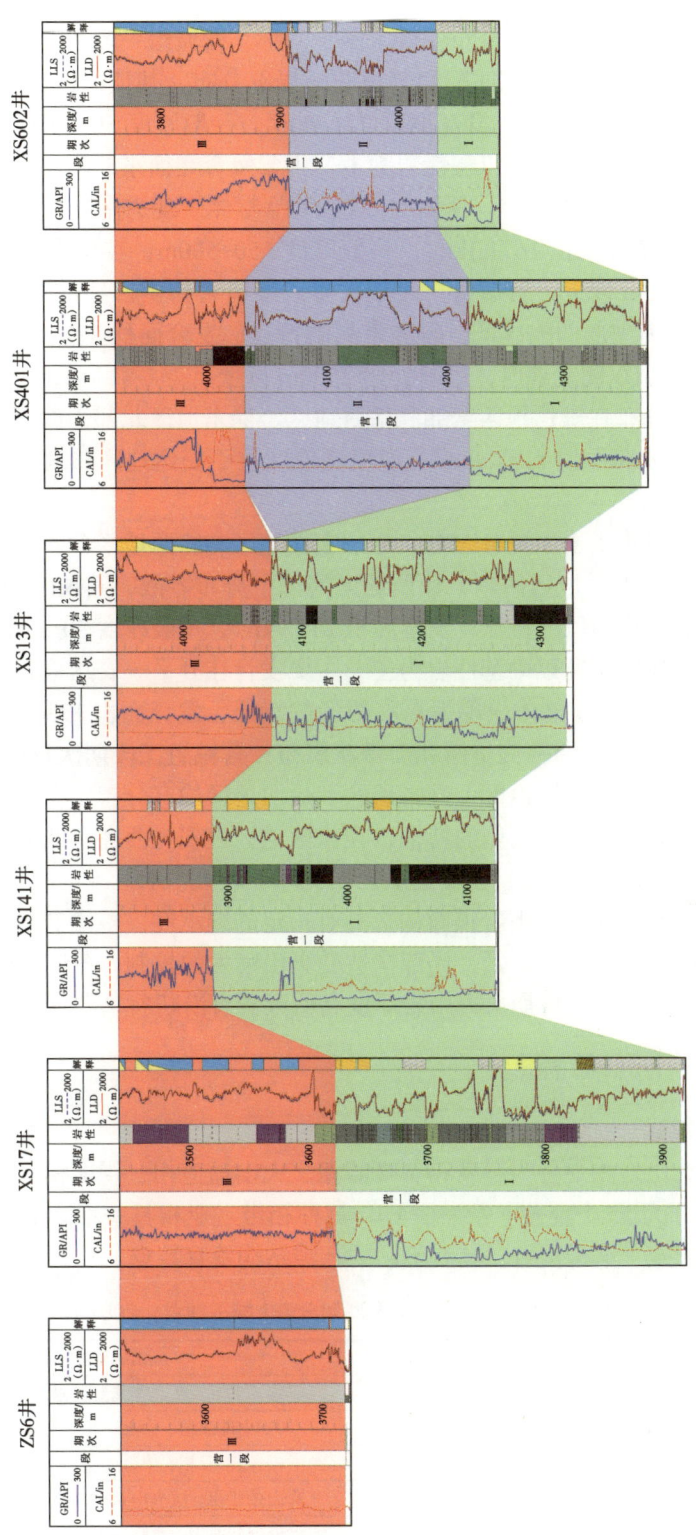

图3-2-12 徐西地区营城组一段火山岩喷发期次对比图

（2）营城组火山岩喷发期次地层展布。

营城组一段期次Ⅲ火山岩主要分布在徐家围子南部，营城组一段期次Ⅰ以中基性岩为主，主要分布在徐西凹陷，在徐东凹陷和肇州凹陷局部分布，其顶面构造（yc11）整体表现为西高东低、南高北低的特征，发育面积221.9km²，一般厚度50~200m，在凹陷内部地层略有加厚；营城组一段期次Ⅱ以酸性岩为主，主要发育在徐东凹陷和徐西凹陷靠近徐中断裂一侧，沿徐中断裂两侧分布，顶面构造（yc12）整体表现为南高北低，凹陷区低于斜坡区的分布特征，发育面积1671.3km²，一般厚度150~500m，在徐中断裂东侧厚度明显加厚，最厚处达800m以上；营城组一段期次Ⅲ以酸性岩为主，分布于徐家围子南部，其顶面构造整体表现为中部凹陷区低、斜坡带高的特点，发育面积1729.8km²，一般厚度200~600m，在徐中断裂东侧度加厚，最厚处达2000m以上。

营城组二段主要分布在安达地区全部和徐西地区、徐东地区北部，徐西地区、徐东地区南部零星分布，总分布面积2188.4km²，厚度高值区位于安达地区东侧、徐东地区中部和徐西地区中部。

营城组三段期次Ⅲ火山岩主要分布在安达—宋站地区和徐西地区，营城组三段期次Ⅰ以酸性岩为主，发育在安达地区西侧、徐西地区局部，分布零散，其顶面构造（yc31）整体表现为西高东低、北高南低的特征，发育面积213.9km²，一般厚度50~150m，整体厚度相差不大。营城组三段期次Ⅱ以中基性岩为主，主要发育在升平—安达地区，徐西地区局部发育，其顶面构造（yc32）整体表现为东高西低的特征，发育面积1236km²，一般厚度100~250m，厚度高值区沿东西两侧呈南北向带状展布；营城组三段期次Ⅲ以酸性岩为主，夹杂少量中基性岩，在安达地区西部、升平地区和徐西地区均有分布，在安达地区、升平地区其顶面构造整体表现为东高西低的特征，在徐西地区表现为西高东低的特征，发育面积1529.9km²，一般厚度50~300m，在安达地区西侧厚度较大。

总体来看，营城组各期次火山岩顶面构造具有一定的继承性，整体上继承了断陷期地层的构造特征，断陷边部高、中心低，局部构造受火山喷发的控制。各期次厚度均表现为断陷边部薄、中部厚的特点，各期次火山岩厚度高值区具有沿断裂呈带状展布特征。

三、营城组火山沉积特征

1. 火山岩岩相模式

按照成因机制火山岩相划分为爆发相、喷溢相、火山通道相、侵出相、火山沉积相五种岩相，进一步细分为15个亚相（表3-2-1）。每种相带、亚相具有不同的岩性组合、形成作用过程、成岩方式、结构构造，具有不同的孔隙结构发育特点。

表3-2-1　火山岩岩相、亚相类型划分表（据王璞珺，2007）

火山岩岩相类型	火山岩亚相
爆发相	热碎屑流亚相、热基浪亚相、空落亚相
喷溢相	上部亚相、中部亚相、下部亚相
侵出相	内带亚相、中带亚相、外带亚相
火山通道相	火山颈亚相、次火山岩亚相、隐爆角砾岩亚相
火山沉积相	含外碎屑亚相、再搬运亚相、沉凝灰岩亚相

1）火山通道相

火山通道相位于整个火山机构的下部，形成于整个火山旋回同期和后期。火山通道相可以划分为火山颈亚相、次火山岩亚相和隐爆角砾岩亚相。

（1）火山颈亚相。

形成于火山作用旋回的各个期，但保留下来的主要是火山旋回后期的产物。大规模的喷发造成地层内部压力显著下降，后期的熔浆由于地层压力的不足，不能喷出地表，在火山通道中冷凝固结。同时，由于热补偿作用，火山口附近的岩层下陷坍塌，破碎的坍塌物被熔浆冷凝胶结，形成火山颈亚相。火山颈亚相直径可达数百米，产状近于直立，通常穿切其他岩层。其代表岩性为熔岩、角砾熔岩和或凝灰熔岩、熔结角砾岩和或熔结凝灰岩。岩石具斑状结构、熔结结构、角砾结构或凝灰结构，具环状或放射状节理。火山颈亚相的代表性特征是不同岩性、不同结构、不同颜色的火山岩与火山角砾岩相混杂，其间的界限往往是比较清楚的。

（2）次火山岩亚相。

可形成于火山旋回的同期和后期，以后期为主。它是同期或后期的熔浆侵入到围岩中、缓慢冷凝结晶形成的，多位于火山机构下部几百米到一千五百米左右，与其他岩相和围岩呈交切状。次火山岩亚相的代表岩性为次火山岩、玢岩和斑岩，具斑状结构至全晶质结构，冷凝边构造，流面、流线构造，柱状、板状节理。次火山岩亚相中常见围岩捕虏体。次火山岩亚相的代表性特征为岩石结晶程度高于其他火山岩亚相，同时又具有熔蚀的斑晶。

（3）隐爆角砾岩亚相。

是岩浆于地下隐伏爆发条件下形成的，可形成于岩浆旋回的同期和后期、以中后期为主。隐爆角砾岩亚相位于火山口附近或次火山岩岩体顶部，可能穿入其他岩相或围岩，其代表岩性为隐爆角砾岩，具隐爆角砾结构、自碎斑结构和碎裂结构，筒状、层状、脉状、枝杈状和裂缝充填状构造。角砾间的胶结物质是与角砾成分相同或不同的岩汁（热液矿物）或细碎屑物质，是由富含挥发分的岩浆入侵破碎岩石带，产生地下爆发作用形成。隐爆角砾岩亚相的代表性特征是岩石由"原地角砾岩"组成；即不规则裂缝将岩石切割成"角砾状"，裂缝中充填有岩汁或细角砾岩浆，充填物岩性和颜色往往与主体岩性相似但不完全相同。

2）爆发相

爆发相形成于火山作用的早期和后期，可分为空落亚相、热基浪亚相、热碎屑流亚相三个亚相。

（1）空落亚相。

其主要构成岩性类型为含火山弹和浮岩块的集块岩、角砾岩、晶屑凝灰岩，但由于浮岩孔隙过于发育，在成岩过程中，受压实作用影响非常大，且浮岩还特别容易风化，因此，徐家围子地区深层目前还没有发现浮岩层。空落亚相常具有集块结构、角砾结构和凝灰结构，常表现为正粒序，颗粒支撑。空落亚相是固态火山碎屑和塑性喷出物在火山气射作用下在空中做自由落体运动降落到地表，经压实作用而形成的。多形成于爆发相下部，向上粒度变细，有时也呈夹层出现。空落亚相的代表性特征是具有层理的凝灰岩层被弹道状坠石扰动的"撞击构造"。

（2）热基浪亚相。

其主要构成岩性为含晶屑、玻屑、浆屑的凝灰岩，火山碎屑结构以晶屑凝灰结构为主，具平行层理、交错层理、逆行沙波层理，是气射作用的气—固—液态多相体系在重力作用下在近地表呈悬移质搬运、重力沉积、压实成岩作用的产物。多形成于爆发相的中下部，向上变细变薄，或与空落相互层。热基浪亚相的代表性特征是发育构造层理构造，尤其是逆行砂波层理（反丘）构造。

（3）热碎屑流亚相。

其主要构成岩性为含晶屑、玻屑、浆屑、岩屑的熔结凝灰岩，熔结凝灰结构、火山碎屑结构，块状，基质支撑，是含挥发分的灼热碎屑—浆屑混合物，在后续喷出物推动和自身重力的共同作用下沿地表流动，受熔浆冷凝胶结与压实共同作用而形成，以熔浆冷凝胶结为主。多见于爆发相上部。原生气孔发育的浆屑凝灰岩是热碎屑流亚相的代表性岩石。

3）喷溢相

喷溢相形成于火山作用旋回的中期，是含晶出物和同生角砾的熔浆在后续喷出物推动和自身重力的共同作用下，在沿着地表流动过程中，熔浆逐渐冷凝固结而形成。喷溢相在酸性火山岩、中性火山岩、基性火山岩中均可见到，一般可分为下部亚相、中部亚相和上部亚相。下面以松辽盆地营城组酸性喷出岩为例，对各种亚相进行介绍。

（1）下部亚相。

代表岩性为细晶流纹岩及含同生角砾的流纹岩，玻璃质结构、细晶结构、斑状结构、角砾结构，具块状或断续的流纹构造，位于流动单元的下部。喷溢相下部亚相岩石的原生孔隙不发育，但脆性强，裂隙容易形成和保存，所以是各种火山岩亚相中构造裂缝最发育的。

（2）中部亚相。

代表岩性为流纹构造流纹岩，细晶结构、斑状结构，流纹构造，位于流动单元的中部。喷溢相中部亚相是唯一的原生孔隙、流纹理层间缝隙和构造裂缝都发育的亚相，也是孔隙分布较均匀的岩相带。中部亚相往往与原生气孔极发育的喷溢相上部亚相互层，构成孔—缝"双孔介质"极发育的有利储集体。

（3）上部亚相。

代表岩性为气孔流纹岩或球粒流纹岩，气孔呈条带状分布，沿流动方向定向拉长，球粒结构、细晶结构，气孔构造、杏仁构造、石泡构造，位于流动单元的上部。上部亚相是原生气孔最发育的相带，原生气孔占岩石体积百分比可高达25%~30%，原生气孔之间通过构造裂缝连通。由于气孔的影响，构造裂缝在上部亚相中主要表现为不规则的孔间裂缝，而规则的、成组出现的裂缝较少。喷溢相上部亚相一般是储层物性最好的岩相带。

（4）侵出相。

侵出相形成于火山活动旋回的后期，其外形以穹隆状为主，划分为内带亚相、中带亚相和外带亚相。

①内带亚相。

内带亚相位于侵出相岩穹的内部，代表岩性为枕状和球状珍珠岩，玻璃质结构，岩球、岩枕构造，总体产状呈穹隆。该亚相的原生裂缝最为发育，在微观尺度和宏观尺度上原生裂缝均呈环带状。在宏观尺度上玻璃质珍珠岩沿着环带状裂隙破碎成几厘米至几十厘米的火山玻璃球体，这些球状堆积物之间充填着较细的玻璃质碎屑，使得大的珍珠岩球体松散地胶结在一起。由于这种堆积物的骨架坚硬，同时有侵出相中带珍珠岩和外带角砾熔岩作为坚硬的外壳披覆其上、以起到保护作用；所以，在一个大的侵出相火山岩穹隆的内部往往发育有大规模的"岩穹内松散体"，这种松散体的物性通常是非常好的。

②中带亚相。

中带亚相位于侵出相岩穹的中部，内带亚相和中带亚相均是由于高黏度熔浆在内力挤压作用下流动，遇水淬火，逐渐冷凝固结，在火山口附近堆砌成岩，常见结构有玻璃质结构、珍珠结构、少斑结构和碎斑结构。代表岩性为致密块状珍珠岩和细晶流纹岩，块状构造，岩体呈层状、透镜状和披覆状。该亚相的岩石脆性极强，极易形成构造裂缝同时也易于再改造；总的来看，构造裂缝不如喷溢相下部亚相发育。

③外带亚相。

位于侵出相岩穹的外部，其代表岩性为具变形流纹构造的角砾熔岩。它们是熔浆舌在流动过程中，其前缘冷凝、变形并铲刮和包裹新生和先期岩块，在内力作用下流动，最终固结成岩。岩石具熔结角砾结构、熔结凝灰结构，常见变形流纹构造。

（5）火山—沉积岩相。

是经常与火山岩共生的一种岩相，可出现在火山活动的各个时期，碎屑成分中含有大量火山岩岩屑，主要为火山岩穹隆之间的碎屑沉积体。火山—沉积岩相主要为冲积扇和山间河流冲积相。松辽盆地北部的火山沉积相中经常含煤，说明有间湾沼泽沉积相。

2. 各类火山岩岩相的发育规模

通过对松辽盆地周边野外37条剖面的详细测量及两口钻井岩心的分析，结合火山岩相剖面模型不同岩相亚相的展布情况，得出各火山岩岩相/亚相的延伸范围和厚度。

火山通道相出露较少：火山颈亚相延伸范围主要为400~1000m，厚度为6~70m；次火山岩亚相延伸110m，厚度35m；隐爆角砾岩亚相延伸范围为400~800m，厚度为3~35m。

爆发相分布广，规模较大：空落亚相延伸范围为150~4000m，厚度为2~40m；热碎屑流亚相延伸范围为550~4000m，厚度为6~130m。

喷溢相分布广，规模较大：下部亚相延伸范围主要为500~3500m，厚度为2~45m；中部亚相延伸范围为1700~2400m，厚度为10~130m；上部亚相延伸范围为400~3500m，厚度为3~76m。

侵出相发育较少：该相仅发育内带亚相，延伸范围为450~600m，厚度为35~85m。

火山沉积相：含外碎屑火山沉积岩亚相延伸范围为600~1500m，厚度为3~10m；再搬运火山碎屑沉积岩亚相延伸范围为850~1100m，厚度为10~60m；凝灰岩夹煤沉积亚相延伸范围为700~800m，厚度为3~20m。

整体来讲，爆发相、喷溢相规模最大，各亚相侧向延伸为500~3500m，单层厚度在2~130m；火山通道相、侵出相、火山沉积相规模较小，侧向延伸为100~1500m，单层厚度为3~70m。

3. 火山岩岩相带识别模式

根据目前的勘探实践，大面积分布的爆发相、喷溢相及小范围分布的侵出相、火山通道相中都有有利储层发育。利用单井火山岩相研究成果，建立火山岩相与地震反射结构特征的关系发现，不同亚相火山岩可以通过井约束反演、井间地震局部追踪，但是无法进行大面积的岩相解释预测。

不同相或相的组合在地震剖面上具有明显的特征，通过地震相可以进行火山岩平面相分布预测，且这种预测具有科学性和实用性。徐家围子断陷火山岩相带依据火山喷发后残留的火山形态、距离火山口的位置分为火山锥、火山台地、火山沉积区三种类型。火山锥即火山喷发中心区，火山台地包括近火山口爆发相与喷溢相叠置区和远火山口爆发相区。

1）火山锥（火山喷发中心区）

火山喷发中心多种相叠合区（火山锥）通常与火山通道相、侵出相和含火山弹的爆发相空落亚相对应，岩性变化大，在地震剖面上多为穹隆—丘状。可进一步分为四种模式。

（1）爆发相为主，储层发育，地震相特征丘形，内部极短轴杂乱—空白反射，无连续性，中弱震幅，如XS1井3532~3622m井段岩性为流纹岩、流纹质晶屑凝灰岩，以爆发相为主。

（2）爆发相—喷溢相多层交互发育，储层发育，地震相特征丘形，内部短轴、中强振幅、差连续性，如ShS2-7井营城组一段火山岩。

（3）爆发相—喷溢相交互发育，储层发育，地震相特征丘形，内部短轴、弱震幅、弱连续反射，如XS5井3591~3782m。

（4）以喷溢相为主，夹少量爆发相，储层发育较差，地震相特征丘形，内部接近空白反射，如XS2井4052~4263m厚层流纹岩段。

2）火山台地

（1）近火山口爆发相与喷溢相叠置区。

近火山口爆发相与喷溢相叠置区（近源相组），指距离岩浆源较近、通常是熔岩所能够覆盖到范围的岩相组合，多与喷溢相、爆发相热碎屑流亚相对应。在地震剖面上通常呈楔状，断续层状。可进一步分为四种模式：一是近火山口爆发相与喷溢相叠置区，以爆发相为主，火山岩由于距离火山口较近，物性相对较好，地震相特征楔形，内部中强振幅、弱连续—相对较连续，例如XS14井3780~3845m井流纹岩段；二是近火山口爆发相与喷溢相叠置区，爆发相—喷溢相交互发育，储层较发育，地震相特征接近板状外形，内部中弱振幅、弱连续，例如XS4井营城组一段；三是近火山口爆发相与喷溢相叠置区，距离火山口较近，爆发相与喷溢相火山岩储层物性好，地震相特征近丘形，单一旋回内部接近无反射，旋回间出现强振幅、中高连续反射，例如ShS2-1井；四是近火山口爆发相与喷溢相叠置区，由于距离火山口较远，爆发相与喷溢相火山岩储层物性较差，地震相特征楔形，内部近平行（反射同相轴有起伏、倾斜变化）、中强振幅、断续—中等连续反射，例如 SS1 井。

（2）远火山口爆发相区。

远火山口爆发相区（远源相组），指距离岩浆源较远的相组，岩性以层状火山碎屑岩为主，多与爆发相热基浪亚相和细碎屑空落亚相对应。在地震剖面上呈层状。远火山口爆发相区可分为两种模式：一是以爆发相为主，地震相特征为板状，中弱振幅、较连续反射；二是以爆发相为主，地震相特征为薄板状，中强振幅、连续反射。

3）火山沉积区

火山沉积区（再搬运和混源相组）指距离火山口更远、经过地面径流和其他水流搬运改造、通常有非火山碎屑混入的岩相，多与火山沉积相对应，以沉火山岩为主，岩性主要是凝灰岩、火山沉积岩，储层物性较差。地震相特征薄板状，强振幅、连续反射，或者呈凹陷—充填状。例如 XS16 井 3850~4050m 沉凝灰岩段。

4. 火山岩相带展布特征

营城组一段期次 I 以中基性岩为主，地震反射表现为较连续中强振幅特征，该期火山喷发时间相对较早，分布规模相对较小，分布面积 436km²，一般厚度 100~300m ［图 3-2-13（a）］；营城组一段期次 II 以酸性岩为主，以岩性变化与上期为界，地震反射表现为弱振幅相对杂乱特征，本期喷发火山岩规模相对上期有所变大，分布面积 783km²，一般厚度 150~500m［图 3-2-13（b）］；营城组一段期次 III 以酸性岩为主，以沉积间断与上期为界，地震反射表现为中等振幅相对杂乱特征，本期火山岩规模最大，范围覆盖整个徐家围子南部，分布面积 2624km²，一般厚度 150~600m［图 3-2-13（c）］。营城组三段期次 I 以酸性岩为主，地震反射表现为断续中弱振幅特征，该期火山喷发规模局限，分布面积 148km²，一般厚度 50~150m［图 3-2-13（d）］。营城组三段期次 II 以中基性岩为主，以岩性变化与上期为界，地震反射表现为较连续中强振幅特征，与上期相比，本期火山喷发规模较大，分布面积 798km²，一般厚度 100~250m［图 3-2-13（e）］。营城组三段期次 III 以酸性岩为主，以岩性变化与上期为界，地震反射表现为中强振幅相对杂乱特征，分布面积 1456km²，一般厚度 200~1000m［图 3-2-13（f）］。

从 6 期火山岩岩相分布图来看（图 3-2-14），各期次火山岩火山口区主要沿断裂带展布。营城组一段期次 I 火山口区主要沿徐中断裂分布，火山活动较弱，喷发范围有限，分布零散；营城组一段期次 II 喷发规模增大，火山口区主要沿徐中断裂分布，部分沿徐东断裂带分布，徐中断裂带东侧火山口区规模较大；营城组一段期次 III 火山口区沿徐西断裂带、徐中断裂带和徐东断裂带呈南北向展布，其中西部火山口区规模小，中部和东部火山口区规模大。营城组三段期次 I 火山口区沿徐西断裂带分布，分布在安达西侧，规模小，分布零散；营城组三段期次 II 火山口区沿徐西、徐东两条断裂带南北向分布，西侧火山口区规模大，东侧火山口区规模小；营城组三段期次 III 火山口区沿徐西和徐东两条断裂展布，规模较大。从火山口区展布规模来看，酸性岩火山口区规模较大，而中基性岩火山口区规模相对较小，酸性岩与中基性岩火山口区展布规模差异大。

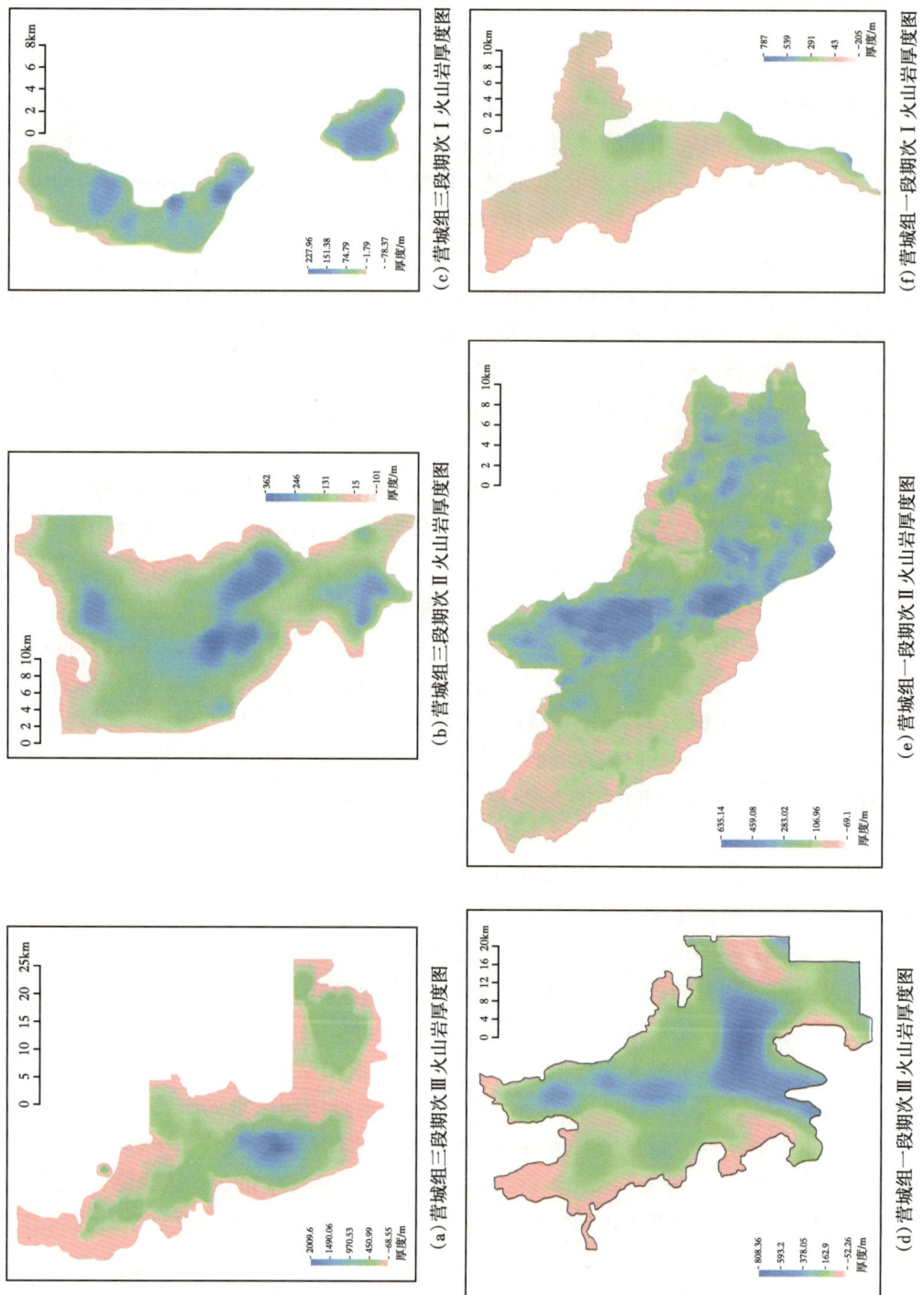

图3-2-13 徐家围子断陷营城组各期次火山岩厚度分布图

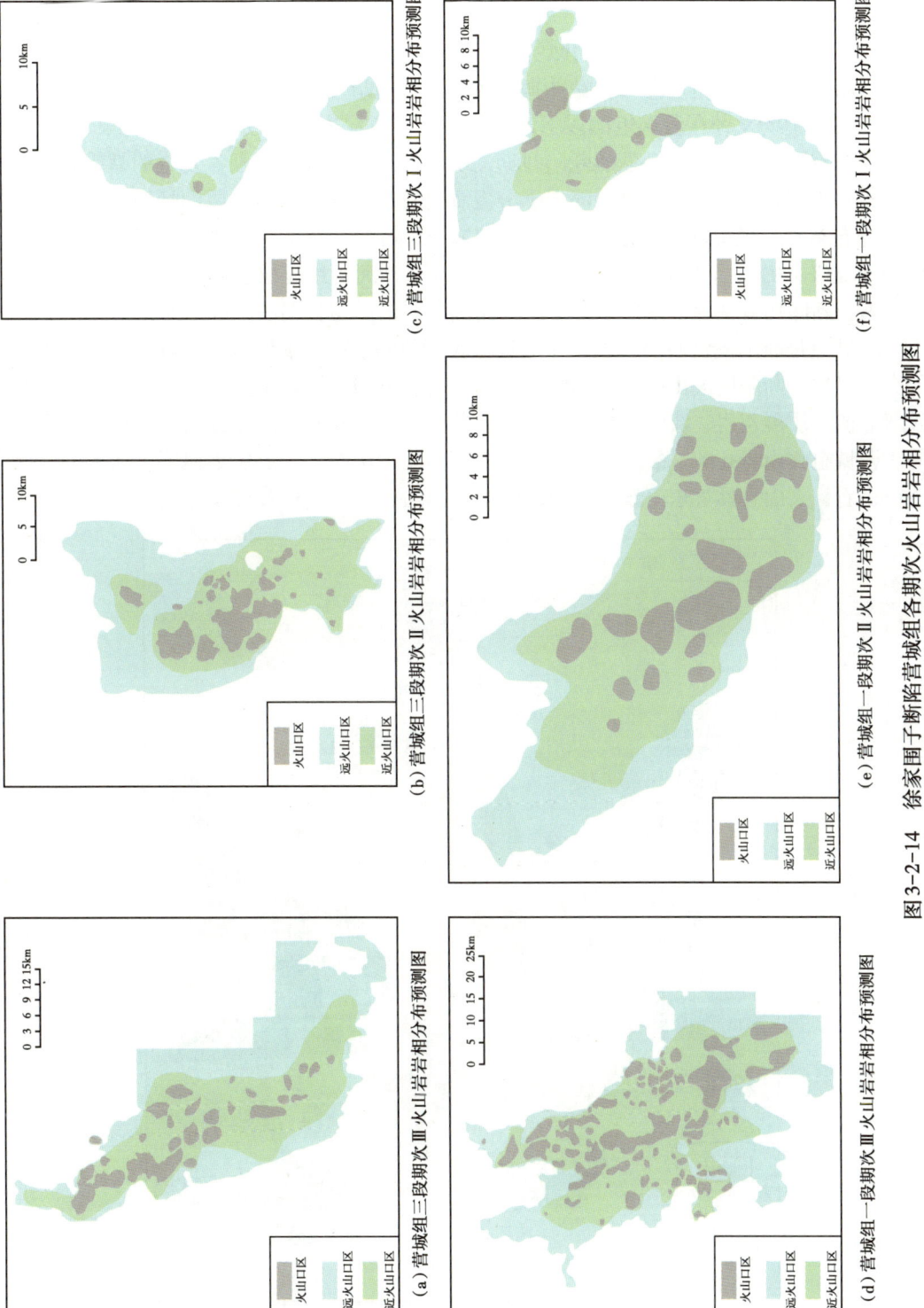

图 3-2-14 徐家围子断陷营城组各期次火山岩岩相分布预测图

四、营城组火山岩生—储—盖组合特征

松辽盆地断陷期地层存在三套烃源岩,自下而上分别为下白垩统火石岭组、沙河子组和营城组。火石岭组埋深大,钻井揭示较少,钻遇暗色泥岩厚度小,生烃能力差;营城组,烃源岩主要发育在营城组四段下部地层中,暗色泥岩厚度较小,分布局限、厚度小,供烃能力有限。沙河子组是强烈断陷时期的沉积,该时期是断陷湖盆发育的鼎盛时期,以深湖相—半深湖相黑色、灰黑色泥岩十分发育为特征,这也是最主要的烃源岩发育层。从平面分布来看,烃源岩分布范围广,全区17个断陷均有分布,烃源岩面积一般占到断陷面积的60%~70%,个别断陷可占到85%以上。且沙河子组煤层普遍发育,在徐家围子断陷、莺山断陷均有钻遇,主要发育于扇三角洲平原沼泽相和湖泊淤浅沼泽相中。

营城组是断陷成熟期的沉积,伴随着基底断裂的活动,盆地拉张沉降,发生了大规模的火山喷发,断陷内火山喷发岩沿深大断裂发育,分布广泛,主要岩性为流纹岩、球粒流纹岩、流纹质凝灰岩、流纹质凝灰岩熔岩、凝灰质火山角砾岩、粗面岩、安山岩、玄武岩等。营城组火山岩孔隙、裂缝发育,含气性好,是大庆探区深层主力储层。从火山岩展布特征来看,火山岩具有东南部厚、向北逐渐减薄的趋势(图3-2-15)。

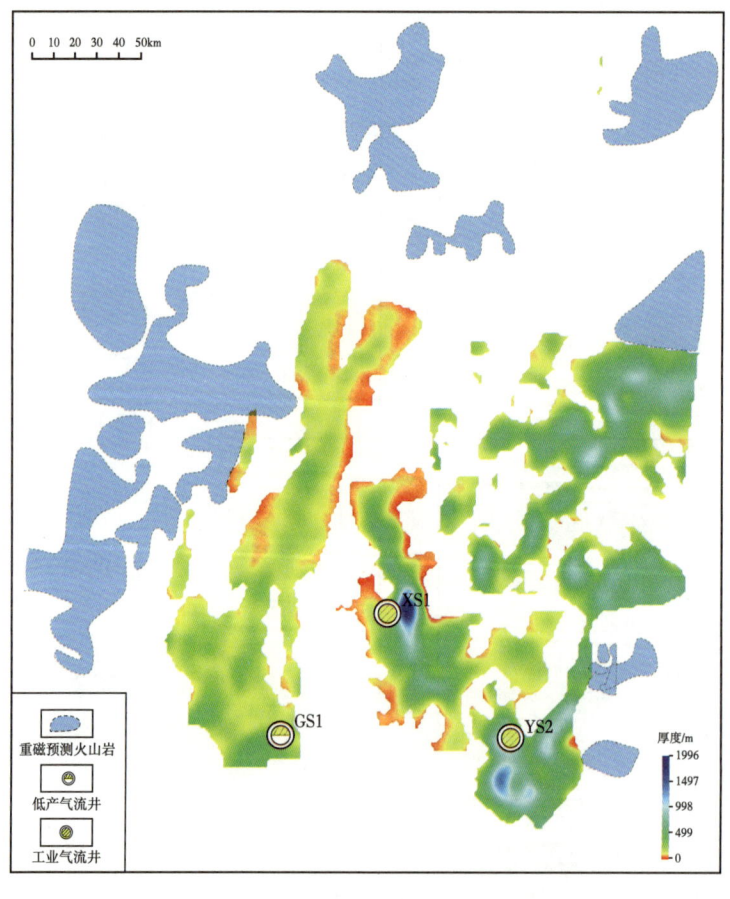

图 3-2-15 松辽盆地北部营城组火山岩预测图

火山岩气藏盖层类型多样，既有泥岩、泥质砾岩，又有致密的火山岩作为盖层，其中泥岩主要分布在泉头组一段、二段，登娄库组四段、三段、二段及营城组四段，火山岩主要分布在营城组一段及营城组三段，泥质砾岩主要分布在营城组四段中。坳陷期沉积的登娄库组二段，泉头组一段、二段的砂泥层分布稳定，成为良好的区域盖层，保证天然气未发生大规模散失，决定了徐家围了气田具有满坳含气的特点，而其他层段分布的泥岩、泥质砾岩及致密的火山岩均作为局部盖层，决定了气藏类型的丰富性，气藏上下错叠、立体成藏。

第三节 营城组火山岩气藏成藏条件与富集规律

徐家围子断陷营城组火山岩勘探始于 XS1 井，该井营城组一段火山岩钻遇气层 253.6m，压裂后获得日产 $53×10^4m^3$ 的工业气流，成为深层天然气勘探进入战略突破阶段的标志。多年勘探开发证实营城组火山岩是徐家围子断陷深层天然气的主要储层段之一，其下部沙河子组具备断陷中央最有利的气源岩，登娄库组二段泥岩是优质的盖层，为形成火山岩气藏提供了优越的地质条件，且营城组火山岩存于松辽盆地多个断陷中，因此总结营城组气藏成藏条件与富集规律，用以指导其他断陷营城组火山岩气藏勘探是非常必要的，本节以徐家围子断陷营城组火山岩为例，论述营城组火山岩气藏生—储—盖特征、富集规律方面的内容。

一、营城组火山岩气藏形成的烃源岩条件

徐家围子断陷深层烃源岩主要发育于沙河子组，其次为火石岭组和营城组，登娄库组和泉头组一段、二段也有分布。火石岭组烃源岩分布范围相对局限，靠近徐西断层、徐中断层地区暗色泥岩发育，断层控制因素明显，最大厚度为 11m，暗色泥岩 TOC 值为1.16%，氯仿沥青"A"平均值为 0.0203%，生烃潜力 S_1+S_2 平均值为 $2.2×10^{-3}$mg/g，综合评价为差—中等烃源岩。

沙河子组烃源岩分布面积广，基本遍布了整个断陷，整体呈断陷中间厚边缘薄的趋势，最厚处达 384m，从地球化学分析数据统计来看，暗色泥岩 TOC 平均值为 11.29%，氯仿沥青"A"平均值为 0.049%，生烃潜力 S_1+S_2 平均值为 $5.02×10^{-3}$mg/g，有机质丰度较高，类型以Ⅱ—Ⅲ型为主，目前已达高—过成熟阶段（R_o 平均值为 2.31%），综合评价为好—较好烃源岩。

营城组烃源岩主要为滨浅湖相沉积，厚度小，区域性发育，具有两个沉积中心：一是以 XS42 井—XS22 井—XS31 井为烃源岩发育中心，厚度为 160m；一是以 ZS14 井为发育中心，厚度为 165m；暗色泥岩 TOC 平均值为 1.40%，氯仿沥青"A"平均值为 0.0322%，生烃潜力 S_1+S_2 平均值为 $1.23×10^{-3}$mg/g，也属于差—中等烃源岩（表 3-3-1）。

从徐家围子断陷烃源岩排气强度与气藏分布叠合图来看（图 3-3-1），排气强度最高可达 $600×10^8m^3/km^2$，分布于汪家屯附近；安达、兴城、徐东等地区排气强度也达 $200×10^8m^3/km^2$，天然气生成量丰富，具备形成大气田的物质基础。从图 3-3-1 还可以看出，目前已发现的气藏主要分布于断陷内高排气区的内部或边部，表明深层天然气成藏形成与分布明显受到气源供给条件的控制。

表 3-3-1　徐家围子断陷沙河子组烃源岩地球化学分析数据统计

层位	残余有机质丰度				成熟度	综合评价
	氯仿沥青"A"*/% （21口）	TOC*/% （30口）	S_1+S_2*/$\times 10^{-3}$mg/g （29口）	H_1*/$\times 10^{-3}$mg/g （29口）	R_o/% （30口）	
火石岭组	$\dfrac{0.0002\sim0.0389}{0.0203(9)}$	$\dfrac{0.1\sim4.96}{1.16(7)}$	$\dfrac{0.05\sim19}{2.20(12)}$	$\dfrac{3\sim84}{13.0(12)}$	$\dfrac{2.08\sim3.47}{3.22(46)}$	差—中等烃源岩，过成熟阶段
沙河子组	$\dfrac{0.0007\sim0.4776}{0.0490(63)}$	$\dfrac{0.12\sim84.44}{11.29(196)}$	$\dfrac{0\sim71.48}{5.02(186)}$	$\dfrac{0\sim468}{38.8(178)}$	$\dfrac{1.27\sim3.56}{2.31(162)}$	好—较好烃源岩，高—过成熟阶段
营城组	$\dfrac{0.0008\sim0.2610}{0.0322(40)}$	$\dfrac{0.08\sim4.73}{1.40(88)}$	$\dfrac{0\sim14.7}{1.23(93)}$	$\dfrac{0\sim360}{41.0(82)}$	$\dfrac{1.36\sim2.80}{2.14(64)}$	差—中等烃源岩，高—过成熟阶段

* 氯仿沥青"A"：可溶有机质含量，%；TOC：总有机碳含量，%；S_1+S_2：烃源岩生烃潜量，mg 烃/g 岩石；H_1：烃源岩氢指数，mg HC/g TOC

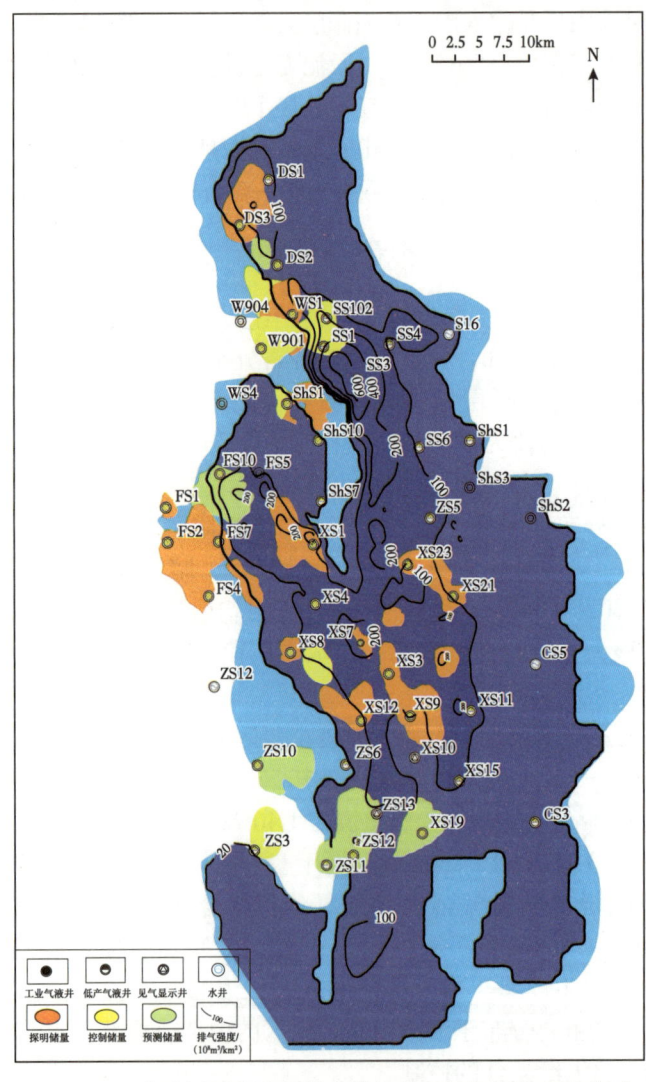

图 3-3-1　徐家围子断陷烃源岩排气强度与气藏分布叠合图

二、营城组火山岩储层特征

松辽盆地白垩系营城组火山岩储层以储集气藏为主,埋藏深度普遍大于3000m,属于深层天然气藏。80口钻井试气产能数据统计显示,在涵盖基性岩至酸性岩的多种岩石类型中均有气、水或流体储集和产出。有效储层发育在多种类型火山岩之中,不同地区各类岩性的分布比例存在一定差异,总体上以流纹岩、流纹质熔结凝灰岩、粗面岩和玄武岩四类优势岩性为主(图3-3-2)。

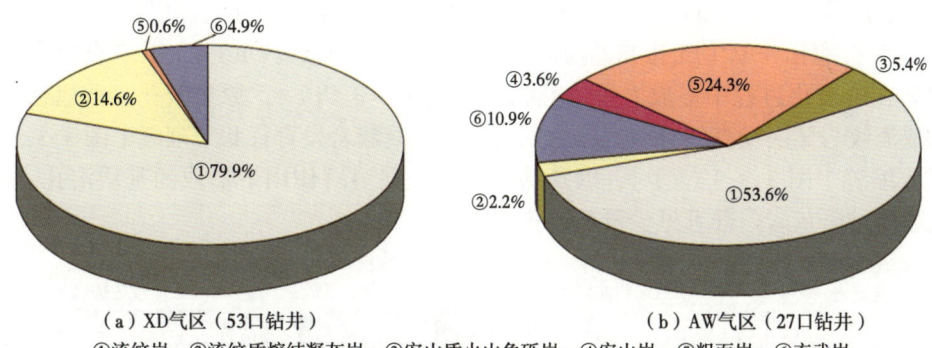

(a) XD气区(53口钻井)　　　　　　(b) AW气区(27口钻井)

①流纹岩;②流纹质熔结凝灰岩;③安山质火山角砾岩;④安山岩;⑤粗面岩;⑥玄武岩

图3-3-2　火山岩有效储层中各类岩性的产能贡献比例

1. 火山岩有效储层的孔隙结构发育特征和物性下限

孔隙构成是储层质量和储层有效性的关键要素和直观表现。岩心和薄片显微观察显示,火山岩孔隙既有毫米—厘米级的原生气孔,也发育有毫米—微米级的各类溶蚀孔隙(图3-3-3),而其喉道直径则以微米—纳米级为主(表3-3-2),孔隙结构总体上呈现大孔隙—细喉道的构成特点。储层孔隙非均质性强,不同类型火山岩的储集空间类型、组合及其空间分布存在明显差异(图3-3-3)。

表3-3-2　火山岩有效储层与非有效储层的孔隙结构参数对比

岩性		最大喉道半径/μm		最大进汞饱和度/%		排驱压力/MPa		样品数
		范围	平均值	范围	平均值	范围	平均值	
玄武岩	有效储层	0.044~5.319	0.860	25.8~89.9	46.9	0.1~16.6	8.0	12
	非储层	0.021~0.031	0.027	8.4~21.0	13.8	24.0~34.4	27.9	10
粗面岩	有效储层	0.057~1.067	0.131	28.6~94.1	74.8	0.7~12.8	8.8	45
	非储层	0.027~0.257	0.069	21.2~90.6	49.7	2.9~27.5	17.7	10
流纹岩	有效储层	0.045~2.131	0.326	35.7~99.2	83.6	0.4~16.3	4.8	105
	非储层	0.027~0.714	0.162	17.5~95.8	62.0	1.0~27.6	9.3	23
流纹质熔结凝灰岩	有效储层	0.247~0.709	0.382	85.6~98.9	91.0	1.0~3.0	2.2	8
	非储层	0.027~0.058	0.032	11.2~43.2	25.5	12.7~27.5	24.9	7

1）储集空间构成

通过钻井岩心描述和铸体薄片分析，总结四类优势火山岩储层发育的孔隙类型及组合（图3-3-3），重点分析有效孔隙及其成因。玄武岩发育原生气孔和基质收缩缝，受充填作用影响大，原生孔缝多为半—全充填[图3-3-3（a）]，未充填部分形成充填残余孔[图3-3-3（b）]，气孔中充填的杏仁体矿物溶蚀形成杏仁体溶孔[图3-3-3（c）]，充填残余孔隙和充填物溶蚀孔隙构成玄武岩储层发育的有效孔隙。粗面岩发育少量原生小气孔[图3-3-3（d）]，以部分充填为主[图3-3-3（e）]；碱性长石受溶解作用形成斑晶溶孔和基质溶孔[图3-3-3（f）]，充填残余孔与溶孔组合构成粗面岩储层发育的有效孔隙。流纹岩发育石泡孔、原生气孔和基质收缩缝[图3-3-3（g）、（h）]，以未充填为主；球粒流纹岩在脱玻化过程中形成大量球粒间孔[图3-3-3（i）]，原生气孔、石泡孔与球粒间孔构成流纹岩储层发育的有效孔隙。流纹质熔结凝灰岩发育柱状节理缝[图3-3-3（j）]和基质收缩缝[图3-3-3（k）]，以及基质火山灰在溶解作用下形成的基质溶孔。此外，在流纹质熔结凝灰岩内部可见少量石泡孔和浆屑内气孔。

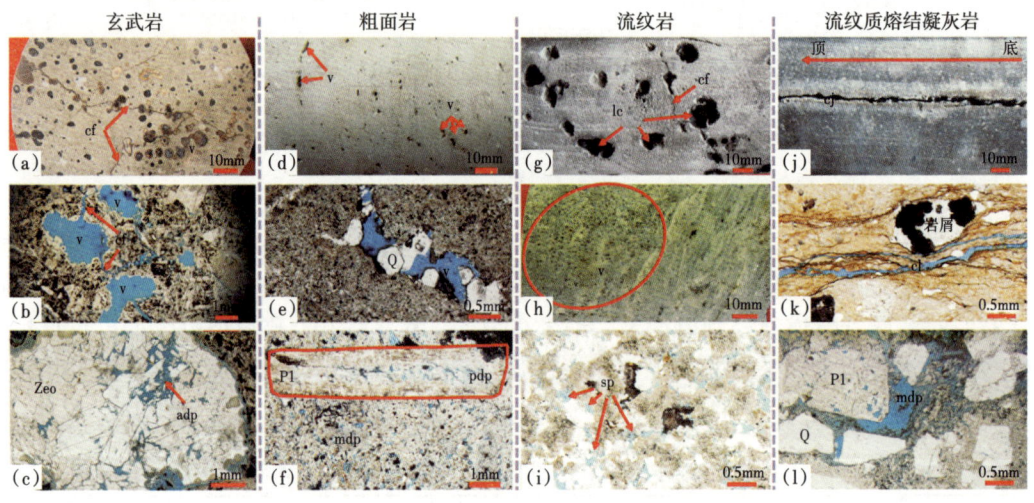

图3-3-3 火山岩储层发育的有效孔隙类型及组合

（a）原生气孔—基质收缩缝，硅质、钙质半充填—全充填（玄武岩，岩心横截面，DS6井）；（b）原生气孔，衬边式充填（玄武岩，铸体薄片，DS3井）；（c）杏仁体溶孔，杏仁体矿物为沸石（玄武岩，铸体薄片，DS3井）；（d）稀疏分布的原生小气孔，未充填（粗面岩，岩心外表面，DS3-1井）；（e）原生气孔，具定向拉长，马牙状石英半充填（粗面岩，铸体薄片，DS3-1井）；（f）斑晶溶孔、基质溶孔（粗面岩，铸体薄片，XS10井）；（g）石泡孔—基质收缩缝，未填（流纹岩，岩心外表面，XS28井）；（h）密集分布的原生小气孔，未充填（流纹岩，铸体薄片，XS9-1井）；（i）球粒间孔（流纹岩，铸体薄片，XS9-1井）；（j）收缩节理缝，方解石部分充填（流纹质熔结凝灰岩，岩心外表面，XS28井）；（k）基质收缩缝，部分充填（流纹质熔结凝灰岩，铸体薄片，XS9-1井）；（l）长石晶屑溶孔、基质溶孔（流纹质熔结凝灰岩，铸体薄片，XS11井）

图中：铸体薄片照片均为单偏光下采集；蓝色部分为有效孔隙和裂缝中充填的铸胶；v为原生气孔；lc为石泡孔；sp为球粒间孔；mdp为基质溶孔；php为斑晶/晶屑溶孔；adp为杏仁体溶孔；cf为基质收缩缝；cj为收缩节理缝；Zeo为沸石；Pl为斜长石；Q为石英

2）孔隙结构

徐家围子断陷营城组火山岩储层总体上属于低渗透油气储层，在评价储层时需对其孔隙结构加以分析。对四类火山岩有效储层井段的岩样常规压汞测试结果分析表明，火山岩有效储层的孔隙结构表现出较强的非均质性，喉道半径、最大进汞饱和度和排驱压力等参数分布差异较大（表 3-3-2）。喉道分选差（图 3-3-4），最大喉道半径介于 0.04~5.32μm 之间，半径跨度最大值达 10^2 数量级，以微米级至纳米级为主。与致密的干层段岩样排驱压力（27~34MPa），与埋深 3000m 的地层压力相比较，有效储层井段的岩样测试排驱压力较低，最大不超过 17MPa，平均 2.2~8.0MPa。毛细管压力曲线类型以双峰偏粗态型［图 3-3-4（a）］、单峰粗态型［图 3-3-4（b）、（c）］和单峰偏粗态型［图 3-3-4（d）］为主。玄武岩有效储层的喉道半径分布范围跨度最大，呈双峰式分布。粗面岩、流纹岩和流纹质熔结凝灰岩有效储层的喉道半径分布范围略窄，均呈单峰式分布；粗面岩和流纹岩主峰偏向粗喉道一侧，流纹质熔结凝灰岩近于呈正态分布。四类火山岩有效储层的最大喉道半径明显高于非有效储层，反映出发育相对粗大的喉道是火山岩储层相对有效的重要体现，储层基质孔隙和喉道差异对储层有效性起决定性作用。

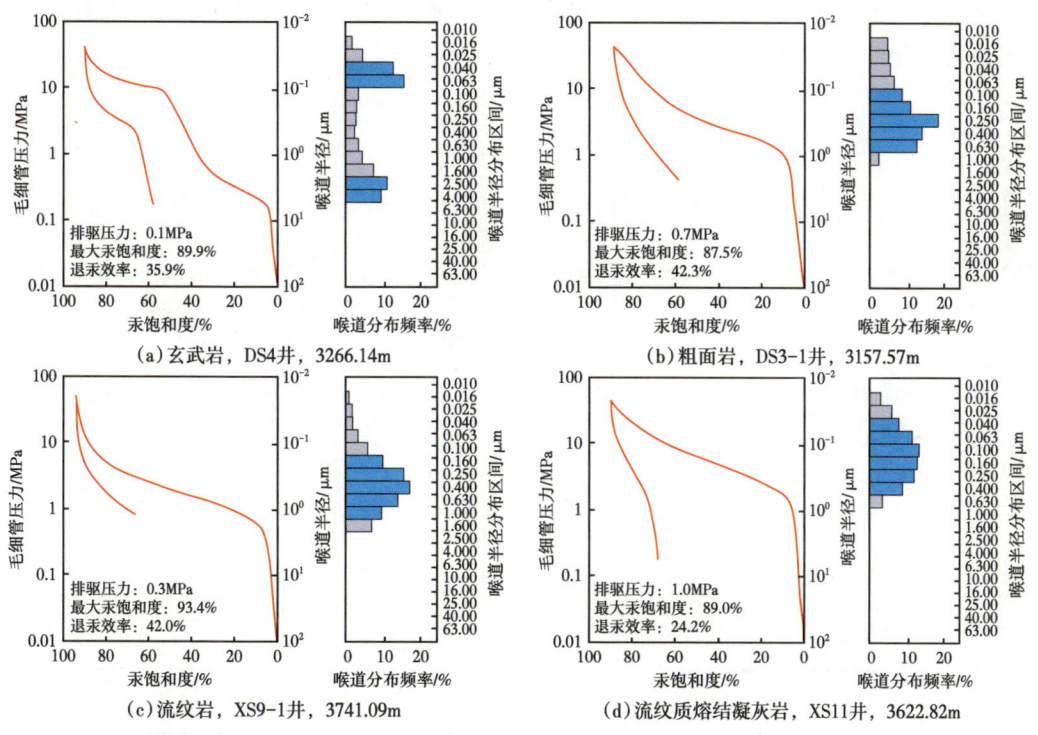

图 3-3-4　火山岩典型有效储层的毛细管压力曲线和喉道半径分布特征

3）火山岩有效储层的物性下限

采用试油法确定有效储层的物性下限，主要依据岩心储集物性测试结果、试油（气）和生产测试资料，用能够储集和渗滤流体、且产量达到工业标准的储层所需最小有效孔隙度和渗透率等参数来度量。首先通过试气资料划分有效储层与非有效储层，进而建立岩心物性测试结果与储层划分结果之间的对应关系，最终通过统计分析确定有效储层与非有效储层的物性界限。在同一坐标系内分别绘制有效储层和非有效储层井段内岩样的孔隙度和渗透率交会图（图 3-3-5），理想情况下，将有效储层和非有效储层两类样本点的分界确定为有效储层的物性下限。有效储层与非有效储层存在重叠区域时,取重叠区域的中心点所对应的孔隙度和渗透率作为储层物性下限[图3-3-5(c)、(d)]。有效储层和非有效储层混杂在一起时,区分效果较差,则取有效储层样品集中分布区域的孔隙度和渗透率的最小值作为储层物性下限[图3-3-5(b)]。求取结果依次为:流纹岩ϕ=4.9%、K=0.024mD,流纹质熔结凝灰岩ϕ=4.8%、K=0.042mD,粗面岩ϕ=4.1%、K=0.003mD,玄武岩ϕ=5.3%、K=0.005mD。

2. 火山岩有效储层成因

储层的有效性由原生储集空间形成和保存以及后生成岩作用改善共同决定。不同岩性火山岩储集空间形成和演化过程决定了其有效储层特征、成因及储集性能的差异性。火山岩原生储集空间的形成与分布主要受不同类型火山岩岩性和岩相的控制。火山岩在喷发期后经历了一系列成岩变化,包括充填、压实、蚀变、淋滤、溶解及构造作用等方面,在这些因素的综合影响之下形成最终的有效储集空间,进而决定了火山岩有效储层发育部位和纵向连续性(图3-3-6)。

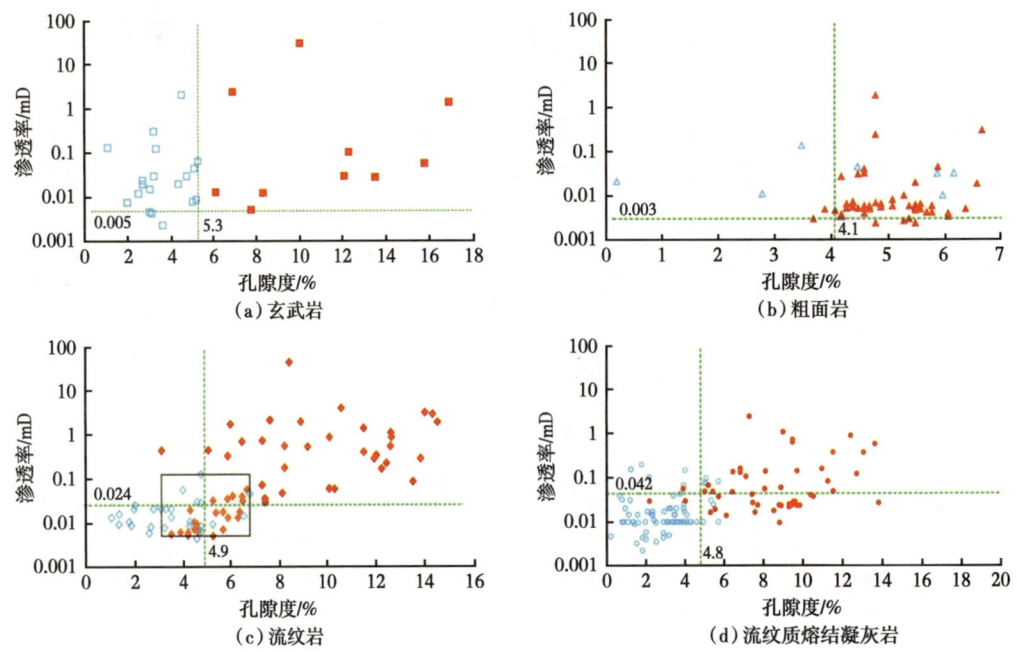

图3-3-5 火山岩有效储层和非有效储层的孔隙度—渗透率交会特征
图中红色实心样品点为有效储层,蓝色空心样品点为非有效储层

1)原生储集空间的形成和保存

岩心手标本和铸体薄片的观察结果显示,对研究区火山岩储层起主要贡献的原生储集空间为原生气孔、粒间孔和冷凝收缩缝(图3-3-3)。原生气孔在玄武岩、粗面岩和流纹岩中均有发育,主要分布在熔岩流动单元的界面附近[图3-3-6(a)~(c)],总体上自熔岩流动单元顶底界面向内部呈现孔隙直径增大、数量减少的趋势。粒间孔发育在流纹质熔结凝灰岩

中,主要分布于爆发相冷却单元顶部和底部的未熔结和弱熔结岩层之中[图3-3-6(d)]。冷凝收缩缝包括基质收缩缝和收缩节理缝,在火山熔岩和火山碎屑岩中均有发育,自火山岩冷却单元界面向岩层内部呈放射状或不规则状,厚层熔岩和熔结凝灰岩内部形成高角度收缩节理缝。

充填作用和压实作用是造成原生储集空间有效部分显著减少的两个重要因素,且其对不同岩性的影响程度存在差别。火山岩中孔隙充填的物质来源主要包括热液流体充填和次生矿物原地沉淀充填两种方式,后者与火山岩中相对不稳定组分(如火山玻璃、中基性斜长石、辉石和橄榄石等)的蚀变过程有关。从大量岩心和薄片的观察结果得出,玄武岩原生孔隙受充填作用影响最大,以全充填—半充填为主,粗面岩以半充填为主,流纹岩原生孔隙大多为未充填(图3-3-3)。熔岩与火山碎屑岩的储集物性因成岩方式不同而受压实作用影响存在明显差异。熔岩为冷凝固结形成,受压实影响较小;火山碎屑岩为压实固结成岩,随埋深加大,压实作用使其粒间孔逐渐减少,储集性能显著降低。因此,原生储集空间的发育程度及其在成岩演化过程中保存下来的有效孔隙比例,是能否形成有效储层的基础条件。

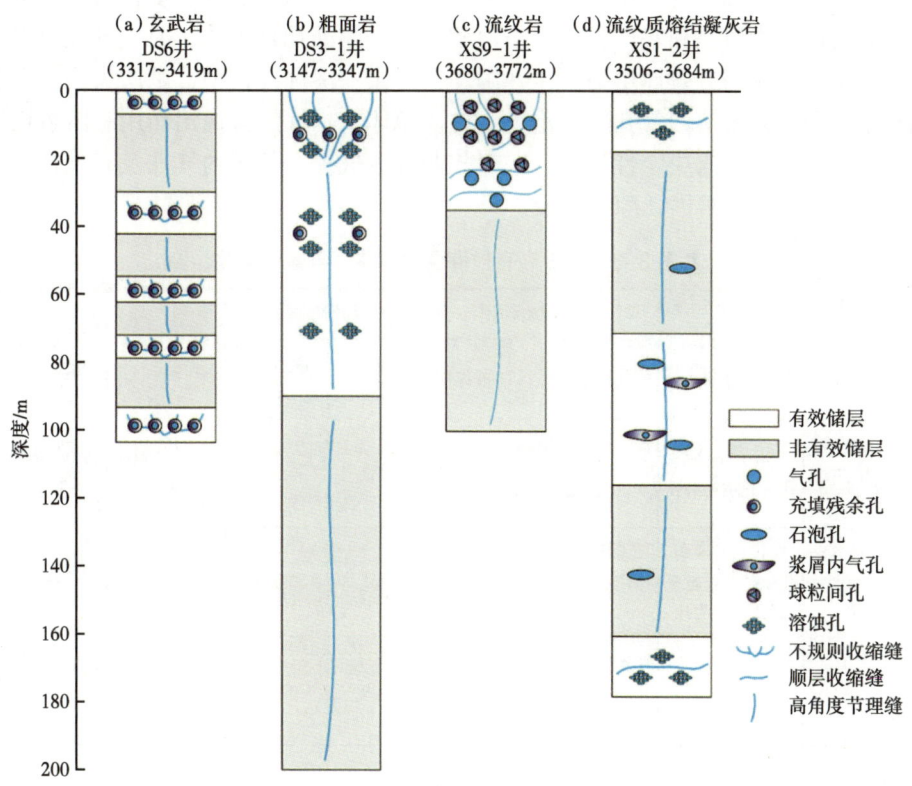

图3-3-6 火山岩有效储层孔隙组合纵向分布模式

2)成岩作用改善与次生储集空间的形成

在成岩演化过程中,蚀变作用、淋滤作用、溶解作用和构造作用对火山岩储层起着间接或直接的改善效应。蚀变作用引起火山岩组成矿物转变，淋滤作用不仅使岩石破碎，同时也造成岩石化学成分发生显著变化，这两种作用直接的结果是使原本致密的岩石骨架变得疏松，且间接对次生孔隙的形成起到促进作用。此外，蚀变和溶解作用的进行均需要外界流体的参与，且只有经过物质的带出过程才能最终形成有效的溶蚀孔，因此必须具备相应的流体运移通道。火山岩地层单元各级界面构成流体渗滤的主通道，而火山岩界面附近发育的裂缝构成次一级通道，直接将外界流体连通至岩石基质。与火山岩界面改造相关的风化壳型储层正是在表生成岩作用的改善之下，形成大量有效的次生储集空间，从而显著提高储集性能。

3）不同岩性火山岩有效储层成因及其差异

受喷发作用和次生改造过程的综合影响，四类火山岩有效储层的成因及分布特征存在明显差异（表3-3-3、图3-3-6）。总体上，四类火山岩有效储层均表现为受基质孔隙和喉道控制为主，单纯裂缝发育层段由于基质物性差，难于形成有效储层。流纹岩有效储层为原生孔隙型，即原生气孔和喷发期后脱玻化作用形成的球粒间孔起主导作用，晚期成岩作用改造对储层影响不大。玄武岩和粗面岩有效储层均为原生孔隙充填残余—溶蚀改善型，不同之处在于玄武岩储层为原生气孔和收缩缝充填残余，以及部分充填物溶解形成有效孔隙，而粗面岩储层中斑晶和基质碱性长石溶解形成的溶蚀孔是主体，原生气孔充填残余次之。流纹质熔结凝灰岩有效储层为原生孔隙压实残余—溶蚀改善型，基质火山灰和长石晶屑溶孔起主要贡献，浆屑内气孔和石泡孔次之。总体上，挥发份逸出作用和溶解作用对本区火山岩储层有效孔隙起决定性作用，前者控制原生气孔、浆屑内气孔及石泡孔的形成与分布，后者决定了各类溶蚀孔隙的形成。

表3-3-3 火山岩有效储层发育特征与量化参数

岩性	有效储层类型	有效孔隙主要构成	主要成岩作用		物性下限		有效厚度/m	有效厚度系数/%	统计井数/口
			建设性	破坏性	孔隙度/%	渗透率/mD			
玄武岩	原生孔隙充填残余—溶蚀改善型	气孔充填残余孔、充填物溶孔	挥发作用、熔结作用、冷凝收缩作用	充填作用	5.3	0.005	$\dfrac{0.8\sim17.0}{4.6}$	$\dfrac{12.0\sim100.0}{30.5}$	12
粗面岩	原生孔隙充填残余—溶蚀改善型	气孔充填残余孔、碱性长石斑晶和基质溶孔	挥发作用、溶解作用、冷凝收缩作用	充填作用	4.1	0.003	$\dfrac{19.0\sim227.0}{54.3}$	$\dfrac{25.3\sim75.7}{42.6}$	4
流纹岩	原生孔隙	气孔—球粒间孔	挥发作用、脱玻化作用、冷凝收缩作用	充填作用	4.9	0.024	$\dfrac{4.2\sim97.5}{35.5}$	$\dfrac{5.7\sim91.7}{31.5}$	23
流纹质熔结凝灰岩	原生孔隙压实残余—溶蚀改善型	浆屑内气孔、石泡孔、火山灰基质溶孔	挥发作用、熔结作用、冷凝收缩作用	熔结作用压实作用填充作用	4.8	0.042	$\dfrac{5.0\sim106.9}{43.0}$	$\dfrac{6.5\sim95.5}{37.5}$	23

$\dfrac{5.0\sim106.9}{43.0} = \dfrac{最小值\sim最大值}{平均值}$。

不同类型火山岩的有效孔隙成因及其分布规律决定了有效储层纵向上的连续性和厚度规模，从而在相同的烃源供给条件下，导致有效储层的物性下限（尤其孔隙度）和有效厚度存在差异。玄武岩储层连续性相对较差、有效厚度小、有效厚度系数低，其有效储层的孔隙度下限值最高。粗面岩储层连续性好、有效厚度大、有效厚度系数高，其有效储层的孔隙度和渗透率下限最低，可作为研究区火山岩有效储层的物性下限。

三、营城组火山岩气藏盖层特征

1. 盖层类型特征

徐家围子断陷深层天然气盖层主要有三种类型，即泥岩、泥质砾岩、火山岩；火山岩又可分为高声波时差火山岩及低声波时差火山岩。泥岩主要分布在泉头组一段、二段；登娄库组四段、三段、二段及营城组四段，火山岩主要分布在营城组一段及营城组三段，泥质砾岩主要分布在营城组四段中。

高声波时差火山岩盖层曲线特征表现为井径扩容、声波时差增大、电阻率减小。泥质砾岩盖层曲线特征表现为井径扩容、声波时差增大、电阻率减小。

火山岩盖层的岩性是多种多样的，高声波时差火山岩盖层岩性主要为凝灰岩、火山角砾岩，其次为流纹岩、角砾熔岩，安山岩及酸性喷发岩相对较少。低声波时差火山岩盖层岩性主要为流纹岩，其次为凝灰岩、熔结凝灰岩及火山角砾岩、安山岩、玄武岩相对较少。

各种盖层的单层厚度也不尽相同，泥岩单层厚度主要集中在0~5m之间；高声波时差火山岩单层厚度较泥岩大，主要为0~10m，其次为10~20m；低声波时差火山岩单层厚度最大，0~10m占比达到38%，10~20m占比达到25%，20~30m占比可达到25%；泥质砾岩单层厚度小，主要集中在0~5m之间。

徐家围子断陷两种类型火山岩盖层具有明显不同的特征，高声波时差火山岩盖层判别主要是通过测井曲线判别，表现为高声波时差、井径扩容，与泥岩具有相似的声波时差特征，据此特征由测井曲线上极易识别。而低声波时差火山岩盖层，其声波时差虽然低于火山岩储层的声波时差值，但二者的差异并非十分明显，用肉眼难以分辨，由该区天然气勘探实践可知，如果火山岩的孔隙度大于3%，那么它就具有储集工业价值天然气的能力。换句话说，如果火山岩的孔隙度小于或等于3%，那么它就不能成为天然气的储层。然而，当火山岩孔隙度小于或等于3%时，虽不能成为天然气的储层，但它却可以成为天然气的封盖层，故可以将3%作为低声波时差火山岩盖层的孔隙度的下限值。徐家围子断陷低声波时差火山岩声波时差值与其孔隙度之间具有良好的正比关系，即随着低声波时差火山岩声波时差增大，孔隙度增大；反之，则减小。测井解释结果显示孔隙度为3%时，对应的声波时差值约为56μs/ft，即声波时差值56μs/ft可作为低声波时差火山岩盖层判识的标准，如果低声波时差火山岩声波时差值小于或等于56μs/ft，便可以成为天然气的盖层；反之，则不能成为天然气的盖层。

结合前人的研究，泥岩为徐家围子断陷深层天然气的区域性盖层，营城组一段顶部高声波时差火山岩及营城组四段的泥岩共同构成了徐家围子断陷深层营城组一段天然气顶部局部性盖层，对营城组一段天然气的富集起到了重要的作用。高声波时差火山岩、低声波时差火山岩及泥质砾岩均可作为天然气的盖层。

营城组一段顶部局部盖层在测井曲线上具有明显特征：高声波时差、低电阻率、井径扩容，岩性主要有三种类型：营城组四段泥质砾岩及泥岩（Ⅰ）、营城组一段高声波时差火山岩（Ⅱ）、营城组一段与营城组四段的高声波时差火山岩及泥质砂砾岩（Ⅲ）。营城组一段火山岩盖层分布范围相对较广，其次为营城组四段与营城组一段盖层，营城组四段砂砾岩及泥岩相对较少。XS1区块主要为Ⅰ+Ⅲ，徐东斜坡带主要为Ⅱ+Ⅲ，丰乐地区和FS9区块主要为Ⅰ+Ⅱ+Ⅲ（图3-3-7）。

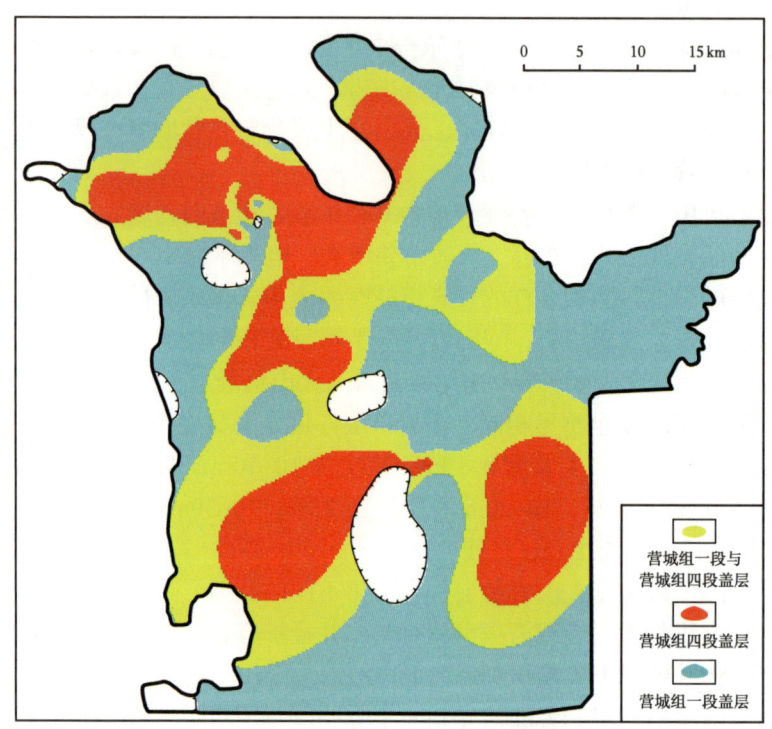

图 3-3-7　徐家围子断陷局部性盖层模式分布图

2. 不同类型盖层分布特征

利用目前已发现的油气藏，详细研究了徐家围子断陷各套盖层，发现泉头组一段、二段及登娄库组二段为区域性盖层，岩性主要为泥质岩；营城组四段底部与营城组一段顶部之间地层构成了徐家围子断陷南部气藏的局部性盖层，岩性主要为高声波时差火山岩和泥岩。

1）不同层位盖层

徐家围子断陷泥岩盖层主要分布在登娄库组二段、三段、四段，泉头组一段、二段，其中登娄库组二段及泉头组一段、二段为徐家围子断陷深层天然气的区域性盖层。

登娄库组二段泥岩盖层累计较厚较大（图3-3-8），约有一半地区泥岩累计厚度在100~200m，高值区主要分布在断陷中部偏东地区，XS25井附近泥岩累计厚度最大，达到205.41m；另外，在中部以西地区泥岩累计厚度也较大，局部泥岩累计厚度能达到

170~180m。以断陷中部东西向为轴线，向南北两侧泥岩累计厚度有逐渐减小趋势。但在凹陷内泥岩累计厚度也有较低值，在断陷北部的 DS3 井处泥岩累计厚度仅有 39m。登娄库组二段泥地比普遍较大，泥地比值在 0.2~0.8 之间变化，高值区位于中部地区，可以达到 0.6~0.8 以上，以断陷中部为轴线，向工区四周泥地比有逐渐减小趋势，低值普遍也达到 0.4 以上。从登娄库组二段泥岩小层厚度分布图可以看出，登二段泥岩小层厚度比较小，主要为 0~1m、1~2m，泥岩横向连续性相对较弱。

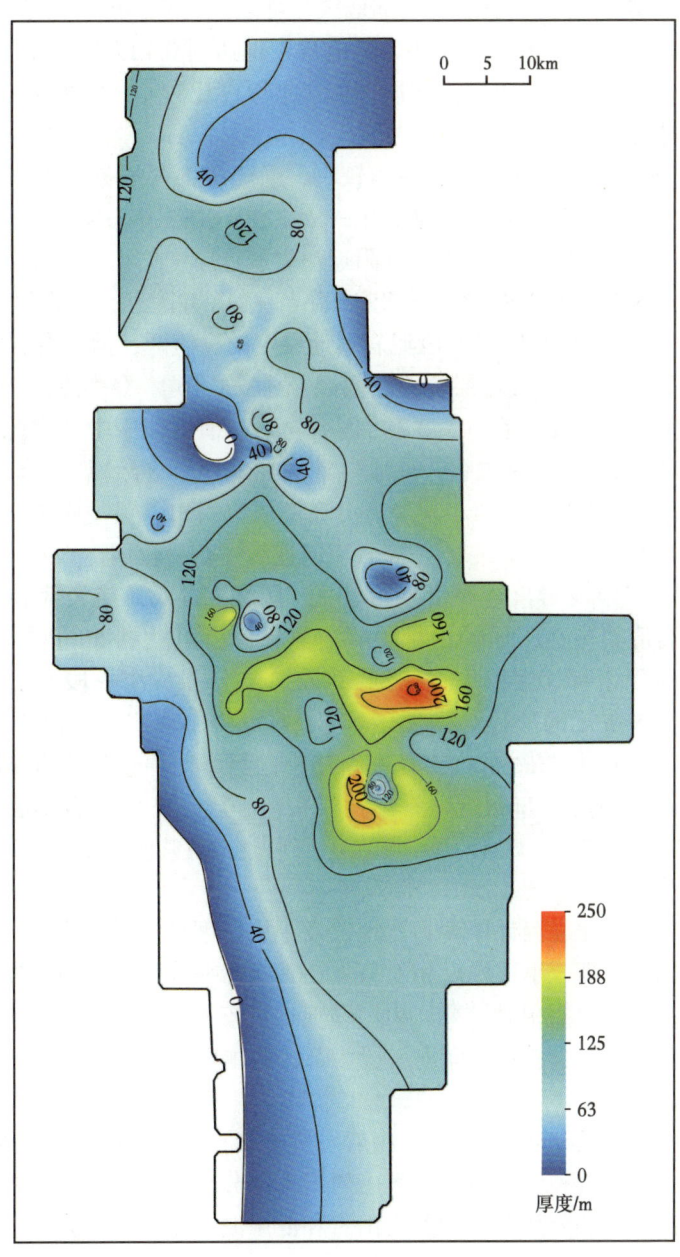

图 3-3-8　徐家围子断陷登娄库组二段泥岩厚度等值线图

登娄库组三段泥岩盖层累计厚度相对不大，总体上高值分布在断陷的中部及以西地区，在这两个高值部分连线的东北方向泥岩累计厚度迅速降低，再往北又有升高趋势，在DS5井—DS6井一线以北地区泥岩累计厚度增大到100m以上，而西南方向缓慢降低趋于平缓。在XS9井和XS301井附近泥岩累计厚度较高，达到200m，为登娄库组三段泥岩累计厚度的高值区，在其北部的SS8井附近泥岩累计厚度降低到50m以下，为该层泥岩累计厚度的低值区（图3-3-9）。登娄库组三段泥地比登娄库组二段相对较低，泥地比值在0.3~0.7之间变化，高值区位于中部及北部地区，可以达到0.5~0.7以上，以断陷中部为轴线，向工区四周泥地比有逐渐减小趋势，低值普遍也达到0.4以上。从登娄库组三段泥岩小层厚度分布图可以看出，登娄库组三段泥岩小层厚度比较小，主要为0~1m、1~2m，泥岩横向连续性相对较弱。

登娄库组四段泥岩盖层累计厚度整体较小，断陷中部泥岩累计厚度小，由中部向南北两侧泥岩累计厚度逐渐增加，XS601井—XS1井—XS5井—XS4井—XS801井一线、WS5井—ShS202井及DS2井—WS101井附近泥岩累计厚度均小于50m，为低值区；而在SS102井、ZS9井—XS13井、XS902井—XS16井及ZS12井附近，泥岩累计厚度相对较大，其值均在100m以上，为登娄库组四段泥岩累计厚度的高值区，但仅有XS902井附近泥岩累计厚度超过150m，相对于其他层位仍然很低（图3-3-10）。登娄库组四段的泥地比登娄库组二段相对较低，泥地比值在0.3~0.7之间变化，高值区位于中部及北部地区，可以达到0.5~0.7以上，以断陷中部为轴线，向工区四周泥地比有逐渐减小趋势，低值普遍也达到0.4以上。从登娄库组四段泥岩小层厚度分布图可以看出，登娄库组四段泥岩小层厚度比较小，主要为0~1m，其次为1~2m，泥岩横向连续性相对较弱。

泉头组一段、二段泥岩累计厚度相对较大（图3-3-11），绝大部分泥岩累计厚度都在250m以上，高值集中在工区的中部，泥岩累计厚度可达到600m以上，低值区位于工区的东北部以及西南部，但厚度也达到300m左右。泉头组一段、二段泥地比相对较大，泥地比值在0.5~1之间变化，高值区位于中部地区，可以达到0.8以上，以断陷中部东西向为轴线，向南北两侧泥地比有逐渐减小趋势，低值也达到0.5以上。从泉头组一段、二段泥岩小层厚度分布图可以看出，泉头组一段、二段泥岩小层厚度比较小，主要为0~1m，其次为1~2m，大于10m泥岩小层可达7%左右，泥岩横向连续性相对较好。

总观这4个层位的泥岩累计厚度、泥地比及小层厚度得出，泉头组一段、二段泥岩累计厚度最大，泥地比最高、小层厚度相对较大；其次为登娄库组二段，泥岩累计厚度高值区面积相对较小，泥地比值相对较高、小层厚度相对较大；之后为登娄库组三段及登娄库组四段。泉头组一段、二段和登娄库组二段为工区的主要区域性盖层。

2）局部盖层

通过工区内15条盖层连井剖面，火山岩主要分布在工区营城组一段和营城组三段中，岩性为高声波时差火山岩和低声波时差火山岩。大部分高声波时差火山岩主要发育在营城组一段气藏的顶部，少部分高声波时差火山岩和低声波时差火山岩分布在营城组一段或营城组三段内部。

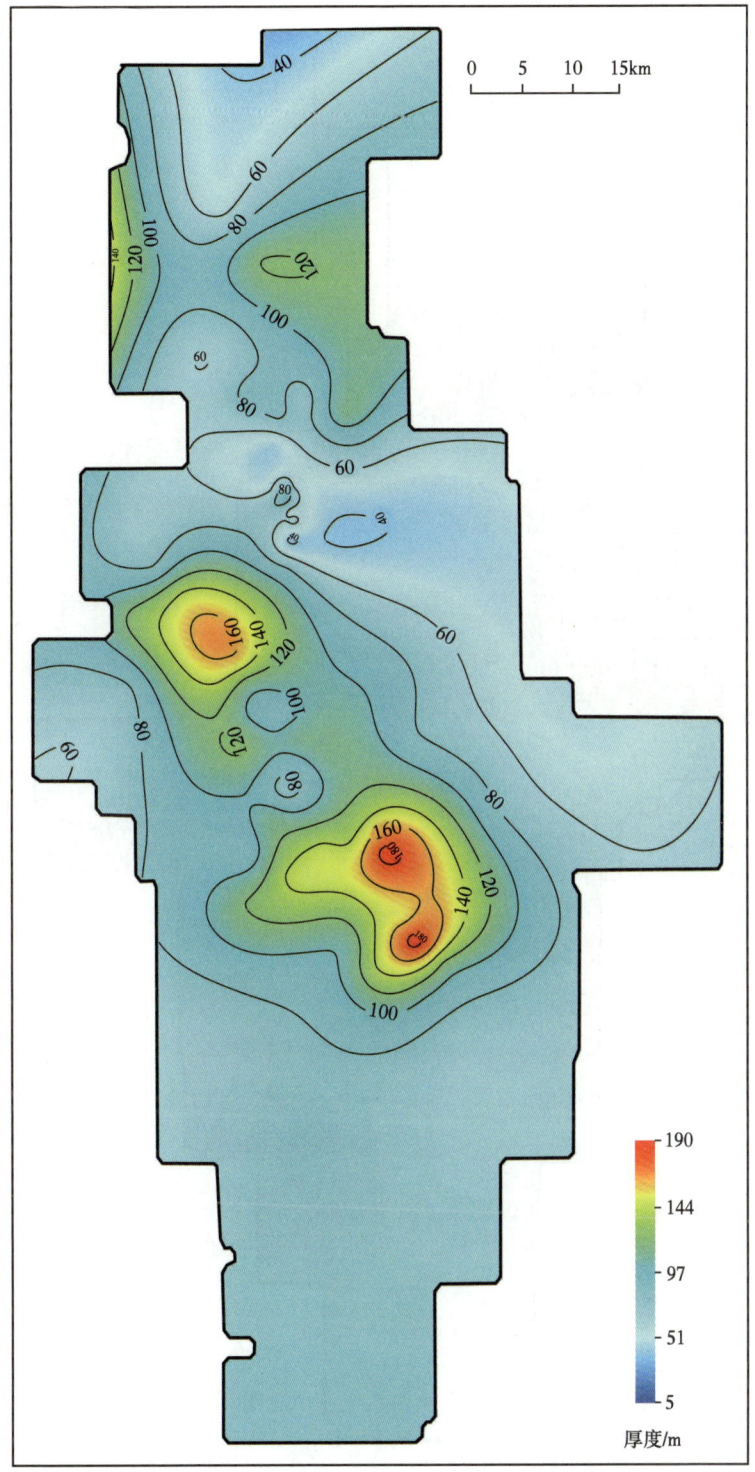

图 3-3-9 徐家围子断陷登娄库组三段泥岩累计厚度平面图

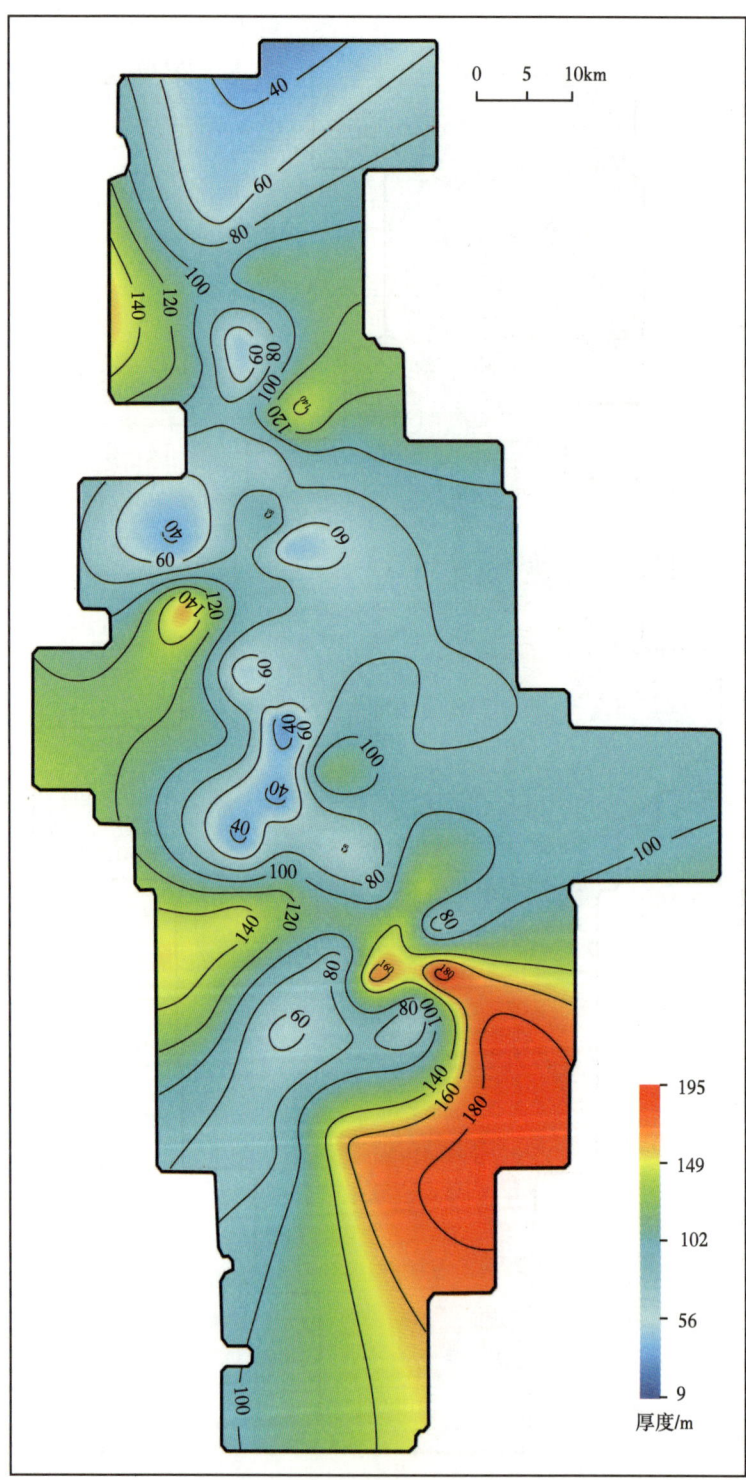

图 3-3-10 徐家围子断陷登娄库组四段泥岩累计厚度平面图

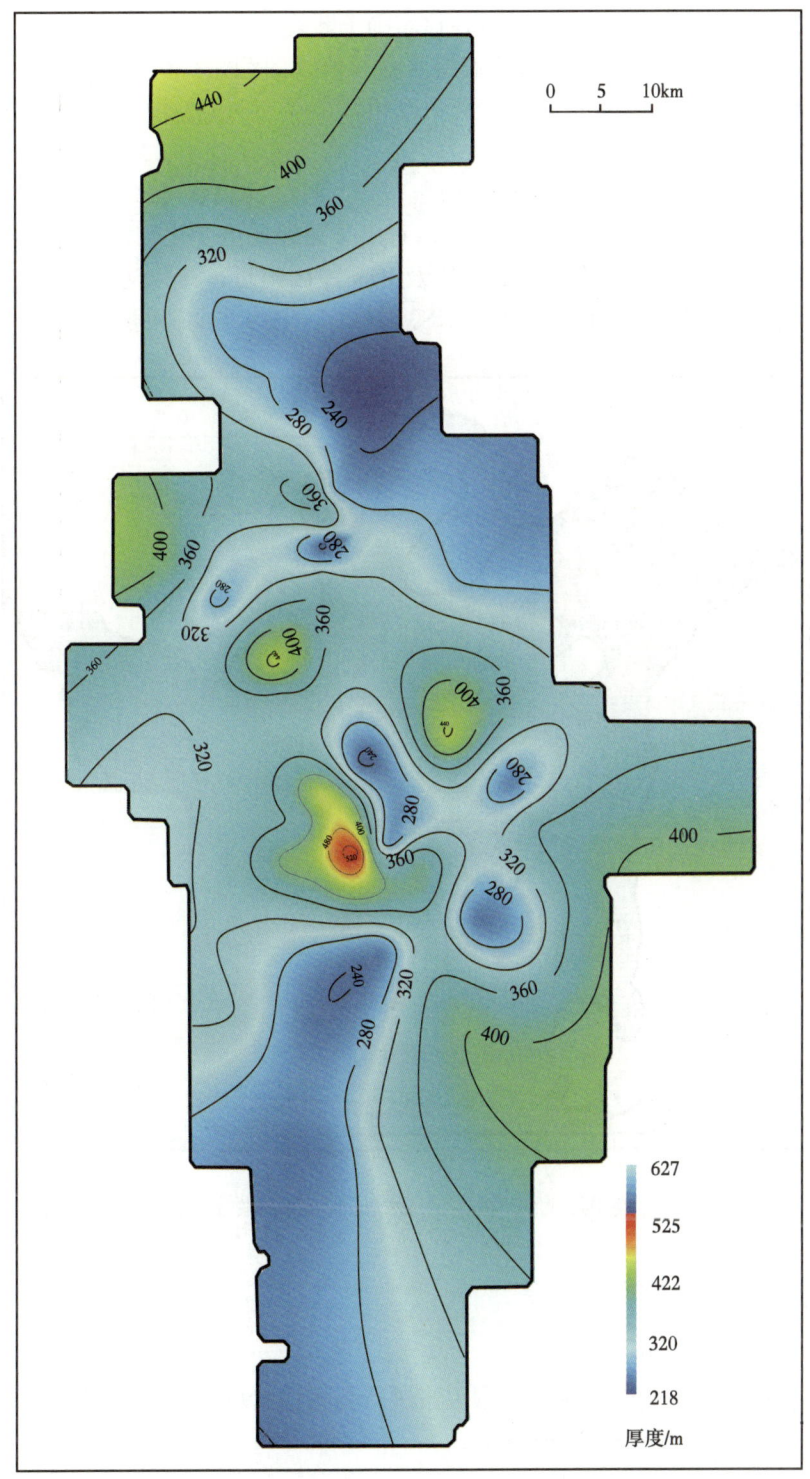

图 3-3-11　徐家围子断陷泉头组一段、二段泥岩累计厚度等值线图

营城组一段气层顶部高声波时差火山岩与营城组四段泥岩共构成徐家围子断陷一套局部性盖层，横向上据有可对比性，且在徐家围子断陷南部地区普遍分布。利用测井曲线的特征规律得到徐家围子断陷局部性盖层厚度等值线图（图3-3-12），从图中可以看出，盖层厚度相对不大，在0~140m之间变化，高值区分布在XS43井区及502井区附近，盖层厚度可以达到120m以上，以高值区为中心向南部逐渐减小，XS10井区、XS3井区、XS301井区缺乏这套高声波时差火山岩盖层。这套盖层岩性相对较为复杂，细粒物质与粗粒物质的比值作出类泥地比等值线图，可以看出类泥地比值变化较大，高值区位于XS23井区、XS27井区、XS12井区、ZS12井区及FS9井区附近，可以达到0.7以上，向四周泥地比有逐渐减小趋势，在XS10井区、XS3井区、XS301井区达到0。

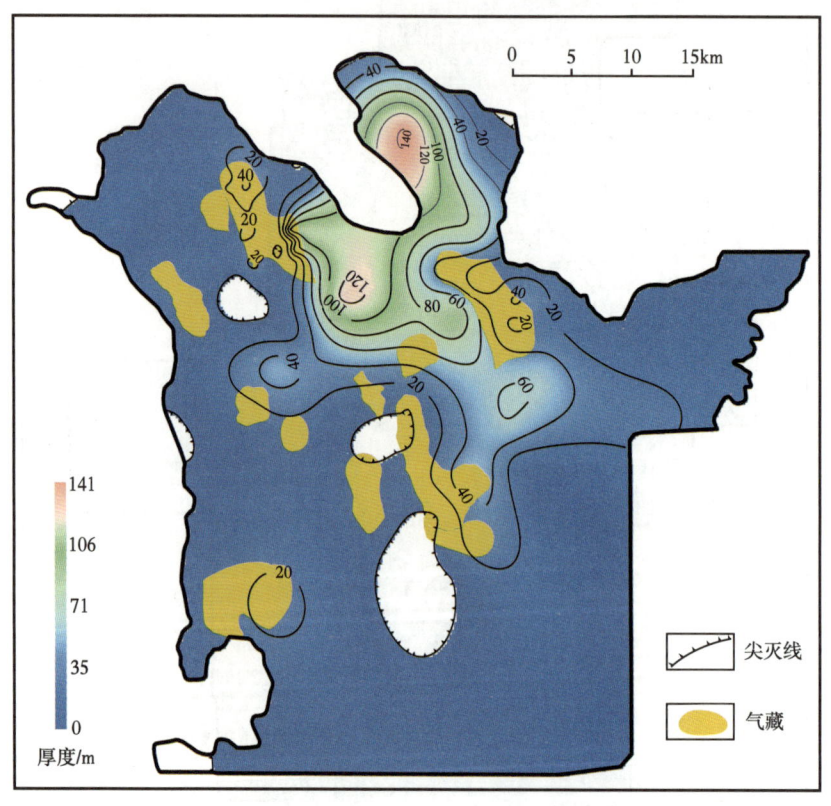

图3-3-12　徐家围子断陷营城组一段气层顶部局部性盖层厚度等值线图

四、营城组火山岩气藏富集规律

1. 成藏主控因素分析

通过对营城组火山岩气藏主要控制因素进行分析，营城组火山岩气藏主要受烃源岩、期次、岩性、构造、储层等因素控制。

1）烃源岩对气藏的控制作用

徐家围子断陷深层发育火石岭组、沙河子组、营城组等多套烃源岩，对于营城组火山岩来说，沙河子组暗色泥岩和煤层为主力烃源岩层。

沙河子组暗色泥岩基本遍布了整个断陷，呈断陷中间厚边缘薄的趋势，存在 6 个暗色泥岩集中发育区，最大厚度为 600~1000m，一般大于 200m。沙河子组煤层主要分布在安达、宋站及徐东凹陷内部、徐西凹陷北部，面积约为 986km^2，SS3 井钻井揭示煤层厚度达 105m。

徐家围子断陷火山岩的岩性、岩相的变化限制了天然气运移，断裂发育阻滞了天然气运移，天然气丰度高低影响了天然气运移，因此，决定了徐家围子断陷天然气属于短距离运移，从沙河子组烃源岩生气强度与火山岩气藏叠合图上可以看出（图 3-3-13），目前已发现的气藏大多位于有效烃源岩分布范围之内，源控作用明显，有效烃源岩的分布范围控制着火山岩气藏的分布。

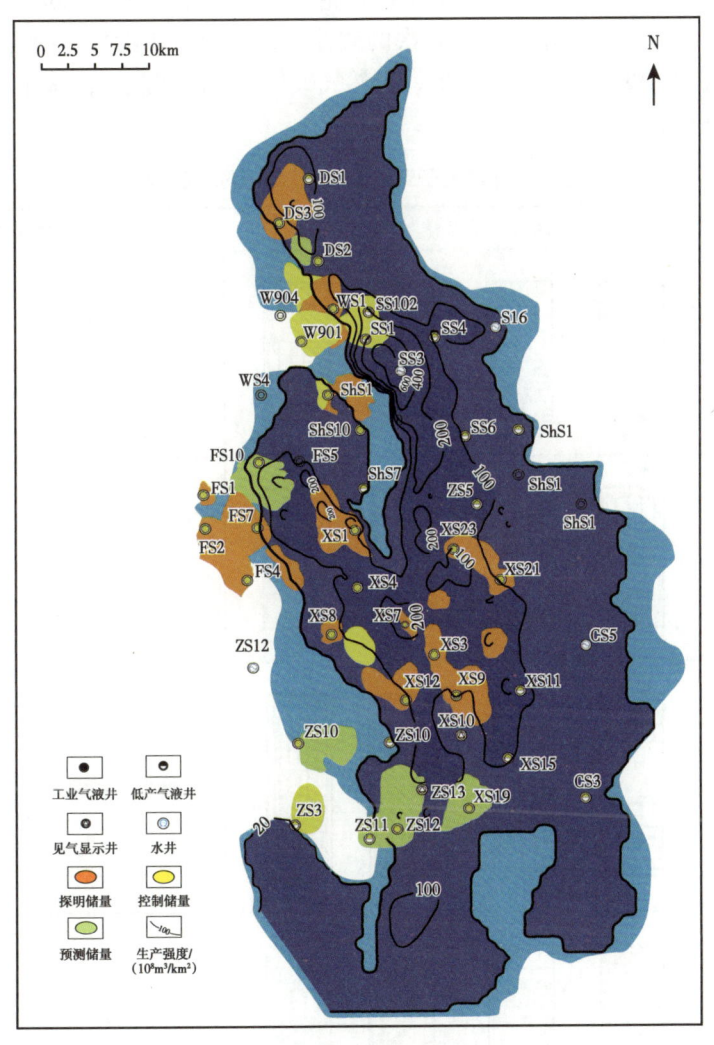

图 3-3-13　徐家围子断陷沙河子组生气强度与火山岩气藏叠合图

2)期次对气藏的控制作用

在纵向上,徐家围子断陷6期火山岩中,有四期具有很好的含气性(表3-3-4),分别为营城组一段期次Ⅰ中基性岩、营城组一段期次Ⅲ酸性岩、营城组三段期次Ⅱ中基性岩、营城组三段期次Ⅲ酸性岩。营城组一段期次Ⅰ中基性岩综合解释为气层和差气层,以产纯气为主,含气性好;营城组一段期次Ⅱ酸性岩综合解释含气水层和水层为主,以产水为主,含气性差;营城组一段期次Ⅲ酸性岩综合解释气层、气水同层、水层均有,构造高部位产气,构造低部位气水同出,含气性好;营城组三段期次Ⅰ酸性岩基本不发育储层,综合解释以干层为主;营城组三段期次Ⅱ中基性岩综合解释为气层和差气层,以产纯气为主,含气性好;营城组三段期次Ⅲ酸性岩综合解释气层、气水同层、水层均有,构造高部位产气,构造低部位气水同出,含气性好。综合来看,两套位于下部的中基性岩、两套位于上部的酸性岩含气性好,这是因为中基性岩储层相对致密,储地比低,即使位于下部期次,也能形成岩性气藏,而位于下部期次的酸性岩,由于储地比高,物性好,连同性好,如果与上部期次之间没有有效的隔挡层,天然气聚集在上部期次中,从而决定了位于下部期次的酸性岩以含水为主。

表3-3-4 徐家围子断陷6个期次典型井气层解释表

期次	综合解释	代表井
营城组三段期次Ⅲ	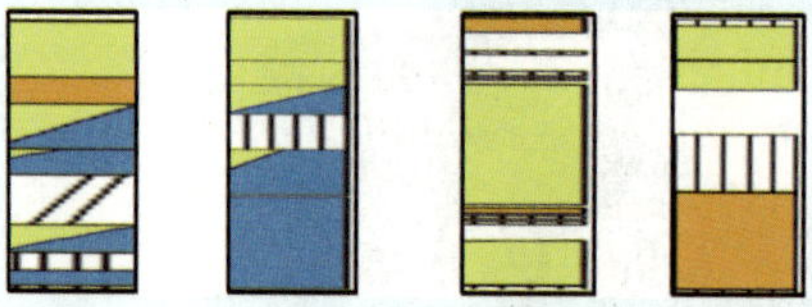	DS12井、WS101井、W903井、ShS202井
营城组三段期次Ⅱ	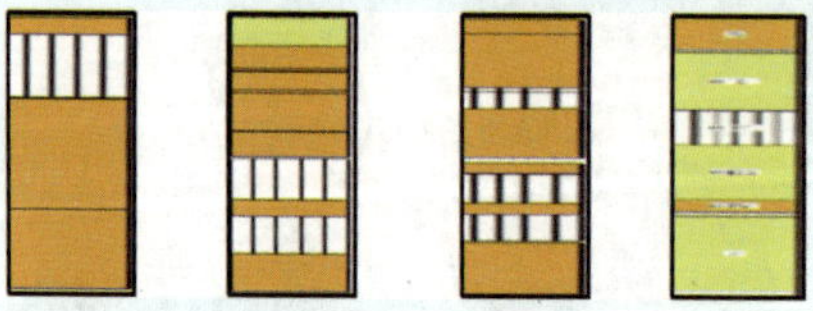	DS6井、DS10井、DS302井、DS17井
营城组三段期次Ⅰ		DS1井、DS2井、DS3井、W905井
营城组一段期次Ⅲ	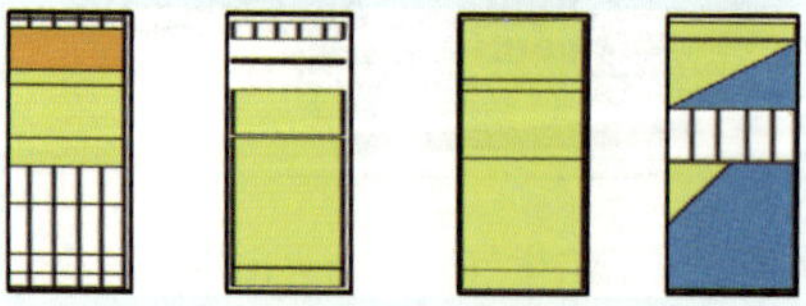	XS8井、ZS16井、XS601井、XS6井

续表

期次	综合解释	代表井
营城组一段期次Ⅱ	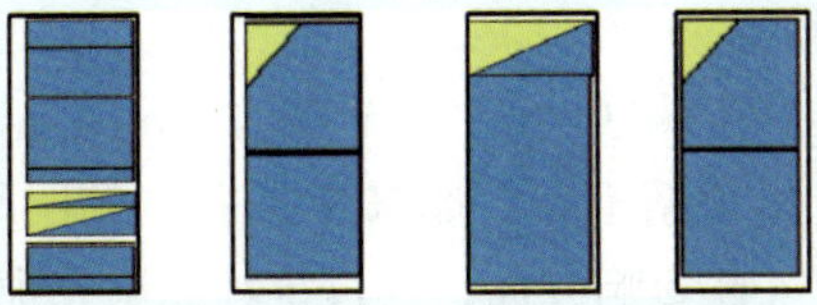	XS401井、XS17井、XS4井、XS6井
营城组一段期次Ⅰ	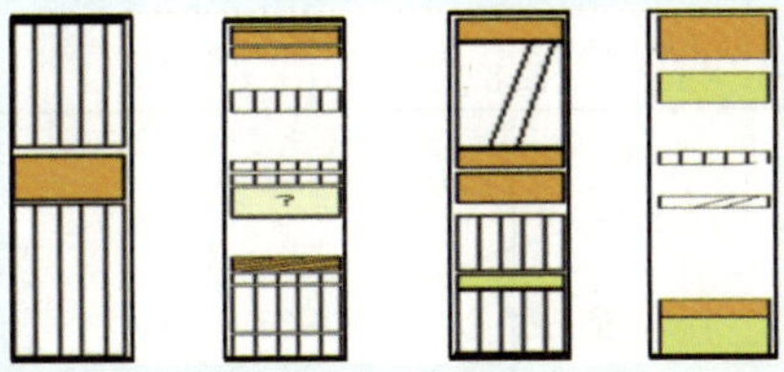	XS401井、XS17井、XS213井、XS141井

3）岩性对气藏的控制作用

岩性对气藏的控制作用主要体现在酸性岩和中基性岩的气藏类型不同。通过徐西、安达和徐东的气藏解剖，认识到酸性岩火山口区近火山口区气藏主要受构造控制，构造高部位产气，构造低部位气水同出，无统一气水界面，受构造和火山岩体双重控制。酸性岩的远火山口区储层致密，气藏整体受岩性控制。对于中基性岩来说，气藏整体受岩性控制，大面积含气。

4）构造对气藏的控制作用

构造对气藏的控制作用，主要体现在构造对酸性岩火山口区近火山口区气藏的控制作用上，而对于酸性岩远火山口区气藏和中基性岩气藏，主要受岩性控制，与构造关系不大。酸性岩喷发规模大，火山口区易于形成正向构造带，是火山岩气藏的聚集区带。徐西、徐中和徐东三大断裂带控制着各期次火山口区的发育，形成三个正向构造带，有利于油气聚集。在徐中断裂带上，易于形成凹中隆，是天然气聚集的主要场所，而在徐西和徐东两个斜坡带上，一方面在断陷边部，形成地层超覆气藏；一方面，在深凹向斜坡的过渡带断阶上，易于形成低幅度构造气藏，低幅度构造可能由两方面原因引起，一是火山喷发形成；另一方面是构造运动引起，不管是什么原因是引起的低幅度构造，只要处于酸性岩的火山口或者近火山口区，物性好，均有可能形成低幅度构造气藏。酸性岩火山口区或近火山口区气藏整体为岩性构造气藏，圈闭条件决定气藏富集程度，如图3-3-14所示，XS8井圈闭幅度大，气层厚度为165.4m，日产气22.62×10^{4}m^3，而ZS8井圈闭幅度小，顶部只有10m的"气帽"，MFEⅡ+自喷，日产气1.12×10^{4}m^3，日产水120m^3。

5）储层对气藏的控制作用

储层对气藏的控制作用，主要体现在储层对中基性岩气藏和酸性岩远火山口区气藏的控制作用上，而对于酸性岩火山口区或近火山口区气藏，其主要受构造控制。中基性岩工业井储层物性相对都较好，如DS3井，岩性为安山质火山角砾岩，孔隙度为17.7%，储层厚度为33.8m，日产气56017m³；DS4井，岩性为玄武岩，孔隙度为12.8%，储层厚度为28.2m，日产气$4.1×10^4$m³；XS213井，孔隙度为16.6%，储层厚度仅6m，日产气$8.11×10^4$m³，为中基性岩中产量最高的井。低产井相对来说，储层物性稍差，如SS102井，岩性为安山岩，孔隙度为7.32%，储层厚度为106.0m，日产气$2.32×10^4$m³；XS13井，岩性为安山岩，孔隙度为5.45%，储层厚度为34.8m，日产气$1.08×10^4$m³。可见储层物性和产气量关系很大，而储层厚度和产气量关系不大，如XS213井，储层厚度仅6m，但物性好，获得工业气流。在储层物性对含气性影响方面，通过统计储层孔隙度和产气量的关系发现，产气量与储层物性成正相关关系（图3-3-15）。

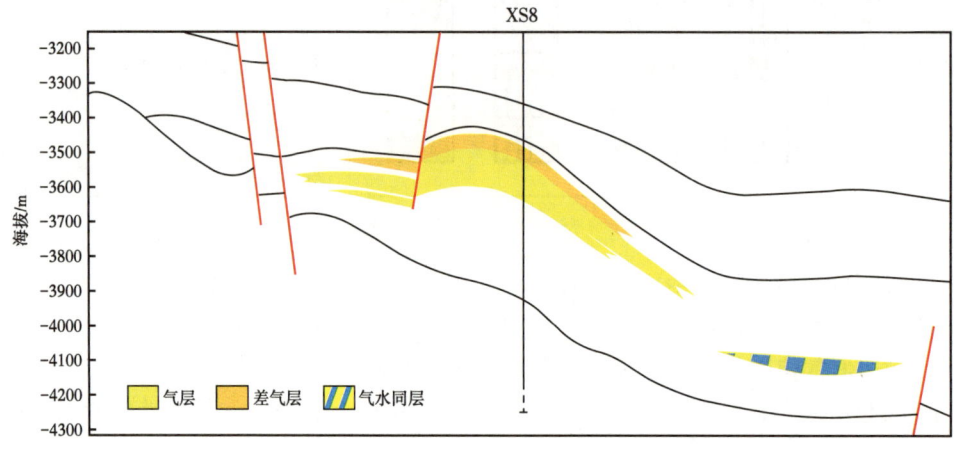

图3-3-14 徐家围子断陷过XS8井东西向气藏剖面

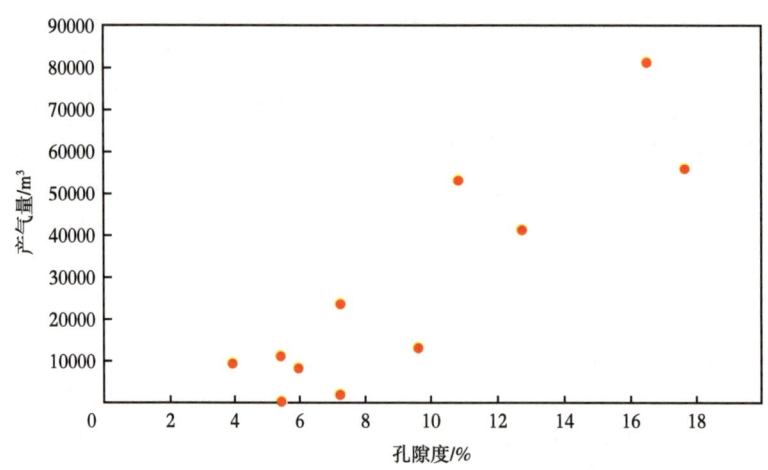

图3-3-15 中基性岩产气量与储层孔隙度关系图

2. 富集规律

通过成藏条件分析和已开发火山岩油气藏解剖，明确了松辽盆地北部部火山岩油气藏的形成机制，首次提出松辽盆地北部原位火山岩油气藏的形成具有"断控体、体控相、相控储、储控藏"的发育模式。即深大断裂样式控制火山岩喷发方式，决定火山岩岩体及气藏分布；火山岩岩体控制火山岩岩相带的展布空间，决定火山岩油气藏规模；火山岩岩相控制储层物性的优劣，决定油气层的有效厚度；火山岩储层物性控制油气藏类型，决定火山岩油气层产能。火山岩油气藏普遍具有"相面控储、断壳运移、复式聚集"的成藏机制。

1）相面控储

不整合面或火山旋回、期次界面控制优质储层的形成，进而控制了火山岩油气藏的分布。松辽盆地北部火山岩油气藏多位于火山喷发旋回顶部，其分布受旋回界面控制。

（1）火山机构类型控制岩性、岩相，进而控制储层及气藏。

火山机构是指一定时间范围内，来自同喷发源的火山物质围绕源区堆积构成的，具有一定形态和共生组合关系的各种火山作用产物的总和，表现为火山喷发在地表形成的各种各样的火山地形及与其相关的各种构造。根据岩性岩相组合特征的火山机构划分方案，按结构特征将火山机构划分为碎屑岩类、熔岩类和复合类，然后按成分分为酸性型和中基性型。松辽盆地营城组以酸性火山机构为主，中基性火山机构次之。

据统计，徐家围子断陷营城组火山岩气藏主要集中在熔岩类火山机构（占72%），特别是酸性熔岩火山机构的贡献率达到50%，长岭断陷中基性火山机构中只有熔岩类获得了工业气流。整体而言，松辽盆地北部酸性火山机构成藏效应好，尤其以熔岩火山机构对气藏的贡献最大。酸性熔岩火山机构的成藏效率较高，徐家围子断陷中基性火山机构的成藏效率高于松辽盆地南部。单井最高产能出现在酸性复合火山机构；中基性火山机构的产能较酸性火山机构低；中基性碎屑岩、熔岩和复合火山机构的产能差别较小，而酸性火山机构的产能差别较大。

火山岩气藏内部特征与火山机构类型关系密切，是因为不同火山机构具有不同的储层特征。各类火山机构发育的储集空间类型存在一定的差别，导致了储层物性的差异（图3-3-16）。基于606个样品的分析得知，熔岩类火山机构的储层物性最好，复合火山机构次之，碎屑岩火山机构排第三。在酸性火山机构中（储层样品为544个），熔岩火山机构的储层物性最好，复合火山机构次之。在中基性火山机构中（储层样品为62个），碎屑岩火山机构的孔隙度最大，复合火山机构次之，熔岩火山机构排第三。熔岩火山机构的渗透率最高，碎屑岩火山机构次之，而复合火山机构最低。储层物性的差别可以导致不同类型火山机构之间产能和气藏内部气层、差气层分布特征的差别。

从典型火山机构气藏成藏要素、成藏效率和储层物性的分析可知，火山岩勘探方向应该聚焦在具有烃源岩和通源断层的区带，首先针对酸性火山机构，其次是中基性火山机构。

（2）火山机构相带影响气藏的平面分布。

火山机构相带是依据火山堆积物距火山口源区的远近分为火山口—近火山口、近源和远源三个相带或相组合带，它们在垂向上具有各自的序列特征，在平面上呈现围绕火山口由近及远呈环带状分布的趋势。

火山口—近火山口相带火山岩厚度大，由于火山喷发物近源快速堆积，火山穹窿作用频繁发生导致岩性、岩相复杂，火山口附近属构造薄弱带，也是后期断裂、热液活动多发地带，火山期后高压热液流体导致围岩炸裂、发生角砾岩化、形成大量角砾间孔和裂缝，易于形成良好的孔隙和裂缝配置，储集性能最佳，并且其储层建造和改善作用早于烃类运移，含气性最好，近源相次之，而远源相中有效储层所占比例极小。火山口 近火山口相带地层倾角多在 40°~70° 之间，常形成原生构造古隆起，是天然气长期运移的指向区，易发育岩性—构造圈闭。

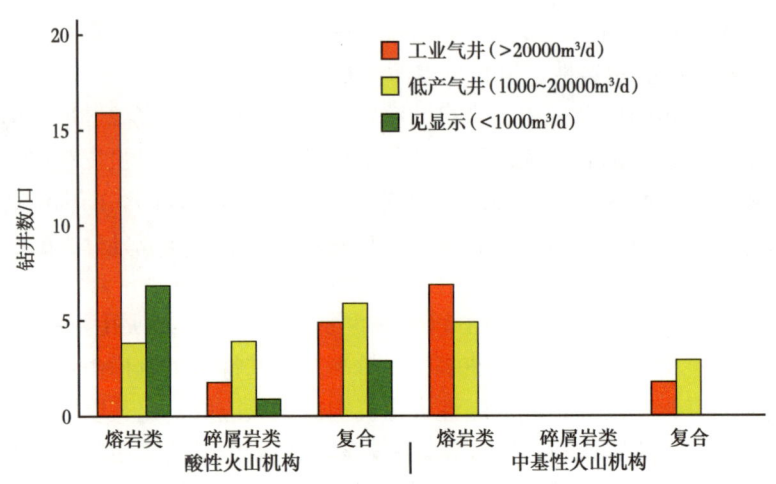

图 3-3-16 松辽盆地北部徐家围子断陷火山机构成藏效应特征

勘探实践总体上呈现为钻井位置离火山口越近成藏的概率越大，越远成藏的概率就越小、单井产能越低的趋势。这为火山岩勘探提供了一个重要线索——寻找火山机构中心相带。

（3）火山机构旋回、期次的顶部是气藏分布的有利部位。

火山喷发间歇期，在暴露面顶部发生的风化淋滤作用形成的裂缝，常与溶蚀缝和构造裂缝交错相连，将岩石切割成大小不同的碎块；同时，风化裂缝为后期构造裂缝复杂化或进入深埋藏阶段后再次受到热液溶蚀作用创造了有利条件；另外，在旋回的顶部常发育拱张裂缝。所以在火山喷发期次的顶部尤其在旋回顶部或底部（有松散层存在），具备形成好的火山岩储层的有利条件。

火山岩在喷出地表后，冷凝速度较快，能够保留大量的原生气孔和长石等斑晶的晶间结构。徐家围子断陷营城组火山岩具有多期次喷发的特点，岩心观察表明，每一期次喷发熔岩顶部储层相对较为发育。这是因为当每一期次喷发时，含有大量气液包裹体的火山物质喷出地表后，气液包裹体受到浮力的作用向上浮动，从岩浆中溢出。由于温度降低，岩浆冷凝固结，部分未来得及溢出的气液包裹体被封闭在熔浆内部，这些被封闭的气液包裹体所占据的空间如果没有被后期外来的物质所充填，就形成了气孔，主要分布在火山岩体每一期次喷发的顶部，从而也决定了气藏在垂向上分布于每一期次火山岩的上部。

火山岩喷发期次多少和多岩性的互层叠置也控制火山岩物性的好坏。通过对松辽盆地北部探井资料的统计发现，中基性火山岩是否发育有利储层还与多旋回喷发、多岩性互层叠置有关。喷发期次和旋回越多，岩性互层叠置越频繁，火山岩的物性越好，如 DS3 井等。相比较而言，单一厚层火山岩储层相对不发育。

（4）不整合面对气藏的控制。

不整合面在油气运移和聚集中起重要的作用，徐家围子断陷深层不整合非常发育，各组地层之间均为不整合接触，部分地层内部也发育不整合。其中基底与火石岭组之间、火石岭组与沙河子组之间、沙河子组与营城组之间（T_4^1）、营城组与登娄库组之间（T_4）的不整合面在整个断陷内发育，营城组的一段与三段、三段与四段之间的不整合局部发育。除营城组四段与登娄库组之间不整合面上、下地层均由沉积岩组成外，其余 5 个不整合面上下地层均至少有一层为火山岩，其中营城组一段与营城组三段不整合面上下地层均为火山岩。

沙河子组与营城组之间（T_4^1）的不整合为全区发育，不整合特征明显，大范围内为角度不整合，该不整合面与源断裂配合可成为连接烃源岩与储层的有利通道。该不整合面顶板岩石为火山岩，半风化岩石为沉积岩，刘维亮等（2011）对徐家围子 19 口井不整合面上下地层岩石孔隙度和渗透率统计结果表明：当火山岩作为不整合顶板岩石时，其孔渗性极差，远低于最差火山岩储层的标准，基本没有输导能力，具有垂向封堵能力。而火山岩顶板岩石下的沉积岩风化剥蚀层则具有很好的孔渗性，且具有较强的天然气输导能力。

营城组火山岩顶面（T_{4a}）与营城组四段之间为局部不整合。该不整合面顶板岩石有泥岩或砂砾岩，风化岩石为火山岩。当火山岩作为风化岩层时具有一定的特殊性，火山岩风化壳自上而下发育土壤层、水解带、溶蚀带、崩解带和母岩 5 层结构。土壤层是火山岩完全强蚀变后的产物，呈土状，多由次生矿物组成，储集性能差；水解带是火山岩强蚀变后的产物，以火山岩细小颗粒和泥岩为主，储集性能较差；溶蚀带是火山岩较强蚀变后的产物，以火山岩碎块为主，次生孔隙和裂缝发育；崩解带是火山岩中等蚀变产物，以较大的火山岩碎块为主，次生孔隙和裂缝较发育，但裂缝和气孔常被充填或半充填；母岩是未蚀变的原状火山岩。大庆油田勘探开发研究院对火山岩风化壳也进行了大量的研究工作。综合分析结果表明，火山岩风化壳一般具有以下两个特点：无论风化黏土层是否缺失，水解带对下覆油气藏可起到较好的封盖作用；溶蚀带或崩解带不但可作为天然气有效运移通道，同时也为火山岩天然气提供了有效的储集空间。火山岩风化壳的这两大特点可为石油及天然气藏的聚集成藏提供盖层和储层两大有利条件。

大庆油田勘探开发研究院针对徐家围子断陷营城组火山岩顶面风化带淋滤现象及对火山岩储集性能提高的重要作用做了大量研究，研究结果表明火山岩风化壳对火山岩天然气成藏具有重要的控制作用，火山岩风化壳的形成一般与古构造、火山锥、断裂裂缝的发育程度有着直接的联系，形成后的火山岩风化壳对储层物性分布规律有着极强的控制作用，并且结构完整的火山岩风化壳自身具备盖层结构，火山岩风化壳的特殊性使其成为火山岩天然气成藏的主控因素之一。

纵向上风化体厚度与风化淋滤时间呈指数关系，松辽盆地徐家围子断陷营城组火山岩顶面火山岩风化淋滤时间相对较短（徐家围子断陷营城组火山岩风化体厚度一般在 200m

以内）。横向上风化壳的发育程度受断裂及古构造的控制。风化体结构的完整性主要受古构造控制，低洼区具备完整的风化壳五层结构，古构造高部位一般缺失土壤层或土壤层和水解带同时缺失。

由于火山岩风化壳有着特殊的风化结构，这种结构使火山岩风化壳具备以下特点：

①火山岩原生孔隙连通性差，而火山岩风化溶蚀带物性得到了大幅度提高，且该溶蚀带发育厚度一般较厚，这可作为天然气聚集的有利场所；

②完整火山岩风化结构的上层具有致密的黏土层或火山岩水解带，可作为下部溶蚀带的有效盖层；

③火山岩风化壳发育程度受古构造、断裂、裂缝及风化淋滤时间控制；

④火山岩风化壳结构受古构造位置控制。

排查徐家围子地区178口井，主要针对徐家围子地区南部的营城组一段火山岩进行火山岩风化壳识别，发现60口井上存在风化壳，结合岩性特征和测井特征，识别出风化壳中溶蚀带和崩解带的厚度。在这60口井中，统计了距风化壳顶部的不同距离的单井产量，并绘制各井段试气产量与试气段顶部距风化壳顶部的距离关系图（图3-3-17）；可以看出距风化壳顶面100m内，单井日产气量较高。

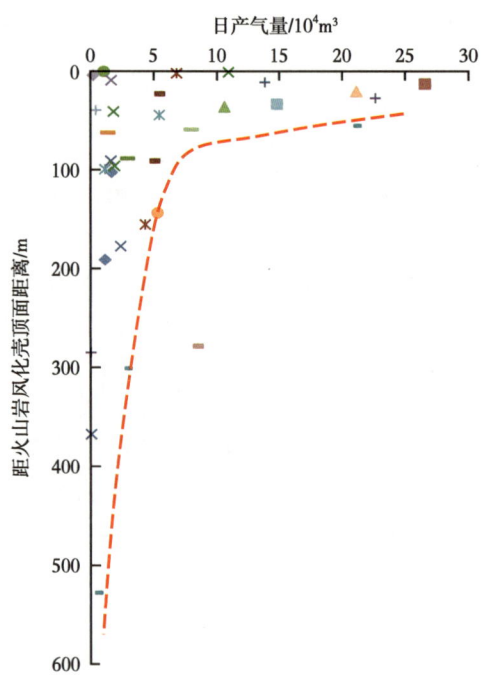

图3-3-17 徐家围子断陷各井段试气产量与试气段顶部距风化壳顶部的距离关系图

其中，WS1井深度2955~2989m，日产气$20.22 \times 10^4 m^3$，是汪家屯地区产量最高的井；ShS202井深度2884.5~2890m，日产气$23.8 \times 10^4 m^3$，是升平古隆起地区产量最高的井；XS902井深度3753~3770m，日产气$21.11 \times 10^4 m^3$，是丰乐低凸起地区产量最高的井；

XS603井深度3514~3521m，日产气26.04×10⁴m³，是徐深气田地区产量最高的井之一。

2）断壳运移

在松辽盆地北部火山岩油气成藏过程中断裂和风化壳发挥了重要作用，其中油源断层控制垂向运移（图3-3-18）。

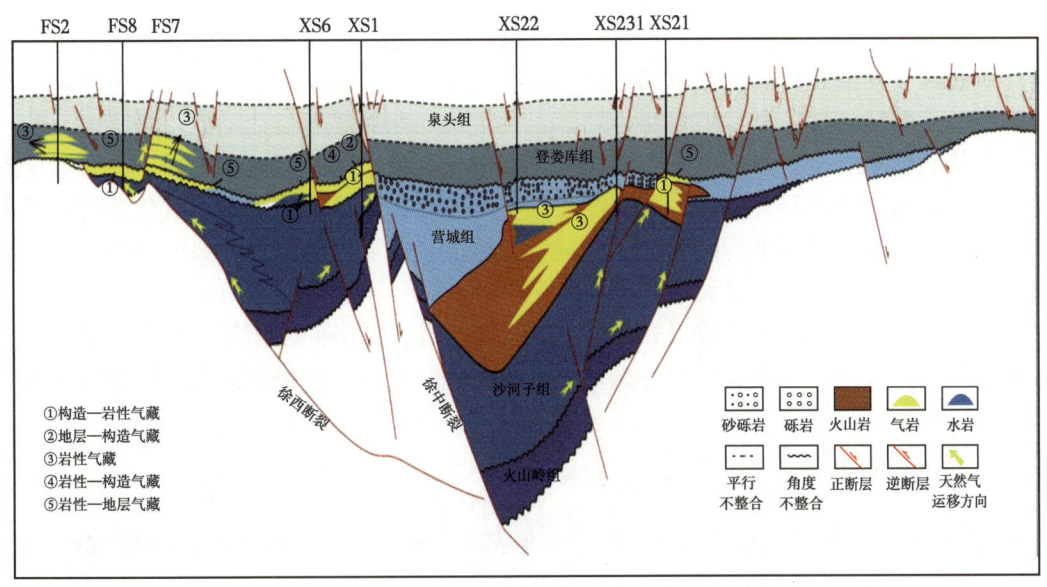

图3-3-18　松辽盆地徐家围子断陷气藏成藏模式图

（1）油源断层控制垂向运移。

断裂空间延伸层位控制着天然气在垂向上运移的最大距离，在一定程度上决定了天然气在空间上运聚成藏的范围。徐家围子断陷营城组火山岩中的天然气主要来源于下伏沙河子组煤系源岩，空间上营城组上部火山岩储层和沙河子组气源岩被不同物性的火山岩相带相隔，尤其是火山喷溢相的中部和下部、火山通道的空落亚相和热基浪亚相，火山岩储集物性差。沙河子组气源岩生成的天然气难以穿过这些火山岩孔隙向上部火山岩圈闭中运移聚集，而只能通过断裂才能使沙河子组气源岩生成的天然气向上运移至上覆营城组的火山岩圈闭中。通过统计得到徐家围子断陷发育557条从沙河子组断至营城组火山岩中的断裂，这些断裂在泉头组沉积晚期—青山口组沉积时期活动开启，此时正是沙河子组气源岩大量排气期，沙河子组气源岩生成的天然气沿着这些断裂向上运移进入火山岩圈闭中聚集成藏，所以断裂延伸层位控制着天然气的富集层位。断穿不同层位的断裂分布控制着不同层位火山岩气藏的分布：徐家围子断陷只断穿沙河子组和营城组一段的断裂最多，沙河子组气源岩生成的天然气沿其进行运移，只能进入到营城组一段火山岩中聚集成藏，形成的工业气流井数最多；而断穿沙河子组至营城组三段的断裂明显少于南部断至营城组一段的断裂，沙河子组气源岩生成的天然气沿其运移，只能进入营城组三段火山岩储层中聚集成藏，形成的工业气流井数明显较南部要少。断穿沙河子组至营城组四段的断裂尽管以断穿沙河子组至营城组三段的断裂居多，但较断穿沙河子组至营城组一段的断裂要少，沙河子组气源岩生成的天然气在沿其向上运移进入营城组一段火山岩储层中聚集外，才可以再进入上覆营城组四段火山角砾岩中聚集成藏，形成的工业气流井数明显较营城组一段储量要少。

断裂活动时期控制着天然气的垂向运聚时期。断裂只有处在活动时期时，才可成为天然气大量运移的通道，因此，烃源岩大量生烃期后的断裂活动时期是天然气垂向运移时期。沙河子组—营城组气源岩在泉头组二段沉积末期达到生气高峰。此后断裂主要的活动时期有3期：泉头组沉积末期—青山口组二段、三段沉积中期、嫩江组沉积末期和明水组沉积末期。这3个沉积时期为烃源岩大量生烃期后的断裂活动期，是该区天然气垂向运移的主要时期。泉头组沉积末期—青山口组沉积中期，该区登娄库组二段盖层此时已经具备封闭能力，泉头组一段、二段区域性盖层开始具封闭能力，且气源岩开始进入大量生排气期，有利于沙河子组—营城组天然气在登娄库组二段，泉头组一段、二段盖层下面运聚成藏，为该区天然气的主要聚集期。嫩江组和明水组沉积末期，几套盖层均已形成封闭能力，此时气源岩的大量生排气期已过，排出的天然气不能在深层形成大规模的天然气聚集，只能造成原生气藏的破坏和油气的重新聚集和分配，是该区中浅层的主要天然气聚集期。

（2）风化壳控制油气侧向运移。

对于自生自储风化壳地层型油气藏，石炭系烃源岩生成的油气沿断裂在纵向上运移，沿风化体横向上运移，在火山岩风化体内聚集成藏，形成自生自储的火山岩风化壳地层型油气藏，断裂和不整合面是主要输导体系。

3）复式聚集

同一聚集带发育多层、多种类型火山岩油气藏。如徐家围子断陷，纵向上发育下白垩统火石岭组、沙河子组，营城组烃源岩；纵向上发育火石岭组，营城组一段、三段多套火山岩储层；火山岩气藏在凹陷都有分布，存在构造—岩性型、岩性型多个不同类型气藏（图3-3-19）。

3. 资源量

营城组火山岩是盆地重要准备接替领域，已发现气藏集中在徐家围子断陷，以及莺山—双城断陷、古龙—林甸断陷两个新断陷。面积$1.6×10^4 km^2$，厚度一般500~3000m。强烈断陷期形成大面积分布的湖相烃源岩，与其上广覆式火山岩形成良好的生—储组合，控制着气藏的宏观分布区；火山岩岩相、界面（火山喷发旋回或期次界面）控制优质储层的形成；断裂和不整合面是天然气运移的通道，营城组以断裂垂向运移为主，火石岭组沿不整合面、断层向高处运移；横向上多种类型油气藏并存，发育构造型火山岩油气藏、岩性型火山岩油气藏、致密型火山岩油气藏。

营城组火山岩烃类气资源量为$1.02×10^{12}m^3$，其中徐家围子断陷整体估算资源量$5680×10^8m^3$，莺山—双城断陷整体估算资源量$1790×10^8m^3$，古龙—林甸断陷整体估算资源$2735×10^8m^3$。

4. 有利区带划分

根据前述所述气藏控制因素，基本明确了"酸性岩构造控藏、中基性岩储层控藏"的成藏规律，即酸性岩火山口区、近火山口区气藏主要受构造控制，为岩性构造气藏，远火山口区发育致密岩性气藏，中基性岩气藏整体为致密岩性气藏。按照这一成藏规律指导，分酸性岩和中基性岩两类进行气藏分布预测。

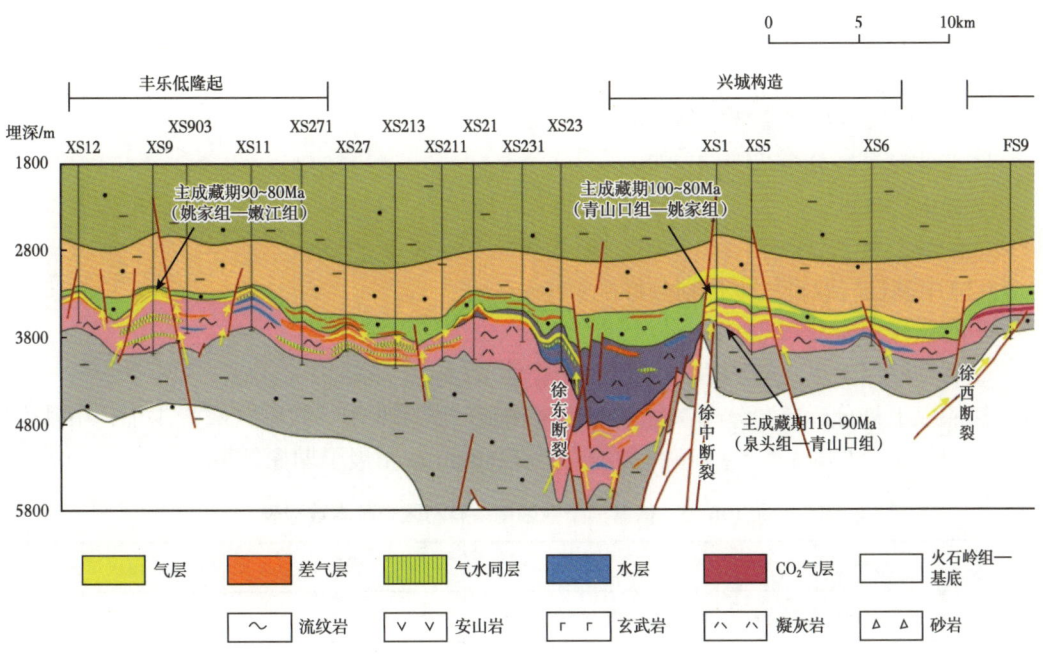

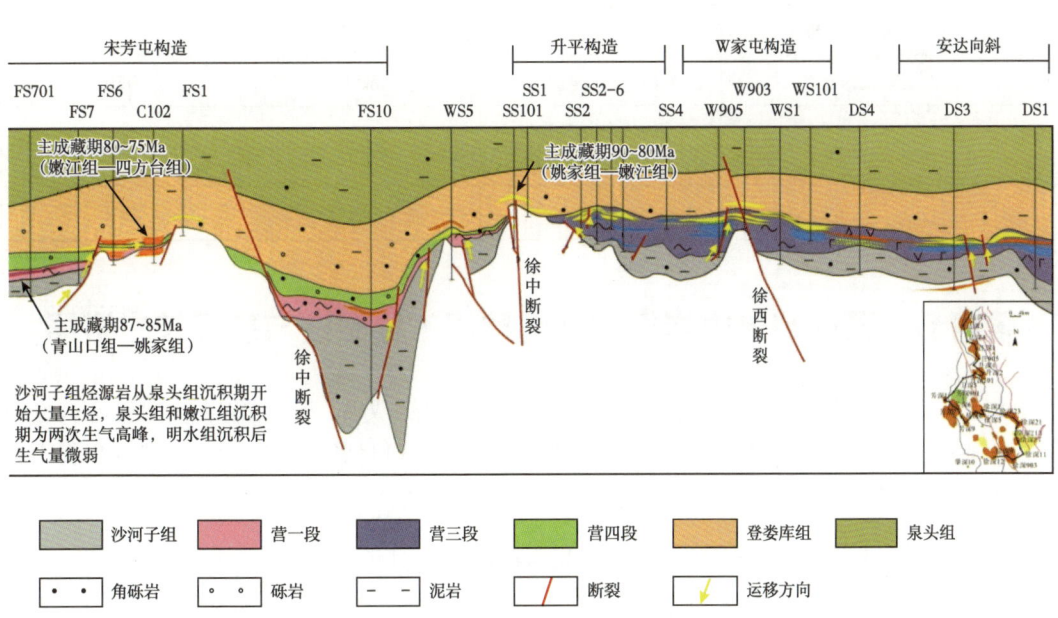

图 3-3-19　松辽盆地徐家围子断陷 XS12 井—DS1 井火山岩成藏大剖面

按酸性岩和中基性岩两类分期次进行了气藏分布预测，具体区带划分标准如下：

（1）酸性岩岩性构造含气带划分标准：

①有效烃源岩分布范围内；

②火山口区、近火山口区；

③地层超覆构造、低幅度构造发育；

④断裂发育。

（2）酸性岩致密气藏带划分标准：

①有效烃源岩分布范围内；

②远火山口区；

③断裂发育。

（3）中基性岩致密气藏带划分标准：

①有效烃源岩分布范围内；

②有利储层发育（孔隙度>6%，储层厚度>20m）。

按照以上划分标准，分期次优选酸性岩构造气藏带3个、致密气藏带1个，中基性岩岩性气藏带2个（表3-3-5），勘探面积总计1280km²，拓展了勘探领域。

表3-3-5 徐家围子断陷剩余有利区带基本数据表

区带		期次	岩性	面积/km²
徐西	①岩性构造含气带	营城组一段期次Ⅲ	酸性	291
	②致密气藏带	营城组一段期次Ⅲ	酸性	88
	③致密气藏带	营城组一段期次Ⅰ	中基性	217
安达	④致密气藏带	营城组三段期次Ⅱ	中基性	229
	⑤岩性构造含气带	营城组三段期次Ⅲ	酸性	139
徐东	⑥岩性构造含气带	营城组三段期次Ⅲ 营城组一段期次Ⅲ	酸性	316
总计	6			1280

第四节 营城组火山岩气藏精细勘探主要做法与勘探技术进展

针对火山岩气藏的复杂性，通过地震地质深度融合，发现大批隐蔽火山口；在营城组火山岩细分期次基础上，安达地区火山岩体定量刻画见到明显勘探效果，为下一步火山岩气藏勘探指明了方向。

一、地震地质深度结合，发现大批隐蔽火山口

火山岩具有多期喷发、火山岩机构类型多样、叠置分布、岩性复杂的特点，勘探实践认识到火山岩纵向上多期次叠置发育，发育多套储层和含气系统，因此细化火山岩地层单

元，有利于寻找更多的隐蔽目标。火山岩的形成条件特殊，其堆积方式和成岩过程与沉积岩不同，沉积岩"层状"地层对比方法并不能完全适应火山岩复杂的地层结构特征及变化。高级次地层层序，如旋回、期次的内部地质特征、测井标志和地震响应特征明显，层序界面发育稳定的沉积岩、风化壳、火山灰或表现为显著的岩性变化特征，因此容易识别。高级次地层层序区域性发育，由长时间火山活动间隔期分割，具有显著的时差性和空间连续性，层序界面特征清晰，可追踪性好，容易识别和划分，可在区域范围内进行地层对比，适合于"层状"地层对比。低级次地层层序（喷发韵律、冷凝单元）内部地质特征、测井标志和地震响应特征不明显，层序界面以薄层火山沉积岩、小型风化壳、蚀变层、岩性组合转换面、冷热界面为主，变化快、稳定性差，因此识别难度大。低级次地层层序受复杂内幕结构控制，局部发育，由时间较短的火山活动间歇期分隔，层序界面特征不明显，可追踪性差，识别和划分难度大，通常以单井识别结果为基础，结合地震响应特征外推，由于不同岩体的内部层序相互独立，因此通常难以进行区域性对比，级次越低，层序划分和对比的难度越大。

1. 火山岩地层的级次

关于火山岩地层层序的概念，目前国内外文献中没有给出明确的定义。从文献调研来看，大多将火山岩地层划分为不同的级次，如原区域地质矿产地质司将火山岩地层层序划分为岩系、旋回、韵律、期次四个级次；原中国地质调查局将火山岩划分为四级旋回，不同的旋回代表不同的火山活动演化过程；谢家莹将陆相火山岩地层层序划分为旋回、组、岩相、层四个级次；王璞珺、黄玉龙等采用旋回、期次、岩相三级方案；中国石油勘探开发研究院采用火山喷发旋回、火山喷发期次、火山喷发韵律和冷凝单元四个级次。以上调研结果表明，各种火山岩地层分级名称并不统一，考虑到生产层面的需要，结合徐家围子断陷营城组火山岩的地质特点，重新厘定了适合于徐家围子断陷的地层分级概念。

1）火山喷发旋回

火山喷发旋回是指"在火山岩建造内部一个火山活动周期内，由火山作用不同阶段形成，并通过一定构造形式表现的、同源火山喷发产物的总和"。火山喷发旋回常与构造运动旋回有关，一个旋回内部可发育一个或多个火山机构，相邻两个旋回之间一般发生构造运动和喷发间断，表现为火山喷发间断期，通常发育一定厚度的沉积岩夹层或风化壳，因此常有不整合或侵蚀面存在。

2）火山喷发期次

火山喷发期次是指在火山机构形成过程中，由一次相对连续的火山喷发形成的火山活动产物的总和。火山喷发期次与火山机构的喷发能量变化有关，相邻两个期次之间为喷发间歇期，通常发育一定厚度的风化壳、松散层或沉积夹层等小型间断面。期次内部结构特征表现为相序的连续或准连续变化，火山活动强度的变化对应着相序的连续变化，如喷发能量弱—强—弱，对应的典型相序为溢流相—爆发相—溢流相；喷发能量强—弱，相序为爆发相—溢流相。

3）火山喷发韵律

火山喷发韵律是指喷发期次内部一次集中喷发形成的一套火山岩组合。火山喷发韵律与火山机构火山喷发活动的周期性变化规律有关，相邻两个韵律之间主要表现为火山岩岩石类型、岩石结构及火山碎屑粒径的变化。根据火山熔岩相序组合特征，并结合火山喷发韵律内部结构特征，将火山喷发韵律分为三种类型。

（1）火山熔岩韵律。

一次集中的溢流可形成火山岩溢流相下部、中部、上部和顶部亚相，多次集中溢流形成的岩石组合反映了溢流式火山活动的内部变化规律，因此，以亚相为基础，根据火山熔岩的斑晶矿物成分、岩石结构构造变化可划分火山熔岩韵律。

（2）火山碎屑岩韵律。

一次集中的爆发可形成不同粒级的火山碎屑岩，因此，火山碎屑岩韵律通常以能量最强的火山集块岩开始，到能量最弱的灰级、尘级凝灰岩结束。

（3）火山熔岩与火山碎屑岩互层韵律。

一次集中的喷溢可先后形成火山碎屑岩和火山熔岩，因此熔岩与火山碎屑岩互层韵律通常以能量较强的火山碎屑岩开始，以能量较弱的火山熔岩结束，即自下而上一次发育火山碎屑岩—火山碎屑熔岩—火山熔岩。

不同韵律之间既有类型的变化，如火山熔岩韵律到火山碎屑岩韵律的变化，又有同一类型火山韵律的变化，如火山熔岩韵律到火山熔岩韵律。

2. 火山岩地层界面地质特征及识别标志

1）期次界面地质特征

由于营城组火山岩形成时间持续达 10Ma，而每一期火山机构建造时间可能在相对较短的时间内完成，后期改造时间较长，因此火山岩顶部存在风化壳和沉积夹层等间断界面（图 3-4-1）。营城组火山活动多以爆发相开始，以大量火山灰的喷出为特征，且向上粒度变粗。火山间歇期，在一定区域范围内，也在接受来自远（异）源喷发产生的火山灰沉积。这些标志层都可作为期次的划分界面。

(a) 野外剖面，风化壳（期次顶面）   (a) 钻井岩心，沉积夹层（期次顶面）   (c) 钻井岩心，火山灰层（期次底面）

图 3-4-1 松辽盆地营城组火山岩期次地质界面图版

通过以上分析，建立了徐家围子断陷营城组火山岩喷发期次界面识别三种标志：（1）沉积间断，代表两次火山喷发之间有比较长的时间间隔，可以是两次喷发间期的沉积夹层（泥岩、砾岩），或是喷发后露出地表的氧化红层（风化壳）；（2）岩性界面，表现为不同火山岩的岩性变化带，具体表现为酸性岩和中基性岩的岩性突变面，代表着不同来源的火山喷发；（3）火山岩的相序列末期，代表着一次火山喷发的结束，可以是层状火山灰层（层状凝灰岩层），或者是各喷发期间的松散层（风化淋滤带）。

（1）风化壳。

两次熔浆喷溢间隔时间较长时，在早期形成的熔岩表面往往有风化剥蚀面，成分、颜色差异明显，一般不难辨认。

相邻期次之间的风化壳由其下伏火山岩经过长期风化形成，同原岩相比较，易活动组分（如 FeO、MnO、Na_2O 和 K_2O 等）发生了一定迁移，同时惰性成分（如 TiO_2、Fe_2O_3、MgO 和 P_2O_5 等）发生富集（丁林等，2000）。风化过程中对放射性物质吸附能力强，钻井的测井曲线响应特征通常表现为高伽马、低电阻、低密度（郭振华等，2006）。风化壳松散易碎，钻井取心不易获得，但通过分析其测井曲线特征不难识别。

风化壳成分和厚度因地而异，主要与原岩岩性、气候和风化作用的时间相关。通常情况下认为，在一定时限内，除去剥蚀作用影响的情况下，经历的风化时间越长，风化壳的厚度越大。野外露头揭示及盆内钻井识别的风化壳厚度范围为几十厘米至几米不等。

图 3-4-1（a）揭示的风化壳厚度为 20~50cm，其下为玄武质角砾熔岩，其上为安山岩，先后由两个不同期次的火山喷发所形成。风化壳由其下部岩石变化而来，因而划归下部期次，作为期次顶面。

（2）沉积夹层。

火山地区在火山活动间歇期接受区域性沉积，野外露头和钻井岩心观察过程中，常见大套火山岩段之间夹有薄层沉积岩，其厚度通常为几米左右，最大可达几十米，可以是正常沉积岩，但大多数情况下为火山（碎屑）沉积岩类。它们在成岩方式上基本一致，主要为压实固结；不同之处在于火山沉积岩中含有来自下部的火山碎屑物（含量10%~50%）（王璞珺等，2007）。在研究中习惯将其统称为沉积夹层。

在长井段连续取心的火山岩岩心上，经常可以观察到火山岩层与沉积夹层的接触界面；一般来说，沉积夹层的顶面即为当时的原始地层表面。图 3-4-1（b）揭示的含砾砂岩层顶面近于平行，其上为流纹质角砾熔岩，角砾中见下部灰色砂岩。通常将沉积夹层划归下部期次，作为期次顶面。

（3）岩性界面。

火山岩期次识别的岩性界面是指酸性岩和中基性岩的岩性突变面。酸性岩是上部地壳的主要组成岩石，也是大陆地壳都有的成分，一般认为，酸性岩岩浆主要来自地壳，而中基性岩主要来自地幔，因此酸性岩和中基性岩的岩性突变面可以作为期次界面识别的标志。

（4）火山灰层。

以喷出火山灰开始的火山喷发形成的火山灰层，以及火山活动间歇期接受异源喷发沉积的火山灰层，都可以作为期次划分的界面。受地形影响，火山灰层底面往往起伏不平，而顶面则较为平整，一般情况下，可以据此确定其顶底面。

薄层火山灰层常被认为是远（异）源喷发的降落沉积，厚层火山灰层则为近源沉积。常规测井的分辨率为15~20cm，因而钻井非取心段利用测井资料可识别的火山灰层厚度要大于20cm。

松辽盆地上侏罗统—下白垩统层序中发育有多层火山灰沉积层，习惯上称为凝灰岩夹层或膨润土层。实际上，它们都是含晶屑和玻屑的凝灰岩，晶屑以长石和石英为主，细粒组分主要是伊利石、蒙脱石和伊/蒙混层矿物。纯净的伊利石层呈白色，单层厚度可达数米。

图3-4-1（c）揭示的火山灰球层形成于火山活动初期，火山灰遇雨水或地表浅水环境形成火山灰球，具显著层理和流动构造，方向近于水平。其下部为流纹岩，流纹构造产状近于垂直，形成于喷发末期的侵出作用。火山灰层底面不平坦，两者之间具有明显的产状不协调。火山灰层应划归上部期次，作为期次底面。

2）韵律界面地质特征

韵律在区域范围内通常是不稳定的，一般在岩体内部可追踪对比，火山喷发韵律的识别标志如下：

火山熔岩韵律：主要发育韵律式的火山熔岩组合，一般自下而上岩石结晶程度为低—高—低，气孔发育程度为较高—低—高，气孔大小为中等—小—大。

火山碎屑岩韵律：主要发育韵律式火山碎屑岩组合，一般自下而上碎屑粒径由大至小，物性由差变好。

火山熔岩与火山碎屑岩互层韵律：主要表现为火山熔岩、火山碎屑熔岩、火山碎屑岩交替发育，反映喷发能量的强弱变化。

3）期次、韵律界面测井识别标志

单井上确定两级界面，一级界面为期次界面，界面类型为沉积间断（风化壳、沉积夹层）、岩性界面（酸性岩和中基性岩岩性界面）、火山岩相序列末期（火山灰层），二级界面为韵律界面，界面类型为岩性组合转换面、中基性岩蚀变层。在地质界面识别基础上，结合测录井资料对单井岩性岩相的识别，总结出期次、韵律界面所对应的测井响应特征为（图3-4-2）：（1）一级界面：沉积间断。曲线形态锯齿状变化（沉积夹层），伽马升高，电阻率降低，密度突变（风化壳），成像测井上呈暗色反射特征（沉积夹层、风化壳）；（2）一级界面：岩性界面。伽马值突变，成像测井上结构变化明显（酸性—中基性岩改变）；（3）一级界面：火山岩相序列末期。曲线形态钟形变化（层状凝灰岩层），成像测井上呈暗色反射；（4）二级界面：中基性岩蚀变层。测井曲线呈现高伽马、低电阻和高密度的特征，成像测井上呈现暗色反射特征；（5）二级界面：岩性组合转换面。测井曲线上表现为曲线整体特征改变，成像测井上结构变化明显。

3. 火山岩地层分级识别划分方案

营城组一段和营城组三段火山岩纵向上多期喷发叠置，徐家围子断陷营城组火山岩可以划分为6个喷发期次，其中营城组一段存在3个火山喷发期次，营城组三段也存在3个

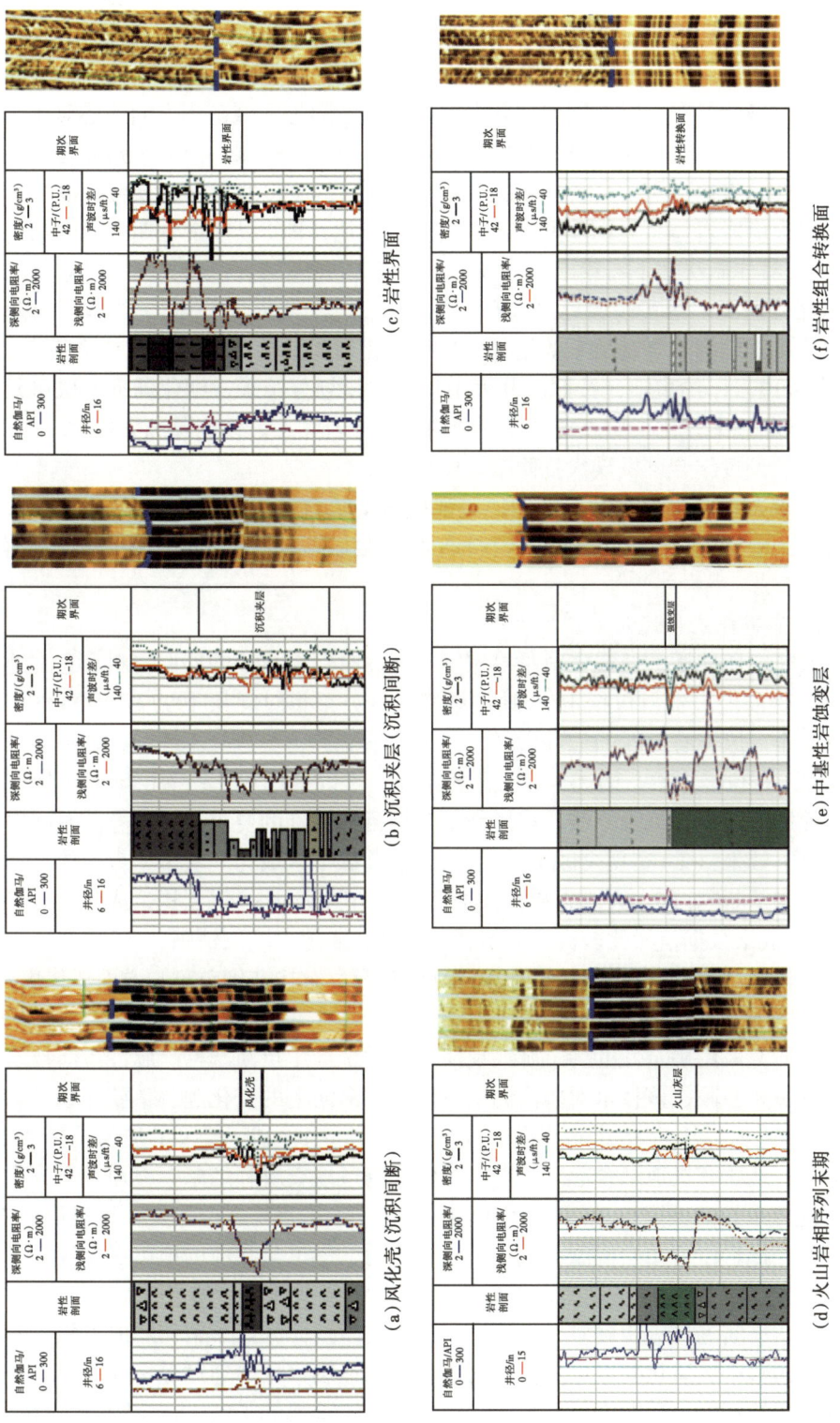

图 3-4-2 火山岩期次、韵律地质界面的测井曲线特征

喷发期次。营城组一段期次Ⅰ以中基性岩为主，期次Ⅱ和期次Ⅲ以酸性岩为主，期次Ⅰ和期次Ⅱ之间界面为岩性突变，期次Ⅱ和期次Ⅲ之间界面为沉积夹层、风化壳等。营城组三段期次Ⅱ以中基性岩为主，期次Ⅰ和期次Ⅲ以酸性岩为主，期次Ⅰ和期次Ⅱ、期次Ⅱ和期次Ⅲ之间界面为岩性突变。以上期次划分方案主要考虑的是区域范围上的地层对比，整体上为层状地层或者火山岩岩体包络面的概念，对于火山岩隐蔽火山口的识别还有进一步细分的空间。因此，按照"分级控制、逐级对比"的原则，地震地质深度结合，逐级开展火山喷发期次、火山岩岩体、火山喷发韵律的划分与对比，即"纵向细分期—期内细分体—体内细分层"。具体做法如下：第一步"纵向细分期"，井震结合，寻找区域可对比的地层界面，纵向细分期次，落实区域地层分布特征；第二步"期内细分体"，在区域级期次地层约束下，按反射结构、叠置关系等特征，平面细化岩体，落实岩体分布；第三步"体内细分层"，在火山岩体约束下，按照单井火山喷发韵律划分结果，细化局部地层单元。与以往"两段六期"方案相比，重点精细体现在期内细分岩体、岩体内部细分韵律。

4. 地震地质深度结合，发现大批隐蔽火山口

为了系统地发现更多的有利目标，地震地质深度结合，识别隐蔽火山口66个，发现大批勘探目标。主要应用三维地震勘探资料连片处理技术、叠后反演储层预测、叠前反演储层预测技术等。

1）三维地震勘探资料连片处理技术

本次项目研究所使用的地震资料是徐家围子叠前时间偏移地震勘探资料。三维地震勘探资料连片处理前地震资料包括19个地震勘探工区，采集时间从1997年至2007年，采集年度共有8个。原有叠后时间偏移资料，由于处理流程、参数等不统一，在不同区块间地震波形特征（相位、振幅、时差）有明显的差异，难以追踪对比；深层陡倾角地层成像精度不够，地震反射结构刻画不清，难以满足精细目标识别的要求。通过叠前时间偏移处理后，取得以下效果：(1)实现全区19块三维地震勘探工区成为一块整体数据体，便于整体上研究徐家围子断陷；(2)火成岩特征在剖面上分布明显；(3)深层构造成像比老剖面有明显改善；(4)成果数据信噪比较高，波组特征清楚，断层、断点清晰；(5)最终成果数据与井资料吻合较好；(6)叠前时间偏移在深层陡倾角及复杂构造细节刻画方面成像更好。

2）叠后反演储层预测

储层预测研究采用确定性的稀疏脉冲反演和地质统计学反演。稀疏脉冲反演技术是地震储层研究的重要手段，该技术对搞清储层纵向上、横向上的变化起着重要作用，它可在三维反演数据体上对岩性体等进行纵向、横向追踪，是一种基于模型的波阻抗反演技术，将地震、测井、地质有机地结合起来。以测井数据约束地震解释结果，在地震合成记录标定后，计算的井眼处的波阻抗曲线作为初始模型道，从井旁地震道出发，反复沿层外推，得到正演模型，把它作为初始模型与选定子波褶积后，逐道与相应的地震道比较，进行误差分析，当误差不满足给定条件时，修改模型，直到模型满足所给条件后，输出反演结果。地质统计学反演首先应用确定性反演方法得到波阻抗体，以了解储层的大致分布，并求取水平变差函数；然后从井点出发，井间遵从原始地震数据，通过随机模拟产生井间波阻抗，再将波阻抗转换为反射系数并与确定性反演方法求得的子波进行褶积产生合成地震道，通过反复迭代直至合成地震道与原始地震道达到一定程度的匹配。该方法的优点是其反演结果可以与井达到最佳吻合，分辨能力较高。

3）叠前反演储层预测

由于不同岩性火山岩骨架密度不同，因此采用统一的反演参数，储层预测具有很大的不确定性。基于火山岩骨架的差异性，在火山岩体精细解释基础上，结合岩石物理分析成果，基于精细火山岩地质模型的约束下，进行火山岩岩性、储层预测，提高储层预测精度。首先，识别岩性，按照逐层剥离的思路进行。密度可以将玄武岩类与其他岩类区分开来，密度结合纵波阻抗可以将安山岩类区分出来，安山岩类包括安山岩、安山粗面岩，最后利用剪切模量可以识别流纹岩类与火山角砾岩、凝灰岩类，通过以上层层剥离的思路识别岩性。按照不同岩性，建立不同的火山岩储层预测图版，基性岩储层密度区分槛值为 $2.76g/cm^3$，中性岩储层密度区分槛值为 $2.60g/cm^3$，酸性岩储层密度区分槛值为 $2.51g/cm^3$。

二、火山岩岩体定量刻画技术见到明显效果

松辽盆地北部深层营城组火山岩气藏具有埋藏深度大、岩相变化快、气水关系复杂等特点。在勘探初期，勘探目标为构造部位高、规模大、物性好的火山口区，基于精细地质研究，建立了"纵向细分期、期内细分体、体内细分层"逐级识别的储层预测技术，支撑了徐家围子断陷火山岩气藏两个千亿立方米级探明储量的提交，助力了徐深气田的勘探发现。随着勘探的不断深入，火山口特征明显的勘探目标逐步变少、变小，勘探对象转向隐蔽性火山口与溢流相火山岩，通过技术攻关，建立了以多属性融合、体控建模叠前反演技术为核心的隐蔽火山口识别和溢流相火山岩储层预测技术体系（图 3-4-3）。

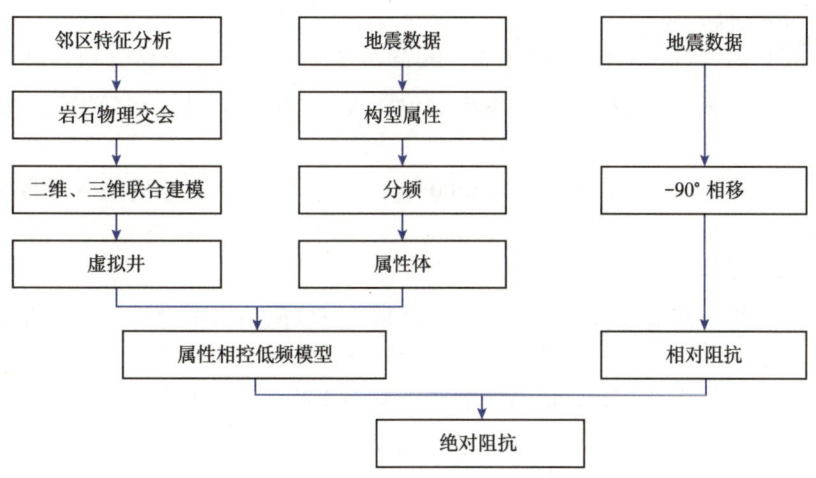

图 3-4-3 火山岩储层综合预测技术流程图

营城组火山岩岩体发育区钻井稀疏，需要采用多参数优化和方法优选，从点、线、面三方面进行质控，达到精细刻画火山岩岩体的目标。在岩石物理分析的基础上，利用构型属性约束进行相控建模，来实现不规则地质体火山岩的空间展布刻画，关键点包括：一

是，提取表征火山岩敏感属性，用于火山岩岩体的刻画；二是，如何利用虚拟井及敏感属性体，进行属性相控低频模型建立。

从层间属性分析火山岩体分布范围，图3-4-4为目的层均方根属性图，火山岩平面形态及边界清晰。

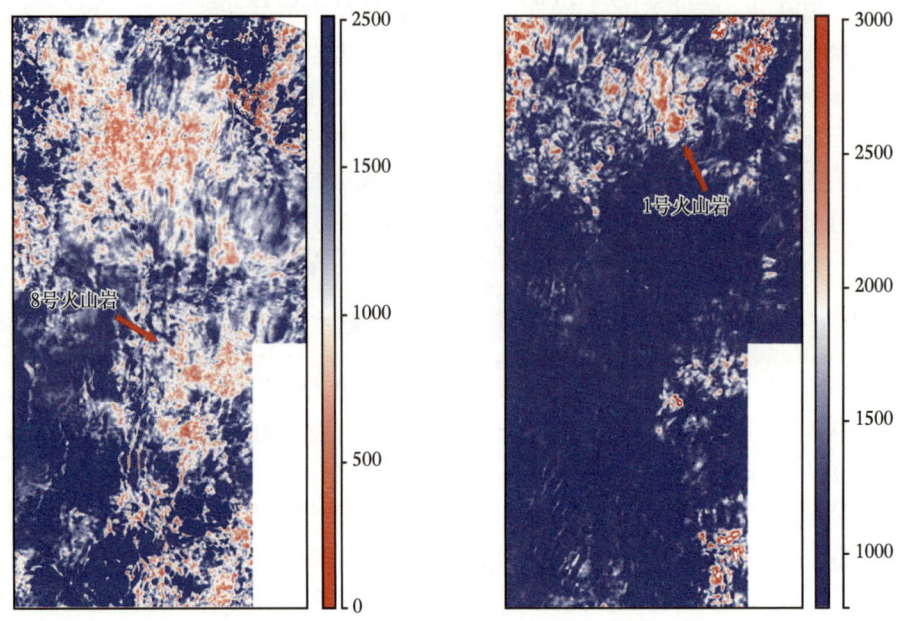

图3-4-4　目的层均方根振幅属性平面图

1. 岩石物理分析

通过分析岩石弹性参数与储层物性参数间的关系，找到能够较好地反映岩性或储层物性的敏感参数。储层的敏感参数选取决定了反演方案的制订及反演结果的定量分析。对主要目标层段的储层测井响应特征，通过测井曲线交会的方法，进行敏感参数优选。营城组阻抗大致可区分砂泥岩，门槛值为13200（g/cm^3）·（m/s）；其他曲线区分程度相对较差（图3-4-5）。

2. 基于构型属性约束的低频模型建立

低频、中频和高频信息的准确性决定着叠前/后反演结果的准确性，因此，低频信息对于精确的定量反演非常重要。低频模型的建立通常采用虚拟井约束的层析速度建立，但这部分资料频带通常为0~3Hz，而基于地震资料多重积分可以得到3~10Hz反演所必需的频带，因此，利用虚拟井约束的层析速度与地震多重积分联合建模可实现叠前/后反演所必需的低频模型建立。

基于层析速度与地震重积分联合低频模型建立主要包含以下几个关键点。

1）地震数据的重采样

地震反演中初始模型的纵向分辨率受地震采样率限制。为了能够反映出薄层信息，对地震数据进行了重采样，把地震偏移纯波资料按1ms重采样，虽然不增加地震资料的新信息，可为地震反演提供一个高分辨率的约束条件。

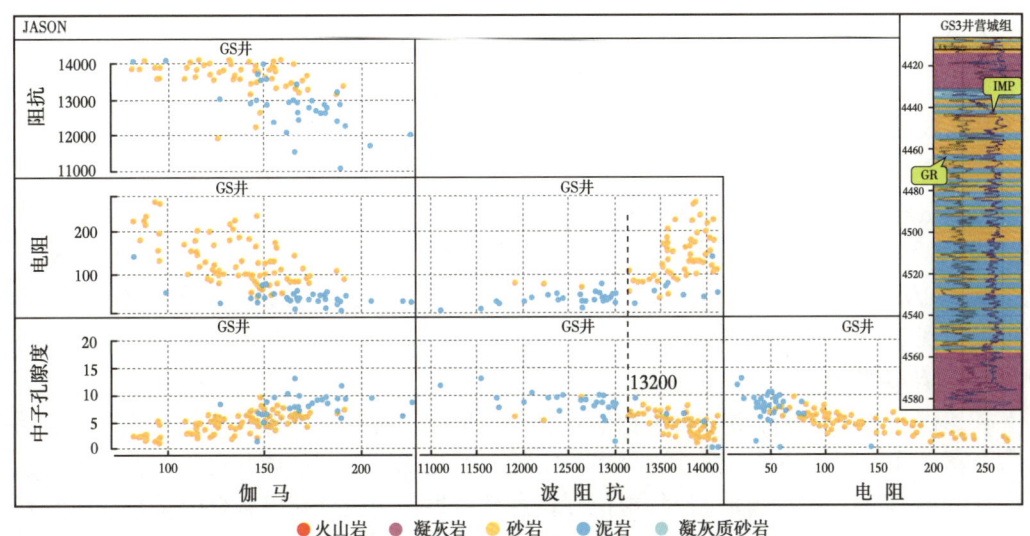

图 3-4-5　营城组多参数岩石物理交会分析图版

2）虚拟井提取和层位标定

先把速度谱资料滤波，去掉随机速度，然后进行归一化处理，插值得到整个工区范围内的速度场，最后利用该速度场在工区范围内均匀地提取若干口井的速度曲线，这样保证整个工区范围都受到曲线的控制，在提取曲线时，应选择地震资料和速度谱资料能量集中、质量较好和构造平缓的道集进行提取（图 3-4-6），这样保证所得出来的声波时差曲线和实际声波时差曲线吻合较好。

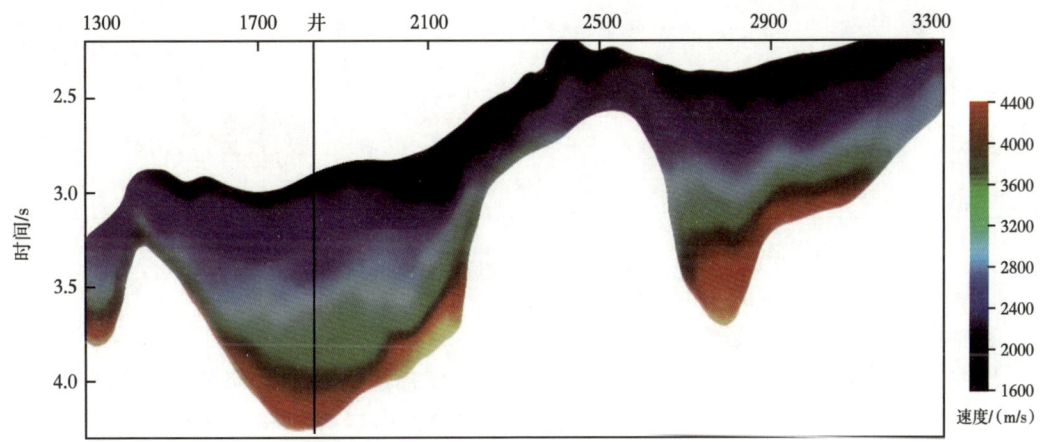

图 3-4-6　速度场剖面图

无井反演由于缺少测井资料与地震资料之间的对应关系，需要充分利用地震和地质资料所包含的信息。以邻井区域中测井资料、地震资料和地质资料匹配较好的井作为标准，选择无井区域中地质背景相似且地震资料品质较好的区域提取伪井资料，进行合成记录的制作。

合成记录制作时,需分层次按照波组单一反射层逐一对应合成记录与井旁地震道之间的关系,精细标定每个同相轴的对应关系。提取子波时,应选择地震资料信噪比较高、井震关系匹配较好的目的层段内提取子波。

3)地震多重积分

地震资料多重积分中的奇次积分,能够将地震的界面特征转换成地层特征,也因此实现了降频的效果。基于层析速度建立的低频模型通常只有0~3Hz的低频,地震重积分可以得到3~10Hz地震反演关键频段,将速度的低频波阻抗模型融合重积分的相对波阻抗,就可以实现0~10Hz的低频模型,满足无井反演的要求。

4)初始模型建立

初始模型的建立要综合考虑沉积模式和构造形态等各种基本地质特点,建立层、层内结构及其之间的相互关系。建立过程中,实际上就是把横向上连续变化的地震界面信息及虚拟井资料通过优化按地质理论将虚拟井信息按照每一层段分配出各自的垂直分量及其权值,然后通过这些模型参数的合理内插,建立反映地质结构的三维地质模型(图3-4-7)。

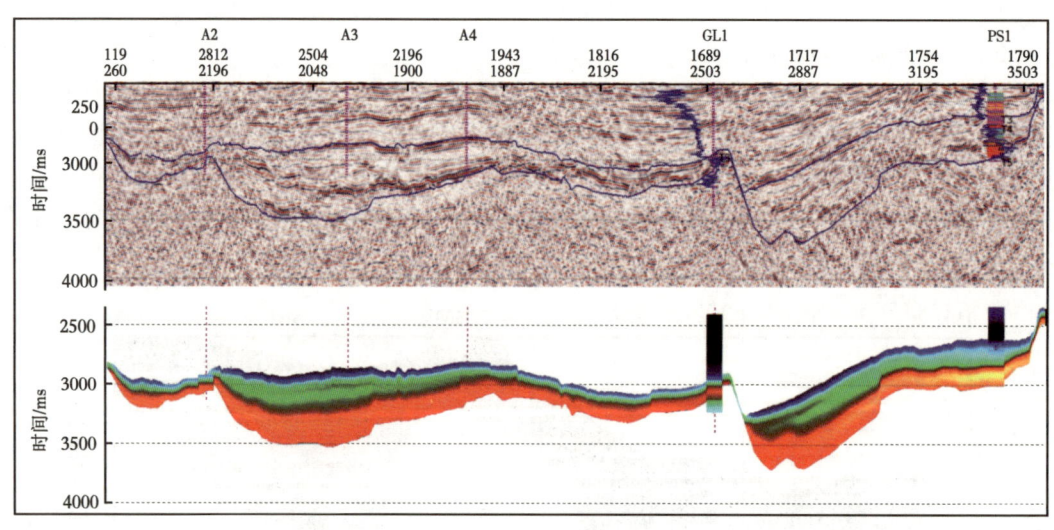

图 3-4-7　过虚拟井波阻抗低频模型

3. 相控反演有利储层预测

研究区钻井稀疏,常规反演(速度+地震)定性描述火山岩形态清晰,但是,常规反演难以区分火山岩与碎屑岩分布,无法定量刻画火山岩有利储层分布及其厚度特征(图3-4-8)。

基于研究区火山岩的反射特征,选用拉普拉斯算子分频构造属性进行溢流相火山岩刻画。该方法是针对能量突变处的对比度增强的一种算法,对火山岩尤其是对杂乱反射的火山口区识别较常规剖面更为有效,以拉普拉斯体地震相识别结果作为约束进行储层预测,提高火山岩预测精度。

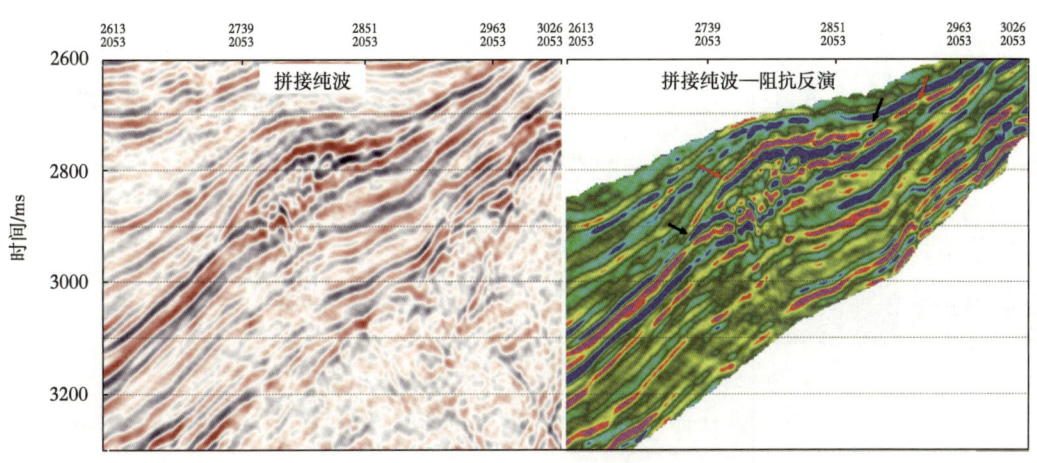

图 3-4-8　过联络线 2053 地震与常规反演剖面

图 3-4-9 为过联络线 2053 的纯波剖面、构型属性剖面、构型分频属性剖面，可以看出构型属性可以较好地刻画火山体外形和内部结构，特征清晰，能量加强，围岩能量减弱。

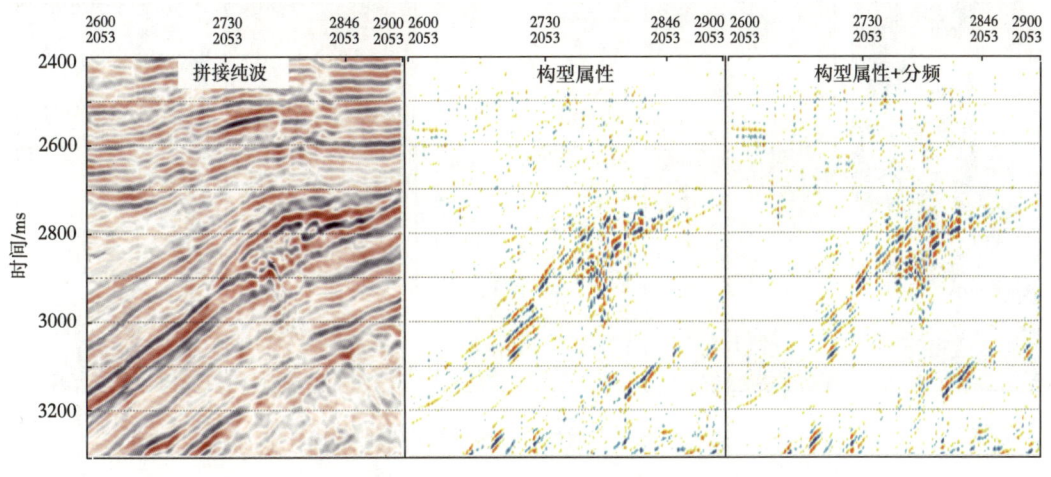

图 3-4-9　过联络线 2053 地震、构型属性、构型分频属性剖面

将营城组等分十份，从下到上依次为切片 1、2、3、4、5、6、7、8、9、10，图 3-4-10 为过联络线切片 8 位置 2053 纯波剖面、构型分频属性平剖面对比，可以看出构型属性可以较好地刻画火山体外形和内部结构，特征清晰，能量加强，围岩能量减弱。

分别提取营城组弧长属性、能量属性、构型属性、均方根属性、熵属性，构型属性能较好地刻画火山岩的平面形态（图 3-4-11），进一步说明该属性对于杂乱反射的火山岩地质体刻画效果好。

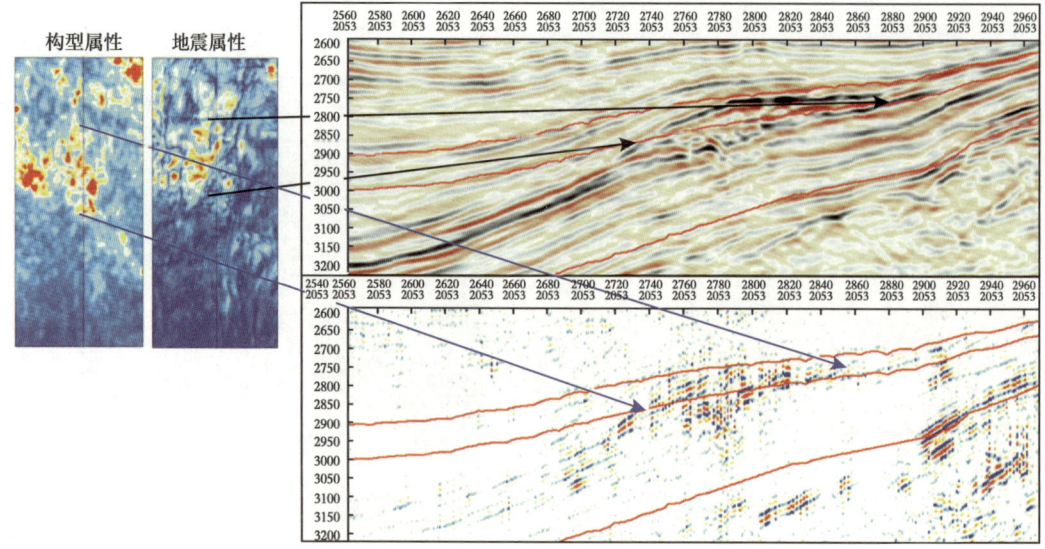

图 3-4-10　过联络线 2053 切片 8 地震与构型属性平面与剖面对比

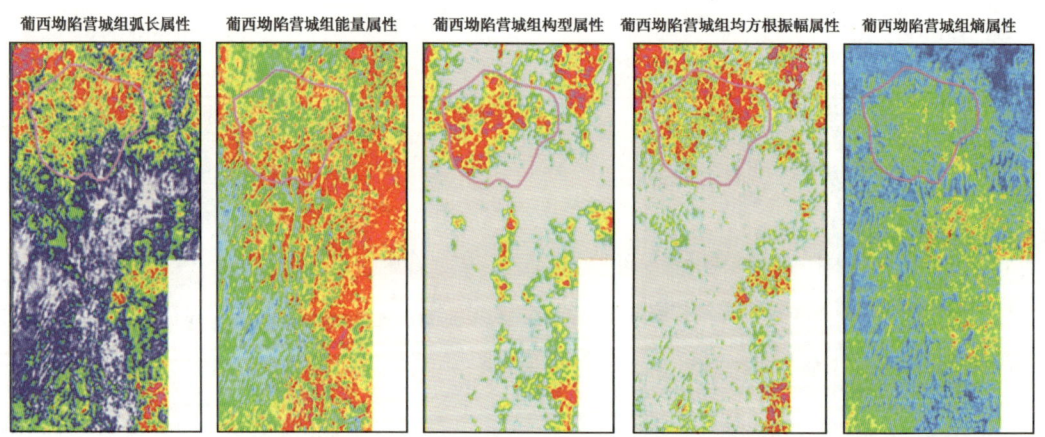

图 3-4-11　营城组弧长、能量、构型、均方根、熵属性平面图

属性相控建模

本次采用相控约束建模方法，将沉积相中包含的地质体的信息加入初始模型中，提高初始模型的精度和合理性，进而达到提高反演质量的目的。相控建模实现过程分为两步：（1）将目的层分 10 个切片，并提取每个切片位置的构型属性平面（图 3-4-12）；（2）属性体控实现过程，将每个平面属性形成平面相，多个平面相组合成体控（图 3-4-13）。

利用体控约束和虚拟井建模，得到了低频模型（图 3-4-14），构型属性体控建模与火山岩地质异常形态一致。

图 3-4-15、图 3-4-16 分别为过联络线 2053、联络线 1895 的反演与地震剖面的叠合图，可以看出反演结果忠实于地震资料，火山岩刻画清晰。

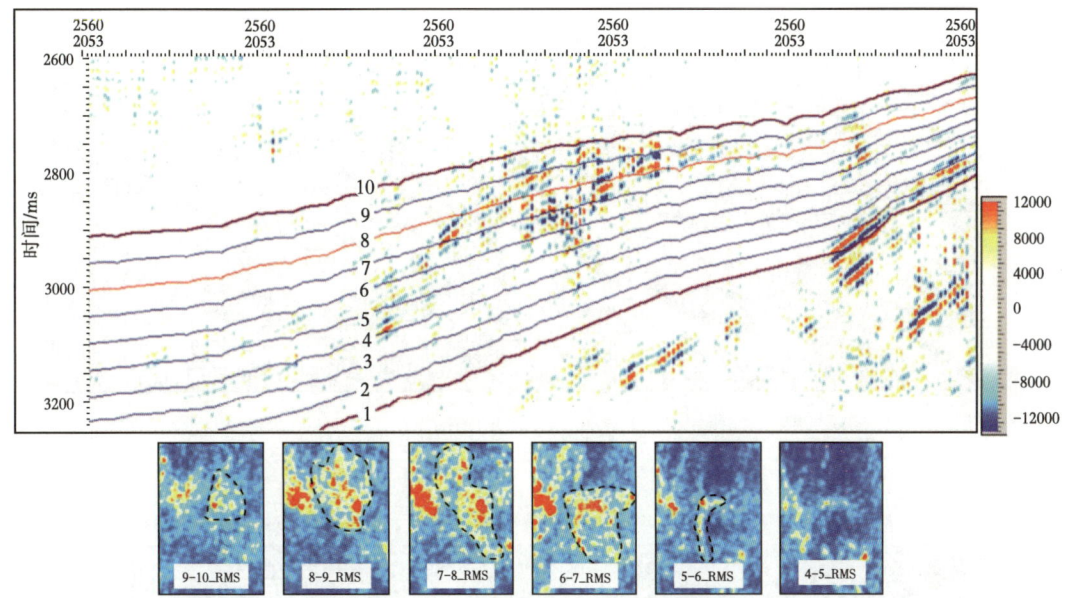

图 3-4-12　不同切片多对应的构型属性平面

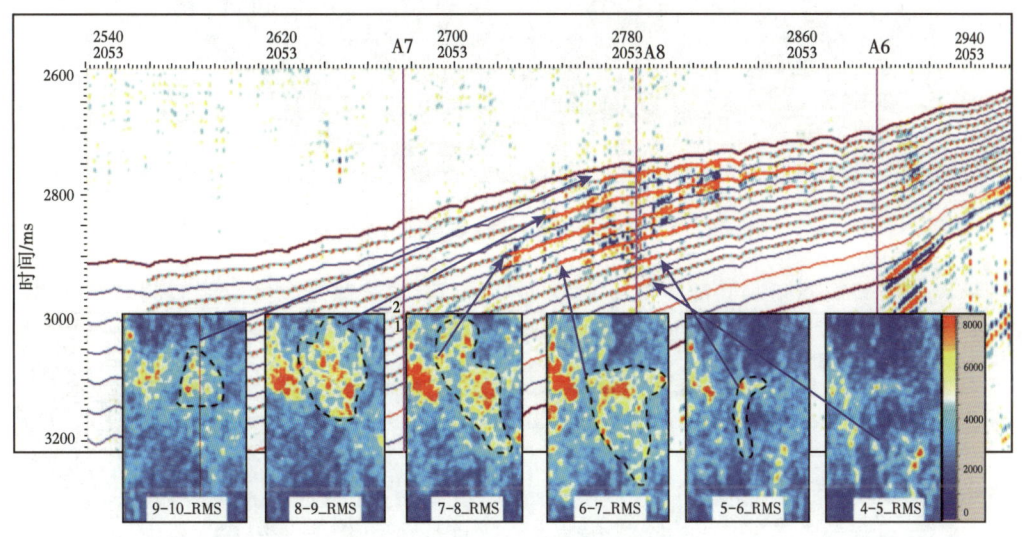

图 3-4-13　属性体控实现过程

图 3-4-17 分别为过联络线 2053 常规反演与构型属性约束阻抗反演对比剖面图，可以看出构型属性约束阻抗反演剖面对火山岩外形及轮廓刻画得更清晰。

图 3-4-18 为过联络线 2053 地震与反演剖面，火山岩岩体刻画清晰。利用反演结果，根据岩石物理分析门槛值，可识别火山岩有利储层分布。

139

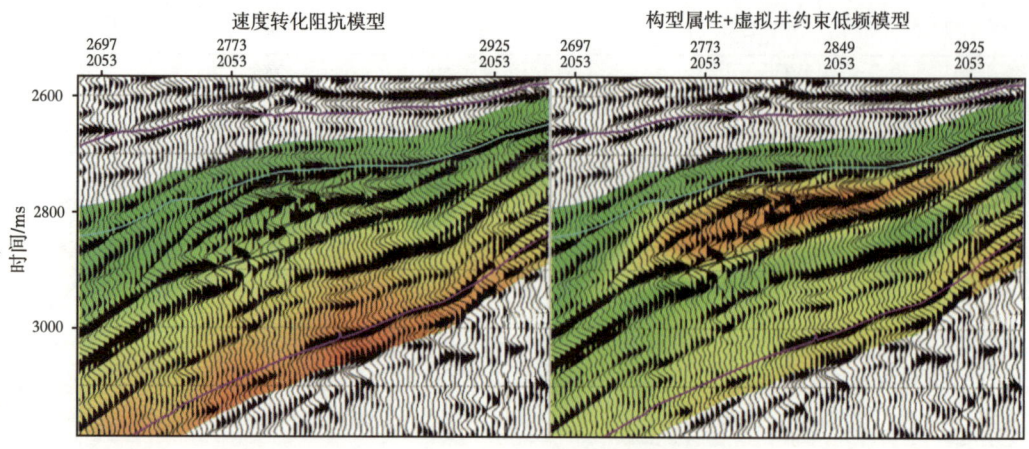

图 3-4-14　常规建模与构型属性体控建模对比

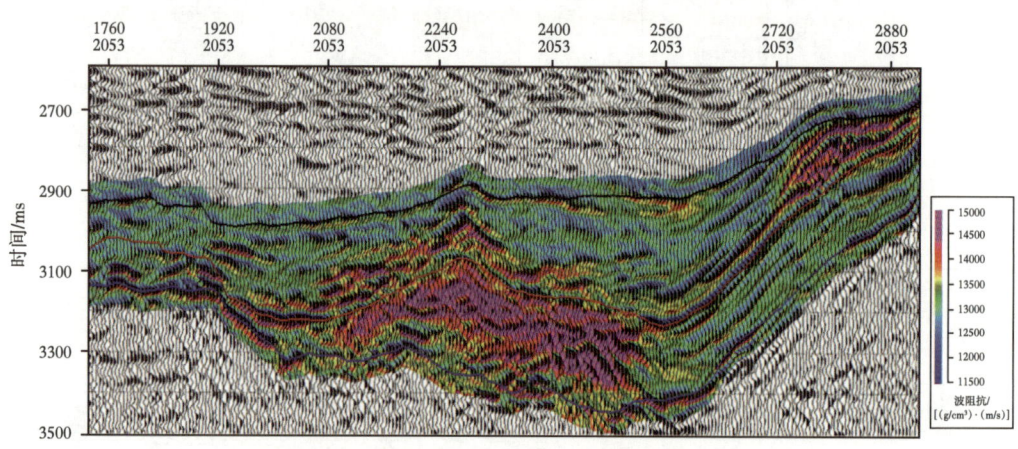

图 3-4-15　过联络线 2053 反演与地震叠合剖面图

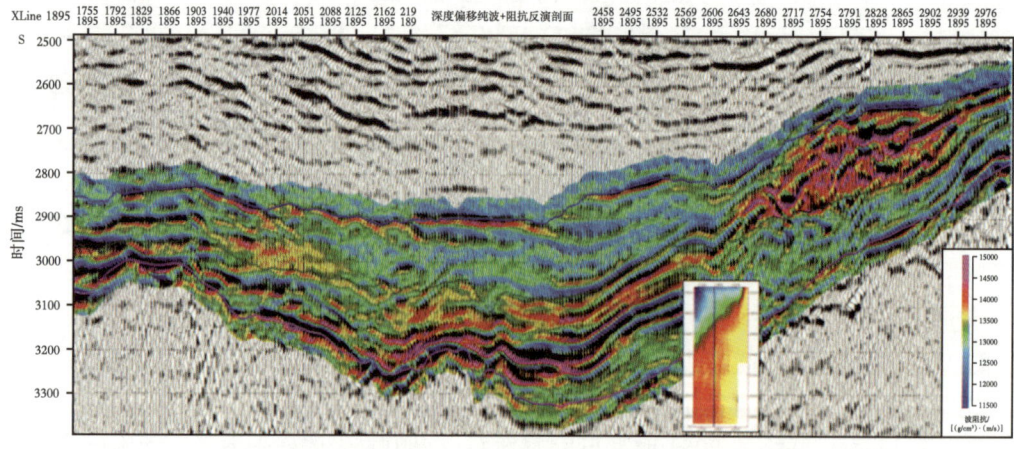

图 3-4-16　过联络线 1895 反演与地震叠合剖面图

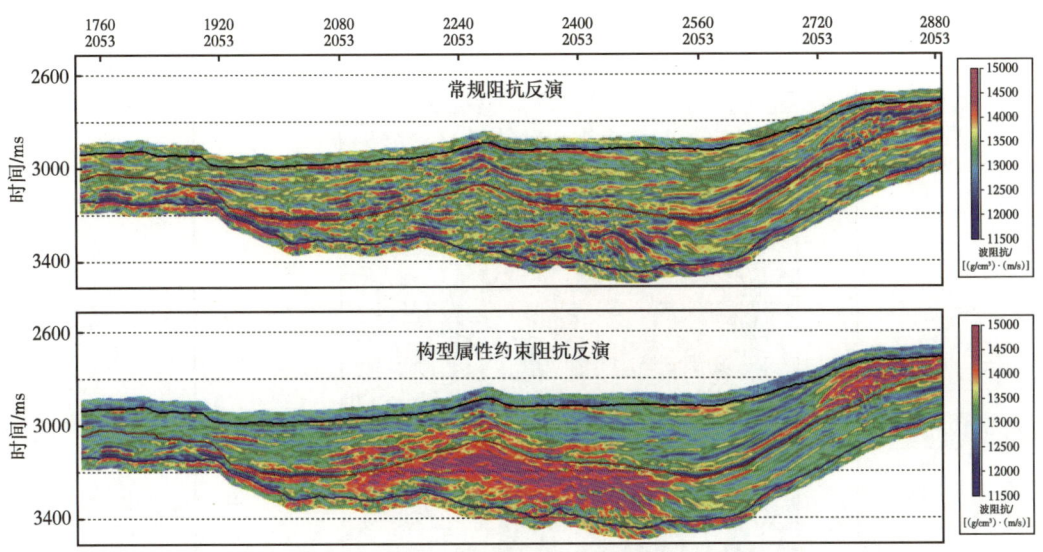

图 3-4-17　过联络线 2053 常规阻抗反演与构型属性约束阻抗反演对比剖面

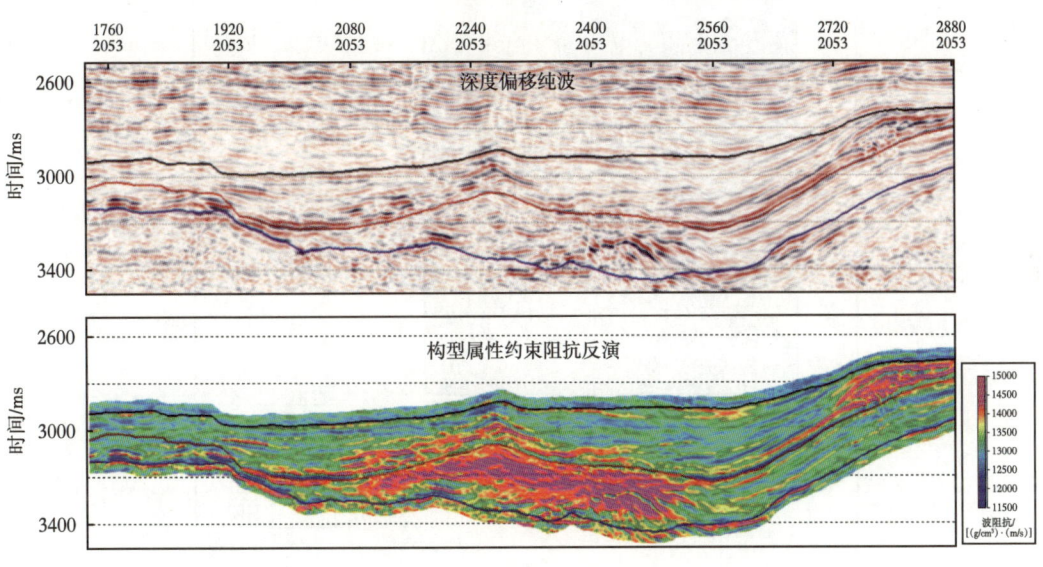

图 3-4-18　过联络线 2053 地震剖面与构型属性约束阻抗反演剖面

图 3-4-19 为营城组各岩性预测平面图，1#、5# 火山岩岩体边界线清晰，形态落实可靠；营城组发育 3 个火山岩岩体，面积大，厚度大，其中以 4# 火山岩面积最大，工区范围内为 63.2km^2，厚度相对较小，最大厚度为 60m；1# 火山岩面积次之，为 43.1km^2，5号火山岩厚度较薄，面积 26.5km^2，在识别的 3 个火山岩岩体中厚度最大，最大厚度达 300m；3 个火山岩岩体累计面积为 132.8km^2。

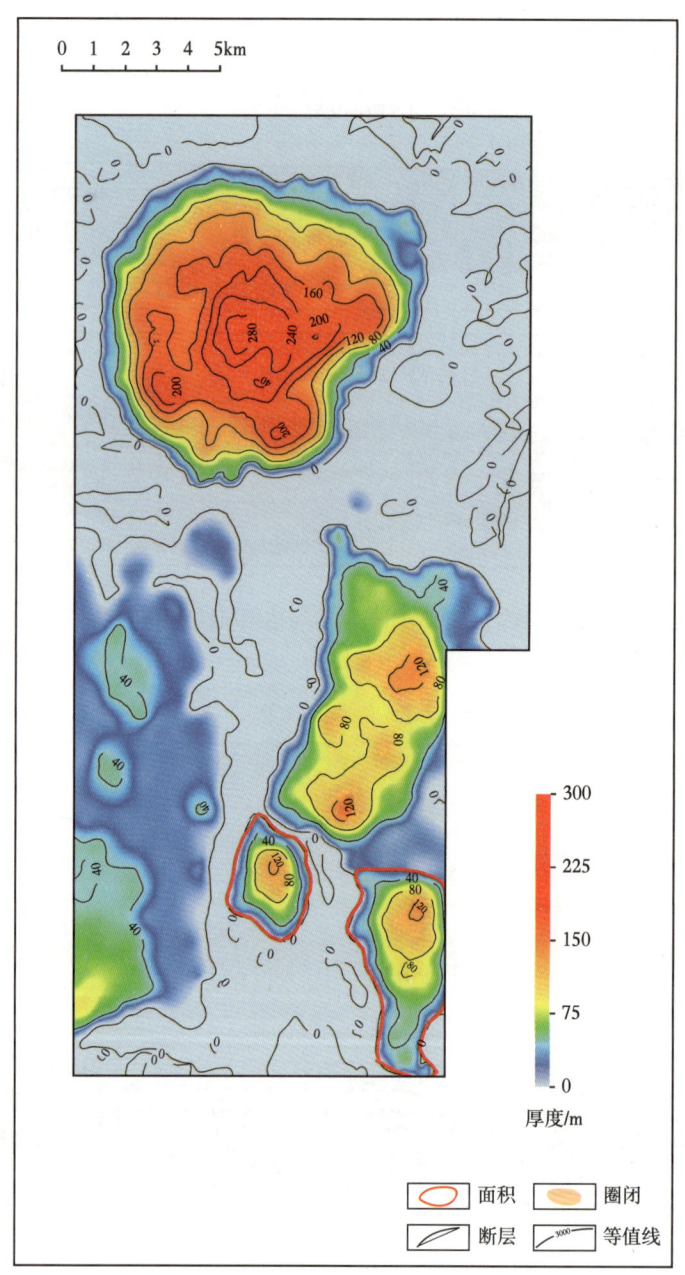

图 3-4-19 葡西洼槽营城组火山岩平面展布

第五节 营城组火山岩气藏勘探进展与前景展望

一、徐家围子隐蔽火山口和近火山口区溢流相精细勘探效果明显

21世纪的前十年是徐家围子火山岩勘探大发现时期。利用二维地震勘探资料在徐家围

子中部发现"坳中隆"——兴城鼻状隆起区，2001 年在"坳中隆"上部署 XS1 井，2002 年试气火山岩获无阻流量超百万立方米级的高产工业气流，从而拉开了火山岩气藏勘探的大幕。2003—2004 年对预测的火山岩体整体部署 9 口甩开预探井，发现了 XS5、XS3、XS7、XS8、XS9 等气藏，接着钻探评价井 10 口，开发部门及时介入先后在 XS1 区块和 SS2 区块实施了 11 口开发控制井，对 5 口井进行了系统试采，单井稳产在（3~20）×$10^4 m^3$/d。2005 年徐深气田提交探明地质储量 $1018.68×10^8 m^3$，含气面积 110.97km。在集中勘探中部隆起带同时，积极研究和甩开部署，勘探重点转向安达凹陷和徐东斜坡。2003 年在安达完成了三维地震勘探，预测西部为火山岩有利区，在此部署的 WS1 井、DS3 井、DS4 井、DS7 井等井均获工业气流；2005 年应用三维地震勘探在徐东预测 3 个火山岩有利区带，2006—2007 年完钻的 XS21 井、XS23 井、XS27 井、XS28 井均获日产 $10×10^4 m^3$ 以上的高产气流。2007 年徐深气田在安达、徐东和丰乐三个区块提交探明地质储量 $1198.91×10^8 m^3$，含气面积 174.14km^2。这一时期共完成针对深层三维地震勘探 4333.87km^2，完成深层探井 112 口，获工业气流井 50 口，提交探明储量超过 $2000×10^8 m^3$。

随着程度越来越高，成藏有利的构造高部位及明显的火山口目标已基本钻探完毕，剩余目标为隐蔽火山口和近火山口区溢流相储层，经过精细研究，落实了隐蔽火山口和近火山口区溢流相的勘探潜力。

1. 徐西隐蔽火山口

"十二五"期间先后以隐蔽火山口为目标，徐西地区钻探 ZS16 井、ZS19 井等井取得成功，获得日产 $9.11×10^4 m^3$ 和 $21.78×10^4 m^3$ 的工业气流。

徐西凹陷营城组火山岩整体均有分布，西侧超覆在中央古隆起带上，向东侧徐中断裂处逐渐加厚，厚度在 0~500m 之间。在徐西凹陷主体及徐西—肇州斜坡带厚度介于 50~200m 之间，虽厚度不大，但整体储层较为发育，2011 年末在该斜坡带部署了 ZS16 井，该井钻探营城组火山岩以流纹岩为主，厚度125m，其储层较为发育，含气性好，综合解释有效厚度 84.6m/3 层，针对上部 45I 号层常规测试，获得 91107m^3 的工业气流，展示了徐西斜坡带良好的勘探潜力。

2013 年通过对徐西—肇州地区整体气藏解剖，认为徐西地区主要发育三种类型圈闭，北部以岩性—构造圈闭为主，多层位含气，构造高部位气藏富集；中部以岩性—构造圈闭为主，主要为上倾尖灭型和低幅度构造圈闭为主；南部储层致密，为岩性气藏带。2013 年在 ZS16 井突破基础上，继续针对上倾尖灭圈闭，优选资源量大、风险小的圈闭实施钻探。部署预探井 ZS19 井，该井岩性以流纹质凝灰岩、英安岩为主，划分有效厚度 248.2m，平均孔隙度 11.9%，含气性好，压裂后获得 $21.78×10^4 m^3$/d 的工业气流，无阻流量 $46.42×10^4 m^3$/d。通过 ZS16 井、ZS19 井的钻探成功，可落实天然气储量 $200×10^8 m^3$，徐西斜坡带展现出 $400×10^8 m^3$ 的天然气勘探潜力。

2. 安达隐蔽火山口及近火山口区溢流相

针对中基性岩隐蔽火山口，在安达地区部署 DSX23 井，钻遇好气层，综合解释气层 2 层 16.6m，差气层 9 层 74.2m，划分有效厚度为 68.2m，压裂后获得日产 $12.53×10^4 m^3$ 的高产工业气流。

安达凹陷位于徐家围子断陷北部，勘探面积950km²。由于沙河子组烃源岩发育，营城组火山岩储层连续分布，登娄库组区域盖层稳定，其成藏条件十分有利。目前火山岩完成了分期次精细解释，共分为三期，期次一岩性主要为酸性碎屑岩，主要发育在安达凹陷西部，分布比较局限，以产水及干层为主，非当前勘探主要目的层；期次二岩性主要为中基性岩，在安达凹陷全区分布，以火山口、近火山口区为主，气藏整体受岩性控制，基本不含水。期次Ⅲ岩性主要为酸性岩，发育在安达凹陷南部，局部发育火山机构，以火山口、近火山口区为主，气藏受岩性及构造控制，整体没有统一气水界面，构造高部位产纯气，构造低部位气水同出，为岩性—构造气藏。2013年安达地区火山岩勘探思路主要为火山口区直井钻探控制含气范围，近火山口区水平井提产。依据这个勘探思路，2013年针对安达地区期次二近火山口区部署水平井SS103H井。SS103H井水平段长度1057m，岩性为安山岩，解释气层98m，差气层566.8m，平均孔隙度12.1%，采用裸眼滑套分15段压裂，共打入压裂液1.71×10⁴m³，加砂1415m³。压裂后获日产气11.7×10⁴m³工业气流，无阻流量31.5×10⁴m³。

二、莺山、古龙深层营城组火山岩气藏勘探取得多项新突破

随着徐家围子断陷的勘探突破，"十五"以来逐步向其他外围断陷甩开勘探，莺山和古龙等断陷作为深层天然气勘探的重点突破领域，并见到较好的勘探效果。

2005年以火山岩控藏认识为指导，通过对古龙南部敖南洼槽火山岩岩体刻画，结合与沙河子组烃源岩配置关系研究，优选鼻状构造作为风险勘探目标钻探GS1井，压裂后获得低产气流，日产气1455m³，从而证实了古龙断陷为含气断陷。

2007年为了探索古龙断陷深层含气性，揭示沙河子组烃源岩发育情况及资源潜力，部署钻探GS2井，钻遇沙河子组暗色泥岩厚度357m/83层，单层厚度最大22m，泥地比49.7%；岩心TOC平均0.39%，岩屑TOC平均1.54%，R_o值1.5%~2.7%，表明有机质演化达到了过成熟阶段，整体为中等—好气源岩，证实古龙断陷沙河子组烃源岩发育。

2008年在莺山断陷针对有利火山岩岩体部署的YS2井，在营城组和沙河子组都钻遇到优质烃源岩，营城组火山岩获得46094m³/d的工业气流，实现了莺山—双城断陷勘探的突破。

2020年基于新老三维地震大连片数据，重新落实古龙断陷33个火山岩岩体和13个生烃洼槽展布，整体上火山岩气藏具有4700×10⁸m³的资源潜力。研究认为源上大型火山岩岩体是有利的勘探方向和目标，为获得勘探突破，优选古龙断陷中部最大的火山岩岩体部署风险井GL2井，GL2井在营城组钻遇孔隙度10%~20%的高孔隙度发育带，获日产气44.6×10⁴m³，无阻流量177×10⁴m³，压力系数1.96。营城组火山岩发现超高压高孔气藏，突破深层勘探深度下限，发现多类型资源，实现新断陷重大突破。

三、松辽盆地北部营城组火山岩油气勘探前景展望

营城组火山岩是盆地重要准备接替领域，沙河子组烃源岩及营城组火山岩大面积分布，"烃源岩＋岩体＋通道＋断裂"匹配控制了火山岩气藏富集。通过伸展断裂在徐家围

子断陷、莺山—双城断陷、古龙—林甸断陷三大断陷形成七个火山岩喷发带，分布面积$1.5 \times 10^4 km^2$，发育大型火山岩岩体 54 个，面积 $2760 km^2$。

针对富气的徐家围子营城组火山岩，要以精细挖潜为主，攻关溢流相储层预测及气藏描述技术，拓展勘探规模。同时，进一步拓展莺山、古龙两大断陷，针对古龙断陷的近源大型火山岩岩体优选风险井位目标，实现烃类气区新突破，针对莺山断陷优选大型火山岩岩体部署井位，实现规模增储，突破莺山产量。

第四章　沙河子组致密气成藏条件、富集规律研究与勘探新进展

致密气作为非常规油气资源之一，分布广泛，潜力巨大。致密气是指覆压基质渗透率不大于 0.1mD 的砂岩等储层聚集的天然气资源。致密气的研究始于 20 世纪 50 年代，从美国圣胡安盆地的隐蔽气藏，到加拿大艾伯特盆地埃尔姆沃斯巨型深盆气藏，再到拉顿盆地的盆地中心气、致密砂岩气与连续型天然气藏，目前致密气已成为全球非常规天然气勘探的重点领域。北美地区已实现致密砂岩气的大规模商业化生产，2010 年美国致密气产量达 $1754\times10^8m^3$，占当年天然气总产量的 30%。

我国致密气的勘探开发起步相对较晚，但近年发展得非常快，目前在鄂尔多斯、四川、塔里木等少数盆地发现大型致密气区。以四川盆地川东北元坝地区须家河组为例，致密砂岩大气区提交控制储量 $4720\times10^8m^3$、预测储量 $2460\times10^8m^3$，资源潜力大。此外，在松辽盆地沙河子组、吐哈盆地水西沟群、准噶尔盆地八道湾组，致密砂岩均具备形成致密气区的条件，也取得了一系列重大发现。致密气储量现在已占我国天然气总储量的 1/3 以上，年产量超过 $200\times10^8m^3$，开发潜力和可采资源量巨大。

沙河子组是断陷初始拉张期的产物，发育辫状河三角洲及扇三角洲沉积体系，其中陡坡带为扇三角洲沉积体系，缓坡带则为辫状河三角洲沉积体系。烃源岩指标好、厚度大，为形成大型气藏奠定物质基础。但受成岩作用的影响，储层比较致密，为低孔隙度、低渗率储层。层序地层学研究表明，沙河子组纵向上划分 4 个三级层序，发育完整的沉积旋回，每个层序储层与烃源岩间互发育，源储一体，形成良好的生—储—盖组合，具有形成致密气藏的有利条件。有别于我国中西部典型致密气藏成藏特点，断陷盆地致密气具有"源储一体、近源聚集、满凹含气、不含水"的特点。天然气富集受"源控区、相控储、储控藏"的"三控"规律。依据成藏条件及富集规律的认识，松辽盆地整体估算资源潜力 $2.43\times10^{12}m^3$。"十二五"以来，经过近十年的攻关，多个区带均获得突破，提交三级储量 $945\times10^8m^3$，目前已成为松辽盆地深层最重要的现实领域。从勘探程度看，徐家围子断陷勘探程度高，莺山、古龙等外围断陷正在积极探索。本章以勘探程度较高的徐家围子断陷为解剖区，重点论述断陷盆地致密气的成藏条件及富集规律，为其他断陷致密气的勘探指明方向。

第一节　沙河子组致密气勘探概况及勘探历程

徐家围子断陷为松辽盆地北部深层主要含气断陷，面积为 $5350km^2$，规模较大，成藏条件有利，"十二五"以来以非常规油气勘探理论指导探索松辽盆地北部深层致密气

勘探。现已钻22口探井，16口井见工业气流，提交探明储量189.24×10^{8}m^3，控制储量204.07×10^{8}m^3，预测储量527.04×10^{8}m^3，展现良好的勘探前景。

一、沙河子组致密气藏勘探概况

松辽盆地致密气资源主要分布于松辽盆地北部深层，以沙河子组为主要烃源岩，发育源上营城组四段、源内沙河子组两套致密气藏。其中，徐家围子断陷勘探程度相对较高，已提交探明储量189×10^{8}m^3，剩余潜力大，其他断陷勘探程度均较低（图4-1-1）。

二、沙河子组勘探历程

"十一五"期间，徐家围子断陷深层的勘探以白垩系营城组火山岩为重心，探明储量超过2000×10^{8}m^3。

天然气探明储量，发现徐深气田。沙河子组位于已探明的徐深气田营城组火山岩气藏之下，一直以来作为徐家围子深层最重要的烃源岩层。在营城组火山岩勘探过程中，沙河子组作为兼探层，多口"口袋井"见到良好显示。因此，"十二五"期间，转变勘探思路，以非常规勘探理论为指导，向源内进军，探索沙河子组源内致密砂砾岩的含气性。

2011年以来，通过开展沙河子组成藏条件及有利勘探区带系统研究，明确徐家围子北部安达地区沙河子组具有地

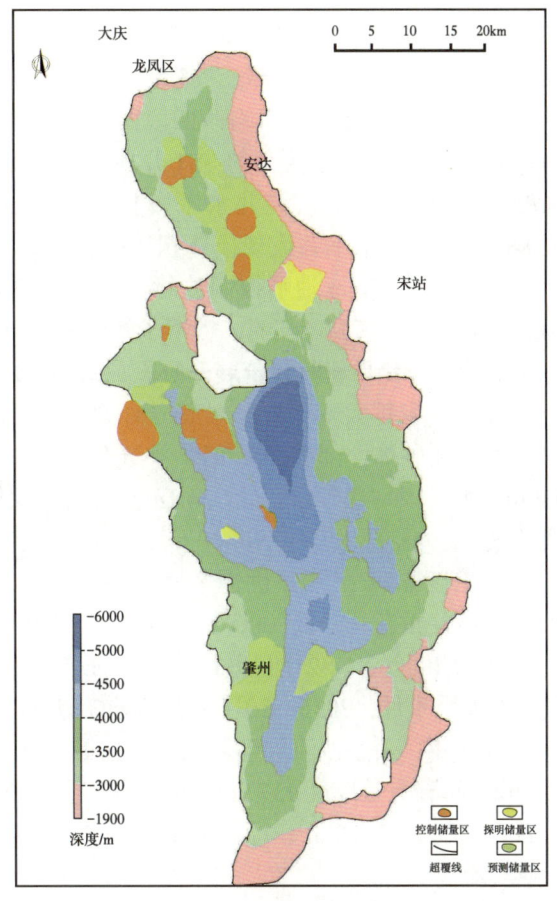

图4-1-1　松辽盆地北部徐家围子断陷致密气勘探成果图（沙河子组顶面构造图）

层厚度大、埋藏相对浅、暗色泥岩及煤层发育且烃源岩指标好的特点，西侧扇三角洲与东侧辫状河三角洲在凹陷中部叠置，砂砾岩发育且储层物性较好，成藏条件优越，是最有利的勘探地区。

近年来立足安达地区，在细分层序、精细解释基础上井展精细沉积相研究，攻关沙河子组致密气"甜点"识别技术，针对西侧扇三角洲平原厚层砂砾岩体部署水平井SS9H井，采用水平井大规模体积压裂技术，压裂后获得日产气20.81×10^{4}m^{3}的高产气流，实现沙河子组致密砂砾岩领域的勘探突破；随后针对不同相带的"甜点"相继部署4口水平井均取得成功，多口直井纵向多层体积压裂也获得工业气流，展现致密气良好的勘探前景。

1. 沙河子组致密气勘探突破阶段（2011—2013 年）

2011 年针对徐家围子断陷沙河子组成藏条件与有利区带优选开展系统研究，取得四项初步认识：一是沙河子组划分为四个三级层序，总体发育四套砂砾岩段；二是扇（辫状河）三角洲沉积是形成沙河子组致密气的物质基础；储层整体致密，储层物性与埋深、相带关系密切；三是大面积分布的优质烃源岩是形成沙河子组致密气物质来源，沙河子组具备形成大面积致密气藏的基础；四是沙河子组源储叠置发育，普遍含气，含气性与构造关系不明显，主要为岩性气藏，安达凹陷是最有利的勘探区带。

2012 年，立足安达凹陷沙四段西侧扇三角洲平原亚相厚层砂砾岩体，优选埋藏浅、物性相对好、气层厚度大的 SS1 井所在的 1 号"甜点"，通过平面选区、纵向选段、刻画靶层部署 SS9H 井。该井水平段长度 1135m，综合解释气层 30 层 1004m，储层钻遇率 88.5%。探索水平井大规模体积压裂技术，压裂 12 段，共打入压裂液 $1.79 \times 10^4 m^3$，加砂 $907.5 m^3$，12.7mm 油嘴控制放喷，油压 11.2MPa，日产气 $20.81 \times 10^4 m^3$，计算无阻流量 $24.58 \times 10^4 m^3/d$，获高产气流，沙河子组致密砂砾岩首次取得勘探突破。

2. 沙河子组致密气评价展开阶段（2014—2018 年）

为进一步扩大安达凹陷沙河子组致密砂砾岩含气场面，2014 年针对安达凹陷中部前缘相有利砂体，部署 DS20HC 井与 DS21HC 井两口水平井。DS20HC 井水平段长度为 910m，水平段钻遇砂岩累计 734.1m，有效气层段 661m，平均孔隙度 5.9%。优选 14 段压裂试气，压裂后日产气 $7.96 \times 10^4 m^3$，获得工业气流。DS21HC 井钻遇有效气层段 189.8m，平均孔隙度 6.2%；该井优选 8 段压裂试气，压裂后获日产气 $4.19 \times 10^4 m^3$ 的工业气流。2017 年该井重新开井试气求产，获得日产气 $9.48 \times 10^4 m^3$，计算无阻流量 $13.4 \times 10^4 m^3/d$。

DS20HC 井、DS21HC 井的成功，证实安达中部扇三角洲平原、前缘相带均具备工业气藏的地质条件，2015—2016 年勘探进一步向南北拓展，扩大勘探成果。

2015 年，安达沙河子组勘探向南拓展，部署直井 SS10 井，钻穿沙河子组。揭示地层 1264m，解释有效厚度 157.9m。该井在工艺上探索采用直井套管多段大规模压裂技术，压裂后日产气 $5.67 \times 10^4 m^3$，计算无阻流量 $7.11 \times 10^4 m^3/d$，安达凹陷沙河子组直井勘探也获得工业气流。

2016 年，安达沙河子组勘探向北拓展，针对沙河子组四段部署水平井 DS22H，该井完钻井深 4248m，水平段长度 612m，水平段砂砾岩 578m，综合解释气层 36 层 650m（造斜段和水平段），解释有效厚度 576m，平均孔隙度 5.2%。该井压裂 11 段，压裂后采用 6.35mm 油嘴、三相分离器测气，套压 19.71MPa，折算井底流压 29.46MPa，压裂后日产气 $8.24 \times 10^4 m^3$，获得工业气流。

安达凹陷沙河子组南北拓展均取得成功，2015—2016 年，针对安达沙河子组四段首次提交天然气预测地质储量 $867.68 \times 10^8 m^3$，落实含气规模。

2017 年在 SS9H 井区升级控制储量 $107.83 \times 10^8 m^3$，准备储量升级。同时，进一步加大评价力度，控制含气规模，相继部署 6 口直井。安达北部部署 DS24 井、DS32 井。DS24 井钻遇沙河子组 880m，沙河子组四段、三段砂砾岩解释有效厚度 77.9m；2017 年优选 19 层压裂试气，4.37mm 油嘴，66.68mm 挡板，日产气 $6.2 \times 10^4 m^3$，无阻流量 $12.67 \times 10^4 m^3/d$，获工业气流。DS32 井钻遇沙河子组 839m，沙河子组四段、三段砂砾岩解释有效厚度 146.1m；2018 年优选 25 层压裂试气，7.94mm 油嘴，69.85mm 挡板，日产气 $10.4×10^4m^3$，无阻流量 $13.88×10^4m^3/d$，获工业气流。安达中部部署 SS111 井、SS115 井、SS18 井、SS16 井等 4 口探井均钻遇较好的含气层。SS9H 井区东侧 SS111 井钻遇沙河子组 1435m，解释有效厚度 94.9m；2018 年优选 14 层压裂试气，10mm 油嘴，20mm 挡板，日产气 $1.79×10^4m^3$，获低产气流。SS9H 井区南侧 SS18 井钻遇沙河子组 704m，沙河子组砂砾岩解释有效厚度 123.5m，优选 25 层试气，分 12 段压裂，获 $8.42×10^4m^3$ 工业气流。DS20HC 井区南边界 SS115 井钻遇沙河子组 533m，沙河子组砂砾岩解释有效厚度 87m，日产气 $22758m^3$ 获低产气流。

安达地区沙河子组通过两个阶段的勘探，已有探井 14 口，认识程度较高，勘探效果较好，展示沙河子组致密气良好的勘探前景，2018 年提交探明储量 $189.24×10^8m^3$。

3. 沙河子组致密气效益动用和拓展阶段（2019 年至今）

为证实沙河子组致密气可动用性，分别对沙河子组四段砂层组水平井 SS9H 井、沙河子组四段二砂层组水平井 DS20HC 井、沙河子组直井 DS24 井进行试采。SS9H 井、DS20HC 井、DS24 井采用定产降压试采，压降基本稳定，证实沙河子组致密气可有效动用。

截至 2024 年，沙河子组致密气有 4 口井已投入开发。安达地区水平井 SS9H 井于 2017 年 9 月 15 日开始采气，累计采气 699 天时，日产气量 $(3\sim7)×10^4m^3$，平均日产气量 $3.3×10^4m^3$，累计产气量为 $2353×10^4m^3$，套压从 30.0MPa 降到 17.8MPa，压降缓慢。徐西地区直井 XS6-308 井于 2019 年 1 月 24 日开始采气，采气 306 天时，日产量为 $(5\sim8)×10^4m^3$，平均日产气量 $6.9×10^4m^3$，累计产气 $2128×10^4m^3$，油压从 22.0MPa 降到 15.0MPa，压力稳定。

为实现致密气整体有效动用、快速建产，采用勘探开发一体化，降本增效的非常规气开发理念，针对安达地区沙河子组致密气首次提交的 $189×10^8m^3$ 探明储量，2019 年底开展先导性试验区设计方案，利用已有探井 5 口（水平井 3 口，直井 2 口），新设计水平井 6 口，斜井 1 口，SS9-P1 井和 SS9-P5 井现已完成试气。

继安达沙河子组取得突破之后，徐家围子断陷沙河子组致密气徐东、徐西、徐南等各区带均获得突破。2014 年，XT1 井风险勘探获得突破，发现新的含气区带。2019 年，徐西勘探开发一体化部署，XS6-308 井获日产气量为 $11.1×10^4m^3$。2020 年，徐南 ZS32 井获日产 $8.1×10^4m^3$ 的工业气流。徐家围子断陷含气规模不断扩大，断陷盆地源内致密气呈现满凹含气场面。目前致密气以成为松辽盆地北部深层最为现实的增储领域。

第二节　沙河子组地质特征

徐家围子断陷形成于早白垩世早期，是一个近南北向发育的"西断东超"的箕状断陷，受徐西、宋西两条控陷断裂和徐中走滑断裂控制，平面上具有"两凹夹一隆、东西分带、南北分块"的总体构造格局。沙河子组经历沙河子组沉积建造作用，沙河子组沉积末期、营城组一段沉积末期和营城组沉积末期的改造作用。

一、沙河子组构造特征

松辽盆地为断坳复合型盆地，中浅部为坳陷构造层，深部为断陷构造层。在断陷阶段经历前裂谷期（抬升剥蚀阶段—裂谷期（断陷—后裂谷期（热冷却沉降阶段）的演化过程。松辽盆地东部和东北部为黑龙江—吉林海西褶皱，南部则与内蒙地轴相隔一个东西向断层，西部及北部是大兴安岭—内蒙海西褶皱带。盆地北部在区域性近南北向和北东向深大断裂的控制之下形成近南北向的凹隆相间的区域构造格局，主要由一个区域斜坡带、二个大的隆起带和三个大的断陷带组成。自西向东依次为西部斜坡区、常家围子—古龙—林甸断陷带、中央古隆起带、徐家围子—北安断陷带、肇东—朝阳沟—海伦隆起带和莺山—庙台子—绥化断陷带。

1. 断陷结构

徐家围子断陷是在徐西大断裂的控制和东西向拉张力影响下所形成的西断东超式型箕状断陷，总体上具有"两凹夹一隆和南北分块、东西分带"的特征。火石岭组—沙河子组沉积时期，受北东东向断层的分割，断陷具有南北分块的特征。"两凹夹一隆、东西分带、南北分块"的构造格局是在沙河子组沉积末期形成，由于徐中走滑断裂开始活动并产生右旋走滑，沿北北西向切割徐西大断裂，致使徐西大断裂变为南北两段，升平凸起就是在这一时期的中央古隆起带的一段被在走滑作用下被推到徐家围子断陷中而形成的"隆"。徐东断裂在火石岭组—沙河子组沉积时期控陷作用不强，是一条局部发育的小断裂，到营城组沉积时期，受徐中断裂的影响，发育成为一条大型的负花状构造断裂带。

2. 构造单元

徐家围子断陷的构造格架与松辽盆地具有相似之处，均由多期的伸展和挤压应力作用下形成，不仅平面上分割性较强，而且次级构造形态比较丰富。徐家围子断陷受近南—北向的徐西控陷断裂、近北西向的徐中走滑断裂和徐东断裂带的控制，为西断东超的单断箕状断陷，构造总体上具有四周高中间低，中部宽而深、南北窄而浅的特点，呈近南北向展布的"两坳三隆"的构造格局，可划分为西部断阶带、安达宋站次凹、徐西次凹、肇州次凹、升平凸起、丰乐低凸起共6个二级构造单元，进而划分出21个三级构造单元。

3. 地层分布特征

徐家围子断陷具有"两凹夹一隆、东西分带、南北分块"的总体构造格局。火石岭组主要分布在深断陷内，徐西断裂控制地层分布，东西向断层对地层厚薄有分割作用，在断陷中部被徐中断裂错开；沙河子组分布范围比火石岭组明显加大，地层分布主要也受到徐西断裂控制，且中部和北部地层较厚，东西向断层对地层的厚薄没有明显的分割作用，在断陷中部同样被徐中断裂错开；营城组的分布范围进一步扩大，徐中断裂和徐东负花状构造带共同控制地层的分布，中部和南部地层较厚，其中营城组一段的火山岩分布受徐中断裂控制十分明显，而营城组三段火山岩的分布主要受徐东负花状断裂带控制，营城组四段的砂砾岩分布基本不受断裂所控制，具有中间厚、两侧薄的特点。

4. 沙河子组原型盆地

沙河子组沉积期盆地具有由小变大的趋势；盆地受北西向、北北东向和北东向控陷断层的控制，沉降中心沿北西向、北东向和近南北向控陷断层下降盘呈串珠状展布。北西向和北北东向为主控陷断层，北东向控陷断层为变换断层；不同方向的控陷断层呈雁列式展布；沙河子组一段沉积期肇州凹陷为受北东控陷断层控制的凹陷，沙河子组二段、三段、四段沉积时期北东控陷断层消亡，东侧的北东向和北西向控陷断层活跃壮大，导致肇州凹陷萎缩且向东迁移。

徐家围子断陷深层各层序地层主要受北西向、北北东向和北东向控陷断层的控制，沙河子组沉积时期由下至上的沉积范围逐渐变大，沉积中心也由东向西逐渐迁移。受多期构造运动的影响，发育多级次控陷断裂和沉积洼槽，其中北西向控陷断裂控沉积作用较强，沉积洼槽由下至上的沉积范围逐渐变大。在一定程度上，沙河子组沉积中心的变化特征与构造运动之间的关系都反映沉积演化与断裂构造活动在时空上具有较好的匹配关系。

5. 断裂体系

徐家围子断陷的断裂在平面上分布受徐西、宋西、徐东和徐中四条大断裂的控制，次生断裂分布特征不规则，总体上断裂体系在平面上具有多种组合形式。其中徐西、宋西、徐东断裂沙河子组沉积时期为控陷断裂，徐中断裂为变换构造。

徐家围子断陷沙河子组断层可分为正断层、逆断层两种，其中正断层包括控盆断层、控凹断层、同沉积断层和改造断层。逆断层为沙河子组沉积末期和营城组一段沉积末期形成，很少发育；控盆断层不但起控凹作用，同时为断陷期盆地边界，发育规模最大，数量较少；控凹断层控制断陷期凹陷或次凹的发育；同沉积断层为断陷期伴生断层，可改变古地形但不控制凹陷发育；改造断层是沙河子组沉积末期和营城组一段沉积末期强烈褶皱变形的伴生产物，具有数量多和规模小的特征。徐家围子断陷沙河子组四段在安达凹陷西侧发育一条逆断层，但延伸长度小；徐西断裂和宋西断裂（部分）为控盆断裂；宋西断裂（部分）、徐中断裂和徐东断裂为控凹断层；同沉积断层分布在徐东断裂带附近；改造断层沿徐东断裂带、徐西断裂、徐中断裂和宋西断裂密集分布。徐家围子断陷沙河子组三段在安达凹陷西侧发育一条逆断层，但延伸长度较大；徐西断裂和宋西断裂（部分）为控盆断裂；宋西断裂（部分）、徐中断裂和徐东断裂为控凹断层；同沉积断层分主要分布在中南部；改造断层沿徐东断裂带、徐西断裂和宋西断裂密集分布。徐家围子断陷沙河子组二段在安达凹陷逆断层不发育；徐西断裂和宋西断裂（部分）为控盆断裂；宋西断裂（部分）、徐中断裂和徐东断裂为控凹断层；同沉积断层分主要分布在中南部；改造断层沿徐东断裂带、徐西断裂和宋西断裂密集分布。徐家围子断陷沙河子组一段在安达凹陷逆断层不发育；徐西断裂和宋西断裂（部分）为控盆断裂；宋西断裂（部分）、徐中断裂和徐东断裂为控凹断层；同沉积断层分主要分布在中南部；改造断层沿徐东断裂带、徐西断裂和宋西断裂密集分布。

徐家围子断陷深层断裂主要具有如下特点：全区发育有北西向、北东向、东西向及近南北向四组断裂，以北西向为主体，几乎全为正断层。绝大多数的北西向断层，其断面倾向都为东倾，只有部分为西倾，表明本区断层有从西向东呈斜列式发育的特征。

6. 构造演化

徐家围子断陷沙河子组经历沙河子组沉积建造作用，沙河子组沉积末期、营城组一段沉积末期和营城组沉积末期的改造作用。沙河子组和营城组建造期徐家围子断陷以离散作用为主，沙河子组沉积末期、营城组一段沉积末期和营城组沉积末期徐家围子断陷受到挤压改造作用，以聚敛作用为主。断陷格局在营城组沉积末期基本定格，营城组沉积时期之后的构造活动弱，对断陷的构造格局影响较小。

二、沙河子组层序地层特征

综合岩心露头、测井、地震资料及测试分析数据，结合地震反射特征的不整合、上超、下超界面的特征及波阻特征的不同，沙河子组纵向上划分为4个三级层序，由下向上为SQ1、SQ2、SQ3、SQ4。

1. 沙河子组层序地层序列

徐家围子断陷沙河子组一般地层厚度达到2000~3000m，且在断陷内部埋深大，顶面海拔一般 -4000~-4500m。按照层序地层学原理，综合岩心露头、测井、地震资料及测试分析数据，结合地震反射特征的不整合、上超、下超界面的特征及波阻特征的不同，准确地识别出层序边界，确立沙河子组三级层序四分的划分方案（表4-2-1）。以地震资料层序识别追踪解释为基础，结合单井层序划分并合成记录标定，将沙河子组划分为4个三级层序，由下向上为SQ1、SQ2、SQ3、SQ4。

2. 沙河子组三级层序界面识别标志

通过大量的钻井岩心、录井、测井及地震等资料的综合分析，总结徐家围子断陷4个三级层序界面特征及其识别标志。这些识别标志以地震相标志、测井相标志和岩相标志最为可靠和具可操作性，是本区层序地层单元识别与划分的主要标志。

表4-2-1 徐家围子断陷沙河子组三级层序划分方案

地层单元	三级层序划分方案	三级层序顶界面
沙河子组	SQ4	T_4^1
	SQ3	T_{4a}
	SQ2	T_{4b}
	SQ1	T_{4c}

1）地震识别标志

地震反射终止现象可划分为削蚀、顶超、上超和下超等，层序界面在地震上的标识是界面之上的上超和下超、界面之下的削蚀和顶超等。以钻井资料为依据，首先分析过井的三维地震勘探资料，通过对具有声波测井资料的钻井制作地震合成记录，并与实际地震剖面对比，完成沙河子组的地震地质层位的标定。在此基础上，依据高分辨率地震资料在区内划分三级层序及体系域，研究地层叠加方式、地震相类型及特征等并建立等时层序地层格架。

徐家围子断陷沙河子组三级层序界面较易识别，由下向上共识别出T_4^2、SB2、SB3、SB4、T_4^1五个三级层序界面（图4-2-1）。界面上多表现为：

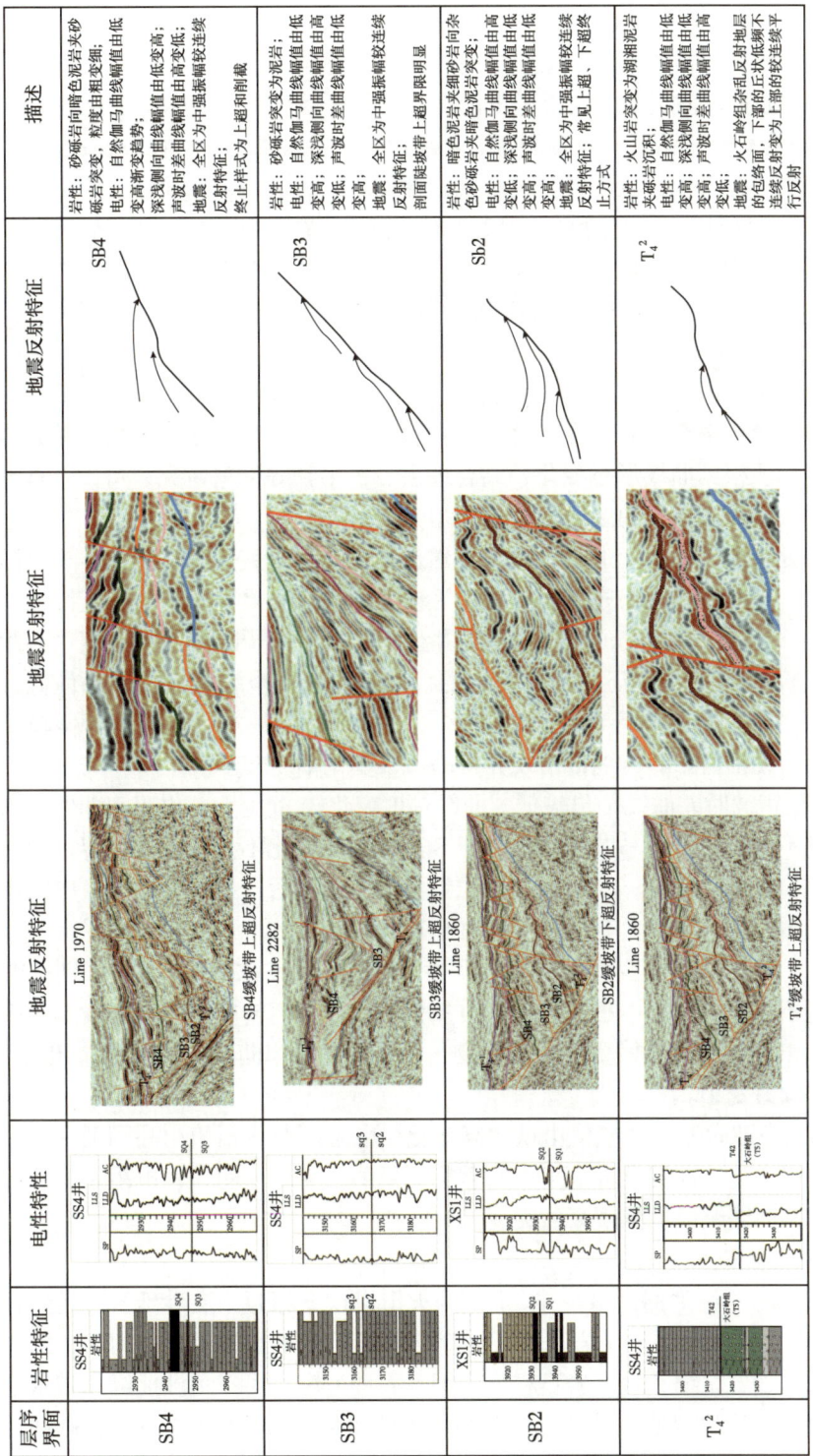

图 4-2-1 徐家围子断陷沙河子组三级层序界面识别图版

（1）近物源的坡折带上部地区，地震波组表现为削截或冲刷充填；
（2）坡折带发育区，地震波组表现为上超，亦见视削截；
（3）强振幅反射同相轴所示的上、下地层的截然差异；
（4）地震波阻抗反演剖面波组上、下的截然差异等。

T_4^1 是一角度不整合界面，地震剖面上表现为中、弱振幅，连续性较差；

SB4 界面中—强振幅，较连续反射特征，界面之上为上超，界面之下为削截；

SB3 界面之上反射杂乱，整套的波阻关系对应较好，界面之上为上超，界面之下为削截；

SB2 界面表现为中—强振幅，较连续反射特征，界面之上为上超，界面之下为削截；

T_4^2 是火石岭组杂乱反射地层的包络面，下部的丘状低频不连续反射变为上部的较连续平行反射。

2）测井识别标志

测井资料的分辨率介于岩心露头和地震资料之间，最直观而系统地反映钻井岩性在纵向上的变化规律。根据曲线形态变化，结合地层、古生物等资料研究，可以合理地对徐家围子断陷内各次级构造单元的层序地层进行划分与对比。

层序界面处在测井曲线上通常表现为自然伽马测井曲线突变接触界面，视电阻率的突然增大或降低，声波时差在层序界面处表现为较大的坎值变化等特定的响应特征。

SQ1：由于本层深度较大，打穿此层的井很少，徐家围子断陷沙河子组中心附近没有井打穿此层，经挑选 XS1 井还是具有一定的代表性。本层声波时差曲线幅值低且变化幅度小，受煤层的影响声波时差曲线尖峰较多；电阻率曲线基本呈现高值，但幅值变化较大；自然伽马曲线幅值中等，局部出现异常高值，变化幅度较小。

SQ2：本层声波时差曲线幅值较低，曲线幅度变化较 SQ1 大；电阻率曲线基本呈现低值，幅值变化不大；自然伽马曲线幅值高于 SQ1，幅度变化不大。此层顶界面声波时差幅值开始趋于平稳，界线明显；自然伽马曲线幅值转向低值后开始缓慢增大；电阻率幅值变化最为明显，由幅值变化较大变得趋于平缓（图 4-2-2）。

SQ3：本层声波时差曲线幅值较高，幅度变化小，与 SQ2 有明显的区别；电阻率曲线平缓，幅值不是很大，基本呈现低值；自然伽马曲线幅值转向高值后幅度趋于平缓。此层顶界面处，声波时差由低值变为高值，变化平缓；电阻率曲线幅值减小，出现"台阶"；自然伽马曲线幅值变小。

SQ4：本层声波时差曲线幅值由低向高变化，电阻率曲线幅值由高到低，自然伽马曲线幅值由低向高变化。此层顶界面声波时差突变低值，突变面明显；电阻率曲线幅值突变高值；自然伽马曲线幅值也呈现高值突变。

3）岩性岩相标志

以 SS4 井沙河子组为例，该井 T_4^2 下部为火山岩，上部为厚层砂砾岩，是岩石类型的转变；SB3 界面之下为厚层砂砾岩，表现为辫状河三角洲平原相带为主的河道的叠置，界面之上为含砾细砂岩、细砂岩，岩石粒度变细，表现为辫状河三角洲前缘相带水下分流河道和河道间沉积，反映基准面升高可容空间增大的变化；SB4 界面之下为含砾细砂岩，界面之上为粉砂岩，并且出现煤层，是岩性组合上的突变；T_4^1 界面之下为泥岩、煤层，界面之上为砂砾岩,徐家围子断陷多数钻井 T_4^1 界面之上为流纹岩、安山岩等火山岩,是岩石类型的突变。

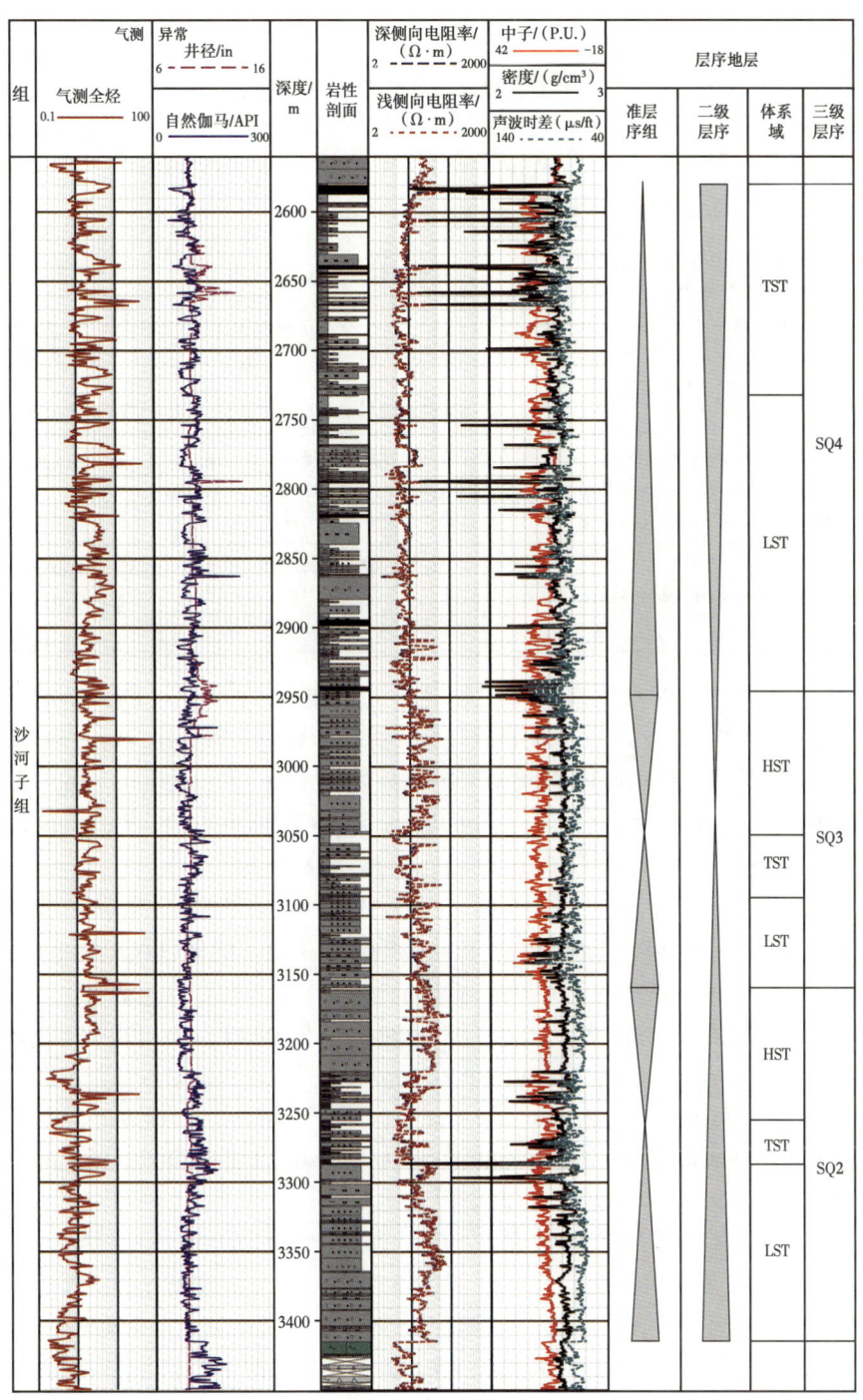

图 4-2-2　SS4 井单井层序地层划分综合柱状图

4）生物地层学特征

沙河子组产丰富的多门类古生物化石，其中包括典型热河生物群化石：狼鳍鱼 *Lycoptera*、东方叶肢介 *Eosestheria*、三尾拟蜉蝣 *Ephemeropsis trisetalis*、费尔干蚌 *Ferganoconcha*、锥叶蕨 *Coniopteris* 等（表 4-2-2）。

表 4-2-2 松辽盆地深层孢粉组合划分及特征简表

地层组	段	组合名称	主要特征
沙河子组	四段	Cicatricosisporites-Acanthotriletes-Taxodiaceaepollenites 组合	①蕨类孢子占绝对优势，裸子类花粉含量较低，未见被子类花粉；②无突肋纹孢含量最高，三角瘤面孢、三角刺面孢较丰富；③隐孔粉、杉科粉，克拉梭粉等有一定含量
	三段	Lophotriletes-Cicatricosisporites 组合	①蕨类孢子占优势，裸子类花粉次之，未见被子植物花粉；②裸子植物花粉见少量杉科粉、克拉梭粉和古松柏粉等；③蕨类植物孢子中 Lophotriletes、Cicatricosisporites 等含量较高
	二段	Classopollis-Pinaceae 组合	①裸子类花粉略占优势，蕨类孢子次之，未见被子植物花粉；②蕨类孢子 Osmundacidites，Laevigatosporites 等有一定含量；③裸子植物花粉中松科粉含量较高，其次为克拉梭粉
	一段	Leiotriletes-Protoconiferus-Paleoconiferus 组合	①裸子类花粉占绝对优势，蕨类孢子少量，未见被子植物花粉；②蕨类孢子见少量三缝孢、桫椤孢、三角粒面孢等；③裸子植物花粉中古老松柏类花粉含量高

介形类化石主要见于盆地南部煤田钻孔中，主要有 *Cypridea（Cypridea）unicostata* 单肋女星介、*C.（Yumenia）costa* 纯洁玉门女星介、*Mongolocypris ex.gr yangliutunensis* 杨柳屯蒙古星介类群、*Limnocypridea abscondida* 隐湖女星介、*L.grammi* 格式湖女星介、*L.mangutensis* 曼谷特湖女星介、*Mongolianella palmosa* 优越蒙古介、*Darwinula contracta* 窄达尔文介、*Lycopterocypris* 小狼星介、*L.debilis* 微弱狼星介等。

沟鞭藻类非常丰富，但种类很单调，壁单层且薄，表面纹饰简单。以 *Vesperopsis glabra* 光面拟蝙蝠藻占优势，*V. glanulata* 粒面拟蝙蝠藻少量，偶见 *Australisphaera cruciata* 十字南球藻等。

植物化石属种丰富，常见的化石有 *Coniopteris burejensis*、cf. *Raphaelia diamensis*、*Cladophlebis shaheziensis*、cf. *Ganotosorus ketovae*、*Nilssonia sinensis*、*Pterophyllum cf.propinquum*、*Ginkgoites orientalis*、*Baiera gracilis*、*Baiera manchurica*、*Phoenicopsis manchurica*、*Czekanowskia rigiea*、*Elatocladus submanchurica*，可建立 *Elatocladus submanchurica* 亚东北枞型枝—*Ginkgoites orientalis* 东北似银杏化石带。

沙河子组一段孢粉化石属 Leiotriletes-Protoconiferus-Paleoconiferus 组合，其组合特征为：（1）裸子植物花粉占优势，平均含量为 87.5%，蕨类植物孢子次之，平均含量为 12.5%，被子植物花粉未见；（2）蕨类植物孢子中含量较高的有 *Cyathidites*、*Leiotriletes*、*Granulatisporites*、*Concavissimisporites* 等；（3）裸子植物花粉中古松柏类花粉和原始松柏粉占较大比重，一般含量为 20%，最高可超过 50%。

沙河子组二段孢粉化石属 Classopollis-Pinaceae 组合，其组合特征为：（1）裸子类花粉占优势（71.3%~85.7%），蕨类孢子次之（14.3%~28.3%），未见被子植物花粉；（2）蕨类植物孢子中，Osmundacidites、Laevigatosporites、Cicatricosisporites 等具一定含量，Granulatisporites、Acanthotriletes、Cyathidites 等常见；（3）裸子植物花粉中松科粉和克拉梭粉等含量较高，松科粉中常见的有 Pinuspollenites、Piceaepollenites、Abietineaepollenites、Podocarpidites 等。

沙河子组三段属 Lophotriletes-Cicatricosisporites 组合，其组合特征为：（1）蕨类孢子占优势（83.8%~85.0%），裸子类花粉次之（15%~16.2%），未见被子植物花粉；（2）裸子植物花粉见少量杉科粉、克拉梭粉、古松柏粉和原始松柏粉等；（3）蕨类植物孢子中 Lophotriletes 含量最高（13.3%~25.2%），其次为 Cicatricosisporites（1.8%~28.4%）、Cyathidites、Granulatisporites 等最高含量均在 10% 以上。

沙河子组四段属 Cicatricosisporites-Acanthotriletes-Taxodiaceaepollenites 组合，其组合特征为：（1）蕨类植物孢子占绝对优势，平均含量为 85%，裸子植物花粉含量较少，平均含量为 15.0%，未见被子植物花粉；（2）蕨类植物孢子中以 Cicatricosisporites, Acanthotriletes、Converrucosisporites、Granulatisporites 为最多，平均含量超过 10%；其次是 Lycopodiumsporites、Osmundacidites、Cyathidites 等；Cicatricosisporites 较上一组合明显增多，最高含量可达 28.4%；③裸子植物花粉含量较少，成分单调，其中具气囊的松柏类花粉含量也较低，常见分子有 Taxodiaceaepollenites、Exesipollenites、Classopollis、Pinuspollenites、Podocarpidites 等。

5）沙河子组三级层序综合识别标志

根据上述界面识别标志，徐家围子沙河子组三级层序各界面识别综合特征为（图 4-2-3）：

T_4^2：岩性：火山岩突变为湖湘泥岩夹砾岩沉积；电性：自然伽马曲线幅值由低变高，深浅侧向曲线幅值由低变高，声波时差曲线幅值由高变低；地震：火石岭组杂乱反射地层的包络面，下部的丘状低频不连续反射变为上部的较连续平行反射。

SB2：岩性：暗色泥岩夹细砂岩向杂色砂砾岩夹暗色泥岩突变；电性：自然伽马曲线幅值由高变低，深浅侧向曲线幅值由低变高，声波时差曲线幅值由低变高；地震：界面以上反射特征为弱振幅，低连续，界面以下为中—强振幅，中等连续，低频。

SB3：岩性：砂砾岩突变为大段暗色泥岩；电性：自然伽马曲线幅值由低变高，深浅侧向曲线幅值由低变高，声波时差曲线幅值由高变低；地震：为一明显强反射轴，可连续追踪，界面的上覆地层表现为弱反射、空白反射，下伏地层表现为中强振幅，连续中等，发散状结构。

SB4：岩性：砂砾岩向暗色泥岩夹砂砾岩突变，粒度由粗变细；电性：自然伽马曲线幅值由低变高，渐变趋势，深浅侧向曲线幅值由低变高，声波时差曲线幅值由高变低；地震：界面以上的地层多为上超，局部表现为弱振幅对下伏地层的削截。

T_4^1：岩性：湖相泥岩夹砾岩沉积突变为火山岩或营城组砂砾岩沉积；电性：自然伽马曲线幅值由低变高，深浅侧向曲线幅值由低变高，声波时差曲线幅值由高变低；地震：一套角度不整合界面，地震剖面上表现为中、弱振幅，连续性较差。

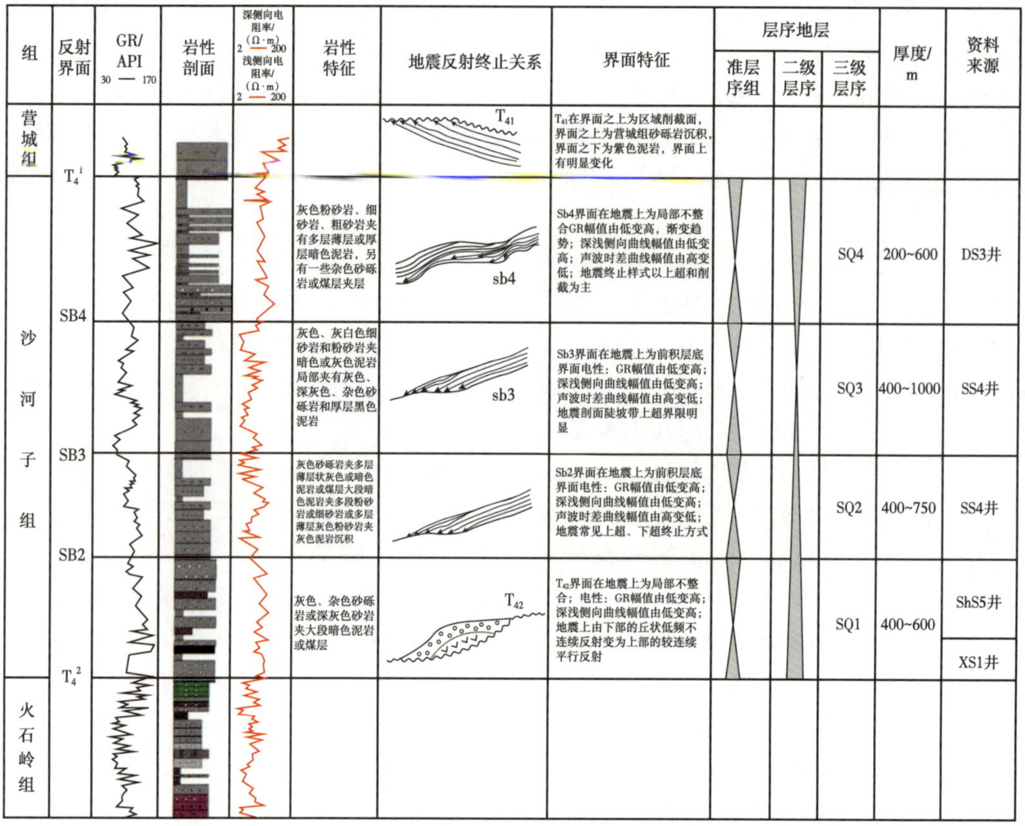

组	反射界面	GR/API 30~170	岩性剖面	深侧向电阻率 (Ω·m) 2~200 / 浅侧向电阻率 (Ω·m) 2~200	岩性特征	地震反射终止关系	界面特征	层序地层 准层序组	层序地层 二级层序	层序地层 三级层序	厚度/m	资料来源
营城组	T_4^1						T_{41}在界面之上为区域削截面,界面之下为营城组砂砾岩沉积,界面之下为紫色泥岩,界面上有明显变化					
沙河子组	SB4				灰色粉砂岩、细砂岩、粗砂岩夹有多层薄层或厚层暗色泥岩,另有一些灰色砂砾岩或煤层夹层	sb4	Sb4界面在地震上为局部不整合,电性: GR幅值由低变高,渐变趋势;深浅侧曲线幅值由低变高;声波时差曲线幅值由高变低;地震终止样式以上超及削截为主			SQ4	200~600	DS3井
沙河子组	SB3				灰色、灰白色细砂岩和粉砂岩夹暗色或灰色泥岩,局部夹有灰色、深灰色、杂色砂砾岩和厚层黑色泥岩	sb3	Sb3界面在地震上为前积层底界面,电性: GR幅值由低变高;深浅时差曲线幅值由低变高;声波时差曲线幅值由高变低;地震剖面陡坡带上超界限明显			SQ3	400~1000	SS4井
沙河子组	SB2				灰色砂砾岩夹多层薄层状灰色或暗色泥岩或暗色泥岩夹多段暗色泥岩或灰色粉砂岩夹薄层灰色泥岩沉积	sb2	Sb2界面在地震上为前积层底界面,电性: GR幅值由低变高;深浅曲线幅值由低变高;声波时差曲线幅值由高变低;地震常见上超、下超终止方式			SQ2	400~750	SS4井
	T_4^2				灰色、杂色砂砾岩或深灰色砂岩夹大段暗色泥岩或煤层	T_{42}	T_{42}界面在地震上为局部不整合;电性: GR幅值由低变高;深浅曲线幅值由低变高;声波时差曲线幅值由高变低;地震上中下部的丘状低频不连续面变为上部的较连续平行反射			SQ1	400~600	ShS5井 / XS1井
火石岭组												

图4-2-3 徐家围子断陷沙河子组层序地层划分综合图

3. 各层序地层特征及展布

1) 单井层序地层特征

单井层序地层特征是对单井资料的分析。以岩心、岩屑、测井资料为基础,进行全井段的沉积体系与钻井层序的分析对于区域上的层序地层分析有着指导和校正的作用。为了建立研究区的层序地层格架,详细研究其层序发育特征,一般选取具有代表性的单井。现以 DS1 井为例,对其层序结构进行精细解剖。

DS1 井位于湖盆北部中心地带,为湖盆的沉降中心,沉积厚度较大,井段为 3660~4650m,未见底,总厚度大于 990m。

DS1 井的沙河子组顶部与营城组底部为不整合接触,界面之下为灰色泥质粉砂岩,界面之上为灰白色凝灰岩,两者在岩性上有明显差异,钻遇层位为 SQ2、SQ3 和 SQ4(图4-2-4)。

SQ2: DS1 井未钻穿,沙河子组未见底。井段为 4312~4650m,因未见底,其厚度大于 338m。四级层序界面为典型的岩性突变面,界面之下为黑色粉砂质泥岩,界面之上为灰色粗砂岩。该界面将层序 SQ2 分为 SQ2-1 和 SQ2-2 两个四级层序,SQ2-1 井段为 4546.3~4650.1m,其厚度大于 103.8m;SQ2-2 井段为 4312~4546.3m,其厚度为 234.3m。该层序岩性总体上为灰白色砂质砾岩、粗砂岩和细砂岩夹黑色泥岩和粉砂质泥岩。砂岩自然伽马曲线为中幅箱形或漏斗状，泥岩自然伽马曲线为线形高值。

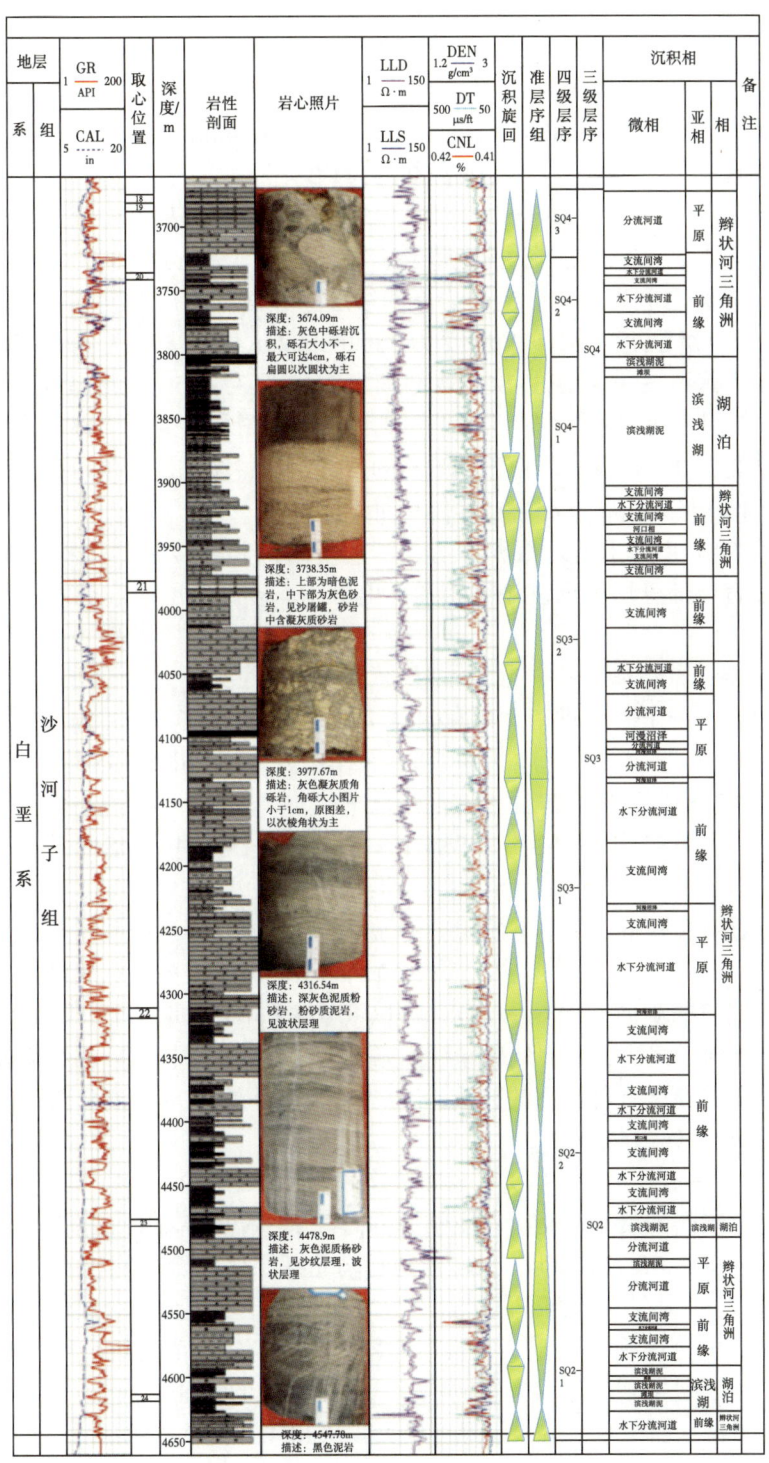

图 4-2-4　宋站地区 DS1 井沙河子组层序地层与沉积相综合柱状图

SQ3：井段为3921.9~4312m，厚度为390.1m。四级层序界面为典型的岩性突变面，界面之下为黑色薄层泥岩，界面之上为灰色砂质砾岩。该界面将层序SQ3分为SQ3-1和SQ3-2两个四级层序，SQ3-1井段为4131.7~4312m，其厚度为180m；SQ3-2井段为3922~4131.7m，其厚度为209.7m。该层序岩性总体上为灰白色砂质砾岩、粗砂岩和中砂岩和泥质粉砂岩，局部夹少量黑色泥岩和粉砂质泥岩和43m火山岩。砂岩自然伽马曲线为中幅齿状箱形和指状，泥岩自然伽马曲线为齿状。

SQ4：井段为3671.6~3921.9m，厚度为250.3m。层序中两个四级层序界面为典型的岩性突变面，SQ4-2底界面之下为黑色煤层，界面之上为灰色粉砂岩。SQ4-3底界面之下为黑色泥岩，界面之上为灰色砂质砾岩。四级层序界面将层序SQ4分为SQ4-1、SQ4-2和SQ4-3三个四级层序，SQ4-1井段为3802~3922m，其厚度为80m；SQ4-2井段为3723.5~3802m，其厚度为78.5m；SQ4-3井段为3671.4~3723.5m，其厚度为52.1m。该层序岩性下部为灰黑色泥岩夹灰白色细砂岩、粉砂岩和少量粗砂岩；上部岩性为灰白色粗砂岩和砂质砾岩夹少量黑色泥岩。由于湖泊相的发育，该层序泥岩含量较高。砂岩自然伽马曲线为中幅齿状箱形和指状，泥岩自然伽马曲线为齿状。

整体上看DS1井处于盆地沉积中心，沙河子组沉积厚度大，沉积相体现出辫状河三角洲十分发育，部分层段出现湖泊相和火山岩相。砂砾岩层段广泛发育，单层厚度也较大。

2）剖面地层分布特征

本文选取徐家围子断陷近南北向（ZS14井—ZS5井—SS3井—SS4井—SS1井—DS6井—DS11井—DS1井—DS9井）、近东西向（SS101井—SS1井—SS5井—SS4井）两条连井剖面对其层序结构进行精细解剖。

（1）ZS14井—ZS5井—SS3井—SS4井—SS1井—DS6井—DS11井—DS1井—DS9井地层对比剖面。

此剖面呈近南北展布，基本是横切主物源方向经徐家围子断陷沙河子组徐中断层以西区域的一条剖面。SS4井所处位置接近徐家围子断陷沙河子组中心，故该井地层保存较为完整，可见较完整的旋回，DS6井、DS11井、DS1井、DS9井处于断陷北部地区，距离徐家围子断陷沙河子组边缘近，地层保存不完整；在ZS14井中SQ4已经缺失，这与盆地边缘可容纳空间的变化有着密切的关系；SS3井、SS1井处SQ4厚度急剧减薄，此处削截作用明显，旋回不完整（图4-2-5）。

（2）SS101井—SS1井—SS5井—SS4井连井地层对比剖面。

该剖面呈近东西向展布，是沿着主物源方向位于断陷北部揭示层序较全的一条剖面。揭示层序SQ1、SQ2、SQ3、SQ4。SS4井是断陷北部层序发育较完整的井，且过井地震剖面特征明显，SS4井钻穿沙河子组，通过SS4井单井层序划分和合成记录在地震剖面层序界面的标定，能更准确地确定三级层序的划分。SQ1分布范围较窄且较薄，位于断陷底部，不受徐西断裂控制，显示受古地貌影响充填沉积的特征。SQ2、SQ3、SQ4层序受徐西断层控制呈楔状西厚东薄分布，厚度较大，从SS4井揭示，单层厚度分别为368.0m、211.5m、256.5m（图4-2-6）。

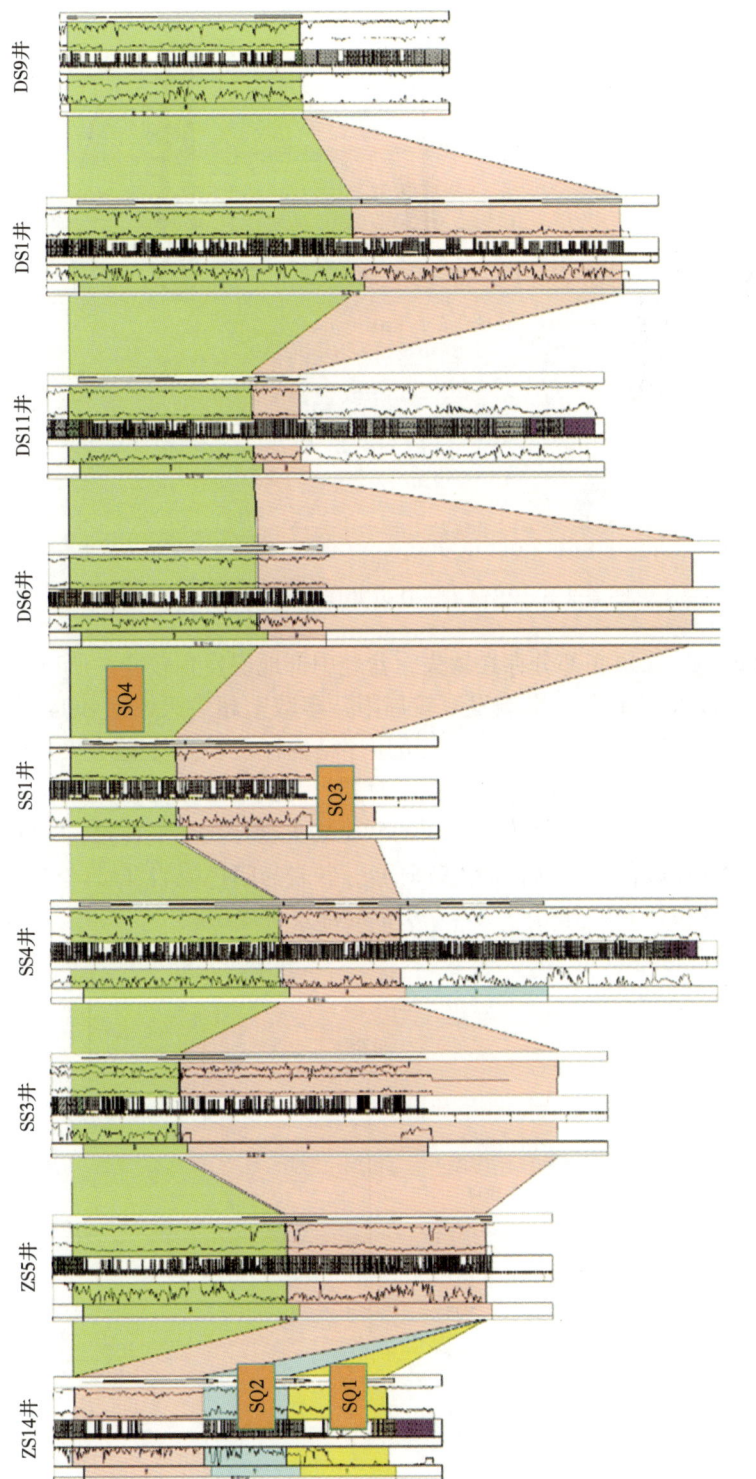

图4-2-5 ZS14井—DS9井连井地层对比图

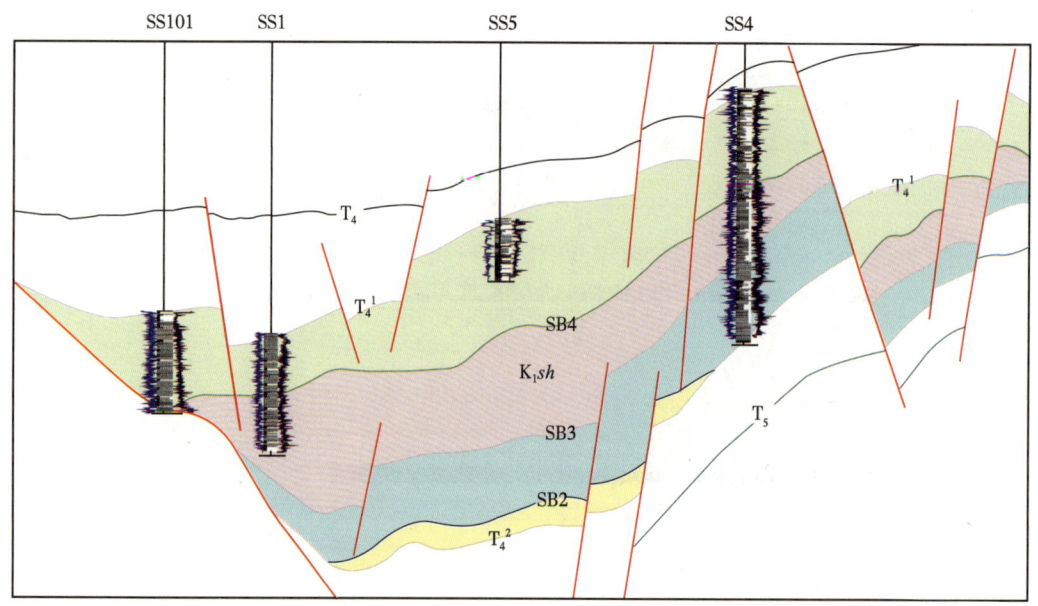

图 4-2-6　ZS14 井—DS9 井连井地层对比图

　　沙河子组在盆地边缘顶底部分存在缺失，盆地中部地层发育较全，所以在沙河子组四个三级层序中，SQ1 受古地形的影响发育较局限，多数上超尖灭，而 SQ4 受沉积后期剥蚀作用影响，地层剥蚀范围较大。因此，三级层序结构存在 SQ1 上超尖灭，SQ2、SQ3 上超尖灭，SQ4 存在缺失现象（图 4-2-7）。SQ1 时期，沉积地层厚度较大，以一套相对粒度较粗的砂砾岩沉积为主，岩性特征为较厚层的砂砾岩夹薄层泥岩，SQ2、SQ3 时期，地层厚度相对较薄，砂地比较低，岩性特征为砂砾岩、砂岩与暗色泥岩互层，SQ4 时期，地层厚度相对较大，岩性特征为砂砾岩与泥岩互层，局部发育煤层。

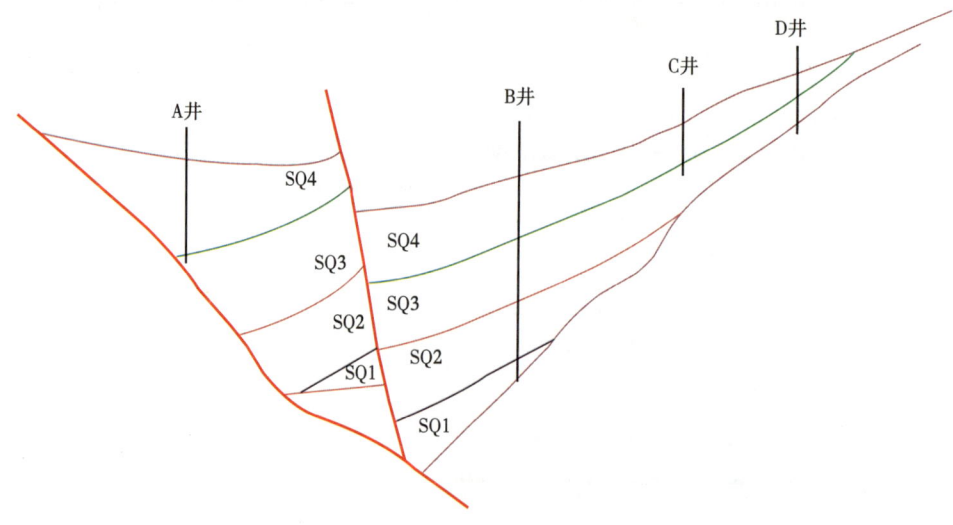

图 4-2-7　徐家围子断陷沙河子组三级层序结构模式图

3）平面分布特征

从各层序残留地层的平面分布可知，SQ1 面积为 1825.7km^2，厚度一般在 150~500m 之间，平均厚度为 430m（图 4-2-8）。SQ1 总体受古地貌影响，是一个填平补齐的过程，地层呈北西—南东向展布，徐东地区沉积厚度较大，南部被丰乐低凸起分割形成互相独立的断陷。本层岩性反映一般为灰色、杂色砂砾岩或深灰色砂岩夹大段暗色泥岩或煤层，单井旋回性较明显，但受古地貌发育控制，沉积充填范围较小。

SQ2 沉积厚度一般在 200~800m 之间，平均厚度为 510m（图 4-2-9）。SQ2 呈北西—南东向展布，面积为 2147.4km^2，西侧受徐西断层控制，由西到东厚度逐渐减薄，东侧受徐东断裂控制。粒度较 SQ1 细，仍以砂砾岩夹泥岩为主，中部有薄层粉砂岩较多，具有正—反旋回特征。沉积厚度最大的区域分布靠近徐西断裂带附近，厚度达 800m，主要是断裂活动造成可容空间增大，沉积物供给充足，沉积充填的一套扇三角洲体系。

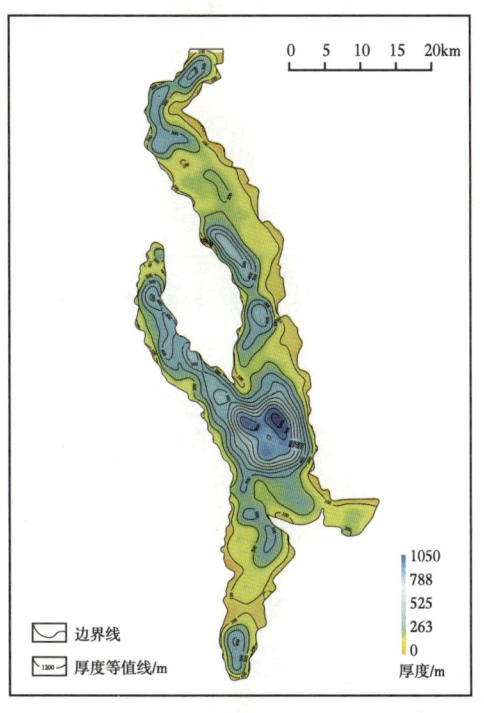 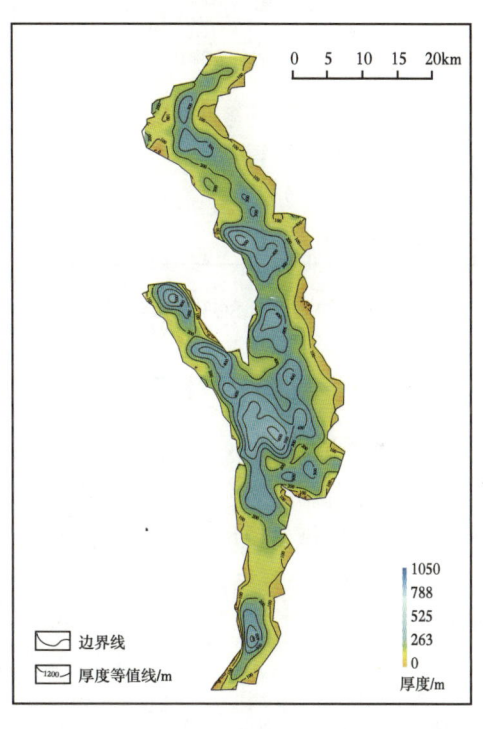

图 4-2-8　沙河子组 SQ1 残留地层厚度图　　　图 4-2-9　沙河子组 SQ2 残留地层厚度图

SQ3 沉积厚度一般在 150~400m 之间，平均厚度为 350m，地层范围分布较大，面积为 2124.9km^2，呈北西—南东向展布（图 4-2-10），西厚东薄，西侧受徐西断层控制，东侧受徐东断裂控制。层序总体粒度较细，主要沉积深灰色砂砾岩，夹有灰色、灰白色粉砂岩和暗色泥岩等。

SQ4 存在地层剥蚀，残余厚度一般在 200~500m 之间，平均厚度为 410m，呈北西—南东向展布，面积为 1793.8km^2（图 4-2-11），断陷两侧受沙河子组沉积末期挤压影响，剥蚀范围较大，地层呈南北不连续分析，形成两个独立的断陷。

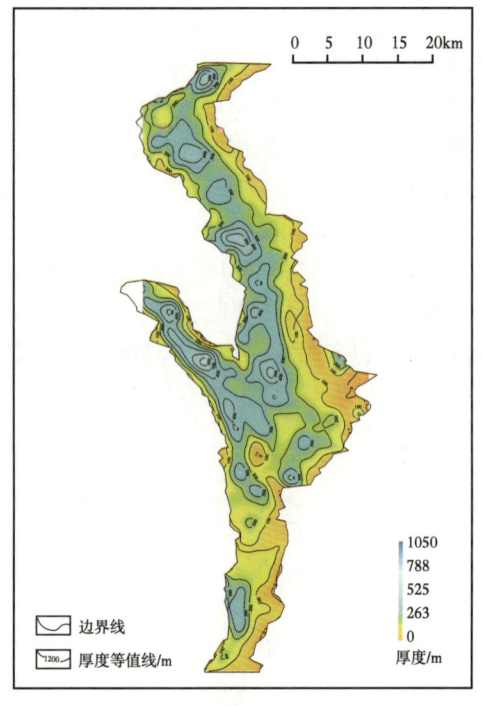

图 4-2-10 沙河子组 SQ3 残留地层厚度图　　图 4-2-11 沙河子组 SQ4 残留地层厚度图

三、沙河子组沉积特征

徐家围子断陷沙河子组主要发育辫状河三角洲相、扇三角洲相、湖泊相三种沉积相类型。其中东部斜坡带主要发育辫状河三角洲沉积相，徐西断裂带附近主要发育扇三角洲沉积相，其余区域主要以湖泊沉积相为主，局部地区发育小规模湖底扇沉积相。根据其沉积环境及沉积岩的颜色、成分、结构、构造、厚度等沉积标志，可划分为 6 个亚相单元（表 4-2-3）。

表 4-2-3　徐家围子断陷沙河子组沉积相类型一览表

沉积相	亚相	微相及骨架砂体	主要沉积作用
辫状河三角洲	辫状河三角州平原	辫状河道、漫滩沼泽、越岸沉积、分流河道、分流河道间	牵引流
	辫状河三角州前缘	河口沙坝、前缘席状砂、分流河道、分流河道间、水下分流河道间	
扇三角洲	扇三角州平原	分流河道间、分流河道、漫滩沼泽	牵引流为主重力流次之
	扇三角州前缘	水下分流河道、水下分流河道间、河口沙坝、前缘席状砂	
湖泊相	浅湖相	浅湖滩坝	湖流、波浪
	深湖相—半深湖相	分流河道、分流河道间	

1. 沉积相标志

1）岩性标志

通过对取心井精细岩心观察，结合录井资料、显微镜下鉴定资料分析，确定沙河子组主要发育四种岩石类型，包括砾岩类、砂岩类、粉砂岩类及泥岩类。

（1）砾岩类。

该岩石类型在研究区普遍发育，包括辫状河三角洲砾岩、扇三角洲砾岩及近岸水下扇砾岩。

辫状河三角洲砾岩砾石磨圆度中等，多呈次棱角状—次圆状，少量表现为棱角状，分选较差，砾岩颜色多表现为杂色、浅灰色和深灰色等，个别砾岩中砾石具定向排列特征，其杂基颜色复杂，整体以浅色如浅灰色、灰色等为主［图4-2-12（a）、（b）］。总的来看，其沉积特征表明，该类型岩石一般形成于强水动力、较远距离搬运的沉积过程。

图4-2-12 徐家围子断陷沙河子组典型岩石类型—砾岩类岩心照片

（a）SS5井，2966.434m，灰色中砾岩，辫状河三角洲前缘水下分流河道；（b）SS4井，2566.05m，杂色中砾岩，辫状河三角洲平原分流河道；（c）DS302井，3449.62m，杂色细砾岩，扇三角洲平原分流河道；（d）DS3井，3516.09m，灰色细砾岩，扇三角洲平原分流河道；（e）DS401井，3482.32m，灰黑色中砾岩，近岸水下扇主水道（f）DS401井，3482.82m，灰黑色中砾岩，近岸水下扇主水道扇三角洲砾岩砾石磨圆度较差，一般以棱角状—次棱角状为主，仅少量表现为次圆状，分选极差，杂基含量普遍偏高，成分成熟度与结构成熟度均较低。岩心观察显示砾石无明显的定向排列特征和粒序特征，反映其距物源较近，搬运距离短，沉积迅速的特点。该类型砾岩颜色多表现为杂色、浅灰色、深灰色等［图4-2-12（c）、（d）］。

近岸水下扇砾岩在研究区发育局限，岩心上仅在DS401井可见。岩心观察表明，该类型砾岩砾石磨圆度较差，多以棱角状—次棱角状为主，仅少量可见次圆状，分选差，杂基含量高，其成分成熟度与结构成熟度也较低，反映近物源短距离快速沉积的过程。区别于扇三角洲砾岩，该类型砾岩中杂基颜色整体偏暗，多以灰黑色杂基为主，反映较深水沉积环境［图4-2-12（e）、（f）］。

（2）砂岩类。

徐家围子断陷沙河子组砂岩类相对发育，主要岩石类型包括含砾砂岩、粗砂岩、中砂岩及细砂岩等［图4-2-13（a）、（b）、（c）］。砂岩中杂基含量较少，颗粒之间呈点接触、线接触。在不同沉积环境及沉积相带中，砂岩通常具有不同的颜色、结构和构造等特征。总体来说，砂岩类沉积颜色多为灰色、灰白色等，分选中等—差，其中河道砂体沉积粒度一般较粗，多以含砾砂岩、粗砂岩及中砂岩为主，含砾砂岩中砾石大小不一，砾石直径最大可达2cm，最小砾石直径约0.2cm，且磨圆度、分选性较差。从砂岩沉积规模来看，河道砂体沉积厚度一般较大，垂向上主体表现为向上变细的正韵律结构特征。

此外，具反韵律结构特征的较细粒砂岩沉积在本地区内也较为广泛发育，该类型砂岩杂基含量极少，分选性较好，一般具有较高的成分成熟度和结构成熟度，反映多次湖浪的冲刷、筛选及淘洗过程。该类型砂岩多发育于三角洲前缘河口沙坝、席状砂及滨浅湖相沙坝微相。

（3）粉砂岩类。

经过较长距离搬运，稳定水动力条件下缓慢沉降形成的粉砂岩，其组成碎屑物质成分多呈粉砂级颗粒，并且由于长距离搬运过程中，粗细混杂物质的不断分异，其粉砂颗粒相对集中，一般来说，该岩石类型分选较好，结构成熟度和成分成熟度较高。本区粉砂岩沉积相对发育局限，沉积物颜色以灰色、深灰色、灰黑色为主，单层粉砂岩沉积厚度较薄，与泥岩多呈互层状。在垂向上，既可表现正韵律特征，又可表现为反韵律的特征。该岩石类型在分流河道、水下分流河道、席状砂、滨浅湖相沙坝等微相均可见［图4-2-13（d）、（e）、（f）］。

（4）泥岩类。

泥岩颜色可以反映沉积环境的氧化能力强弱，指示氧化环境和还原环境。一般来说，深色如黑色、灰黑色、深灰色等泥岩代表水体较深，相对稳定的强还原环境；而浅色如浅灰色、灰色等，则代表沉积水体较浅、水动力较强的动荡环境；红色、黄色等则代表着一定的陆上暴露或水陆交互或极浅水的强氧化环境。

徐家围子断陷泥岩类沉积广泛发育，包括泥岩、粉砂质泥岩两种类型，其泥质沉积物颜色多表现为灰色、深灰色、灰黑色，反映较深水下沉积环境。不同微相的泥岩具有不同的颜色、结构、构造等特征［图4-2-14（a）、（b）、（c）］。整体来看，三角洲平原沉积的泥岩颜色一般以灰色、深灰色为主，少量灰黑色，且泥岩中可见煤线及炭化植物碎片，辫状河三角洲平原与扇三角洲平原对比，辫状河三角洲平原泥岩中煤线相对更为发育；三角洲前缘沉积的泥岩颜色相对较深，以深灰色、灰黑色、灰绿色为主，少量为黑色，反映较深水下沉积环境；滨浅湖亚相浅湖泥微相泥岩颜色整体以黑色、灰黑色、深灰色为主，为相对深水沉积环境，且多伴生大量炭化植物碎片及煤线。

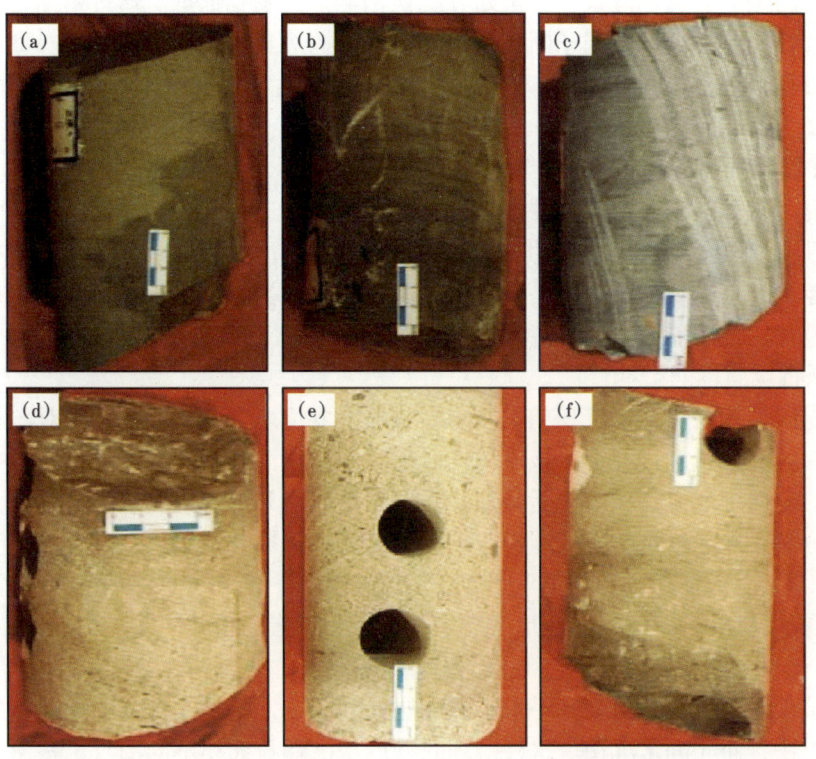

图 4-2-13　徐家围子断陷沙河子组典型岩石类型—砂岩/粉砂岩类岩心照片

（a）ShS6 井，3213.22m，浅灰色粗砂岩，辫状河河三角洲平原分流河道；（b）SS4 井，2777.31m，灰白色细砂岩—含砾粗砂岩，辫状河三角洲前缘河口沙坝；（c）SS4 井，3234.96m，灰色细砂岩，湖泊相滨浅湖相沙坝；（d）DS3 井，3557.4m，灰色粉砂岩，扇三角洲前缘水下分流河道；（e）DS2 井，3863.7m，灰色粉砂岩，辫状河三角洲前缘席状砂；（f）DS1 井，4480.78m，灰色（泥质）粉砂岩，湖泊相滨浅湖相沙坝

图 4-2-14　徐家围子断陷沙河子组典型岩石类型—泥岩类岩心照片

（a）DS1 井，3686.20m，深灰色粉砂质泥岩，辫状河河三角洲平原越岸沉积；（b）DS15 井，3735.76m，灰绿色泥岩，辫状河三角洲前缘支流间湾；（c）DS1 井，4479.53m，黑色泥岩，湖泊相滨浅湖亚相滨浅湖泥微相

2）沉积构造标志

原生沉积构造是识别沉积体系非常有用的标志，反映沉积介质的性质、流体水动力情况、沉积物的搬运和沉积方式，它是划分沉积相类型的主要依据。通过精细岩心观察，结合成像测井分析，发现徐家围子断陷沙河子组沉积构造具有类型丰富、组合型式多样及分布广泛等特点，根据成因分类，本地区沉积构造可划分为物理成因的层理、层面、准同生变形构造及生物成因构造。

（1）冲刷侵蚀面构造。

在研究区钻井岩心和成像测井上均可见冲刷侵蚀构造，并且在冲刷侵蚀界面之上，其岩石粒度明显变粗，或含来自下伏岩层的泥砾，冲刷面可代表一个不同程度的侵蚀间断面，在成像测井上表现为一个凹凸不平底界面特征。该类型沉积构造主要发育在三角洲平原分流河道和三角洲前缘水下分流河道底部［图4-2-15（a）］。

（2）砾石定向排列。

砾石定向性排列特征是沉积相识别与划分的主要标志之一，尤其是在对辫状河三角洲和扇三角洲的对比研究过程中，该沉积构造是区分辫状河三角洲和扇三角洲的主要识别标志。砾石的定向排列方式一般包括叠瓦状、局部叠瓦状和平行层面状三种类型，研究区沙河子组部分井段砾岩可见明显的顺层定向排列特征，水携特征明显，反映水流流速较强的三角洲（水下）分流河道沉积物中［图4-2-15（b）］。

（3）层理构造。

①平行层理。

平行层理主要由平行而又几乎水平的纹层状砂组成，它是在较强的水动力条件下流动水作用的产物，而非静水沉积。这种层理的特点是由颗粒大小不同的纹层叠覆，或是含有不同重矿物的纹层叠覆，或两者兼备，在成像测井上，平行层理多表现为彼此平行的正弦曲线特征，研究区中多见于河道砂岩、砾岩中［图4-2-15（c）］。

②交错层理。

本区发育多种类型的交错层理，主要有板状交错层理、槽状交错层理、楔状交错层理等［图4-2-15（d）］。其层理规模呈大—中型，该类型层理在成像测井上具有明显的响应特征，整体表现为层系间正弦曲线产状的明显差异。在岩心上，均表现为纹层与层系界面之间斜交接触，区别在于板状交错层理其层系之间的界面为平面且彼此平行；楔状交错层理其层系之间的界面同样为平面，但不互相平行，层系厚度呈明显的楔形变化；槽状交错层理其层系界面特征主要表现为底界面呈槽形冲刷面，纹层在顶部被切割。在横切面上，层系界面是槽状，纹层之间一致也是槽状，在顺水流的纵剖面上，层系界面呈弧状，纹层向下倾方向收敛并与之斜交。从交错层理形成的沉积环境来看，本区交错层理主要形成于三角洲平原分流河道和三角洲前缘水下分流河道等沉积环境。

③水平层理。

水平层理的最大特点是纹层呈直线状互相平行，并且平行于层面。其主要出现在灰色、深灰色、灰黑色及黑色泥岩、粉砂质泥岩中［图4-2-15（e）］，一般反映较弱水动力条件下细粒沉积物不断沉降的过程。从沉积环境来看，其主要发育于支流间湾、滨浅湖相泥等弱水动力环境。

④韵律层理。

韵律层理是在成分、结构与颜色方面不同的薄层呈有规律地重复出现而组成的。这种韵律重复的原因是物质搬运或产生方式有规律地发生交替变化造成的。徐家围子断陷韵律层理也较为发育，主体表现为砂岩与泥岩之间呈不等厚互层，在成像测井上可见明显的暗色高导条带与亮色高阻条带的互层关系。该类型层理在三角洲前缘环境及湖泊环境相对更发育［图4-2-15（f）］。

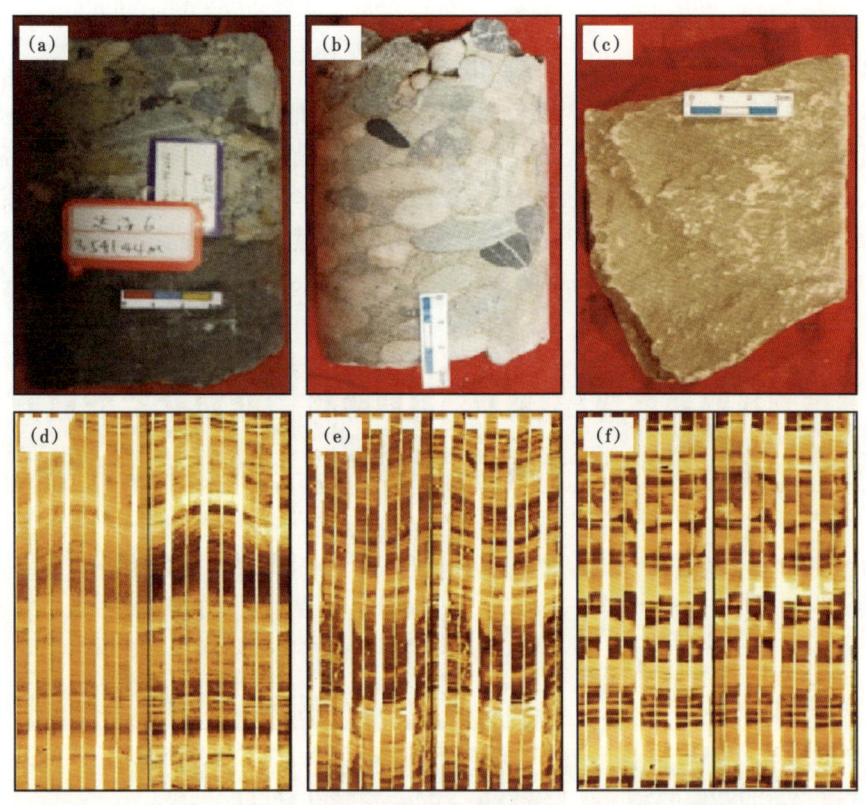

图4-2-15　徐家围子断陷沙河子组典型沉积构造类型及特征

（a）DS6井，3542.94m，灰色中砾岩，底部见冲刷面，辫状河三角洲前缘；（b）SS4井，2566.05m，杂色中砾岩，砾石呈顺层排列，辫状河三角洲平原；（c）ShS6井，3212.18m，灰色细砂岩，发育平行层理，辫状河三角洲分流河道；（d）DS17井，3311～3315m，砂岩沉积，发育中型交错层理，辫状河三角洲前缘；（e）DS3井，3758～3762m，黑色粉砂质泥岩，发育水平层理，扇三角洲前缘；（f）DS17井，3212～3215m，砂岩、泥岩不等厚互层，滨浅湖相泥

⑤复合层理。

徐家围子断陷发育复合层理类型包括透镜状层理和波状层理，常见于粉砂岩、泥质粉砂岩中，该类型层理一般反映水动力条件强弱交替变化的沉积环境。其中透镜状层理多形成于弱水动力环境，整体以泥岩沉积为主，砂岩呈透镜状镶嵌于泥岩中，在成像测井上表现为暗色高导中夹透镜状亮色高阻成分；波状层理形成水动力较强，砂层与泥层一般呈交替的波状续层，在成像测井上多表现为多个正弦曲线的组合，各个正弦曲线相互不平行，

其产状一般发生轻微幅度的变化。该类型层序多发育于三角洲前缘席状砂、滨浅湖相沙坝等微相中。

⑥块状层理。

该类型层理其内部物质成分均匀、组分和结构上无差异，不显细层构造。本区块状型层理较为发育，既可以出现在较粗粒的砾岩、砂砾岩中，也可以出现在较细粒的中细粒砂岩或粉砂岩中。整体来看，研究区内该类型层理多见于粗粒砾岩中，为悬浮物质非常快速地沉积后形成。

（4）准同生变形构造。

本区变形构造也较为发育，主要见负荷构造和砂枕构造等［图4-2-16（a）、（b）］。负荷构造是指在泥岩上的砂岩底界面上的圆丘状或不规则的瘤状突起，在成像测井上表现为亮色高阻砂岩下陷入暗色高导泥岩中，但并未完全被泥岩包围。砂枕构造主要出现在砂岩、泥层互层并靠近砂岩底部的泥岩中，是被泥质包围紧密堆积的砂质椭球体或枕状体，大小从十几厘米到几米，孤立或成群呈雁行排列，成像测井上表现为亮色砂质团块陷入下部暗色泥岩中，并且被完全包住。

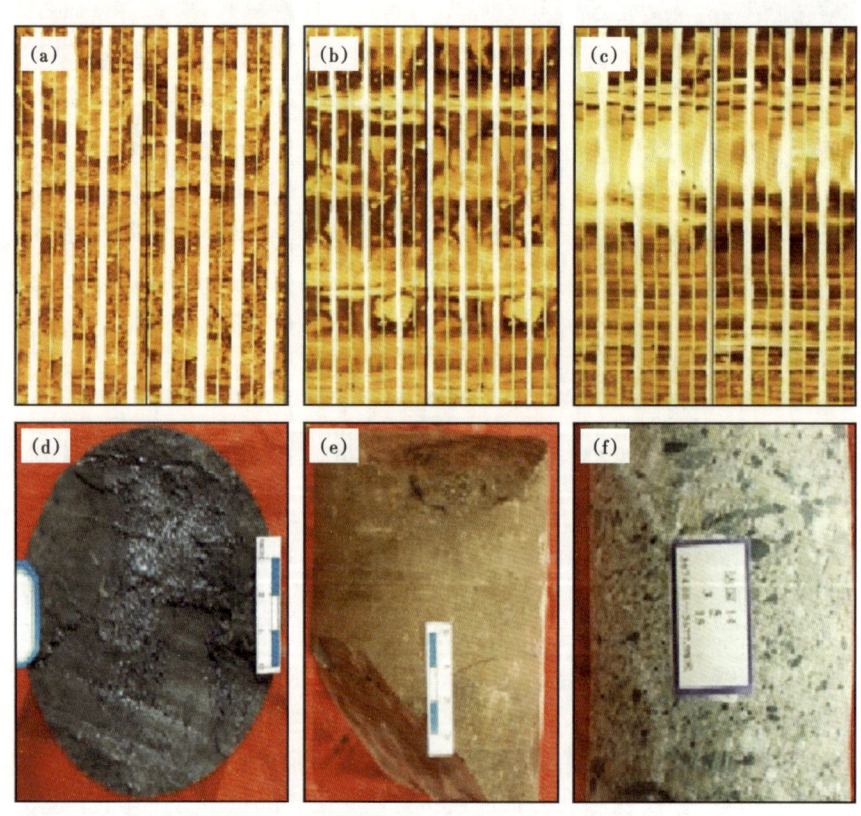

图4-2-16　徐家围子断陷沙河子组典型沉积构造类型及特征

（a）DS401井，3370~3374m，发育负荷构造，扇三角洲平原；（b）DS16井，4078~4082m，砂枕构造发育，辫状河三角洲前缘；（c）DS17井，3270~3274m，煤层发育，滨浅湖泥；（d）DS6井，3840.59m，滨浅湖相泥；（e）SS4井，3235.41m，灰黑色泥岩，可见煤线，滨浅湖相泥；（f）DS14井，3675.78m，砾岩底部可见煤线，辫状河三角洲平原

3）测井相标志

测井资料分析是沉积相研究的一种重要手段。利用钻井、测井资料进行沉积相分析，与地震相解释协同配合，为区域沉积相研究提供依据。不同沉积微相在测井曲线上所表现出形态特征存在差异，依据伽马曲线和深浅侧向曲线等测井相分析，建立三种类型的测井相（亚相）解释模式。

（1）辫状河三角洲测井相。

辫状河三角洲平原以发育砾岩、砂砾岩、砂岩及泥岩沉积为特征。伽马曲线和深浅双侧向电测曲线以箱形为主，少量表现为小型的钟形或低幅齿状线形。其中箱形规模相对扇三角洲明显偏小，且其箱形测井曲线齿化特征明显，该类型测井响应多指示分流河道沉积。低幅齿状线形多指示非河道的河漫沼泽和越岸沉积。整个辫状河三角洲平原密度曲线超低值响应特征明显，反映煤层较为发育的特征（图4-2-17）。

测井相	深度/m	层位	井名	微相	亚相	相
	3999.4~4003.2	SQ2	ShS5	分流河道	辫状河三角洲平原	辫状河三角洲
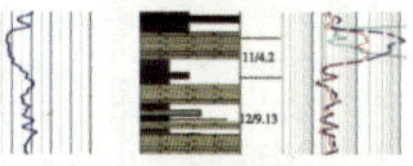	4041.3~4056.6	SQ1	ShS5	分流河道		
	4004.1~4012.3	SQ1	ShS5	泛滥平原		
	3922.3~3936.0	SQ1	XS1	水下分流河道	辫状河三角洲前缘	
	4299.8~4316.5	SQ1	XS1	水下分流河道		
	3854.1~3857.3	SQ2	XS1	河口坝		
	4465.31~4473.75	SQ4	XS35	前缘席状砂		

图4-2-17 徐家围子断陷沙河子组辫状三角洲测井响应特征

辫状河三角洲前缘沉积物相对较细，以砂砾岩、砂岩及泥岩互层沉积为主。伽马曲线和深浅双侧向电测曲线以小型的钟形、箱形、低幅齿状线形为主，少量表现为指形和漏斗形。其中箱形规模相对应三角洲平原偏小，测井曲线齿化特征明显，该类型测井响应多指示水下分流河道沉积；低幅齿状线形多指示非河道的支流间湾沉积；指形和漏斗形分别指示三角洲前缘席状砂和河口沙坝沉积。整个辫状河三角洲前缘密度曲线超低值响应特征不明显，反映煤层相对不发育的特征。

（2）扇三角洲测井相。

扇三角洲平原以广泛发育大套砾岩、砂砾岩夹泥岩沉积为特征。伽马曲线和深浅双侧向电测曲线以宽幅箱型为主，少量表现为小型的钟形或低幅齿状线形。其中宽幅箱形测井曲线齿化特征较为明显，多指示河道沉积。而低幅齿状线形多指示非河道漫滩沉积。整个扇三角洲平原密度曲线超低值响应少见，反映煤层极少发育的特征（图4-2-18）。

扇三角洲前缘砾岩、砂砾岩沉积规模相对变小，多表现为砂砾岩、砂岩与泥岩互层沉积。伽马曲线和深浅双侧向电测曲线以小型钟形、箱形及宽幅齿状线形为主，较少发育漏斗形。其中小型钟形和箱形测井响应指示相对小规模的河道沉积，而宽幅齿状线形多指示大套支流间湾沉积。整个扇三角洲前缘其密度曲线超低值响应基本不见，反映煤层不发育的沉积特征。

测井相	深度/m	层位	井名	微相	亚相	相
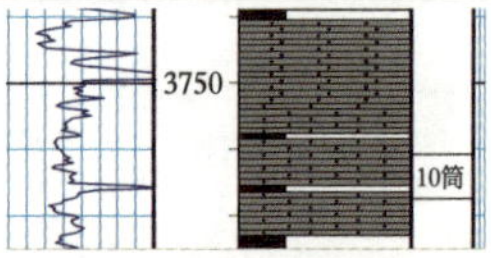	3740.0~3773.0	SQ3	FS901	分流河道	扇三角洲平原	扇三角洲相
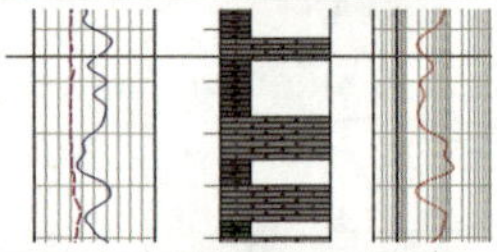	3539.0~3548.0	SQ2	ZS20	分流河道及泛滥平原		
	3980.4~4040.6	SQ4	SS801	水下分流河道	扇三角洲前缘	
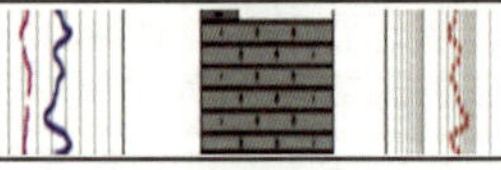	3442.8~3448.4	SQ2	ZS20	水下分流河道		
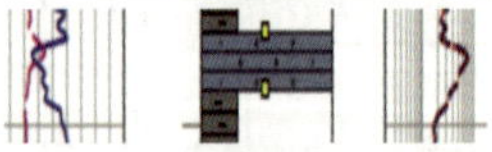	3485.5~3488.4	SQ2	ZS20	河口坝		
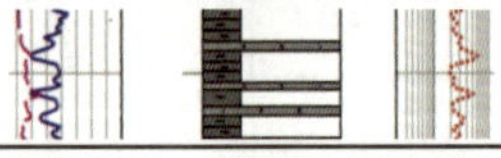	3477.4~383.6	SQ1	ZS20	席状砂		
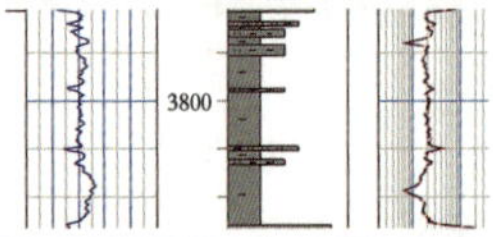	3756.8~3825.9	SQ1	FS11	分流间湾		

图4-2-18　徐家围子断陷沙河子组扇三角洲测井响应特征

（3）湖泊测井相。

研究区湖泊相沉积整体以滨浅湖沉积为主，沉积物多以大套黑色泥岩、粉砂质泥岩夹薄层粉—细砂岩沉积为特征（图4-2-19）。伽马曲线在普遍较高的泥岩背景值基础上，出现较多的低值指状，反映较薄的粉砂岩或细砂岩夹层。整体来看，伽马曲线和深浅双侧向电测曲线的漏斗形、低幅齿状线形响应特征明显，分别反映滨浅湖沙坝与滨浅湖泥沉积。密度曲线为超低值，响应特征明显，反映煤层相对发育的特征。

测井相	深度/m	层位	井名	微相	亚相	相
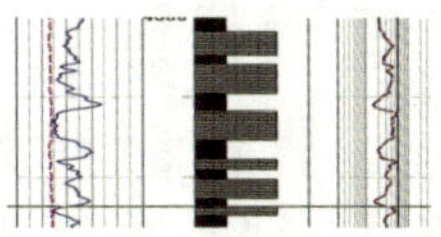	4002.2~4024.8	SQ3	FS8	沙坝	滨浅湖	湖相
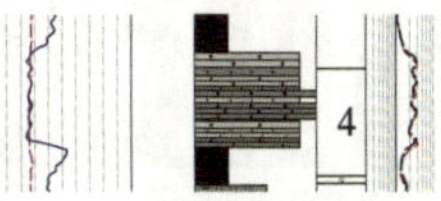	3710.4~3722.4	SQ3	FS10	沙坝	滨浅湖	湖相
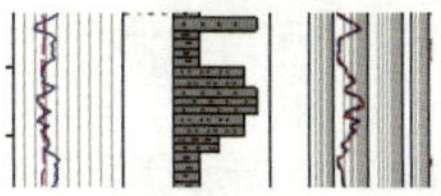	3751.0~3761.5	SQ3	FS10	沙坝	滨浅湖	湖相
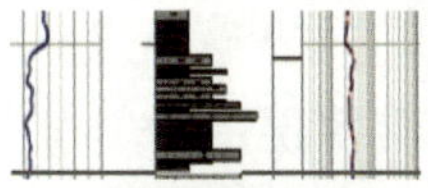	3980.4~3983.7	SQ3	FS8	席状砂	滨浅湖	湖相
	3862.5~3880.0	SQ2	ZS6	滨浅湖泥	滨浅湖	湖相
	4028.5~4035.38	SQ2	ZS14	浅湖泥	浅湖	湖相

图 4-2-19　徐家围子断陷沙河子组湖泊相测井响应特征

4）成像测井标志

FMI 成像测井图像具有垂向上的连续性和直观性，可以克服岩心的垂向不连续性、取心较短、岩心错位、破碎和漏失等造成的某些沉积信息的漏失和错位；FMI 成像测井图像具有方向性，也可弥补岩心资料无方向性的不足，并且成像测井资料能很好地反映出岩性、沉积构造等沉积特征，其解释结果是沉积相研究中重要而有力的依据。通过提取各种沉积相的岩性、沉积构造和沉积旋回等在 FMI 图像上的显示特征，分别建立不同沉积相类型的 FMI 图像识别模式。

（1）辫状河三角洲平原。

辫状河三角洲平原是辫状河三角洲的陆上部分，岩石类型以砾岩、砂砾岩为主，粒度较粗，分选性相对较差，岩心观察具有较好的磨圆度。不同沉积微相其在 FMI 图像上响应特征不同。

分流河道：在 FMI 图像上，分流河道主要呈现砾岩、砂砾岩的特征，即亮色的斑状、不规则团块状或细点状。砾岩内暗色高导成分相对较少，砾石分选中等，冲刷侵蚀构造特征明显［图 4-2-20（a）］，发育大—中型槽状交错层理、板状交错层理、平行层理等层理类型。粒序特征为正韵律，粒度下粗上细。

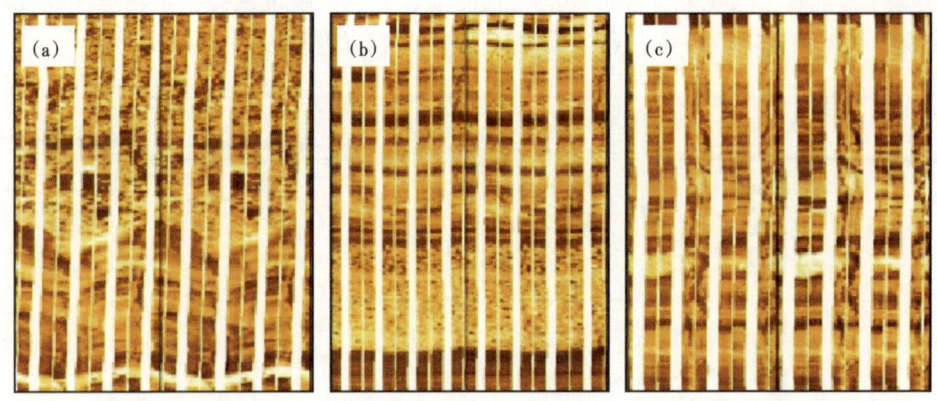

图 4-2-20 宋站地区沙河子组辫状河三角洲相典型成像测井响应特征

（a）中砾岩，底部见冲刷面构造，辫状河三角洲平原分流河道，DS6 井，3014~3018m；（b）中砾岩，底部见冲刷面构造，辫状河三角洲前缘水下分流河道，DS6 井，3636~3640m；（c）粉砂质泥岩夹砂岩透镜体，辫状河三角洲前缘支流间湾，DS15 井，3698~3702m

河漫沼泽：在 FMI 图像上，河漫沼泽主要呈现大套泥岩夹薄层的砂岩沉积，即大套暗色高导泥岩沉积夹薄层的条带状亮色高阻成分。其中亮色高阻条带即可表现为薄层砂岩沉积，亦可表现为煤层。由于煤层具有低密度、低伽马的响应特征，因此，一般在成像测井解释基础上，通过密度测井曲线和自然伽马测井曲线来对煤层进行解释。成像测井显示，河漫沼泽沉积层理发育相对较少，整体以水平层理、变形层理等为特征。

越岸沉积：在 FMI 图像中，越岸沉积主要呈现粉砂岩、泥岩及其薄互层的特征，常呈微细点状、不规则亮色团块状、明暗相间的条带状。该微相沉积物粒度整体偏细，局部可夹砂砾岩。多发于弱水动力波状层理、水平层理等。

（2）辫状河三角洲前缘。

辫状河三角洲前缘是辫状河三角洲的水下部分，其形成多以牵引流为主，沉积岩类型主要为砂砾岩、泥岩等。不同沉积微相其在 FMI 图像上响应特征不同。

水下分流河道：在 FMI 图像上，水下分流河道主要呈现含砾砂岩和砂岩的特征，即亮斑、亮色团块状、微细点状等。砾岩内暗色高导成分相对较少，砾石分选差—中等。冲刷侵蚀构造特征明显，发育大—中型槽状交错层理、板状交错层理、平行层理等层理类型。粒序特征为正韵律，粒度下粗上细 [图 4-2-20（b）]。

支流间湾：在 FMI 图像中，支流间湾主要呈现泥岩、薄层的细砂、粉砂及其互层的沉积特征，即大套暗色中出现亮色条带，或是出现明暗相间的线条。整体来看，主要以大套暗色成分为主，有时可见砂岩透镜体 [图 4-2-20（c）]。一般发育水平层理、小型槽状交错层理及透镜状层理等。

河口坝：在 FMI 图像中，河口坝主要呈现中砂、细砂、粉砂的特征，即亮色条带状。一般内部暗色高导成分较少，局部可见少量砾石。整体表现为规模较小的明亮色，多发育中型交错层理、平行层理。粒度特征为反韵律，粒度下细上粗。

席状砂：FMI 图像中，前缘席状砂主要呈现细砂岩、粉砂岩的特点，也呈现为亮色条带状。其内部暗色高导成分较少，整体表现为规模较小的明亮色，多发育小型沙纹层理、水平层理。

（3）扇三角洲平原。

扇三角洲平原是扇三角洲的陆上部分，类似于冲积扇，或与之过渡，岩性较粗，以砾质沉积为主，分选性及磨圆度差，成熟度低。不同沉积微相其在 FMI 图像上响应特征不同。

分流河道：FMI 成像特征分析表明，分流河道主要呈现砾岩、砂砾岩的特征，即亮色的斑状或不规则团块状。砾岩间暗色高导成分相对较多，成分成熟度比较低。砾岩中砾石大小混杂，分选差［图 4-2-21（a）］。并且成像测井上可见明显的冲刷侵蚀构造、中—大型的交错层理、平行层理及正韵律沉积特征等。

漫滩沉积：在 FMI 图像中，漫滩沉积主要呈现细砂、粉砂、泥岩及其薄互层的特征，常呈明暗相间的条带状。整体来看，该微相中沉积微粒度偏细，有时在暗色高导泥岩中可见较粗粒的亮色高阻砂岩透镜体［图 4-2-21（b）］，为洪水冲刷作用所形成。成像测井显示漫滩沉积层理相对发育规模较小，多以小型槽状层理、波状层理、水平层理等为主。

（4）扇三角洲前缘。

扇三角洲前缘是扇三角洲的水下部分，其沉积物粒度相对三角洲平原沉积较细，河道砂体沉积规模偏小，沉积物多以砂砾岩、泥岩沉积为主。其不同沉积相在 FMI 图像上响应特征如下。

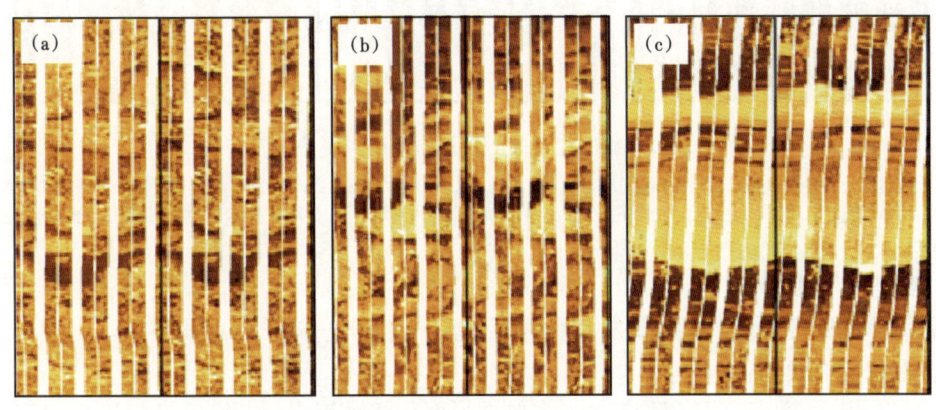

图 4-2-21　宋站地区沙河子组扇三角洲相典型成像测井响应特征

（a）中细砾岩，砾石大小混杂，暗色杂基较多，扇三角洲平原分流河道，DS401 井，3390~3394m；（b）下部为砂砾岩，上部为泥岩，夹砂砾岩透镜体扇三角洲漫滩沉积，DS401 井，3390~3394m；（c）含砾砂岩，底部见冲刷面构造，扇三角洲前缘水下分流河道，DS3 井，3561~3565m

水下分流河道：FMI 成像特征分析表明，水下分流河道主要呈现砂砾岩和砂岩的特征，即亮色的斑状、不规则亮色团块状、微细点状等。砂砾岩内暗色高导泥质成分相对较少，亮色高阻砂质成分增多。砂砾岩中砾石大小混杂，分选差—中等。冲刷侵蚀构造明显，发育中—小型的交错层理，顶部可能有时可见波状层理［图 4-2-21（c）］。粒序特征为正韵律，整体表现为岩性粒度下粗上细的沉积特征。

支流间湾：在 FMI 图像中，支流间湾主要呈现泥岩、薄层的细砂、粉砂及其互层的沉积特征，即大套暗色中出现微细点状、不规则团块状的亮色，或是出现明暗相间的线条。整体来看，主要以大套暗色成分为主，局部可夹砂砾岩沉积，一般发育水平层理、波状层理及透镜状层理等。

（5）湖泊相。

在FMI图像中，滨浅湖亚相的特征较复杂，砂岩、泥岩的特征都有显示，亮斑、不规则亮色团块状、微细点状、暗色块状都可见。但整体以大套暗色暗色为主，局部可见亮色砂岩沉积，砂岩规模较小，不发育冲刷侵蚀界面，泥岩中一般发育水平层理及透镜状层理、波状层理等［图4-2-22（a）、（b）］。单一的FMI成像测井方法，无法达到滨浅湖相沉积解释的目的，因此，在对于该类型沉积相的识别过程中，一般多通过FMI成像测井、常规测井方法、地质学方法等多类型识别方法综合分析判定。

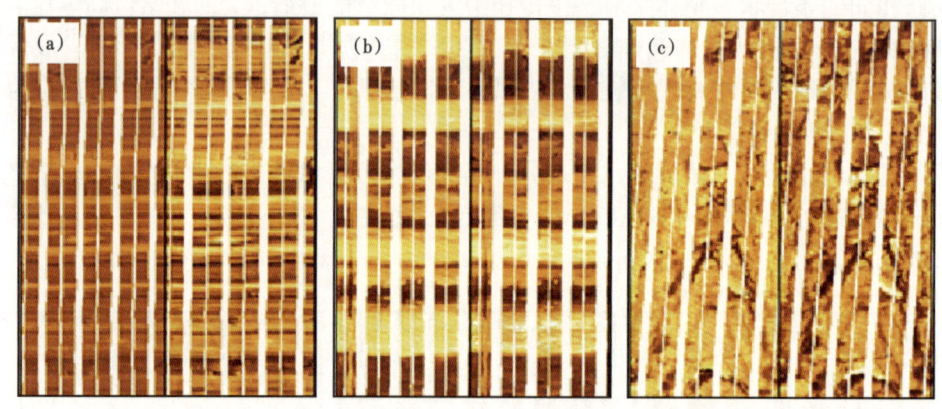

图4-2-22 湖泊相与火山岩相典型成像测井响应特征

（a）厚层泥岩，见水平层理，湖泊相滨浅湖泥沉积，DS6井，4164~4168m；（b）泥岩与砂岩互层，未见冲刷面构造，滨浅湖滩坝沉积，DS6井，3811~3815m；（c）火山岩，呈亮色板块状，属于火山岩沉积，DS16井，3889~3893m

2. 典型沉积相特征

徐家围子断陷沙河子组主要发育辫状河（扇）三角洲—湖泊相沉积体系。

1）辫状河三角洲沉积特征

徐家围子断陷沙河子组沉积期盆地东侧地形变化相对较小，古地形较为平坦，所以在东部斜坡带上发育辫状河三角洲沉积体系。辫状河三角洲的沉积序列一般较为完整，当盆地处于抬升或者萎缩阶段，平原亚相较为发育，前缘亚相是辫状河三角洲的主体，沉积物粒度较扇三角洲前缘细，为中砂级沉积。根据砂体的几何形态及岩性特征，可将辫状三角洲沉积相细分为三个亚相，即辫状三角洲平原亚相、辫状三角洲前缘亚相与前辫状三角洲亚相。前辫状三角洲已经进入滨浅湖相区，岩性为深灰色、灰黑色泥岩夹少量砂岩、粉砂岩等，与湖相沉积不易区分，因此在本地区，亚相的划分仅为辫状三角洲平原和辫状三角洲前缘。

（1）辫状河三角洲平原。

辫状河三角洲平原位于湖盆东部边缘侵蚀区与湖岸线之间的陆上沉积区，早期沉积范围相对局限，中后期沉积范围逐渐扩大。主要发育有分流河道、河漫沼泽和越岸沉积微相（图4-2-23）。

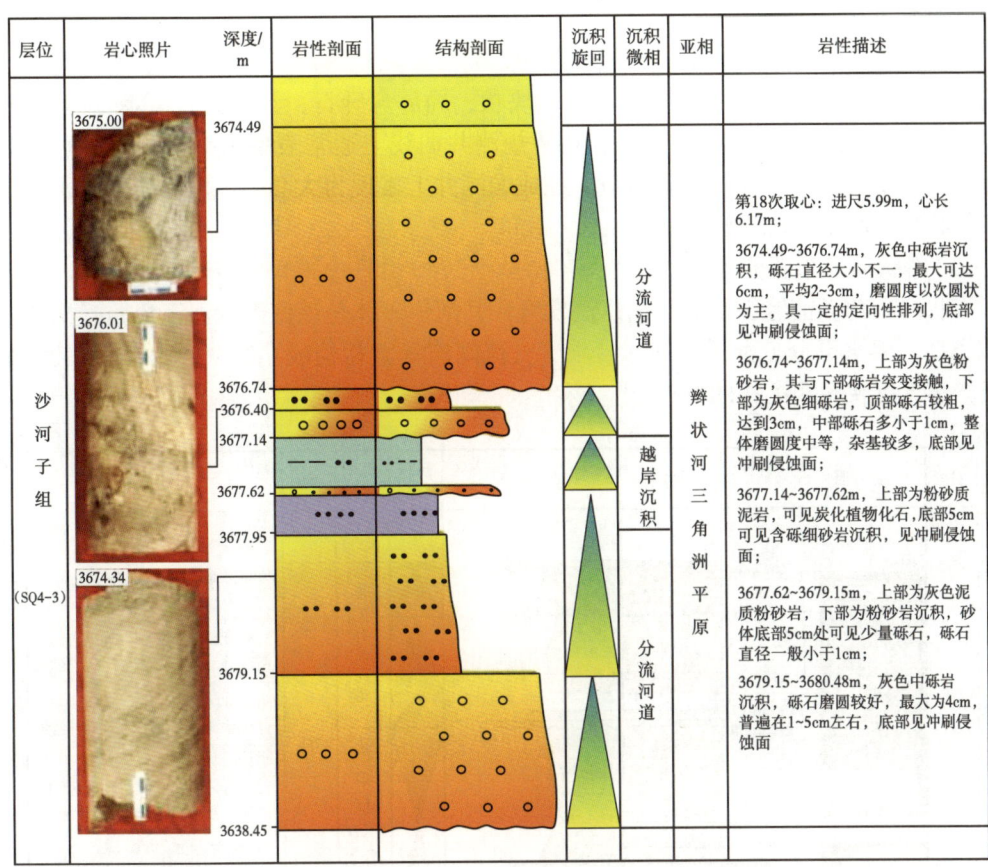

图 4-2-23 DS1 井第 18 回次取心段辫状河三角洲平原亚相沉积柱状图

①分流河道。

分流河道处于沉积序列的上部，是该亚相中的主力砂体。其沉积物颜色杂、粒度较粗，岩性以厚层状砂砾岩、砾岩、粗砂岩等为主，砾岩和砂砾岩沉积占地层厚度比例为60%~90%。岩心观察表明，砾岩分选较差，从细砾到粗砾均有，内部杂基含量相对较高，多以砂质杂基为主，反映成分成熟度较低。砾岩中砾石磨圆度中等—差，多以次棱角角状—次圆状为主，整体结构成熟度相对较低，同时可以看到砾石明显的顺层排列特征。在剖面上，砾岩显示出明显的块状韵律层序，顶底突变，砾岩和砂岩多显示底部冲刷、向上变细的正韵律。发育块状层理、不规则交错层理、楔状交错层理和平行层理等。常规测井曲线上表现为较宽幅的箱形和钟形，成像测井上多表现为亮色的斑状、不规则团块状或细点状。

②河漫沼泽。

河漫沼泽一般位于辫状河三角洲平原相对低洼部位，由于洪水期洼地积水而成，范围一般较小。岩性为灰色、深灰色泥岩、粉砂质泥岩、泥质粉砂岩。泥岩呈块状，可见炭屑水平纹层，多发育弱水动力条件的水平层理，其内部可见大量炭化植物茎，煤线相对发育。在常规测井曲线上该微相显示为低幅齿状线形，而在成像测井上表现为大套暗色高导泥岩沉积或夹薄层的条带状亮色高阻砂岩。

③越岸沉积。

越岸沉积沉积物粒度相对较河漫沼泽粗，岩性以灰色、深灰色泥岩、粉砂质泥岩、泥质粉砂岩夹薄层砂砾岩沉积为主，泥岩呈块状，局部含砾石，且可见大量炭化植物碎片，砂砾岩薄夹层底部通常可见冲刷面。在常规测井曲线上通常表现为高伽马值低幅齿状线形，局部突变为低伽马值的指状响应；在成像测井上表现为大套暗色高导泥岩沉积或夹薄层条带状亮色高阻砂砾岩沉积。

（2）辫状河三角洲前缘。

辫状河三角洲前缘在研究区内广泛发育，其河道砂体是该区辫状河三角洲沉积的主要砂体类型，由水下分流河道、河口沙坝、支流间湾等微相构成（图4-2-24），灰黑色泥岩夹层较多，反映湖相沉积的特点。

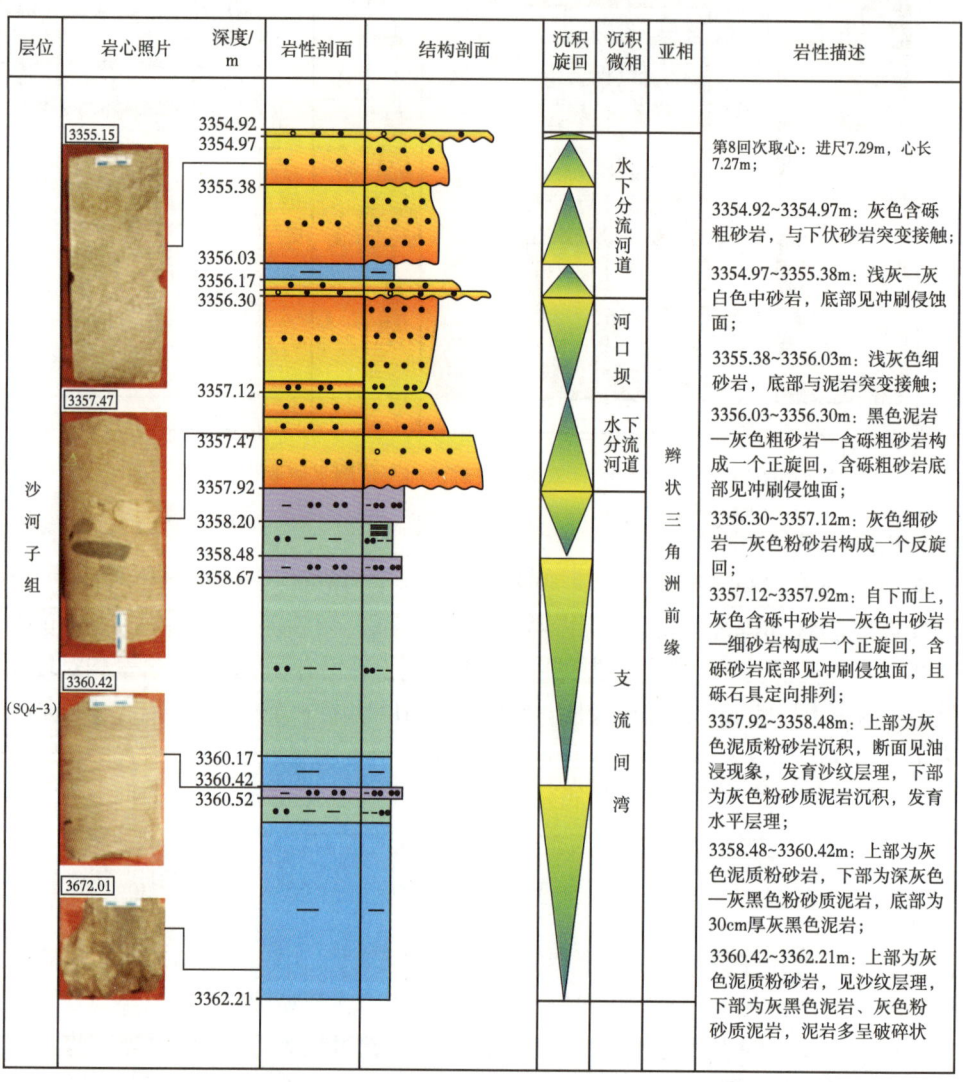

图4-2-24　SS2井第8回次取心段辫状河三角洲前缘亚相沉积柱状图

①水下分流河道。

其沉积物粒度明显较三角洲平原细，岩性以砂质细砾岩、含砾砂岩、粉细砂岩为主，偶夹薄层泥岩。砂（砾）岩单层厚度5~15m，占地层总厚度的50%左右。岩石类型主要为长石砂岩，砂岩成分成熟度中等。分选中等偏差，次棱角状—次圆状为主，泥质含量明显减少。沉积构造主要为板状交错层理、不规则交错层理、平行层理、波状交错层理、小型交错层理和块状层理。在常规测井曲线上表现为典型的箱形和钟形，其规模相对三角洲平原较小；而在成像测井曲线上多表现为亮色的斑状、细点状或明暗相间的条带，其中暗色条带一般极窄。

②河口沙坝。

河口沙坝一般位于水下分流河道的前方，处于河口分叉位置，多沿着水流方向向湖盆中央发展。其沉积粒度整体偏细，自下而上，由泥质粉砂岩、粉细砂岩、含砾砂岩、砂质细砾岩与浅灰色块状泥岩组成下粗上细的反旋回。该微相的砂岩类型主要为长石砂岩，泥质含量较低，分选性和磨圆度均较好，由于受季节性影响，可能伴有泥质夹层。沉积构造主要为小型交错层理、平行层理。在较细的粉砂质泥岩中，可见滑动作用或生物扰动所形成的变形层理或扰动构造。在常规测井曲线上该微相主要表现为漏斗形，而在成像测井上表现为亮色斑块或明暗相间的条带。

③支流间湾。

支流间湾处于水下分流河道的两旁，为水下河道改道被冲刷保留下来或沉积的较细粒物质，其沉积作用以悬浮沉积为主，岩性由深灰色、灰黑色泥岩、粉砂质泥岩及灰色泥质粉砂岩组成。沉积构造主要为小型的沙纹层理、交错层理、水平层理等。在常规测井曲线上该微相主要表现为低幅齿状线形，而在成像测井上表现为暗色斑块或明暗相间的条带，其中亮色条带一般极窄。

2）扇三角洲沉积特征

扇三角洲主要见于沙河子组沉积时期徐西控陷断裂附近，由于徐西断裂活动强烈，地形高差起伏大，因而沉积物粒度较粗、分选性差、磨圆度不好、成分成熟度和结构成熟度都较低。一般将扇三角洲沉积相细分为三个亚相，即扇三角洲平原亚相、扇三角洲前缘亚相和前扇三角洲亚相。由于本区前扇三角洲已经进入滨浅湖相区，岩性为浅色和深灰色泥岩夹少量砂岩、粉砂岩等，与湖相沉积不易区分，因此在本地区亚相的划分仅为扇三角洲平原和扇三角洲前缘两种亚相类型。岩性上表现为灰白色、灰色砾岩、含砾砂岩、粗砂岩、中砂岩、细砂岩、粉砂岩及灰绿色、黑色泥岩。

（1）扇三角洲平原。

扇三角洲平原亚相是扇三角洲的陆上部分与冲积扇的过渡，研究区内主要分布在断陷湖盆同沉积断层一侧。在本区主要由分流河道、漫滩沉积等微相构成（图4-2-25）。

①分流河道。

分流河道位于扇三角洲平原的上部，沉积物粒度较粗，整体表现为大套的杂色砾岩、砂砾岩、砂岩沉积，层序厚度一般大于10m。岩心观察证明，砾岩分选性差，从细砾到粗砾均有，内部杂基含量高，砾岩多以杂基支撑为主，杂基类型主要为泥质杂基，反映成

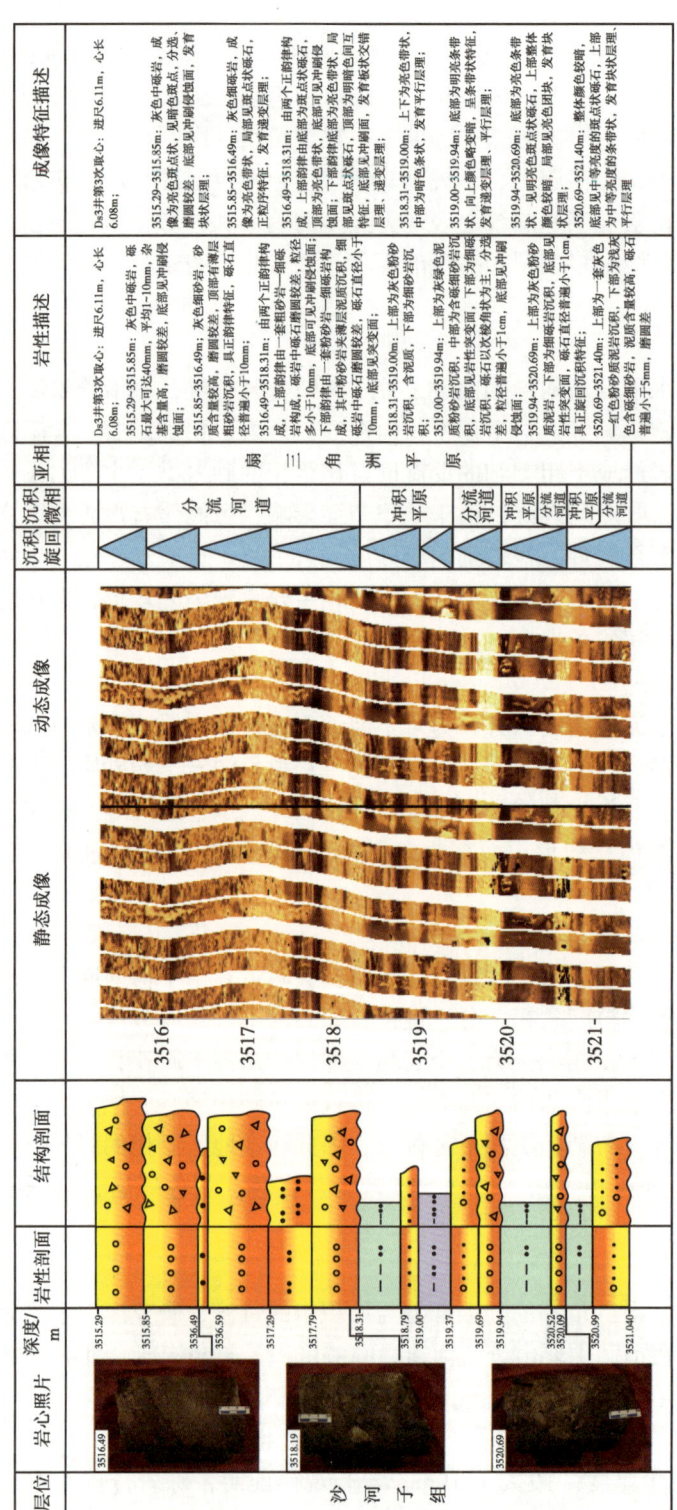

图 4-2-25 DS3井第3回次取心段扇三角洲平原亚相沉积柱状图

分成熟度较低。砾岩中砾石磨圆度差，多以棱角状—次棱角状为主，次棱角状—次圆状次之，整体结构成熟度低，砾石呈直立状、杂乱状排列，无明显的定向性。在剖面上，砾岩显示出明显的块状韵律层序，顶底突变，砾岩和砂岩多显示底部冲刷、向上变细的正韵律。发育中—大型的交错层理、平行层理和滑包卷层理等。常规测井曲线上表现为宽幅的箱型和钟形组合，并且测井曲线齿化特征明显；成像测井上多表现为亮色的斑状或不规则团块状，砾岩内暗色高导成分相对较多，整体上，成像测井颜色响应比辫状河三角洲平原暗。

②漫滩沉积。

漫滩沼泽位于分流河道间或单个扇体之间的低洼地区。其沉积物粒度整体较细，岩性以泥岩、粉砂质泥岩、泥质粉砂岩为主，局部夹薄层砂岩、砂砾岩沉积，砂砾岩中砾石一般磨圆度较低，以次棱角状为主，煤层较少发育。泥岩颜色一般以灰色、灰绿色为主，局部出现紫红色。泥岩往往呈块状或水平纹层状，夹少量交错纹理。在常规测井曲线上，该微相多表现为高伽马值低幅齿状线形，局部突变为低伽马值，具指状测井响应特征，密度测井曲线整体值偏高，无明显的低值响应突变；在成像测井上，该微相多表现为大套暗色块状或明暗相间条带状，一般亮色条带宽度较窄。

（2）扇三角洲前缘。

扇三角洲前缘沉积为扇三角洲的水下部分，是扇三角洲沉积最活跃的部分，由成分复杂的砂砾岩夹暗色泥岩构成。其沉积物岩性主要为砂砾岩、含砾砂岩，夹深灰色、灰黑色泥岩，相互间呈不等厚互层。砂砾岩单层厚度最大10m，通常在1~3m左右，砂岩、砾岩共占地层厚度比例在45%以上。在一般情况下，扇三角洲前缘亚相可划分为水下分流河道、支流间湾等微相（图4-2-26）。

①水下分流河道。

水下分流河道为陆上分流河道在水下的延伸部分，其沉积特征与陆上分流河道相似。沉积物粒度明显偏细，主要由灰色块状砂岩、含砾砂岩，少量细砾岩组成，分选性中等。垂向层序结构特征与陆上分流河道相似，整体表现为下粗上细的正韵律叠置层，但砂岩颜色一般较暗，以发育中型槽状交错层理、板状交错层理、平行层理等为特征，因其部分可受后期水流和波浪的改造，有时出现透镜状层理。在常规测井曲线上，河道砂体呈现在较高值之上由一个或多个幅值向上先升后降的峰形组成的掌状形态，密度曲线低值响应较少，煤层较少发育；在成像测井上，河道砂体表现为亮色的斑状、不规则团块状，砾岩内暗色高导成分相对较少，整体上，成像测井颜色响应较为明亮，反映其内部泥质含量相对较少的沉积特征。

②支流间湾。

支流间湾位于水下分流河道的两侧，主要由泥质粉砂岩、粉砂质泥岩及少量粉砂岩组成。泥岩及粉砂岩的颜色为深灰色及浅灰色。分选性一般较差，与粒度较粗的水下河道砂砾岩交互出现，有的水下分流河道直接进入半深湖—滨浅湖相，使得少量支流间湾的泥岩接近于滨浅湖相泥岩；主要层理构造为波状层理、水平层理，次有小型交错层理、透镜状层理、包卷层理等。生物扰动程度高，有较多的生物潜穴，这是该微相的特殊特征。在常规测井曲线上，该微相整体表现为低幅齿状线形，密度曲线呈现较高值之上的平缓响应特征，低值响应较少，煤层相对不发育；在成像测井上，该主要表现为大套暗色斑状、不规则团块或明暗相间的条带，亮色条带宽度一般较窄。

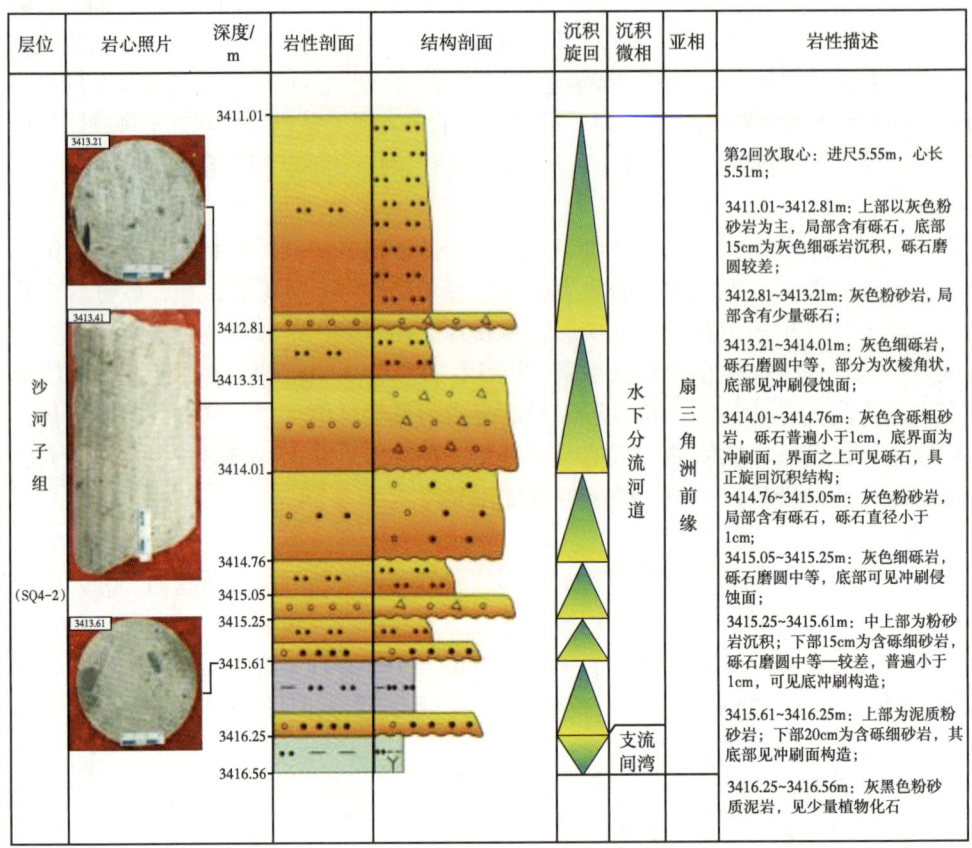

图 4-2-26　DS3 井第 2 回次取心段扇三角洲前缘亚相沉积柱状图

3）湖泊相沉积特征

湖泊是陆地上地形相对低洼和流水汇集的地方，宋站地区沙河子组沉积时期湖泊相大面积分布，且多以滨浅湖相沉积为主（图 4-2-27）。滨浅湖亚相位于枯水期最高水位线与浪基面之间，其经常受到湖水进退的影响，时而为湖水淹没，时而露出水面。湖区沉积环境复杂，主要接受来自湖岸的粗碎屑沉积，其沉积物岩性主要由黑色、灰黑色、暗紫色块状泥岩夹薄层砂岩构成。由于水动力条件复杂，湖浪等的冲刷筛选作用强烈，其沉积构造也复杂多样，沙坝微相多发育小型交错层理、波状交错层理等，其中沉积物岩性主要特征为纯净的细砂岩、粉砂岩夹薄层灰色泥岩。单砂层厚度 1~5m，常规测井曲线表现为漏斗状；滨浅湖泥微相则以大套黑色、灰黑色泥岩、粉砂质泥岩夹薄层粉砂岩沉积为主，生物扰动强烈，泥岩中含炭化植物枝干，主要发育水平层理、波状层理、变形层理等。该微相在常规测井曲线上多表现为低幅齿状线形。宋站地区的多口井显示在滨浅湖泥沉积中煤层相对发育，其在密度曲线上具有异常低值响应特征。在成像测井上该亚相表现为大套暗色斑状、不规则团块，或明暗相间的条带。

近岸水下扇发育较为局限，钻井显示仅在 DS401 井少量发育（图 4-2-28）。一般认

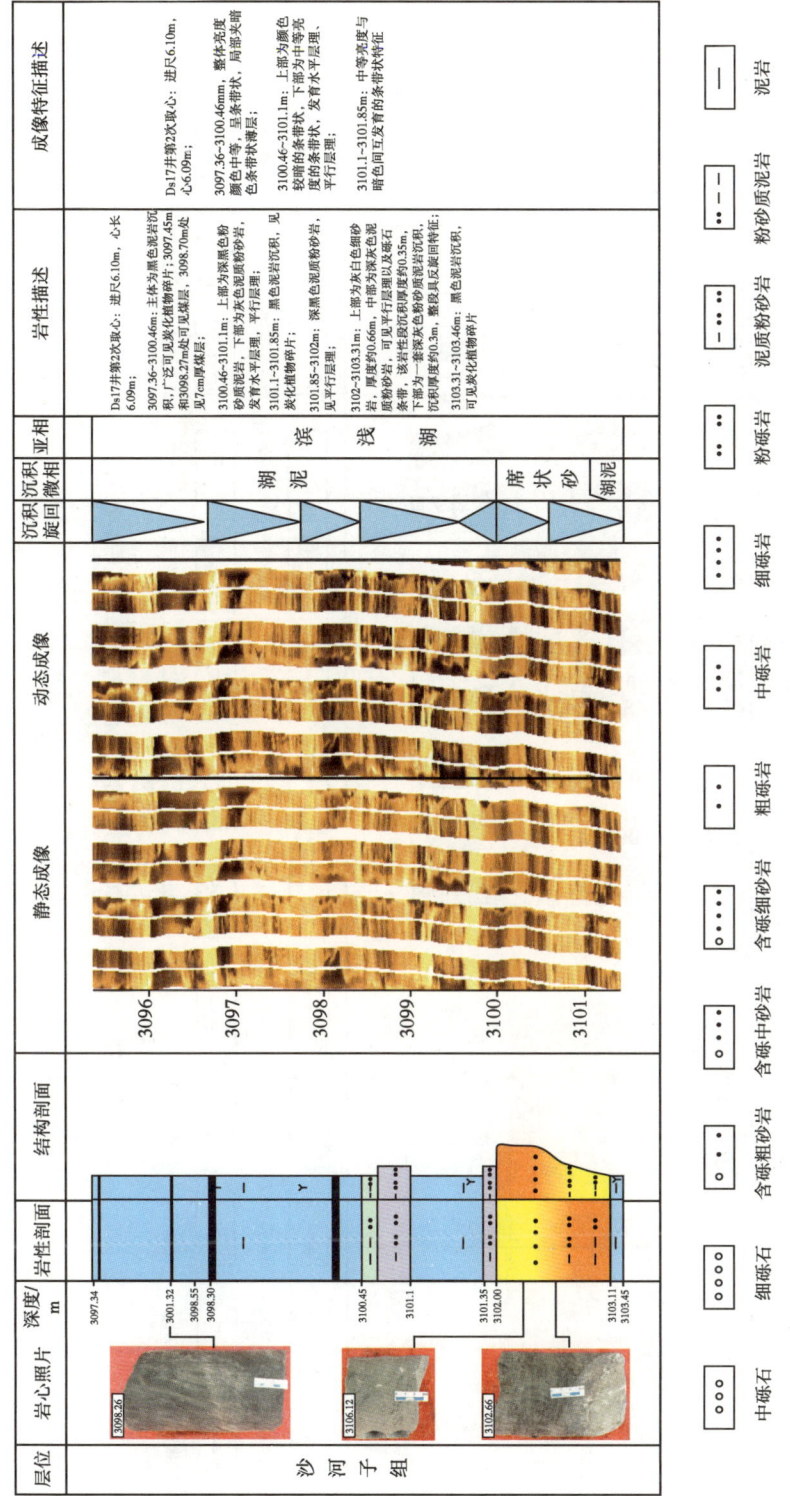

图 4-2-27 DS17井第2回次取心段滨浅湖亚相沉积柱状图

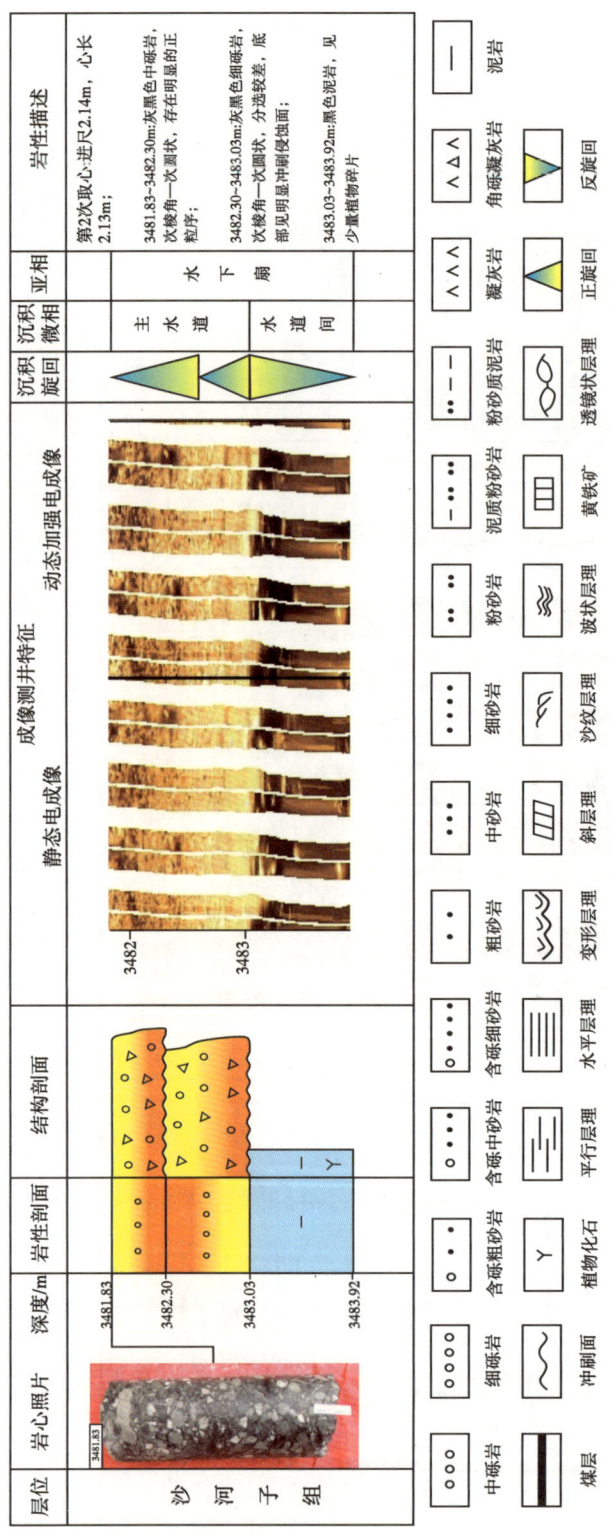

图4-2-28 DS401井第2回次取心段岸水下扇沉积柱状图

为近岸水下扇主要发育于断陷湖盆的扩张期，而扇三角洲主要发育于断陷湖盆的收缩期。岩心观察与测井资料分析证明，近岸水下扇具有扇三角洲前缘沉积的类似特征。岩心观察表明，近岸水下扇岩性主要由灰黑色中—细砾岩、黑色泥岩构成。其中主河道微相主要发育中—细砾岩沉积，砾岩中砾石大小不一，杂乱分布，分选性较差，砾石多呈次棱角状—次圆状，结构成熟度相对较低。此外，砾岩中富含杂基，且多以黑色、灰黑色泥质杂基为主，反映较深水下的沉积环境。在剖面上，砾岩显示出明显的块状韵律层序，顶底突变，砾岩多显示底部冲刷、向上变细的正韵律。水道间微相岩性主要为大套黑色泥岩、粉砂质泥岩，少量夹薄层的砂岩，发育水平层理、波状层理等，偶见少量炭化植物碎片。在常规测井曲线上主要表现为齿化箱形、钟形的特征，向下表现为低幅齿状线形；在成像测井上，主河道主要表现为亮色斑状、不规则团块或微细点状，水道间多表现为暗色斑状，不规则团块状或明暗相间条带。

3. 连井剖面相特征

连井沉积相侧向对比分析研究是沉积相研究的重要环节，对于沉积相空间分布发育特征的研究具有重要的意义。徐家围子断陷沉积—构造带复杂多样，沉积相类型多，沉积相带横向变化快。不同构造位置的沉积相具有不同的分布特点和演化规律。现仅以过SS101井—DS28井剖面（图4-2-29），分析沙河子组沉积相在剖面上的展布特征。

该连井剖面位于宋站地区南部，为东西向剖面。整条连井剖面东西横跨西部控陷陡坡区、中部深凹区和东部缓坡区。各井区层序地层发育和沉积相展布特征存在明显差异：

在东部缓坡区，其层序地层发育相对完整，仅SQ1-1层序地层完全剥蚀缺失，纵向上发育SQ1-2、SQ2-1、SQ2-2、SQ3-1、SQ3-2、SQ4-1、SQ4-2和SQ4-3，且各层序地层向东部盆地边界尖灭。沉积相展布特征分析表明，东部缓坡主要为一套辫状河三角洲—浅湖沉积体系，其中SQ1-2—SQ3-2沉积时期，横向上，自东向西表现为辫状河三角洲平原—辫状河三角洲前缘的稳定过渡，其中三角洲前缘沉积不断向东部盆地边界进积，显示沉积水体缓慢变深的沉积过程；SQ4-1—SQ4-2沉积时期，横向上，自东向西表现为辫状河三角洲平原—辫状河三角洲前缘—浅湖相的稳定过程，三角洲平原沉积范围不断向盆地中心延伸，并逐渐在盆地中心浅湖相中汇聚；SQ4-3沉积时期，东部缓坡整体以辫状河三角洲沉积为主，其中辫状河三角洲平原沉积继续向盆地中心推进，断坳中部早期的浅湖相沉积逐渐过渡为辫状河三角洲前缘沉积。

在西侧控陷断裂陡坡区，整体以一套扇三角洲—浅湖相沉积为主，其中SQ2-1—SQ2-2沉积时期，横向上，自西向东表现为扇三角洲平原—扇三角洲前缘的稳定过渡，纵向上，扇三角洲沉积不断向断坳中心进积，沉积范围不断扩大；SQ3-2沉积时期，扇三角洲前缘继续向断坳中央区域进积，沉积范围扩大，扇三角洲平原不断向后退积，沉积范围变小，显示沉积水体较深的沉积环境；SQ4-1沉积时期，自西向东发育扇三角洲平原—扇三角洲前缘，其中扇三角洲平原沉积继续向后退积，沉积范围进一步变小；SQ4-2沉积时期，地层分布范围相对较大，自西向东依次发育扇三角洲平原—扇三角洲前缘—浅湖相沉积；SQ4-3沉积时期，主要为一套扇三角洲沉积。横向上，向东与辫状河三角洲前缘沉积相汇聚。纵向上，在SS5井区附近，为扇三角洲前缘及浅湖相沉积。

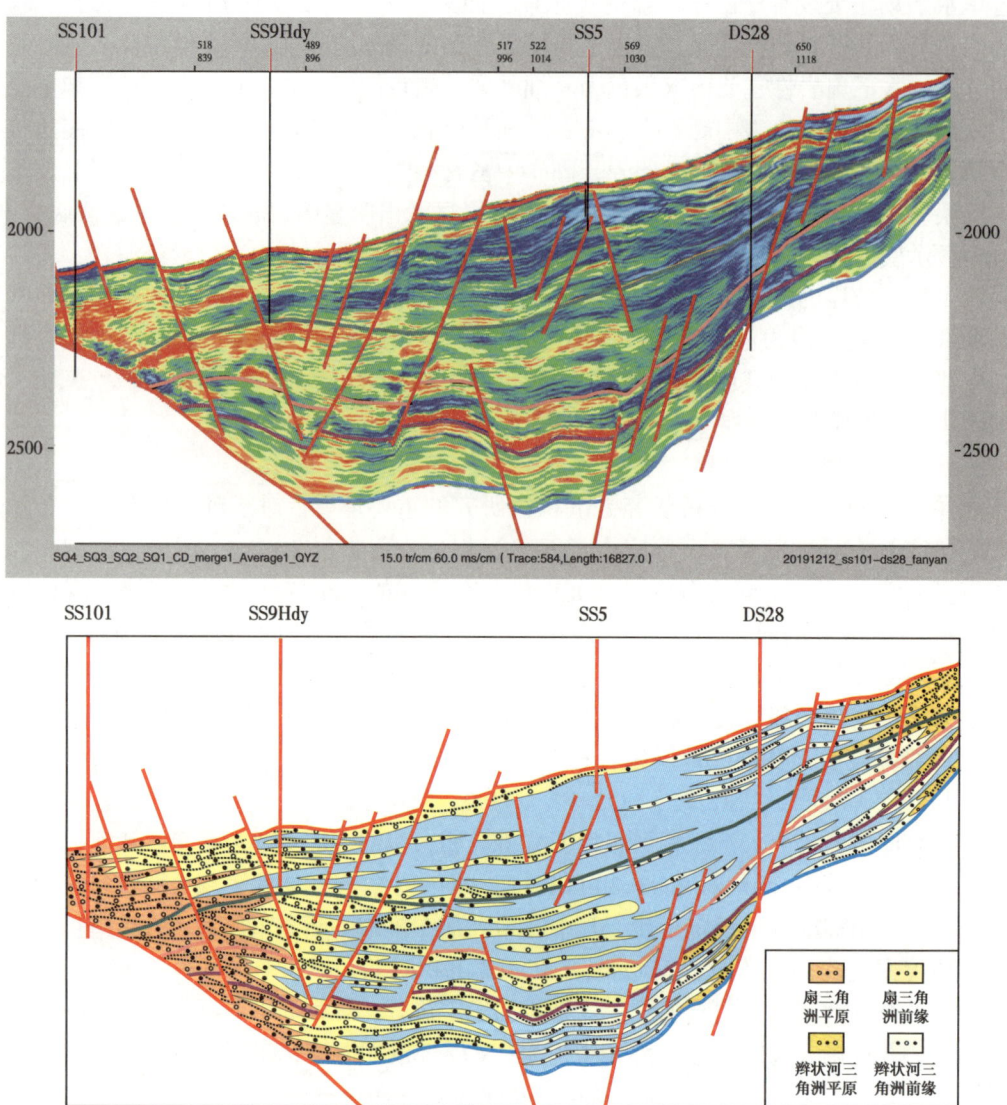

图 4-2-29 过 SS101 井—DS28 井连井沉积相剖面

总的来看，连井剖面上沉积相带东西分异明显，东部缓坡区整体以广泛发育辫状河沉积为特征，横向上各沉积时期，沉积相带平稳过渡，纵向上辫状河三角洲平原表现先退积再进积的沉积过程。西部陡坡区则以广泛发育扇三角洲沉积为特征，扇三角洲前缘沉积不断向盆地中心进积，沉积范围扩大。中部断坳区，沉积水体相对较深，局部发育浅湖相，东部和西部沉积体系在中部地区发生汇聚。

4. 沉积相平面展布

徐家围子断陷沙河子组沉积期控陷断层控制扇体的发育和展布，徐中构造变换带、沟谷和断槽控制主要扇体和水系的延伸。断陷盆地发育时期，控陷断层和同沉积断层作用下形成一系列构造坡折带，即陡坡断坡带、缓坡断坡带及构造转换带，主水系水道及扇体均受它们的控制。断陷盆地陡坡和缓坡的物源供给和砂体发育方向及体系域均受规模不同的断裂坡折带的控制。沉积物分散体系也受同沉积断裂及其伴生的构造转换带的控制，水道在遇构造转换带后方向发生改变，沿构造转换带流动，在控陷断层衔接端卸载形成扇三角洲沉积体系。

1）沙河子组沉积充填演化过程

徐家围子断陷深层构造格局的形成是在区域近南北向压扭应力作用下，地幔物质上涌诱导的低角度边界正断层倾滑作用的结果，经历了一个完整的伸展断陷盆地演化序列。沙河子组沉积时期，断陷盆地发育进入强烈伸展断陷活动期，伸展量明显增大，伸展速率显著加快，宋西断裂开始发育，断陷盆地从火石岭组沉积时期的单条断裂控陷演化为两条左旋斜列断裂共同控陷。由于徐西断裂倾角较宋西断裂更小，断裂的倾滑作用产生的水平伸展分量更大，受升平断凸的阻挡，水平应力分量无法通过侧向的伸展位移来释放，于是，在徐西断凹北段及升平断凸西部产生局部挤压应力场，控制沙河子组的沉积，形成沙河子组底面的超覆不整合和顶面的局部削截现象。正常的扇三角洲和辫状河三角洲沉积体系较发育（图4-2-30）。构造运动、气候变化、湖平面变化、沉积物供给速率等因素影响着沉积基准面变化的同时，沉积相带也随之有规律的改变。在大的沉积体系上，沙河子组沉积时期，徐家围子断陷受徐西断裂控制作用明显，西厚东薄，西断东超；在局部相带的变化上，由于单个因素引起湖平面的变化，不同时期水体深度和范围发生变化，沉积相带随之发生演化，三角洲体系内平原与前缘的演化，三角洲与湖相的演化，滨浅湖相与半深湖相—深湖相的演化等，这些相带的演变形式在不同层序内特征有所差异（图4-2-31）。

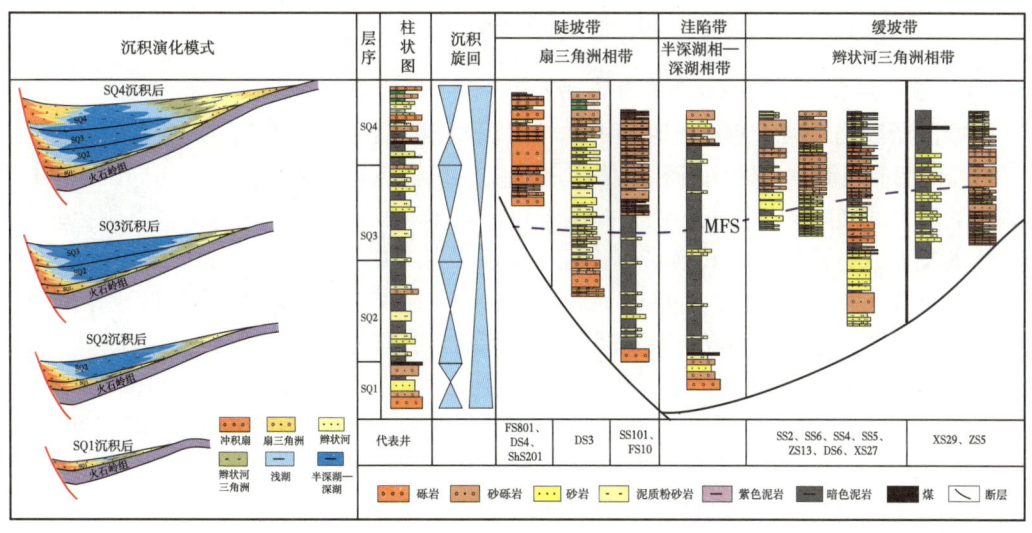

图4-2-30　徐家围子断陷沙河子组沉积演化模式图

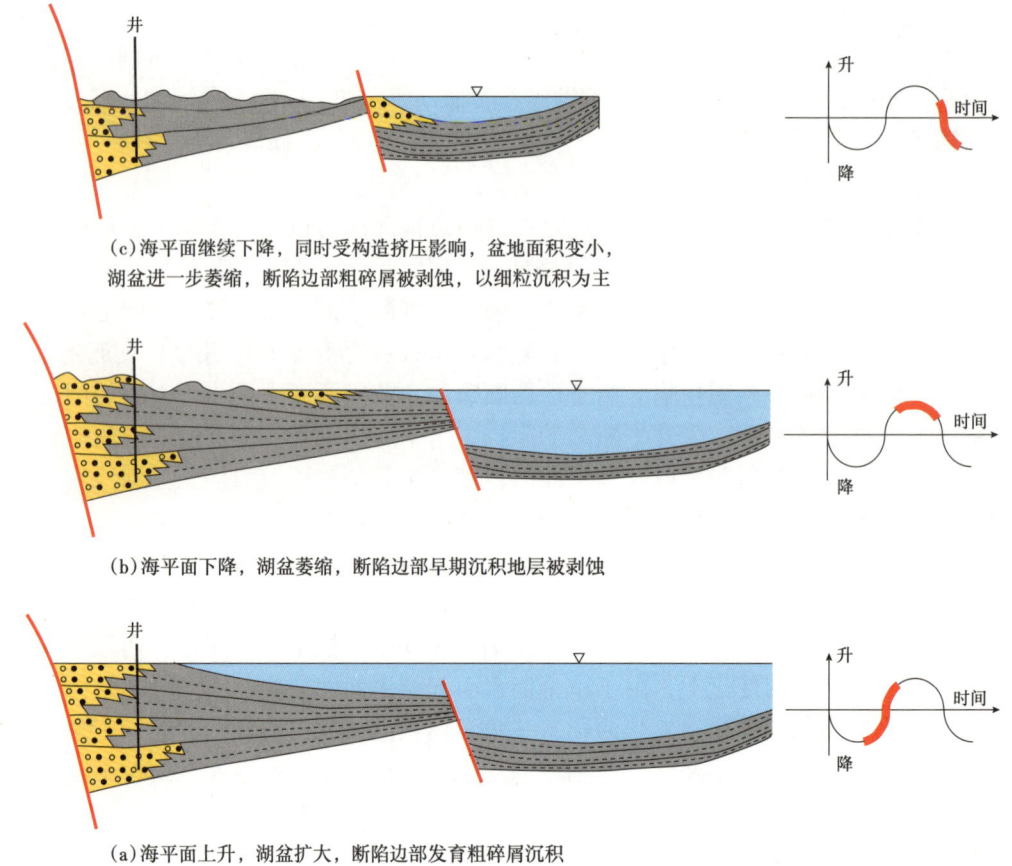

图 4-2-31 徐西残余地层形成模式示意图

2）沙河子组各层序沉积相平面分布特征

徐家围子断陷沙河子组沉积时期古地貌对沉积相的控制作用具有"沟谷控源，断坡控砂"的沉积响应机制。该区沟谷和断槽控制主要沉积物源和水系，古斜坡与同沉积断层控制砂体的时空展布。斜坡上的峡谷控制着短轴扇体的发育，而盆地内的峡谷则控制着长轴扇体的发育。在徐中构造转换带、徐西、宋西及徐东断裂坡折带形成大规模的储集体。利用钻井、测井和岩心资料，并结合地震相分析，在徐家围子断陷沙河子组识别出多个扇三角洲沉积体系。它们的形成与边界断层和同沉积断层与古地貌有关。

SQ1 沉积时期处于断陷早期，沉积充填范围较小，徐西控陷断裂作用还很微弱，形成较小的扇三角洲沉积体系。东部斜坡带较缓，沉积物搬运距离长，沉积一套以辫状河三角洲发育为主的沉积体系。凹陷自西向东依次发育扇三角洲—滨浅湖相—辫状河三角洲的沉积体系。物源方向上，东部斜坡带主要为北东—西南向、东南—西北向物源为主，徐西断裂带以北北西—南南东向物源为主。层序边界主要是超覆和断层边界（图 4-2-32）。

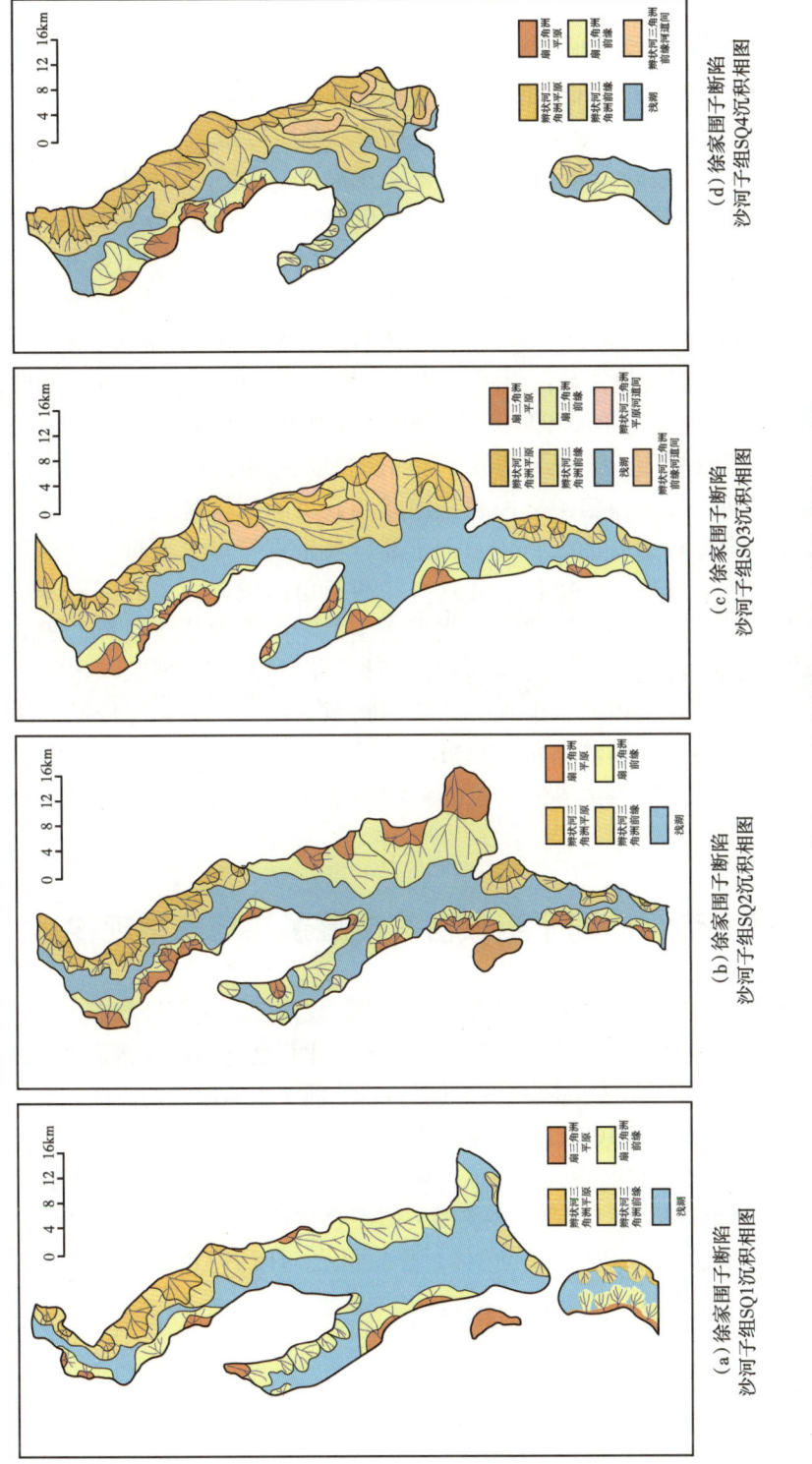

图4-2-32 徐家围子断陷沙河子组各层序沉积相平面图

SQ2沉积时期，断陷进入快速沉降期，扇三角洲沉积体系扩大。东部斜坡带较缓，沉积物搬运距离长，沉积一套以辫状河三角洲发育为主的沉积体系。凹陷自西向东依次发育扇三角洲—滨浅湖相—半深湖相、深湖相—辫状河三角洲的沉积体系，滨浅湖相范围面积扩大。物源方向上，东部斜坡带为北东—西南向、东南—西北向物源为主，徐西断裂带以北北西—南南东向物源为主。层序边界主要是超覆和断层边界。

SQ3沉积时期，断陷处于稳定沉降期，断陷规模进一步扩大，徐西控陷断裂控制作用强烈，物源充足，沉积粒度粗，发育较大规模的以扇三角洲为主的沉积体系，局部发育近岸水下扇；东部斜坡带发育相对于西侧要缓得多，沉积物搬运距离长，沉积一套以辫状河三角洲发育为主的沉积体系，沉积规模继续扩大。断陷自西向东依次发育扇三角洲—滨浅湖相—半深湖相和深湖相—辫状河三角洲沉积体系。东部斜坡带以北东—南西向、南东—北西向物源为主，物源延伸较远；徐西断裂带以北西—南东向物源为主，滨浅湖面积在SQ3时期达到最大，在扇三角洲和辫状河三角洲的间隙内均可见滨浅湖相的发育。层序边界上，东部斜坡带为超覆边界和断层边界，徐西断裂带多为断层边界。

SQ4沉积时期，徐西控陷断裂控制作用减弱，沉降规模降低，沉积粒度粗，发育较大规模的以扇三角洲为主的沉积体系；东部斜坡带发育形成坡折，但相对于西侧要缓得多，沉积物搬运距离长，沉积一套以辫状河三角洲发育为主的沉积体系。受沙河子组沉积晚期抬升剥蚀影响，断陷沉积范围变小，断陷再次分割发育。凹陷自西向东依次发育扇三角洲—滨浅湖相—半深湖和深湖相—辫状河三角洲沉积体系。辫状河三角洲沉积体系以北东—南西向、南东—北西向物源为主，物源延伸较远；徐西断裂带发育北西—南东向物源，滨浅湖相面积减小，在扇三角洲和辫状河三角洲的间隙内均可见滨浅湖相的发育。层序边界上，东部斜坡带为超覆边界和断层边界，徐西断裂带多为断层边界。

第三节　沙河子组致密气成藏条件与富集规律

徐家围子断陷沙河子组沉积时期发育暗色泥岩和煤层两类主要烃源岩，有机质类型以Ⅲ型为主，存在部分的Ⅱ型有机质有机质，有机质演化程度达到过成熟阶段，地球化学指标好，生气量大，使深层天然气主要的供气源岩。沙河子组储层类型多样，有砂砾岩、砂岩等，储层孔隙度一般小于10%，渗透率低于0.1mD，孔隙类型主要发育原生孔、次生孔隙及微裂隙，其中溶蚀孔和晶间孔较发育，其次为原生残留粒间孔和微裂缝。在各区带四级层序砂体预测分布基础上，结合砂体类型、储层物性、单层优势砂体发育等分析评价，共识别层31个"甜点"区230个"甜点"体，总面积达$5415.79\times10^4 km^2$。

一、沙河子组致密气形成的源岩条件

1. 有机质类型

徐家围子断陷沙河子组烃源岩主要有暗色泥岩和煤层。显微镜下观察表明，煤的有机质以镜质组为主，含少量的孢子体；泥岩的有机质见镜质组，含藻类，少量壳质组分。

TOC>5%的烃源岩显微镜下观察有机质类型以镜质组为主,见不到藻类。

从沙河子组烃源岩类型划分图分析看,徐家围子沙河子组烃源岩有机质类型以Ⅲ型为主,存在部分的Ⅱ型有机质有机质,是良好的气源岩(图4-3-1)。

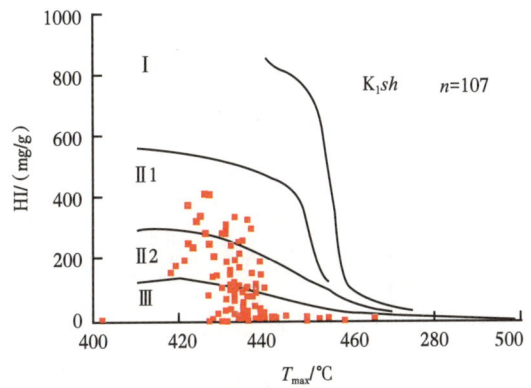

图4-3-1　徐家围子断陷沙河子组烃源岩类型划分图

2. 有机质成熟度

沙河子组烃源岩有机质成熟度(R_o)为1.07%~3.56%,平均为2.29%,大部分样品的R_o值大于1.3%,演化程度处于高—过成熟阶段(图4-3-2)。从徐家围子断陷烃源岩有机质成熟度(R_o)与现今埋深之间的关系图,可以看出烃源岩埋深在2800m以后,烃源岩基本进入高—过成熟演化阶段(图4-3-3)。

3. 热解参数

从岩性特征上看,泥质烃源岩有机质丰度较高,大多TOC分布范围均大于1.0%,氯仿沥青"A"主要介于0.015%~0.1%之间,生烃潜量大于6mg/g的占将近50%,综合评价好—很好丰度级别烃源岩约占50%(表4-3-1)。煤层也具有较好的生烃能力,TOC大于35%的占64%(图4-3-4)。

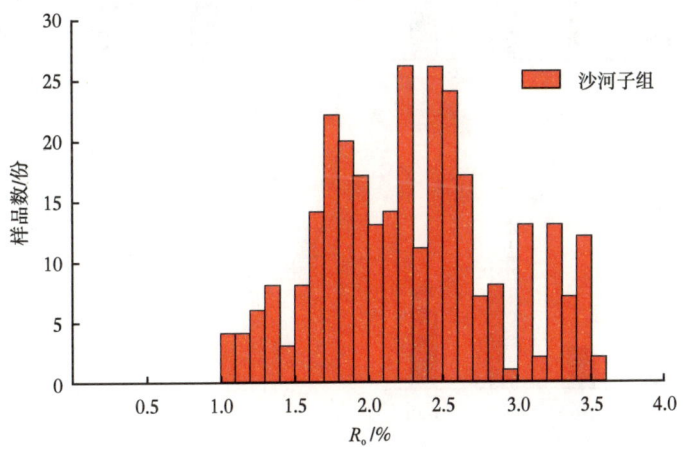

图4-3-2　徐家围子断陷沙河子组烃源岩成熟度直方图

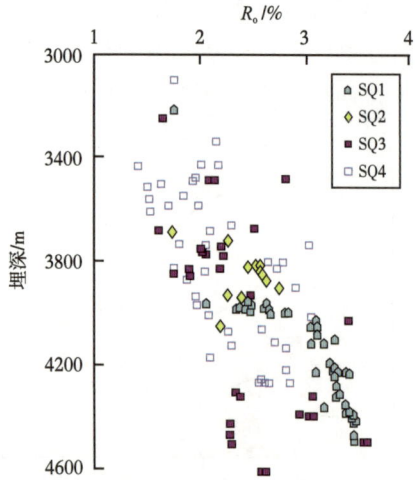

图 4-3-3 徐家围子断陷沙河子组烃源岩 R_o 和埋深关系图

表 4-3-1 徐家围子断陷沙河子组烃源岩地球化学分析数据统计

类型	成熟度		残余有机质丰度				综合评价
	R_o/%	T_{max}/℃	TOC/%	氯仿沥青"A"/%	S_1+S_2/(mg/g)	氢指数/(mg/g)	
煤层	1.5~3.56 2.67（88）	305~581 458（49）	9.78~84.44 40.16（76）	0.03~2.13 0.7（11）	1.17~129.4 36.47（49）	1~105 37（41）	好烃源岩 高—过成熟
泥岩	1.39~3.46 2.3（82）	304~595 482（119）	0.42~11.89 2.43（262）	0.01~6.98 1.21（81）	0.52~65 12.6（145）	1~200 32（196）	好烃源岩 高—过成熟

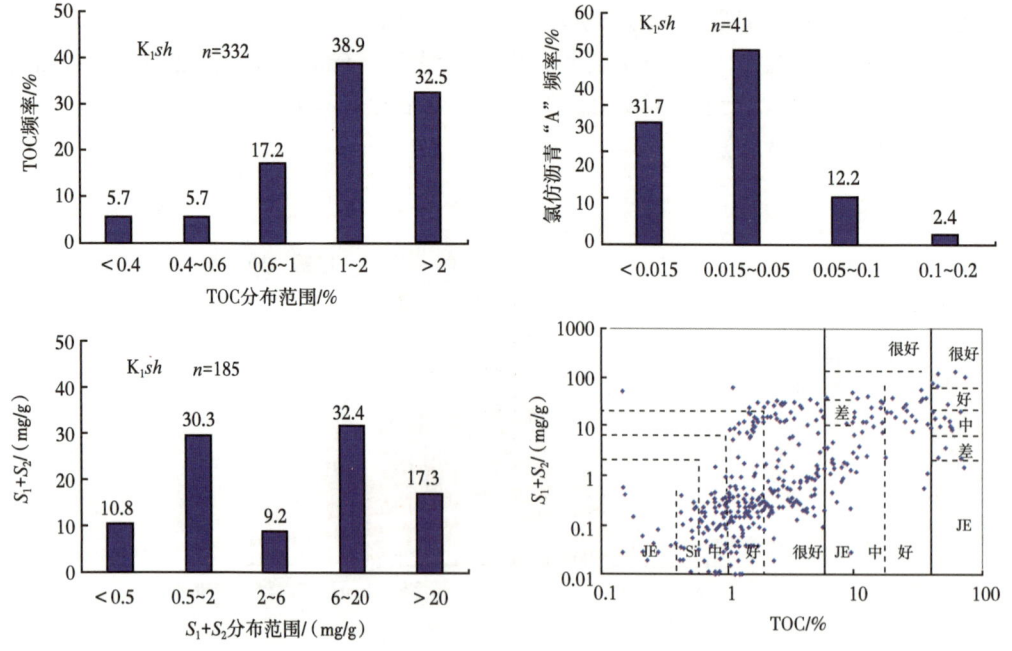

图 4-3-4 徐家围子断陷沙河子组泥岩地球化学指标

从各层序统计结果来看，各层序烃源岩均发育，钻井揭示层序 4 地球化学指标最好，层序 3 次之。层序 4 泥岩 TOC 最大值为 11.89%，最小值为 0.44%，平均为 2.28%，煤层 TOC 最大值为 84.44%，最小值为 19.87%，平均为 36.53%。层序 3 泥岩 TOC 最大值为 10.1%，最小值为 0.42%，平均为 1.91%，煤层 TOC 最大值为 79.83%，最小值为 12.76%，平均为 51.21%。层序 2 泥岩 TOC 最大值为 4.3%，最小值为 0.75%，平均为 2.11%，煤层 TOC 仅有一个样品，为 40.72%。层序 1 泥岩 TOC 最大值为 6.15%，最小值为 0.77%，平均为 2.15%，煤层 TOC 最大值为 38.02%，最小值为 9.78%，平均为 22.83%（图 4-3-5）。

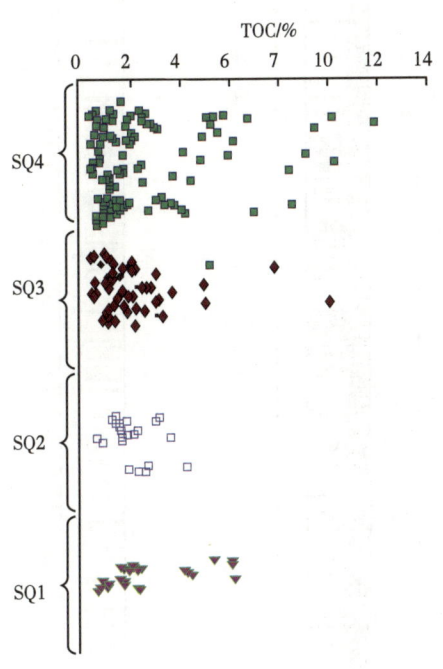

图 4-3-5 徐家围子断陷沙河子组各层序 TOC 分布图

4. 烃源岩分布特征

1）单井分布特征

以 DS16 井为例，DS16 井单井揭示（图 4-3-6），层序 4 TOC 分布范围为 0.585%~0.76%，平均为 3.33%，层序 3 TOC 分布范围为 0.519%~7.243%，平均为 3.067%，层序 2 TOC 分布范围为 0.643%~8.329%，平均为 2.517%。层序 4 氯仿沥青"A"范围为 0.029%~0.031%，平均为 0.03%，层序 3 氯仿沥青"A"范围为 0.004%~0.006%，平均为 0.005%。层序 4 热解 T_{max} 温度范围为 436~536℃，平均为 520℃，层序 3 热解 T_{max} 温度范围为 445~587℃，平均为 541℃，层序 4 热解 T_{max} 温度范围为 440~587℃，平均为 537℃。层序 4 生烃潜量范围为 0.08~3.05mg/g，平均为 0.787mg/g，层序 3 生烃潜量范围为 0.11%~0.461%，平均为 0.238%，层序 2 生烃潜量范围为 0.141%~0.89%，平均为 0.328%（图 4-3-6）。垂向对比看，层序 4 顶部地球化学指标最好，层序 3 地球化学指标次之（表 4-3-2）。

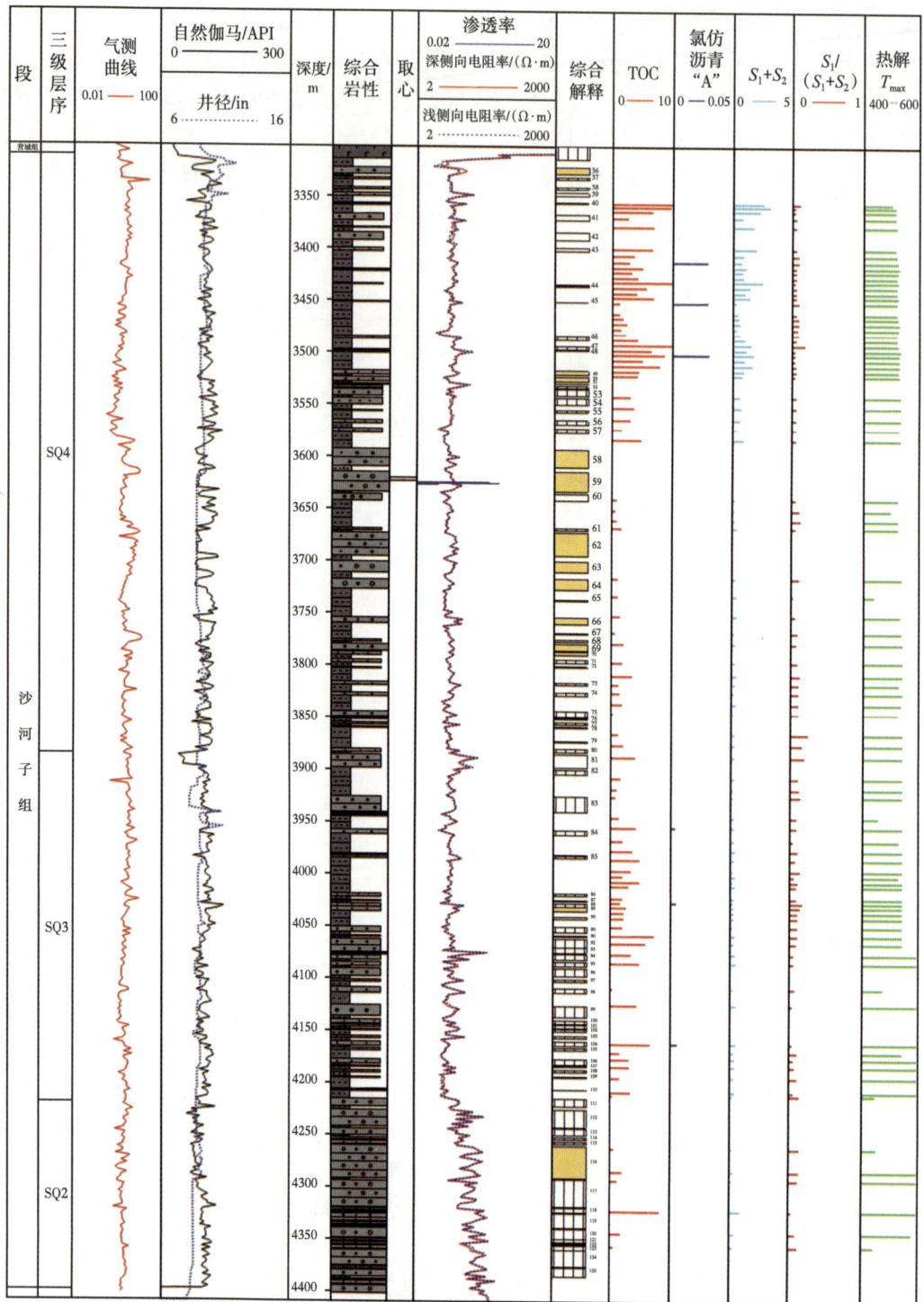

图 4-3-6 DS16 井沙河子组地球化学综合柱状图

表 4-3-2 DS16 井沙河子组地球化学分析数据

层序	SQ4	SQ3	SQ2
有机碳 TOC/%	0.585~9.76, 3.33（48）	0.519~7.243, 3.067（31）	0.643~8.329, 2.517（6）
氯仿沥青"A"/%	0.029~0.031, 0.03（3）	0.004~0.006, 0.005（3）	
热解 T_{max}/℃	436~536, 520（52）	445~587, 541（31）	440~587, 537（6）
S_1+S_2/（mg/g）	0.08~3.05, 0.787（52）	0.11~0.461, 0.238（31）	0.141~0.89, 0.325（6）
$S_1/(S_1+S_2)$/%	0.03~0.24, 0.086（52）	0.04~0.181, 0.101（31）	0.04~0.141, 0.112（6）

2）烃源岩分布特征

平面上，沙河子组各层序均发育烃源岩（图 4-3-7）。层序 1 面积为 1873km²，一般厚度为 100~500m，最厚为 1400m；层序 2 面积为 2291.6km²，一般厚度为 100~300m，最厚为 700m；层序 3 面积为 2258.6km²，一般厚度为 50~250m，最厚为 500m；层序 4 面积为 2076.4km²，一般厚度为 100~400m，最厚为 1100m。总的来说，各层序烃源岩厚度一般为 50~500m，徐东洼槽厚度最大，超过 1400m，整体上发育多个烃源岩聚集区，安达地区、徐东地区烃源岩最为发育。

3）沙河子组生烃潜力分析

盆地模拟分析表明，徐家围子断陷沙河子组烃源岩的生气高峰在 3300m 左右，此时 R_o 在 2.0%，氯仿沥青"A"/TOC 可达到 8% 左右。

从沙河子组各层序生气强度上看，徐家围子断陷沙河子组泥岩几乎在整个断陷的生气强度均大于 $20×10^8m^3/km^2$，最大值达到 $500×10^8m^3/km^2$，为徐家围子断陷最主要的气源岩。沙河子组泥岩的主要生气区在断陷的中部和北部。沙河子组煤层的生气范围小于泥岩，生气强度最大值在宋站地区，达到 $300×10^8m^3/km^2$。沙河子组煤层的主要生气区在徐东凹陷。营城组生气范围较小，主要集中在断陷中部和南部的局部地区，生气强度小于 $50×10^8m^3/km^2$。

徐家围子断陷深层烃源岩总生气量为 $313.8×10^{11}m^3$，总排气量为 $299.5×10^{11}m^3$。从层位上看，沙河子组泥质烃源岩生气量为 $232.0×10^{11}m^3$，占总生气量的 73.9%，为主力生气层；沙河子组煤层的生气量为 $72.9×10^{11}m^3$，占总生气量的 23.2%（表 4-3-3）。为徐家围子断陷深层天然气成藏奠定重要的物质基础。

二、沙河子组致密储层特征

1. 致密气储层特征

1）岩石学特征

砂岩岩石类型多样，砂质砾岩、砾岩所占比例相对较高。经薄片数据统计，沙河子组储层的主要岩石类型包括沉积岩、火山沉积岩、火山岩等。沉积岩包括砾岩、砂质砾岩、含砾砂岩、砂岩、泥岩和煤层等；火山沉积岩包括凝灰岩、火山角砾岩；火山岩包括安山岩、粗面岩及酸性喷发岩等。通过岩性资料统计，沉积岩中泥岩含量最高，约占 46.41%，其次为砂质砾岩，占 21.18%，砾岩和粗砂岩含量中等，分别为 10.39% 及 8.07%，细砂岩、粉砂岩及煤的含量少。火山沉积岩及火山岩含量极低，分别为 1.03% 及 0.95%（图 4-3-8）。

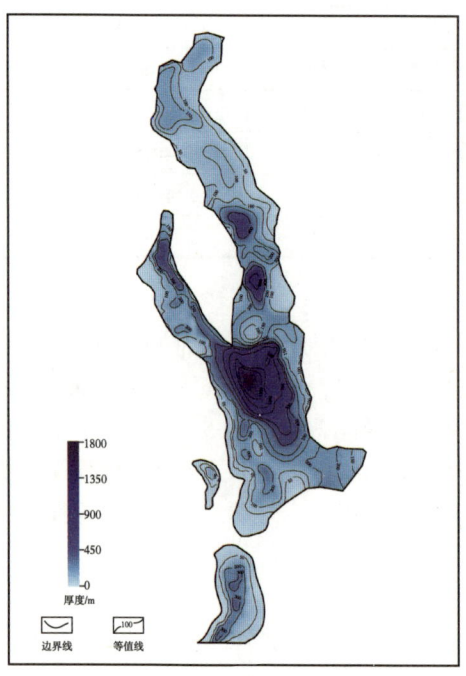

(a)徐家围子断陷沙河子组SQ1泥岩分布图

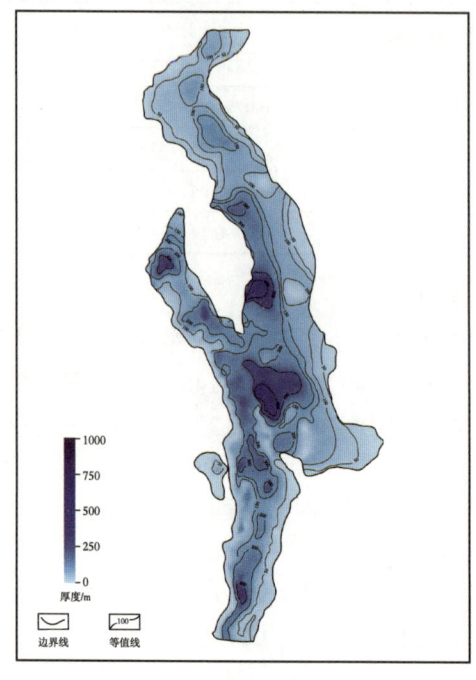

(b)徐家围子断陷沙河子组SQ2泥岩分布图

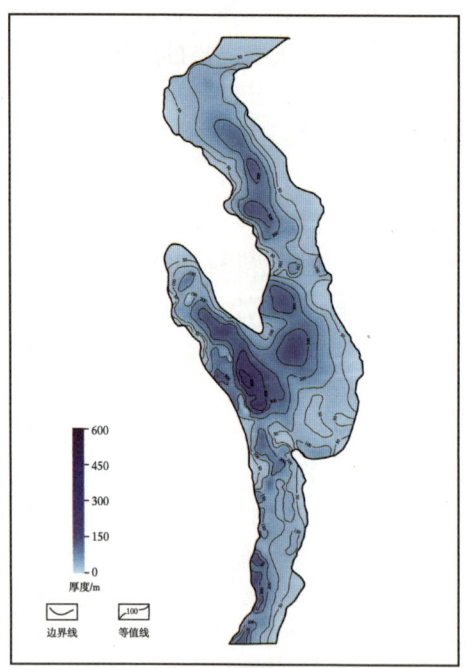

(c)徐家围子断陷沙河子组SQ3泥岩分布图

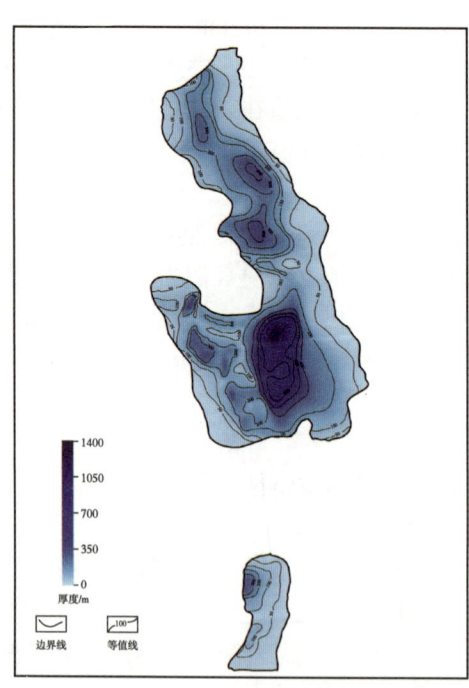

(d)徐家围子断陷沙河子组SQ4泥岩分布图

图 4-3-7 徐家围子断陷沙河子组各层序烃源岩厚度图

表 4-3-3　徐家围子断陷烃源岩生排气量统计表

层位	烃源岩面积 / km²	生气量 / $10^{11}m^3$	排气量 / $10^{11}m^3$
沙河子组泥岩	3007.06	232.0	224.2
沙河子组煤	1665.08	72.9	66.7
合计		304.9	290.9

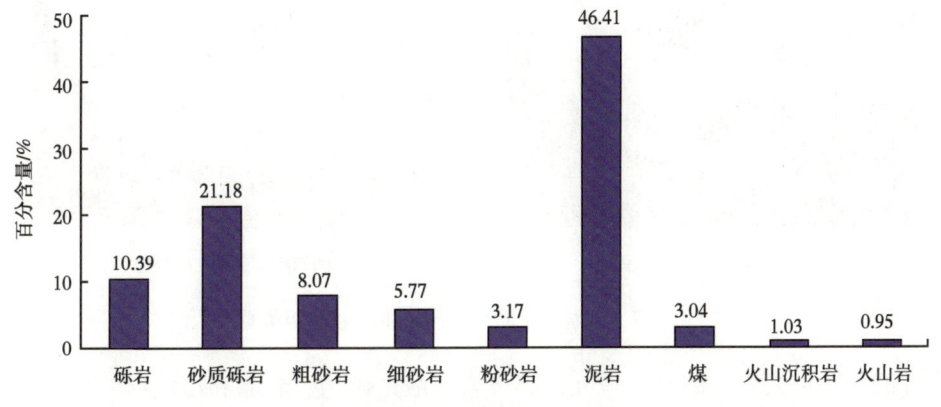

图 4-3-8　徐家围子断陷沙河子组岩石类型直方图

由沙河子组各层序岩石类型含量统计（表 4-3-4）可知：各层序中泥岩比例最高，除了 SQ2 相对较低外，其他层序的含量均在 40% 以上；煤层含量较小，除 SQ1 层煤层占比超过 10% 外，其他层均小于 3%；其他岩性中，砂质砾岩的比例较高，各层序中比例均在 20% 左右；由 SQ1 至 SQ5，砾岩占比逐渐减小，粗砂岩和粉砂岩等细粒砂岩的比例逐渐增多，反映水体逐渐增大的沉积背景。凝灰岩等火山碎屑岩主要分布在 SQ2、SQ4 层中，其他层含量较低。

表 4-3-4　徐家围子断陷沙河子组各层序岩石类型含量统计（单位：%）

层序	砾岩	砂质砾岩	粗砂岩	细砂岩	粉砂岩	泥岩	煤	火山碎屑岩	火山岩
SQ1	20.00	20.83	0	0.99	3.80	41.49	11.89	0	0
SQ2	23.28	20.08	2.04	7.35	9.88	31.09	2.16	3.17	0.95
SQ3	9.01	22.94	2.48	4.48	7.63	49.67	2.53	0.62	0.64
SQ4	5.11	19.06	10.72	4.25	11.17	45.28	1.83	0.86	1.72

成分成熟度低，结构成熟度中等—较低。通过岩心资料、薄片分析可知，沙河子组中砾岩成分成熟度低。砾岩成分一部分是来自沙河子组底部的火山岩，包括凝灰岩、流纹岩，同时也可见粗面岩和安山岩；另一部分成分是砂砾岩和泥砾岩及变质岩。通过显微镜下薄片鉴定发现泥质和颗粒含量较多，反映该区处于断陷期时沉积速度快，搬运能力强，水动力减弱较快，坡降快，粗细砂一同沉积的现象。砾岩发育两种支撑类型，为颗粒支撑

砂泥基充填［图 4-3-9（a）］和砂基支撑［图 4-3-9（b）］，整体结构成熟度中等—较低。

(a) 颗粒支撑砂泥基充填类型　　　　　　　(b) 杂基（砂）支撑类型

图 4-3-9　徐家围子断陷沙河子组砾岩支撑类型

岩石组分即组成岩石的基本单元，碎屑岩一般是矿物、岩屑和填隙物的复杂集合体。沙河子组储层具有多物源、多水系、快速搬运堆积的特点，岩石组分十分复杂。根据 64 块砂岩和砂砾岩样品统计，沙河子组致密砂（砾）岩中火山岩岩屑含量最高，平均含量为 40.19%，其次为长石类矿物，平均为 25.64%，石英含量平均为 17.56%，沉积岩和变质岩岩屑含量为 2.4%。根据岩石成因分类方案（图 4-3-10），沙河子组应属于长石岩屑砂岩。长石和岩屑的稳定性差，在酸性环境下极易发生溶蚀，因此高岩屑和长石含量是沙河子组发育优质储层的关键。

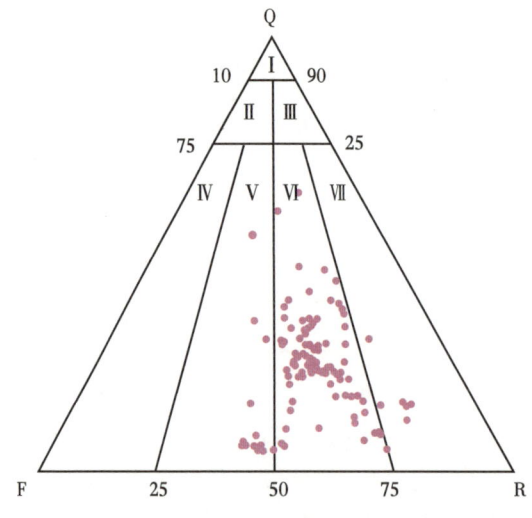

图 4-3-10　徐家围子断陷沙河子组砾岩支撑类型

填隙物指碎屑岩岩石颗粒之间的充填物,可以是原生的杂基,也可以是后期自生的胶结物。沙河子组储层填隙物含量分布区间较广(图 4-3-11),部分样品填隙物含量不足 1%,部分样品填隙物含量超过 30%,但总体上填隙物含量中等,超过 60% 储层填隙物含量介于 5%~20% 之间。填隙物成分主要为泥质杂基(9.08%)、碳酸盐(4.26%)、高岭石(0.42%)、浊沸石(0.31%)及少量的火山灰(0.1%)、黏土矿物(0.06%)及黄铁矿(0.01%)(图 4-3-12)。对安达—宋站地区、徐西地区及徐东地区的填隙物成分进行统计,安达—宋站地区的填隙物以泥质(6.73%)及碳酸盐(5.61%)为主,其次为高岭石(0.97%),以及极少量的火山灰(0.22%)。徐东地区泥质平均含量高达 14.16%,碳酸岩含量低于安达—宋站地区,为 3.53%。徐西地区泥质含量低于徐东地区,但高于安达—宋站地区,为 9.28%,碳酸盐含量低于徐东地区,为 3.10%,以及极少量的浊沸石(0.81%)及黏土矿物(0.16%)。

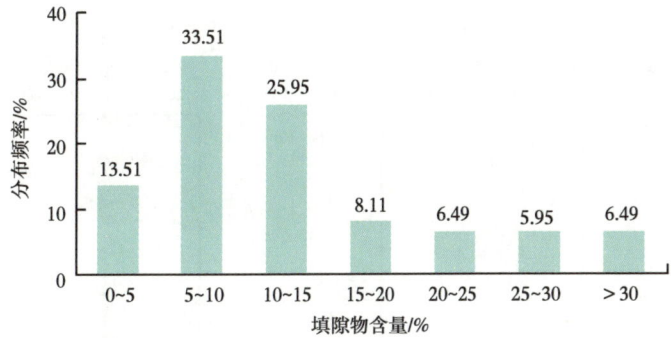

图 4-3-11　徐家围子断陷沙河子组填隙物含量分布图

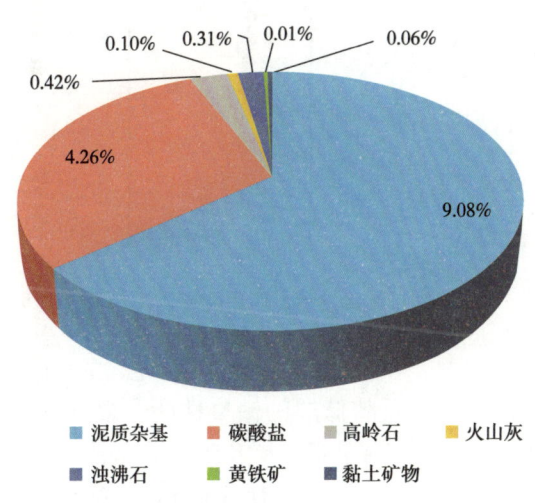

图 4-3-12　徐家围子断陷沙河子组填隙物类型图

黏土矿物是岩石内含水的铝、铁和镁的硅酸盐矿物,多以杂基或胶结物的形式发育,其塑性特征与岩石的物性密切相关。沙河子组储层的黏土矿物含量比较高,这也是多数陆相沉积储层共有的特征，砂岩中的自生黏土矿物是影响其储集性能的一个重要因素。X射线衍射分析统计结果显示，70%以上样品的黏土含量分布在15%~35%之间，少数样品黏土矿物含量少于15%或超过35%（图4-3-13a）。

黏土矿物的类型以伊/蒙混层、伊利石和绿泥石为主，高岭石较少；并且随埋深的增加，伊利石、绿泥石含量逐渐增大，而伊/蒙混层含量逐渐降低[图4-3-13（b）、（c）、（d）、（e）]。这是由于在深埋藏条件下高岭石和蒙皂石消失而转化成伊利石和绿泥石。随着埋深和介质pH值增加，溶液由酸性变为碱性，层间溶液浓缩，离子浓度增大，高岭石变得不稳定而发生变化，若有K^+存在，则转化为伊利石；若有Ca^{2+}、Mg^{2+}、Na^+存在，则转化为蒙皂石或绿泥石。研究区内高岭石的平均含量为1.92%，当埋深超过4150m时，高岭石完全消失。研究区内伊/蒙混层的平均含量为60.38%，伊利石的平均含量为18.76%，说明沙河子组储层中的伊/蒙混层未完全转化为伊利石，仍以混层黏土矿物为主。

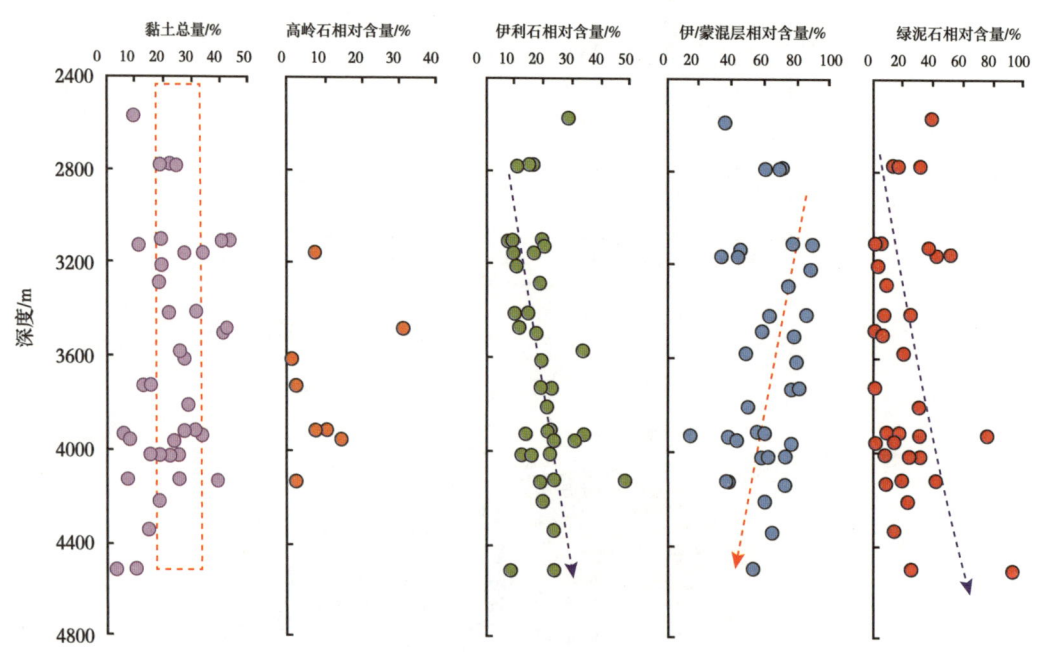

图4-3-13 徐家围子断陷沙河子组黏土矿物类型及含量垂向分布

2）储层物性特征

孔隙度和渗透率最能直观地反映储层的储集性能，根据沙河子组1494块孔隙度测试样品和渗透率测试样品统计，沙河子组储层孔隙度分布范围为0.3%~14.9%，孔隙度主要集中在0.3%~6%，渗透率分布范围为0.001~10.1mD，渗透率主要集中在0.01~0.1mD（图4-3-14）。孔隙度与渗透率呈弱正相关性，渗透率随孔隙度增加而有改善的趋势，但数据点比较分散，这主要由于沙河子组储层岩性多样、孔隙类型多样、储层非均质性强等原因引起。砾岩中发育的裂缝对于改善其渗透率有一定贡献。

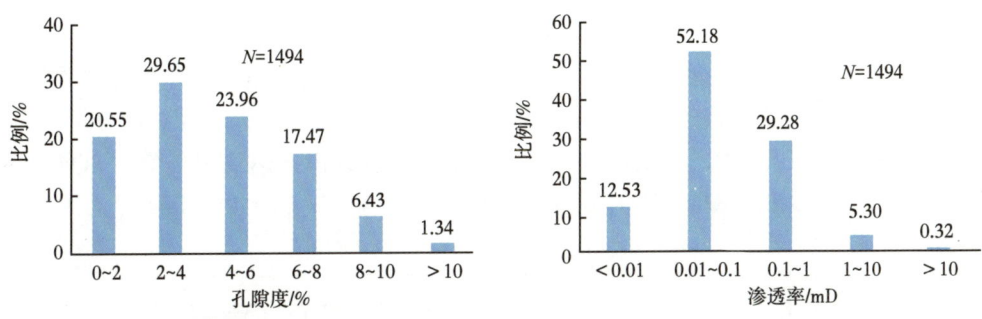

图 4-3-14　徐家围子断陷沙河子组储层孔隙度和渗透率直方图

通过对比不同地区各层序的物性特征，表明（图 4-3-15），SQ4 时期，安达—宋站地区的物性最好，孔隙度均值为 5.25%，徐东地区次之，孔隙度均值为 4.21%，徐西地区最差，孔隙度均值为 2.75%；SQ3 时期，同样安达—宋站地区的物性最好，孔隙度均值为 4.51%，徐东地区次之，孔隙度均值为 3.97%，徐西地区最差，孔隙度均值为 3.77%；SQ2 时期，相比安达—宋站地区和徐东地区，徐西地区物性较好，孔隙度均值为 2.71%，徐东次之，孔隙度均值为 2.69%，安达—宋站地区最差，孔隙度均值为 2.62%；SQ1 时期，因为新分层后，徐东地区暂时无样品，安达—宋站地区与徐西地区相比较，安达—宋站地区较好，徐西地区孔隙度均值为 1.73%，极为致密。

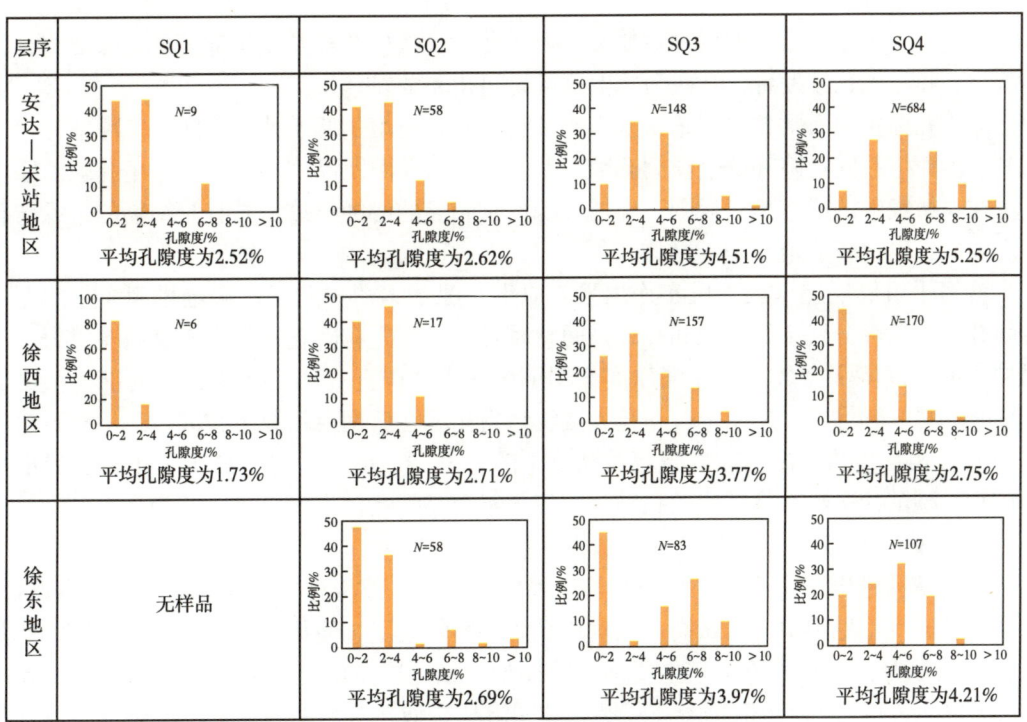

图 4-3-15　徐家围子断陷不同地区不同层序物性直方图

孔隙度均值随着地层沉积时期从早到晚逐渐增大，SQ4＞SQ3＞SQ2＞SQ1，这说明压实作用在这个地区对孔隙度的影响较大；徐西地区孔隙度均值在 SQ3 时期最高，说明徐西地区泥岩厚度大，生烃能力强，生烃过程中气的充注对孔隙度有一定的保护作用。对孔隙度最好，岩心样品最多的安达—宋站地区四级层序孔隙度进行统计对比分析，得知，三个四级层序的孔隙度值大多数集中在 2%~8% 之间，合计占比达到 80% 多。SQ4-2 的孔隙度均值最高为 5.29%，SQ4-3 的孔隙度均值次之，为 5.25%（图 4-3-16）。

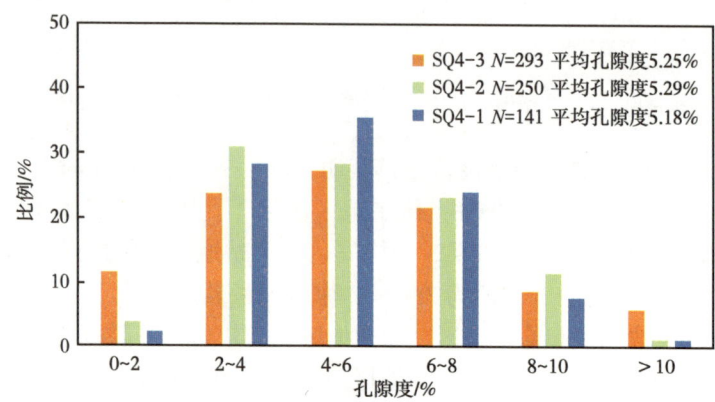

图 4-3-16　安达—宋站地区沙河子组 SQ4 各四级层序孔隙度对比图

3）储集空间特征

沙河子组砂砾岩致密储层中主要发育原生孔隙、次生孔隙及微裂隙三种孔隙类型，其中溶蚀孔和晶间孔较发育，其次为原生残留粒间孔和微裂缝。

原生孔隙指岩石颗粒之间未被基质和胶结物完全充填的原始孔隙空间，又可细分为压实剩余的原生粒间孔隙和残余粒间孔隙，杂基中的微孔隙及晶间孔也属于原生孔隙。原生孔隙在显微镜下的形态相对规则，碎屑边缘没有明显的溶蚀痕迹，并且胶结物的边缘与孔隙之间的界限比较清楚。

沙河子组储层埋深大，压实作用强，原生孔隙基本消失殆尽，很难见到完整的原生粒间孔，可见部分残余原生粒间孔，晶间孔较发育。原生粒间孔多发育于砾石支撑岩石的颗粒之间，埋藏深度较浅。在强压实作用下，此类孔隙孔径相对较小，仅局部零星可见 [图 4-3-17（a）]。残余原生粒间孔为被胶结物充填之后剩余的原生粒间孔，填充孔隙的多为薄膜式胶结的绿泥石和硅质等胶结物 [图 4-3-17（b）]。晶间孔为自生及交代型黏土矿物、碳酸盐矿物等晶体间的孔隙。沙河子组中晶间孔较为发育，主要为黏土矿物晶间孔 [图 4-3-17（c）]。

次生溶孔是岩石中不稳定组分被溶蚀而新形成的孔隙类型；沙河子组岩石成熟度低、岩屑及长石等不稳定组分含量高，与优质烃源岩紧邻互层，使得沙河子组储层中溶蚀孔隙发育。次生溶孔是沙河子组最主要的孔隙类型。该区次生溶孔主要包括粒间溶孔、粒内溶孔（包括铸模孔）及填隙物溶孔三类。粒间溶孔是酸性溶液在砂岩碎屑间运移，溶蚀部分碎屑边缘、部分填隙杂基和胶结物形成的各种不规则的，但相连通的溶扩粒间孔、贴粒孔和粒间溶孔，大小以中孔为主，但有时可将一些可溶矿物完全溶解而形成铸膜孔隙，有时仅沿粒间边缘或压裂缝进行溶蚀，形成细而短的溶缝。粒间溶孔形态不规则，外形呈港湾状，孔隙大小和分布不均，常与长石、岩屑溶孔等伴生，并被细小的溶蚀缝连通[图4-3-17（d）]。粒内溶孔及铸模孔多沿矿物解理或裂缝发育，当颗粒全部或几乎完全被溶解而保留其原晶体假象时，则成为铸模孔。研究区内岩石总体为高岩屑、中长石、低石英含量的特征，长石及岩屑中易溶组分容易遭受溶蚀，形成形态较为规则的长石粒内溶孔[图4-3-17（e）]、岩屑粒内溶孔，部分岩屑甚至全部被溶蚀而成为铸模孔[图4-3-17（f）]。当溶解作用较强时，石英颗粒表面也发生溶解而形成小的次生溶孔，发生溶解后的石英表面呈现凹凸不平状，边缘呈不规则状和港湾状[图4-3-17（g）]填隙物溶孔：充填于碎屑颗粒之间的填隙物一般稳定性差，也是一种可溶组分；该区填隙物溶孔主要为方解石溶孔，凝灰质砂岩中普遍发育凝灰质溶孔。方解石溶孔主要产于充填粒间的方解石胶结物中，溶解作用沿着解理面进行，其形态较为规则[图4-3-17（h）]。凝灰质砂岩中填隙物为凝灰质，该组分稳定性差，极易被大量溶蚀，形态一般不规则[图4-3-17（i）]。

沙河子组裂隙的规模小，主要为构造缝和成岩缝。构造缝是岩石在构造应力作用下产生破裂而形成的裂缝，是裂缝中最主要的类型。其最大特点是裂缝成组出现，沿一定方向有规律地分布，分布具不均匀性，裂缝边缘比较平直，延伸较远，常可贯穿塑性岩屑、杂基等[图4-3-17（j）]，缝内较为洁净，少数充填有泥质、硅质和方解石胶结物，主要包括压裂缝和收缩缝。压裂缝是岩石受到较大的纵向压力或侧向压力时，如来自上覆地层的压力，颗粒接触点处承受较大的压强而产生的一种裂缝，该裂缝主要分布在碎屑颗粒的内部，从而有别于构造应力产生的微裂缝。研究区内储层埋深较大，压实作用强烈，部分刚性碎屑颗粒在强压实作用下发生破裂，产生压裂缝[图4-3-17（k）]，尤其以砾石含量较高的砂砾岩中较发育，这主要与砾石颗粒大，颗粒间接触表面积少，单位面积所承受到的压强大有关。成岩缝是岩石在成岩阶段由于上覆层的压力和本身失水收缩、干裂或重结晶等作用所产生的裂缝。沙河子组成岩缝主要是颗粒间被黏土矿物（主要为伊/蒙混层、伊利石）充填的情况，这些黏土矿物在成岩过程中失去结合水，向靠近碎屑颗粒的一方或孔隙中心发生收缩，形成收缩孔或呈线状展布的收缩缝[图4-3-17（l）]。收缩孔/缝的形成有利于酸性水的进入及对矿物颗粒和填隙物的溶解，经溶蚀后可形成孔径较大的溶蚀孔和更大的溶蚀缝，孔内及缝内往往残留有未被完全溶蚀的黏土、硅质、碳酸盐胶结物及杂基等。复合孔隙由两种以上不同成因孔隙组合而成。

沙河子组也发育一定量的复合孔隙，其中砾岩的复合孔隙类型主要为溶孔和裂缝组合[图4-3-18（a）]；砂岩的孔隙组合类型主要为残留原生粒间孔和溶蚀孔[图4-3-18（b）]，以及溶孔和黏土矿物晶间孔[图4-3-18（c）]。

统计沙河子组不同类型孔隙的面孔率分布（图4-3-19），其中粒间溶孔、粒内溶孔比较发育，面孔率主要集中分布在2%~6%之间，粒内溶孔最为发育，在6%~10%区间内仍有少量分布。残余原生孔、晶间孔及微裂缝不是很发育，面孔率主要分布在0%~1%之间，晶间孔略好于残余原生粒间孔，在1%~4%之间也有少量发育。由此可知，沙河子组中孔隙度比较大的孔隙类型为岩屑粒内溶孔、粒间溶孔，而残余原生粒间孔、晶间孔及长石粒内溶孔的孔隙度主要分布在较小区间。

(a) DS302井，3448.02m，SQ4-3，砂质砾岩，原生粒间孔

(b) XS801井，4029.02m，SQ4-3，砂质砾岩，硅质胶结后残余原生粒间孔

(c) DS16井，3618.52m，SQ4-3，含砾粗砂岩，黏土矿物晶间孔

(d) XS44井，4137.71m，SQ4-3，砂质砾岩，粒间溶孔

(e) XS1井，3938.56m，SQ2-2，凝灰质砂岩，长石粒内溶孔

(f) XS01井，4529.42m，SQ4-3，粗砂岩，岩屑铸模孔

(g) XS801井，4027.32m，SQ4-3，砂质砾岩，岩石颗粒边缘港湾状溶蚀

(h) XS1井，4035.08m，SQ3-1，砂质砾岩，方解石粒内溶孔

(i) XT1井，3938.56m，SQ2-2，凝灰质砂岩，粒间凝灰质溶蚀后硅质胶结

(j) XS401井，4524.62m，SQ4-3，砾岩，贯穿碎屑颗粒的构造缝

(k) XT1井，3820.12m，SQ3-1，砾岩，岩屑压裂缝，后充填硅质胶结

(l) XS1井，3925.43m，SQ3-1，砾岩，黏土矿物内的成岩缝

图 4-3-17　徐家围子断陷沙河子组储层孔隙类型

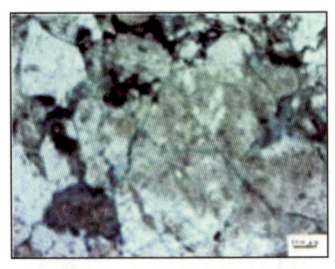 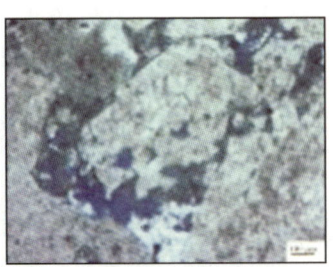 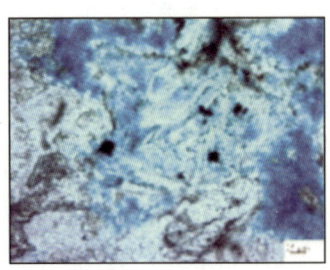

(a) XS44井，4135.71m，SQ4-3，砂砾岩，压裂缝及粒间溶孔

(b) XT1井，3938.31m，SQ2-2，凝灰质砂岩，残留原生孔、粒间溶蚀孔

(c) DS15井，3732.96m，SQ4-2，粗砂岩，岩屑溶孔，黏土矿物晶间孔

图 4-3-18　徐家围子断陷沙河子组复合组合孔隙类型

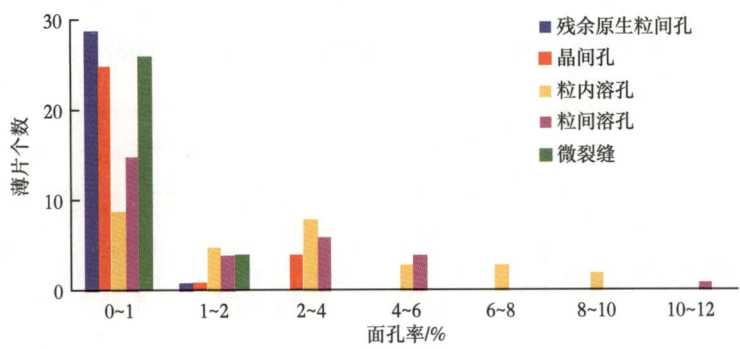

图 4-3-19　徐家围子断陷沙河子组储层不同类型孔隙面孔率分布图

通过统计、对比不同地区储层的储集空间类型发现（图 4-3-20），徐家围子断陷不同地区储层的孔隙类型具有一定的差异性，其中安达—宋站地区以粒内岩屑溶孔为主，占比 27.08%，其次为微裂缝，占比 18.75%；徐西以粒间溶孔为主，占比 25%，其次是岩屑溶孔占比 21.43%；徐东地区以粒间溶蚀和火山溶蚀为主，合计占比达到 47.06%，其次为微裂隙和岩屑溶孔。微裂缝在三个地区都具有一定的占比，约为 15% 左右，可见沙河子组储层物性的优劣，微裂缝起着一定的正作用。徐西和徐东地区微裂缝相对发育很可能与其埋深大，压实作用强有关，安达微裂缝主要是溶扩缝，与次生溶蚀有关。

从各种类型孔隙面孔率随深度变化（图 4-3-21）可看出，溶蚀孔在 3200~4000m 深度段内较为发育，面孔率明显高于其他两类孔隙，压裂缝从 3600m 之后开始大量发育，而原生粒间孔基本上随着埋深逐渐减小，但在 4500m 深度附近也局部发育（为绿泥石包壳成因），残留原生粒间孔的面孔率最低，对孔隙体积的贡献最小。结合孔隙度随深度的变化特征，可知溶蚀孔、压裂缝发育的深度段正好与沙河子组三个异常孔隙发育带相吻合，这表明异常孔隙发育带主要是溶蚀次生孔隙和压裂缝的贡献引起。同时不同岩性的溶蚀孔及压裂缝发育程度存在差别，砂质砾岩、砾岩等岩性中压裂缝较发育，压裂缝的面孔率明显高于含砾粗砂岩等岩性；溶蚀面孔率在含砾粗砂岩中相对发育。这表明不同岩性储层中孔隙类型存在差别，由于孔隙类型影响储层物性，因此不同岩性孔隙度与渗透率间关系也存在差别。

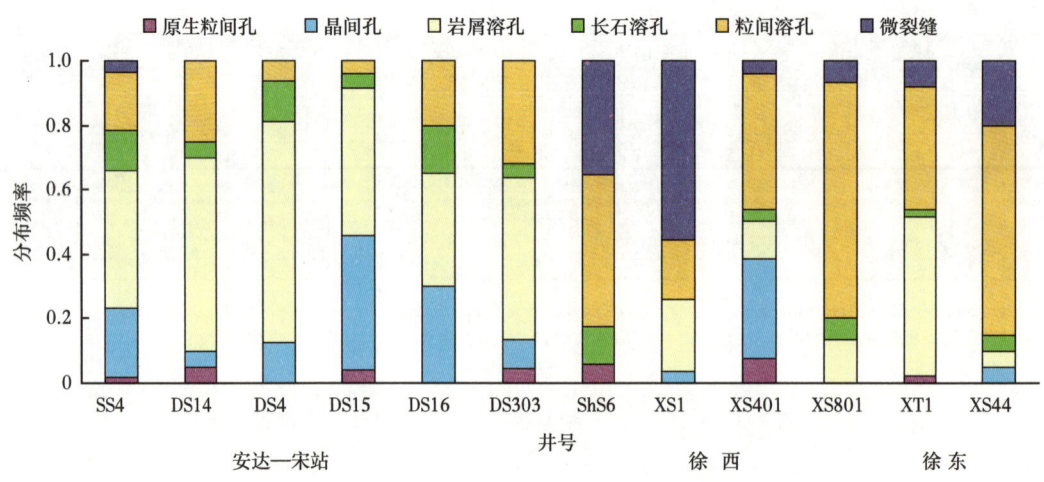

图 4-3-20 徐家围子断陷不同地区沙河子组储层孔隙类型分布特征

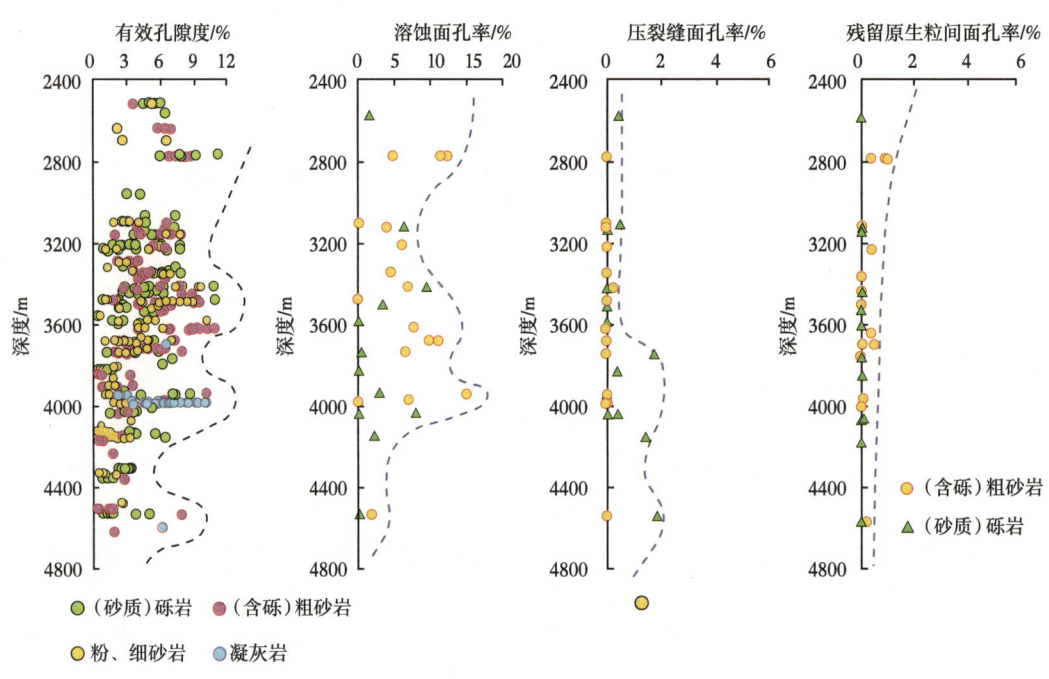

图 4-3-21 徐家围子断陷沙河子组不同孔隙类型面孔率垂向分布

4）储层孔喉特征

（1）致密储层下限的评价。

含气致密储层物性下限正随着开采工艺技术的提高逐渐降低，并趋向于地质条件下天然气充注的成藏物性下限。本次研究的储层下限即为天然气成藏下限，油气能否在致密储层中自由流动，取决于喉道内束缚水膜厚度、油气分子大小及孔喉半径的关系，当孔喉半径小于束缚水膜厚度与吸附油气分子层厚度之和时，油气不能通过喉道进入孔隙内聚集成藏，油气也很难从孔隙内流出，此时对应的喉道半径即为临界喉道半径下限，根据喉道半径与储层物性间关系可推导出相应的物性下限。因此确定含气致密储层的物性下限，需要确定两个关键参数：（1）甲烷分子被稳定吸附的喉道尺寸临界值（或甲烷可以自由脱附的喉道尺寸临界值）；（2）束缚水膜的厚度。两者相加即是理论上含气致密储层的喉道尺寸下限。

甲烷气体（分子直径 0.38nm）在小于 2nm（约 5 层甲烷分子）的孔隙空间内可被稳定吸附。有学者根据鄂尔多斯盆地 22 块样品孔隙尺寸大小和比表面积值的测试统计，得出致密砂岩的吸附或解吸的喉道尺寸临界值平均为 194Å，这从另一个角度显示天然气自由脱附所需喉道空间至少需约 20nm。笔者利用邹才能的研究成果，认为研究区沙河子组含气致密储层天然气自由脱附临界孔喉半径为 20nm。

束缚水膜厚度：对沙河子组 16 块岩石样品进行束缚水膜的确定。表 4-3-5 列出具体参数及束缚水膜厚度的计算结果。从表 4-3-5 中可知，各块岩石计算的水膜厚度不同，水膜厚度分布在 4.76~35.47nm 之间，平均值为 16.51nm；建立束缚水膜体积与其表面积的散点关系，利用斜率法来确定束缚水膜厚度，计算水膜厚度为 21.5nm。单个样品的水膜厚度分布范围大，平均值难以反映出样品的整体代表性，斜率法确定的水膜厚度更能反映出真实的厚度分布，将该值与甲烷分子临界吸附层厚度（约 20nm）相加，可得到含气致密储层的临界喉道下限约为 40nm，即只有当最大喉道半径＞40nm 时，天然气才有可能聚集成藏；当喉道半径＜40nm，天然气不能充注。

表 4-3-5 束缚水膜厚度计算结果

井号	深度/m	ϕ/%	K/mD	S_{Hg50}/%	S_{NMR}/%	S_{T50}/%	V_{sw}/%	S_{50}/%	S_{Hg50}/S_{T50}	S_{irr}/%	水膜厚度/nm
DS14	4029.2	4.8	0.04	14.50	10.56	44.55	18.87	69.60	0.33	2.26	8.33
FS8	4145.43	2.7	0.01	11.69	5.34	25.71	17.17	16.71	0.45	0.76	22.59
SS4	3156.16	4.2	0.0334	18.87	9.02	42.09	41.36	49.50	0.45	2.22	18.64
SS4	3480.22	2	0.0172	9.56	7.75	46.98	3.61	17.94	0.20	0.37	9.90
SS4	2566.42	6.5	0.024	20.82	16.45	54.97	28.38	84.48	0.38	3.20	8.87
SS4	2774.01	8.2	0.07	40.75	17.85	75.18	187.81	135.09	0.54	7.32	25.65
ShS6	3211.03	5.4	0.05	35.45	19.67	74.03	85.22	96.51	0.48	4.62	18.44
ShS6	3578.62	1.7	0.016	9.45	3.30	21.74	10.45	6.78	0.43	0.29	35.47
XS1	3925.43	2.9	0.0367	11.14	8.78	57.14	6.84	26.70	0.19	0.52	13.14
XS1	3927.23	2.6	0.0297	8.10	7.18	61.76	2.39	38.31	0.13	0.50	4.76
XS1	4140.4	1.7	0.01	9.27	7.28	31.55	3.39	17.70	0.29	0.52	6.51
XS401	4524.62	1.9	0.02	8.12	6.81	43.29	2.49	18.78	0.19	0.35	7.08
XS801	4029.02	3.7	0.14	16.73	7.83	66.67	32.94	42.78	0.25	1.07	30.68
XT1	3818.62	1.8	0.0117	8.94	6.49	62.41	4.41	17.37	0.14	0.25	17.74
XT1	3123.7	4	0.045	35.41	12.38	68.81	92.12	64.56	0.51	3.32	27.73
XT1	3941.01	2.8	0.01	7.47	5.37	23.83	5.88	21.66	0.31	0.68	8.66

在确定临界孔喉下限的基础上，根据最大连通孔喉半径与渗透率（图4-3-22）、渗透率与孔隙度间关系（图4-3-23）确定致密储层的物性下限。当最大连通喉道半径为40nm时，渗透率值为0.02mD，即表明致密储层渗透率的下限为0.02mD；当渗透率为0.02mD时，砂质砾岩和砂岩对应的孔隙度下限值分别为2.7%、4.8%。

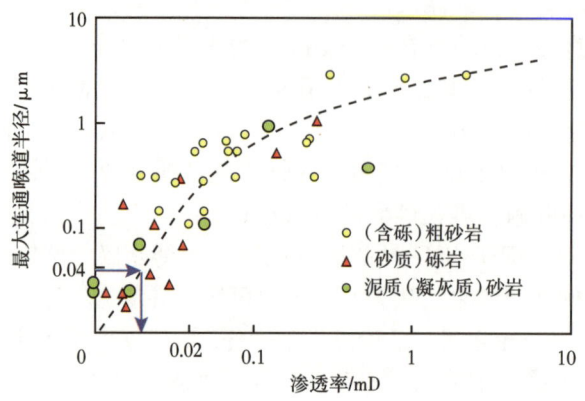

图4-3-22 利用渗透率—最大连通喉道半径关系确定渗透率下限

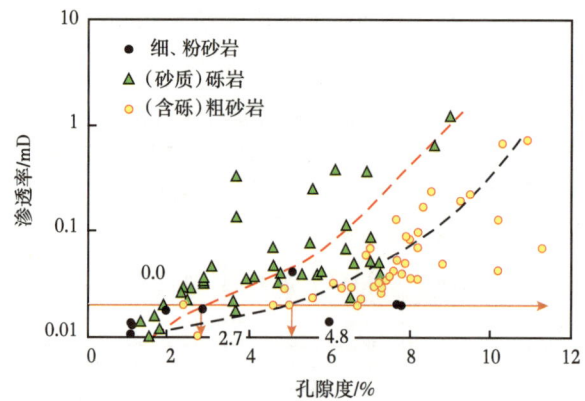

图4-3-23 利用孔—渗关系确定孔隙度下限

（2）储层分类评价。

根据可动流体饱和度与大孔占比的非线性关系，结合样品喉道半径分布曲线特征、孔喉组合关系及孔隙类型等，将高于成储下限的致密储层划分为Ⅰ类储层和Ⅱ类储层（图4-3-24），这两类储层的具体特征如下：

两类储层在喉道大小方面差异明显。从不同类型储层的喉道半径分布曲线图（图4-3-24）上可知，Ⅱ类储层的喉道半径较小，喉道峰值均小于100nm，最大连通喉道半径多小于300nm；而Ⅰ类储层喉道分布明显好于Ⅱ类，喉道峰值基本都大于100nm，部分井的喉道峰值大于1μm，最大连通喉道半径均大于300nm。喉道半径是决定储层渗流特征的关键，尽管Ⅱ类储层中大孔比例也较发育，但连通孔喉半径较小，使其可动饱和度明显劣于Ⅰ类储层。因此，最大连通喉道半径（0.4μm）可作为Ⅰ类和Ⅱ类储层划分的界限。

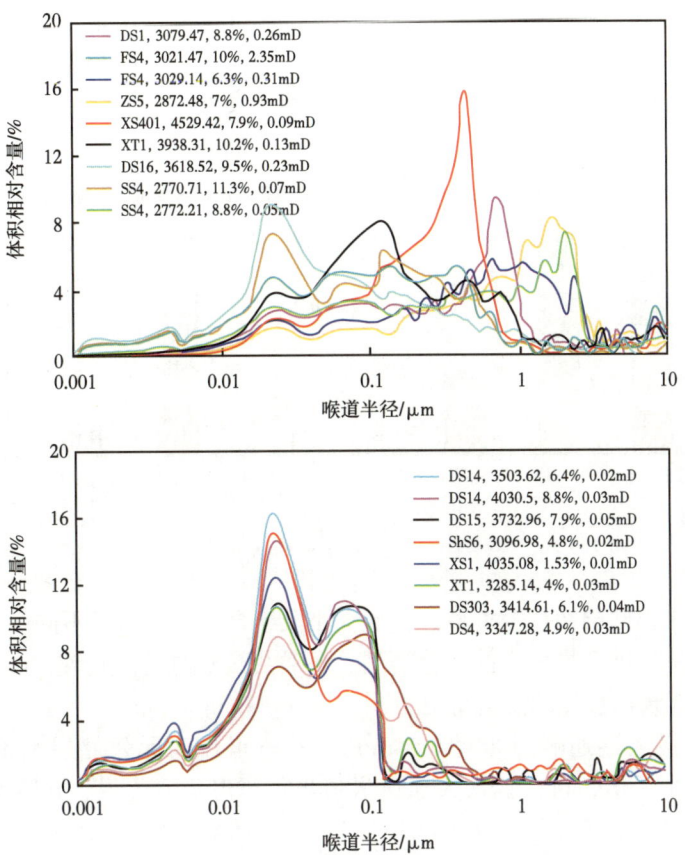

图 4-3-24　Ⅰ类（左）和Ⅱ类（右）储层喉道半径分布曲线

孔喉组合关系方面的差异。从恒速压汞测定的喉道与孔隙进汞饱和度关系（图 4-3-25）可看出，Ⅰ类储层的孔隙进汞量明显高于Ⅱ类储层，Ⅰ类储层发育明显的孔喉共控区，表现出孔喉型、孔隙型组合关系，Ⅱ类储层的孔隙进汞量较低，主要发育喉道主导区，储层为喉道型组合关系。

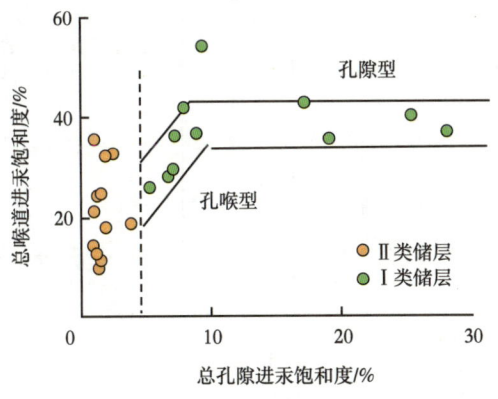

图 4-3-25　徐家围子断陷不同类型储层孔隙及喉道进汞量对比

从孔隙类型统计（图4-3-26）来看，Ⅰ类储层和Ⅱ类储层均是以溶蚀孔隙为主，但相比于Ⅱ类储层，Ⅰ类储层中残留原生孔更为发育。Ⅰ类储层孔隙类型表现为残留原生孔与溶蚀孔并存，Ⅱ类以溶蚀孔为主，残留原生孔基本不发育。

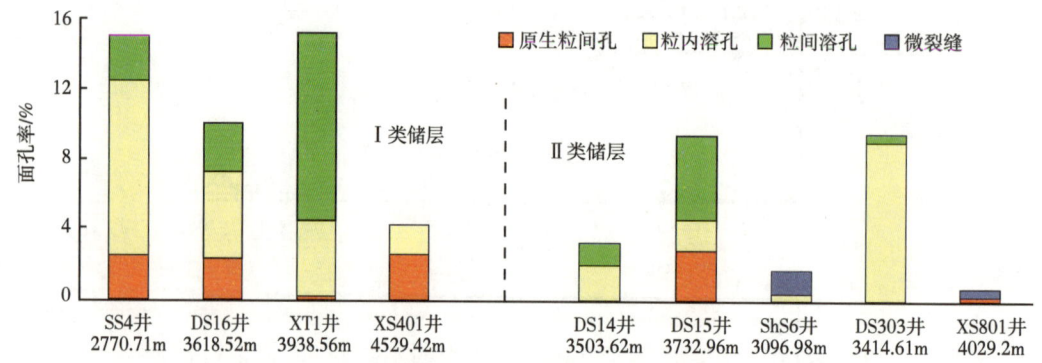

图4-3-26　徐家围子断陷不同类型储层的孔隙类型统计

综上所述，Ⅰ类储层在孔隙类型、孔喉大小及组合关系上明显不同于Ⅱ类储层，Ⅰ类储层残留原生孔+溶蚀孔均发育的孔隙类型、孔喉共控型的组合关系、较大的连通喉道半径等因素，使其表现出更好的渗流特征。

通过分析，最大连通喉道半径0.04μm、0.3μm可作为无效储层、Ⅰ类和Ⅱ类储层划分的临界喉道半径值，再根据最大连通喉道半径与渗透率关系、孔隙度与渗透率关系（图4-3-27），可建立致密储层分级的物性界限：Ⅰ类储层的渗透率下限为0.05mD，砂质砾岩和砂岩对应的孔隙度下限值分别为5.2%和7.3%。表4-3-6具体列出致密储层分级评价标准的结果。

2. 成岩作用

沙河子组储层主要经历压实作用、胶结作用、交代蚀变作用和溶蚀作用等成岩作用，其中压实作用、胶结及交代作用为破坏性的，而溶蚀作用为建设性的。

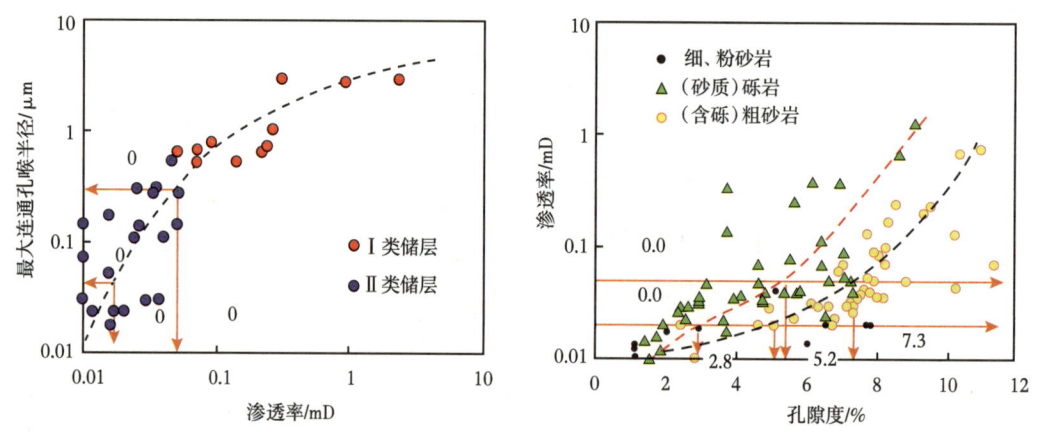

图4-3-27　徐家围子断陷致密储层分级评价物性界线图版

表 4-3-6　徐家围子断陷沙河子组致密储层分级评价标准

储层分级		Ⅰ类储层	Ⅱ类储层	无效储层
渗透率 / mD		> 0.05	0.05~0.02	< 0.02
孔隙度 / %	砂砾岩	> 5.2	5.2~2.7	< 2.7
	砂岩	> 7.3	7.3~4.8	< 4.8
大孔隙所占比例 / %		> 50	> 35	< 35
孔隙类型		溶蚀孔 + 粒间孔 +（微裂缝）	溶蚀孔 + 晶间孔 +（微裂缝）	晶间孔 +（微裂缝）
含水饱和度 / %		20~55	50~80	> 80
自由流体比例 / %		> 50	35~50	< 35
排驱压力 / MPa		≥ 1.37	6.17~18.79	15.71~32.5
平均孔隙半径 / μm		≥ 0.024	0.015~0038	0.0094~0.021
最大连通喉道半径 / μm		> 0.3	0.04~0.3	<0.04

1）成岩作用

（1）压实作用。

压实作用是指沉积物沉积后在上覆水层或沉积层的重荷压力或构造变形应力作用下，发生水分排出、孔隙体积缩小的过程。在沉积物内部则会发生颗粒的滑动、转动、位移、变形、破裂，导致颗粒的重新排列和某些结构构造的改变。压溶作用是指沉积物随埋藏深度的增加，碎屑颗粒接触点上所承受的来自上覆层的压力或来自构造作用的侧向应力超过正常孔隙流体压力时（2~2.5 倍），颗粒接触处的溶解度增高，将发生晶格变形和溶解作用。随着颗粒所受应力的不断增加和地质时间的推移，受压溶的颗粒形态将依次由点接触、线接触、凹凸接触演化到缝合接触。随着沉积物埋藏深度加大，压实作用强度逐渐加大，杂基含量逐渐减少，颗粒之间由胶结物支撑变为颗粒支撑，胶结类型呈现出由基底式、孔隙式、接触式、无胶结物式的变化趋势；相应地，颗粒接触方式由飘浮状、点接触、线接触、凹凸接触逐渐向缝合线接触演化。

压实作用是储层物性变差的最主要的因素。在压实作用过程中岩石的矿物成分对储集层物性有不同的响应：刚性组分具有较强的抗压实性，若岩石中含有较多刚性组分，在压实作用之后仍可保留大部分原生孔隙，而且刚性组分破裂后也会产生一些次生裂隙。岩石类型及其刚性组分的种类也影响压实作用的效果。在砂岩碎屑颗粒中，石英颗粒的抗压能力最强，长石次之，岩屑的抗压能力最差。但是压溶过程中，石英颗粒容易形成次生加大而使一部分粒间孔隙丧失，在一定程度上会使储层物性变差。另外，长石比石英容易发生溶蚀，在一定条件下，长石的次生溶蚀会改善储层的物性。若岩石中含有较多韧性组分，在压实过程中对原生孔隙具有较大的破坏作用。如云母等塑性岩屑在压实作用下可挤压变形形成假杂基，构成无胶结物式胶结类型而减少原生粒间孔隙。

沙河子组砂砾岩储层经历强烈的压实作用，主要现象有：呈颗粒支撑，颗粒之间以线接触为主，部分呈点—线接触或凹凸状接触［图4-3-28（a）］；石英、岩屑等刚性碎屑表面的脆性微裂纹和它们之间的位移和重新排列［图4-3-28（b）］；塑性颗粒（黑云母、火山岩岩屑及泥岩岩屑等）的塑性变形、扭曲及其假杂基化现象明显［图4-3-28（c）］；当砂岩中黑云母、软岩屑含量较高时，颗粒沿长轴方向定向排列形成明显的压实定向组构［图4-3-28（d）］。

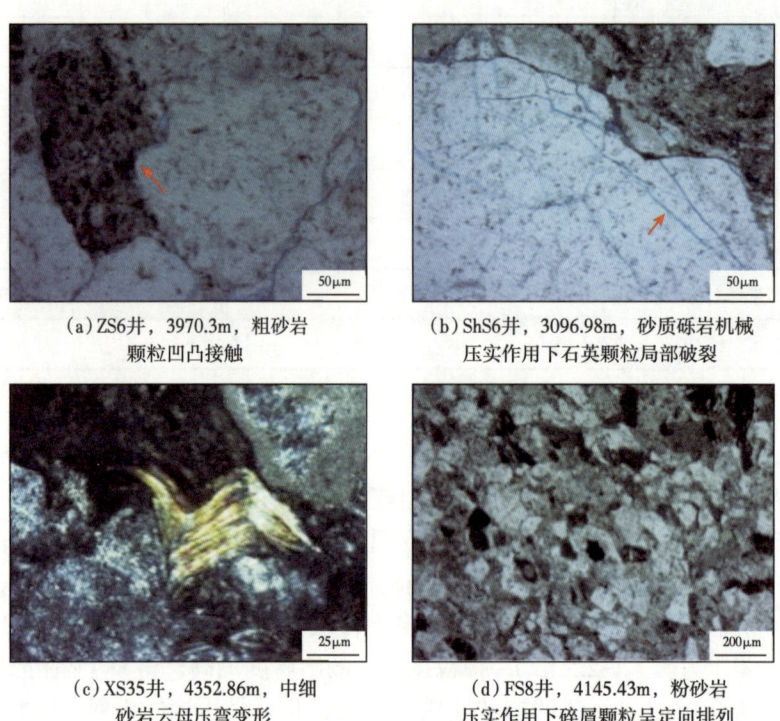

图4-3-28　徐家围子断陷沙河子组压实作用显微镜下照片

（2）胶结作用。

沉积盆地中控制砂岩胶结作用的主要因素很多，包括化学因素、孔隙水来源、埋藏深度和温度等，但实际情况往往很复杂。因而判别胶结物形成的期次、序列及对埋深的估测将有助于对不同成岩阶段的形成条件进行解释。沙河子组的胶结物以碳酸盐岩为主，其次为硅质及黏土矿物胶结物。

①碳酸盐胶结。

徐家围子断陷沙河子组中的碳酸盐胶结物主要包括方解石、铁方解石、白云石及铁白云石。

沙河子组可识别出两期亮晶方解石，分别为Ⅰ型和Ⅱ型方解石。Ⅰ型方解石呈镶嵌连晶状充填骨架颗粒之间的不规则大孔隙中，并交代长石、岩屑及黏土杂基等［图4-3-29（a）］。被Ⅰ型方解石胶结的砂砾岩中石英加大现象不发育。据其产状及矿物共生关系，认为Ⅰ型方解石的胶结发生于强烈压实作用之前。Ⅱ型方解石主要为细—中晶，呈斑点状交代碎屑颗粒、黏土杂基等，并倾向于充填紧密压实的骨架颗粒之间的不规则微小孔隙［图4-3-29（b）］。Ⅱ型方解石主要为铁方解石，形成于强烈压实作用之后的晚成岩阶段，晚于绿泥石、石英加大边、伊利石等胶结作用。白云石、铁白云石在砂岩中的含量普遍较低，仅局部层段零星分布，交代碎屑颗粒［图4-3-29（c）、（d）］。

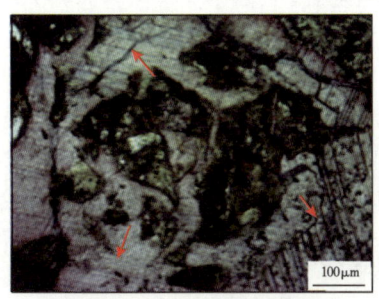 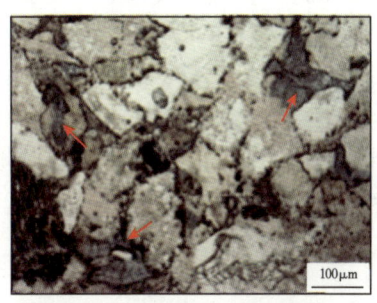

(a) DS21井，嵌晶状方解石胶结　　(b) DS16井，3620.7m，含砾粗砂岩，铁方解石交代碎屑颗粒

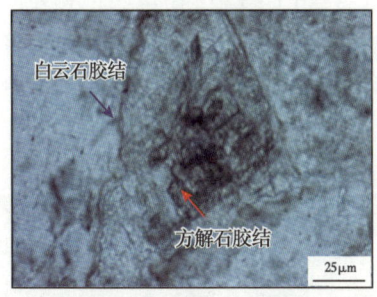 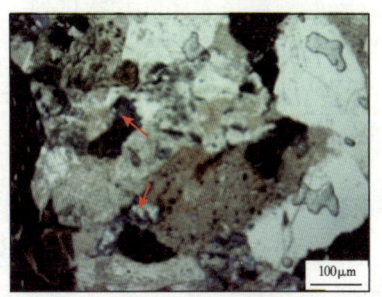

(c) XS801井，4029.02m，砂质砾岩，白云石交代方解石　　(d) DS21井，B34，铁白云石交代碎屑颗粒

图4-3-29　徐家围子断陷沙河子组碳酸盐岩胶结物显微照片

②自生黏土矿物。

砂岩中的自生黏土矿物是影响其储集性能的一个重要因素。自生黏土矿物的绝对含量、成分、产状等在不同程度上都能影响砂岩的储集性能。徐家围子断陷沙河子组中的黏土矿物主要有伊/蒙混层、伊利石、绿泥石及高岭石。

（a）伊/蒙混层。

砂砾岩中的伊/蒙混层呈片状、絮状集合体分布于粒间孔隙中［图4-3-30（a）］，扫描电镜下单体呈弯曲片状，集合体呈蜂窝状，具刺状凸起。在砂岩及砂砾岩的孔隙中常可见到一些未完全蚀变的火山凝灰质、未完全溶蚀的火山碎屑矿物，以及呈棱角状的火山玻屑。火山灰的初始组成物质主要为蒙脱石，其形态主要呈蜂窝状充填于砂岩碎屑颗粒之间，在成岩作用过程中逐渐经由伊/蒙混层或绿/蒙混层向伊利石或绿泥石转化。初期转化阶段的伊/蒙混层由蜂窝状蒙脱石局部发生破裂而成，具蒙脱石的蜂窝状形态假象；晚期转化阶段，伊/蒙混层蜂窝状网格大多已破坏，仅在局部见到少许呈片状伊利石形态的残留［图4-3-30（b）］。

（b）伊利石。

本地区内伊利石各个层段均有产出，其含量变化大，多分布在20%~80%之间，最大可达97%。伊利石在光学显微镜下呈细而薄的鳞片状集合体或网状集合体充填粒间孔隙［图4-3-30（c）］，常被方解石矿物交代。扫描电镜下研究区内伊利石多呈片絮状、片丝状［图4-3-30（d）］，覆盖在硅质、高岭石、绿泥石等颗粒之上。其形成时间晚于绿泥石、粒间硅质，而早于方解石。

（c）高岭石。

高岭石在研究区沙河子组中含量普遍较低，平均含量为2%。其单晶体呈自形或半自形假六方板状，集合体呈平直堆叠或波状堆叠的书页状、手风琴状、蠕虫状及扇状等产出。扫描电镜照片显示，发现研究区主要发育晚期成岩阶段高岭石，多已完成向伊利石的转化［图4-3-30（e）］。

（d）绿泥石。

绿泥石胶结物在沙河子组中主要呈孔隙薄膜或孔隙衬边形式产出，部分充填孔隙，扫描电镜下包裹碎屑颗粒呈无序叶片状排列［图4-3-30（f）］。包裹碎屑颗粒的绿泥石薄膜阻碍石英次生加大的形成，使部分粒间孔隙得以保存下来。部分未完全包裹颗粒的绿泥石薄膜在成岩作用后期充当催化剂，促进压溶作用的进行及粒间硅质胶结物在剩余粒间孔隙中的形成，而使孔隙空间大量减少。

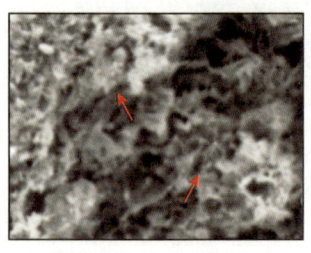 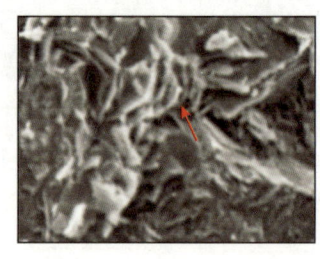 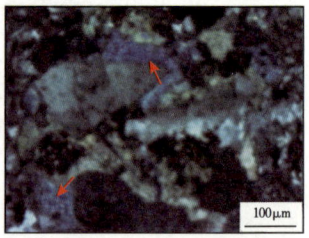

（a）DS16井，3620.7m，含砾粗砂岩，粒间片絮状伊/蒙混层　　（b）DS15井，3732.76m，砂质砾岩，粒间片状伊/蒙混层　　（c）DS16井，3618.52m，含砾粗砂岩，充填粒间的伊利石，后被方解石胶结物交代

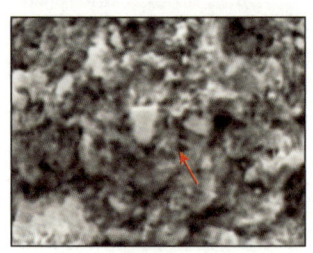 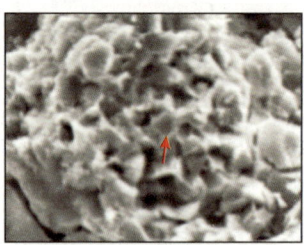 

（d）SS4井，2772.21m，含砾粗砂岩，粒间片丝状伊利石　　（e）FS8井，4145.43m，粉砂岩，粒间书页片状、边缘丝状高岭石向伊利石转化　　（f）DS14井，3675.21m，含砾粗砂岩，粒表叶片状绿泥石

图4-3-30　徐家围子断陷沙河子组黏土矿物胶结物镜下照片

（3）交代作用。

交代作用是指矿物溶解的同时，被孔隙中沉淀出来的矿物置换的过程。交代作用是在颗粒之间的溶液膜中进行的，被溶蚀的物质通过薄膜带出，而交代物质通过薄膜替代被溶蚀物质而沉淀。因此，交代作用可以充填原有孔隙，也可以形成次生孔隙。交代作用可以交代矿物颗粒的边缘，使其呈锯齿状或鸡冠状的不规则边缘，也可以完全交代碎屑颗粒而成为它的假象。研究区沙河子组中常见的交代作用包括方解石交代碎屑颗粒（如长石、岩屑、黑云母、石英等），方解石交代胶结物（如伊利石、绿泥石薄膜、石英次生加大边、粒间微晶石英等），方解石交代泥质杂基［图4-3-29（b）］，黄铁矿交代碎屑颗粒（如长石、岩屑、碳酸盐胶结物等）。另外，蒙脱石经混层向伊利石和绿泥石的转化及各碳酸盐之间的相互转化也常见。

（4）溶蚀作用。

溶蚀作用为建设性的成岩作用，碎屑岩中的不稳定的岩屑成分、矿物及胶结物等，在一定成岩环境下可以发生不同程度地溶解作用，形成次生孔隙，明显改善储层的储集性能。徐家围子断陷沙河子组目前已进入晚期成岩阶段，经历过烃类形成和聚集的主要过程，烃源岩中生烃过程中产生的有机酸，使成岩水介质环境呈现出弱酸性，对易溶矿物进行溶蚀，形成十分发育的次生溶孔。

根据铸体薄片、样品的扫描电镜观察，本区碎屑储集岩中均发生不同程度的溶蚀作用。其中，长石及岩屑溶蚀现象最为常见，溶蚀程度也较强烈，可见长石颗粒边缘溶蚀［图4-3-31（a）］、长石粒内溶解［图4-3-31（b）］；岩屑颗粒中的不稳定组分也会先

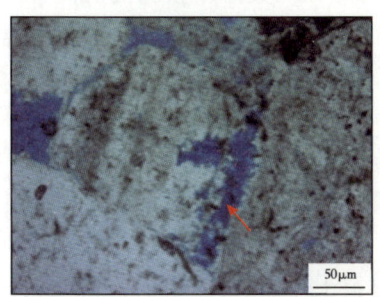
(a) DS16井，3618.52m，含砾粗砂岩，长石颗粒边缘溶蚀

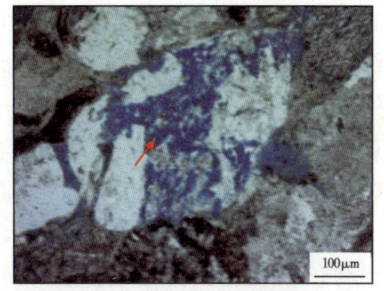
(b) SS4井，2770.71m，含砾粗砂岩，长石颗粒内溶蚀

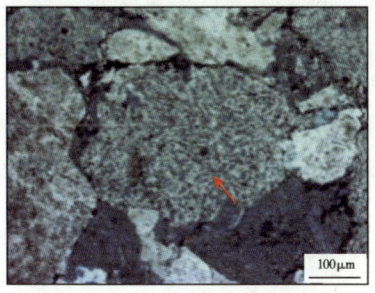
(c) XT1井，3938.56m，含砾凝灰质砂岩，岩屑颗粒内溶蚀

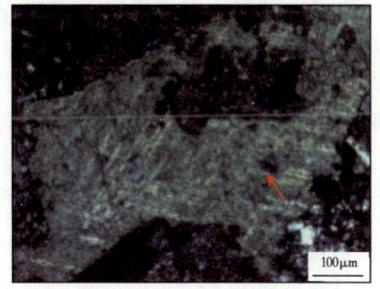
(d) XS1井，4035.08m，砂质砾岩，碳酸盐胶结物溶蚀

图4-3-31　徐家围子断陷沙河子组溶蚀作用显微照片

被溶解，常见岩屑颗粒的粒内溶孔［图4-3-31（c）］。此外，部分早期方解石胶结物亦发生溶蚀作用［图4-3-31（d）］。

2）成岩序列及成岩阶段

碎屑岩的成岩阶段是指沉积物沉积后经各种成岩作用改造直至变质作用之前所经历的不同地质历史演化阶段，可划分为同生成岩作用阶段、早成岩阶段、中成岩阶段、晚成岩阶段和表生成岩阶段。

成岩阶段的划分是有机质成熟度，自生矿物分布、形成顺序，黏土矿物组合、伊/蒙混层黏土转化剂伊利石结晶，岩石结构、构造及孔隙组合和古地温为依据。本次划分主要依据有机质成熟度、最大埋藏期古地温、盐水包裹体均一温度、自生矿物分布及形成顺序、黏土矿物组合及混层黏土矿物的演化结果及岩石结构、孔隙组合类型。

沙河子组有机质演化处于高—过成熟阶段，镜质组反射率（R_o）和最大热解峰温（T_{max}）分布在1.3%~3.0%和395~596℃之间，平均为2.32%和440℃，镜质组反射率（R_o）分布在1.3%~3.0%，平均为2.32%，伊/蒙混层间层比（S%）分布在5%~20%之间，表明本区处于中成岩B期—晚成岩阶段。结合自生矿物及与各种类型孔隙间接触关系，建立沙河子组碎屑岩成岩作用序列为：压实压溶作用 → 绿泥石包膜 → Ⅰ型方解石胶结 → 石英次生加大 → 油气侵位 → 长石、岩屑溶蚀 → 高岭石胶结、自生石英 → 长石加大 → Ⅱ型方解石胶结、黄铁矿交代 → 晚期石英溶蚀（图4-3-32）。

早期黏土矿物沉淀，碎屑颗粒周围及点—线接触线上沉淀稳定的绿泥石、伊利石等黏土膜，厚度稳定。反映黏土膜沉积时环境相对稳定，压实作用较弱的条件下形成的。其形成过程是，当砂质沉积物脱离底水后，其中的泥质基质（杂基）在同生水环境中，通过机械渗滤作用缓慢附着在碎屑颗粒的表面，形成贴附状黏土矿物。在晚期存在不均匀溶蚀、交代、重结晶等作用，而被改造。

早期石英次生加大，石英次生加大是硅质直接从水溶液中沉淀形成的、极为有序的低温石英，以次生加大边的形成产出。普通薄片、阴极发光片下早期石英往往被早期方解石胶结物所包围，反映早期石英次生加大早于早期方解石胶结。在碎屑物质供应充足、时间和空间充分的情况下，微小的晶体首先附着于碎屑石英表面，然后合并形成单个大晶体。在石英颗粒和次生加大边之间由于圈闭一些矿物、有机质和流体常形成明显的"尘线"。由于石英次生加大沉淀需要酸性介质，因此早期石英次生加大很可能与高岭石同期形成。

早期碳酸盐胶结，在同生成岩作用阶段和后生岩作用的早期一般都发生早期泥晶碳酸盐和早期嵌晶方解石胶结，在嵌晶方解石胶结物发育的砂岩中，颗粒之间以点、线状接触为主，说明嵌晶方解石形成时压实作用并不强烈。部分颗粒之间相互分隔，碎屑颗粒象漂浮在方解石胶结物之中一样。这种漂浮现象可能是方解石在结晶过程中"膨胀"引起的，也可能是方解石交代碎屑颗粒造成的。方解石胶结物中的Fe^{2+}和Mg^{2+}与蒙皂石向伊利石转化有关。这说明这种连生方解石的结晶持续较长时间，从成岩作用的早期一直持续到蒙皂石转变成伊利石阶段。

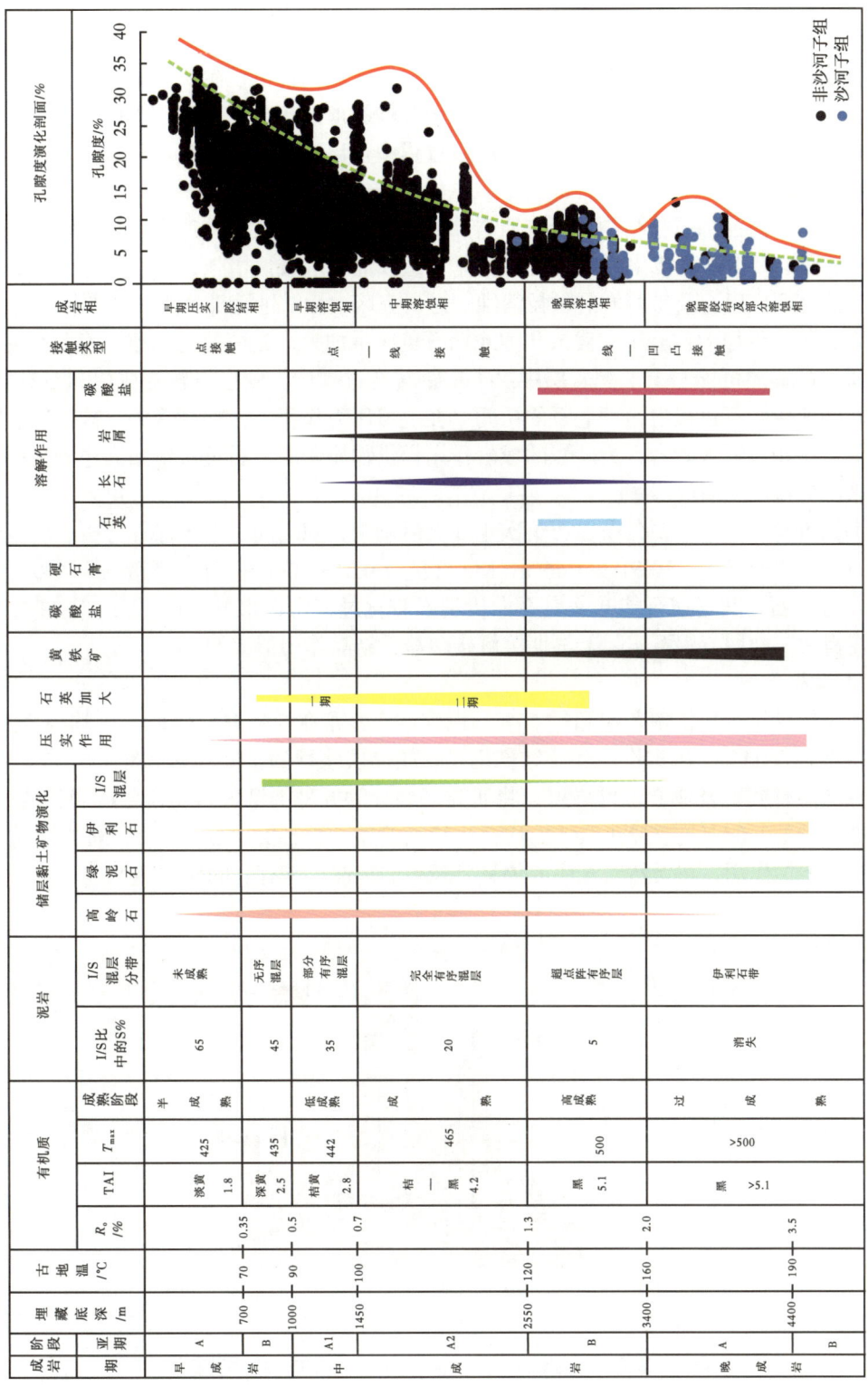

图4-3-32 徐家围子断陷沙河子组成岩演化序列

长石溶蚀和高岭石化，在酸性介质条件下，长石易发生溶解，形成自生高岭石沉淀。自生高岭石一般是在大气水或酸性地层水介质条件下由长石蚀变形成的。酸性地层水往往受有机质成熟过程中产生有机酸的影响形成的。根据大量扫描电镜附照片观察，由于高岭石充填于经轻微压实作用的原生孔隙之中，显示高岭石形成于成岩早期。当砂岩孔隙度发育，渗透率高时，孔隙水流动性好，长石溶解过程中析出的碱性离子被及时带走，蚀变产物为高岭石。

早期方解石与浊沸石胶结物、凝灰质岩屑的溶解，受有机质成熟产生有机酸影响遗迹以及伊/蒙混层黏土矿物转化释放的酸性流体，造成地层水酸性增强，早期连晶、微晶方解石、孔隙充填方解石及易溶岩屑颗粒溶蚀。是研究区次生溶蚀孔隙产生的主要原因。

晚期石英次生加大，沿压实残余孔隙晚期石英次生加大、充填粒间孔隙。晚期石英次生加大所需的硅质可能与上下泥岩层中黏土矿物转变过程中，蒙皂石转变成伊利石有关。蒙皂石转变成伊利石过程中，蒙皂石的层间水在上覆压力作用下，携带着钙、硅、铁、镁离子从泥岩中排出进入砂岩，为砂岩的成岩作用提供物质来源。石英次生加大边的另一个可能的来源为火山岩屑的溶解。

晚期铁方解石胶结主要分布在石英次生加大后剩余孔隙空间。电子探针分析表明，晚期方解石中的FeO含量为0.51%~1.66%，Mg含量为0.24%~0.62%，Fe^{2+}与Mg^{2+}较多，表明为含铁方解石，其形成可能与蒙皂石向伊利石转化过程中析出的Ca^{2+}、Fe^{2+}与Mg^{2+}的重新沉淀有关。晚期方解石实际上早期溶解碳酸盐重结晶作用形成的。

3）成岩相分析

沙河子组储层视压实率普遍超过50%，视胶结率分布在5%~46%之间，平均为23%，视溶蚀率平均仅11%，压实作用和胶结作用是影响储层物性的主要因素（图4-3-33）。根据主要成岩事件类型及成岩事件强度，将研究区划分为五种类型成岩相，各成岩相成因、宏观物性（图4-3-34）及微观孔隙结构均存在较大差异。长石次生溶蚀相和绿泥石环边胶结相经次生溶蚀作用，在天然气充注前仍具有较高的物性，是有利的储层类型。

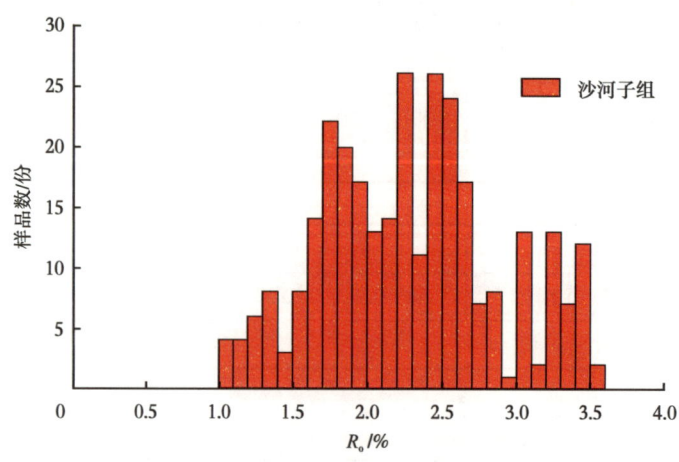

图4-3-33　徐家围子断陷沙河子组不同成岩相压实—胶结强度图

（1）强压实泥质杂基充填成岩相。

主要分布在扇三角洲平原、前缘，近物源条件下，碎屑颗粒分选差，泥质杂基含量高，强烈的断陷活动使储层沉积后被快速埋藏，泥质杂基塑性变形充填孔隙。成岩作用类型包括黏土杂基充填、机械压实作用、伊利石和伊/蒙混层胶结。该成岩相物性最差，孔隙度平均值仅为2.63%，渗透率平均值为0.016mD。黏土矿物晶间孔既是主要的孔隙类型，也是主要的喉道。孔隙结构较差，孔径细小，最大孔喉半径分布在0.07~0.86μm之间，普遍小于1μm，排驱压力分布在4.38~56.76MPa之间，平均为8.36MPa。

（2）中压实长石次生溶蚀成岩相。

主要分布于辫状河三角洲前缘沉积中，碎屑物经长距离搬运后分选较好，初始孔隙度高，储

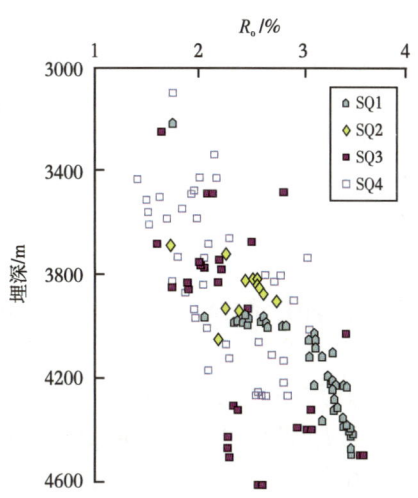

图4-3-34　徐家围子断陷沙河子组不同成岩相物性散点图

层与泥岩互层式接触，有机酸最先进入该成岩相，溶蚀作用发育。主要成岩作用类型包括长石、岩屑酸性溶蚀，机械压实、自生石英胶结。物性相对于其他成岩相较好，孔隙度平均为9.25%，渗透率平均0.181mD。孔喉类型以长石粒内溶孔、不稳定岩屑粒内溶孔、粒间溶孔为主，喉道半径大、连通性好。孔隙结构较好，最大孔喉半径分布在1.78~15.9μm之间，平均为9.3μm，排驱压力分布在0.46~4.12MPa，平均为1.45MPa。

（3）中压实石英加大成岩相。

分布于辫状河三角洲平原沉积，碎屑颗粒中石英含量高，前缘沉积物中长石溶蚀形成的SiO_2随压实水流向外排出，在邻近的三角洲平原沉积物中形成次生加大边。主要成岩作用类型包括石英次生加大、自生石英，压溶作用、长石溶蚀。物性较差，孔隙度平均为4.88%，渗透率为0.122mD。

孔喉类型以粒间溶孔、残余粒间孔、晶间孔为主，压实残余粒间孔是主要喉道类型，喉道半径中等、连通性较差。孔隙结构较差，最大孔喉半径分布在0.3~5.4μm，平均为2.02μm，排驱压力平均为5.67MPa。

（4）中压实绿泥石胶结相。

扇三角洲前缘沉积中，火山岩岩屑含量高，在河口环境中水解、絮凝形成含铁沉积物，形成自生绿泥石呈等厚环边状包裹碎屑颗粒，提高颗粒抗压实作用能力。主要成岩作用类型包括绿泥石胶结、长石溶蚀、机械压实作用。物性较好，孔隙度平均为5.59%，渗透率平均0.154mD。孔喉类型以残余粒间孔、晶间孔为主，局部见微裂缝，黏土矿物晶间孔是主要喉道类型，半径小、连通性较好。孔隙结构较好，最大孔喉半径分布在0.7~10.6μm，平均为2.52μm，排驱压力平均为4.67MPa，

（5）弱压实碳酸盐胶结相。

扇三角洲前缘、滨浅湖相沉积中，地层水中CO_2与火山物质水解释放的Ca^{2+}结合

形成方解石沉淀并占据粒间体积，阻止压实作用的进行，后又被部分溶蚀成次生孔。主要成岩作用类型包括方解石、铁方解石胶结、胶结物溶蚀、机械压实作用。物性较差，孔隙度平均为 3.39%，渗透率平均为 0.072mD。孔喉类型特征表现为方解石基底式胶结，镜下基本无孔隙，见零散孤立状分布的微小孔隙，以晶间孔为主，局部见少量粒间溶孔。孔喉连通性极差。孔隙结构较差，孔径小于 1μm，以微孔为主，排驱压力平均为 27.99MPa。

显微镜下观察薄片资料毕竟有限，而测井资料相对齐全，因此，在利用有限的岩心薄片资料确定成岩相的基础上，识别不同成岩相的测井曲线响应特征，从而建立成岩相测井判别模型及评价方法。首先根据铸体薄片、扫描电镜等资料确定岩心取样点的成岩相类型；然后利用对成岩相较敏感的常规曲线，根据各测井曲线与成岩相的对应关系（表 4-3-7）进行单井成岩相分析，识别有利的成岩相和优质储层。利用常规自然伽马可以反映储层的岩性和沉积环境，而声波时差则是储层物性差异的最直观显示，电阻率测井可以间接反映储层的孔隙结构。从而建立测井参数与储层成岩相的相关性，为有利储集体的预测提供科学依据。

表 4-3-7　徐家围子断陷沙河子组储层成岩相测井响应特征统计表

成岩相	GR/API			LLD/(Ω·m)			ZDEM/(g·cm^3)			CNL/%			DT/(μs/ft)			孔隙度/%	渗透率/mD
	最小值	最大值	均值	最小值	最大值	均值	最小值	最大值	均值	最小值	最大值	均值	最小值	最大值	均值	均值	均值
Ⅰ强压实泥质杂基充填相	64.4	135.1	108.1	6.7	37	20.9	2.61	2.65	2.61	5.5	21.8	11.8	57.8	73.3	61	2.63	0.016
Ⅱ中压实长石岩屑溶蚀相	73.6	96.4	84	8.6	27.9	17.4	2.38	2.53	2.49	7.1	11.9	8.6	68.6	82.4	73.3	9.25	0.181
Ⅲ中压实石英次生加大相	72.31	104.23	87.5	21.3	88.5	51.7	2.51	2.85	2.51	5.3	12.1	8.5	82.8	70.6	65.64	4.88	0.122
Ⅳ中压实绿泥石胶结相	58.1	91	74.3	10.8	93.5	37.6	2.55	2.59	2.57	2.9	12.7	12.3	66.6	72.8	68.8	5.59	0.154
Ⅴ弱压实碳酸盐胶结相	58.1	101	78.2	24.7	300	89.3	2.54	2.67	2.58	1.9	9.7	5.8	55.1	68.8	66.3	3.39	0.072

根据识别图版（图 4-3-35），对沙河子组单井储层成岩相组合类型进行识别，以重点井成岩相测井识别为基础，结合成岩阶段、物性特征，分析成岩相平面特征，突出强调有利成岩相的分布特征。平面上，断陷两侧主要为中压实强溶蚀、中压实弱溶蚀相。层序 3、4 有利成岩相范围较大。安达地区为早期有利成岩相带状分布，晚期连片分布。徐东地区、徐西地区为有利成岩相带状分布。

3. 储层主控因素

沙河子组储层主要受埋深、储层岩性及沉积相带有关。

埋深对储层物性的影响：随岩性不同而存在差异。（砂质）砾岩、含砾粗砂岩：随埋深增加，孔隙度减小，但微裂缝发育有效改善渗透率。粗砂岩、中砂岩：随埋深增加，喉道半径变小，渗透率变差，但溶蚀作用的发育使得孔隙度减小不明显（图4-3-36）。

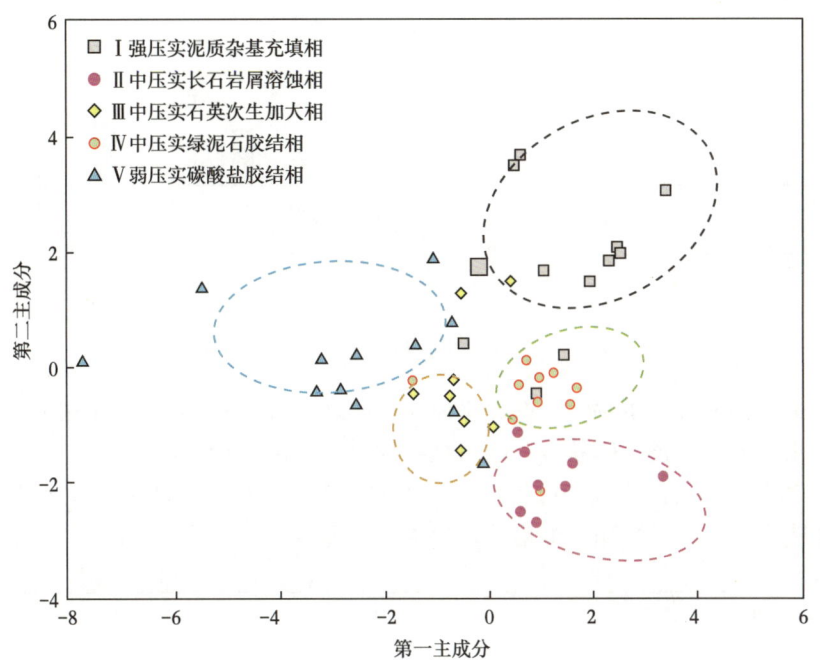

图4-3-35　徐家围子断陷沙河子组不同成岩相主成分分析图

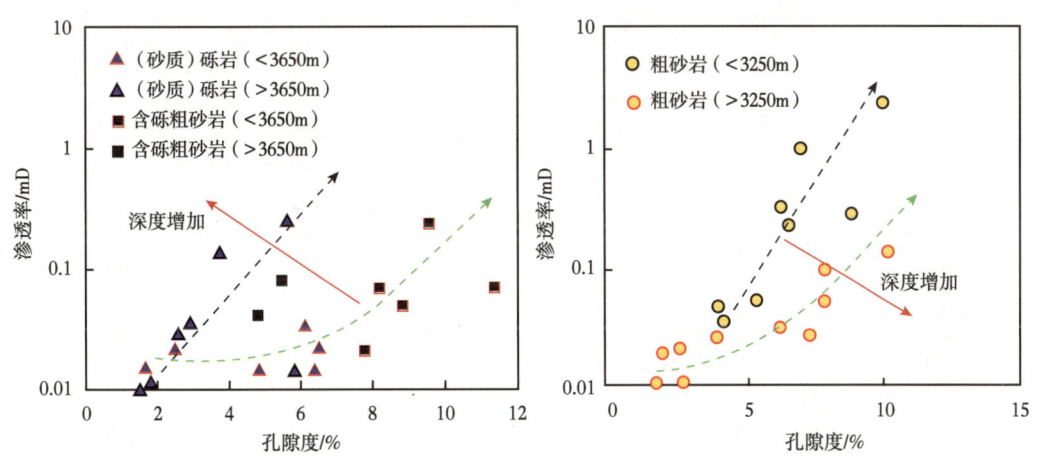

图4-3-36　徐家围子断陷沙河子组不同岩性储层与埋深关系

与岩性关系：凝灰质碎屑岩次生孔隙更发育，物性好于常规碎屑岩，含砾砂岩、砾质砂岩中储层物性更好，其原因是颗粒溶蚀孔更发育（图4-3-37）。

221

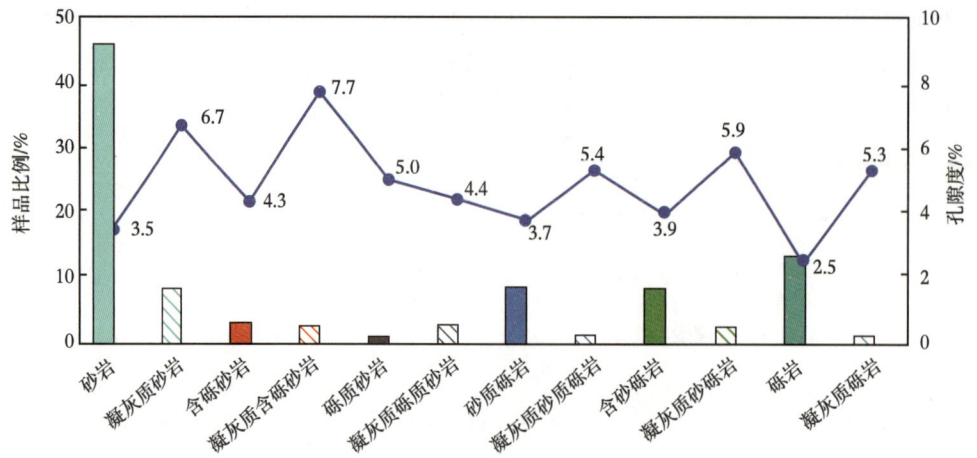

图 4-3-37　徐家围子断陷沙河子组不同岩性物性特征

与相带关系：前缘相带物性最好，平原相带次之（图 4-3-38）；平原相带的辫状河道，前缘相带的水下分流河道、席状砂、河口坝物性最好。前缘相带以含砾砂岩为主，以粒内溶孔、粒缘缝为主，其次为火山碎屑溶孔；平原相带以砂砾岩和砂岩为主，以砾（粒）内溶孔、砾缘缝为主，滨浅湖相以细粉砂岩为主，以裂缝为主。

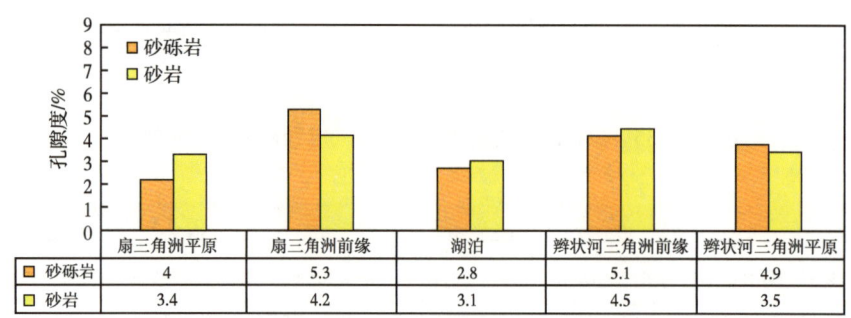

沙河子组沉积亚相孔隙度分布图（测井解释孔隙度）

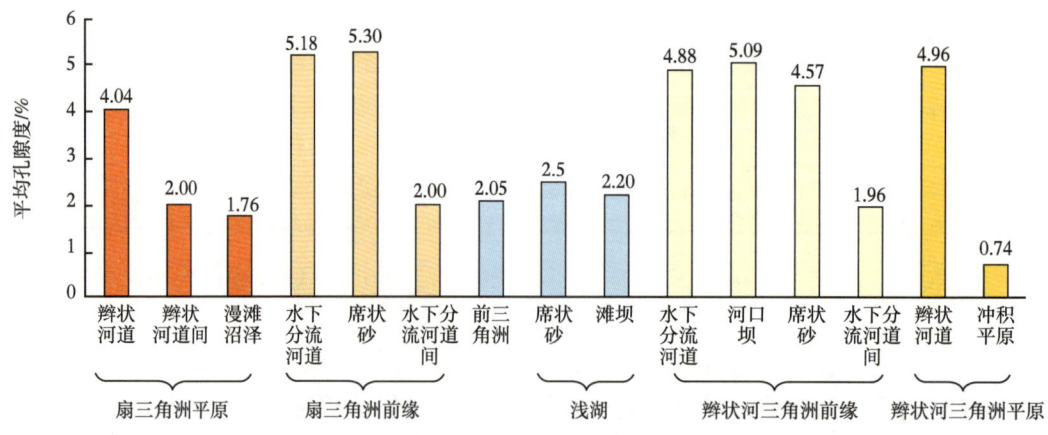

图 4-3-38　徐家围子断陷沙河子组不同沉积亚相孔隙度分布图（测井解释孔隙度）

与成岩作用关系：破坏性成岩作用如压实作用、胶结作用强，造成孔隙缩小，物性变差。沙河子组岩石成分成熟度低，岩屑类型差，抗压能力弱，压实减孔率达到20.8%，硅质胶结的减孔率平均为0.4%，碳酸盐胶结的减孔率为2.38%，泥质杂基的减孔率为1.63%；胶结总减孔率为4.41%。压实作用使得总孔隙度减小，但对孔径的影响较小；粗砂岩对大孔的保存能力弱于砂砾岩，强压实作用使得砂砾岩易于产生裂缝。胶结作用使孔隙度及大孔的发育明显减弱，当胶结作用较强时，孔隙连通性变差，表现出孤立多峰状分布。建设性成岩作用如火山岩屑、长石及碳酸盐岩的溶蚀有效改善致密储层的储集空间。溶蚀作用增孔平均为4.2%，改善孔隙度及大孔的发育，孔径与孔隙度表现为较好的正相关关系，垂向发育三个异常高孔带，与深埋溶蚀作用产生的各种次生孔隙、压裂缝有关，从而改善储层性能。不同岩性的孔隙类型及成因存在差异，储层评价时需要分岩性考虑，（砂质）砾岩孔隙度低、孔径较大，大孔受压实作用引起裂缝的影响更大，（含砾）粗砂岩孔隙度高、孔径较小，大孔发育受溶蚀作用的影响更大。

4. 沙河子组"甜点"分布

陆相盆地由于沉积相变快，油气多以近烃源岩的短距离运移为主，因此确定陆相湖盆有利勘探区带时，生烃凹陷的确定是关键，有利勘探区带多围绕生烃凹陷呈环带分布。因此，在进行有利区带预测时，主要以生烃条件为基础，以构造背景和沉积体系为核心，围绕生烃洼槽及周边进行有利勘探区带的优选。有利区带的选择，主要遵循以下原则：(1) 位于主力生烃洼槽内及边缘，气源充足；(2) 埋藏相对较浅，(3) 储层发育的有利沉积相带，扇（辫状河）三角洲前缘砂体，同时兼顾断裂走向与砂体的配置关系；(4) 勘探效果相对较好。据此划分原则，综合砂砾岩厚度、砂地比、沉积体系展布，明确不同类型砂砾岩平面分布。厚层型为砂砾岩单层或累计厚度大于50m，砂地比大于70%，扇三角洲平原或前缘主体，为致密气勘探一类区。互层型为砂砾岩单层或累计厚度20~50m，砂地比30%~70%，辫状三角洲平原或三角洲前缘沙坝，为致密气勘探二类区。薄层型为砂砾岩单层或累计厚度小于20m，砂地比小于30%，辫状三角洲平原河漫滩，为页岩气勘探二类区。纯泥型为砂砾岩单层或累计厚度小于10m，砂地比小于10%，湖泊相，为页岩气勘探一类区。

在各区带四级层序砂体预测分布基础上，结合砂体类型、储层物性、单层优势砂体发育等分析评价，完善全区四级层序"甜点"分型及分类（表4-3-8）。

表4-3-8 不同层序不同类型有利区面积统计表

层序	砂体类型	储层类型	个数	面积/km²
SQ4-3	厚层型	I类	5	113.72
		II类	7	154.56
	互层型	I类	10	239.93
		II类	20	657.71

续表

层序	砂体类型	储层类型	个数	面积/km²
SQ4-2	厚层型	I类	3	8.69
		II类	10	176.42
	互层型	I类	5	201.98
		II类	18	952.72
SQ4-1	厚层型	II类	10	219.00
	互层型	I类	3	84.91
		II类	17	537.63
SQ3-2	厚层型	I类	2	46.66
		II类	17	231.59
	互层型	I类	4	110.20
		II类	24	586.51
SQ3-1	厚层型	II类	11	92.45
	互层型	II类	19	624.65
SQ2-2	厚层型	II类	8	38.01
	互层型	I类	1	1.51
		II类	13	161.12
SQ2-1	厚层型	II类	5	9.58
	互层型	I类	1	0.59
		II类	12	144.62
SQ1-2	互层型	II类	2	17.12
SQ1-1	厚层型	II类	2	3.62
	互层型	II类	1	0.28
合计			230	5415.79

细分9个层序共识别层31个"甜点"区230个"甜点"体，总面积达5415.79km²。I类"甜点"主要发育于上部层序，集中于宋西断裂带附近，受埋深及构造作用影响，储层

条件较好。厚层型"甜点"主要发育于同沉积断裂带下降盘控制区域，受沉积相及构造同时作用，在安达、徐东、徐南地区相对发育。其中，层序四、层序三埋藏浅、面积大、"甜点"类型多样，广泛发育厚层及互层Ⅰ类、Ⅱ类"甜点"。层序二、层序一主要为互层型Ⅱ类型"甜点"。其中，SQ4-2各类型"甜点"面积最大，达1339.82km^2，广泛分布，SQ4-3各类型"甜点"面积达1165.92km^2；SQ4-1各类型"甜点"面积达841.54km^2；SQ3-2各类型"甜点"面积达974.96km^2，"甜点"位置以宋站地区、徐东地区为主，SQ3-1只发育Ⅱ类型"甜点"面积达717.10km^2，"甜点"位置以宋站地区、徐东地区为主。下部层序"甜点"面积相对较小，SQ2-2以Ⅱ类型"甜点"为主，面积200.64km^2，"甜点"位置以宋站地区、徐西地区为主；SQ2-1以Ⅱ类型"甜点"为主，面积达154.79km^2，"甜点"位置以宋站地区、徐西地区为主；SQ1-2受埋深作用影响，储层不发育，局部发育互层Ⅱ类"甜点"面积17.12km^2；SQ1-1发育Ⅱ类型"甜点"面积3.90×10^{4}km^2。

整体估算资源潜力4224×10^{8}m^3（表4-3-9），厚层型资源潜力2569.4×10^{8}m^3，Ⅰ类资源量377.9×10^{8}m^3，Ⅱ类资源量2191.5×10^{8}m^3；主要分布于安达地区、徐西地区，其中SQ4资源量最大，资源量1553.8×10^{8}m^3。互层型资源潜力1654.6×10^{8}m^3，Ⅰ类资源量244.7×10^{8}m^3，Ⅱ类资源量1409.9×10^{8}m^3；主要集中在安达地区、徐东地区和徐南地区，SQ4+SQ3资源量最大，资源潜力1178.2×10^{8}m^3。

表4-3-9 徐家围子断陷沙河子组"甜点"统计表

类型	资源量	安达/10^{8}m^3		徐西/10^{8}m^3		徐东/10^{8}m^3	徐南/10^{8}m^3		总计/10^{8}m^3
		Ⅰ类	Ⅱ类	Ⅰ类	Ⅱ类	Ⅱ类	Ⅰ类	Ⅱ类	
厚层型	SQ4	229.04	448.14	50.7	350.5	249.6		225.9	1553.8
	SQ3	98.16	128.04			124.8		135.5	486.5
	SQ2		64.02		125.1	62.4		90.3	341.8
	SQ1					187.2			187.2
	小计	327.2	640.2	50.7	475.6	624	0	451.7	2569.4
互层型	SQ4	114.8	230.02		182.9	137.4			665.1
	SQ3	49.2	65.72		119.1		57.8	221.3	513.1
	SQ2		32.86	22.9	62.5	91.6		132.8	342.6
	SQ1				45.3			88.5	133.8
	小计	164	328.6	22.9	409.8	229	57.8	442.5	1654.6
合计		1460		959		853	952		4224

三、沙河子组具有形成满凹含气、"甜点"富集的致密气—页岩气成藏条件

松辽盆地北部沙河子组致密气藏具有源储叠置,近源聚集,持续成藏的特点,以岩性气藏为主。

1. 致密气气藏特征

松辽盆地北部沙河子组致密气藏,根据致密气藏构造背景、砂砾岩发育特征和天然气分布特点等因素,划分为两类气藏(表4-3-10)。

表4-3-10 徐家围子断陷两种气藏类型

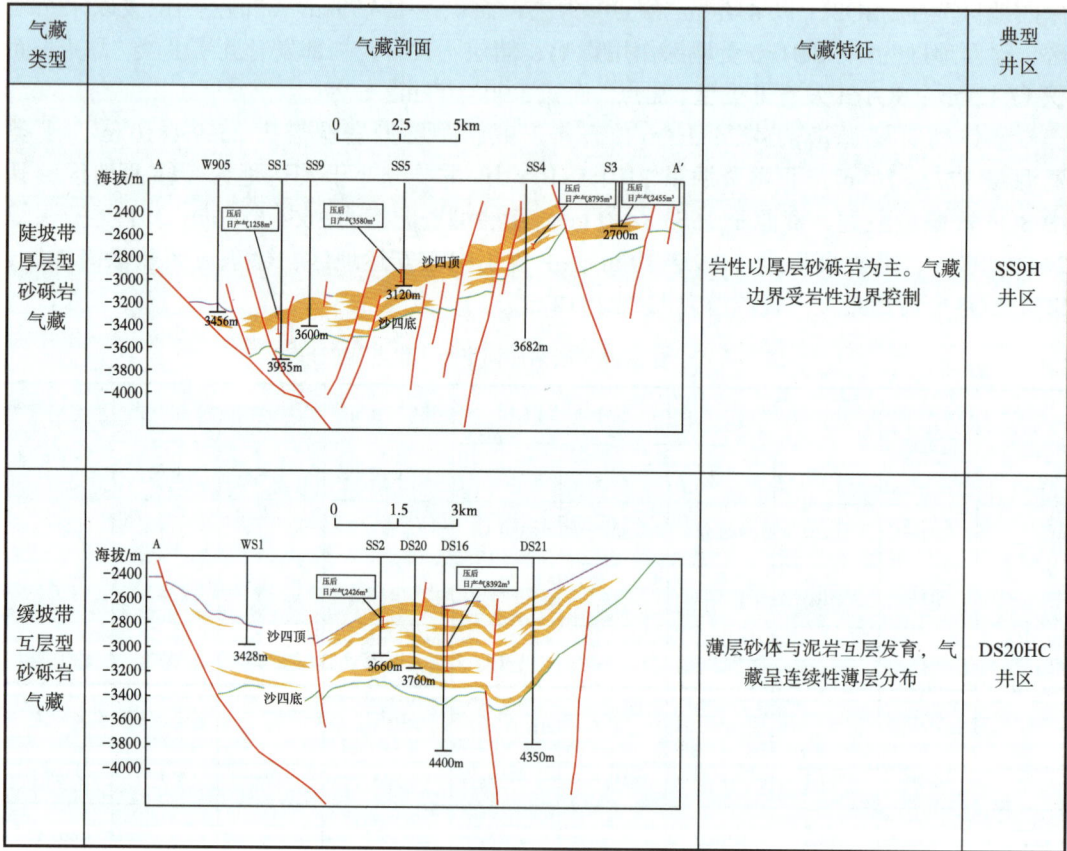

1)陡坡带厚层型砂砾岩气藏

将砂层单层厚度大于10m,累计厚度超过50m定义为厚层砂砾岩。这种类型砂砾岩一般具有沉积相指向性,一般指向扇三角洲平原亚相中的河道相或者前缘亚相水下分流河道。为后期河道发育于前期河道之上,两期河道之间为一定厚度的前期河道上部细粒沉积或分流间湾泥质沉积,整体上各砂体之间被泥质沉积分割。

2)缓坡带互层型砂砾岩气藏

砂体单层厚度较薄,单层厚度5~10m,与泥岩互层发育,呈现砂泥互层。反映频繁变化的水动力中—弱的沉积环境,砂体纵向不连通,主要为三角洲前缘或浅湖相的小型河

口坝、席状砂沉积。储层与烃源岩互层发育，源储叠置。烃源岩发育，暗色泥岩厚度一般200~350m，最大为445m，TOC介于1.2%~2.0%之间，生烃强度为$80×10^8$~$200×10^8m^3/km^2$。该区沉积相以辫状河三角洲前缘沉积为主，水下分流河道沉积与支流间湾叠置发育，储层厚度最厚可达到120m以上，有效厚度40~110m，储层条件有利，储集物性也比较好，为烃源岩生成的油气提供很好的聚集空间。

3）以干气为主，属高地温梯度、常压—高压气藏

松辽盆地北部沙河子组致密气藏天然气化学组成中，甲烷含量为91.844%~91.927%，乙烷含量为1.162%~2.571%，丙烷含量为0.123%~0.395%，二氧化碳含量为2.165%~3.625%，平均相对密度为0.6134~0.6174，为干气气藏。地温梯度为3.669~4.047℃/100m，属于较高地温梯度。气藏压力系数在0.95~1.53之间，为常压气藏—高压气藏。

2. 气藏形成机制

在安达—宋站地区、徐西—徐东地区分别优选DS16井、SS4井、XS401井、XT1井进行单井致密气类型分析（图4-3-39至图4-3-42）。通过埋藏史、古地温史、生烃演化史、成岩演化史、孔隙度演化史的"五史"匹配分析，研究成藏期与致密期间关系。

DS16井为先致密后成藏型致密气。该井主生烃期在100—65Ma，主成藏期在90—82Ma，对应埋深在2700m左右，大于储层的致密深度，表明该井在成藏峰值到来之前，各层序储层均已致密。采用相同的分析方法，认为SS4井成藏期与致密期同时进行，各层序属于边致密边成藏型致密气，XS401井仅揭示层序4，成藏期在致密期之前，属于先成藏后致密型，XT1井层序1、层序2时期，成藏期与致密期同时进行，层序3、层序4时期成藏期在致密期之前，因此层序1、层序2为边致密边成藏，层序3、层序4为先成藏后致密。

通过恢复关键成藏时期的古埋深剖面，来分析不同构造位置致密气类型变化，研究得出安达—宋站地区致密气类型整体为先成型，在东侧斜坡部位（SS4井附近）存在复合型；而徐西—徐东地区以复合型为主。

安达—宋站地区致密气类型分析：选取过DS303井—DS2井、DS17井、SS5井、SS4井的剖面，绘制相应古埋深剖面（图4-3-43），来分析致密气类型，其中两个成藏时期分别选择青山口组沉积末期及嫩江组沉积末期。青山口组沉积末期，断陷中心（DS2井）和西侧斜坡部位（DS303井）的井埋深均大于2300m，即大于储层致密深度，仅东侧斜坡部位（DS17井、SS2井和SS4井）沙河子组上部地层埋深小于致密深度；该时期沙河子组烃源岩开始大量排烃（深度大于2000m），断陷中心及西部斜坡、东部沙河子组下部地层储层均致密，气在源储压差下短距离运移至致密储层中成藏；东侧斜坡（SS4井等）沙河子组上部源岩尚未大量生气，油气来自断陷中心，经历长距离的侧向运移。嫩江组沉积末期，沙河子组储层已完全致密，该时期凹陷中心的埋深高于3300m，湖相泥岩的生气潜力已经很小，此时东部斜坡的煤系地层对油气充注发挥重要作用，紧邻煤层的致密储层有较强的油气充注。SS4井的包裹体均一温度明显显示出两期油气成藏的特点，也充分证实SS4井属于复合型致密气藏。由此可见，安达—宋站沙河子组整体属于先成型致密气藏（如DS303井），在东侧斜坡的沙河子组上部存在复合型致密气藏（如SS4井）。

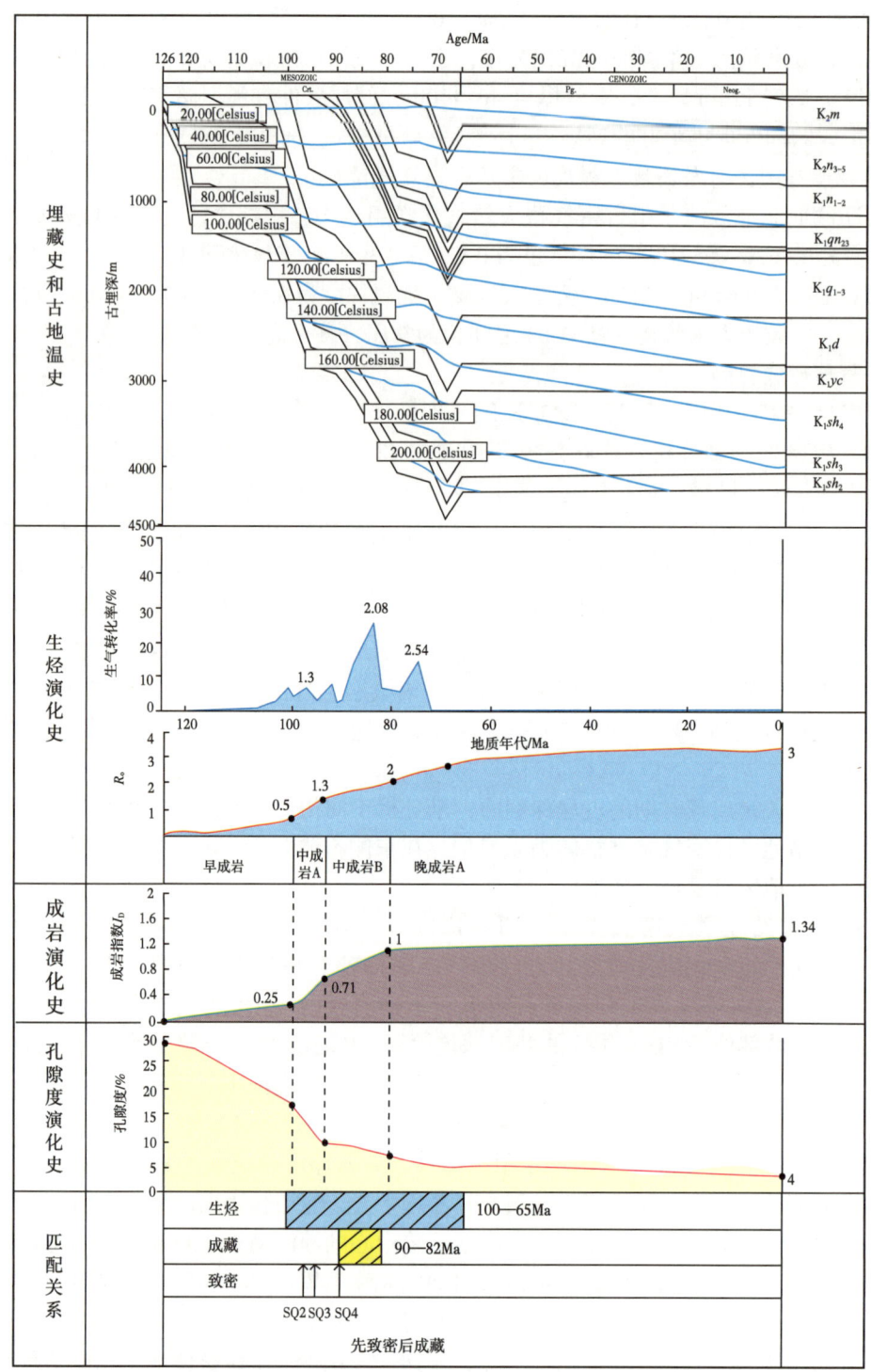

图 4-3-39　DS16 井沙河子组成藏动态过程综合图

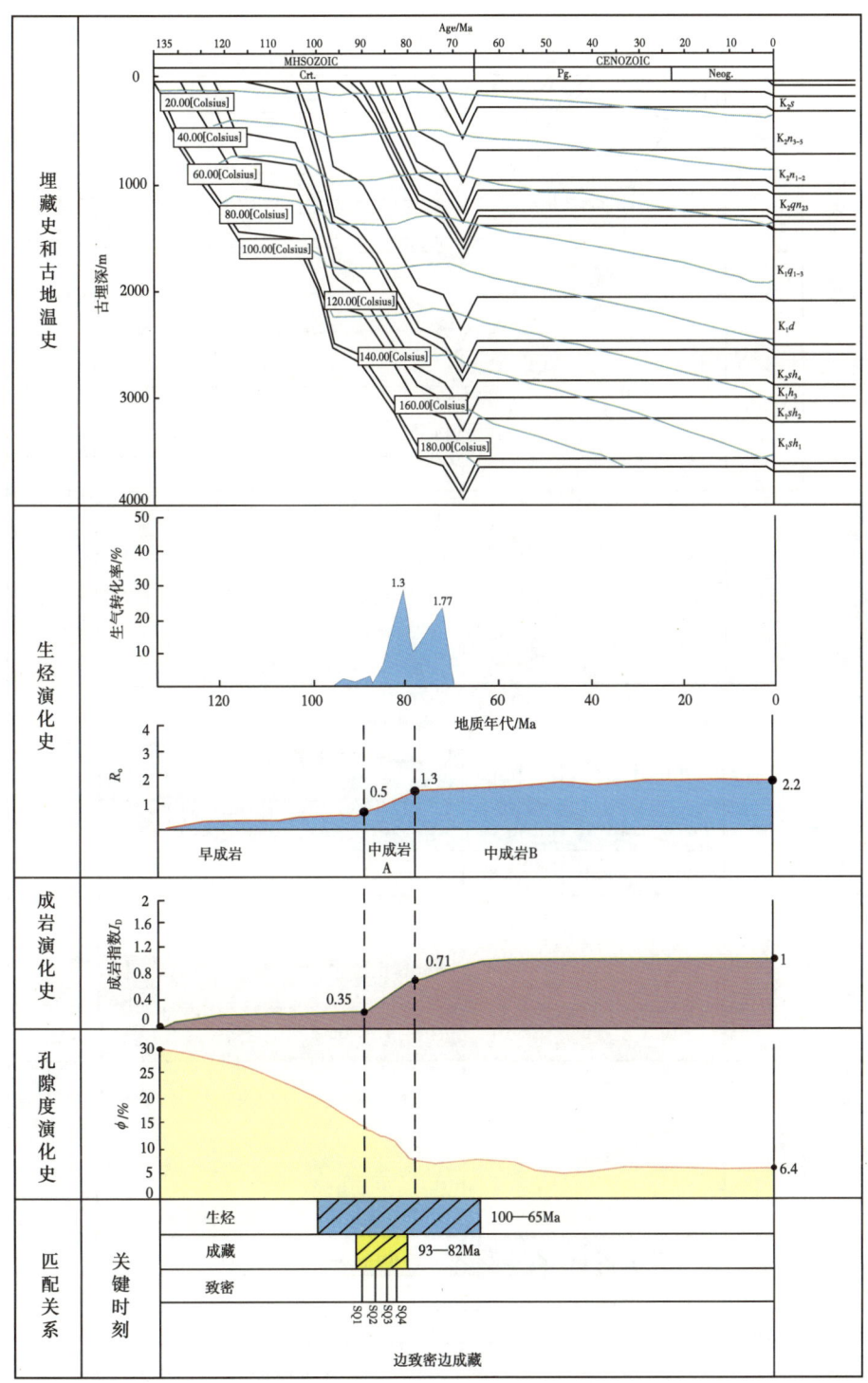

图 4-3-40 SS4 井沙河子组成藏动态过程综合图

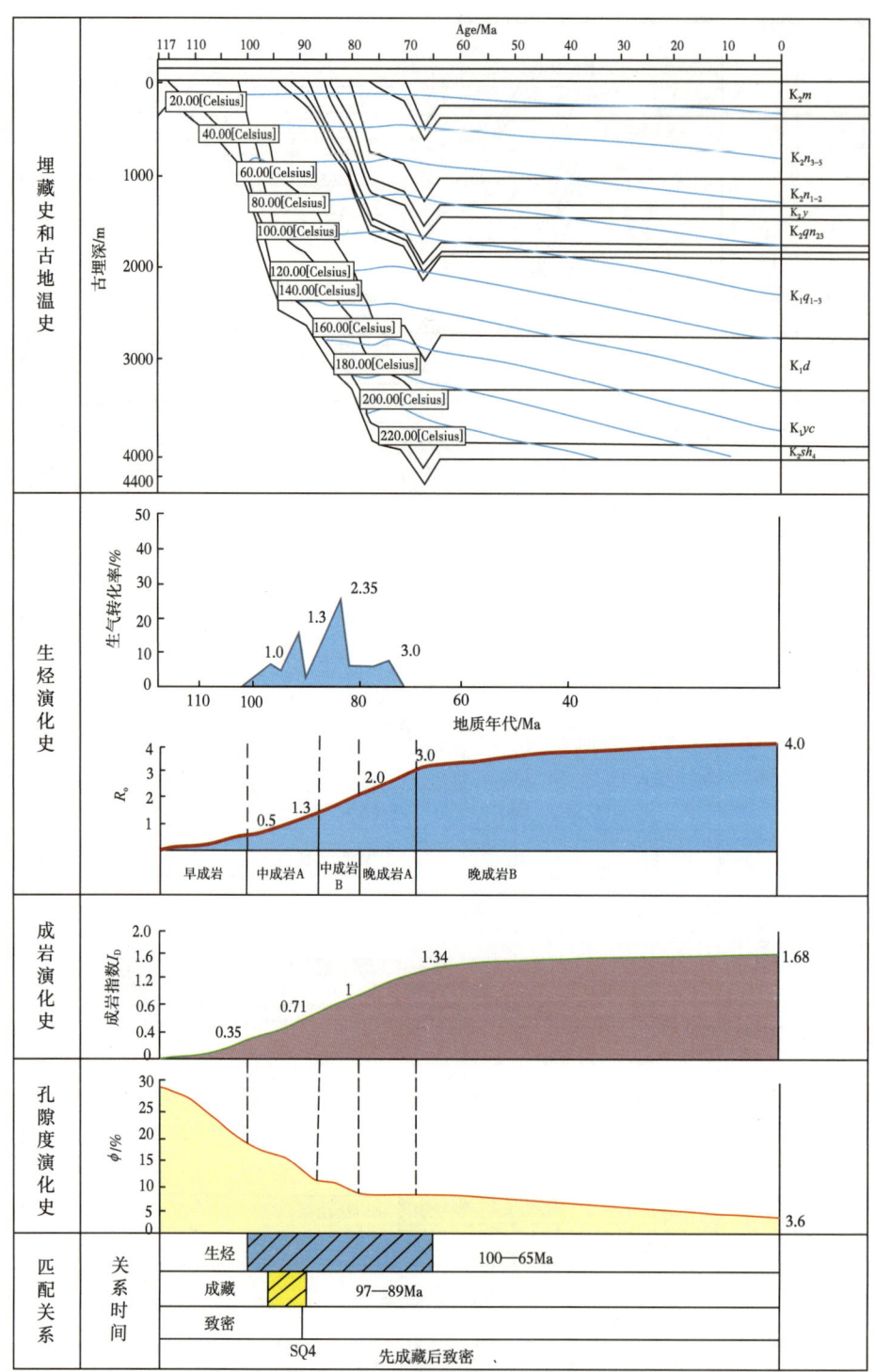

图 4-3-41　XS401 井沙河子组成藏动态过程综合图

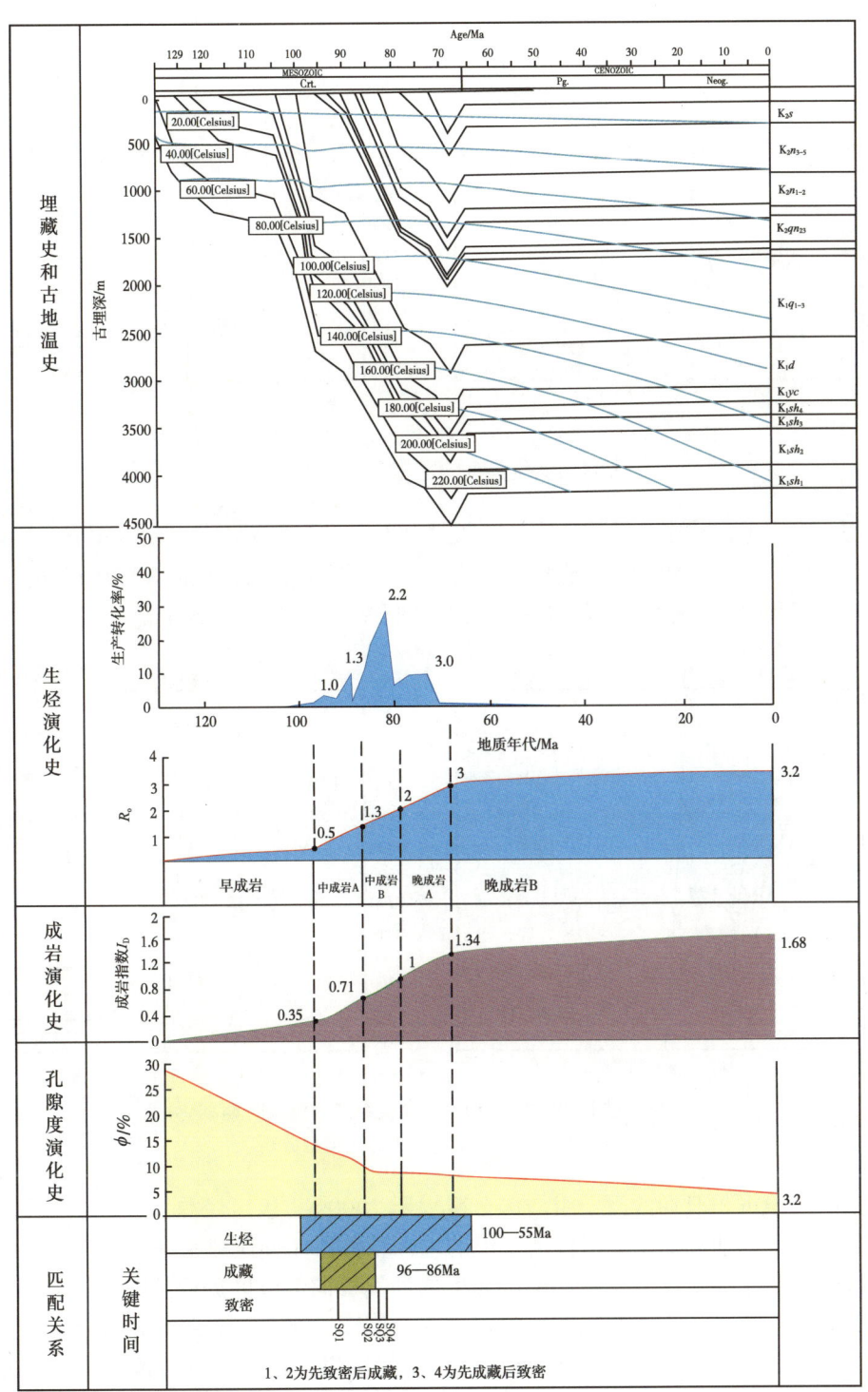

图 4-3-42　XT1 井沙河子组成藏动态过程综合图

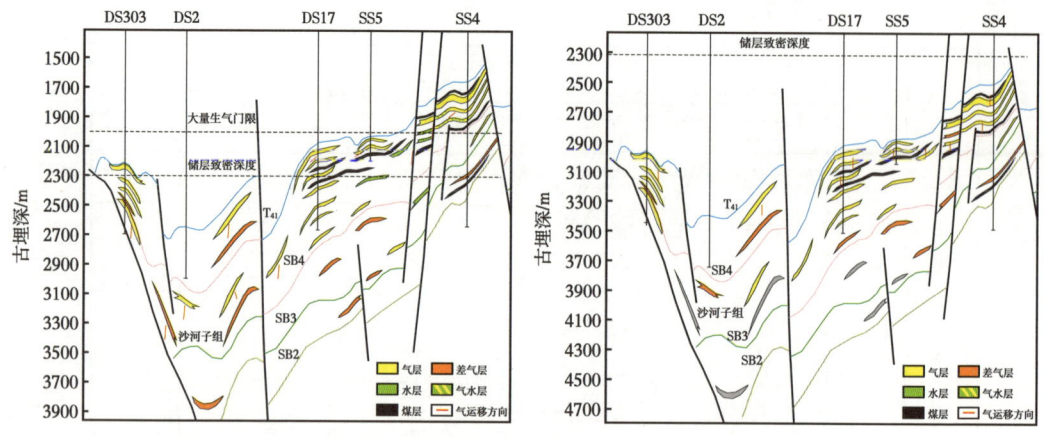

图 4-3-43　过 DS303 井—SS4 井青山口组沉积末期（左）及
嫩江组沉积末期（右）致密气类型分析

徐西—徐东地区致密气类型分析：选取过 FS901 井、XS801 井、XS401 井、XS1 井和 XS1 井的剖面，进行徐西—徐东成藏期与致密期关系研究，根据该区油气成藏期次，选择泉头组二段沉积时期和嫩江组沉积初期两个时期开展研究（图 4-3-44）。

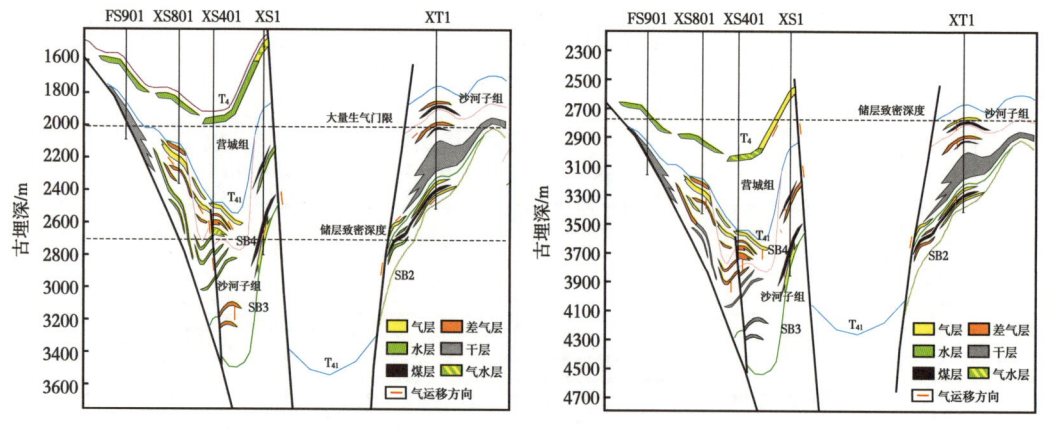

图 4-3-44　过 FS901 井—XT1 井泉头组二段沉积时期（左）及
嫩江组沉积初期（右）致密气类型分析

泉头组二段沉积时期沙河子组埋深普遍大于 2000m，该区烃源岩进入第一个大量生烃阶段，该时期徐西和徐东地区沙河子组的埋深整体浅于储层致密深度（2700m），说明该时期油气成藏早于储层致密，凹陷中心生成油气可向斜坡区进行长距离侧向运移，在岩性尖灭、断层遮挡、不整合面遮挡等斜坡有效圈闭内聚集，这些部位气水分布符合重力分异；由于沙河子组整体并未致密，且沟通营城组与沙河子组烃源岩的断层活动较弱，此时油气主要在沙河子组内聚集，营城组砂砾岩中并没有检测到相应温度的包裹体。嫩江组沉积初期，沙河子组埋深普遍大于 3000m，大多数储层已致密，此时油气在源储压差下继续向致密储层中充注，驱替致密储层中的自由水，由于该时期煤层的生烃潜力明显高于泥岩，紧邻煤层的致密储层充注丰度更高；该时期营城组四段砂砾岩并未完全致密，在沟通沙河子组烃源岩断层的输导下，油气垂向运移至营城组四段中聚集成藏，营城组四段气主要聚集在紧邻断层的构造高部位，气水分布整体符合重力分异。由此可见，徐西—徐东地区沙河子组属于复合型致密气藏，早期储层并未致密，为常规气聚集，后期储层完全致密，为致密气聚集；而营城组整体属于后成型致密气，成藏时储层并未完全致密。

以单井成藏史分析为基础，结合成岩动态样特征，编制成藏类型平面分布图。平面上，沙河子组气藏类型整体上为先致密后成藏类型，断陷东侧构造高部位为边致密边成藏类型，层序3、层序4时期，局部发育先成藏后致密气藏（图4-3-45）。整体上，沙河子组发育致密常规气藏（先成藏后致密、边成藏边致密）、致密非常规气藏（先致密后成藏）两类，前者是首选的有利勘探区。

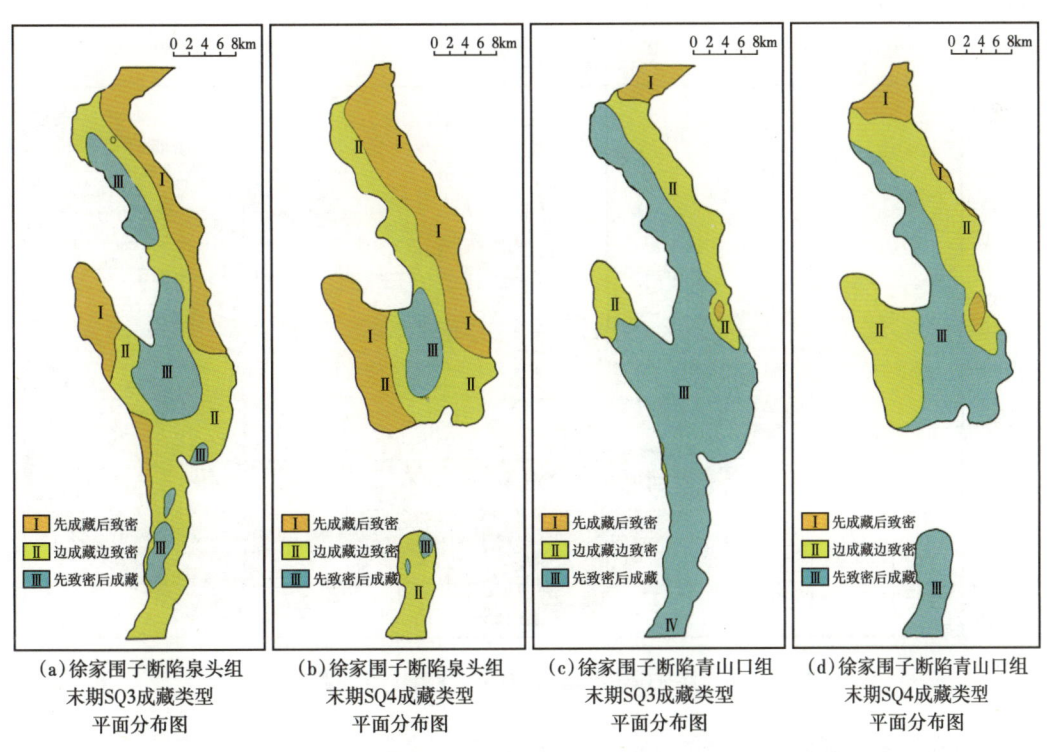

(a) 徐家围子断陷泉头组末期SQ3成藏类型平面分布图
(b) 徐家围子断陷泉头组末期SQ4成藏类型平面分布图
(c) 徐家围子断陷青山口组末期SQ3成藏类型平面分布图
(d) 徐家围子断陷青山口组末期SQ4成藏类型平面分布图

图4-3-45 徐家围子断陷沙河子组不同时期成藏类型分布图

3. 成藏模式

自生自储源间断层输导成藏模式，沙河子组烃源岩与砂砾岩间互发育，烃源岩生成的油气通过断裂逐级向上运移，或烃源岩生成的油气直接运移聚集于沙河子组砂砾岩形成的储集空间或者微裂缝中，上覆地层由致密盖层遮挡。安达地区的DS20HC区块气藏和SS9H区块气藏为该类成藏模式。

1）成藏过程与特征

DS20HC 区块沙河子组储层与烃源岩互层发育，源储叠置。DS20HC 区块烃源岩指标发育，位于安达地区沙河子组生烃中心，暗色泥岩厚度一般为 200~350m，最大 445m，TOC 介于 1.2%~2.0% 之间，生烃强度为 $80\sim200\times10^8m^3/km^2$。该区沉积相以扇三角洲平原沉积为主，水下分流河道沉积与支流间湾叠置发育，储层厚度 120m，有效厚度 40.1m，孔隙度 6.5%，渗透率 0.148mD，储层条件有利，储集物性也比较好，为烃源岩生成的油气提供很好的聚集空间。

2）成藏模式

对于自生自储致密气岩性气藏，下白垩统烃源岩生成的气源优先沿着层内断裂或者裂缝，向上运移，局部构造高部位是优势运移通道，在构造高部位圈闭富集成藏，当气源充注整个圈闭之后，多余的气源溢出圈闭，沿着横向或者纵向继续运移，受岩性遮挡聚集成藏，或者继续寻找下一个构造高点聚集成藏。沙河子组气藏整体是构造—岩性油气藏或者岩性油气藏（图 4-3-46）。

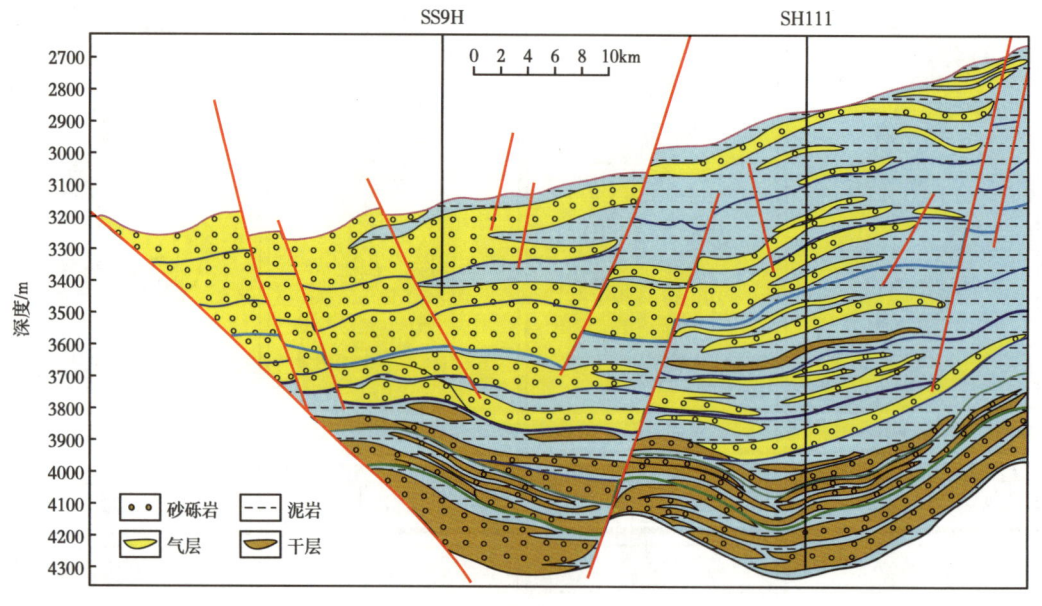

图 4-3-46　徐家围子断陷 SS9H 井—SS111 井气藏剖面图

4. 致密气富集规律

通过开展精细的层序沉积和成藏条件研究，对安达地区沙河子组致密砂砾岩含气富集规律形成以下认识。

1）四套层序发育四套烃源岩，源储一体，控制气藏分布

钻井揭示，烃源岩有机质丰度高，厚度大，分布面积广，最大生气强度超过 $400\times10^8m^3/km^2$，源储一体，烃源岩分布范围基本上控制气藏的分布，生气强度大的区带，探井产气量高。

2）相带控制储层，辫状河（扇）三角洲平原、前缘储层均发育，前缘物性更好

沙河子组为断陷湖盆，安达地区东西两侧发育辫状河（扇）三角洲，平原、前缘砂体厚度大，延伸距离远，埋藏相对浅，形成有利的储层发育区。

沉积相带控制储层物性，扇（辫状河）三角洲前缘亚相物性最好，孔隙度一般为5%~7%，平原亚相砂体孔隙度一般为3%~6%。有利储层主要发育在扇三角洲、辫状河三角洲前缘相带，以含砾砂岩、砂质砾岩为主。通过岩心样品统计分析，渗透率小于0.1mD的样品超过60%，大于1mD占5%左右，总体呈现致密储层特征。

3）有利储层大面积分布，优质储层控制气藏富集

钻探表明，有利储层大面积分布，优质储层控制气藏富集。依据物性、孔隙结构等分析结果，安达地区有利储层分布面积大，是勘探重点区。

5. 致密气资源分布

"十三五"期间，深化断陷盆地深层致密气"源控区、相控储、储控藏"的成藏机制和"满凹含气"的分布规律，重新认识松辽盆地沙河子组致密气资源潜力。

1）徐家围子断陷开展精细地震解释和重点区储层预测，重新估算沙河子组资源潜力为 $3691×10^8m^3$

开展徐家围子断陷沙河子组全区（3700km²）精细地震解释及安达、徐西、徐南重点区（2200km²）储层预测，细分全区9个四级层序，明确全区储层"甜点"体分布，深化致密气富集规律认识。

源控区：有效源岩控制气藏分布，不同层序烃源岩叠置分布（图4-3-47）；

相控储：有利沉积相带、成岩相带控制优质储层发育及展布（图4-3-47）；

储控藏：优质储层控制气藏发育，气层错叠连片、大面积分布、局部富集（图4-3-47）。

不同层序"甜点"体整合分类，划分为12个"甜点"区，重新估算徐家围子断陷沙河子组资源潜力为 $3691×10^8m^3$。Ⅰ类区"甜点"资源量为 $1122×10^8m^3$，主要分布在安达西侧及徐西北部；Ⅱ类"甜点"资源量为 $2569×10^8m^3$，大面积分布，整体勘探程度低（图4-3-48）。

2）古龙断陷二维+三维地震勘探联合解释，首次估算沙河子组致密气资源潜力 $3140×10^8m^3$

通过成藏条件综合分析，整体划分3类有利区，其中，Ⅰ类区估算资源潜力为 $1637×10^8m^3$，Ⅱ类区估算资源潜力为 $1503×10^8m^3$。Ⅰ类区主要分布与敖南、让胡路，扇体面积 $314km^2$，埋深为4000~4500m；Ⅱ类区主要分布于小洼槽，扇体面积为 $1252km^2$，埋深为4500~5500m（图4-3-49）。

3）莺山断陷连片资料解释，落实沙河子组烃源岩、相带特征，估算致密气资源潜力为 $800×10^8m^3$

莺山断陷沙河子组暗色泥岩发育，烃源条件好，在大连片解释成果基础上，通过关键参数取值，重新落实沙河子组地质资源量为 $800×10^8m^3$，烃源岩厚度一般为100~500m；TOC一般为0.45%~4.83%，均值为1.5%，大于3%面积为 $855km^2$；最大生气强度超过 $400×10^8m^3/km^2$，大于 $50×10^8m^3/km^2$ 面积为 $490km^2$。

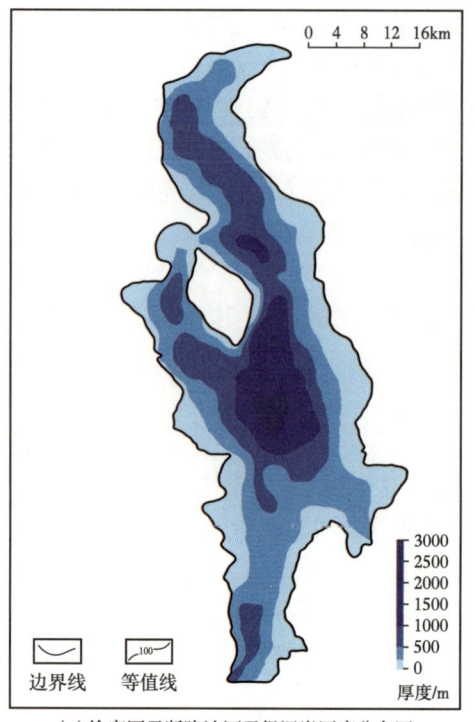

(a)徐家围子断陷沙河子组泥岩厚度分布图 　　(b)徐家围子断陷沙河子组扇体叠合图

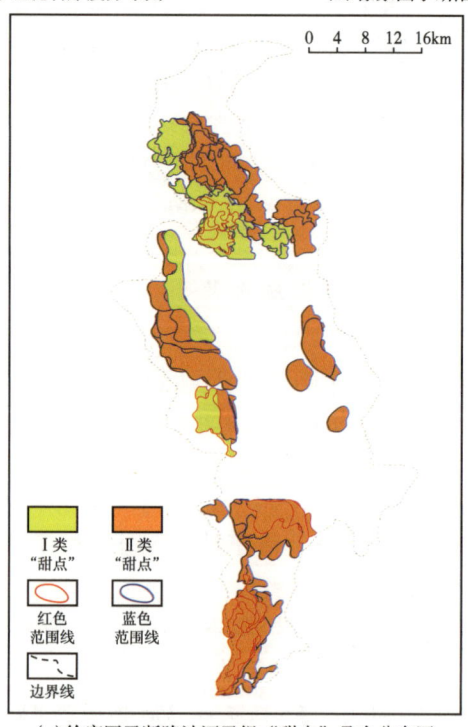

(c)徐家围子断陷沙河子组"甜点"叠合分布图

图 4-3-47　徐家围子断陷沙河子组扇体叠合及泥岩、甜点分布图

第四章 沙河子组致密气成藏条件、富集规律研究与勘探新进展

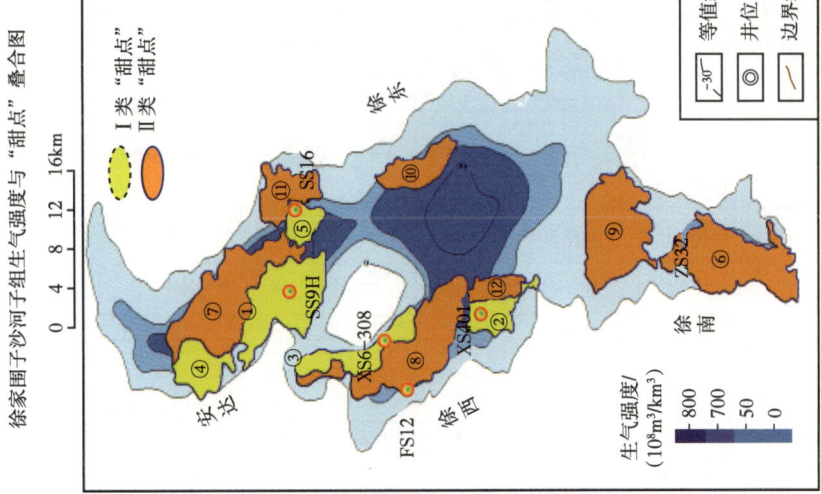

徐家围子断陷沙河子组"甜点"统计表

类型		面积/km²	资源量/10⁸m³	探明储量/10⁸m³	控制储量/10⁸m³	预测储量/10⁸m³	钻井
Ⅰ类区	①	62.9	353	30.72		110.04	SS9H SS18
	②	42.2	247				XS401
	③	53.5	189	91.29		57.00	XS6-302 XS6-308
	④	44.2	175				DS24 DS32
	⑤	29.6	158		134.00		SS10 SS16
Ⅰ类区小计		232.4	1122	122.01	134.00	167.04	9
Ⅱ类区	⑥	240.5	554				
	⑦	105.2	522	67.23		360.00	ZS32
	⑧	144.8	408				DS20HC
	⑨	188.7	398				
	⑩	64	320				
	⑪	65.1	251		70.07		XT1
	⑫	39.6	116				
Ⅱ类区小计		847.9	2569	67.23	70.07	360.00	3
总计		1080.3	3691	189.24	204.07	527.04	12

图 4-3-48 徐家围子地区沙河子组甜点分布及统计图

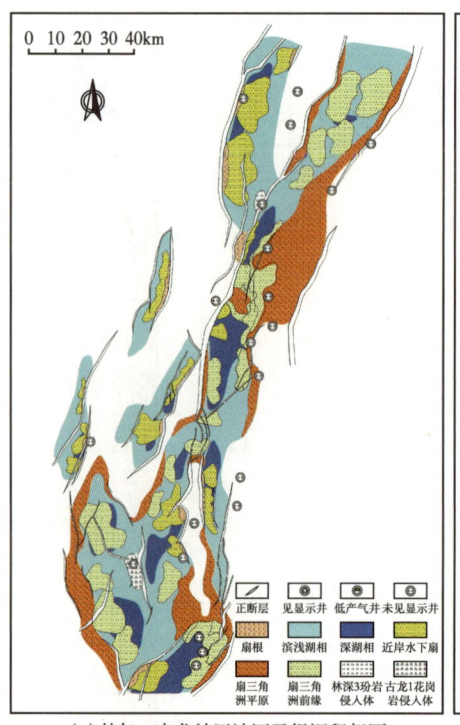

(a) 林甸—古龙地区沙河子组沉积相图　　(b) 林甸—古龙地区沙河子组烃源岩厚度图

洼槽	面积/ km²	地层厚度/ m	T₄₁层深度/ m	扇体				资源量/ 10⁸m³	综合评价
				厚度/ m	面积/ km²	个数	相类型		
让胡路	1350	100~2000	4000~5600	500	1144	6	前缘 扇中	1481	Ⅰ类
敖南	700	900~3700	3600~7200	600	472	2	前缘 扇中	674	
葡西	473	500~1500	4000~5700	700	244	2	前缘	293	Ⅱ类
新肇	376	500~1500	4400~6600	500	210	5	扇中 前缘	252	
新站	622	400~1300	5000~7000	100	210	1	前缘	251	
杏西	393	200~1200	4600~5800	100	85	2	扇中	102	
高西	195	900~1000	5000~5800	200	73	2	前缘	87	
黑鱼泡	1020	200~1200	2800~3600	200	667	5	前缘		Ⅲ类
林西	840	200~1000	2800~3400	500	371	3	扇中		
龙南	369	100~1000	3200~5200	200	138	2	扇中		
胡吉吐莫	283	100~1000	2200~4000	200	81	3	扇中		

(c) 古龙—林甸断陷地区沙河子组扇体有利勘探区带优选评价表

图4-3-49　古龙断陷沙河子组有利区分布及区带优选评价图

第四节 沙河子组致密气勘探主要做法与勘探技术新进展

自"十二五"以来,徐家围子断陷持续开展勘探技术攻关,沙河子组致密气展现良好的勘探成效。以徐家围子断陷沙河子组为重点研究对象,开展了断陷级精细构造解释,建立统一的层序地层格架,利用构造物理模拟、平衡剖面分析等技术明确构造变形过程和成因机制,落实剥蚀量和不同地质时期原始沉积厚度,深化了断陷盆地原型认识。通过断陷级井震结合沉积相研究,构建了全断陷高精度沉积模型。通过开展断陷地层储层预测配套技术攻关,精细刻画了致密气"甜点"目标,为沙河子组致密气勘探寻找规模效益储量提供了理论和技术支撑。

一、开展断陷级精细构造格架解释,深化断陷盆地原型认识

本阶段研究中,对徐家围子断陷沙河子组开展了断陷级精细构造格架解释。首先,以对比标志层为依据,选择位于断陷主体部位、层位完整、岩性组合类型及电测曲线形态特征具有代表性的井作为标准井,结合地震剖面上的不整合特征确定三级层序界面;其次,对已钻井进行地层精细对比,以安达地区的钻穿沙河子组的科探井 SK2 井为标准井,按照从安达到徐东、从徐东到徐西再到徐南的顺序建立了 25 条骨干地层对比剖面(图 4-4-1);最后,对全区层位断层解释成果进行对比分析,通过对全区地震解释成果的梳理,实现了层位断层解释成果的井震特征全区统一和闭合。

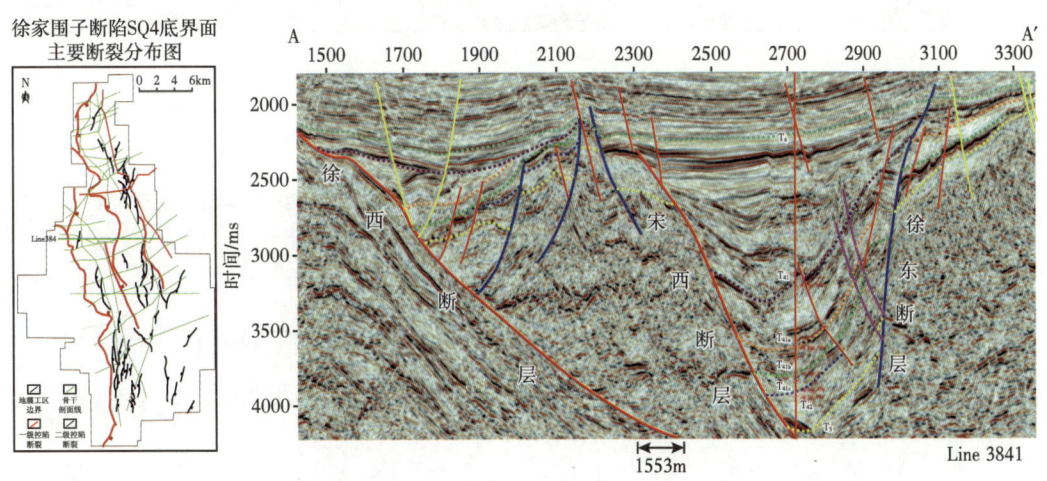

图 4-4-1 徐家围子断陷骨干剖面位置图及 Line3841 沙河子组地震解释剖面图
(a)骨干剖面位置图;(b) Line3841 沙河子组地震解释剖面图

在全区已钻井单井合成地震记录标定基础上,从位于安达—宋站洼槽中心的科探井 SK2 井出发,进行了全断陷的单井和连井层序地层对比。如图 4-4-2 所示,过 SK2 井和

SS4井的连井剖面上可以清晰地识别出三级层序界面对应的不整合特征，界面上下的削截和上超特征清楚；图4-4-3为从DS11井到XT1井的连井对比地震剖面，通过这条区域大剖面可以将安达—宋站到徐东地区的层序地层划分方案统一起来；通过从XT1井到徐西南部地区的地震剖面及从徐西南部到徐西地区的地震剖面对比解释，可知全区层序地层划分和解释方案是统一的。

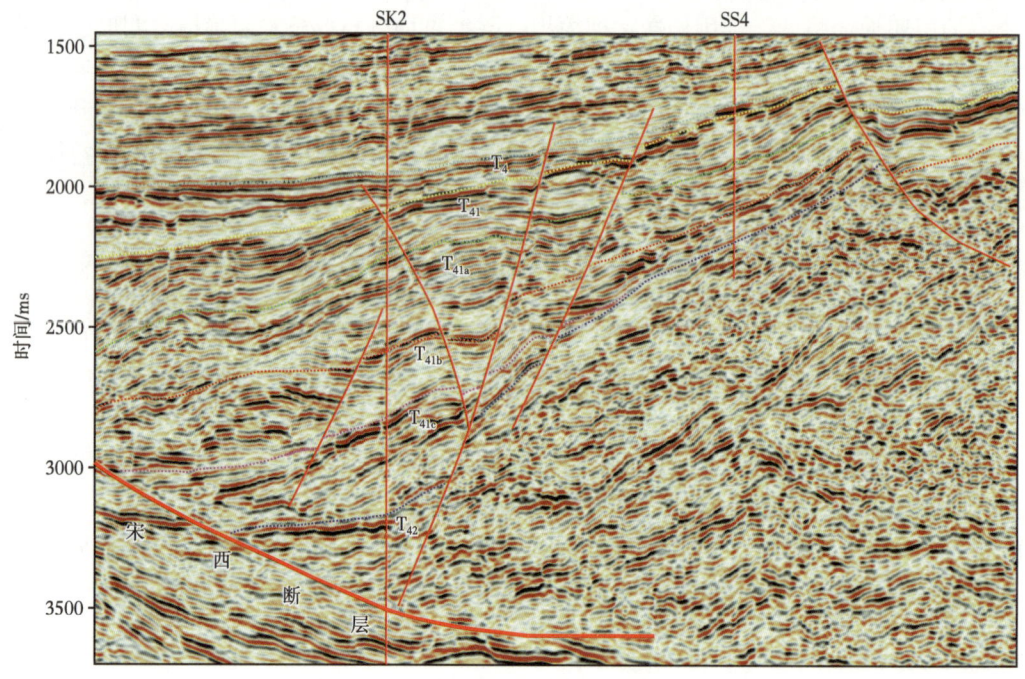

图4-4-2 过SK2井—SS4井连井地震剖面

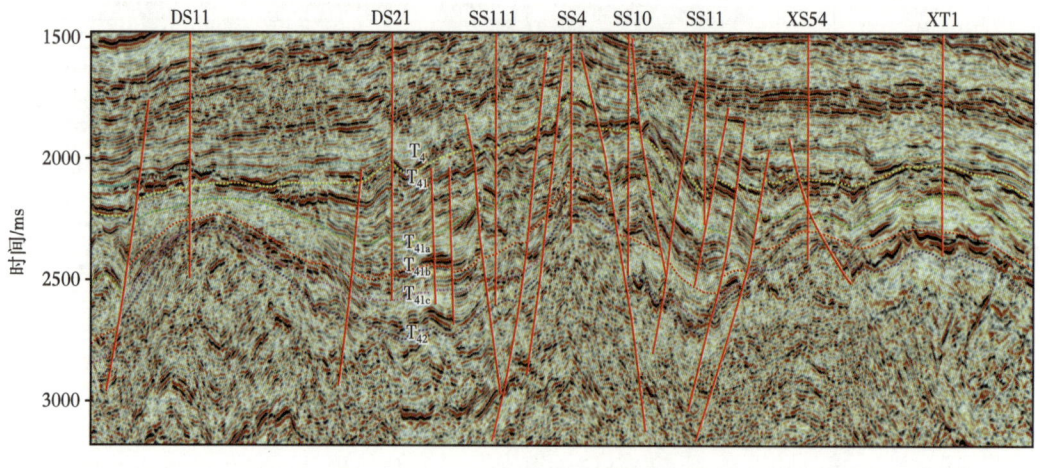

图4-4-3 过DS11井—XT1井连井地震剖面

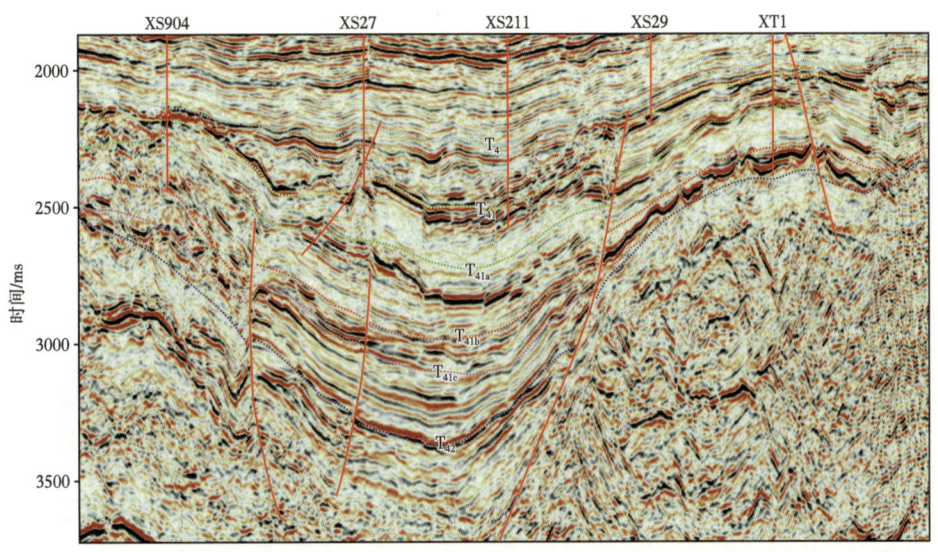

图 4-4-4　徐西南部到徐东地区过 XS904 井—XT1 地震剖面

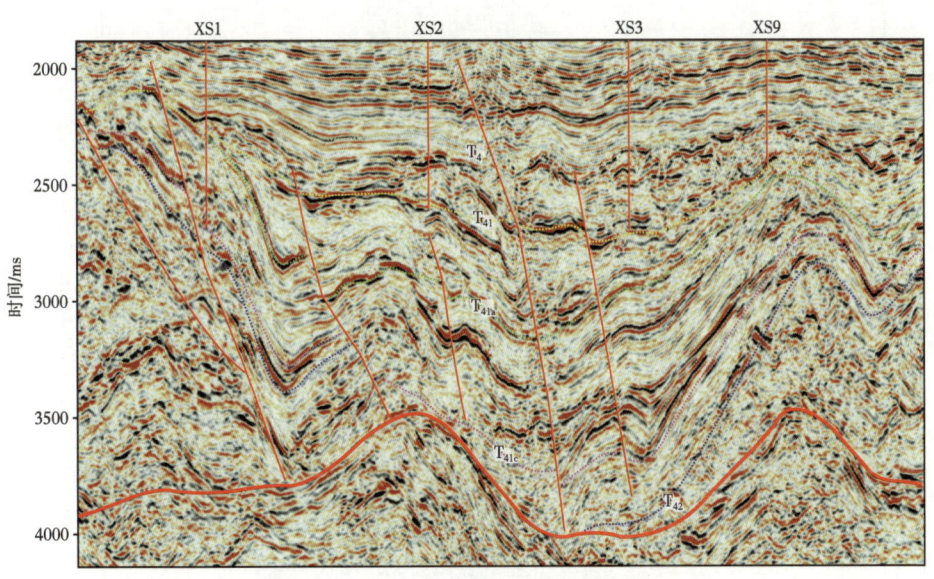

图 4-4-5　徐西地区过 XS1 井—XS9 地震剖面

从沙河子组各三级层序的顶面、底面现今构造图可以看出（图 4-4-6、图 4-4-7），受沙河子组沉积末期挤压作用的影响，整体表现为东北、东南高，中间低的格局。各层序顶面最深处位于断陷中部，由于上覆营城组沉积了巨厚的火山岩地层，造成中部地区沙河子组埋深最大。在深层沙河子组底界构造整体表现为西断东超的箕状断陷，在控陷断层根部地层埋深大，向东为斜坡，地层抬升后，埋深变化大，沙河子组底面约为 -8200~-2300m，而沙河子组顶面约为 -5450~-2100m。各层序顶面构造存在多个西倾近

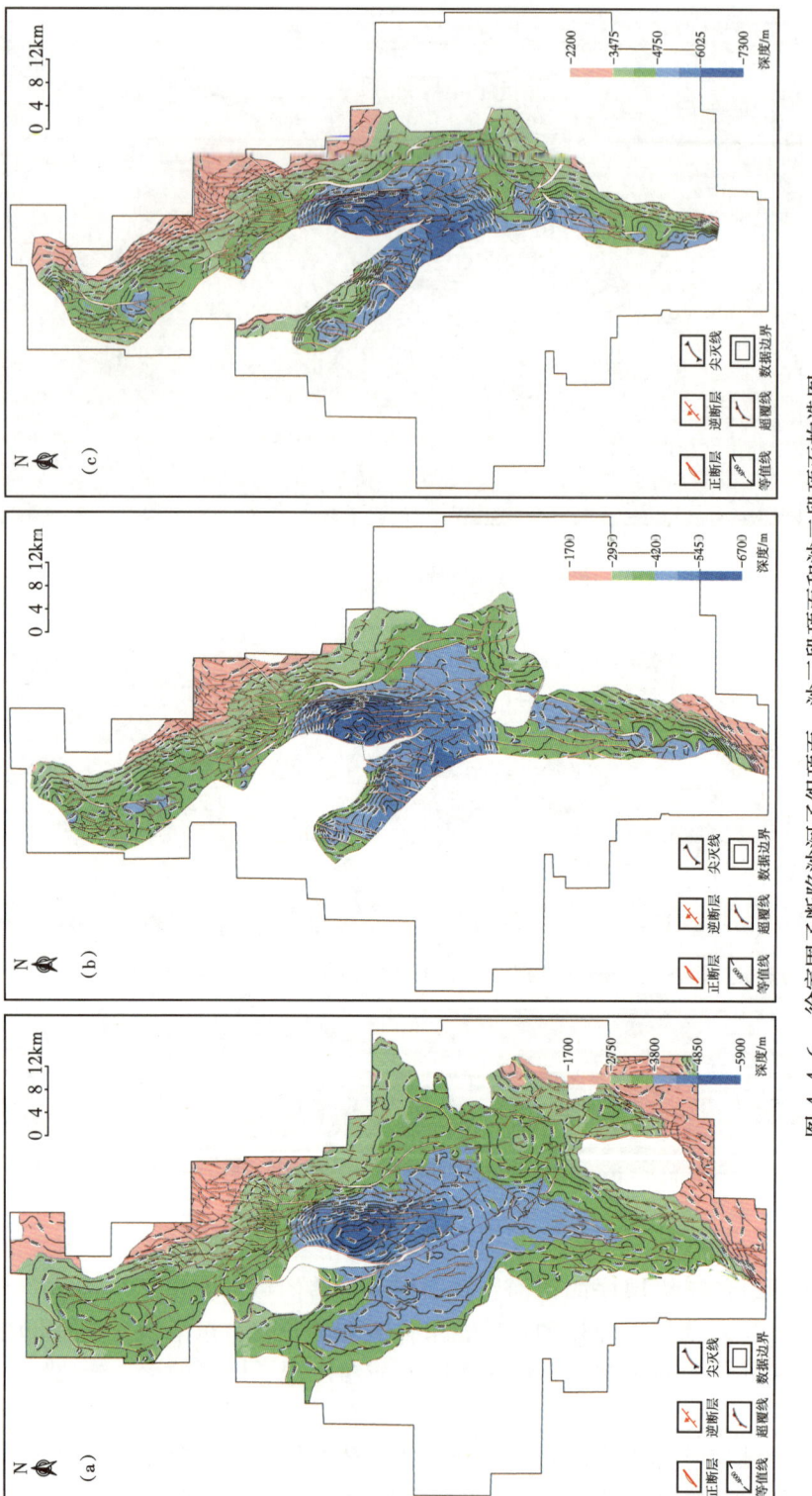

图 4-4-6 徐家围子断陷沙河子组顶面、沙三段顶面和沙二段顶面构造图

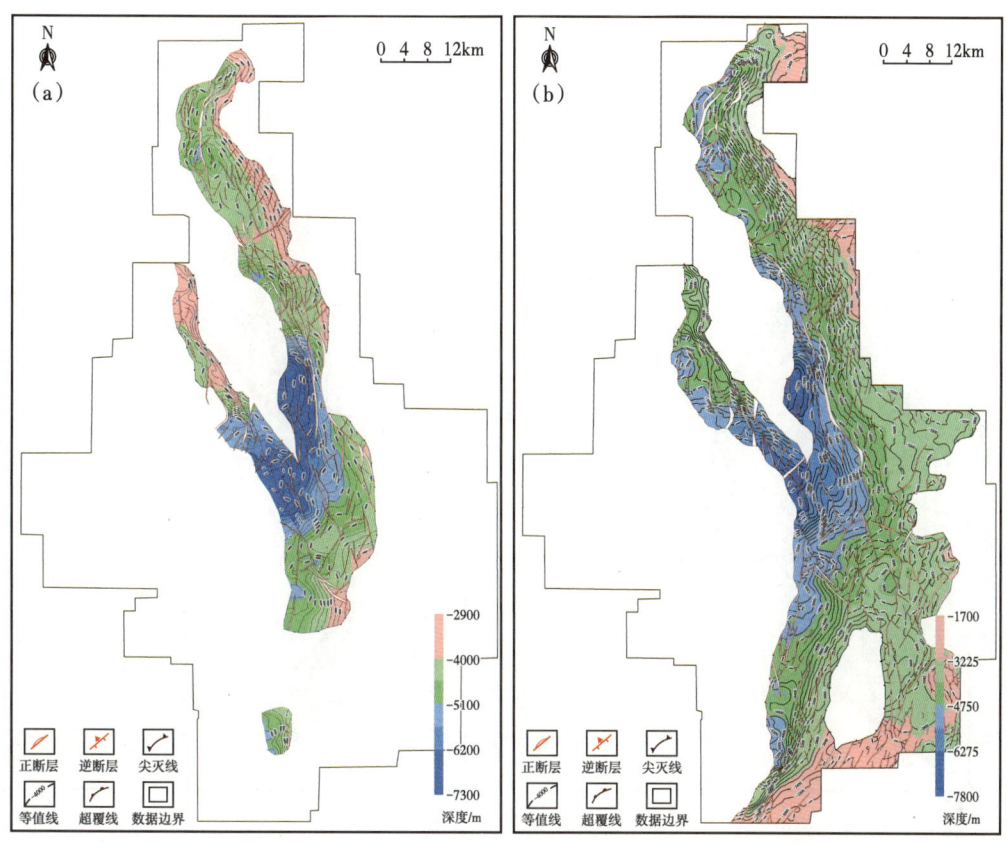

图 4-4-7 徐家围子断陷沙一段顶面 T_{41c} 反射层（a）和沙河子组底面 T_{42} 反射层（b）构造图

东西向的鼻状构造分隔，与沙河子组的低凸起一一对应。晚期受挤压应力的影响，地层抬升缺失。

徐家围子断陷是在多期拉张和挤压应力作用下形成的，平面上分割性较强，次级构造形态丰富，断陷西侧为中央古隆起，中部为中央凹陷带，东部为 C59 井—万隆古隆起。在主控断裂上盘发育西部断阶带，包括断陷中部的徐西断阶和断陷南部的徐南断阶，主体沉降区被 9 个近北东东向和近东西向两组凸起分割为 10 个洼槽，低凸主要发育在控陷断裂和控洼断裂转换处，东侧为徐东斜坡带，南北两侧发育北北西向升平凸起、丰乐凸起；中部主体沉降区主要发育近北东东向、东西向两组低凸起带（图 4-4-8）。

过肇州次凹主体的 ZS14 井地质剖面可以看出，西侧徐西断层陡倾，下降盘的地层整体较厚，沙河子组一段（SQ_1 地层）厚度小、沙河子组四段（SQ_4 地层）厚度较大；剖面表现为不对称的西断东超双断结构特征。在徐家围子断陷中部，从过徐西次凹、升平凸起和杏北次凹的地质剖面来看，西侧徐西断层缓，其下降盘沙河子组整体较厚，受后期抬升剥蚀的影响，仅发育 SQ_1—SQ_3 地层，徐西断层对地层的控制作用明显；宋西断层下降盘各层序发育完整，发育 SQ_1—SQ_4 地层，且向东逐渐减薄，东部发育控沉积断层，该同沉积断层晚期活动弱，主要控制 SQ_1 和 SQ_2 地层，剖面整体表现为不对称的双断结构（图 4-4-8）。

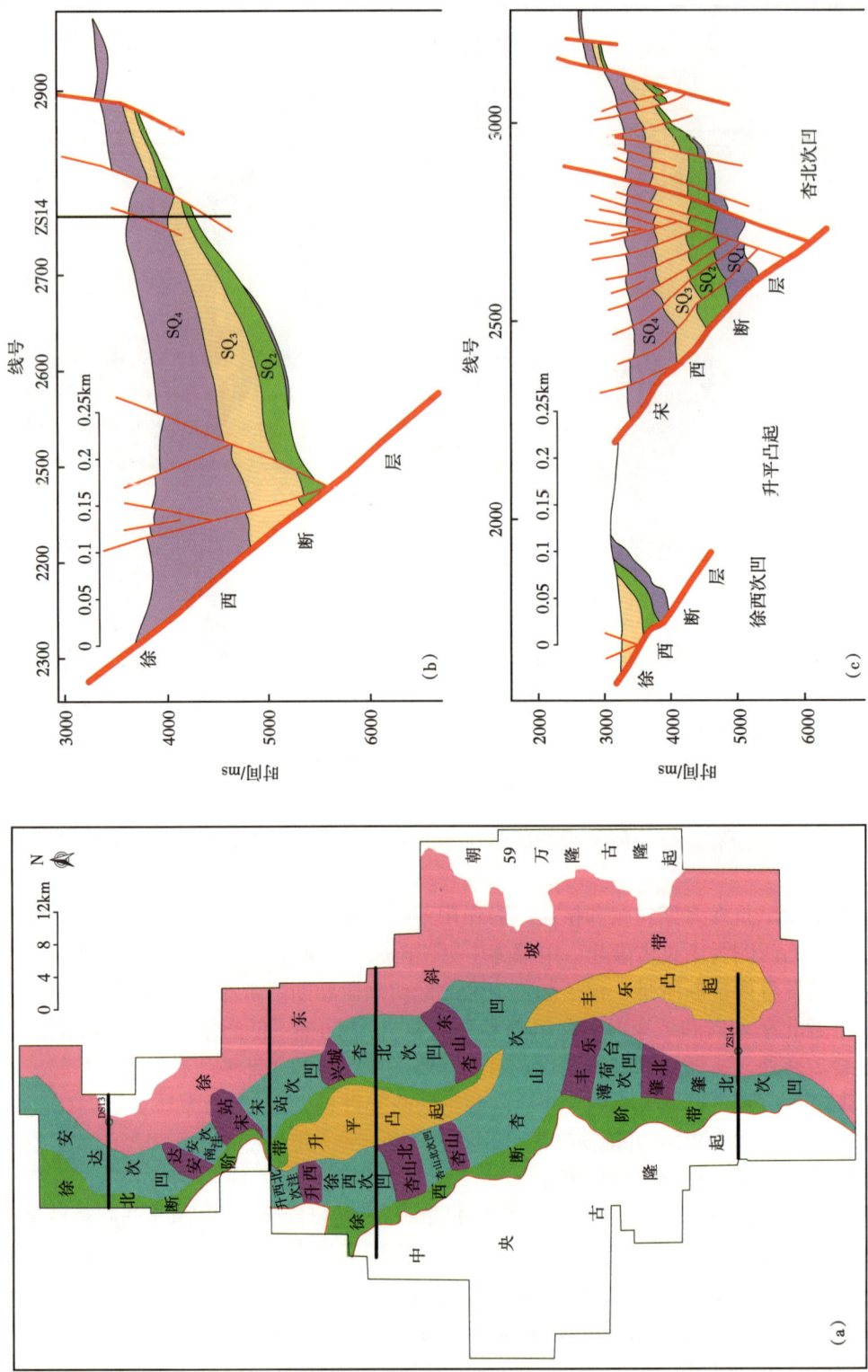

图 4-4-8 徐家围子断陷构造单元划分（a）、过肇州次凹的ZS14井（b）、过升平凸起（c）的地质剖面

在徐家围子断陷中部过宋站次凹主体的地质剖面来看，西侧宋西断层缓，其下降盘沙河子组整体较厚，各层序发育较全，东侧发育东倾的控洼断层，主要控制下部的 SQ2 地层和 SQ3 地层的沉积，晚期活动弱，剖面整体表现为由两条断层控制的西断东超的"多米诺"结构特征（图 4-4-9）。在徐家围子断陷北部，从过安达次凹 DS13 井的地质剖面可以看出，西侧宋西断裂倾角变缓，紧邻宋西断层东侧的西倾较大规模断层对地层控制作用较强，其下降盘发育的沙河子组齐全，东侧发育的西倾断层主要控制 SQ4 地层的沉积，剖面整体呈西断东超的结构特征（图 4-4-9）。

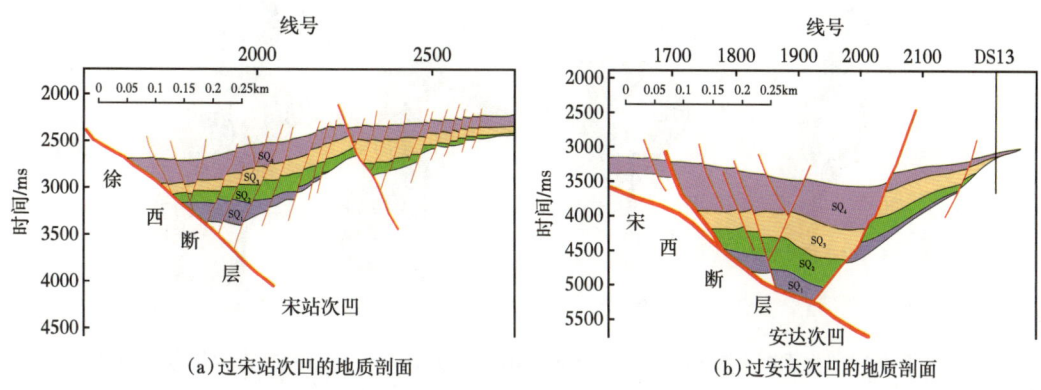

图 4-4-9　过宋站次凹和过安达次凹的地质剖面

在徐家围子断陷中部过宋站次凹主体的地质剖面来看，西侧宋西断层缓，其下降盘沙河子组整体较厚，各层序发育较全，东侧发育东倾的控洼断层，主要控制下部的 SQ2 地层和 SQ3 地层的沉积，晚期活动弱，剖面整体表现为由两条断层控制的西断东超的多米诺结构特征（图 4-4-9）。在徐家围子断陷北部，从过安达次凹 DS13 井的地质剖面可以看出，西侧宋西断裂倾角变缓，紧邻宋西断层东侧的西倾较大规模断层对地层控制作用较强，其下降盘发育的沙河子组齐全，东侧发育的西倾断层主要控制 SQ4 地层的沉积，剖面整体呈西断东超的结构特征（图 4-4-9）。

在构造精细解释基础上，综合运用地层回剥、平衡剖面分析等技术为手段，选择研究层序中目的层的顶底界面，确定残余地层厚度；基于构造成因划分剥蚀区类型和分布范围，总结剥蚀模式，确定改造期的变形和剥蚀特征，通过地层回剥恢复各沉积时期的原始地层界面，确定原始沉积厚度；根据原始沉积厚度与古地貌间的镜像关系，确定了沉积地层的古地貌特征。徐家围子断陷沙河子组各沉积期主要以中部为中心，受徐西断层、宋西断层控制明显；沙河子组三段沉积后，断陷北部出现小的沉降中心；沙河子组四段沉积之后，该沉降中心向南迁移（图 4-4-10）。

二、开展断陷级井震结合沉积相研究，构建全断陷高精度沉积模型

在单井相划分的基础上，通过连井砂体对比，综合分析地震属性预测的砂岩平面分布和地震反演砂岩厚度定量预测的空间分布特征，确定各类沉积砂体发育的边界。根据盆地内多条剖面连井对比的结果可以看出，靠近控陷断层的陡坡一侧扇体平原相沉积的砂体平

面规模较小，砂体主体发育在靠近断陷陡坡的凹陷内；缓坡一侧辫状河三角洲沉积砂体规模较大，在东侧斜坡带上大面积发育。通过砂岩厚度分布分析，断陷陡坡带地层倾角一般为5°~10°，沉积物快速入湖，砂体厚度较大，受到边界断层及内部发育的次级断层影响主要发育多套小规模的砂体沉积，安达次凹和徐东次凹内砂体厚度较大；断陷缓坡带地形较缓，地层倾角一般为2°~6°，沉积物长距离搬运，砂体面积较大，最大厚度出现在杏北次凹内。沙河子组同时广泛发育湖相暗色泥岩，是良好的烃源岩。

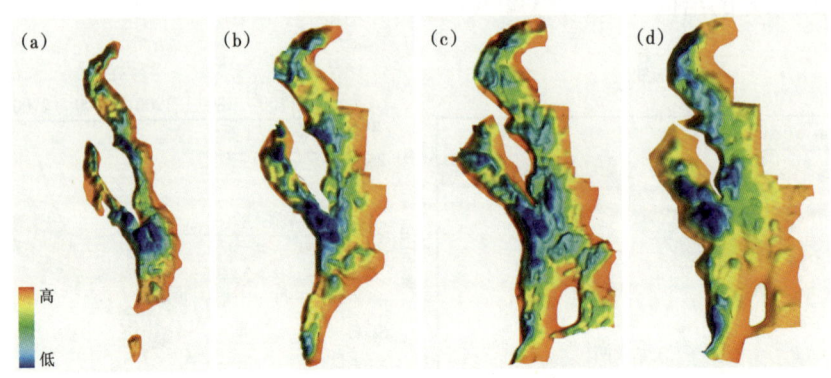

图 4-4-10 徐家围子断陷 SQ_1（a）、SQ_2（b）、SQ_3（c）和 SQ_4（d）古地貌分布图

徐家围子断陷沙河子组为典型的陆相断陷湖盆沉积环境，从东西向可分为靠近西侧控陷断层的陡坡带、东侧斜坡上的缓坡带和中央洼陷带；研究区由南到北分别为徐南次凹、徐西—徐东次凹和安达—宋站次凹，其中，徐西—徐东次凹为沉积中心，其面积较大。沉积砂体类型可分为三种，即陡坡沉积砂体、缓坡沉积砂体和凹陷中心沉积砂体（图4-4-11）。

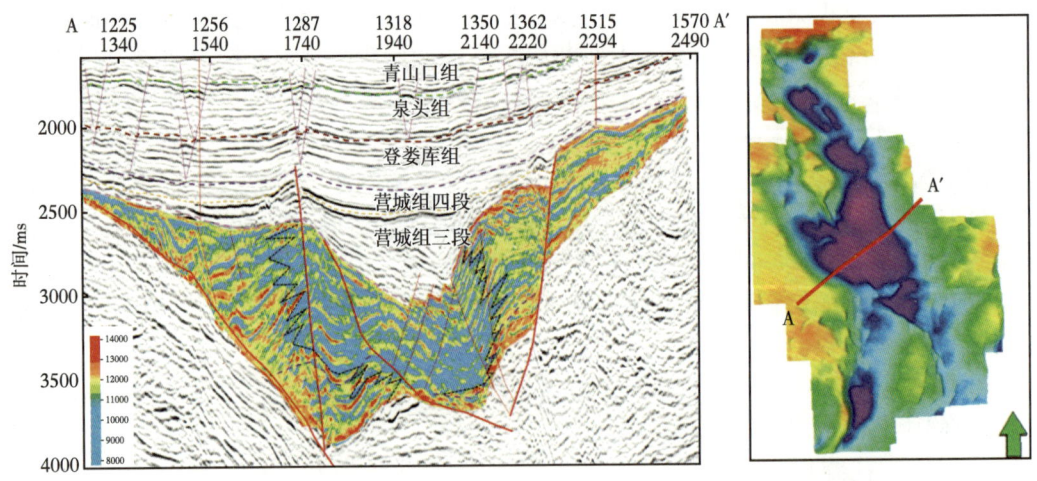

图 4-4-11 徐家围子断陷沙河子组 XS401井—XT1井连井波阻抗反演砂体预测剖面及古地貌分布图

根据徐家围子断陷沙河子组沉积相图（图4-4-12），在断裂发育早期，SQ_1沉积时期，徐西断层控制的陡坡带主要发育扇三角洲平原、扇三角洲前缘和前三角洲相，由于主控断

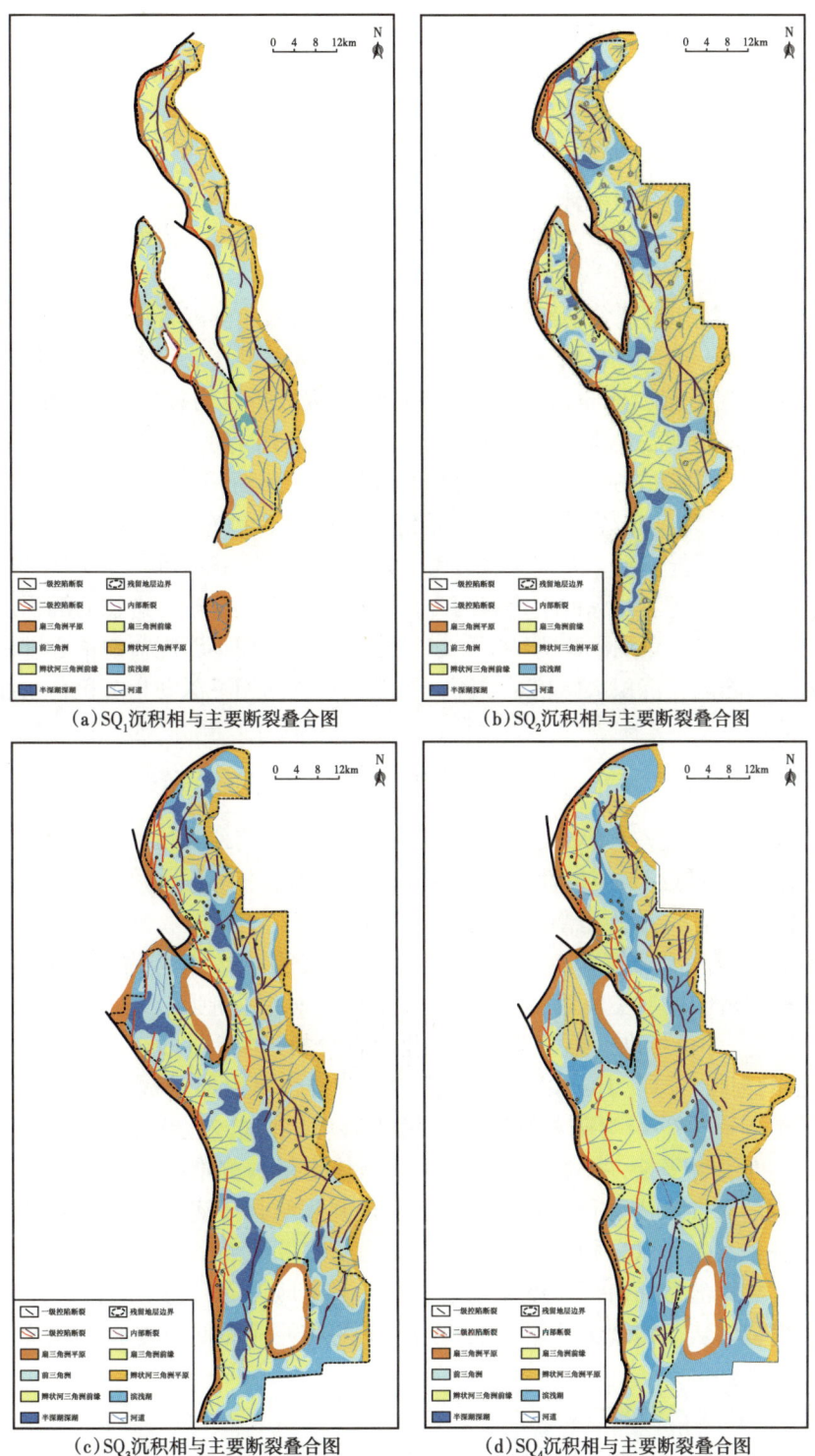

图 4-4-12 徐家围子断陷沙河子组沉积相与主要断裂叠合图

裂两盘开始差异升降，外侧隆起区的碎屑物供给逐步增多；由于凹陷内仅有局部水体，陡坡侧的主要沉积环境为沟谷和洼地，主要发育扇三角洲沉积物。SQ_2沉积时期，随着主控断裂活动增强，两盘的差异升降幅度增大，基底沉降速率和沉降幅度增大，凹陷进入湖泊发育阶段，分散的水体逐步扩大并连接成为统一的湖泊。与此同时，外侧隆起区的上升幅度也增大，物源供给随之增多，但基底沉降作用更强，水体逐步加深。SQ_3、SQ_4沉积时期，陡坡带发育扇三角洲平原相、前缘相、前三角洲相、滨浅湖相和少量半深湖相—深湖相，主要沉积环境逐步转为以滨湖相扇三角洲体系为主。随着边界断层的活动，扇体发生翘倾，扇根沉积加厚，扇端上翘。

总体上，SQ_1沉积时期盆地面积最小，断陷西部扇三角洲相带沿徐西、宋西控陷断层形成的陡坡带展布，断陷东部辫状河三角洲相沿徐东控陷断层和徐东斜坡带展布，从盆边进入盆内后沉积相形态、延伸和主水系水道都受断裂坡折及沟谷的控制。SQ_2沉积时期，东部缓坡带发育辫状河三角洲，分布面积变大。SQ_3沉积时期，东部缓坡XS15井、XS21井、SS6井、DS15井和DS6井等井区发育的辫状河三角洲相带展布明显受古地貌控制。SQ_4沉积时期，东部缓坡带发育的三角洲前缘和平原相带展布范围变大。如图4-4-13所示，沉积相带东西分异明显，东部缓坡区整体以广泛发育辫状河沉积为特征，平面上各沉积时期沉积相带平稳过渡，纵向上辫状河三角洲平原表现先退积再进积的沉积过程。西部陡坡区以广泛发育扇三角洲沉积为特征，扇三角洲前缘沉积不断向盆地中心进积，沉积范围扩大。中部凹陷区，沉积水体相对较深，局部发育浅湖相—深湖相沉积，东部和西部沉积体系在中部地区发生汇聚。

三、开展断陷地层储层预测配套技术攻关，精细刻画致密气"甜点"目标

通过持续的技术攻关，形成了深层致密气"甜点"地震预测技术和地震地质综合"甜点"识别方法。通过敏感地震属性分析和有井监督机器学习多属性融合技术，定性识别砂砾岩有利发育区，辅助沉积相精细划分；以岩石物理分析为指导，采用细分层约束下的沉积相控叠前高分辨率反演技术实现岩性、物性、含气性、脆性等"甜点"关键要素预测；基于伊顿模型和黄氏模型实现地层压力和地应力预测；综合地质工程"甜点"要素预测结果，依据"甜点"评价标准，地震地质一体化综合分析，实现平面"甜点"区的识别和纵向"甜点"层的刻画，厚度10m以上"甜点"层预测符合率达81.7%。

沙河子组砂砾岩储层为陆相断陷湖盆沉积环境，构造复杂、地层厚度变化大、沉积相变快、岩性组合复杂，井震结合反演沉积砂体定量预测难度大。本次研究采用基于Zoeppritz方程的叠前地震弹性参数反演算法实现井震结合反演，并通过相控方法对反演过程进行改进。首先，以高频层序地层模型作为反演算法的框架模型；其次，建立低频模型时，改进常规的井插值低频模型建立方法，采用地震资料的空间相对分辨率进行约束建立低频模型，从而实现细分层序框架约束下的相控地震反演技术预测沉积砂体空间分布。

1. 地震反演框架模型的建立

框架模型对于复杂构造背景的反演结果精度影响大，基于成本函数的全局优化层序地层地震解释技术能够构建具有相对地质年代的全局地层模型，从全局地层模型中拾取出相

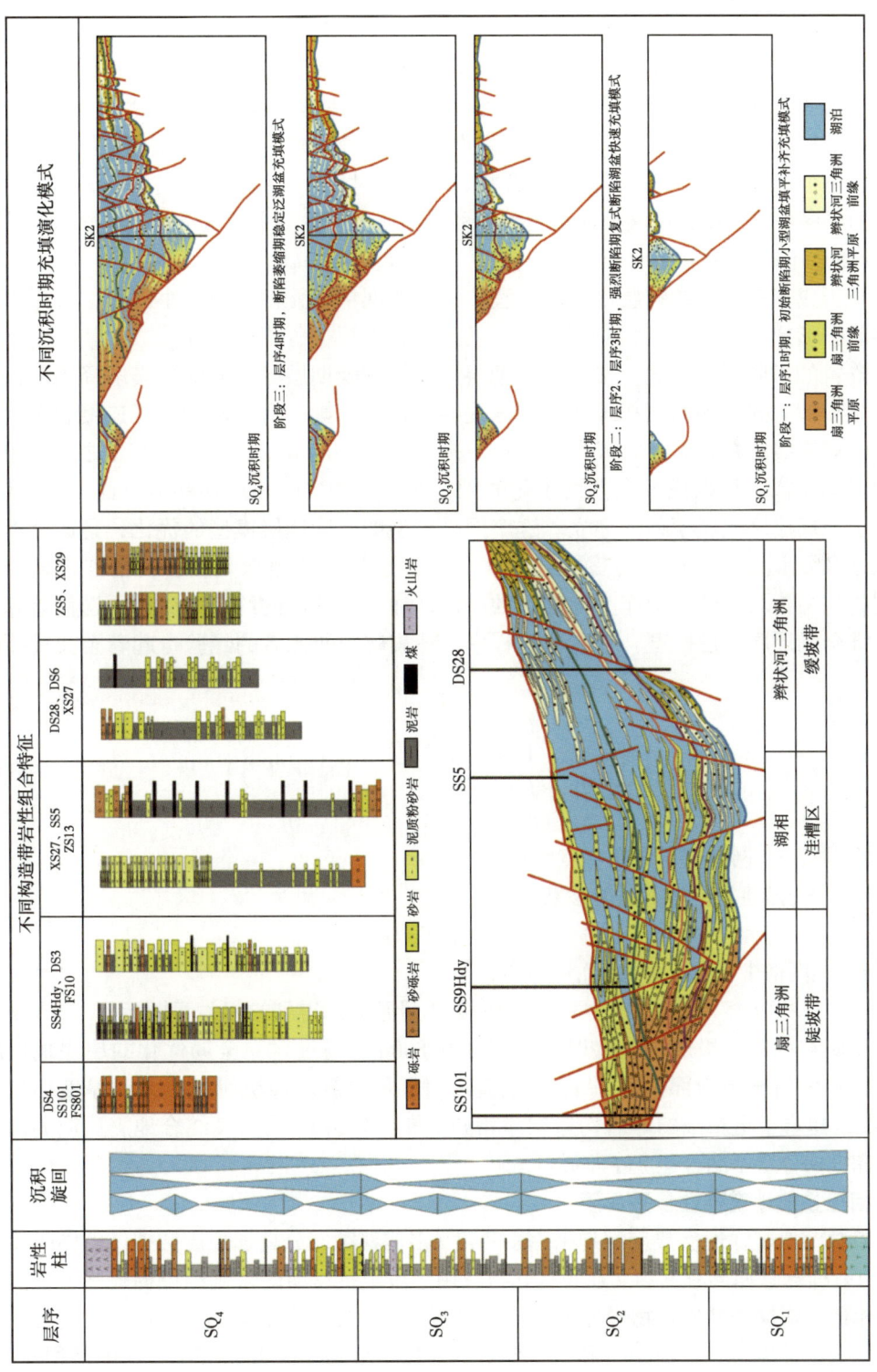

图 4-4-13 徐家围子断陷沙河子组沉积体系发育模式图

当于五级层序解释层位的高频层序地震解释层位作为地震反演的框架模型层位可有效改善反演结果的精度。基于成本函数的全局优化层序地层地震解释技术引入了成本函数最小化概念，通过对三维地震勘探数据进行全局地震反射波形扫描，在全区四级层序的层位和断层解释成果约束下，人机交互采用机器学习算法迭代构建具有相对地质年代的全局地层模型。通过全局寻优算法，突出了沉积地层具有全局继承性这一成本函数最小化原则。应用该技术对每个地震同相轴的采样点进行连接，实现了对每个同相轴的层位解释，从而建立了连续的层序地层模型，从这个地层模型中可以抽取出任意一个地震反射层位，这为井震结合反演的横向分辨率和纵向分辨率结合提供了框架模型基础。

在基于成本函数的高频层序解释过程中，针对网格面元模型建立小面元，将每个面元连接起来形成每个对应于相对等时界面的地震反射层位，不同的连接方式就决定着井间地震资料的不同解释方案。按照从早期层序界面到晚期层序界面的地震解释顺序，通过数据驱动的方式，根据沉积地层具有全局继承性的原则，将不同的面元连接起来，对每一套全局连接解释方案计算成本函数（公式4-4-1）。成本函数考虑了节点之间的相似性和相对的距离，根据成本函数最小化原则，选择出相应的连接这些节点面元的模型，就实现了全局层序地层模型的建立。这个网格模型即层序地层模型的优化，是通过不断地加入地质认识、完善解释方案来迭代优化的，通过不断地深入认识，增加合理的断层、调整从中拾取出的某个作为标准层的层位，加入这些新的约束以后，再迭代计算出新的三维全局层序地层模型，在这个过程中，地震解释研究者的经验也起着至关重要的作用。

$$\text{Cost} = \sum_{i=1}^{N}\sum_{j=1}^{N}\left[\frac{1}{\sigma\sqrt{2\pi}}\exp^{\frac{-(p(i)-p(j))^2}{2\sigma^2}}\text{Dst}(V_i,V_j)\right] \quad (4\text{-}4\text{-}1)$$

式中　N——一个网格节点内的样点数；

　　　i、j——描述不同样本点的参数；

　　　$p(i)$、$p(j)$——描述不同样本点位置的参数；

　　　σ——网格中节点 i 到 j 的标量距离；

　　　Dst——相关度函数，计算两个节点间的矢量距离后得到的相关度指标。

本次研究中，三级层序地层厚度一般300~800m，通过建立全局优化的层序地层解释模型，在沙河子组内部拾取了19个地震反射层位，纵向地层研究单元的厚度细化为60~120m，建立了更精细的等时构造层序格架（图4-4-14），为井震结合地震反演的横向分辨率和纵向分辨率结合建立了基础。

2. 相控叠前地震弹性参数反演

相控叠前地震弹性参数反演是采用多角度/多偏移距部分叠加地震数据体的同时反演（AVO约束稀疏脉冲同时反演）方法，其与应用于波阻抗反演的常规约束稀疏脉冲反演技术原理相似。根据测井岩石物理分析规律，对部分叠加后的多个地震数据体同时进行联立求解，生成纵波阻抗、横波阻抗和密度参数。对每个叠加道集数据应用相同的褶积模型，并且应用Aki-Richards近似方法，确定适合每个叠加道集数据的反射系数。

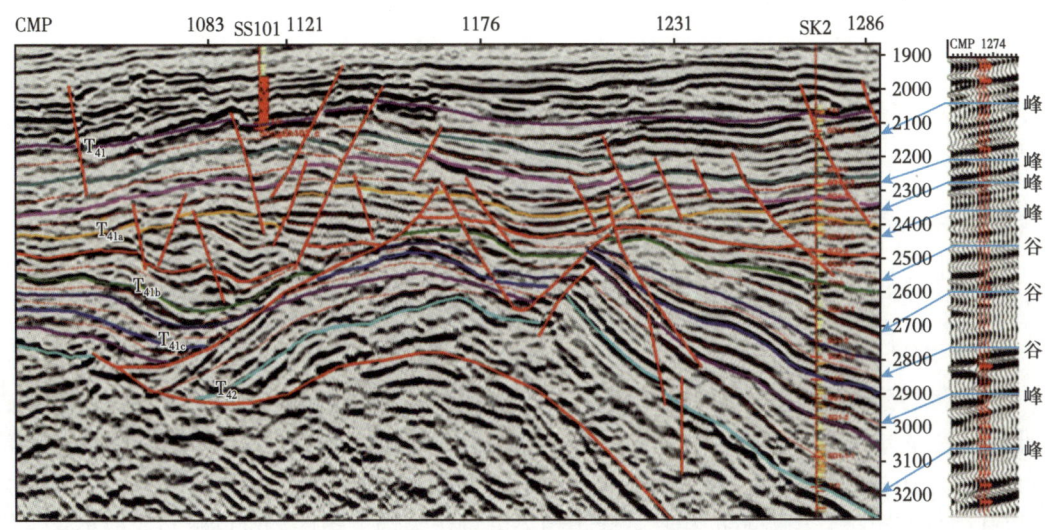

图 4-4-14 徐家围子断陷沙河子组层序地层模型拾取层位的地震解释剖面

约束稀疏脉冲反演属于基于单道的算法，解决下列有约束的最优化问题，最小化目标函数如下：

$$F(v_p, v_s, \rho, \tau) = \left(\sum_i \sum_j F_{\text{reflectide}j_{ij}} + F_{\text{seismic}_{ij}} + F_{\text{trend}_{ij}} + F_{\text{spatiqal}_{ij}} + F_{\text{contrast}_{ij}} + F_{\text{Gardner}_{ij}} + F_{\text{Mudrock}_{ij}} + F_{\text{time}_{ij}} \right) \quad (4-4-2)$$

公式（4-4-2）中，前 4 项是约束稀疏脉冲反演项，后 4 项是叠前反演增加的约束项，通过求解最小目标函数，得到 v_p、v_s、ρ。此反演算法可得到绝对弹性参数模型，实测地震数据中缺失的低频成分无法直接使用稀疏脉冲反演计算得到，因此，需要建立低频趋势模型作为反演的约束条件。本次研究中，将反射系数反演和弹性参数反演分两部分进行，具体实现过程如下：

（1）首先应用约束稀疏脉冲反射系数反演算法，分别求取各个角度下的具有稀疏特性的反射系数序列，其最小化目标函数为：

$$F(r) = \sum_i \sum_j \left[L_p(r_{ij}) + \lambda L_q(S_{ij} - d_{ij}) \right] \quad (4-4-3)$$

式中　i 和 j——分别代表线号和道号；

　　　p 和 q——L 模因子；

　　　r——反射系数；

　　　s 和 d——分别为合成地震记录与原始地震数据；

　　　λ——平衡因子。

（2）对上述反演得到的反射系数进行加权叠加，以获取弹性参数变化量。对应于每个角度道集，都有一个方程：

$$w_{v_p}(\theta_1)r_{I_p} + w_{I_s}(\theta_1)r_{I_s} + w_\rho(\theta_1)r_\rho = r_{pp}(\theta_1)$$
$$w_{v_p}(\theta_2)r_{I_p} + w_{I_s}(\theta_2)r_{I_s} + w_\rho(\theta_2)r_\rho = r_{pp}(\theta_2)$$
$$\cdots\cdots$$
$$w_{I_p}(\theta_n)r_{I_p} + w_{I_s}(\theta_n)r_{I_s} + w_\rho(\theta_n)r_\rho = r_{pp}(\theta_n)$$

（4-4-4）

式中　$r_{pp}(\theta_1)$、$r_{pp}(\theta_2)$……$r_{pp}(\theta_n)$——分别代表不同角度的反射系数；

r_{I_p}、r_{I_s}、r_ρ、——分别代表纵波阻抗、横波阻抗及密度反射系数。

各个 W 项为权重因子，可由 Aki-Richards 方程的系数计算得到。

（3）将得到的这些弹性参数变化量用井标定，当井控程度高时采用克里金协模拟算法（研究区北部），井控程度低时采用机器学习算法（研究区南部），实现弹性参数变化量转换为对纵波阻抗、横波阻抗和密度的初始估计，此时得到的这些初始估计值是不稳定的，还得利用纵波阻抗、横波阻抗和密度低频趋势信息作为约束条件，对目标函数最小化，通过不断迭代，最终可求得稳定的纵波阻抗、横波阻抗和密度数据体：

$$F(I_p, I_s, \rho, \tau) = \sum_i \sum_j \left(F_{\text{contrast}_{ij}} + F_{\text{seismic}_{ij}} + F_{\text{trend}_{ij}} + F_{\text{spatial}_{ij}} + F_{\text{time}_{ij}} \right)$$

（4-4-5）

约束条件：

$$\begin{cases} I_{p_{\text{lower}_{ij}}} < I_{p_{ij}} < I_{p_{\text{upper}_{ij}}} \\ I_{s_{\text{lower}_{ij}}} < I_{s_{ij}} < I_{s_{\text{upper}_{ij}}} \\ \rho_{\text{lower}_{ij}} < \rho_{ij} < \rho_{\text{upper}_{ij}} \end{cases}$$

（4-4-6）

式中　$F_{\text{contrast}_{ij}}$——弹性参数差异项；

　　　$F_{\text{seismic}_{ij}}$——地震残差项；

　　　$F_{\text{trend}_{ij}}$——低频趋势项；

　　　$F_{\text{spatial}_{ij}}$——空间约束项；

　　　$F_{\text{time}_{ij}}$——时间漂移项；

　　　$I_{p_{\text{lower}_{ij}}}$、$I_{p_{\text{upper}_{ij}}}$——用于约束的最小、最大纵波阻抗值；

　　　$I_{s_{\text{lower}_{ij}}}$、$I_{s_{\text{upper}_{ij}}}$——用于约束的最小、最大横波阻抗值；

　　　$\rho_{\text{lower}_{ij}}$、$\rho_{\text{upper}_{ij}}$——用于约束的最小、最大密度值。

通过输入不同角度叠加的多个偏移地震体，基于测井弹性参数数据和不同角度域地震数据标定联合求取不同角度的地震子波，在趋势约束下，利用上述的反射系数反演和弹性参数反演获取纵波阻抗等弹性参数数据体，进一步通过纵波阻抗参数体可以识别出各层序砂砾岩空间分布。通过相控叠前弹性参数同时反演技术，实现了砂砾岩体的空间分布预测。

图4-4-14、图4-4-15为纵波阻抗砂体分布和纵横波速度比含气砂体分布预测成果，大于11200（g/cm³）·（m/s）的纵波阻抗在地震反演剖面中为绿色—红色区域，表示砂砾

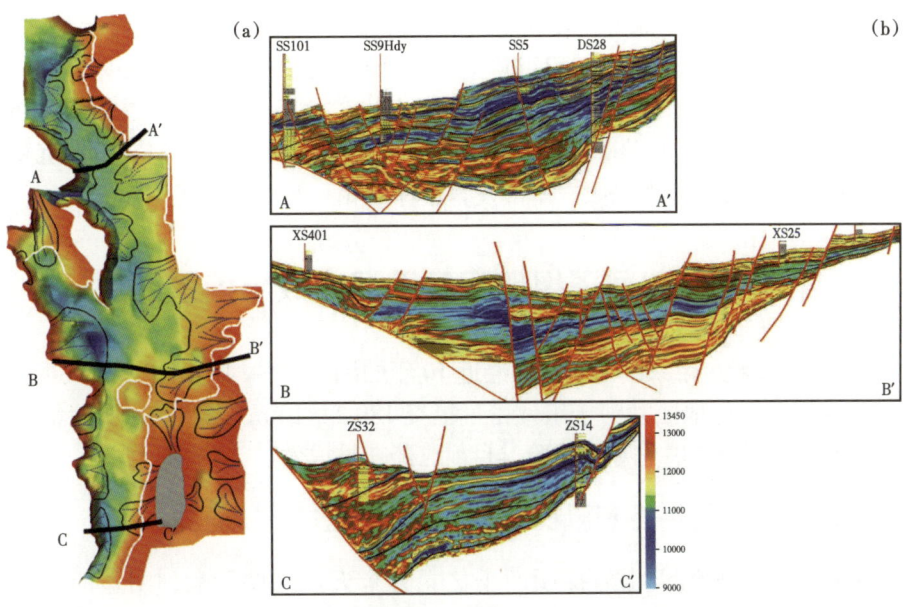

图 4-4-15 徐家围子断陷沙河子组砂岩预测分布图
（a）SQ$_4$ 古地貌叠合剖面线位置图；（b）沙河子组纵波阻抗反演砂岩预测剖面

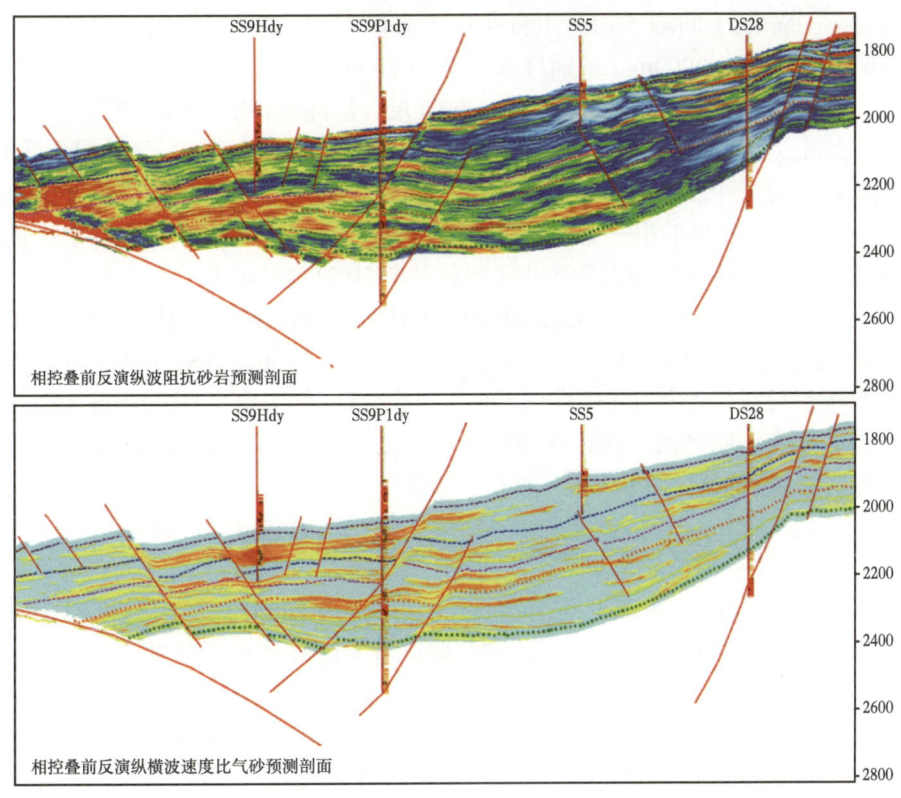

图 4-4-16 徐家围子断陷沙河子组砂岩和含气砂岩预测剖面

岩空间分布范围，低纵横波速度比反映含气砂体分布，含气砂体主要围绕生烃洼槽分布。安达地区、徐西—徐东地区、徐南地区砂体预测剖面反映了典型的陆相断陷湖盆沉积砂体分布特征，西侧陡坡带发育大套扇体沉积的砂砾岩体，靠近徐西断层、宋西断层的SS101井、ZS32井揭示扇体沉积的砂砾岩体规模大；东侧缓坡带发育辫状河三角洲沉积，但受地层剥蚀影响，分布面积相对局限，中部发育半深湖相—深湖相沉积。

第五节　沙河子组致密气勘探成效与前景展望

自"十二五"以来，徐家围子断陷历经近10年的勘探，沙河子组致密气展现良好的勘探成效。2018年在安达地区沙河子组致密气提交$189.24×10^8m^3$天然气探明储量。2019年底在安达地区SS9区块开展先导性试验，目前已经初见成效。

一、沙河子组各区带均获勘探突破，呈现满凹含气场面

徐家围子断陷营城组火山岩探明两千亿立方米天然气储量后，明显的火山口区已钻探完毕，剩余规模较大的火山口多位于构造低部位，以含水为主，或规模小、隐蔽性强，识别困难。近火山口区主要是岩性更致密的中基性岩形成的岩性气藏，岩性复杂，岩性及储层预测难度大，试气产量低，深层天然气勘探进入困难时期，迫切需要发现新的接替领域。徐家围子断陷沙河子组分布广，面积$3731km^2$，厚度大，地层厚度一般为500~2000m，最厚超过2900m。顶面埋深一般为2800~4500m，最大埋深超过6000m。沙河子组为一套煤系地层，砂砾岩、砂岩与泥岩互层，局部夹煤层，探井普遍见气显示，但砂砾岩储层致密，试气只获得低产气流，以往作为烃源岩层对待。层序地层学研究表明，沙河子组纵向划分4个三级层序，发育完整的沉积旋回，每个层序储层与烃源岩间互发育，源储一体，形成良好的生—储—盖组合，具有形成致密气藏的有利条件。据此，首先在扇三角洲相平原厚层砂砾岩钻探SS9H井获日产$20.81×10^4m^3$高产工业气流，接着在辫状河三角洲平原和前缘钻探的DS20H井、DS21H井、DS12H井均获日产气$10×10^4m^3$以上。2013年甩开勘探在徐东XT1井压裂后获日产气$9.1×10^4m^3$，XS1开发区块加深钻探的XS6-302井压裂后获日产气$4.4×10^4m^3$。2017年徐南地区ZS32井试气获得$8.11×10^4m^3$工业气流，这些成果表明沙河子组已逐步成为深层勘探的主要领域。2018年在安达地区提交天然气探明储量$189.24×10^8m^3$。

二、沙河子组水平井稳定试采，已开展先导试验

为探索沙河子组致密气藏可动用性，选择沙河子组部分探井进行投产开采，以获得开发方案设计提供依据。沙河子组致密气现已有4口井已投入开发。安达地区水平井SS9H井于2017年9月15日开始采气，累计采气699天时日产量为$3×10^4$~$7×10^4m^3$，平均日产气量为$3.3×10^4m^3$，累计产气为$2353×10^4m^3$，套压从30MPa降到17.8MPa，压降缓慢。徐西地区直井XS6-308井于2019年1月24日开始采气，采气306天时日产量为$5×10^4$~$8×10^4m^3$，平均日产气量为$6.9×10^4m^3$，累计产气为$2128×10^4m^3$，油压从22.0MPa降

到15.0MPa，压力稳定。从沙河子组直井、水平井投产开采结果证实陷盆地致密气可有效动用，具备良好的勘探开发效果。为实现致密气整体有效动用、快速建产，采用勘探开发一体化，降本增效的非常规气开发理念，针对安达地区沙河子组致密气首次提交的$189.24×10^8m^3$探明储量，2019年底开展先导性试验区设计方案，利用已有探井5口（水平井3口，直井2口），新设计水平井6口，斜井1口。目前SS9-P1井和SS9-P5井已经完成试气。

三、松辽盆地北部沙河子组油气勘探前景展望

松辽盆地深层沙河子组致密气藏主要分布在徐家围子断陷、古龙断陷和莺山—双城断陷，整体具有$7631×10^8m^3$。其中徐家围子断陷沙河子组致密气资源潜力$3691×10^8m^3$，探明储量$189.24×10^8m^3$，剩余资源主要分布在安达、徐西、徐南和徐东中部地区。古龙断陷沙河子组致密气资源潜力$3140×10^8m^3$，主要分布在敖南、让胡路洼槽，葡西、新肇、新站、杏西和高西断陷也有少量分布。莺山—双城断陷沙河子组致密气资源潜力$800×10^8m^3$，主要分布在莺山断陷。

目前，松辽盆地深层沙河子组累计提交三级储量$920.6×10^8m^3$，剩余资源分析表明，整体勘探程度较低，沙河子组致密气是未来油气增储的重点领域，尤其是徐家围子断陷安达地区沙河子组致密气是下步天然气增储的现实领域，近年来已经开展先导性试验区建设。

徐家围子洼陷中部烃源岩发育，烃源岩条件较好，源岩生烃增压，地层超压，压力系数普遍高于1.2，勘探实践也证明超压有利于气藏富集和高产。沙河子组沉积时期持续拉张，地层厚度大，洼陷中部砂泥交互，源储叠置，有利于气体成藏，下洼探索超压致密气藏是致密气勘探的重要方向。2023年以来在徐西地区部署风险井，有望获得突破，打开深层致密气勘探场面。

第五章　登娄库组油气成藏条件、富集规律研究与勘探新进展

松辽盆地北部深层油气的勘探时间较短，松辽盆地北部深层石油的发现源自双城凹陷2013年部署的一口探井S59井。S59井为探索双城凹陷深层含油气性而部署，钻井揭示营城组四段发育优质烃源岩，并在营城组四段砂砾岩储层中见到油层，并在压裂后抽汲试油获得日产0.24t的低产油流，S59井的钻探不仅证明双城凹陷南部具备形成油藏的地质条件，同时也证明了松辽盆地北部深层具备形成油藏的地质条件；但深层石油的勘探程度相对其他领域较低，目前成果主要集中在双城凹陷。

第一节　登娄库组油气勘探历程与研究现状

登娄库组的勘探历史可追溯到1986年，FS1井于登娄库组压裂后自喷，获日产40814m^3的工业气流，从而发现了昌德气田。此后，随着勘探进程的推进，在徐家围子断陷，部分探井在登娄库组获得了工业（如DS16井）或见到好的气显示（如DSX23井），同时登娄库组在徐家围子断陷的其他领域如安达、汪家屯、升平等徐西北地区的部分探井，均揭示了登娄库组潜在的勘探价值。

2018年以前，升平气田登娄库组三段提交探明储量20.27×10^8m^3，控制储量40×10^8m^3（ShS1井区块），工业气井包括ShS1井、ShS1-1井、ShS2井、ShS10井；低产井为WS3井、ShS3井、ShS101井、ShS201井。汪家屯—安达气田登娄库组提交控制储量5.22×10^8m^3（W902井区块），工业气井包括W902井、DS16井；低产气井：W9-12井（出水）、DS8井。昌德气田登娄库组三段提交了探明储量32.66×10^8m^3；登娄库组一段—营城组三段提交探明储量71.05×10^8m^3（FS1井、FS2井区块），其中工业气井：FS1井、FS2井、FS4井、FS5井、FS7井、FS801井、FS4-1井（工业气含水）；低产气井：C401井、C102井、FS3井（出水）、FS10井、WS501井（出水）。

2019年以来，应用评价井资料，不断完善、调整开发方案，并结合地面状况及地下油藏特征，于新增探明储量面积内共完钻探井、评价控制井、开发井共23口，其中探井、评价控制井11口，有效厚度6.8~27.2m，平均13.1m，完成试油9口，日产油量在4.224~90.970t之间，平均单井日产油25.445t；开发井12口，有效厚度4.8~31.7m，平均15.5m。双城凹

陷 S68 区块登娄库组登三段申报新增石油探明未开发储量，含油面积 15.29km²，地质储量 1105.73×10⁴t（1326.64×10⁴m³），技术可采储量 291.54×10⁴t（349.83×10⁴m³），经济可采储量 230.84×10⁴t（279.96×10⁴m³），剩余经济可采储量 229.35×10⁴t（275.18×10⁴m³），剩余技术可采储量 290.05×10⁴t（348.20×10⁴m³）。

大庆油田勘探开发研究院在双城南地区登娄库组油藏提交探明储量后，在油田公司"快速评价、高效建产的"政策指导下，协同大庆油田采油十厂迅速制订开发方案，展开部署，落实可动用储量 984.9×10⁴t，部署开发井 146 口，其中注水井 30 口，当年建成产能 14.03×10⁴t。自 2020 年投产以来，稳产 4 年，累计产量 47.3×10⁴t。

总体而言，双城断陷登娄库组石油勘探，主要划分为登娄库组源上构造油藏勘探阶段和营城组四段源内致密岩性油藏勘探阶段。

一、登娄库组源上构造油藏勘探阶段

继 2013 年 S59 井在营四段见到优质烃源和油气显示后，2014 年开始展开针对双城凹陷石油勘探部署工作。2014 年针对宾县—王府凹陷东南斜坡完成深层二维地震勘探测线 12 条，采集长度 259.7km，结合 2012 年、2004 年、1999 年采集的二维地震勘探测线 12 条，共计二维地震勘探测线 24 条，长度 517.4km，对双城凹陷南部洼槽进行了构造解释。2014 年对宾县—王府凹陷东南斜坡从地层展布、沉积特征、烃源岩条件、储层条件、圈闭类型、保存条件、落实程度等方面进行了综合评价，在宾县—王府凹陷东南斜坡 T_4 反射层落实 15 个构造，多表现为断块形态，少数为断背斜、背斜形态。结合综合评价结果，部署了 S66 井。

S66 井部署在隆起带双城 4 号圈闭上，紧邻凹陷中心，成藏条件十分有利。S66 井于 2016 年 5 月 5 日完钻，完钻井深 1472m，在登娄库组 1141~1150m 井段见到油迹、油斑，细砂岩 3 层累计厚度 6m，综合解释为油层 4 层 8.2m，针对登娄库组 D_{II}^2、D_{II}^3 小层（13、14、15 号层）进行压裂，射开厚度 8m，打入压裂液 555m³，加砂 70m³，连续抽汲求产获得日产 10.02t 的工业油流。这标志着松辽盆地北部深层石油勘探获新突破，展现了双城凹陷登娄库组新区新层系的勘探前景。

2017 年，在前期地质认识的基础上，在双城南工区部署了三维地震勘探，满覆盖面积 394.35km²，采集面元 10m×20m，覆盖次数 304 次，为进一步落实构造、地层展布和成藏条件打下坚实的基础。在此基础上，通过精细的三维地震勘探构造解释，登娄库组三段顶面、营城组顶面两个反射层落实层圈闭 35 个，面积 134.2km²。其中优选近源隆起带的太南 9-1 号圈闭上部署了 S68 井，该圈闭由太平庄南断裂遮挡形成断背斜形态，T_{31} 反射层圈闭面积为 4.1km²，圈闭幅度为 165m，邻近生烃洼槽，具有较好的油源条件。

S68 井于 2018 年 3 月 11 日完钻，在登娄库组见到 11 层累计厚度 33m 含油显示，钻井取心以细砂岩为主，砂岩分选好，含油较饱满，综合解释油层 7 层累计厚度 23.7m，差油层 4 层累计厚度 3.6m。S68 井登娄库组在 1185.5~1187.0m 和 1150.0~1182.5m 井段 MFE（Ⅰ）+TCP 射孔测试联作合试，无油嘴自喷求产，日产油 100.8~136.8m³，24 小时累计产油 110.3m³，获得高产工业油流，深层石油勘探获新突破。

S68井登娄库组试油获得高产工业油流后，为了进一步拓展双城南地区登娄库组的石油勘探场面，按照"打高点、控规模"的部署思路分别部署S70井、S72井、S661井，三口探井均获得工业油流，展示了双城南洼陷良好的勘探前景。

2018年在S68区块登娄库组登三段提交石油预测地质储量$2118×10^4$t，含油面积32.1km^2。

为了落实双城凹陷S68区块登娄库组含油规模，加快评价节奏，按照"油底边界定范围、储层预测控井位、概念井位为基础"的总体思路，采用250m×250m反九点井网，设计开发概念井199口，采用17个平台，优选9口评价井先实施，其中6口在登娄库组三段钻遇油层，有效厚度6.9~19.6m，平均12.0m。

S6801井于2019年1月3日完钻，综合解释登娄库组三段油层3层，累计厚度12.0m，油水层2层，累计厚度14.2m；营城组四段油层1层，厚度1.2m。S6801井针对登娄库组1225.0~1235.8m井段求流体性质，TCP/MFE（Ⅰ）+抽汲，日产水14.4m^3；在1209.8~1211.8m井段TCP/MFE（Ⅱ）+抽汲，日产油3.0t；在1192.8~1200.8m井段TCP/MFE（Ⅱ）+抽汲，日产油3.4t；在1192.8~1200.8m井段压裂后抽汲，日产油6.2t，日产水6.9m^3。S7001井综合解释登娄库组三段油层5层，累计厚度10.4m，油水层1层，累计厚度3.6m；营城组四段差油层1层，累计厚度0.8m。S7001井于2019年5月24日针对登娄库组1184.5~1183.5m井段TCP/MFE（Ⅱ）+抽汲，日产油11.2t，日产水9.7m^3；在1171.6~1179.6m井段TCP/MFE（Ⅱ）+抽汲，日产油3.1t。S7002井综合解释登娄库组三段油层3层，累计厚度7.4m。S7002井于2019年4月26日针对登娄库组1187.4~1188.0m井段求流体性质，TCP/MFE（Ⅰ）+抽汲，日产水43.2m^3；在1177.0~1180.8m井段TCP/MFE（Ⅱ）+抽汲，日产油29.9t；在1165.6~1170.0m井段TCP/MFE（Ⅱ）+抽汲，日产油3.0t。S6613井综合解释登娄库组三段油层7层，累计厚度15.4m。S6613井针对登娄库组1115.4~1127.8m井段TCP/MFE（Ⅱ）+抽汲，日产油25.2m^3。

应用评价井的资料，不断加深对S68区块油藏的认识，不断完善、调整开发方案，并结合地面状况及地下油藏特征，于S68井区、S72井区、S66井区共完钻开发井12口，其中S68井区开发井有效厚度4.8~31.7m，平均20.5m；S72井区开发井有效厚度5.1~16.5m，平均10.0m；S66井区完钻开发井有效厚度10.9~11.8m，平均11.4m。

截至2019年6月30日，新增探明储量面积内共完钻探井、评价控制井、开发井共23口（图5-1-1），其中探井、评价控制井11口，有效厚度6.8~27.2m，平均13.1m，完成试油9口，日产油量在4.224~90.970t之间，平均单井日产油25.445t；开发井12口，有效厚度4.8~31.7m，平均15.5m。双城凹陷S68区块登娄库组三段申报新增石油探明未开发储量，含油面积15.29km^2，地质储量$1105.73×10^4$t（$1326.64×10^4$m^3），技术可采储量$291.54×10^4$t（$349.83×10^4$m^3），经济可采储量$230.84×10^4$t（$279.96×10^4$m^3），剩余经济可采储量$229.35×10^4$t（$275.18×10^4$m^3），剩余技术可采储量$290.05×10^4$t（$348.20×10^4$m^3）。

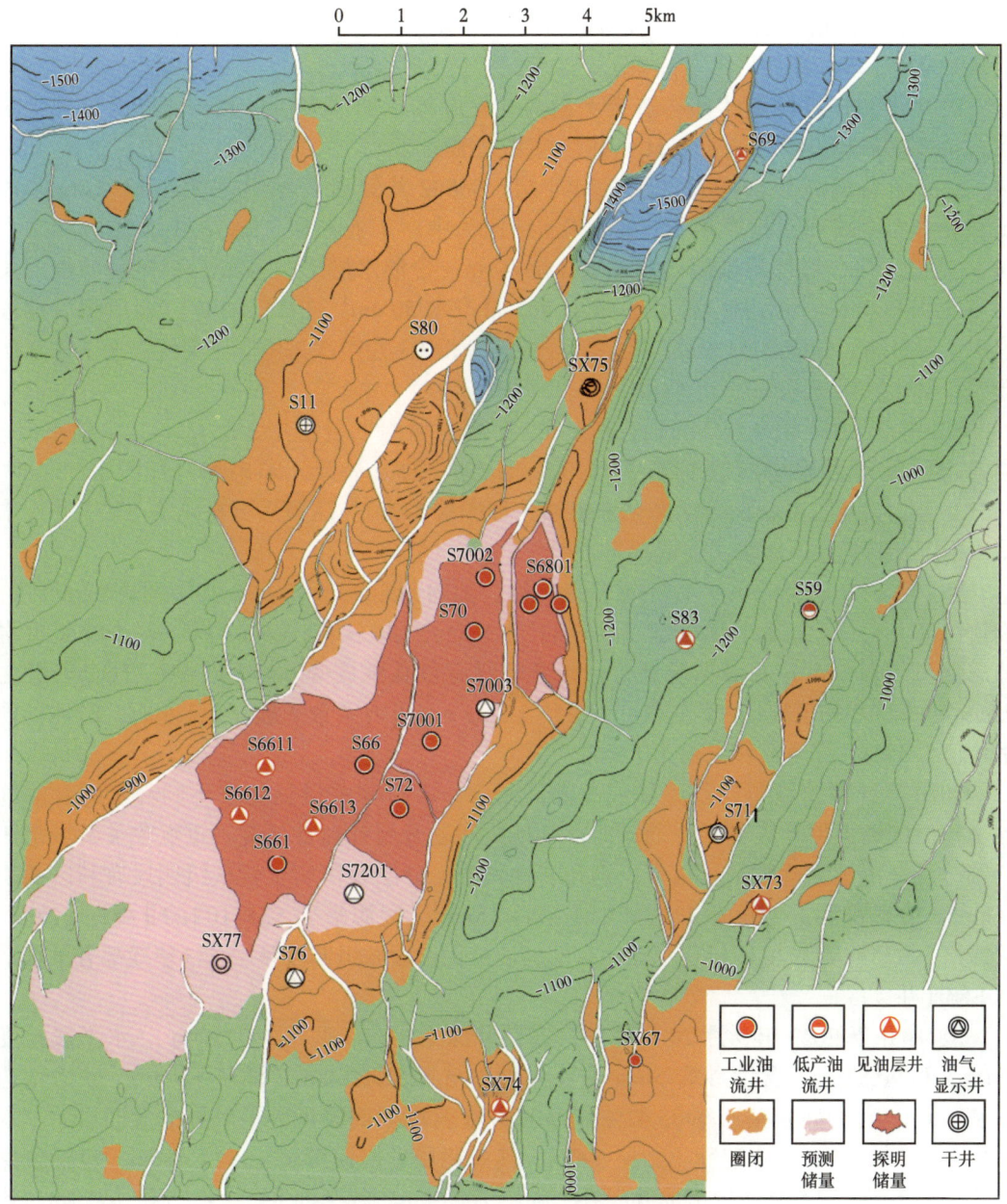

图 5-1-1 松辽盆地双城南地区登娄库组勘探成果图

二、登娄库组源上构造油藏勘探阶段

前期勘探实践已经证明,双城南地区深层发育以营城组四段暗色泥岩为烃源岩,发育登娄库组和营城组四段两套含油层系。登娄库组储层储层孔隙度一般为10%~25%,油藏受构造控制，主要为源上构造油藏，目前已经提交探明储量。营城组四段储层孔隙孔隙度一般小于10%，相对致密，主要发育源内岩性油藏。营城组四段勘探在2020年之前一直以兼探为主，多口探井见到含油显示，未获突破。

2019年初在双城南西部构造带上勘探开发一体化加深多口探井在营城组见到含油层。S6802井于2019年3月9日完钻，录井见油迹2m/1层，油斑15m/8层，油浸4m/4层；综合解释营城组四段差油层3.2m/1层。S6802井针对营城组1390.5~1357.0m井段压裂后水力泵求产，日产油2.376t，试油结论为中产工业油层。SX73井于2019年3月14日完钻，综合解释营城组四段油层3层/51m，含油水层1层/12m。针对营城组四段1423.0~1443.0m压裂后抽汲求产，未出油，日产水50.4m³，1463.0~1471.0m压裂后抽汲求产，未出油，日产水51.6m³，压裂后分析认为SX73井产水是由于压裂缝沟通下部水层造成。

S71井于2019年8月21日完钻，综合解释营城组四段油层3层/51m，含油水层1层/12m。针对营城组四段1423.0~1443.0m压裂后抽汲求产，未出油，日产水50.4m³，1463.0~1471.0m压裂后抽汲求产，未出油，日产水51.6m³。压裂后分析认为SX73井产水是由于压裂缝沟通下部水层造成。

S83井于2019年7月8日完钻，录井见含油粉砂岩13m/10层，其中油斑12m/9层，油迹1m/1层；综合解释营城组四段差油层10.6m/3层，煤层5.6m/3层。初步按照页岩油思路系统对S83井开展系统评价，核磁解释有效孔隙度为0.1%~12.6%，TOC一般为0.5%~4.9%，平均值在2.0%左右，S_1平均1.2mg/g，压力系数一般在1.2左右，脆性指数平均值为45%，综合解释主要为Ⅰ类油页岩。

2020年针对营城组四段整体成藏条件复杂，多口探井虽见到了不同程度的含油气显示，但试油大部分未见工业油流的复杂地质问题开展针对性研究。重点攻关营城组四段细分层序精细构造解剖、相带识别和岩性预测，分层系落实了营城组四段有利区面积78km²，估算资源量1500×10⁴t，其中Ⅰ类区15km²，资源潜力525×10⁴t，Ⅱ类区63km²，资源潜力975×10⁴t。2023年在双城南东部斜坡带优选营城组四段厚层含油层段部署了水平井S84H井。

S84H井于2023年9月24日完钻，完钻井深2292m（垂深1472.84m），水平段长度590m，砂岩576m，含油砂岩504m（富含油29m、油斑348m、油迹127m），砂岩钻遇率97.63%，含油砂岩钻遇率85.42%。S84H井在营城组四段见到了较好的含油显示。水平段17025~2292m综合解释122层590m，其中靶层砂岩段解释105层486m，包括致密油Ⅰ类层10层32.56m、致密油Ⅱ₁类层34层208.66m、致密油Ⅱ₂类层25层104.7m、致密油Ⅲ类层32层117.06m、干层4层23.02m；出层段解释致密油Ⅰ类层3层9.72m、致密油Ⅱ₁类层3层21.4m、致密油Ⅱ₂类层6层27.5m、致密油Ⅲ类层3层30.98m、干层2层14.4m。营城组四段造斜段综合解释：砂岩层共解释22层240.8m，包括致密油Ⅱ₁类层2层3.08m、致密油Ⅱ₂类层3层19.35m、致密油Ⅲ类层6层66.56m、干层11层151.81m。S84H井营城组四段整体划分11个地质段，以水平井密切割改造思路，改造井段2256~1494m，改造长度762m，分为26段124簇，总砂量2668m³，瓜尔胶液23105m³，预计产量 10~25t/d。有望实现松辽盆地北部深层营城组四段致密油勘探重大突破，拓展松辽盆地北部致密油勘探新领域。

第二节　登娄库组地质特征

一、登娄库组构造特征

松辽盆地深层总体具有中隆侧坳、隆坳相间的构造格局。深层纵向上包括断陷层与坳陷层下部。登娄库组层序地层总体上处在断—坳转化期，具体经历了断陷期晚期、断—坳转化期和坳陷期早期，断陷期和断坳转化期由于沉积坡度相对较大，以近源沉积为主，加之经常暴发山洪，所以在登娄库组一段沉积时期，储层沉积物以粗粒的砂砾岩沉积为主，分选相对差。沉积相以冲积扇和扇三角洲为主。登娄库组二段以后整个盆地进入坳陷沉积时期，沉积坡度变小，沉积物经过较长距离运移而沉积，储层沉积物粒度相对变细，以细砂岩为主，分选相对较好，沉积相以辫状河三角洲和河流相为主，储层类型多样，发育冲积扇、扇三角洲前缘、辫状河三角洲、辫状河和间歇湖沙坝等沉积储层。

登娄库组沉积过程中，随着湖盆水体不断扩张，沉积范围不断扩大。登娄库组一段沉积时期，湖盆初始扩张，新地层逐层超覆在下伏地层之上，因此界面特征以削截为主，在盆地中心，局部范围内形成零星的整合特征，该时期地层主要分布在徐家围子地区和古龙地区的断陷中心，平面上厚度变化快，沉积中心在徐家围子地区；随着湖盆水体继续扩张（登娄库组二段），地层沉积范围扩大，盆地中心的整合范围也逐渐扩大，只在盆地边部及高部隆起区有明显的削截特征；湖盆水体扩张到一定阶段（登娄库组三段—四段），湖盆水体变化不大，超覆和整合范围扩大，削截特征只出现在盆地北部的边部。

从各层构造图看，登娄库组—泉头组二段沉积时期地层构造形态主要代表了坳陷早期地层的构造形态特征，从登娄库组和泉头组二段的现今构造特征上来看，工区主体部分具有中间低四周高、北高南低的构造特点。

登娄库组底界为区域性不整合面，在地震剖面上主要对应地震反射层 T_4，盆地边缘斜坡或隆起区 T_4 超覆在 T_5 反射层之上，T_4 反射层显示徐家围子地区构造长轴方向主要为南北向展布，古龙地区构造长轴为北东向，局部构造以北西向和北东—北北东向为主，但以前者为多。南部主要表现为隆凹相间的构造格局，在早期中央古隆起带上，主要表现为一个南北走向的披覆隆起带，形成古龙、三肇、莺山—双城等主要凹陷区，在中央古隆起区及庙台发育背斜、断背斜等构造圈闭 10 个，其中最大圈闭面积达 264.82km^2，位于庙台地区 SS1 井附近。北部主要为东高西低构造格局，东北部隆起区构造圈闭发育 7 个，最大圈闭面积达 317.49km^2。

登娄库组二段底面为一个不整合面，主要位于深凹陷地区，在地震剖面上主要对应地震反射层 T_3^3 反射层，在盆地边缘斜坡处 T_3^3 超覆在 T_4 或 T_5 反射层之上，T_3^3 反射层显示，构造形态总体呈四周高中间低的特征，古龙凹陷区和徐家围子地区形成两个主要次凹区。东南部庙台地区和徐家围子南部边界地区较浅，构造圈闭发育位置集中在古龙中部、徐家围子中部和南部及东南隆起区一带。最大圈闭面积为46.32km², 位于东南隆起区。

登娄库组三段底面为一个不整合面, 与登娄库组二段相比, 向盆地边缘的隆起区发展, 范围扩大, 主要集中发育在古龙地区、徐家围子地区及林甸凹陷。徐家围子地区构造长轴方向主要为南北向展布, 古龙地区构造长轴为北东向, 构造形态总体表现为四周高中间低的特征。古龙—林甸凹陷区和徐家围子地区形成两个主要次凹区, 徐家围子东部的莺山—双城较浅, 构造圈闭发育位置集中在中央古隆起区、徐家围子南部、东南隆起区5S1井—3S2井一带及林甸地区LS4井附近。最大圈闭面积为351.20km², 位于东南部的5S1井一带。

登娄库组四段底面为一个不整合面, 与登娄库组三段底界面相比, 林甸凹陷向北范围扩大, 明水—绥化地区也略有分布。徐家围子地区登娄库组四段底面构造长轴方向仍以南北向展布, 古龙地区仍以北东向为主, 总体上表现为四周高中间低的特征。古龙凹陷区和徐家围子地区形成两个主要次凹区, 构造圈闭发育位置集中在中央古隆起区、徐家围子南部及东南隆起区5S1井—3S2井一带。最大圈闭面积为104.04km², 位于东南隆起区5S1井—3S2井一带。

登娄库组顶界面对应地震反射T_3反射层与登娄库组底界面构造相比, 各断陷逐渐连成一片, 徐家围子地区构造长轴方向仍以南北向展布, 古龙地区仍以北东向为主。总体呈现北高南低、东高西低的构造特征, 该时期地层特征反映了古地形由陡峭到平缓, 沉积作用由快速堆积到均衡沉积的过程。主要形成西部古龙—林甸凹陷区, 中南部徐家围子地区和东南部小范围凹陷区。构造格局与登娄库组底界相同, 圈闭发育为主集中在古大庆长垣区、东南隆起区、东北部隆起区及西北部地层边界。其中最大圈闭面积为296.68km², 位于东部隆起区。

二、登娄库组特征

1. 登娄库组划分

《中国石油地质志第二卷(大庆吉林油田上册)》(1993)记载: 登娄库组为松辽石油勘探局综合研究大队于1959年建立, 命名地点在吉林省前郭旗登娄库附近的松基二井。登娄库组沉积范围较小, 受断陷控制, 主要分布于盆地中部和东部, 松基六井获得了该组的完整剖面。登娄库组主要岩性为灰白色块状砂岩, 暗色砂质泥岩, 杂色砂、泥岩和砂、砾岩等呈频繁互层的类复合式沉积, 底部为砂岩、砾岩。平面上在盆地中部分布较细, 绿色、黑色泥质岩较多, 边缘较粗, 红色泥岩较多。该组段的特点是粒度粗, 砂岩单层厚度大, 泥质岩不纯, 含砂, 沉积韵律清晰, 属于频繁振荡运动背景下的沉积, 与下伏营城组呈不整合接触。可划分为四段, 自下而上为:

登娄库组一段(登一段): 砂岩、砾岩段, 主要由杂色砂、砾岩组成, 仅上部有厚度20m以上的紫褐色、灰黑色粉砂泥岩及灰白色细砂岩。砾石磨圆度好, 成分为中酸性喷发岩、凝灰岩、花岗岩及石英岩等, 含少量孢粉化石。电阻曲线的特点是电阻率极高, 最大为700~1000Ω·m, 厚0~421m。

登娄库组二段(登二段): 暗色泥岩段。主要由灰绿色、灰黑色及少量紫红色泥岩、砂质泥岩与灰白色、棕灰色厚层砂岩呈不等厚互层，层内夹少量泥灰岩，含少量石膏和方解石细脉。松基六井岩性剖面显示，黑色泥岩及黑灰色泥岩厚 366m，占全段的 52.5% 以上，4m 以上的泥岩有 37 层，泥质岩不纯，常含不等量砂质。底部有紫褐色粉砂质泥岩。重矿物组合的特点是以绿帘石占绝对优势，含量均在 80% 以上。电阻曲线表现为高阻层与相对低电阻层较稀疏间互，电阻值比登三段高。含丰富的孢粉化石，偶见叶肢介化石，在盆地边缘见植物化石，厚 0~806m。

登娄库组三段（登三段）：块状砂岩段。由灰白色、浅灰绿色厚层块状细—中砂岩与灰黑色、褐灰色及暗紫红色泥质、砂质泥岩呈略等厚互层，组成小幅度正韵律层，局部夹薄煤层。一般上部、下部砂岩较发育，中部泥质岩夹层较多，砂岩中常见砾石，并有石膏细脉。本层特点是砂岩发育，色浅，厚度（10~20m 以上），粒度较粗（中—粗粒），含砾岩，底部常有泥砾，层中夹数厘米到十余厘米厚的质纯黑色泥岩。电阻曲线为块状高电阻层，较密集、中部较稀，电阻基质为 20~40Ω·m，峰值为 120~350Ω·m。具不明显的水平层理，红色泥岩一般无层理，层内有方解石脉和铁质斑块。重矿物的特点是以绿帘石占绝对优势，含量在 80% 以上。

登娄库组四段（登四段）：过渡岩性段，岩性为灰褐色、褐红色夹少量紫色泥岩、砂质泥岩与浅绿色、灰白色、棕灰色厚层状细砂岩呈不等厚互层，并加紫色砂岩及薄层凝灰岩。自下而上泥岩颜色变暗砂岩紫灰色变少、灰白色增多。砂岩中粒、细粒较多，次棱角状—次圆状，分选中等，为泥质、方解石及浊沸石胶结，致密、较坚硬。重矿物组合特点是以磁铁矿和绿帘石交替出现为主。电阻曲线反映为较高电阻层与较低电阻层相间，电阻基值为 100~250Ω·m。

2. 登娄库组分布特征

利用地震资料结合钻井资料，研究松辽盆地北部登娄库组厚度特征。登娄库组主要分布在中央坳陷内，总体呈近南北向条带状分布，最厚的部位发育在中央坳陷 SG6 井，南部的 PS1 井附近，GS1 井以西，最大厚度达 1650m，其次在 XS1 井、YS1 井附近也较厚，厚度达 1000m，在三肇地区，厚度达 800m。其他部位地层厚度较薄，一般小于 500m。

登一段主要分布在齐家古龙凹陷和徐家围子地区的中部和南部地区，分布范围仅限于断陷中心，平面上厚度变化快，该套地层由徐中向北表现为被削蚀的特征，由徐中向东西两侧表现为上超地层减薄的特征，在齐家古龙凹陷向东西两侧表现为断超的特征，地层较厚的部位发育在 XS22 井和 YS1 井附近，厚度达 400m，其次在南部的 PS1 井附近和 CS3 井附近也较厚，厚度达 250m，其他部位地层向边部逐渐变薄。

登二段主要分布在中央坳陷地区，分布范围超出控陷断层范围，平面上由坳陷中心向外厚度变化变慢，为水进超覆沉积特征。地层呈南北向条带状展布，SG6 井附近地层最厚，厚度达 700m，其次是 PS1 井附近厚度达 500m，其他地区地层厚度向边部逐渐变小。

登三段主要分布在中央坳陷地区，地层呈南北向条带状展布，分布范围与登二段相当，平面上由坳陷中心向外，厚度变化减缓。地层最厚处位置与登二段基本相同，发育在 GS1 井附近，厚度达 725m，其次在南部的 PS1 井、YS1 井附近和 CS8 井附近也较厚，厚度达 400m，其他部位地层向边部逐渐变薄。

登四段分布范围大于登三段，仅西部斜坡带未沉积，绝大部分地区厚度变化缓慢。地层最厚处主要位于X4井和PS1附近，厚度达400m，其次是LS4井、SG6井和TS1井附近，以及古龙凹陷南部，厚度达300m，其他地区地层厚度向边部逐渐变小。

三、登娄库组沉积特征

1. 沉积相类型

沉积相是沉积环境及在该环境中所形成的沉积物岩特征的总和。而对沉积相的研究则通过大量的岩心观察，结合其岩石类型、沉积结构构造、古生物、沉积旋回、沉积韵律、测井曲线特征及地震资料等进行综合分析。

在详尽的岩心观察描述基础上，结合盆地内基础地质资料、地球物理资料、测井资料等研究登娄库组沉积时期松辽盆地内沉积相发育类型。

登娄库组沉积时期，松辽盆地发育了冲积体系、河流体系、三角洲体系及湖泊体系四种沉积体系；划分出冲积扇、辫状河、曲流河、辫状河三角洲、曲流河三角洲、湖泊六种沉积相类型，每种沉积相对应若干种沉积亚相（表5-2-1）。

由于登娄库组沉积时期，盆地处于断—坳转换时期，兼有断陷和坳陷的沉积体系性质。在盆地的边界处依然受到边界断层的控制，发育了粗碎屑的冲积扇和辫状河沉积体系，充分体现了断陷时期的盆地沉积特点，但是沉积规模和沉积厚度都较有限，说明断陷的控制能力范围和能力是很局限的；在盆地内部，曲流河大规模发育，河道连续性好，并且泛滥平原也大范围发育，沉积相的横向连续性好，充分体现了坳陷时期的盆地沉积特点。这种沉积体系的分布格局，充分体现了登娄库组沉积时期盆地的构造性质对沉积体系的控制作用。

表 5-2-1　松辽盆地深层登娄库组沉积相类型划分表

沉积体系类型	沉积类型	沉积亚相	代表井
冲击体系	冲积扇	扇中、扇端	LS1井、LS2井
河流体系	辫状河	河床、泛滥平原	ShSG2井、SS3井
	曲流河	河床、泛滥平原	CS103井、DS3井、ShaS3井、S3井、TS1井
三角洲体系	辫状河三角洲	前三角洲、三角洲前缘、三角洲平原	LS3井
	曲流河三角洲		LS3井、PS1井、XS1井、XS21井
湖泊体系	湖泊	浅湖	PS1井、XS1井
		半深湖	PS1井、XS1井

2. 沉积相分布特征

经过单井沉积相的分析，对重点区域的重点井位的沉积相特征有了较详细的了解，但是作为重要的储层的碎屑岩层，其空间上的叠置关系和延伸性、连通性等特点，决定了其储集物性的优劣性能。

按照盆地内部的构造格局、井位的相关信息的局限性，以盆地内的林甸断陷、徐家围子断陷为例，开展地层连井剖面分析工作。

图 5-2-1 是一条徐家围子偏东部的剖面，整体上岩性较细，两侧以砂岩为主向中部过渡为泥岩，这说明南北两侧都可能是物源。由于断层的影响，SS6 井和 ZS5 井水相对较深，地层相对较厚，一般是相邻井厚度的 2~3 倍。它们下部分别为粗砂岩和砂质砾岩向上变为泥岩和砂岩，这可能是将下部营城组的地层划入到登娄库组，也可能存在其他的原因。

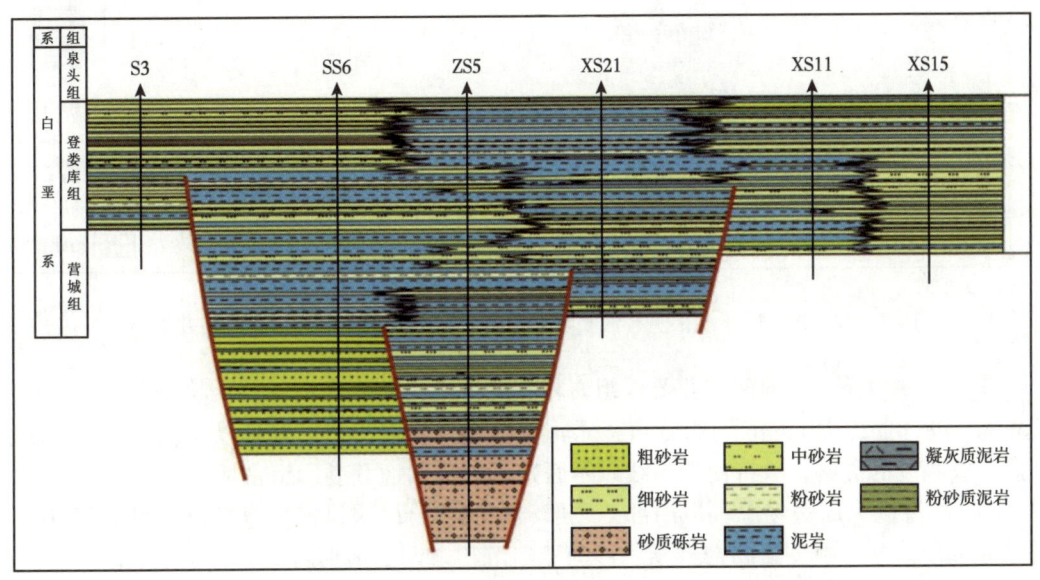

图 5-2-1　徐家围子登娄库组过 S3 井—XS15 井南北向连井剖面

如图 5-2-2 所示，该剖面除 LS1 井外其他的大部分地区的岩性都较细，主要为泥岩和粉砂岩。最北部的 LS1 井主要为含砾砂岩夹薄层泥岩，上部有薄层的粉砂岩；其南侧的 LS3 井下部岩性为泥岩夹薄层粗砂岩，上部岩性为含砾砂岩、粉砂岩和泥岩。SG6 井受两条同沉积断裂的控制，使得其厚度是相邻井的三倍；由于水较深，其岩性主要为泥岩夹薄层的粗砂岩，底部有一大段的粗砂岩。可以看出从 LS1 井向南至 DS3 岩石粒度逐渐变细，继续向南岩石粒度呈现出变粗的趋势直至 XS9 井，接着再次变细，总体是粗—细—粗—细的变化趋势。从 DS2 井到 XS10 井，砂岩的厚度逐渐增加，岩性组合从砂泥岩互层转变为砂岩夹薄层泥岩。最南部的 CS2 井和 CS6 井由于同沉积断层导致水深较深，所以岩石粒度较细，主要为粉砂岩和泥岩的互层。

3. 古地理及沉积相控制因素

1）松辽盆地深层登娄库组岩相古地理图

岩性古地理分析就是在单井相标志、剖面相分析的基础上，对沉积体系在平面上的分布做出分析和解释。

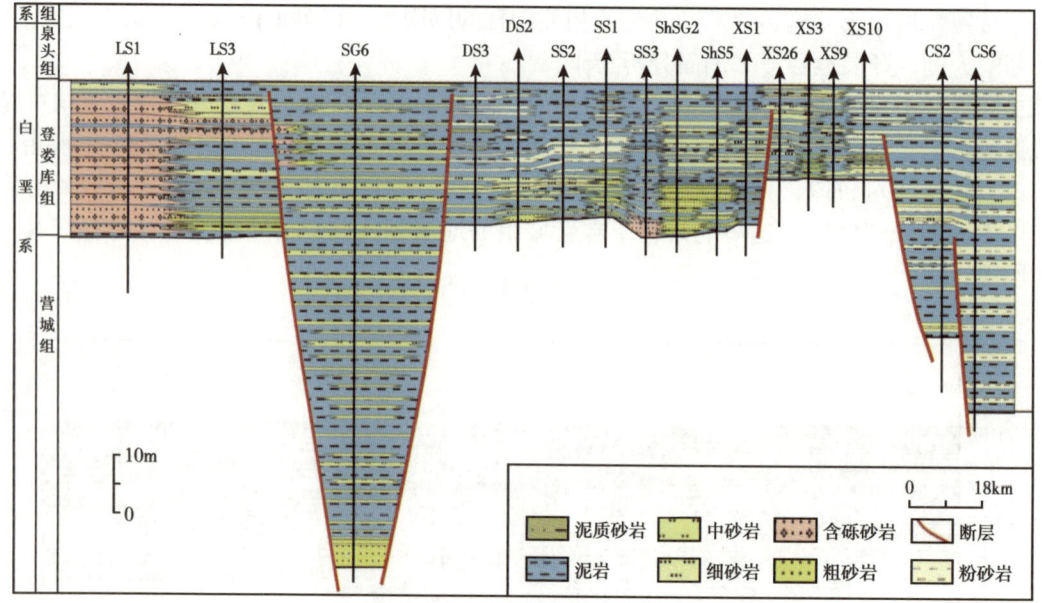

图 5-2-2　徐家围子断陷—林甸断陷南北向登娄库组 CS2 井—LS1 井连井剖面

图 5-2-3 为松辽盆地深层登娄库组岩相古地理图。该平面图主要反映登娄库组沉积早期（登一段、登二段）的沉积相分布特征。在盆地北部虚线位置及其以北部分，是利用登三段、登四段的资料，故特使用虚线以示区别。松辽盆地登娄库组古地理特征如下：

（1）物源区为周边物源，以南部，北部和东北部为最明显，发育多处冲积扇和粗碎屑辫状河沉积；盆内中央隆起带继承了沙河子组沉积末期的地形特征，在早期（登一段、登二段）有局部物源，随着盆地的发育、整体的沉陷，该区域的局部物源在登三段发育时消失。盆地周边物源是松辽盆地主要的且长期存在的物源。

（2）湖泊较深水区在徐家围子西北部和东南部及古龙—长岭地区出现，德惠和长岭南部也零星分布有相对水深较大的区域。

（3）盆地内沉积体系以曲流河相沉积体系分布面积最为广泛，所占比例最大；辫状河、浅湖相和曲流河三角洲次之；辫状河三角洲、半深湖相和冲积扇的分布面积和范围均较小；冲积扇等粗碎屑冲击体系物质，主要在盆地周源的局部位置分布。

在徐家围子断陷内，主要是曲流河相沉积环境，河道沉积物连续性好，边滩发育，泛滥盆地也较为发育；在德惠断陷内，主要是辫状河相沉积环境，粗碎屑的心滩发育；在长岭断陷和古龙断陷内，总体水体较深，该沉积时期是水深较大的区域，发育了湖泊—三角洲沉积体系，水深最深处可以达到深湖相—半深湖相环境；在莺山—王府断陷内，总体上发育河流—三角洲沉积为主的沉积体系。

盆地周源的粗碎屑的沉积体系，发育于盆地的边缘位置处，受到地形和断层作用的控制作用；盆地内部的河流相沉积体系大范围分布，是盆地整体沉陷的结果。体现了登娄库组沉积时期处于盆地断—坳转换特殊时期的特征。

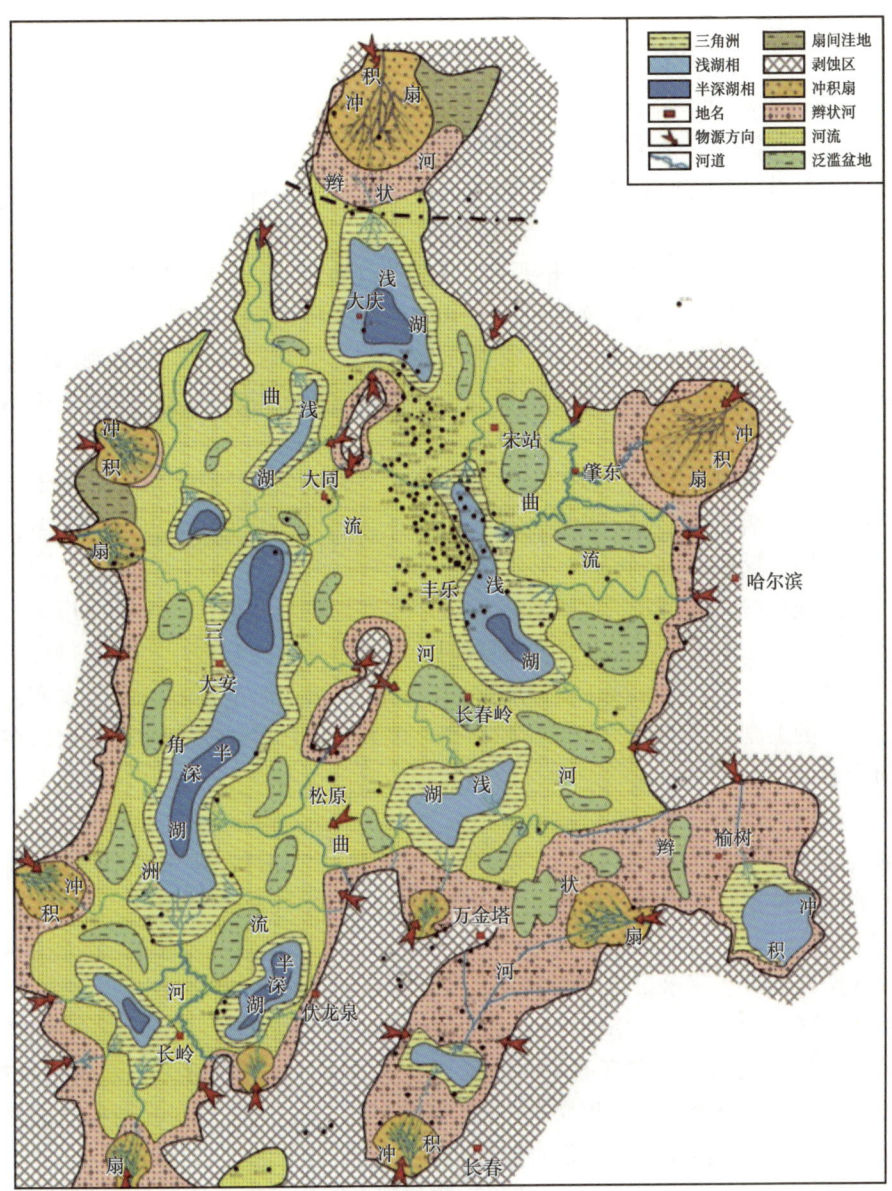

图 5-2-3 松辽盆地深层登娄库组岩相古地理图

2) 沉积控制因素分析

盆地的发展、演化过程中,沉积物在沉积时受到多种因素控制。构造、古地貌、古气候条件和物源供给等很多因素,对沉积物的沉积和分布有控制作用。

(1) 构造作用。

盆地的形成与构造活动是密不可分的。从沉积物的角度,构造活动可以控制盆地物源背景、风化类型、搬运条件、沉积方式、成岩改造及植被的发育程度等。构造对沉积物的一系列影响均可通过沉积物的矿物学和地球化学特征的差异得到反映。

早白垩世中期，由于岩石圈逐渐冷却，产生热收缩（弹性回降）。在全球板块控制作用下，地壳呈现不均的整体下沉，进入到坳陷阶段。而登娄库组沉积时期，正好处于该断—坳转换的关键时期。盆地沉积兼有断陷和凹陷盆地的特征。发育了冲积扇相、河流相、三角洲相、浅湖相、半深湖相—深湖相等。

盆地边缘延续了断陷时期的粗碎屑沉积的不稳定沉积特征，在盆地的南部，北部和东北部最为明显，发育多处冲积扇和粗碎屑辫状河沉积。粒度粗，磨圆、分选较差，测井曲线上锯齿状特征明显；盆地内部则体现了坳陷时期盆地相对趋于稳定的沉积特征，盆地内部的曲流河沉积发育广泛，横向连续性好，其中泛滥沉积建造也广泛发育。

通过连井剖面的分析，证实登娄库组下部沉积仍然受到同沉积断裂的影响。在盆地内部，在起控制作用的断层旁侧，发育较粗碎屑的辫状河沉积或辫状河三角洲沉积环境。

（2）古地貌。

古地貌特征直接控制着沉积环境的分布。古地貌是控制沉积体系发育的关键因素之一，因此研究古地貌有助于揭示物源体系、沉积体系的发育特征与空间配置关系，有利于指导下一步的油气勘探。

在地形隆起地区，无沉积或者沉积厚度很小；在地形低洼地区，沉积厚度大，出现深水相的暗色泥岩等。继承了沙河子组沉积末期的地形特征，在盆内中央隆起带地区，登娄库组沉积早期（登一段、登二段）发育局部物源，无沉积；但是随着盆地的发育，整体的沉陷的进一步的加剧，该部位的局部物源在登三段发育时已经消失。相较深水区在徐家围子西北部和东南部及古龙—长岭地区，德惠和长岭南部也有零星分布；这些地区继承了沙河子组沉积时期的负向古地形的特点。

在盆地边界即地形突变地区，发育粗碎屑沉积体系（如冲积扇）；在盆地内部，地势较为平坦的地区，发育曲流河、三角洲等沉积体系，横向连续性好，相稳定。

（3）古气候。

古气候指以温度、降水量等气象状态在一定的区域和地质时间内的情况。古气候影响着沉积物的形成、组成及与沉积相密切相关的植被发育程度。对冲积—河流相地层而言，古气候可能是影响层序沉积发育的主要因素，如气候潮湿、降水量大，则河流相对发育，河道砂体沉积普遍，泛滥平原多以暗色的泥质岩沉积为主；气候干旱，则河流不发育，缺乏河道砂体的沉积，泛滥平原多以发育红色等氧化色泥岩为主。

登一段和登二段的孢粉植被以常绿阔叶林、草本植物类型为主，热带类型植物增加，说明了当时的气温升高，并较营城组沉积时期突变为热带类型气候。登三段和登四段的孢粉植被以草本和针叶林为主，说明气温有所下降。登一段—登三段沉积时期，喜湿的孢粉植被繁盛，反映当时的气候相对湿润。登四段代表干旱气候条件下的希指蕨孢、克拉梭粉含量增加，旱生植物繁盛，反映了当时的气候已由潮湿逐渐向干旱转变，这从登四段发育杂色泥岩可以得到佐证，进而反映出沉积环境的差异性。

（4）沉积物供给。

沉积物供给这一影响因素是气候和构造古地貌的反映。古地形的差异将导致物源供应上的变化。其中，陡坡区高差变化大，风化作用、剥蚀作用所形成的产物容易被暂时性水流（雨水或洪水）或山区河流带走，并在地形坡度急剧变缓的山口或山脚形成堆积，这些地区地形高差大、物源充足、水流能量大，沉积物堆积速率快；缓坡区及平原区地形坡度较小，水流能量也较小，物源供应相对减少，冲积扇规模一般较小甚至不发育，仅发育河流相沉积。这些情况势必导致层序发育上的差异，即在同一层序内部，陡坡区以冲积扇、辫状河沉积为主，而地势较为平坦的区域以辫状河甚至曲流河沉积为主。此外，对于同一河流体系而言，距离物源区的远近也是影响层序形成的控制因素之一，近物源区可容纳空间较低，物源供给充分，多以冲积扇—辫状河沉积为主；远物源区可容纳空间增大，物源供给不太充分，多以低弯度河流、曲流河沉积为主。

第三节 登娄库组油气藏成藏条件与富集规律

一、登娄库组油气藏形成的源岩条件

经过十余年深入的地质研究，松辽盆地北部深层的天然气来源仍然饱受热议，据（霍秋立，2007）松辽盆地徐家围子断陷深层天然气来源与成藏研究，松辽盆地北部深层不同地区天然气来源于不同的烃源岩，并且可能存在混合。对登娄库组成藏有贡献的气源岩包括断陷期烃源岩、登娄库组烃源岩及基底石炭系—二叠系的变质岩系（任延广等，2004）。其中断陷期烃源岩主要为沙河子组湖相泥岩和煤层，登娄库组一段、二段烃源岩也具有一定的生气能力；松辽盆地基底石炭系—二叠系大部分地区处于近变质带，生烃能力有限。本次研究主要从断陷期烃源岩沙河子组和登一段、登二段烃源岩的生气能力评价。

1. 泥岩厚度

徐家围子断陷暗色泥岩厚度一般为 50~160m，分布范围不大，主要集中在 XS6 井、XS1 井、CS3 井附近，登二段暗色泥岩厚度平均厚度 78.6m，最大厚度 236.9m，达到好烃源岩的级别。

登一段分布范围小，暗色泥岩较薄，仅研究区中部及南部有局部的暗色泥岩连片分布，泥岩厚度一般为 10~50m，平均厚度 27.1m，最大厚度 136.6m。

登二段泥岩含量较高、砂含量较低，薄层砂岩与大段泥岩互层。登二段暗色泥岩分布面积较广，厚度较大，最大暗色泥岩厚度达到 236.9m，从其分布范围来看，暗色泥岩厚度较大，呈现出四个暗色泥岩发育区：一为 XS60 井及其周边地区；二为 SS5 井、SS7 井及其周边地区，该区暗色泥岩厚度超过 100m 的面积达到 177.26km^2；还有一个暗色泥岩发育区位于 CS4 井的东南地区及 ZS14 南部地区。从构造单元来说，正好位于朝阳沟阶地—长春岭背斜带上，属于暗色泥岩分布面积最大的地区。

登三段沉积范围急速扩大，以中砂岩、厚砂岩夹薄层泥岩为主，总体上多属于氧化环境，暗色泥岩较薄。暗色泥岩厚度一般为 35~75m，平均厚度 40m，最大厚度 105.8m。从暗色泥岩的发育来看，登三段与登二段具有良好的继承性。登四段沉积范围继续扩大，沉积环境还是以氧化环境为主，为过渡岩性段，其发育的暗色泥岩较薄，暗色泥岩厚度一般为 30~70m，平均厚度 43.6m，最大厚度 95m。

2. 有机碳含量（TOC）

研究区登娄库组有机碳含量（TOC）普遍较低（表 5-3-1），据黄第藩第（1996）的评价标准，登一段、登二段有机质丰度较高，登一段好烃源岩占 15%，登二段中—好烃源达到 19.5%，具有一定的生烃潜力。

表 5-3-1　松辽盆地徐家围子登娄库组有机碳 TOC

地层	登一段	登二段	登三段	登四段
TOC 范围 / %	0.065~4.964	0.0717~5.507	0.035~2.475	0.098~2.083
平均 TOC / %	0.87	0.769	0.473	0.18

3. 氯仿沥青"A"、有机质类型

登娄库组样品氯仿沥青"A"含量的统计数据表明：登娄库组烃源岩普遍较差，登一段和登二段部分样品达到好的级别（图 5-3-1），相对较高含量的烃残留预示着良好的勘探前景。登娄库组泥岩干酪根类型普遍较差。登娄库组干酪根类型主要为Ⅲ型，有机质类型较差。比较而言，登二段烃源岩类型相对较好，少部分样品有机质类型达到Ⅱ型。

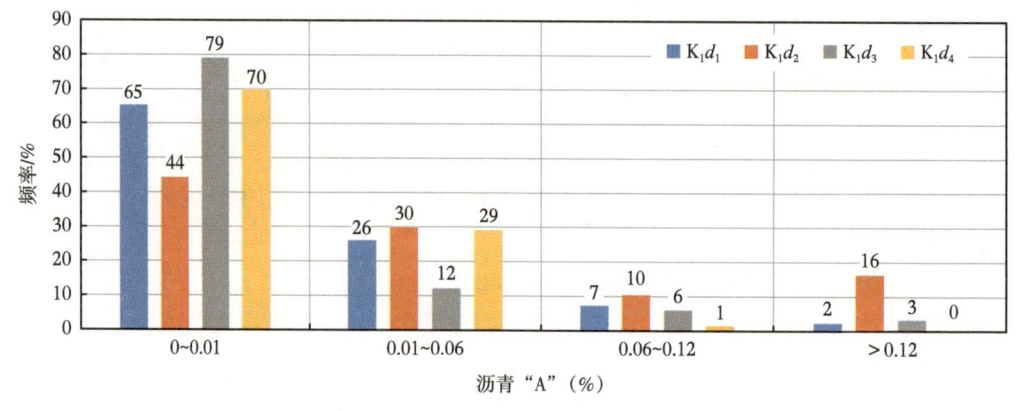

图 5-3-1　松辽盆地徐家围子断陷登娄库组各层段沥青"A"分布图

此外，在双城断陷南部洼槽基本所有页岩样品中都可观察到藻类，在紫外灯照射下可见荧光 [图 5-3-2(b)、(d)、(1)]，多数样品中镜质组 [图 5-3-2(g)、(h)、(k)] 和惰质组 [图 5-3-2(e)、(i)、(j)]，这两种组分通常与藻类伴生。计表明腐泥组 + 壳质组、晶质组、惰质组的相对比例分别为 32%、28%、22%、18%，表明水生生物对有机质的来源贡献较多。此外，薄片中黄铁矿非常常见，指示双城南洼槽页岩中形成于缺氧、富含硫化氢的水体环境中。

4. 有机质成熟度

镜质组反射率（R_o）被认为是表征烃源岩热演化程度最可靠的指标。典型探井埋藏与热史模拟表明，烃源岩沉积之后经历了差异性的沉降、成烃过程（图 5-3-3）。双城南沉降速率慢，烃源岩 R_o 介于 0.8%~1.2% 之间，处于生油窗内；莺山和庙台子地区沉降速率快，R_o 介于 1.3%~2.0% 之间，进入了高—过成熟阶段（图 5-3-4）。

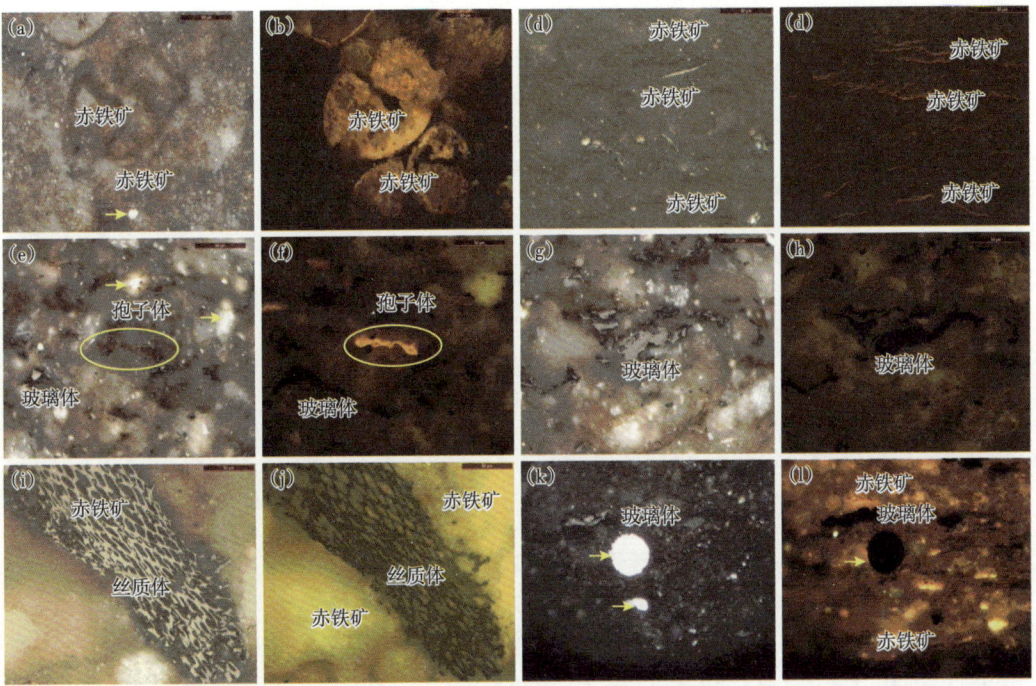

图 5-3-2 双城南烃源岩全岩镜检照片

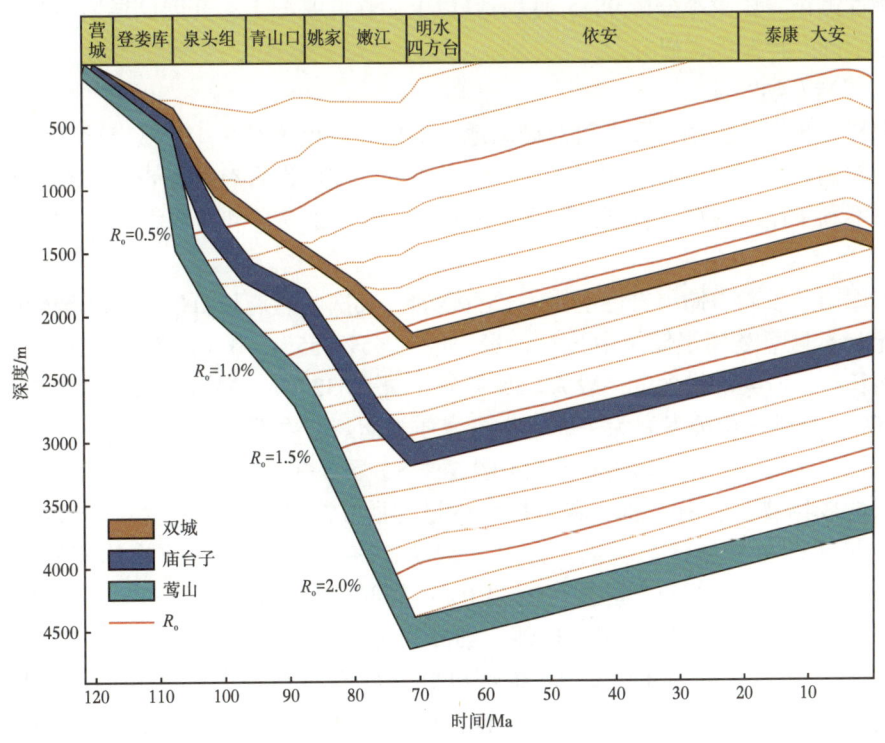

图 5-3-3 典型探井埋藏史和热史模拟

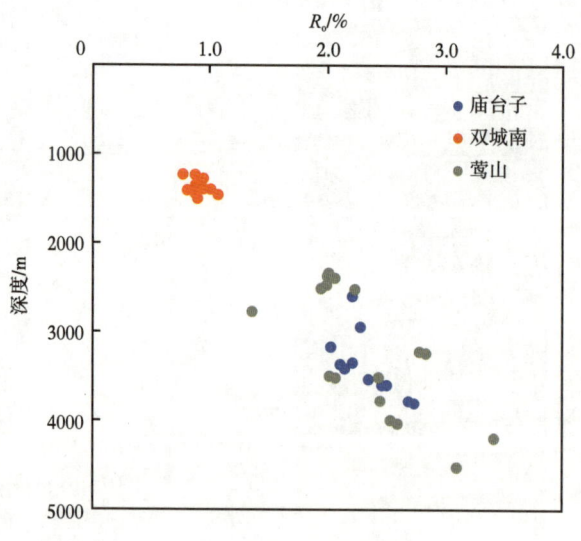

图 5-3-4 镜质组反射率图

二、登娄库组储层特征

针对采集储层样品，开展普通薄片、铸体薄片、扫描电镜、粒度分析、岩石密度、碳酸盐、物性测试、压汞等分析 9815 项（次）以上。在此基础上，开展储层岩石学、成岩演化、储集空间、控制因素研究。

1. 储层岩石学特征

受取样分析资料限制，重点对双城南地区储层开展评价研究。双城南地区砂体类型受沉积作用控制，扇三角洲前缘和辫状河三角洲平原为储层发育有利相带，冲积扇和三角洲泛滥平原不利于储层发育，有利储层主要发育在登娄库组三段和营城组四段。

1）砂岩储层岩石学特征

登娄库组三段砂岩储层岩性主要为长石砂岩，其次为岩屑长石砂岩，分选较好。依据薄片鉴定，本区登娄库组储层中长石含量一般为 45%~55%，平均 47.5%，成分主要为钾长石和斜长石；石英矿物含量一般为 25%~35%，平均 32.7%。岩屑含量一般为 15%~25%，平均 12.9%，酸性火山喷发岩为主，含少量变质岩屑。在岩石类型三端元分类图，砂岩类型主要为长石岩屑砂岩和岩屑长石砂岩（图 5-3-5、图 5-3-6）。

砂岩的胶结物主要有泥质、碳酸盐和少量硅质、高岭石，泥质含量一般为 1%~3%，碳酸盐（方解石和少量铁白云石）含量一般为 3%~5%，硅质胶结物体积百分含量为 0%~1.0%，高岭石体积百分含量为 0.5%~1.0%；局部还有少量的绿泥石膜、重晶石等，胶结类型以孔隙式为主。砂岩颗粒以粉砂和细砂为主，平均含量分别为 51.72% 和 38.62%，其次为泥质，平均含量为 8.49%，其中部分井段含有少量的中砂和粗砂，平均含量为 1.14% 和 0.04%。从显微镜下观察可知，岩石颗粒的磨圆度、分选性较好，岩石颗粒主要呈点—线接触（图 5-3-8）。

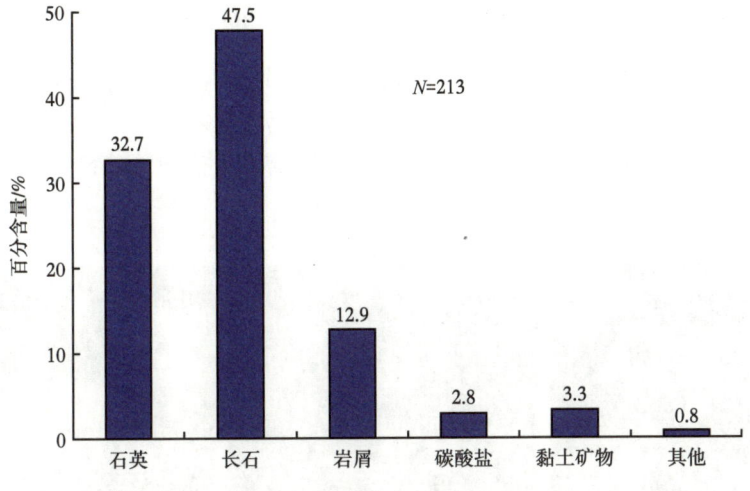

图 5-3-5 储层岩石矿物组分

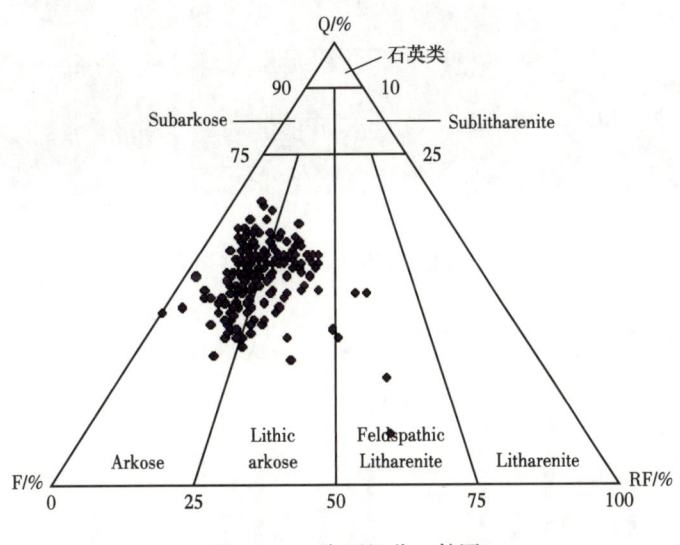

图 5-3-6 岩石组分三件图

2）砂砾岩储层岩石学特征

营城组四段砂砾岩砾石成分复杂，分选性和磨圆度较差。营城组四段砂砾岩中里石成分包括流纹岩、安山岩和凝灰岩等。砾石直径 2~50mm 不等，分选比较差。常见棱角状—次棱角状砾石，磨圆度不高。砾石之间充填砂质和泥质，杂基支撑为主，部分为颗粒支撑结构。砂砾岩中黏土平均（绝对）含量 6.19%，以伊利石含量为主，平均占比 52.8；其次是伊/蒙混层，平均占比 21.2%。

2. 储集空间特征

1）砂岩储层储集空间特征

登娄库组主要发育原生粒间孔，孔喉连通性好。依据薄片观察，残余原生粒间孔占面孔率的 65%~90%，平均 75%，溶蚀孔隙占面孔率的 5%~25%，平均 20%（图 5-3-7、图 5-3-8），即储层以原生孔隙为主，次生孔隙为辅。孔隙类型的成因与岩石组分和成岩背景密切相关：一是，长石、石英等刚性组分的抗压实能力强，有利于保护原生孔隙，为此古埋深接近 2000m 时，原生孔隙仍然较发育；二是，长石矿物、火山灰自身为酸性不稳定组分，容易被溶蚀形成次生溶孔；三是，嫩江组末期地层整体抬升，避免了压实作用对原生孔隙和次生溶孔的进一步破坏，孔隙得以保留。

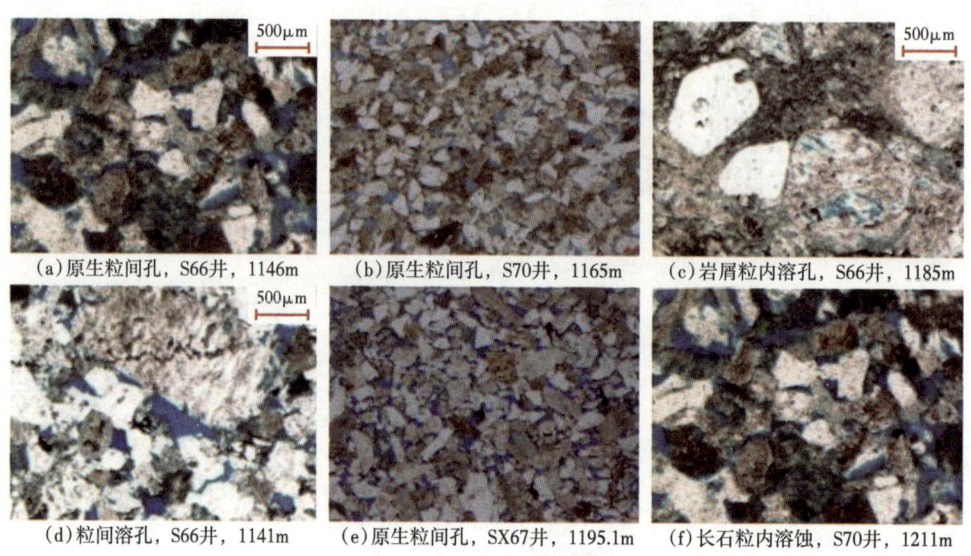

图 5-3-7 松辽盆地登娄库组砂岩储层储集空间微观照片

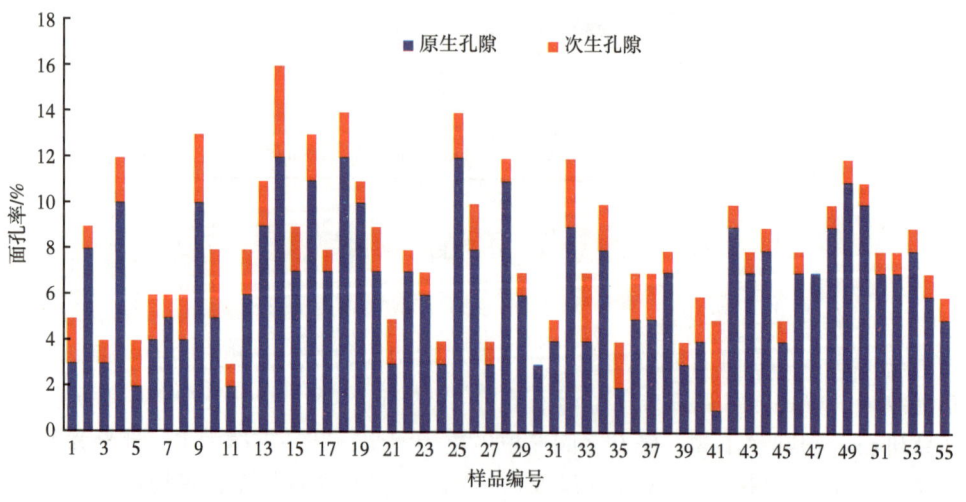

图 5-3-8 双城南地区登娄库组 50 块样品薄片原生孔隙、次生孔隙面孔率分布图

登娄库组典型砂岩样品的压汞结果列于表 5-3-2。可见样品的排驱压力小，仅为 0.03~2.75MPa，平均 0.18MPa；孔喉半径的变化幅度较大，最大孔喉介于 0.27~26.76μm 之间，

表 5-3-2 双城地区登娄库组 32 块砂岩样品压汞结果分析表

样号	渗透率 K/mD	孔隙度 ϕ/%	孔喉半径/μm			孔喉分布			渗透率分布			分选系数 S_p	歪度 S_{kp}	峰态 K_p	半径均值 D_m/μm	均质系数 α	汞饱和度		仪器最大退出效率 W_e/%	排驱压力 p_{cd}/MPa
			最大 R_a	平均 R_p	中值 R_{50}	峰位 R_v/μm	峰值 R_m/%	峰位 R_f/μm	峰值 F_m/%						最大 S_{max}	最终剩余 S_r		
2	1.15	10.30	2.21	0.63	0.43	0.63	17.14	1.60	43.43	2.07	0.30	0.86	0.60	0.28	96.91	68.24	29.59	0.33
补2	107.00	17.60	21.39	6.74	5.22	10.00	19.54	10.00	43.95	3.19	0.62	0.83	6.28	0.32	95.79	78.80	17.73	0.03
4	9.67	14.20	3.69	1.25	0.85	2.50	19.34	2.50	65.17	2.34	0.39	0.75	1.21	0.34	97.28	62.95	35.30	0.20
补3	346.00	19.60	21.39	7.38	7.79	10.00	31.07	10.00	61.67	3.05	0.77	1.11	7.23	0.35	95.54	82.39	13.76	0.03
6	52.00	17.70	7.64	2.81	1.00	4.00	19.78	4.00	51.56	3.49	0.42	0.86	2.12	0.37	85.90	60.25	29.85	0.10
7	26.60	17.50	6.27	1.76	0.42	1.00	12.92	4.00	68.62	3.47	0.24	0.81	1.32	0.28	84.54	56.89	32.70	0.12
补7	4.11	13.20	3.66	0.84	0.47	4.00	16.59	1.60	37.28	2.76	0.38	0.96	0.76	0.23	93.03	68.83	26.01	0.20
补9	1.20	9.80	2.18	0.47	0.09	0.04	9.95	1.60	49.82	3.28	0.09	0.79	0.34	0.22	81.24	54.93	32.38	0.34
11	525.00	20.90	21.39	8.07	8.76	10.00	36.73	10.00	60.41	2.70	0.74	0.92	7.97	0.38	97.60	78.22	19.85	0.03
13	308.00	18.70	21.40	7.23	7.01	10.00	30.70	10.00	62.17	2.84	0.70	0.93	7.04	0.34	97.31	80.45	17.32	0.03
15	2.36	11.20	3.76	0.90	0.31	2.50	10.79	2.50	61.61	3.11	0.25	0.79	0.78	0.24	86.49	63.36	26.74	0.20
19	44.00	18.90	10.69	2.81	0.76	4.00	13.78	6.30	44.66	4.23	0.43	0.78	1.91	0.26	81.70	55.68	31.86	0.07
21	377.00	20.70	21.38	7.37	6.75	10.00	28.38	10.00	56.03	2.77	0.66	1.01	7.04	0.35	96.67	83.10	14.04	0.03
24	1982.00	23.70	26.76	13.61	16.82	16.00	47.68	16.00	73.47	2.47	0.83	1.93	13.74	0.51	97.33	89.72	7.81	0.03
补16	100.00	16.70	21.38	5.81	3.10	6.30	15.91	10.00	43.14	3.19	0.47	0.84	5.06	0.27	95.23	79.60	16.42	0.03
补18	130.00	16.90	21.38	6.67	5.47	10.00	20.34	10.00	46.05	3.51	0.67	1.12	6.33	0.31	94.74	82.45	12.97	0.03
补19	22.10	15.70	10.69	3.72	1.50	6.30	20.45	6.30	64.06	3.49	0.43	0.83	3.09	0.35	92.76	73.62	20.63	0.07

续表

样号	渗透率 K/mD	孔隙度 ϕ/%	孔喉半径/μm			孔喉分布			渗透率分布			分选系数 S_p	歪度 S_{kp}	峰态 K_p	半径均值 D_m/μm	均质系数 α	汞饱和度		仪器最大退出效率 W_e/%	排驱压力 p_{cd}/MPa
			最大 R_a	平均 R_p	中值 R_{50}	峰位 R_v/μm	峰值 R_m/%		峰位 R_t/μm	峰值 F_m/%							最大 S_{max}	最终剩余 S_r		
29	589.00	21.10	26.76	11.26	11.66	16.00	34.15		16.00	71.66		3.76	0.79	1.13	11.16	0.42	94.64	82.65	12.67	0.03
32	544.00	19.80	21.38	8.96	10.47	10.00	38.18		10.00	51.82		2.81	0.80	1.29	8.88	0.42	96.66	86.81	10.19	0.03
37	449.00	20.80	26.75	11.06	11.06	16.00	32.86		16.00	70.56		3.31	0.75	0.96	10.92	0.41	96.76	85.69	11.44	0.03
补25	26.20	15.80	10.69	2.83	0.55	4.00	13.64		6.30	50.15		3.63	0.23	0.77	1.93	0.27	85.68	61.18	28.60	0.07
38	6.72	14.80	5.33	1.47	0.58	2.50	12.38		4.00	56.01		3.20	0.31	0.86	1.35	0.28	89.72	70.11	21.86	0.14
39	50.50	16.40	10.69	4.37	3.71	6.30	27.99		6.30	67.19		3.57	0.72	0.88	4.03	0.41	89.17	74.02	16.98	0.07
补31	332.00	19.90	15.27	7.00	7.24	10.00	38.02		10.00	81.88		2.47	0.71	0.89	6.89	0.46	98.93	74.90	24.29	0.05
42	1178.00	23.00	26.76	10.69	11.88	10.00	31.78		16.00	61.21		2.75	0.75	1.32	10.82	0.40	97.39	85.16	12.56	0.03
补34	916.00	21.20	26.76	11.13	11.20	16.00	28.83		16.00	61.78		2.90	0.72	1.11	11.05	0.42	98.19	87.51	10.88	0.03
补38	3.13	11.10	3.76	0.95	0.83	1.00	22.06		2.50	41.97		1.88	0.37	1.09	0.98	0.25	97.29	69.19	28.89	0.20
48	162.00	18.60	21.39	7.09	6.87	10.00	30.31		10.00	62.65		3.11	0.72	0.79	6.94	0.33	96.28	82.09	14.74	0.03
50	23.50	14.90	10.69	3.46	1.05	6.30	18.28		6.30	64.80		3.49	0.33	0.84	2.80	0.32	91.02	73.31	19.46	0.07
补47	1.43	8.70	3.64	0.75	0.33	1.00	10.98		2.50	54.70		2.69	0.22	1.12	0.66	0.21	90.69	51.78	42.91	0.20
补50	0.16	4.40	0.27	0.07	0.05	0.06	18.78		0.16	42.28		2.15	0.37	0.98	0.07	0.28	77.09	51.70	32.94	2.75
54	2.49	7.30	10.69	2.31	0.58	0.25	9.46		6.30	52.33		3.24	0.18	1.10	1.65	0.22	90.20	69.87	22.53	0.07

平均14.00μm；中值孔喉介于0.05~16.82μm之间，平均4.53μm。根据IUPAC孔隙喉道组合类型分类方案，该区的孔隙为大孔隙大喉道特征。从孔喉的分布看，分选系中等—好，为1.88~4.23，平均3.03；均质系数较小，为0.21~0.51，平均0.33；歪度偏小，为0.09~0.83，平均0.51。因此，孔喉的分选性较好，以大孔隙—粗喉道为主。岩心实测孔隙度一般为15%~25%，平均18.7%，渗透率一般为50~500mD，孔隙度和渗透率具有较好的对应关系（图5-3-9），表明连通性好。根据储层物性级别划分标准，本区登娄库组储层属于中孔隙度、中渗透率储层。

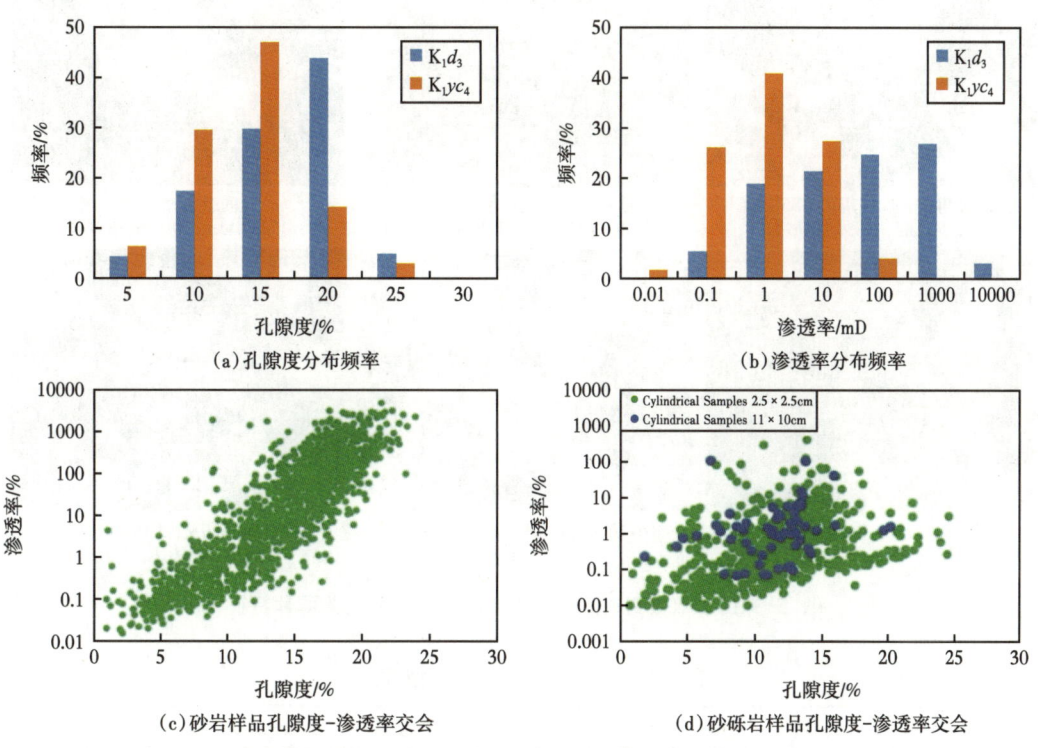

图5-3-9 双城地南地区储层物性特征

2）砂砾岩储层储集空间特征

营城组四段扇三角洲环境下发育的砂砾岩为另一套储层。砂砾岩的孔隙类型主要为次生的溶蚀孔隙，包括砾间溶蚀孔和粒内溶蚀孔。也发育少量的微裂缝。砂砾岩的孔隙度主要介于5.0%~15.0%之间，平均11.4%，渗透率主要介于0.01~10mD之间，67.7%样品的渗透率小于1mD；孔隙度和渗透率的对应关系较差（图5-3-9），反映孔喉结构复杂，连通性差（图5-3-10）。

3. 储层孔隙类型

砂岩储层常见的孔隙类型有8种（表5-3-3和图5-3-11）。登娄库组四段—二段砂岩，最主要的孔隙类型为正常粒间孔、缩小粒间孔隙、粒内溶孔、胶结物内溶孔和节理缝。登娄库组一段砂岩最主要孔隙类型为缩小粒间孔隙、粒内溶孔、黏土矿物晶间孔和胶结物内溶孔。砂岩内裂缝通常不发育。砾岩储层面孔率一般低于2%，孔隙类型有砾边缝、砾内缝和砾内溶孔及砾间砂质内的正常粒间孔、缩小粒间孔、粒内溶孔、胶结物溶孔、微孔。登娄库组一段中砾岩主要孔隙类型为正常粒间孔、缩小粒间孔、砾边缝、砾内缝。砾岩储层的孔隙组合主要为孔缝型组合、孔隙和裂缝共存的孔隙组合，较致密的登娄库组一段砾岩孔隙大多具有该组合。

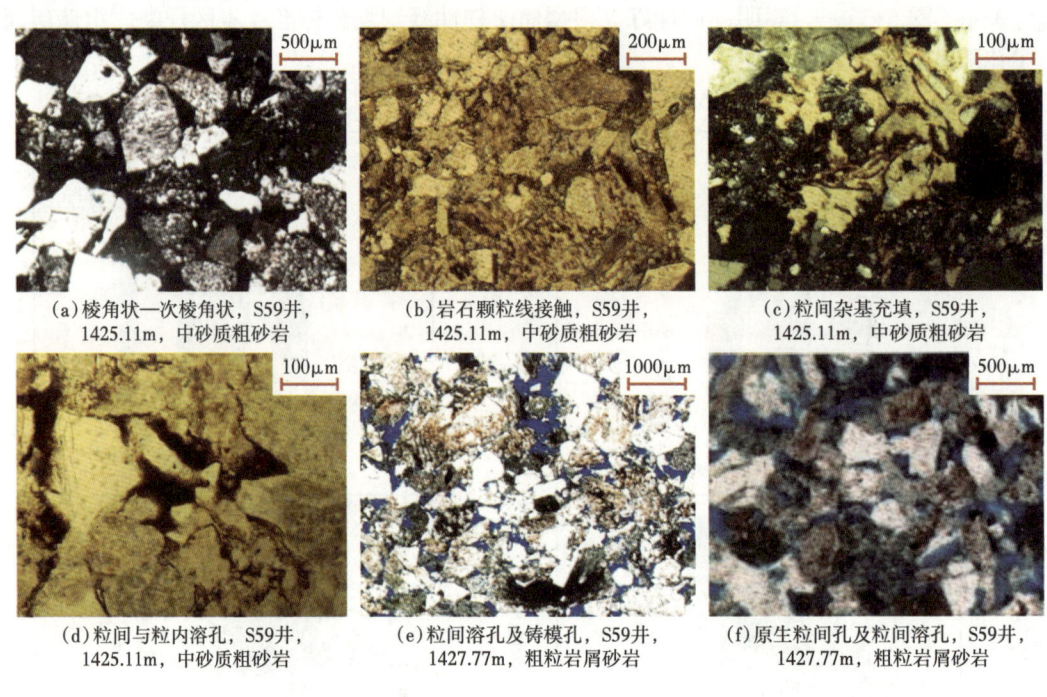

图 5-3-10　双城南地区营城组四段孔隙类型铸体薄片特征

表 5-3-3　砂岩储层孔隙类型及成因

分类	类型名称	成因
粒子间孔	正常粒间孔［图 5-3-11（a）］	压实作用的产物，是碎屑颗粒之间的孔隙空间，是粒度、分选、颗粒球度、圆度、颗粒排列方向和杂基填集情况等因素综合影响结果
	粒间扩大溶蚀孔［图 5-3-11（b）］	压实与溶解作用的产物，是围绕原生粒间孔的颗粒被部分溶蚀而形成的孔隙空间，为原生粒间孔和粒内溶孔之和，属于混合成因的孔隙类型
	缩小粒间孔［图 5-3-11（c）］	成岩作用的产物，是自生矿物向正常粒间孔中生长后剩余的孔隙类型
溶蚀孔隙	粒内溶孔或印模孔［图 5-3-11(d)］	溶解作用产物，是碎屑颗粒被部分溶蚀形成的孔隙空间，若全部被溶，仅残留黏土套膜，则称为印模孔
	胶结物内溶孔［图 5-3-11(e)］	溶解作用的产物，是颗粒间胶结物被溶蚀而形成的孔隙空间，最常见的为浊沸石胶结物溶孔，若完全被溶，则称为次生正常粒间孔隙
微孔	黏土矿物晶间孔［图 5-3-11（f）］	充填作用产物，是充填在孔隙中的黏土矿物晶间的微孔
裂缝	构造裂缝	是岩石在构造应力作用下产生的裂缝，这种裂缝可以是剪切作用形成，也可以是张性作用形成，一般平直，可切穿颗粒
	节理缝	沿浊沸石节理形成的微缝

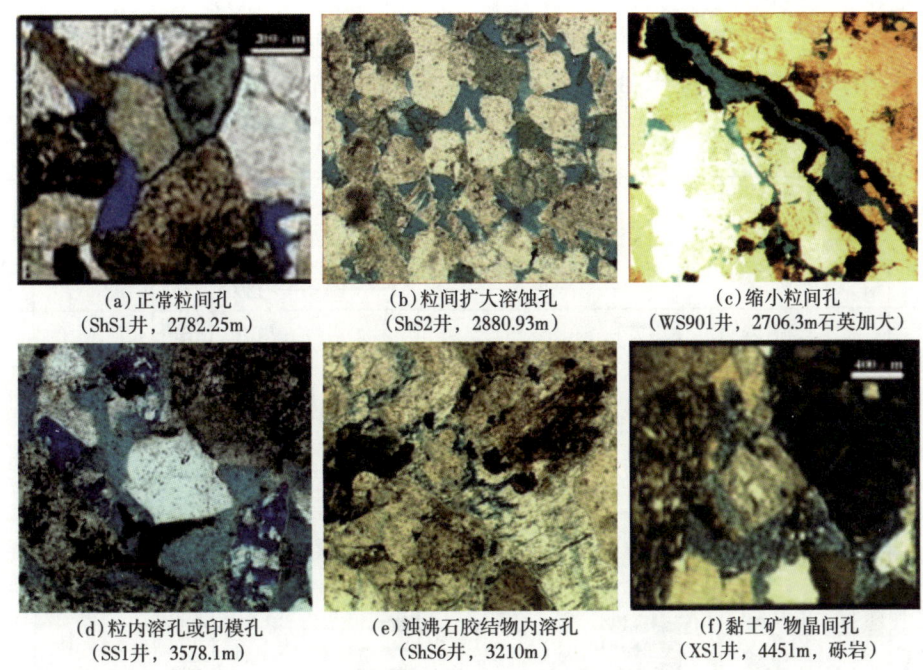

图 5-3-11　徐家围子地区营城组—登娄库组孔隙类型

由于登娄库组砂岩胶结作用强烈，胶结物总量高，致使砂岩变得非常致密。因此溶解作用成为改善松辽盆地碎屑岩储层储集性能的重要因素。高孔隙度、高渗透率储层次生孔隙占总孔隙 20%~90%，次生孔隙度可达到 3%~7%，次生孔隙是否发育可能成为判断目的层段储层物性好坏的重要因素。大量研究表明，研究区目的层段发育有次生孔隙，从次生孔隙成因看，目的层段碎屑岩内主要溶孔有碎屑颗粒粒内溶孔和胶结物溶孔两类。碎屑颗粒粒内溶孔主要为长石和岩屑颗粒的溶蚀，研究区均普遍发育；胶结物溶孔是颗粒间的浊沸石胶结物被溶蚀而形成的孔隙空间。因此，次生孔隙的形成与浊沸石胶结物溶孔和长石、岩屑粒内溶孔比较发育密切相关。

由于浊沸石保持稳定需要高的 pH 值、低的 CO_2 分压。当有酸性流体进入储层时，保持浊沸石稳定的地质条件被打破，使浊沸石很容易失去稳定性而被溶解或被方解石交代。浊沸石被酸溶解过程的化学方程为：

$$3CaAl_2Si_4O_{12} \cdot 4H_2O + 4H^+ + 2K^+ \Longrightarrow 3Ca^{2+} + 2KAl_3Si_3O_{10}(OH)_2 + 6SiO_2 + 12H_2O$$

松辽盆地砂岩中碎屑长石主要为钾长石。钾长石在中性、酸性的条件下可发生水化反应和溶解反应。水化反应可用以下方程表示：

$$2KAlSi_3O_8 + 2H^+ + H_2O \Longrightarrow Al_2Si_2O_5(OH)_4 + 4SiO_2 + 2K^+$$

矿物在溶解过程中，要生成黏土矿物和石英，因此需要酸性介质并具有流动性，以便及时把新生成的矿物带走。

4. 储层控制因素

双城地区登娄库组储层物性主要受沉积作用控制。扇三角洲前缘和辫状河三角洲平原为储层发育有利相带；冲积扇和三角洲泛滥平原砂体物性差，储层不发育（图 5-3-12、图 5-3-13）。

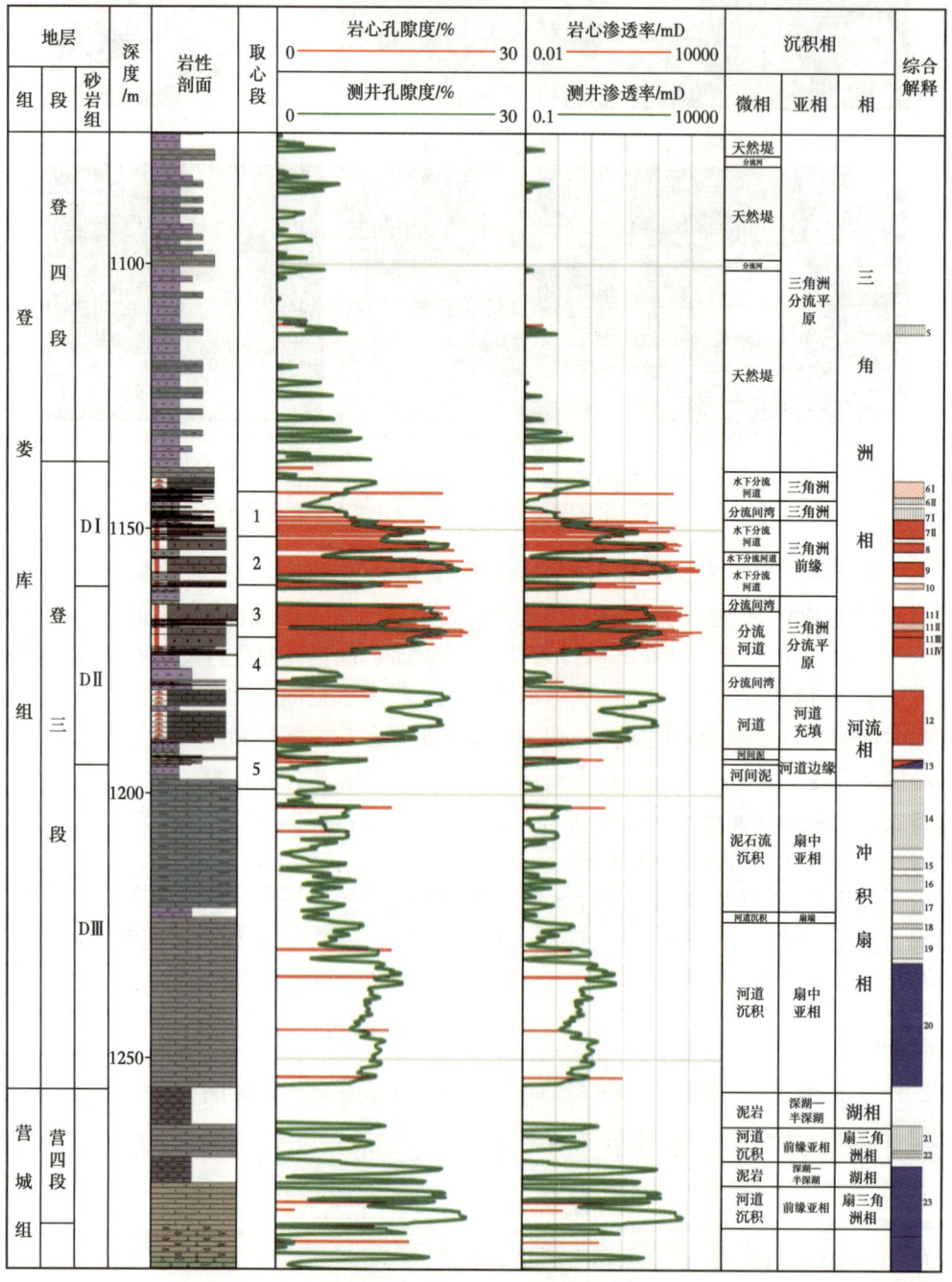

图 5-3-12　典型探井（S68 井）沉积相与储层物性关系

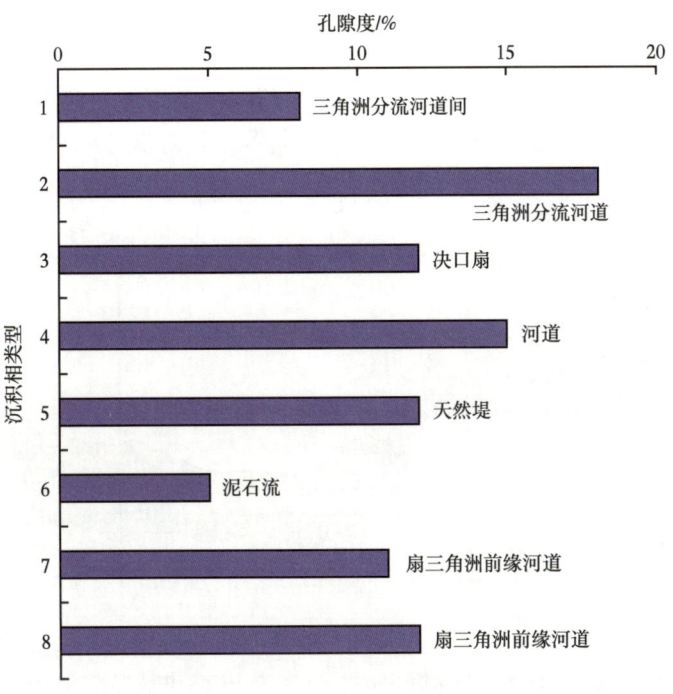

图 5-3-13　不同沉积相储层物性统计

登娄库组三段储层物性整体较好，但孔隙度和渗透率也存在明显波动，具有较强的非均质性。含油饱满，沉积作用、成岩演化、构造演化、孔隙结构共同控制储层物性特征。

沉积相对于储层的影响主要体现在岩性组合和填隙物含量两个方面：一是细砂、粗砂较粉颗粒的支撑作用强，有利于孔隙的保留，因而随着水动力逐渐增加和岩石粒径的增大，储层孔隙空间相对增加；二是塑性的泥质对储层孔隙具有充填和堵塞作用，也容易将大孔隙分割为多个小孔，因此渗透率与泥质含量具有明显的负相关性（图 5-3-14）。从沉积相带角度，观察不同相带岩心孔隙度、渗透率取样分析发现，储层物性由好到差依次为三角洲前缘河道、三角洲平原河道砂、河流相河道、冲积扇。

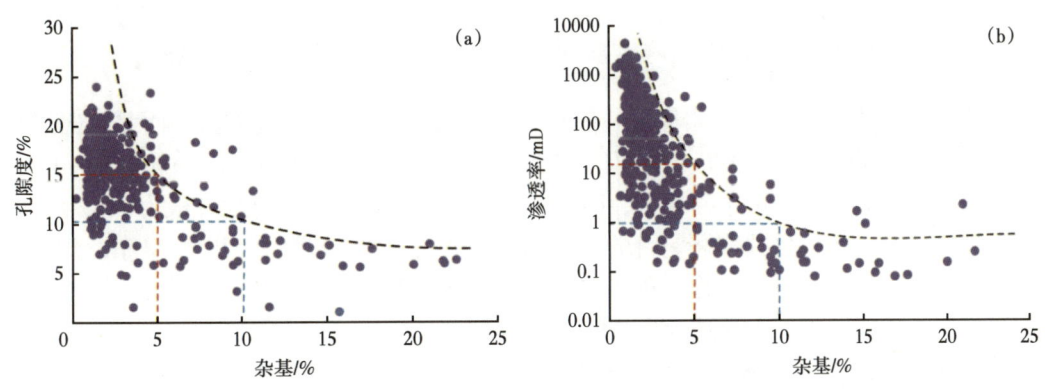

图 5-3-14　砂岩储层孔隙度（a）、渗透率（b）与泥质杂基含量的关系

5. 储层分布特征

1）登娄库组粗砂岩、砂砾岩储层分布特征

通过波形指示反演（密度、GR 和纵波阻抗）预测登娄库组三段砂岩厚度，优选效果最佳的 GR 波形指示反演预测结果，登娄库组三段砂岩具有低 GR、低密度、低纵波阻抗的特征（图 5-3-15、图 5-3-16）。

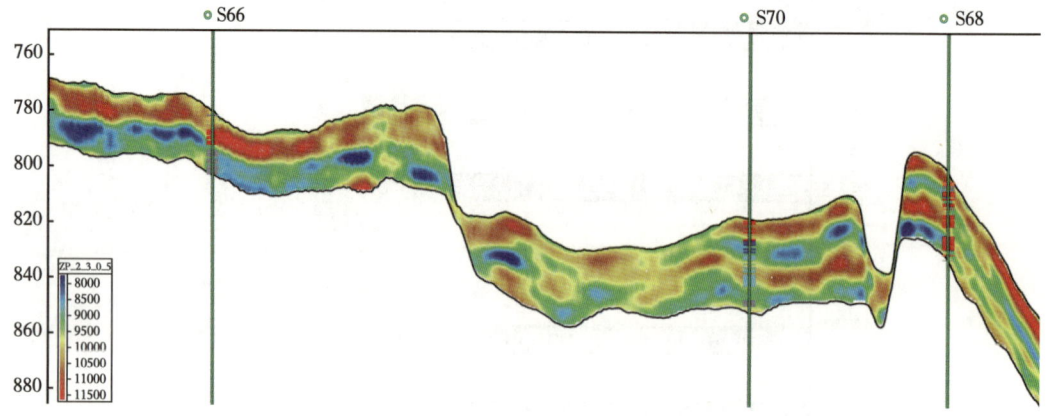

图 5-3-15　双城南地区登娄库组 S66 井—S70 井—S68 井波形指示反演波阻抗

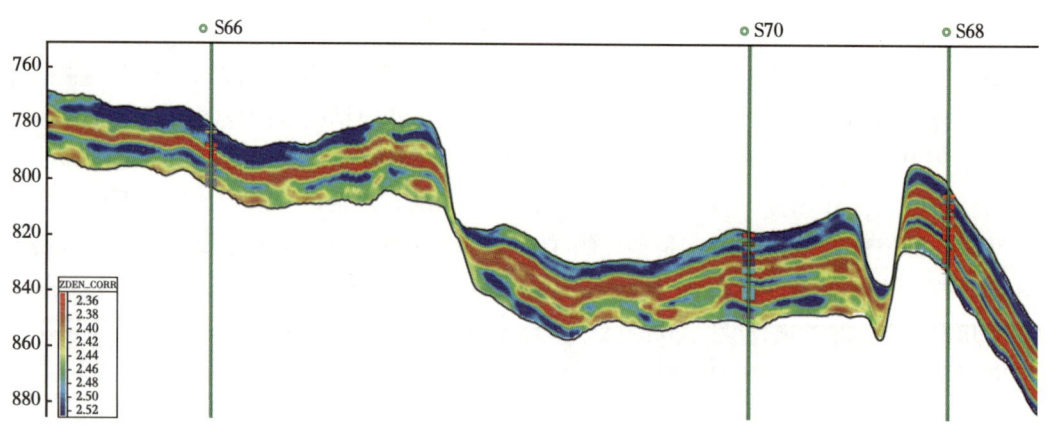

图 5-3-16　双城南地区登娄库组 S66 井—S70 井—S68 井波形指示模拟密度

反演揭示登娄库组三段砂岩厚度一般在 10~80m，平面上自东南方向到西北反向逐渐变薄，钻井揭示砂地比一般在 50%~81% 之间；登娄库组四段砂岩厚度一般为 10~41m，平面上自南向北主要发育两个砂岩带，砂岩厚度多在 30m 以上，砂地比一般为 10%~45%，以细化砂体分布、指导探井部署为目的，将登娄库组三段进一步划分为三个层序，开展地震属性分析和砂体分布预测工作，预测结果显示登娄库组三段砂体分布范围大，表现为多期河道叠加的特征，平面上呈连片发育的特征。

2）营城组粗砂岩、砂砾岩储层分布特征

岩石物理分析表明营城组四段含油储层具有高伽马、高密度、高波阻抗的响应特征，地震剖面上表现为中强振幅、中高频的地震反射特征。分别对营城组四段下部旋回、营城组四段上部旋回，通过波形指示反演（密度、GR 和纵波阻抗）预测营城组四段砂砾岩厚度，优选效果最佳的 GR 波形指示反演预测结果（图 5-3-17），反演结果揭示营城组四段上旋回砂岩厚度一般在 10~40m 之间，平面上具有洼槽中部较厚，向洼槽边部逐渐减薄的分布特征，砂地比一般在 20%~65% 之间；营城组四段下旋回砂岩厚度一般在 15~35m 之间，平面上具有洼槽中部较厚，向洼槽边部逐渐减薄的分布特征，砂地比一般在 20%~60% 之间。

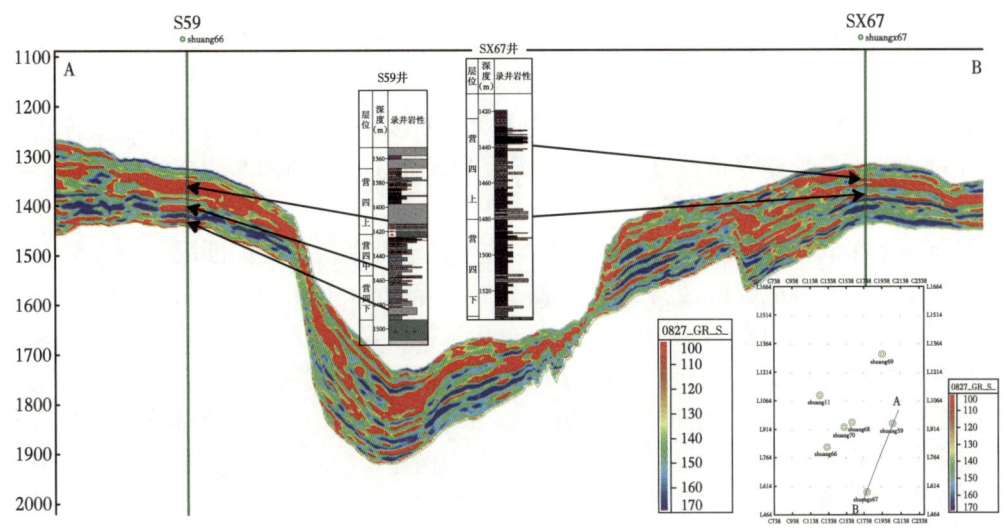

图 5-3-17　双城南营四段 S59 井—SX67 井波形指示 GR 反演砂岩预测剖面

三、登娄库组具有形成多类型油气富集的有利成藏条件

1. 通源断层控制天然气运聚层位及成藏有利区

由于登娄库组源岩具有两个生气速率高峰，但以第一个为主，即在距今 95Ma（青山口组沉积时期）时泥岩和煤的生气速率最快，达到了 $0.73×10^{12}m^3/Ma$，第二个生气速率高峰大约在 75Ma（嫩江组沉积末期）为 $0.42×10^{12}m^3/Ma$，明显低于第一次的生气速率。在徐家围子断陷的生气高峰时期，圈闭已经形成，而且登娄库组和泉头组区域的盖层已具有封闭能力。因此，如果认为烃源岩的生气与排气和运移聚集的时间相对较短的话，可以推断该地区天然气成藏的主要时期可能在青山口组沉积时期，其次为嫩江组沉积末期。且研究区一部分气源来源于沙河子组，笔者评价了沟通沙河子组的通源断层 177 条，分别为青山口组沉积末期及嫩江组沉积末期发育。通过将徐家围子地区登娄库组三段油气显示井与通源断层叠合图，总结油气显示好的井多在通源断层附近，所以通源断层起到沟通源岩的作用，且为油气成藏主控因素之一。

通源断层作为深层断陷期烃源岩生成油气向上运移的主要通道，其附近必然是油气运移的有利指向，且通源断层的伴生断层及通源断层停止活动后形成的断层封闭为天然气聚集提供了良好的遮挡条件，易于形成与断层有关的多种类型圈闭，因而在沟源断层附近，尤其是由沟源断层构成的断裂带附近（如徐西断裂带、徐中断裂带和徐东断裂带）是天然气富集的有利区，即通源断层平面展布特征控制天然气成藏有利区带。

登娄库组的通源断裂受控陷断裂控制，在平面上表现为多条与下伏控陷断裂平行的断裂组成的断裂带：徐西通源断裂带表现为"S"形，分布中南部西侧，延伸长度100km；徐中通源断裂带分布中南部，延伸长度96km；宋西通源断裂带分布北部西侧，延伸长度54km；徐东通源断裂带由两条断裂带组成，贯穿徐家围子地区，累计长度167km，累计面积597km^2。

徐家围子地区登娄库组天然气主要来源于断陷期沙河子组和登娄库组一段气源岩，因此垂向沟通沙河子组、登娄库组一段气源岩和登娄库组储层的通源断层至关重要。本次将沟通沙河子组、登娄库组一段Ⅰ类气源岩的通源断裂带作为Ⅰ类有利区，沟通沙河子组、登娄库组一段Ⅱ类气源岩的通源断裂带作为Ⅱ类有利区，而偏离沙河子组、登娄库组一段气源岩的通源断裂带作为Ⅲ类有利区，Ⅲ类有利区往往通过通源断裂带的垂向运移与储层、不整合面侧向运移共同作用。

综合登娄库组—营城组烃源岩、断裂构造带、通源断层及控陷断层下降盘分布等因素分析，预测出有利成藏区带共27个（表5-3-4、图5-3-18），总面积达1833.1km^2。根据有利区划分条件的不同，将其有利区带划分为三类，其中Ⅰ类有利区带8个，主要集中在徐家围子中部地区和北部地区断裂构造带中通源断层、控陷断层下降盘与排烃强度大于300的烃源岩叠合处，累计面积为514.7km^2；Ⅱ类有利区带11个，分布较为分散，多数集中在徐家围子南部、东南部及北部少数地区断裂构造带中通源断层、控陷断层下降盘与排烃强度大于20的烃源岩叠合处，且累计面积为541.9km^2；Ⅲ类有利区带8个，主要集中在徐家围子地区北部、西北部、中部地区断裂构造带中偏离烃源岩、且通源断层与控陷断层下降盘集中的地区，累计面积达到766.5km^2。

表5-3-4　有利区带分类统计表（标号见图5-3-17，单位km^2）

Ⅰ类有利区		Ⅱ类有利区		Ⅲ类有利区	
1-1	98.1	2-1	23.3	3-1	490.1
1-2	100.1	2-2	13.2	3-2	71.4
1-3	38.3	2-3	23	3-3	64.5
1-4	73.7	2-4	41	3-4	12.7
1-5	37.7	2-5	17.1	3-5	7.4
1-6	135	2-6	69	3-6	16.2
1-7	11.3	2-7	254.8	3-7	86.3
1-8	20.5	2-8	15	3-8	27.9
		2-9	6.1		
		2-10	48.8		
		2-11	30.6		
Ⅰ类有利区累计面积	514.7	Ⅱ类有利区累计面积	541.9	Ⅲ类有利区累计面积	776.5
总计			1833.1		

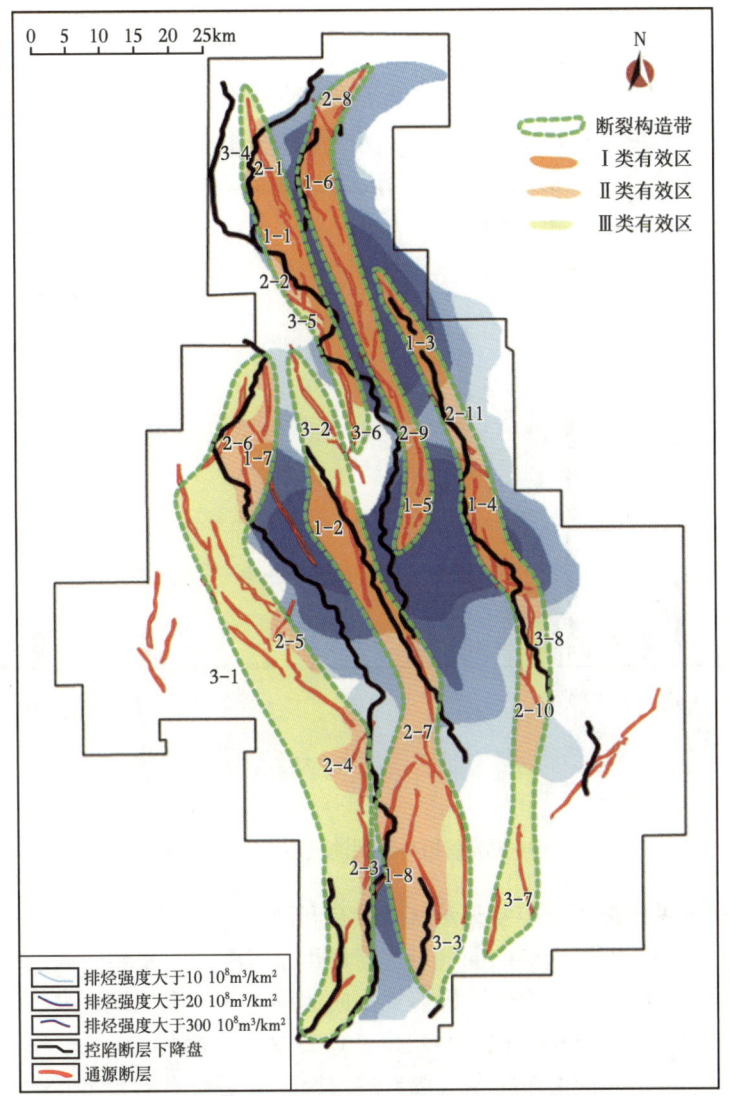

图 5-3-18　徐家围子地区登娄库组与通源断层分布与有利区预测叠合图

2. 沉积相控制油气藏分布

为了研究登娄库组沉积相与不同油气藏的关系，通过研究研究区内 10 个四级层序沉积亚相与油气显示规律，统计出登娄库组—营城组 10 个四级层序内不同沉积亚相与孔隙度的关系直方图。笔者开展了 156 口探井的老井复查，由于登娄库组主要以气藏为主，对油气层进行了气层、差气层、气水同层、差气界限层和可疑气层等综合判断。统计结果表明，登娄库组含气性好的相带主要为辫状河三角洲平原和辫状河三角洲前缘，其次是辫状河河道和扇三角洲前缘砂体。

气层主要分布在扇三角洲前缘、辫状河三角洲前缘和辫状河三角洲平原分流河道、辫状河河道和冲积扇沉积体中；差气层主要分布在辫状河三角洲前缘、辫状河三角洲平原分流河道、扇三角洲前缘和辫状河河道；气水同层主要分布在辫状河河道、辫状河三角洲平原分流河道、辫状河三角洲前缘和辫状河漫滩，差气界限层主要分布在辫状河三角洲前缘、辫状河三角洲平原分流河道、扇三角洲前缘、辫状河河道和间歇湖，可疑气层主要分布在辫状河三角洲平原分流河道、辫状河三角洲前缘和辫状河河道。因为辫状河三角洲前缘相带不发育，从登娄库组整体上分析，扇三角洲前缘、辫状河三角洲平原、辫状河河道和冲积扇是该组的优势沉积相带（图5-3-19）。

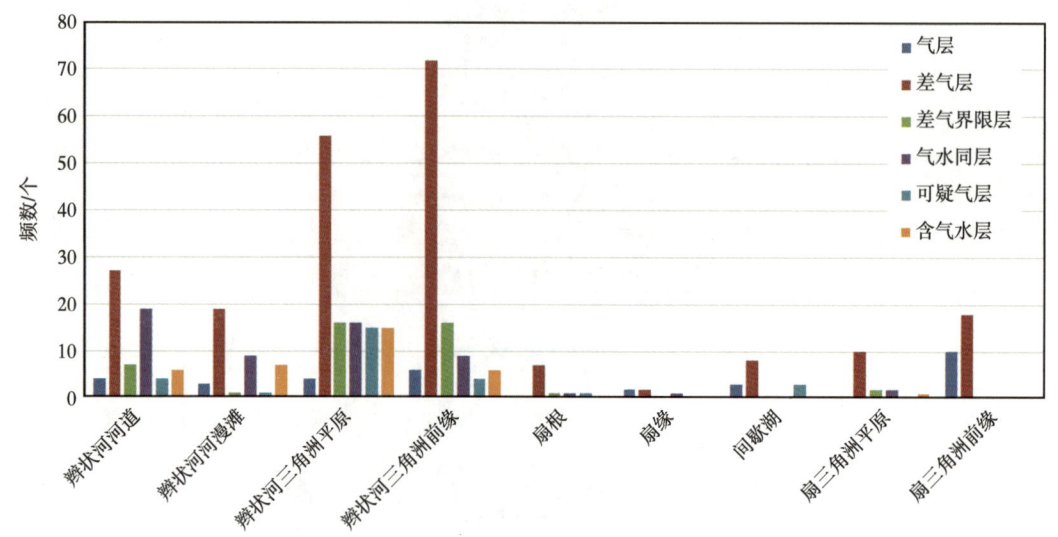

图 5-3-19　沉积相与不同油气藏关系统计直方图

3. 运移通道与古构造同样控制天然气成藏有利区

松辽盆地北部登娄库组主要的油气运移通道类型有断层、不整合面及砂体等。断层是松辽盆地北部地区深层气源岩生成的天然气垂向运移进入登娄库组、泉头组一段、二段的主要输导通道（付广等，2000）。同样断层也是登娄库组气源生成的天然气向上运移至于登娄库组的主要运移通道。沟通断陷期气源岩的沟源断层是断陷期天然气垂向运移的有利运移通道，所谓的沟源断层是指沟通烃源岩与上覆地层的，特别是基底断层更是烃类运移的有利通道，基底断层在剖面上同时沟通 T_5 和 T_4 向上可断至 T_2，甚至更浅的地层，属于基底断层继承性发育而形成的，不仅可以沟通营城组与沙河子组的气源，甚至于火石岭组气源，乃至于基底变质岩系的气源均可以起到一定的输导作用，像徐西大断裂、徐中大断裂及徐东大断裂直接控制了天然气的分布。此类断层主要有三种成因：一种是基底断层以后继承性发展之后又活动的断层，这类断层往往有多个活动时期，即营城组沉积末期、泉头组沉积末期—青山口组沉积中期、嫩江组沉积末期、明水组沉积末期和古近—新近纪末期；另一种是构造反转期形成的断裂，其向下延伸至 T_5 和 T_4，此类断层只有一次活动；再一种就是在泉头组沉积末期形成，向下延伸至 T_5 和 T_4，之后又在构造反转期活动形成的断层。对深层气源起到沟通作用的另一类断层是指断穿 T_4 而未断穿 T_5 的断层，其形成于营城组沉积末期，为断陷期断裂，这种断层对气源也起到了一定的沟通作用，主要是营城组与沙河子组气源的输导通道。因此，沟源断层（断穿 T_4）是该区断陷期气源生成排出的天然气向登娄库组—泉头组一段、二段储层中运移输导的主要通道。

除断层外，不整合面也是徐家围子地区深层重要的输导通道之一，是天然气侧向（尤其是穿层）运移的主要输导通道（付广等，2000）。该区深层主要发育基岩与登娄库组不整合面。

砂体也是松辽盆地北部登娄库组天然气侧向运移输导的通道之一（付广等，2000）。登娄库组发育较厚的砂体，由于其主要形成于河流相及冲积扇沉积中，压实成岩程度高，孔渗性差，横向分布不稳定，难以对天然气进行远距离输导；但局部次生孔隙发育，使得其横向输导能力相对变好。砂体对油气的侧向输导所起作用有限，大规模的侧向运移还需要不整合或者断层在时空上的良好匹配才得以形成，对于登娄库组生气中心内的砂体，砂体与生气中心直接接触，仅需要经过在砂体内短距离的运移即聚集成藏。临近生烃中心与通源断层的古隆起带上广泛发育的不整合面为油气侧向运移通道，且处于构造高部位，是油气运移的有利指向，同时古隆起带上易于发育基岩风化壳圈闭、地层超覆圈闭及各种类型构造圈闭，因而临近生烃中心与沟源断层的古隆起带（如中央古隆起带）是有利的天然气富集区；临近沟源断层的断陷内古构造（如升平—兴城构造带）同样位于构造高部位，且为油气运移的有利指向，也是有利的天然气富集区。

4. 盖层分布控制气藏的形成与分布

封盖条件研究表明，该区登娄库组天然气封盖层主要是登娄库组二段和泉头组一段、二段泥岩，这两套泥岩盖层不仅厚度大，全区分布，而且具有较强的毛细管封闭能力。目前已发现的登娄库组气藏除皆分布于登娄库组二段和泉头组一段、二段较好—好封盖区范围之内（图 5-3-20、图 5-3-21），这充分显示高质量盖层对天然气藏形成与分布具有控制作用。

结合天然气藏的类型、烃源岩的输导通道，将松辽盆地北部登娄库组输导体系划分为两类主要的输导系统，即源内输导系统和源外输导系统。源内天然气输导系统是指圈闭离气源区的距离近或者位于气源区内，天然气不需要经过长距离的运移便可到达圈闭成藏；其包括源内砂体输导系统和源内断层垂向输导系统两种亚类。源外天然气运移输导系统是圈闭远离气源区，天然气需要经过长距离运移，才能达到圈闭。因此，在这种情况下需要不同类型的输导层组合才能对天然气运移起到输导作用。源外天然气运移输导系统包括源外不整合—断层输导系统和源外不整合—断层—砂体输导系统。

源内砂体输导系统主要形成于登娄库组（二段、三段）气源岩内部，在该气源内部发育有砂泥岩指状交互、互层或者砂岩透镜体，生成的天然气就近运移到砂体中成藏；该类型输导体系的发育主要受登娄库组的生气中心控制。

源内断层垂向输导系统的断层属于早期断层或长期断层，沟通沙河子组、营城组气源岩，使气源岩生成排出的天然气沿此断层垂直向上运移至登娄库组中聚集形成气藏，该类型输导系统主要发育于徐家围子断陷及古龙断陷南部的生气中心，以徐中断裂带为例，其断至基底，沟通气源，使得深层气源得以通过徐中断裂带运移至登娄库组成藏，其中 XS1 井登娄库组一段气藏的输导体系即为该类型。

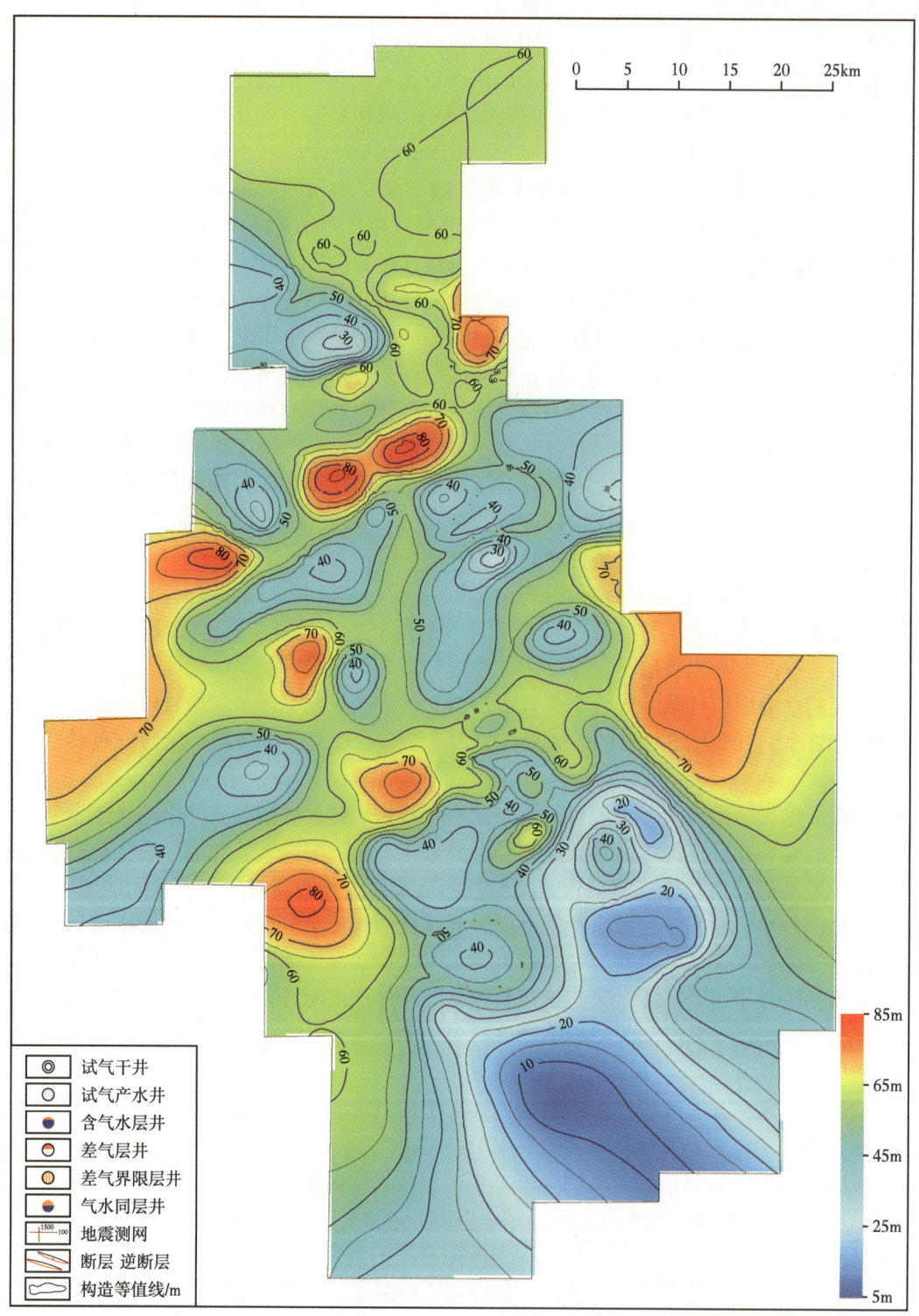

图 5-3-20　徐家围子断陷 D4SQ1-1 泥地比与 D3 油气显示叠合图

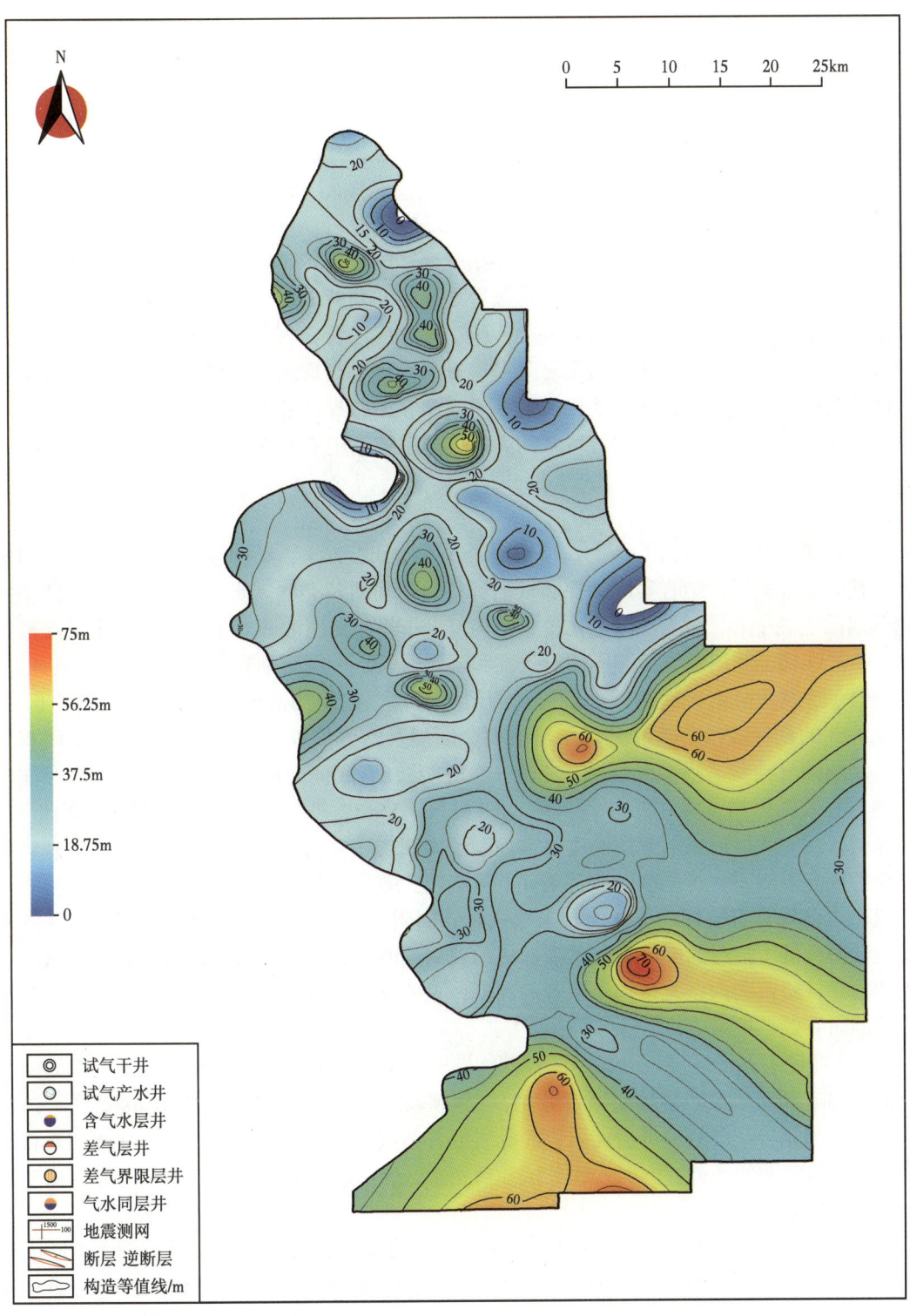

图 5-3-21　徐家围子断陷 D2SQ1 泥岩厚度与 D1SQ2 油气显示叠合图

源外不整合—断层输导系统这种情况是基岩风化壳发育于安达—肇州和肇东古隆起上。沙河子组气源岩生成排出的天然气首先沿营城组与登娄库组不整合面或断层侧向或垂向运移，然后再沿基岩与登娄库组不整合面侧向运移进入登娄库组一段砾岩或基岩风化壳中聚集形成气藏。松辽盆地北部昌德地区 C401 井、C102 井，汪家屯地区的 W902 井—W9-12 井和 ZZ1 井的基岩风化壳或登娄库组气藏均属于该类型输导系统。

源外不整合面—断层—砂体输导系统这种情况是圈闭（这里主要是断背斜、断鼻、断层遮挡和断层—岩性圈闭）远离沙河子组—营城组气源岩，且位于其正上方或斜上方。沙河子组气源岩生成排出的天然气首先沿不整合面和断层进行斜向和垂向运移，然后再进入登娄库组作短距离的侧向运移，便可进入登娄库组和断背斜、断鼻、断层遮挡和断层—岩性圈闭中聚集形成气藏。昌德地区登娄库组三段、四段背斜气藏，汪家屯地区登娄库组断块气藏，汪家屯地区泉头组一段断鼻气藏，升平地区登娄库组断背斜气藏，CS2 井登娄库组断层遮挡气藏，三站地区泉头组二段断鼻气藏，四站地区登娄库组一段断层—岩性气藏和昌五地区登娄库组断层—岩性气藏均为此输导系统作用下形成的气藏。

四、成藏规律

在对成藏要素分析的基础上，按照含油气系统分析方法，动静结合、时空匹配，探索各要素的组合关系，结合实际钻探和试油资料，明确油藏类型。研究表明，双城南洼槽围绕营四段生烃中心，发育"源上构造、源内复合"两种类型油藏。油藏分布受生烃洼槽控制，生烃洼槽范围内断裂控制圈闭有效性和输导通道，控制石油富集。

（1）断裂及两侧岩性对接关系控制圈闭有效性，控制构造油藏的形成：结合全区 18 口探评井的勘探成效分析和油藏解剖表明，断裂及两侧岩性对接关系控制断层圈闭有效性，制约油气油藏。反向断层两侧"砂—泥对接"，形成侧向遮挡和有效圈闭，生烃洼槽范围内有效圈闭均成藏（如 S70 井区、S68 井区、S6612 井区），当单层受挤压"弯曲"不明显时，反向断层形成的遮挡高度基本控制了圈闭的闭合富含。顺向断层断开主力砂岩时才能形成有效圈闭，否则侧向遮挡条件差，圈闭无效。该类井位于断层下降盘，登娄库组三段主力储层具有较好的连通性，未形成有效圈闭，导致勘探失利。此外，SX75 井的构造位置明显低于临近的 S68 井，然而形成的独立的圈闭，该井见含油显示 8.9m（未试油），说明油源补给范围内，无论构造位置的高低，只要能够形成有效圈闭，即可形成油藏，即称为圈闭有效性控藏。

（2）构造形态、断层与砂体匹配控制构造岩性油藏的形成：在斜坡背景下，单砂体的上倾方向有利于成藏。砂体受断层分割，也可形成断层—岩性油藏。如双 6802 井，该井发育多套与泥岩互层的砂砾岩储层，砂砾岩沿着斜坡方向逐层倾尖，形成岩性体，具有形成源内岩性油藏的条件。同时，该井试油后见水，表明斜坡背景下存在油水分异，构造—岩性综合控藏。

（3）油源和保存条件控制地层油藏的形成：位于营城组四段下部的地层超覆型圈闭容易受到油源条件的制约，含油性可能不饱满；位于营城组四段上部的地层不整合遮挡油藏，受不整合面之上泥砾岩封盖条件影响，当不整合面附近发育通源断裂时，油藏则容易被调整。如 SX73 井，该井储层段与登娄库组三段泥砾岩不整合面接触，形成地层不整合面圈闭，由于该井右侧 100m 发育通源断裂，可能造成石油沿着不整合面和断裂逸散。再如，S83 井下部砂砾岩超覆在营城组火山岩之上形成地层超覆油藏，尽管营城组四段泥岩能够提供良好的盖层条件，但是油源条件不足，储层含油性差。

第四节 登娄库组油气勘探成果及前景展望

一、双城断陷首次发现高产高丰度深层油田

双城断陷位于松辽盆地北部东南断陷带，面积达 1602km²，受太平庄、朝阳断裂控制，分为双城南洼槽和庙台洼槽，其中双城南洼槽位于双城断陷的东南部，面积 552km²。"十三五"期间，双城断陷通过成藏条件研究，持续甩开探索，2013 年在双城南部洼槽部署的 S59 井发现营城组四段优质源岩。2016 年，S66 井在登娄库组获日产 10.02t 的工业油流，发现新的含油气组合。

1. 首次在深层发现富含藻类能够大量生油的优质源岩

双城南断陷营城组四段发育优质烃源岩，烃源岩有机质丰度高，TOC 一般为 0.74%~35.92%，平均 3.02%，S_1+S_2 一般 0.04~102.47mg/g，平均 6.80mg/g，氯仿沥青"A"平均 0.15%，R_o 为 0.8%~1.2%，处于生油窗内，整体上评价达到了好—很好级别（图 5-4-1）。从"I_H-T_{max}"的关系可以看出，双城南营城组四段有机质类型以 II 型为主（图 5-4-2），同时镜检营城组四段烃源岩有机显微组分可见层状藻、沥青质体与大量丝质体、镜质组、菌类体等腐殖型显微组分成层分布（图 5-3-2），显示有机质既有水生生物贡献，又有陆源生物贡献。此外，薄片中黄铁矿非常常见，指示双城南洼槽页岩形成于缺氧、富含硫化氢的水体环境中。

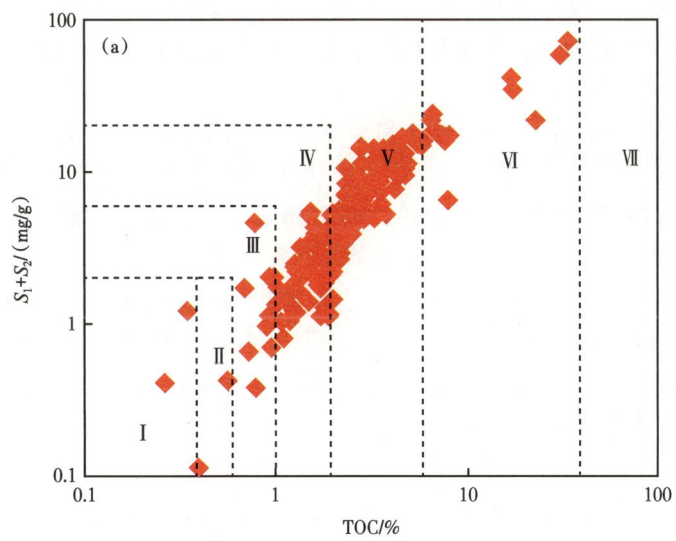

图 5-4-1 松辽盆地双城地区 TOC 与 S_1+S_2 交会图

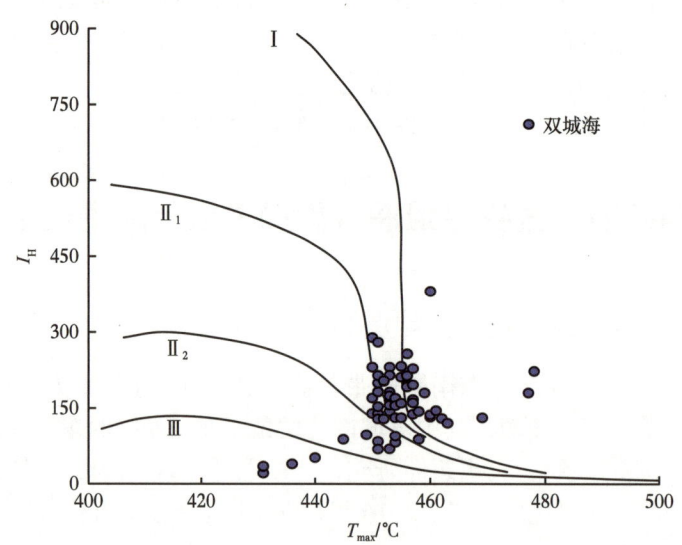

图 5-4-2　松辽盆地双城地区 T_{max} 与 I_H 交会图

常微量元素重构古沉积环境分析表明，营城组沉积时期大规模喷发的火山活动提供了藻类勃发需要的 Fe、Zn、P 等营养物质，同时促进形成还原性水体环境进而有利于藻类保存。火山活动了促进藻类勃发，为营城组四段生成优质生油岩提供了物质基础。结合烃源岩岩心测试地球化学指标、烃源岩测井评价技术、地震预测技术和分级评价技术，预测双城断陷烃源岩优质烃源岩生油量 $2.5×10^8$t。

2. 首次在深层发现了类似大庆长垣主力油层的优质含油储层

登娄库组储层中长石含量一般为 45%~55%，平均 47.5%，成分主要为钾长石和斜长石；石英矿物含量一般为 25%~35%，平均 32.7%。岩屑含量一般为 15%~25%，平均 12.9%，酸性火山喷发岩为主，含少量变质岩屑，砂岩类型主要为长石岩屑砂岩和岩屑长石砂岩（图 5-3-5、图 5-3-6）。

砂岩的胶结物主要有泥质、碳酸盐和少量硅质、高岭石，泥质含量一般为 1%~3%，碳酸盐（方解石和少量铁白云石）含量一般为 3%~5%，硅质胶结物体积百分含量为 0%~1.0%，高岭石体积百分含量为 0.5%~1.0%。局部还有少量的绿泥石膜、重晶石等，胶结类型以孔隙式为主。

显微镜下观察表明，登娄库组储层砂岩颗粒以粉砂和细砂为主，颗粒支撑，分选性、磨圆度较好，岩石颗粒主要呈点—线接触。岩心上含油较饱满，以油浸、油斑显示为主，荧光以黄色为主，含油饱和度 51%~69%。原油品质较轻，以饱和烃为主，密度 0.82~0.83g/cm³，黏度 7.1~8.0mPa·s。

登娄库组储层孔隙主要发育原生粒间孔，其次为溶蚀孔隙，孔喉连通性好。登娄库组砂岩储层孔喉的分选性较好，以大孔隙—粗喉道为主。分选系数中等—好，为 1.88~4.23，平均 3.03；均质系数较小，为 0.21~0.51，平均 0.33；歪度偏小，为 0.09~0.83，平均 0.51。岩心实测孔隙度一般为 15%~25%，平均 18.7%，渗透率一般为 50~500mD，属于中孔隙度、中渗透率储层。

登娄库组三段储层物性整体较好，同时具有较强的非均质性。储层物性特征受岩性、成岩演化、构造演化、沉积作用共同控制。一是，登娄库组储层以粉砂和细砂为主，分选性较好，颗粒之间的支撑作用强，有利于孔隙的保留。矿物成分中长石、石英等刚性组分含量高，储层的抗压实能力强，有利于保护原生孔隙，因此镜下观察原生孔隙仍然较发育。二是，长石矿物、火山灰为酸性不稳定组分，在油气大量充注时容易被溶蚀形成次生溶孔；镜下观察见到20%左右的溶蚀孔。三是，塑性的泥质对储层孔隙具有充填和堵塞作用，统计表明渗透率与泥质含量具有明显的负相关性。而不同沉积相带砂体泥质含量差异较大，从不同相带岩心孔隙度、渗透率取样分析发现，从三角洲前缘河道、三角洲平原河道砂、河流相河道、冲积扇储层物性由好逐渐变差。四是，嫩江组沉积末期地层整体抬升，使得压实作用对孔隙的破坏作用减弱，有效地保护了储层，这也是双城地区登娄库组发育中孔隙度、中渗透率储层的重要原因。

3. 深层首次发现了整装高产效益油藏

双城地区经历了两期油气充注。登娄库组与烃类包裹体共存的盐水包裹体的均一温度分布呈明显的双峰形态，主要分布在70~90℃和110~130℃两个区间。生排烃模拟显示，登娄库组第一期石油成藏时期为距今87—72Ma（青山口组沉积末期—嫩江组沉积末期），第二期石油成藏为距今40—25Ma（新近纪）。

双城地区圈闭主要形成与三期构造活动密切相关。一是营城组沉积末期双城地区近东西向挤压应力使得营城组被明显剥蚀，与上覆地层不整合接触，形成地层不整合圈闭。二是泉头组沉积末期，左旋压扭应力作用形成一系列断裂。这些断裂的两侧登娄库组三段砂岩储层与登娄库组四段的泥岩对接，形成了断块型圈闭。三是嫩江组沉积末期，区域性的东西向挤压应力使得下白垩统被抬升。嫩江组之后松辽盆地处于整体隆升状态，西部发育大型背斜构造，东部以斜坡为主。第二期石油充注（新近纪）期的构造形态与现今构造形态基本一致，说明油气成藏后圈闭未遭受构造运动破坏，有利于油气藏的保存。

双城地区具有明显的"构造控区，断裂控藏"成藏规律。（1）构造控区表现在，东西两带构造位置高，为构造型油藏的有利区，结合储层物性和输导通道，构造油藏主要发育在登娄库组；向斜区扇体与湖相泥岩叠置发育，储层物性相对较差，为复合油藏有利区；走滑构造带自身不发育源岩，缺少油源补给，为不利区。（2）断裂控藏表现在：一是，断裂对构造油藏的形成具有明显控制作用，反向断层容易形成有效圈闭并控制圈闭幅度，主干断裂往往对油藏具有分割作用，断层上升盘勘有利于油气聚集；二是向斜区输导断裂欠发育，石油在"源内"聚集，形成构造岩性、岩性和地层油藏。

2016年在西部背斜带上部署了S66井，在登娄库组1141~1150m井段见到油迹、油斑细砂岩3层累计厚度6m，综合解释为油层4层8.2m，针对登娄库组D_{II}^2、D_{II}^3小层（13、14、15号层）进行压裂，射开厚度8m，打入压裂液555m³，加砂70m³，连续抽汲求产获得日产10.02t的工业油流。2018年在西部背斜带部署双68井，在登娄库组见到11层累计厚度33m含油显示，钻井取心主要以细砂岩为主，砂岩分选好，含油较饱满，综合解释油层7层累计厚度23.7m，差油层4层累计厚度3.6m。S68井登娄库组在1185.5~1187.0m

和 1150.0~1182.5m 井段 MFE（Ⅰ）+TCP 射孔测试联作合试，无油嘴自喷求产，日产油 100.8~136.8m³，24 小时累计产油 110.3m³，获得高产工业油流，预示了在登娄库组发现了优质、高产油藏，深层石油勘探获新突破。

4. 一体化高效增储建产，实现了当年部署、当年探明、当年建产

2018 年按照勘探开发一体化快速效益增储建产的思路，打破勘探开发界限。坚持全藏部署理念，优选平台中心井作为探井和评价井同步实施，持续跟踪研究深化认识，提交探明储量同步分断块针对性设计开发方案。2018 年当年部署探井评价井 13 口、开发井 152 口，当年探明石油储量 1105.73×10^4t，当年建成产能 13.06×10^4t。实现了当年部署评价、当年提交探明，当年同步建产的"三个当年"，打赢了"一体化"高效增储建产新时期关键战役。截至 2023 年 12 月底，双城凹陷累计产油 49.9×10^4t。

二、徐家围子断陷登娄库组一段发现大面积分布致密气藏

通过总结四级层序地层沉积相对储层物性、岩性、微观孔隙等因素的控制和影响及不同沉积相带与油气的关系，优选有利沉积相带；在纵向上和平面上预测有利储层。通过解剖已知气藏，总结油气分布规律、气藏类型、成藏模式；阐明烃源岩、层序地层、沉积相、构造、圈闭等相互作用及对成藏的控制；综合分析进而预测有利成藏区带。

有利构造区：通过细分层、地层厚度等总结表明，坡折带利于形成岩性圈闭；通过构造演化研究总结，长期发育的隐伏古隆起为油气运移的指向区；例如升平隆起带、斜坡区、陡坡带凹陷区的局部构造圈闭和岩性圈闭是天然气聚集的有利场所。

源—断匹配区：徐家围子地区目前已发现的气藏均分布在徐家围子断陷期烃源岩有效生气范围内部及周边，围绕徐家围子断陷呈环状分布，即明显受有效烃源岩分布的控制。通源断层的空间延伸层位控制了天然气垂向运聚层位；源—断匹配区是油气运移的有利指向；例如通源断层构成的断裂带附近（如徐西、徐中和徐东断裂带）是天然气富集有利区。徐家围子地区登娄库组天然气主要来源于断陷期沙河子组和登娄库组一段气源岩，因此垂向沟通沙河子组、登娄库组一段气源岩和登娄库组储层的通源断层至关重要。本次将沟通沙河子组、登娄库组一段Ⅰ类气源岩的通源断裂带作为Ⅰ类有利区，沟通沙河子组、登娄库组一段Ⅱ类气源岩的通源断裂带作为Ⅱ类有利区，而偏离沙河子组、登娄库组一段气源岩的通源断裂带作为Ⅲ类有利区，Ⅲ类有利区往往通过通源断裂带的垂向运移与储层、不整合面侧向运移共同作用。

有利运移通道：断裂体系、不整合面（削截面、上超面等）及砂岩输导层为油气运聚优势运移通道。

有利沉积相带：徐家围子断陷登娄库组一段主要分布在断陷北部和西部地区的冲积扇和扇三角洲前缘；登娄库组二段—四段主要三角洲平原分流河道、辫状河三角洲前缘相带、辫状河河道。

综合登娄库组沉积相带、烃源岩、断裂构造带、通源断层及控陷断层下降盘分布等因素分析，预测登娄库组 7 个有利成藏区带共 7 个，作为登娄库组下一步重点关注的勘探区带。其中，Ⅰ类有利区带 3 个，Ⅱ类有利区带 2 个，Ⅲ类有利区带 2 个（图 5-4-3）。

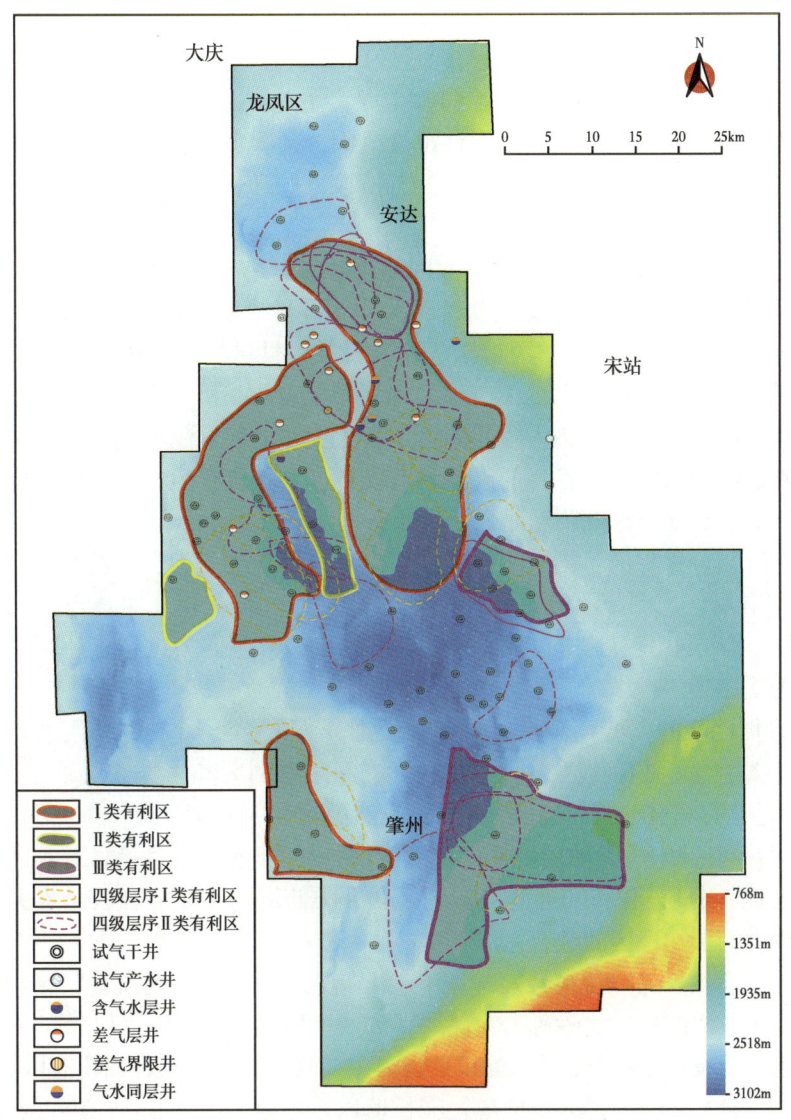

图 5-4-3　徐家围子地区登娄库组有利区划分图

三、松辽盆地北部登娄库组油气勘探前景展望

综合登娄库组油气成藏条件分析，松辽盆地北部登娄库组油气成藏有利区分级划分标准主要包括三个方面，即气源运移有利区、储层物性区和圈闭有利区。

气源运移有利区的刻画不仅包含油气输导通道质量的评价，还应当考虑到源区（以生气强度为 $20×10^8m^3$ 范围内为生气中心）与输导通道的在时空上匹配程度，输导通道远离源区是不利于油气运移的，其次是断层的走向与油气运移方向的关系，断层的走向与油气运移方向一致，则断层有利于沟通油气源及油气的运移；相反，断层的走向与油气运移方向不一致，则不利于油气继续向外运移。

依据沉积相及砂体发育规律，认为研究区储层均较发育，冲积扇、辫状河、曲流河、扇三角洲平原、末端扇为砂包泥（即砂多泥少）、砂泥互层沉积，而泛滥平原、三角洲前缘、湖泛平原、滨湖、浅湖为泥包砂（即砂少泥多）、薄层砂薄层泥交互沉积，根据脂肪酸高值区、沟源断层、次生孔隙纵向发育深度范围，预测目的层段次生孔隙可能发育的有利区，根据孔隙度与埋深的关系，深度在3450m以下的砂岩孔隙度几乎都小于6%，因此，在此深度范围之下的砂体可作为物性潜力区。

砂地比、次生孔隙发育有利区、潜力区范围，三者结合，将储层物性区划分为Ⅰ类、Ⅱ$_1$类、Ⅱ$_2$类和Ⅲ类四类，Ⅰ类储层物性区为次生孔隙有利区发育区，Ⅱ$_1$类储层物性区为深度在3450m以上的砂包泥砂岩储层，Ⅱ$_2$类储层物性区为深度在3450m以上的泥包砂砂岩储层，Ⅲ类储层物性为深度在3450m以下的砂岩储层。

登娄库组一段、二段在中央古隆起附近发育大面积的地层超覆圈闭；构造圈闭主要有背斜、断背斜、断块、断鼻，各目的层段均有发育，在大庆长垣、乌裕尔凹陷、东北隆起区发育面积较大，其他地区圈闭呈小面积零星分布。

根据有利区划分条件的不同，将目的层段有利区划分为Ⅰ类、Ⅱ类和Ⅲ类三类，Ⅰ类有利区为运移有利区、圈闭有利区和储层物性区（Ⅰ、Ⅱ$_1$、Ⅱ$_2$）的叠合区，Ⅱ类有利区为运移有利区和储层物性区（Ⅰ、Ⅱ）的叠合区，Ⅲ类有利区为运移有利区和储层物性区（Ⅲ）的叠合区。

根据储层物性区的类型，又将成藏有利区细分为Ⅰ$_1$类、Ⅰ$_2$类、Ⅰ$_3$类、Ⅱ$_1$类、Ⅱ$_2$类、Ⅲ类六小类，Ⅰ$_1$类有利区为运移有利区、圈闭有利区和Ⅰ类储层物性区的叠合区，Ⅰ$_2$有利区为运移有利区、圈闭有利区和Ⅱ$_1$类储层物性区的叠合区，Ⅰ$_3$类有利区为运移有利区、圈闭有利区和Ⅱ$_2$类储层物性区的叠合区，Ⅱ$_1$类有利区为运移有利区和Ⅰ类储层物性区的叠合区，Ⅱ$_2$类有利区为运移有利区和Ⅱ类储层物性区叠合区，Ⅲ类有利区为运移有利区和Ⅲ类储层物性区的叠合区。

登娄库组一段生—储—盖组合模式为下生上储式，即以断陷期的暗色泥岩和煤为气源岩，以登娄库组一段的砂岩、砂砾岩为储层，登娄库组二段泥岩为盖层。

登娄库组一段有利区主要以Ⅱ$_2$类和Ⅲ类为主，其他有利区发育面积有限，Ⅱ$_2$类有利区分布面积为2043.2km^2，主要分布在大庆长垣以东地区，其面积为1396km^2，Ⅲ类有利区分布面积为1179.9km^2，在大庆长垣以东地区面积为517.1km^2，在长垣及其以西地区面积为662.8km^2。

登娄库组二段生—储—盖组合模式既有自生自储式，又有下生上储式，其中自生自储式是以登娄库组二段暗色泥岩为气源岩，登娄库组二段砂岩为储层，登娄库组二段泥岩为盖层，下生上储式是以断陷期的暗色泥岩和煤为气源岩，登娄库组二段砂岩为储层，盖层为登娄库组二段的泥岩。

在大庆长垣SG6井以南地区、古龙凹陷的东南部地区生储盖组合模式均为自生自储式，除此之外的地区为下生上储式，其中自生自储式生储盖组合模式所对应的有利区主要以Ⅱ$_2$类和Ⅲ类为主，其中Ⅱ$_2$类有利区分布面积为451.4km^2，Ⅲ类有利区分布面积为1044.8km^2，下生上储式生—储—盖组合模式所对应的有利区主要分布在大庆长垣以东地区，有利区以 II_2 类为主，分布面积为 3694.8km^2，III类、I_3类和II_1类有利区也有一定发育，分布面积分别为 739.7km^2、265.7km^2 和 189.1km^2。

登娄库组三段生—储—盖组合模式为下生上储式，即以断陷期和登娄库组二段的暗色泥岩和煤为气源岩，登娄库组三段砂岩为储层，泉头组一段、二段泥岩为盖层。

登娄库组三段有利区以II_2类和III类为主，其他类型有利区发育面积有限，II_2类有利区分布面积最大，为 4827.5km^2，在大庆长垣及其西部与大庆长垣以东地区的面积相当，分别为 2482.7km^2 和 2344.8km^2，III类有利区分布面积为 1150.5km^2，集中分布在古龙凹陷南部地区。

登娄库组四段生—储—盖组合模式为下生上储式，即以断陷期和登娄库组二段的暗色泥岩和煤为气源岩，登娄库组四段砂岩为储层，泉头组一段、二段泥岩为盖层。

登娄库组四段有利区以II_2类和III类为主，其他类型有利区发育面积有限，II_2类有利区分布面积最大，为 5261.7km^2，以大庆长垣为界，在大庆长垣及其以西地区与大庆长垣以东地区的面积相当，分别为 2886.4km^2 和 2375.3km^2，III类有利区分布面积为 722.8km^2，均分布在古龙凹陷南部地区。

此外，松辽盆地北部深层外围多个小断陷具有和双城南相似的构造沉积背景。地层埋藏较浅，烃源岩热演化程度较低，处于生油窗内的断陷，R_o 一般在 0.5%~1.3% 之间（图 5-4-4），登娄库组发育大面积分布的河流相沉积，储层条件优越，孔隙度在 10%~15% 之间，成藏期后未经历改造破坏，具备形成规模油藏的地质条件，估算资源量 $1×10^8$t，是未来深层石油勘探拓展的重要新领域。

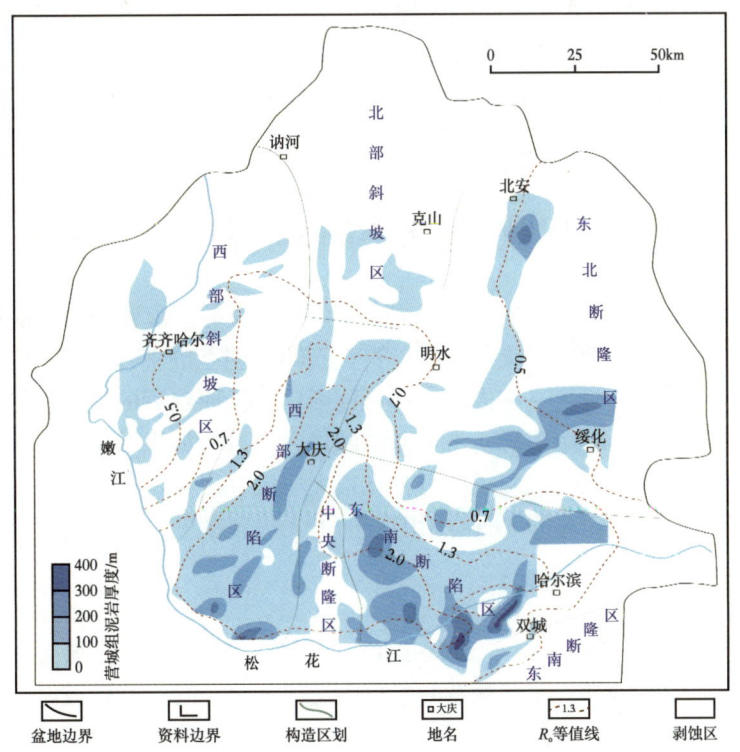

图 5-4-4　松辽盆地营城组烃源岩与热演化程度叠合图

第六章 火石岭组油气地质条件研究与勘探新进展

松辽盆地火石岭组分布范围广,属于中性火山喷发为主的一套火山岩系。松辽盆地南部双辽、孤店、王府、德惠等断陷火石岭组发现烃源岩,并获得工业油气流发现,虽未获得规模发现,但仍展示了火石岭组一定的勘探潜力。松辽盆地北部未对火石岭组开展过针对性探索,以往钻遇火石岭组"口袋井"39口,其中工业气流1口、低产气流3口,整体认识程度比较低。火石岭组以安山岩、玄武岩等中基性岩类为标志性岩石组合,已钻井揭示局部发育沉积岩,以往认为是断陷初始期一套火山岩建造,火山活动控制作用大,区域分布广泛,火石岭组一段(火一段)为煤系碎屑岩,火石岭组二段(火二段)为火山岩、火山碎屑岩夹沉积岩的一套沉积火山地层。火石岭组成藏条件有利:火石岭组、沙河子组烃源岩为天然气成藏提供了充足的气源条件,广泛分布的火山岩体为气藏形成提供了储层条件,区域分布的登娄库组盖层提供了有效的封盖条件。"十三五"以来,针对火石岭组开展系统的基础地质与油气成藏条件研究,徐家围子断陷部署的风险探井HT1井揭示两套含油气系统,见到重要含气苗头,揭示了火石岭组巨大的油气勘探潜力。

第一节 火石岭组油气勘探历程与研究现状

火石岭组源于森田义人于1942年在吉林省九台市以东、营城子以北的柳家沟—马家沟—李家纸房一带命名的营城子火山岩群。自火石岭组创立以来,众多学者进行了大量的后续研究工作,对火石岭组含义和内涵的认识逐渐深化。厘定后的火石岭组含义是指一套灰绿色安山岩、凝灰岩、凝灰质砾岩夹少量粉砂岩、砂岩、泥岩及煤线。火石岭组火山岩分布、地层边界划分、时代归属问题一直存在很大争议,因为目前钻井只钻遇隆起区或浅部位的火石岭组,对断陷深部的火石岭组的特征仍无法直接了解。

一、火石岭组油气勘探历程

"十一五"期间开展了徐家围子断陷三维地震勘探大连片工区精细构造解释,对火石岭组进行了系统的构造解释,明确火石岭组顶面总体上为一套连续性较好岩层的底面,是火石岭组杂乱反射地层的包络面,上下两套地层内部反射结构和特征差异大,沙河子组沿该界面的底超现象较普遍。由于断层发育复杂,火石岭组断层的解释主要是在区域构造应力场的断陷形成和演化模式的指导下，研究反射波组特征的分布，参考其上部断层发育特征，建立一定的模式样式，同时应用相干分析、倾角、瞬时相位、振幅切片等手段确定断层形态、位置。"十一五"之前断陷期地层和凹陷期地层都是在拉张伸展为主导思想下开展的，只有在局部反转挤压明显的部位解释挤压逆断层。"十一五"期间首次在徐家围子断陷提出大规模的走滑断裂系统，重新深化认识了徐西、徐中、徐东三大断裂带对徐家围子断陷的控制作用。早期断裂活动具有明显的特征和期次：徐西断裂为控陷边界断层，主要活动于火石岭组—沙河子组沉积时期。徐西断层控制了火石岭组—沙河子组分布。火石岭组埋深大，储集条件不清楚，同时上生下储的成藏模式对成藏条件要求苛刻，认为单独针对火石岭组的勘探具有较大的风险，"十一五"及以前松辽盆地北部的勘探主要针对以沙河子组泥岩和煤层烃源岩，以营城组火山岩为储层的气藏开展勘探，位于沙河子组烃源岩之下的火石岭组一直未作为目的层开展研究。

"十一五"以来，深层天然气在营城组火山岩勘探的同时，探索沙河子组烃源岩层自生自储的致密砂砾岩气藏取得勘探突破，同时针对中央古隆起带、外围断陷、新层系甩开勘探，深层勘探呈现出多层位并举、多点开花的局面。

"十三五"以来，针对火石岭组开展了一系列构造背景及岩相古地理研究，提出新的观点，认为松辽盆地火石岭组是前白垩系拼合褶皱基底向断陷盆地构造体制发生重大转化过程中以火山岩和粗碎屑含煤层系为主的构造过渡层，原型盆地沉积中心位于齐家—古龙、徐家围子、长岭、莺山和榆树等地区，认为火石岭组具有油气成藏的基本条件，成为新层系勘探的重要探索领域。

二、火石岭组研究现状

自火石岭组创立以来，众多学者进行了大量后续的研究工作，对火石岭组含义和内涵的认识逐渐深化。

对火石岭组沿革和松辽盆地南部深层钻井的研究发现对火石岭组的认识存在3个主要争议问题：（1）火石岭组完整的序列特征认识不统一；（2）火石岭组内部不同性质的火山岩纵向序列关系不清楚。前人研究成果和松辽盆地南部深层钻井已揭示的火石岭组火山岩岩性非常复杂，从酸性到基性的熔岩和碎屑岩，以及偏碱性的中性熔岩和碎屑岩都有发育。火石岭组内部不同性质的火山岩是纵向叠覆、存在年代的先后顺序，还是横向相变、在同一时期形成的，还未曾开展过系统研究；（3）火石岭组的时代归属。火石岭组的地质时代目前争论颇多，包括侏罗纪、晚侏罗世、横跨晚侏罗世—早白垩世、早白垩世。另外，安俊义等则认为火石岭组应分为2部分，上部为早白垩世，下部为晚侏罗世；高瑞祺等根据孢粉特征将火石岭组归为早白垩世，但综合同位素年龄测定、古地磁等资料，也不排除其属于晚侏罗世提塘期的可能性。

松辽盆地北部火石岭组勘探首选成藏条件优越的徐家围子断陷开展工作。徐家围子断陷钻遇火石岭组探井12口，均为"口袋井"。DS28井在3610.6~3713.6m压裂后日产气9300m^3、日产水28m^3；XS1井在4446~4466m压裂后日产气14825m^3；ShS101井在2842.0~2954.4m压裂后日产气29361m^3，日产水47.88m^3；DS34井、ShS6井、WS5井、

XS6-308井有气测显示，证实火石岭组发育含气储层。"十三五"期间，以徐家围子断陷为重点，重新厘定火石岭组一段、二段地层序列，构建了沙河子组上生下储侧向运移、火石岭组自生自储近源聚集两套成藏模式；建立了针对火石岭组火山岩的QPSTM体偏处理、解释及目标刻画一体化技术解决了火石岭组地震资料品质差，火山岩体特征不清楚的难题。建立了可变供烃窗口定量计算技术方法，实现源储侧向对接中供烃窗口的定量化计算。优选安达东部有利区大规模火山岩体部署风险探井HT1井，钻遇火石岭组差气层50.2m/3层，差气界限层19.6m/1层，见重要含气苗头，证实火石岭组具有重大勘探潜力。

第二节　火石岭组地质特征

松辽盆地构造演化阶段分为断陷阶段、坳陷阶段和反转阶段。盆地由前中生界基底和中生界、新生界盖层两部分组成，盆地沉积盖层主要为中生代、新生代碎屑岩沉积充填。火石岭组整体上是一套以中性火山岩为主的地层，可以划分为两个段，火一段为灰色砂岩、砾岩与泥岩互层，火二段为中性火山岩夹碎屑岩。

一、火石岭组构造特征

1. 构造演化特征

不同的学者提出不同的成盆机理，对松辽盆地构造演化提出了不同的观点和论述，但大的构造演化阶段基本一致，即将演化过程分为断陷阶段、坳陷阶段和反转阶段，相应的盆地地层可划分为断陷构造层、坳陷构造层和反转构造层。由于区域应力场的方向和性质变化伴随整个盆地演化过程，因此盆地并不仅是简单的三期演化，而是经历了多期拉张—挤压的演化历史，应力场的方位变化导致部分构造变形显示扭动特征。

1）断裂阶段

早白垩世早期，即火石岭组沉积时期，大洋板块俯冲引起热地幔柱上涌，形成了本区大量火山喷发，火石岭组在盆地中广泛存在，局部厚度超过千米。火石岭期处于褶皱基底向断陷盆地过渡的断裂期，形成构造过渡层。

2）断陷阶段

沙河子组沉积时期为盆地强烈的裂陷时期。该期盆地以持续伸展沉降为特点，是盆地最大伸展沉降阶段。沙河子组以湖相碎屑沉积为主，夹有少量火山岩。火山岩主要是流纹岩、英安岩、凝灰岩，明显转化为以活动陆缘为特征的时期。沙河子组沉积末期存在一次较强的挤压反转，断陷层序内部发生较强反转，盆缘发生断裂逆冲，断陷内形成挤压背斜和营城组与沙河子组之间的角度不整合。营城组沉积时期是断陷盆地萎缩时期，伴随着较强烈的火山喷发，沉积了一套火山碎屑岩。火山喷发可分为早晚两期，分别形成营城组一段和营城组三段火山岩。综上所述，断陷早期是热地幔上涌与活动陆缘作用时期，后期以活动陆缘作用为主。营城组沉积末期本区壳—幔作用强烈活动期进入尾声，局部断裂发生反转，如徐西断裂上盘反转形成升平构造雏形。

3）坳陷阶段

登娄库组沉积时期岩石圈开始冷却，发生热收缩，导致地壳不均一下沉，盆地开始进入坳陷期。到登娄库组上部地层沉积时期，盆地完全进入了坳陷阶段，这一过程直至嫩江组沉积时期。在上地幔隆升幅度最大的中部区域，地壳的均衡调整作用最强，形成了中央深坳陷，奠定了松辽盆地富油的基础。沉积的不均一导致凹陷不均衡发展，坳陷期前期松辽盆地有东部和中部两个沉降中心，导致东部发育早期断陷，中部发育长期凹陷，西部为长期的斜坡带，地层逐层超覆。坳陷期并不是一成不变的沉降过程，还伴随着伸展量较小的区域性波动性伸展，坳陷期的应力场的方向改变为近东西向拉张，拉张方向与早期基底断裂方向斜交，导致斜向拉张作用，断裂在青山口组塑性泥岩层顶底（即 T_{11} 和 T_2 两个反射层）产生许多扭动的条带，即断裂密集带。

4）构造反转阶段

松辽盆地可划分出 6 次挤压构造事件，形成 6 个重要的不整合。不整合对应地层年代分别为火石岭组沉积末期、沙河子组沉积末期、营城组沉积末期、嫩江组沉积末期、明水组沉积末期和古近系末期。前三个挤压构造事件主要影响断陷层的层序，其中 T_{41} 反射层（沙河子组顶面）的不整合较强，有反转断层活动；后三个构造事件决定了松辽盆地的坳陷构造层的褶皱、断裂特征等变形特征，其中明水组沉积末期和古近系末期两次事件影响的深度和广度最大。

2. 构造动力学背景分析

早期形成的深大断裂与控制断陷的边界基底断裂有着必然的联系，基底断裂的形成在一定程度上间接地反映了深大断裂的活动，而火山活动主要受深断裂分布，因此深大断裂不仅控制盆地深层断陷的形成与发育，也控制了火山活动。在断陷形成的过程中伴随火山喷发，火山沿深断裂喷发并使熔浆溢流到断陷其他区域，使得断陷低洼处也分布大量的火山岩。在深大断裂控制断陷形成的过程中，由于阶梯状的伸展，也会使得在断陷外围发育一定量的早期喷发的火山岩，主要是火石岭组中基性火山岩，营城组火山岩主要分布在断陷中。

火石岭组火山岩主要以中性、中基性火山岩为主，高强场元素和大离子亲石元素较典型岛弧火山岩富集，主要为亚碱性系列，部分为碱性系列，稀土配分曲线较光滑，无明显的 Eu 负异常，无 Nb、Ta 负异常，Sr 为正异常，Cr、Ni 含量高，TiO_2 含量低，87Sr/86Sr 变化于 0.7048~0.7055 之间，143Nd/144Nd 变化于 0.5122~0.5127 之间，显示火石岭组火山岩主要来自地幔，并兼具大陆裂谷火山岩和俯冲带岛弧火山岩的特点，表明火石岭组火山岩主要形成于俯冲造山后岩石圈调整过程中伸展构造背景，是幔源岩浆在伸展的环境中沿断裂上升喷出地表的产物。

结合火山岩的地球化学特征，形成的构造地质背景，火山岩的时空变化特点，和断陷、断裂的关系等，初步分析了火石岭组火山岩的成因及演化特征。古生代末期—中生代早期，欧亚板块与古太平洋板碰撞、俯冲、造山作用使松辽地区发生大规模的抬升、剥蚀，并伴随大规模岩浆活动。火石岭组沉积时期，盆地进入碰撞造山后的应力松弛阶段，地幔隆升，上涌的热流使地壳塑性增强，易于滑脱，在韧性剪切带上的岩层内产生陡倾正断裂，脆性地壳伸展破裂，形成了大量北西向、北北东向、南北向的正断层，地幔岩石部分熔融形成的基性岩浆沿着深大断裂经过同化混染作用和结晶分异作用后喷出地表，充填于初始断陷中，形成火石岭组沉积时期幔源中基性火山岩建造。

3. 火石岭组构造特征

火石岭组是在早燕山近南北向右行走滑背景下形成的，具有坳隆相间构造格局，张扭深大断裂是其依据。通过基底大断裂分布图（图6-2-1）与断陷期断裂分布图（图6-2-2），可以说明褶皱基底向断陷体制重大转化的断裂分布依据。

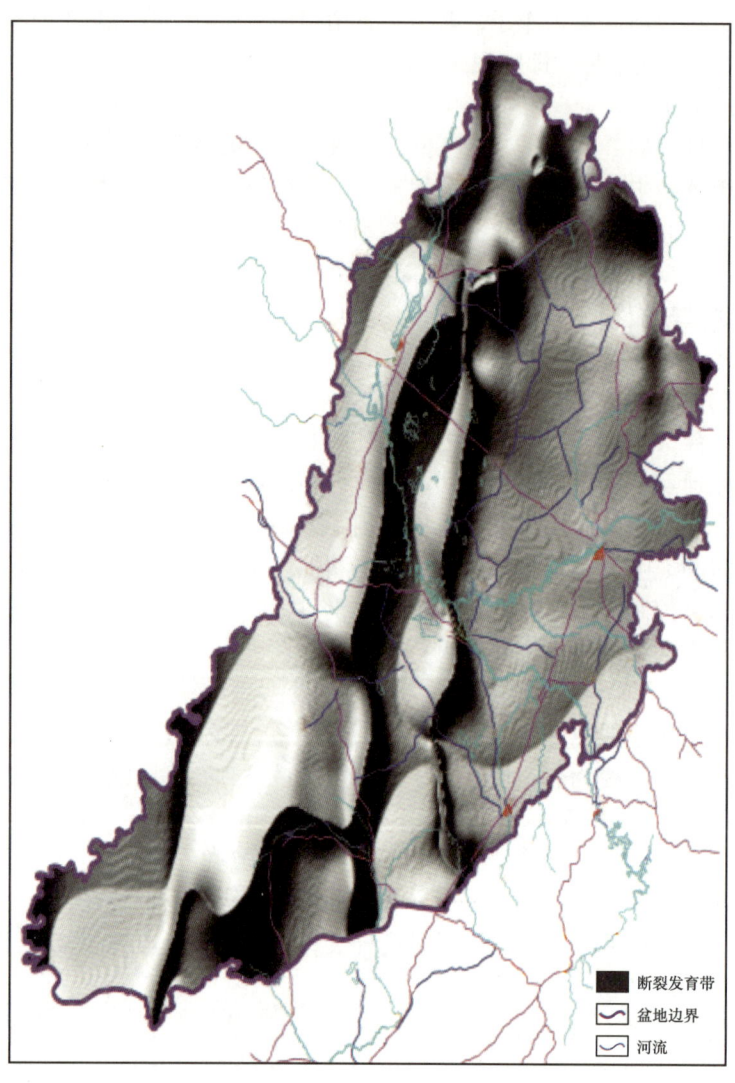

图 6-2-1　松辽盆地基底断裂分布

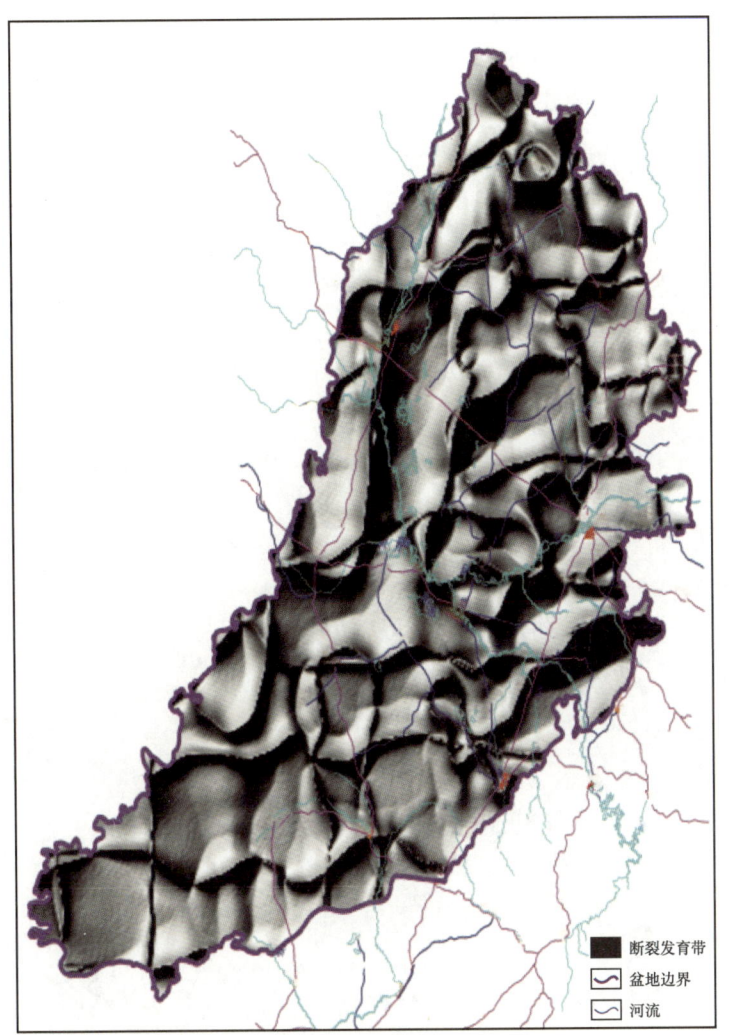

图 6-2-2 松辽盆地断陷期断裂分布图

火石岭组是在早燕山近南北向右行走滑背景下形成的（图6-2-3），具有坳隆相间构造格局，断裂分为四期：（1）海西期北东东断裂；（2）印支期南北向断裂；（3）燕山期控制火山活动性断裂；（4）喜马拉雅期断裂。

近南北向张扭性基底深大断裂控制了岩浆喷发和东西相间的古高地、古台地、泛滥平原和洼地地貌景观。

徐家围子断陷沙河子组沉积期末的主要挤压构造形迹主要可见于徐西断裂走向由北西转向北东的拐弯处，亦即徐西断裂南段与北段的结合部位。徐西断裂南段北段的挤压褶皱特征主要表现为褶皱规模小，背斜西翼极陡、东翼极缓，且被正断层强烈切割；营城组一段不整合覆盖其上。

徐家围子地区的挤压构造形迹见于徐西断裂及宋西断裂的右阶右弯曲处。如升平—兴城转换斜坡发育于徐西断裂北端的右阶右弯曲处，徐西断裂北段与南段的接壤部位，构成右阶右弯曲结构，挤压构造形迹清楚。宋西断裂北段构成右阶右弯曲结构走滑作用致使安达地区挤压构造形迹普遍，貌似沿宋站断裂的"反转作用"。宋西断裂中段的右阶右弯曲结构导致了宋站鼻状构造的派生。

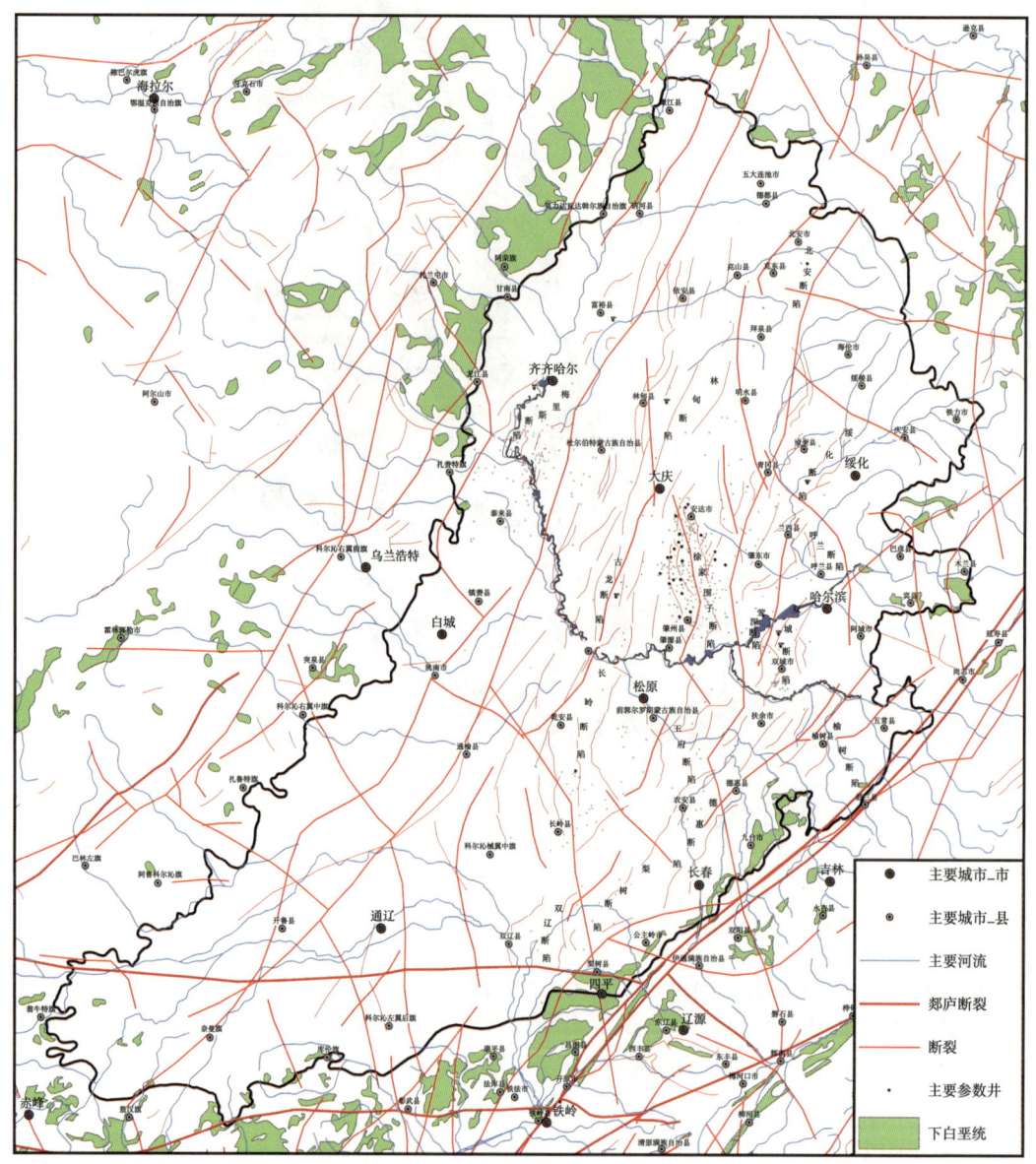

图 6-2-3　松辽盆地及周缘断裂分布图

火石岭组为初始裂陷期地层，主要受4条北西向、近北南向断裂控制，断陷主体为复式箕状断陷，北部为箕状断陷，南部不对称双断式断陷；这四条断层分别为宋西断裂，徐西断裂，徐东断裂和徐东断裂南段。火石岭组被断裂分割，形成4个沉降中心，受早期伸展和晚期挤压的影响形成3个次级凹槽，即安达次凹、徐中次凹、徐南次凹。

二、火石岭组沉积充填与层序地层特征

1. 火石岭组沉积充填特征

火石岭组以中基性安山岩、玄武岩为标志性岩石组合，沉积夹层即煤系不发育，代表断陷初始期火山建造，火山活动控制作用大，区域分布较为广泛。火石岭组岩性以火山岩为主，可偶见杂色砾岩与深灰色泥岩，厚度一般在500~650m之间，是不同期次的火山岩多次喷发、相互覆盖与后期改造的结果。松辽盆地北部沉积充填及后期改造方面，不同历史时期的岩相古地理面貌差异很大，如生物群、古气候、古地理分布。

已钻遇火石岭组的井岩性以火山岩地层为主的占绝大多数。以SK2井火石岭组岩性识别与划分为例，利用火石岭组测井资料划分出4类岩性（图6-2-4），其中凝灰质泥岩类厚度为155.66m，凝灰岩类厚度为70.34m，安山岩类厚度为204.42m，复成分砾岩厚度为90.68m，岩性划分结果与录井岩性具有较高的符合率。

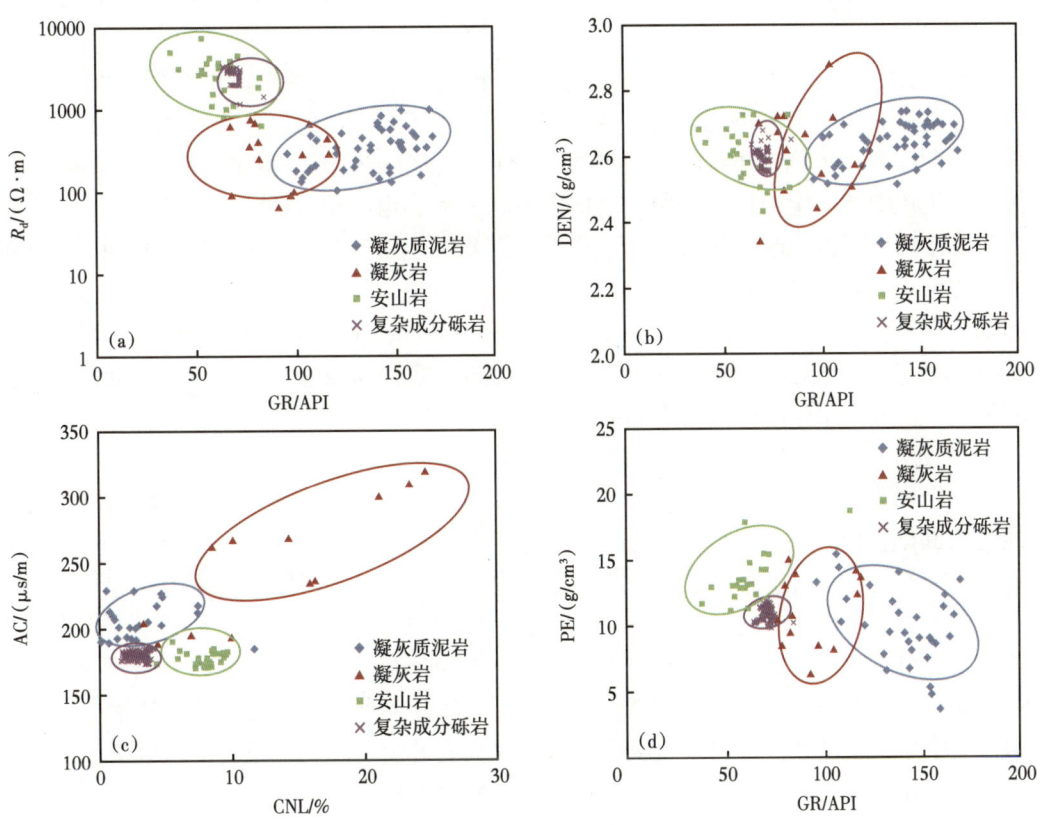

图6-2-4　SK2井火石岭组岩性识别交会图

大多数地震剖面及钻井资料显示，火石岭组的原始分布特征均不受控陷断层的影响。均可见火石岭组在控陷断裂根部基本等厚。火石岭组的分布虽然也受控陷断裂的影响，但控陷断裂影响火石岭组平面分布的机制与沙河子组有本质的区别。由于控陷断裂相对于火

石岭组是"后生"的，所以火石岭组在控陷断裂下降盘能得以相对完整保存，是因为沙河子组对火石岭组的及时沉积覆盖可使其免于风化剥蚀在控陷断裂上升盘，由于沙河子组沉积时期旷日持久的剥蚀作用，火石岭组基本上被剥蚀殆尽。

火石岭组与沙河子组空间分布上的相似性，形成于沙河子组沉积时期。在断陷的发生、发展与充填过程中，随着沙河子组沉积时期断陷的逐步发展，在构造沉降部位沉积了较厚的沙河子组，火石岭组也相对保存完整；而在构造相对隆起部位，沙河子组沉积较薄，火石岭组渐渐遭受剥蚀减薄，甚至缺失。火石岭组与沙河子组平面分布特征的相似性主要体现在两个方面：第一个方面，两者的分布轮廓极为相似，这是在沙河子组沉积时期伸展格局的制约下，由断块差异升降所导致的蚀积格局控制的；第二个方面是两者厚度变化趋势之间的相似性，如在安达—徐家围子断陷带火石岭组与沙河子组都有向东逐渐减薄的趋势。导致这种相似性的原因是在控陷断裂下降盘远离沙河子组沉积时期同沉积断裂的地方，受沙河子组沉积初期超覆范围限制火石岭组还是受到了一定程度的剥蚀，反映了沙河子组沉积时期动态的侵蚀与沉积过程。类似的情形，还可见于其他断陷沙河子组的边缘相展布区域。

与相似性相比，火石岭组与沙河子组平面分布特征的差异性是其更具根本性的特征。从表面上看火石岭组的分布范围在某些局部地区要大于沙河子组。像徐家围子断裂西缘的中央古隆起、莺山—庙台子断陷带两个断陷之间及庙台子地区，虽然未见沙河子组分布，但火石岭组依旧有一定面积的残留。这些区域在沙河子组沉积时期，古地势比较低平，虽然未构成沙河子组沉积时期的沉降区进而接受沉积，但火石岭组也未被完全剥蚀。与这种表面上的微小差异相比，火石岭组的原始分布特征与现今的残留状况相去甚远。保守的推测判断，中央古隆起火石岭的原始厚度至少有300~400m。中央古隆起已有数口探井证明，火石岭组确实曾覆盖过该区域。除中央古隆起之外，东部斜坡火石岭组长期遭受剥蚀，保守的恢复后，其原始厚度也可达300m左右。

在 CS1 井，2830m 深的沙河子组含泥含砾砂岩中，显微镜下鉴定含砾、砂状结构，砾石成分为长石、石英及安山岩岩块。说明徐家围子东侧隆起上过去有火石岭期火山岩被剥蚀进入断陷。FS5 井，3212.0m 深度沙河子组含泥砾岩，显微镜下鉴定砂质砾状结构，砂砾成分为石英、长石、千枚岩、片岩、酸性喷发岩等组成，说明中央古隆起上也有火山岩被剥蚀沉积到断陷中。此外，ZhS1 井火山岩同位素年龄值为 156Ma 和登娄库组直接覆盖于火石岭组之上也表明，火石岭组火山岩系属于徐家围子地区火石岭组原始厚度图，伸展断陷盆地期前大规模火山喷发产物。综上所述，松辽盆地北部深层断陷真正的伸展断陷作用，应该始于早白垩世沙河子组沉积时期。在火石岭组沉积时期发育的、以火山岩为主的沉积为大陆内火山岩台地。现今所呈现的火石岭组为剥蚀后残留。

火石岭组、沙河子组、营城组三套地层的形成机制、原始分布格局及现今残留格局的差异意味着断陷期各阶段地质特点的差异。松辽盆地深层断陷经历了火石岭组沉积时期的孕育阶段、沙河子组沉积时期的伸展裂陷阶段和营城期的萎缩覆盖阶段。各阶段间地质作用的痕迹，都清晰地记录在地震反射资料上，以清楚地划分出三个地震层序。

初始断裂期系指火石岭组沉积时期。该期是松辽盆地盖层火山岩主要发育时期，其沉积特征是以深水粗碎屑及火山岩相分布为主，岩性为火山岩、局部夹黑色泥岩、砂岩、中酸性凝灰角砾岩、凝灰熔岩等。沉积环境主要为火山岩台地，虽有部分断裂活动，但火石岭组并不受控陷断裂控制，其厚度在古地形低凹处较厚，而在古地形较高处则沉积较薄。在这种区域构造背景下，断裂活动并没有控制并形成断陷，只是伴随着基底断裂的活动，在研究区形成了以裂隙式喷发为主的火山岩沉积。此时的构造运动较为动荡，只是在断陷的中心部位相对较稳定，形成了一些细碎屑沉积。据勘探资料，火石岭组在盆地中普遍存在、局部超过千米，酸性至基性火山岩都有发育。火山岩大量发育反映火石岭组沉积时期本区壳—幔作用十分强烈。邱家骧教授（1998）等分析，松辽火山岩具如下特征：成分上具有似双峰特点，其中基性岩浆为主，酸性岩浆次之；盆地中碱性、亚碱性火山岩系共存。碱性火山岩约占36%（76个样品）；亚碱性火山岩系列中以钙碱性火山岩为主，约占73%，拉斑系列火山岩仅为26%。由此可见，火石岭组火山岩活动时期，盆地既有活动陆缘特点，又有大陆裂谷特征。形成这一特征的根本原因应该是：该时期东北板块处于滨太平洋构造域与古亚洲洋构造域的转化时期，故而形成的火山喷发具有活动陆缘与大陆裂谷的双重特征。

2. 火石岭组火山喷发充填特征与平面展布

松辽盆地北部火石岭组火山岩通常是多中心、多旋回喷发的产物。"十一五"以来针对研究区火石岭组火山岩，从火山岩储层的地震识别入手，应用多种地震技术手段，先从宏观上定性预测火山机构空间分布范围和火山岩相带展布情况，再对火山岩储层厚度分布进行定量预测，最后综合得出目标层火山岩的分布特征（图6-2-5）。

以岩浆活动为线索，进行盆地充填特征类比分析：发现弧形沉降带早白垩世断陷盆地的构造层序具有共性特征：一是发育140±5MPa、125±5MPa两期火山旋回；二是在两期火山活动期间，众多孤立断陷碎屑岩充填。

3. 火石岭组沉积演化特征

SK2井单井埋藏史（图6-2-6），结合SK2井沉积速率可以看出，在下白垩统沙河子组沉积时期发生长时间巨大厚度快速的沉积和埋藏，沉积速率为460.35m/Ma；进入营城组沉积时期，沉积速率有所下降，但整体依然处于较快速的沉积和埋藏，沉积速率为186.22m/Ma；营城组沉积末期地层抬升剥蚀，剥蚀厚度654.45m，剥蚀量较大；下白垩统登娄库组—上白垩统泉头组沉积时期再次进入快速沉积埋藏阶段，登娄库组和泉头组的沉积速率分别为120.66m/Ma和101.77m/Ma；上白垩统青山口组—姚家组沉积时期沉积埋藏速率略有下降，但整体依然处于较快速的沉积和埋藏，沉积速率分别为52.24m/Ma和72.94m/Ma；在上白垩统嫩江组沉积初期，发生短时间大厚度的快速沉积和埋藏，沉积速率达到了216.25m/Ma，到嫩江组沉积末期地层回返转为快速的抬升剥蚀，剥蚀量巨大，达到了851m；上白垩统四方台组沉积时期—第四纪，地层整体处于缓慢沉积和埋藏，沉积速率和埋藏速率明显变小。

以火山岩及其近物源改造为主的含煤系沉积建造，不受断陷控制。火石岭组顶面明显与沙河子组成不整合接触，说明在火石岭组火山沉积后期地层遭受强烈的剥蚀作用，然后地层发生较为强烈的倾斜、沉降或隆升。

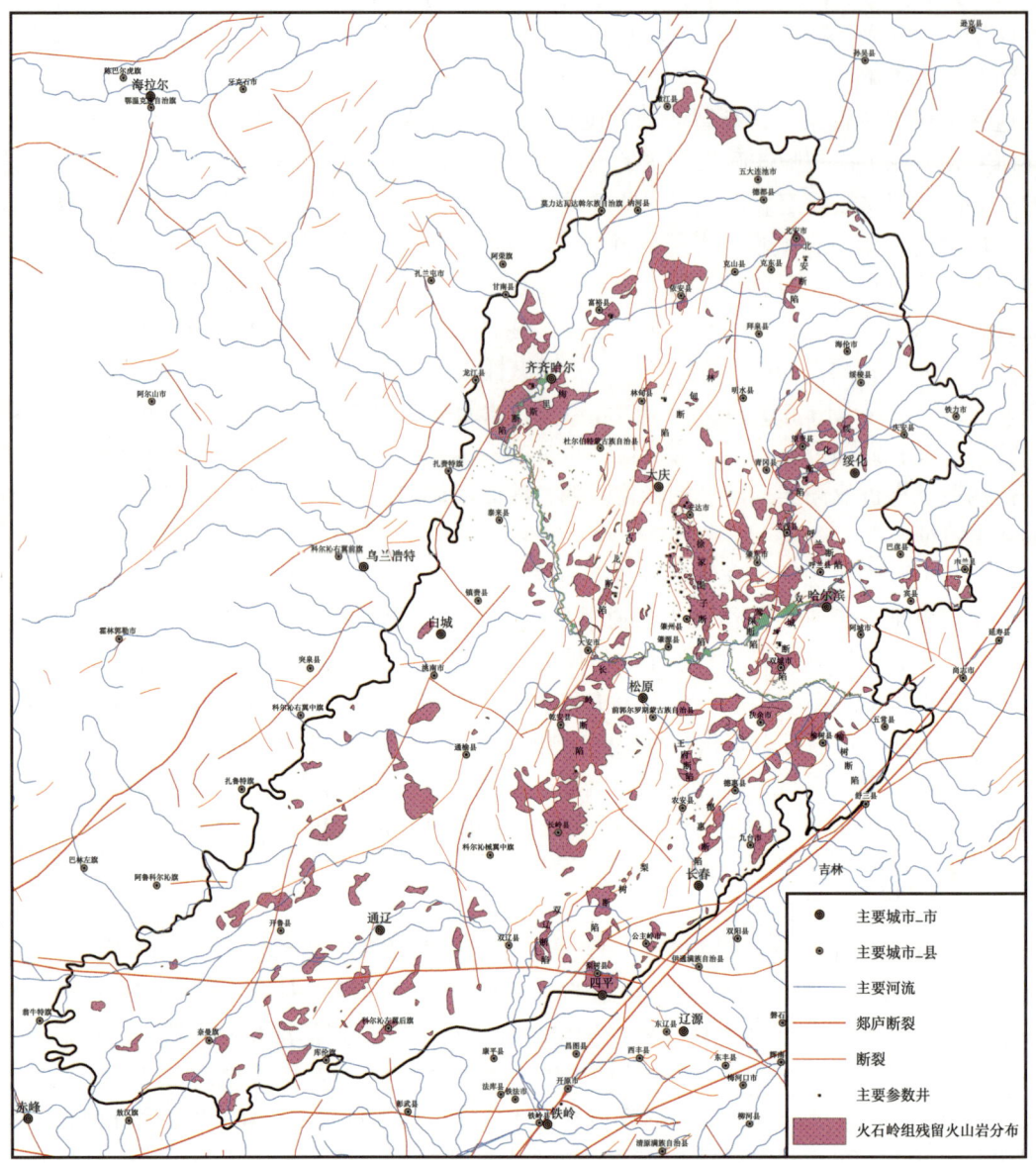

图 6-2-5　松辽盆地深层火石岭组火山岩分布预测平面图

4. 火石岭组残留地层分布特征

松辽盆地断陷期地层在断陷期地质阶段（火石岭组—营城组沉积时期）之后，主要遭受了两期重要的改造作用：第一期发生于大型坳陷盆地的沉降过程中，晚侏罗世—早白垩世早期断陷的原形遭受了幅度最大的改造作用，奠定了其残留格局和赋存现状；第二期发生于挽近地质时期，大约在明水组沉积期末或古近纪末，即大型坳陷盆地的反转萎缩阶段，以区域性宽缓褶皱作用为其特征。此外，在断陷期地质阶段演化过程中，断陷期地层也曾遭受过明显的挤压改造作用。

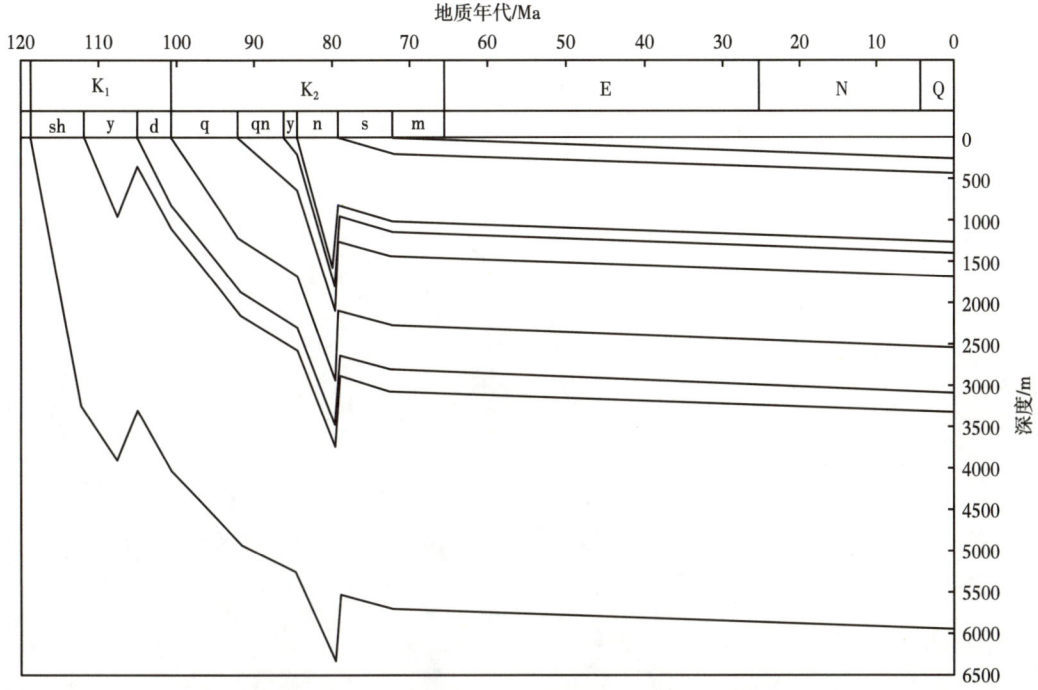

图 6-2-6　SK2 井单井埋藏史曲线（据张立斌，2019）

松辽盆地的沉降过程通常被简单地划分为同裂谷期（火石岭组—营城组沉积时期）沉降，以及接踵其后的后裂谷期的构造热沉降。进一步的研究表明，裂谷后沉降阶段不同时期的沉降曲线在斜率上有所不同，这些斜率上的差异与裂谷后阶段发生的构造运动、岩浆活动恰好同步（刘立等，1994），凡是发生上述活动的时间，沉降曲线都有变陡的趋势。认为松辽盆地的裂谷后沉降，并不是单纯的热沉降，而是在热沉降的基础上又叠加了多期伸展，最后在挤压运动中结束。从构造形迹的鉴定结果来看，晚侏罗世—早白垩世早期，断陷期地层遭受的主要挤压改造作用，发生于沙河子组沉积期末，以局部性挤压褶皱凸起并伴生次级逆断层为其基本特征。

区域地质格局的变化，使松辽地区起伏易位，断陷期地层在新的地质沉降格局中，沉降部位得以持续埋藏，隆升部位遭受侵蚀，所以其残留格局基本上反映了坳陷盆地的沉降格局。断陷期地层主要残留于中央坳陷区，像徐家围子—古龙断陷期地层残留带；安达—徐家围子断陷期地层残留区；莺山—双城断陷期地层残留区，在滨北地区主要残留了梅里斯、林甸—黑鱼泡、北安三个面积较大的断陷期地层分布区。

图 6-2-7 是松辽盆地火石岭组残留地层厚度图。从宏观上看，松辽盆地中央坳陷区断陷期地层保存最为完整，这一区域，是盆地最早的沉积区，处于蚀积基准面以下，登娄库组的及时覆盖，使断陷期地层免于剥蚀。滨北地区断陷期地层剥蚀强烈，除沿孙吴—双辽主沉降轴展布的林甸—黑鱼泡断陷带保存相对较好外，其余断陷期地层剥蚀强烈。

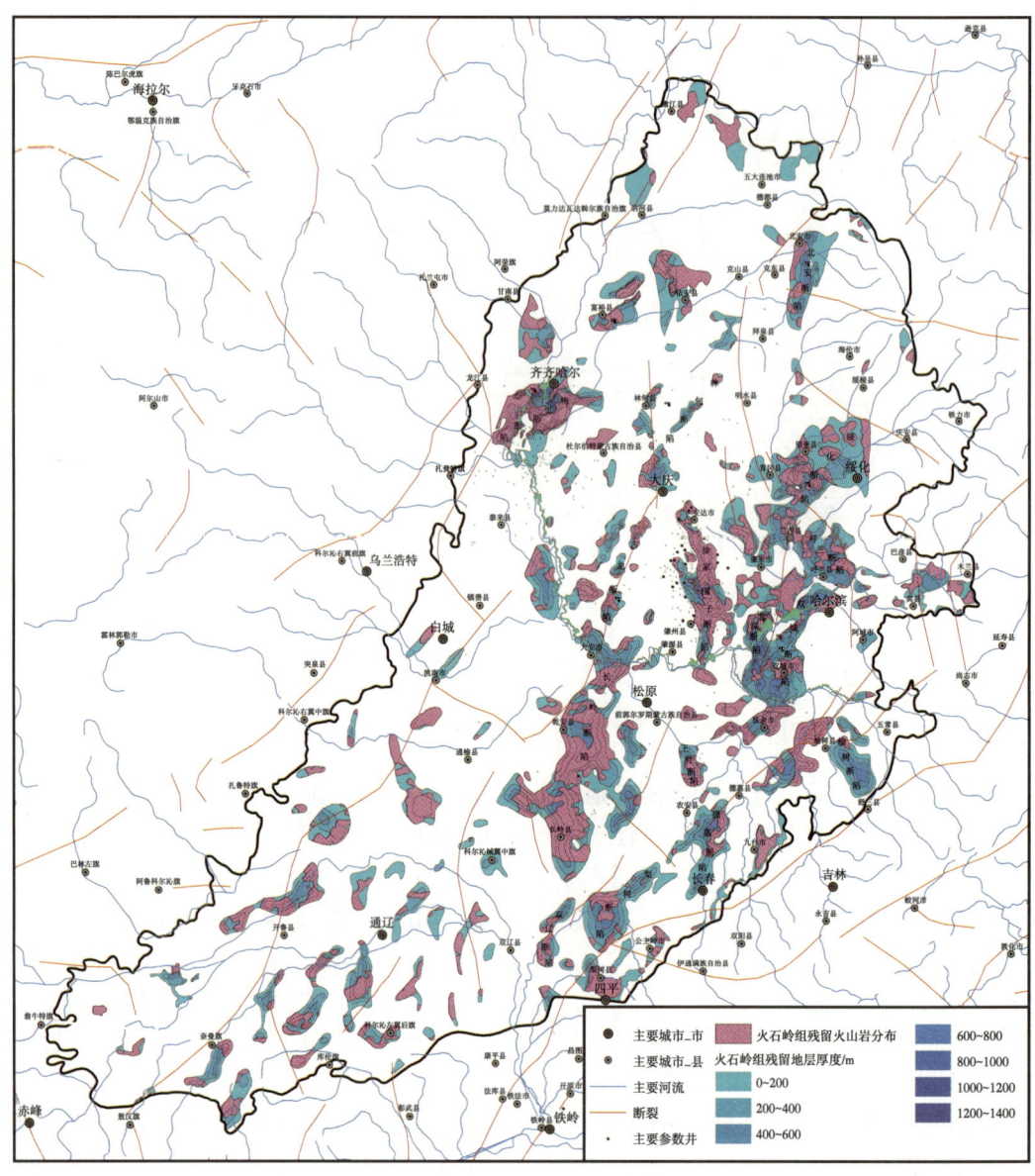

图 6-2-7 松辽盆地火石岭组残留地层厚度图

第三节 火石岭组油气地质条件

以往在火山岩、致密气勘探中钻到过火石岭组，但由于埋深大、岩体刻画难等问题，一直没有作为勘探的重点，整体勘探程度低，仅在徐家围子断陷揭示工业气流井。富气的徐家围子断陷火石岭组火山岩分布广，是风险勘探的重要领域。本章将聚焦徐家围子断陷成藏条件，通过烃源岩、储层、盖层和运移条件的综合分析，分析火石岭组成藏条件及成藏主控因素，为气藏分析及有利区划分奠定了基础。

一、火石岭组油气形成的烃源岩条件

火石岭组具备火一段、火二段、沙河子组三套烃源岩供烃的条件，形成下生上储、自生自储、旁生侧储三种源储组合样式。

火一段湖相泥岩和煤层是松辽盆地北部深层烃源岩层系之一。徐家围子断陷火一段为初始拉张时期形成的断陷湖盆，地震相预测发育完整沉积体系，湖盆中部发育烃源岩，预测泥岩厚度100~400m，火二段火山岩直接覆盖其上，源储匹配好。火二段为火山喷发间歇湖盆，局部发育碎屑岩沉积，泥岩为薄夹层，多见凝灰质，分选较差，见少量煤屑，饱和烃气相色谱质谱证明母质来源以高等植物为主，是以周围火山岩作为物源的近物源沉积。源岩有机质类型为II_2—III型，与沙河子组烃源岩干酪根类型相似。从有机质丰度指标看（表6-3-1），有机碳含量范围为0.1%~5.93%，平均为1.87%，含煤样品有机碳含量范围为5.76%~63.76%，平均为22.56%，为中等—好烃源岩，R_o分别为2.8%、3.03%，为过成熟烃源岩，具备生烃潜力。地震相模式预测泥岩厚度100~300m。

气源对比表明，沙河子组暗色泥岩和煤层是深层天然气的主要贡献者。对沙河子组及火石岭组气样进行分析，发现沙河子组气样甲烷含量平均为92.69%，干燥系数为43.43，而火石岭组气样甲烷含量为96.20%，干燥系数为67.92，沙河子组气样干燥系数较低，反映了源内成藏的特征，火石岭组气样受运移分馏的影响，甲烷含量较沙河子组高，认为火石岭组天然气主要来自洼槽区沙河子组源岩的远距离运移。徐家围子断陷暗色泥岩及煤层比较发育，为本区主力烃源岩发育层系。烃源岩富含有机质，干酪根类型以III型为主。暗色泥岩全区发育，厚度普遍超过200m，最厚达1000m，泥岩TOC平均值为2.42%，生烃潜量S_1+S_2平均值为8.34mg/g，R_o范围值为1.2%~3.0%，平均值为2.01%，达到过成熟阶段（表6-3-1）。沙河子组煤层在断陷广泛分布，一般厚度5~50m，最厚150m，TOC平均值为35.54%，生烃潜量S_1+S_2平均值为11.32mg/g，R_o范围为1.1%~2.54%，平均值为1.83%，达到高—过成熟阶段（表6-3-1）。安达凹陷沙河子组烃源岩整体发育较好，煤层发育，具备较强的供烃能力。

表6-3-1 火石岭组及沙河子组烃源岩评价表

层位	岩性	残余有机质丰度 ($\frac{范围}{平均值}$)		成熟度 ($\frac{范围}{平均值}$)
		TOC/ %	S_1+S_2/ (mg/g)	R_o/ %
火石岭组	泥岩	0.1~5.93 1.87	0.03~32 4.9	1.7~3.47 2.8
	煤、碳质泥岩	5.76~63.76 22.56	0.26~65 15.62	1.62~3.46 3.03
沙河子组	泥岩	0.7~6.0 2.42	0.1~29 8.34	1.2~3.0 2.01
	煤、碳质泥岩	6.4~89.2 35.54	0.1~79.2 11.32	1.1~2.54 1.83

沙河子组与火石岭组的源储接触方式有两种,一种是斜坡带源储侧向对接模式,在这种对接方式下,天然气向侧上方运移。另一种是洼槽区源内上下叠置对接模式,这种对接方式具有近源优势,但天然气由上向下运移阻力大,若存在火山机构或者构造凸起,才能形成有效侧向对接运移。火石岭组与沙河子组源储对接岩性模式为砂岩对接、砂泥互层对接、泥岩对接三种(图6-3-1),沙河子组沉积相早期以扇三角洲为主,与火石岭组为砂岩对接,对接模式以泥岩对接和互层对接为主,凹陷中心为期为最大湖泛期滨浅湖相,以泥岩对接为主,晚期为辫状河三角洲沉积,以互层对接为主。东部控陷湖相泥岩沉积,对接模式为泥岩对接。

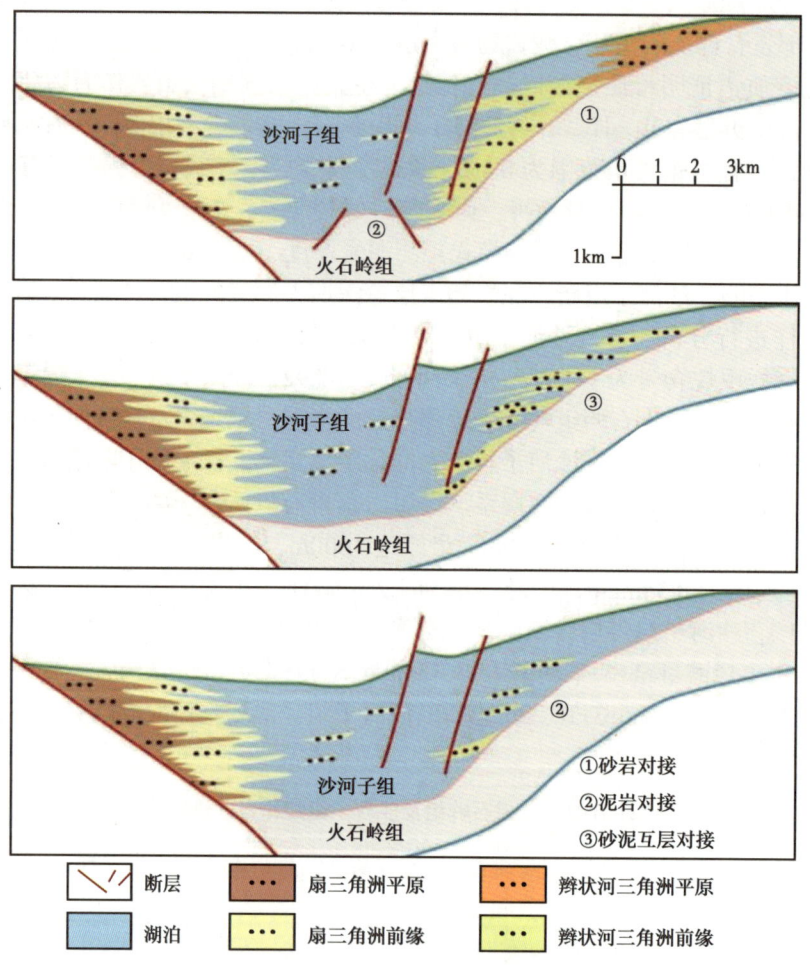

图 6-3-1　沙河子组与火石岭组对接岩性模式

沙河子组烃源岩主要生气期在 100—72Ma(登娄库组沉积末期—四方台组沉积时期),存在三次生气高峰,分别为泉头组沉积末期(95Ma)、姚家组沉积末期(85Ma)和嫩江组沉积末期(77Ma),嫩江组沉积末期生气速率最高(图6-3-2)。生气高峰出现在登娄库组盖层沉积以后,有利于深层天然气的成藏。

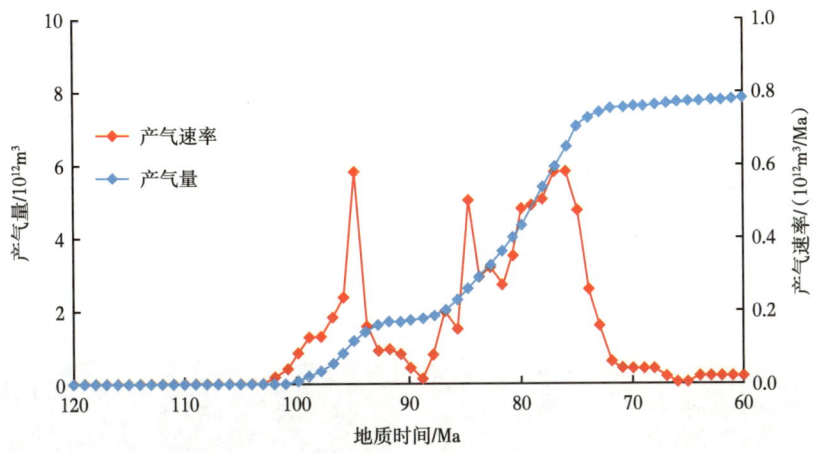

图 6-3-2　沙河子组烃源岩生气史

二、火石岭组储层特征

火石岭组主要由紫色中性火山岩（安山岩、安山质火山碎屑岩、凝灰岩）、灰色陆相碎屑沉积岩组成，以中性火山岩为主，少量碎屑岩，酸性火山岩少见。中基性火山岩占64%，酸性火山岩占10%，碎屑岩占26%。

1. 物性特征

受资料限制，火石岭组岩心测试物性普遍较低，整体上火山岩储层物性优于沉积岩（图6-3-3）。

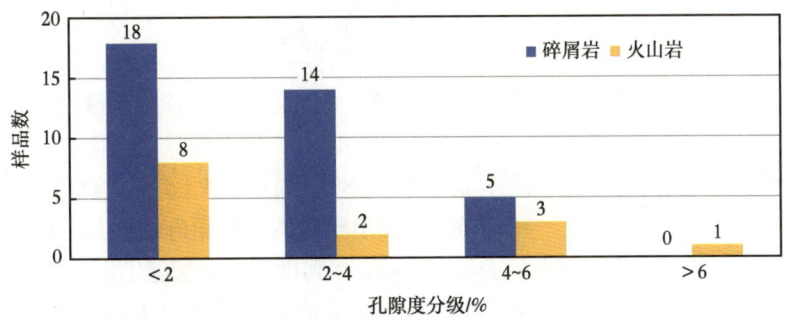

图 6-3-3　徐家围子断陷火石岭组孔隙度分级统计柱状图

低产气井 DS28 井火石岭组测井孔隙度为本区最好，其产气层孔隙度最高可以达到10.2%，有效储层孔隙度平均值为 7.2%，表明火石岭组具有形成有效储层的可能性。与营城组火山岩相比，火石岭组物性稍差，但火石岭组火山机构规模较大，具备形成储层的基本条件。

2. 微观特征

通过岩心观察，岩屑、铸体薄片和普通岩石薄片的偏光显微镜下鉴定，对本区各岩性中出现的储集空间类型及孔隙充填物进行描述和总结。火石岭组岩性以中基性火山岩为主，部分井揭示碎屑岩地层。显微镜下观察表明，火山岩、沉积岩均见微观孔隙，具备发育储层基本条件，不同岩性岩相储层空间类型存在差异，整体上火山岩优于沉积岩，爆发相好于溢流相。

1）火山岩孔隙类型

火山岩发育的储集空间类型可分为原生和次生两种。其中原生孔隙可见气孔，次生孔隙可见杏仁体溶蚀孔、基质溶蚀孔、构造裂缝。孔隙、裂缝充填现象普遍，充填物包括方解石、绿泥石等（图6-3-4）。

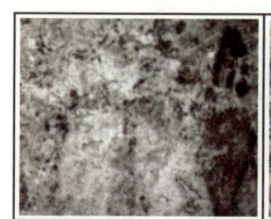  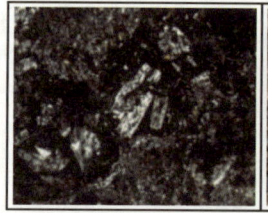 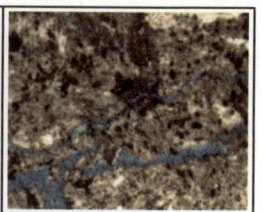

（a）DS28井，3612.0m，安山岩基质溶蚀孔，面孔率约8%　　（b）DS28井，3684m，安山质角砾熔岩，储集空间为裂缝

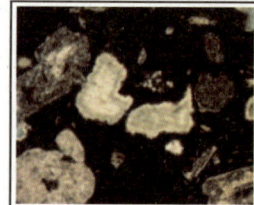 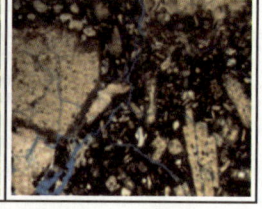  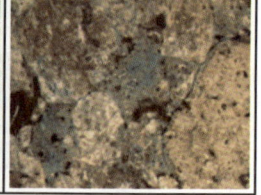

（c）DS34井，3396.0m，玻基玄武岩气孔不规则，沸石充填，裂缝发育　　（d）DS34井，3219.0m，火山角砾岩孔隙发育差，见晶内溶孔

图6-3-4　火石岭组火山岩孔隙类型

以DS28井为例，DS28井安山岩为斑状结构，斑晶为斜长石、少量碱性长石，自形半自形产出。基质中长石呈定向半定向分布，其间充填暗色矿物，具绿泥石化、碳酸盐化，有铁质析出。岩石孔隙主要为基质溶蚀孔，面孔率约8%[图6-3-4（a）]。DS28井安山质角砾熔岩主要由火山碎屑及熔岩组成。火山碎屑为安山质碎屑，具角砾结构，早期安山岩岩屑被晚期酸性熔浆胶结，暗色矿物具绿泥石化。储集空间类型主要是裂缝[图6-3-4（b）]。

DS34井玻基玄武岩为斑状结构，基质为交织结构，斑晶主要为斜长石，蚀变较严重，部分被碳酸盐化。基质为定向、半定向排列的斜长石微晶。裂缝发育，气孔不规则，充填沸石、玉髓[图6-3-4（c）]。DS34井火山角砾岩略显沉积特征，压实作用较强。见次生溶孔，多为晶屑、岩屑内溶孔，角砾接触紧密，孔隙发育较差[图6-3-4（d）]。

2）碎屑岩孔隙类型

碎屑岩孔隙发育较火山岩差，见黏土矿物溶蚀孔、晶间孔，发育微裂缝（图6-3-5）。

以XS6-308井为例，XS6-308井沉凝灰岩岩石由火山碎屑和陆源碎屑组成。火山碎屑为火山灰、晶屑、玻屑组成，火山灰具重结晶呈条带状分布，与泥质混杂。晶屑为棱角状石英、长石，玻屑具脱玻化呈弓状，棱角状分布。陆源碎屑为泥质，具磨圆石英，长石颗粒。岩石中仅见少量裂缝，面孔率＜1%［图6-3-5（a）］。XS6-308井具不等粒砂岩，不等粒砂状结构。结晶高岭石呈微晶集合体状分布于颗粒周围。见少量石英，长石晶屑呈棱角状分布；硅质、钠长石分布于颗粒间，见钠长石充填裂缝。岩石中孔隙类型以黏土矿物晶间孔为主，少量粒内孔［图6-3-5（b）］。

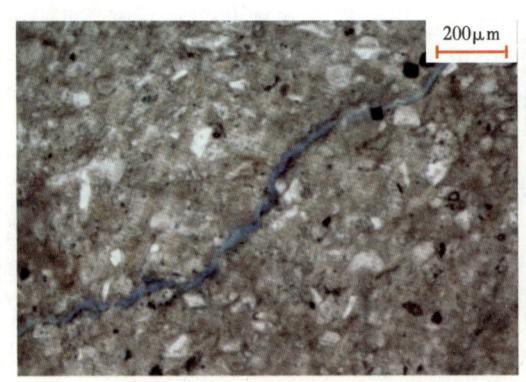
(a) XS6-308井，4189.07m，沉凝灰岩 微裂缝，面孔率＜1%

(b) XS6-308井，4188.21m，不等粒砂岩 溶蚀孔、晶间孔，面孔率约3%

图6-3-5　火石岭组沉积岩孔隙类型

3）不同火山岩岩相储集空间类型差异

DS28井位于火山口区爆发相，孔隙度为7.2%，压裂后日产气9300m³，其邻井DS34井位于近火山口溢流相，平均孔隙度为1.9%，综合解释为干层。从岩性上看，DS28井是安山岩，斑晶主要为斜长石和暗色矿物（角闪石或黑云母），基质结晶较好，晶间充填隐晶质，暗色矿物和较好的结晶程度为次生溶孔提供了物质基础，而DS34井岩性是玻基玄武岩，基质结晶较差，成分为镁铁玻璃质，不易溶蚀，虽然气孔发育，但是全部被片沸石、硅质、玉髓充填。从孔隙类型看，主要为次生溶孔，次生溶蚀一般具有选择性，流体的性质、来源、通道对不同深度和不同层位、不同岩性有不同影响，这是DS28井好于DS34井的原因。

综上所述，优势岩性岩相是成藏的关键，火山岩物性优于碎屑岩物性，火山口区储层条件好于近火山口区。

三、火石岭组油气盖层特征

登娄库组泥岩发育稳定，与火石岭组火山岩储层直接接触，泥岩一般厚度范围为50~100m，泥地比为0.49~0.6，排替压力为4~4.6MPa，封闭性能为中到强，有利区内继承性断层不发育，有利于天然气保存。因此，登娄库组为火石岭组成藏的有效盖层。

第四节　火石岭组油气勘探进展与前景展望

松辽盆地北部火石岭组未作为目的层开展过勘探，以往揭示火石岭组部分探井获得了良好的试气效果，1997年ShS101井获工业气流（2.92×10⁴m³），DS28井火石岭组获近

10000m³ 较好产能，风险探井 HT1 井见重要含气苗头，证明火石岭组资源前景好，是下一步勘探的重要层系。

一、勘探进展

火石岭组形成于火山岩台地环境，原始分布范围广。松辽盆地北部火石岭组勘探面积为 15713km²，二维地震勘探、三维地震勘探全覆盖。钻遇探井 39 口，工业气流井 1 口（ShS101 井），低产气流井 3 口（ShuS1 井、DS28 井、XS1 井）。

1. DS28 井

DS28 井位于安达东部斜坡，钻遇火石岭组厚度 148m，主要发育火山碎屑岩：安山质火山角砾岩（51.7%）、晶屑凝灰岩（9.3%）；火山熔岩：安山岩（11.5%）、安山质角砾熔岩（11.8%）、粗面岩（8.9%）。DS28 井位于火山喷发中心附近，即为火山口区，地震反射特征为杂乱、弱振幅、中—低频，钻遇岩性组合为火山口爆发相和喷溢相。DS28 井综合解释气层 38.6m/2 层，差气层 22.6m/2 层，气水同层 24m/1 层，含气水层 8m/1 层，测井平均孔隙度 7.2%，井壁取心平均孔隙度 3.26%，平均渗透率 1.79mD。压裂自喷，日产气 9300m³，日产水 28m³，气水界面海拔 -3520.5m，井深 3690m，DS28 井区近火山口相优质储层为天然气侧向运移创造了条件，构造高部位天然气更富。

综合以上分析和勘探情况，DS28 井区火石岭组气藏位于安达东部缓坡带，储层与烃源岩呈不整合接触或断层接触，源储对接关系好，气藏上气下水，既受岩性控制又受构造控制，为岩性—构造气藏（图 6-4-1）。

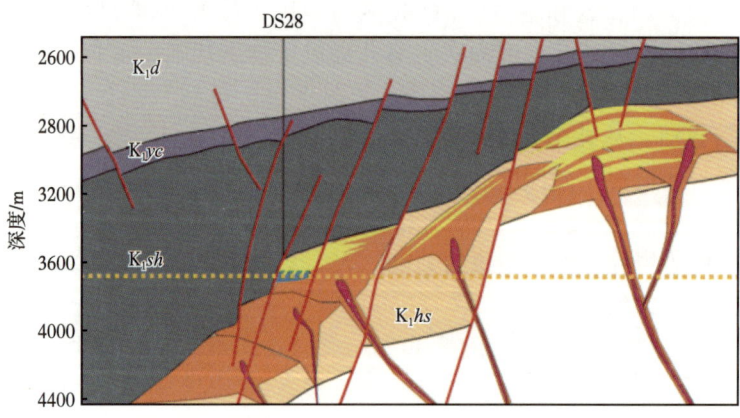

图 6-4-1　徐家围子断陷 DS28 井区火石岭组气藏剖面图

2. ShS101 井

ShS101 井位于升平凸起，钻遇火石岭组厚度 521m，岩性以安山岩为主。ShS101 井位于火山喷发中心附近，地震反射特征为杂乱弱、振幅、中—低频，为火山口溢流相区。ShS101 井综合解释气层 103.2m/3 层，测井孔隙度为 5%，压裂后自喷，日产气 $2.94 \times 10^4 m^3$，日产水 47.88m³，气水界面海拔 -2797m，井深 2954m，ShS101 井区火山口区发育规模大，靠近徐西生烃中心，断层接触，登娄库组泥岩盖层。

综合分析，ShS101井区气藏位于升平凸起，地层遭受抬升剥蚀，储层与烃源岩呈断层接触或不整合接触，源储对接关系好，气藏既受岩性控制又受构造控制，为岩性—构造气藏（图6-4-2）。

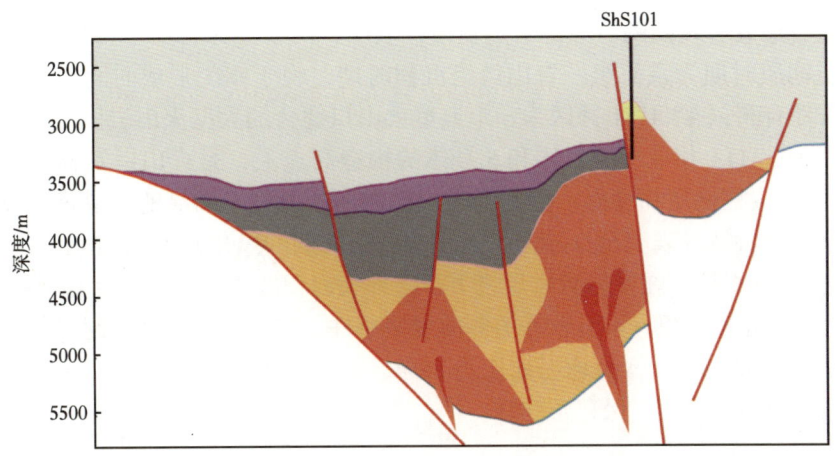

图6-4-2 徐家围子断陷ShS101井区火石岭组气藏剖面图

3. XS1井

XS1井位于升平—兴城构造，钻遇火石岭组二段厚度425m，下段为砾岩与泥岩互层，上段为火山角砾岩夹泥岩，发育煤层。XS1井位于火山喷发中心，即为火山口区，地震反射特征为杂乱、弱振幅、中—低频，钻遇岩性组合为火山口爆发相。XS1井综合解释气层29.6m/1层，岩性为砾岩，测井孔隙度为8.1%，压裂自喷，日产气$14.83×10^4m^3$。XS1井区位于古隆起，火石岭组遭受剥蚀。

综合以上分析和勘探情况，XS1井火石岭组气藏位于升平—兴城构造带，储层与烃源岩呈不整合接触或断层接触，源储对接关系好，气藏主要受断层控制，为构造气藏（图6-4-3）。

4. HT1井

"十二五"以来，通过建立了针对火石岭组火山岩的QPSTM体偏处理、解释及目标刻画一体化技术，解决了火石岭组地震资料品质差的问题，徐家围子火石岭组火山爆发相及溢流相有利相带广泛发育，勘探前景广阔。通过系统成藏条件分析，优选松辽盆地北部徐家围子断陷安达东部带为实施风险勘探的有利区带。HT1井钻探目的是探索安达东部鼻状构造火二段火山岩储层含气性，兼探火一段含气性，实现火石岭组新层系勘探突破。松辽盆地多个断陷火石岭组见到含气显示，证实火石岭组为有利的含气层系，具备形成规模气藏的地质条件，可形成一套新的含油气组合，资源丰富、突破意义大。

HT1井具有以下有利条件：（1）安达地区为一大型缓坡背景，缓坡分布面积大，缓坡背景之下发育大型鼻状构造，构造规模大，特征清楚，面积$646km^2$，构造幅度2600m，一般海拔-2000～-4000m。HT1井位于鼻状构造高部位，构造背景有利；（2）徐家围子断陷沙河子组、火二段、火一段均有泥岩发育，有机质丰度中等—好，整体处于高—过成熟阶段，煤层发育，具备生成油气的物质基础。其中沙河子组生烃潜力大，为井区内主力烃源岩，规模发育，地震横向可以连续追踪；井区无井揭示火石岭组泥岩，地震具有连续反射特征，推测烃源岩发育，具有多套源岩供烃的有利条件；（3）HT1井区具有良好源储时空匹配关系，通过不同地质时期的古构造恢复，沙河子组沉积时期鼻状构造开始形成，登娄库组封盖后形成有效圈闭。烃源岩热史模拟表明，两套烃源岩主生气期介于96—72Ma之间，对应地质时期为泉头组—青山口组沉积时期，晚于圈闭形成时间，成藏匹配条件好，成藏条件有利；（4）HT1井区为5个典型火山口叠合的大型火山岩体，岩体内幕可见多期叠加特征，HT1井位于1号体和5号体的构造高点上，是火山爆发相主体部位，与DS28井一致，推测储层物性好。剖面上火山岩岩体两侧可见明显的地层超覆现象，同时上部明显不整合特征，表明至少沙河子组—营城组长期的风化剥蚀（26Ma），有利于储层改造；（5）火石岭组超覆在基岩致密层之上，上部大面积登娄库组泥岩封盖，同时HT1井岩体两侧地层见超覆现象，具有较好的侧向封堵条件。HT1井登娄库组二段区域盖层发育，泥岩厚度为80~150m，平均泥地比为58%，盖层封闭性能好。HT1井区成藏期后形成的断裂系统未沟通气藏，保存条件好。

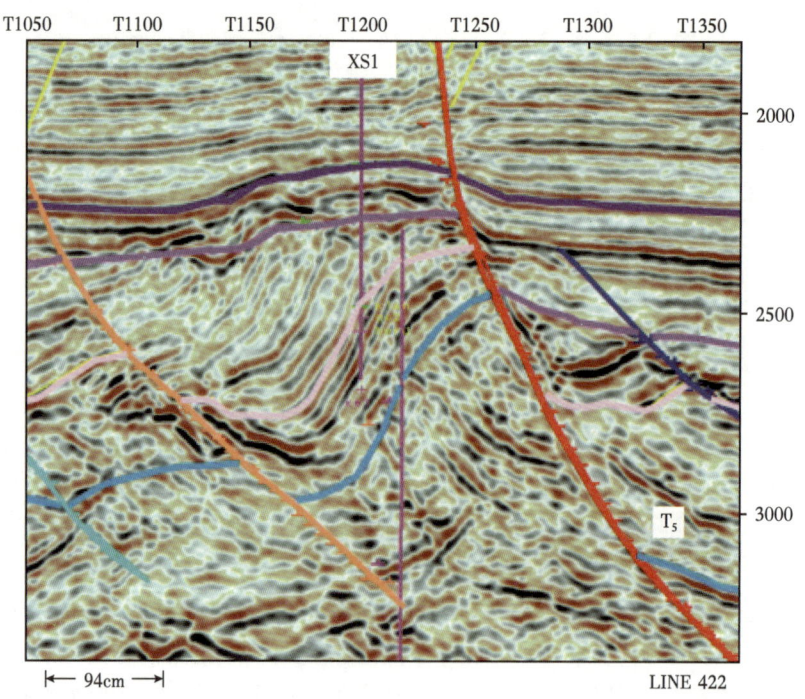

图6-4-3 徐家围子断陷XS1井区火石岭组气藏剖面图

HT1井钻遇厚气层，新层系火石岭组见重要含气苗头。HT1井综合解释差气层57.8m，其中火石岭组50.2m/3层，登娄库组7.6m/4层，综合解释差气界限层19.6m/1层，有效厚度49.6m，全烃最大介于0.73%~17.87%之间，孔隙度为5.0%~9.8%，渗透率为0.3~1.33mD。HT1井首次落实火石岭组为拼合基底向断陷盆地转化过程中形成的一套过渡层,发现沙河子组侧源、火石岭组源内两套含气系统(图6-4-4),实现新层系火石岭组气藏新发现。

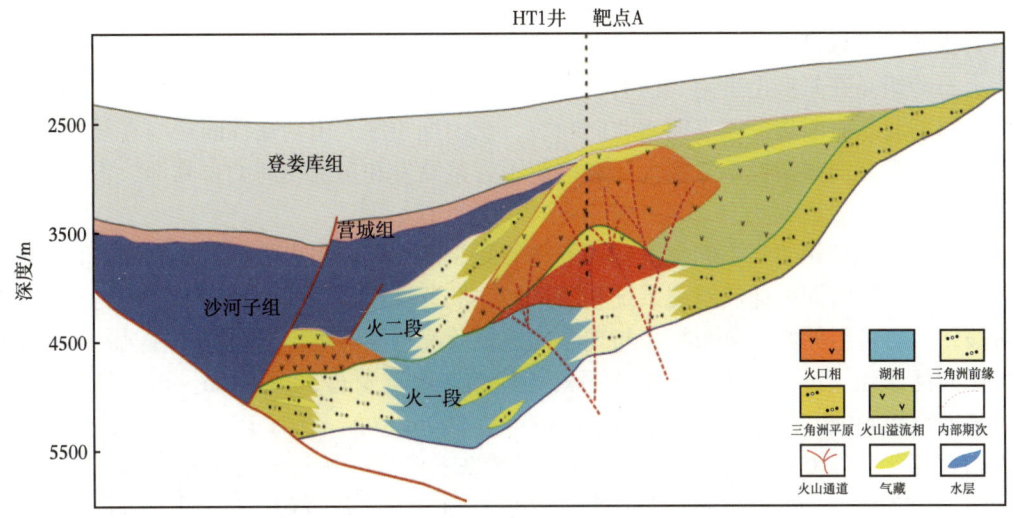

图6-4-4　徐家围子断陷HT1井区火石岭组气藏剖面图

二、火石岭组前景展望

"十三五"以来,系统攻关火石岭组基本地质与油气成藏条件,重新确立了火石岭组的勘探价值,HT1井钻探结果证实火石岭组勘探潜力。

(1)松辽盆地火石岭组沉积时期地层分布广泛。从目前地理盆地边界一直延伸到大兴安岭、小兴安岭和张广才岭,形成泛松嫩盆地,以泛滥平原为主,包括古高地、古台地、泛滥平原、洼地和火山丘地貌景观,古地貌相对平坦,构造升降特征不明显。

(2)原型盆地沉积中心位于齐家—古龙、徐家围子、长岭、莺山和榆树等地区,地层厚度大,经过沙河子组沉积早期的抬升剥蚀,残留地层厚度分布仍然较大,火山岩和火山质砾岩储层具有一定的储集能力,与沙河子组烃源岩纵向上叠加匹配性好,是较为有利的勘探区带。

(3)火石岭组发育沙河子组烃源岩旁生侧储、火一段烃源岩下生上储两类源储匹配方式,主要形成火山岩岩性—构造气藏,缓坡超覆对接、凹中隆侧向运聚、下生上储是三类主要的成藏模式。

(4)火石岭组发育岩性—构造气藏,具有如下分布规律:储层岩性决定物性,火山口区爆发相储层物性相对较好,是有利岩相类型,溶蚀作用是改善储层的重要因素;优质烃源岩控制气藏分布,松辽深层断陷火山岩气藏具近源聚集的特征;火石岭组气藏类型为岩性—构造气藏,断层与火山岩体、气源有效组合有利于天然气富集。位于生烃中心附近、火山口爆发相发育、源储断层对接的SS101井、DS28井分别获$2.9×10^4 m^3$、$9300 m^3$气流证实了该富集规律。

"十三五"以来,以徐家围子断陷为重点,攻关油气成藏条件,资源潜力进一步落实。

松辽盆地北部火石岭组勘探面积 $1.57×10^4 km^2$，地层厚度范围 200~2000m，通过对松辽盆地火石岭组岩相、古地理等开展系统研究，明确了盆地的岩相古地理和原型特征，落实了火石岭组的勘探潜力。

1. 火石岭组原型盆地

火石岭组是在早燕山近南北向右行走滑背景下形成的，具有坳隆相间构造格局，断裂分为海西期北东东断裂、印支期南北向断裂、燕山期控制火山活动性断裂与喜马拉雅期断裂四期。近南北向张扭性基底深大断裂控制了岩浆喷发和东西相间的古高地、古台地、泛滥平原和洼地地貌景观。

松辽盆地北部深层断陷的发育经历了初始断裂期火石岭组火山岩台地沉积、强烈断陷期沙河子组沉积时期的伸展断裂系统和断拗转化期营城期具明显的坳陷型沉积特点三个演化阶段；火石岭组的原始分布特征与现今的残留状况相去甚远。分布范围在某些局部地区要大于沙河子组。推测中央古隆起火石岭的原始厚度至少有 300~400m。东部斜坡火石岭地层长期遭受剥蚀，保守恢复其原始厚度也可达 300m 左右。例如 LT1 井 2779m 构造高部位安山岩测年为 130.13Ma，火石岭组取样做磷灰石裂变径迹，说明古隆起高部位也有火石岭组，LT2 井 2824.66m，花岗岩测年为 160.7±1.9Ma（侏罗纪），说明古中隆起是后期形成的，在火石岭组沉积时期属于火山岩台地。

利用趋势面法恢复原始地层厚度，根据残留地层的分布，火石岭组按泛滥平原相厚度相近，厚度范围 300~500m，T_{42} 虚线向外延伸到剖面边界，推测剥蚀厚度平均 300m 左右，恢复原始沉积地层的厚度。

2. 火石岭组古地貌

火石岭组是前白垩系拼合褶皱基底向断陷盆地构造体制发生重大转化过程中以火山岩为主的构造过渡层。火石岭组形成前，盆地经历了不同古构造体拼合，盆地基底非统一块体。吉林榆树地区的凸起部位保存有火石岭组，说明其分布广，不受断陷控制。火石岭泛滥平原相，含煤系粗颗粒沉积，伴随频繁的裂隙式火山喷发，煤系地层不会再断陷内普遍发育是直接证据。

图 6-4-5 是松辽盆地北部地区火石岭组岩相古地理格局图，古地理图由古高地、古台地、泛滥平原、洼地组成，其中发育火山岩的主要区域分布位置也进行了编制，古高地主要分布在松辽盆地的北部，洼地分布在古龙断陷、徐家围子断陷和莺山—双城断陷。

3. 火石岭组有利区分布预测

前文所述，松辽盆地中央坳陷区火石岭组保存最为完整，像徐家围子—古龙断陷期地层残留带、安达—徐家围子断陷期地层残留区、莺山—双城断陷期地层残留区。徐家围子断陷、莺山断陷残留的地层主要包括火山岩和沉积岩，在沉积洼子的中心地层相对较厚，有的厚度达到 1000m 左右。徐家围子的火山岩分布范围较大，几乎整个断陷都发育火山岩；莺山—双城断陷的火山岩发育的范围较小，主要是后期遭受剥蚀的程度厉害，残留的火山岩地层较少、较薄。古龙断陷火石岭地层残留厚度较大，分布较广，是火石岭组火山岩相对发育的区域。优选徐家围子、莺山—双城、古龙断陷火山岩爆发相发育区为有利区（图 6-4-6、图 6-4-7）。

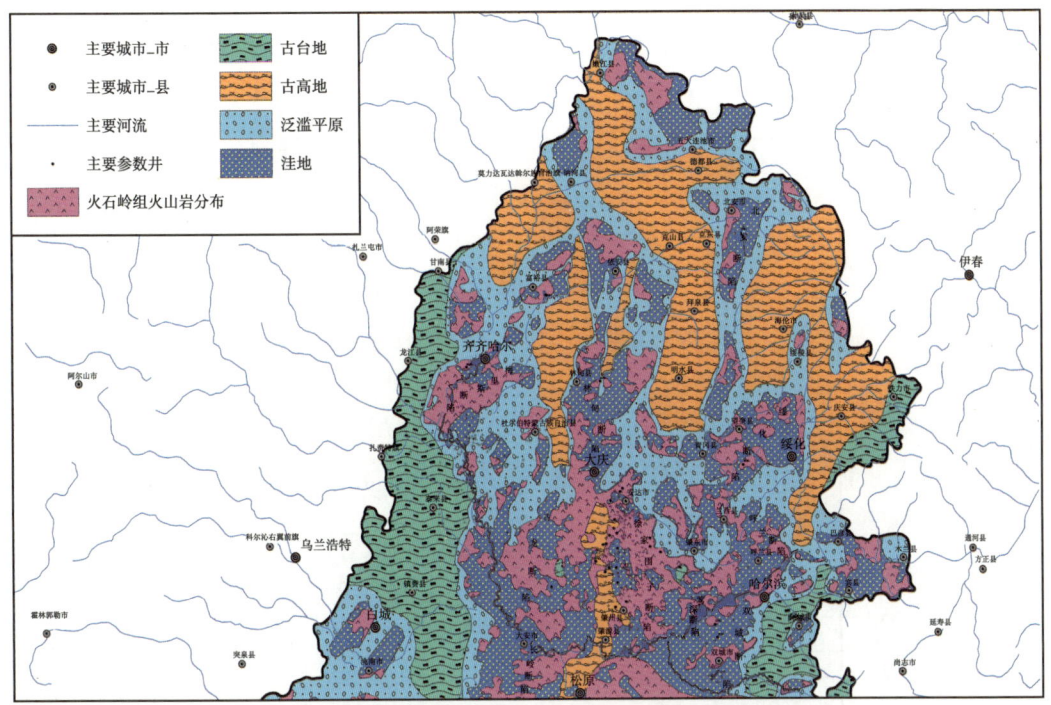

图 6-4-5 松辽盆地北部地区火石岭组岩相古地理格局图

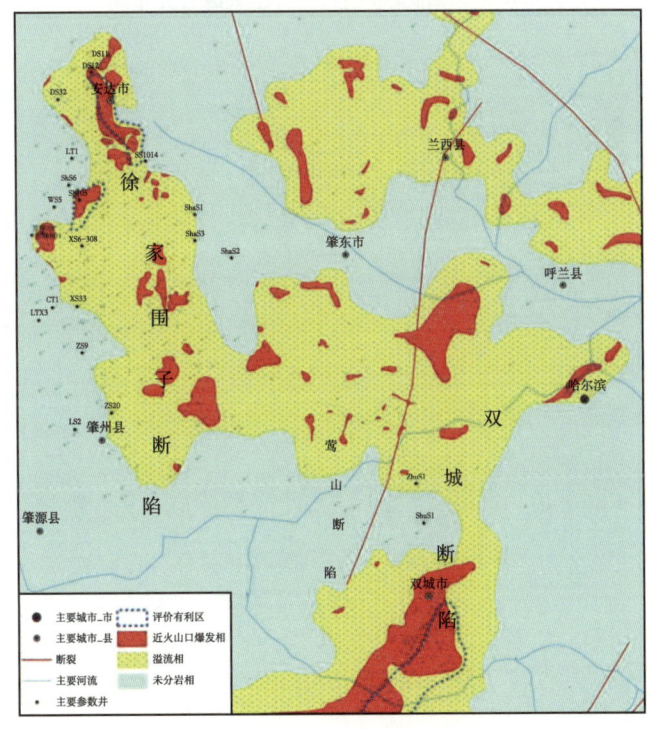

图 6-4-6 徐家围子、莺山—双城断陷火石岭组有利岩相与有利区分布图

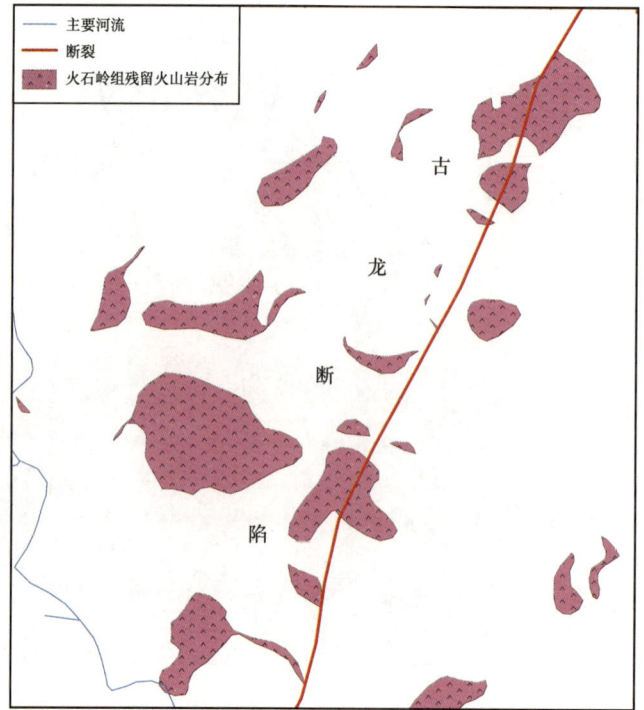

图 6-4-7　古龙断陷火石岭组火山岩分布图

第七章　基岩油气地质条件、富集规律研究与勘探新进展

松辽盆地基岩是深层天然气勘探继火山岩和致密气以后重要的接替领域，松辽盆地深层发育多个断陷群，具备形成大规模天然气藏的地质条件，主要的气藏富集于基岩风化壳的花岗岩中，储集空间以孔缝体为主。勘探实践表明中央古隆起带的基岩具有一定的勘探潜力，但同时基岩的油气藏具有一定的复杂性，特别是对储层发育特征和成藏规律等方面认识的不足制约了勘探的进程。近年来，通过加大地震资料的攻关处理，对松辽盆地中央古隆起带气藏的地质资料进行了再认识并开展了区域地质研究，总结了古隆起气藏的成藏条件。通过优选有利勘探目标，在 LT2 井和 LP1 井的钻探中取得了重大发现，展现了中央古隆起带具有良好的天然气勘探前景。

第一节　基岩油气勘探历程与研究现状

松辽盆地边缘及邻区基岩地层研究始于 20 世纪 30 年代，《东北地区区域地层表》《中国的石炭系》《内蒙古—东北地槽区古生代生物地层及古地理》《松辽盆地基底浅变质岩的有机地球化学特征》等，这些论著是后续对松辽盆地覆盖区石炭系—二叠系研究的重要参考文献。20 世纪 90 年代，国土资源部开展的全国性的岩石地层清理，为规范全国范围内的地层研究成果起到积极的推动作用，随后相继出版了《黑龙江省岩石地层》《吉林省岩石地层》等，这些资料对构建盆地覆盖区石炭系—二叠系层序，进而开展区域地层对比研究提供了宝贵的资料。21 世纪初，中国石油天然气股份公司开展了一轮矿权区内的基岩地层及油气资源远景评价研究，进一步推进了包括大庆油田在内的基岩地层等基础学科研究。

中央古隆起带目前尚处于勘探的初级阶段。截至 2018 年底，中央古隆起带已有钻井 27 口钻至其上部勘探目的层，其中有 11 口钻井揭示风化壳的厚度大于 100m，整体勘探程度低。中央古隆起带的勘探历程大致可划分为四个阶段：（1）探索偶遇阶段（20 世纪 60—70 年代），该阶段利用重力、磁法和模拟地震资料研究了基底结构，并针对构造高点开展兼顾探索，在 ZS1 井获得了产量为 $1.2\times10^4m^3/d$ 的低产气流，证实隆起带基岩具有含气性；（2）持续关注阶段（1980—2002 年），该阶段利用少量钻井和数字地震资料落实了构造特征，通过开展岩性预测及成藏条件分析，提出了基岩岩性以花岗岩为主、局部发育变质岩、古隆起控制油气聚集等宏观地质认识；（3）探索研究阶段（2003—2012 年）随着油田勘探需要，2005—2007 年开展中央古隆起带构造解释、圈闭识别和风化壳预测等研

究工作。研究认为中央古隆起带主要形成于火石岭组—营城组沉积时期，隆起带的主体部位具有南北分块的次级构造格局（北部为卫星至中内泡凸起、中部为昌德凸起、南部为肇州西至源二凸起）；昌德、徐西、肇州西和升西等地区发育大型构造圈闭和地层超覆圈闭，且风化壳也比较发育，是中央古隆起带有利勘探区；（4）发现阶段（2013—2020年），该阶段针对隆起带进行了勘探部署，在LT2井、LP1井相继获得工业气流，展现了中央古隆起带具有良好的勘探前景。

中央古隆起带系统的科学研究源于20世纪60年代。1963年，勘探指挥部用20口已知井钻遇基岩的钻孔资料，按已知岩性的重磁力异常值作一张中生界基岩岩性分布图，不足之处是按照重磁力异常值的算术平均值和采用外推法确定基岩岩性有较大的误差。1977年、1986年、1992年，有学者分别对86口资料较完全的井进行了具体分析，查出各个井点处对应的布伽重力异常值和垂直磁力异常值，以布伽重力异常值作为纵坐标，垂直磁力异常值作为横坐标，分析每种岩性重磁力异常值的变化，对各类岩石分布进行预测，认为松辽盆地北部基岩主要发育侵入岩类、板岩类、片岩—千枚岩类、片麻岩—石英片岩和碳酸盐岩。1989年，有学者应用重力、磁法、钻井等资料，采用频率域中各种位场的转换方法和分析方法，以及对重磁场特征及各种地质对应关系的分析方法，对松辽盆地北部的基岩岩性进行了研究，认为主要发育花岗岩、火山岩及前震旦纪古老结晶基岩等。1998年，有学者应用松深Ⅰ、Ⅱ、Ⅲ、Ⅳ和Ⅵ共5条大剖面重—磁—电—震综合解释，认为中央古隆起带可能为一个前寒武纪的变质杂岩核。2003年，有学者利用地震和钻井资料，预测了松辽盆地北部基岩岩性分布和石炭系—二叠系的厚度分布，认为松辽盆地北部石炭系—二叠系主要分布在林甸—拜泉、大安—哈尔滨及肇东—中和3个地区，最大厚度达到7000m，且烃源岩也主要分布在上述3个地区。2005年针对中央古隆起带重新采集高精度重磁资料，研究认为中央古隆起带基岩岩性总体上划分为5个带，西部为花岗岩区；向东至古龙断陷东边界为浅变质岩为主的中等—弱磁、高密度基岩；中部为花岗岩；东部徐西断裂带为糜棱岩区，总体呈北北西向展布；杏山断陷主要是千枚岩基岩。

对中央古隆起的研究也一直没有停止，但随着勘探的不断深入，"十一五"及之前的研究不能满足勘探部署的需要，随着研究的不断深入，在"十一五"之后主要对以下五个方面进行了深入研究：（1）中央古隆起带构造演化及形成机制认识进一步深化研究；（2）基岩岩性复杂多样，动力变质作用影响范围、成因机制；（3）储层控制因素及形成机制及有利储层预测方法；（4）有利储层地震响应特征及地球物理预测技术；（5）风化壳与内幕成藏关系研究，中央古隆起带气藏富集规律、勘探潜力研究。

第二节 二叠系油气地质特征

近年来我国相继在塔里木盆地、准噶尔盆地及鄂尔多斯盆地等石炭系、二叠系中发现了可观的油气储量，勘探前景良好。松辽盆地与准噶尔盆地同属天山—兴蒙褶皱系，二者具有相似的地质演化过程和岩相古地理特征，因此，松辽盆地石炭系—二叠系油气勘探值得高度期待和关注。

一、松辽盆地北部二叠系构造特征

松辽盆地所属的东北地区在大地构造上位于华北板块与西伯利亚板块所夹持的中亚构造带的东端，该区经历了古亚洲洋、蒙古—鄂霍次克洋及古太平洋三大构造域的叠合建造及改造作用，形成了特殊而复杂的构造样式及地层格局。

"地块说"已成为当今东北亚区域构造研究的主流观点（李锦轶，1998；李双林等，1998；刘永江等，2010；王成文等，2008；谢鸣谦，2000）。"地块说"认为，东北地区古生界经历了地块拼合运动，最终形成了统一的复合地块，即佳—蒙地块主要由额尔古纳、兴安、松嫩、佳木斯等地块组成，包括华北板块以北、蒙古—鄂霍次克缝合带以南、锡霍特—阿林地体增生带以西的广大地区。其中，额尔古纳地块的主体在俄罗斯和蒙古境内，向南与中蒙古地块相连，向北与俄罗斯岗仁地块相连，以得尔布干构造带为界与东侧的兴安地块相接。兴安地块在现今的地理位置上相当于大兴安岭，其基底主要由兴华渡口群变质岩组成，与东侧松嫩地块之间以传统的贺根山构造带为界。松嫩地块包括其西南部的锡林浩特地块，其北部与俄罗斯境内的马门地块相连，与东侧的布列亚—佳木斯地块以牡丹江构造带为界。佳木斯地块是东北区结晶基底出露面积最大的古老地块，主体由高级变质的麻山群和黑龙江构造混杂岩组成，该地块北部与俄罗斯境内的布列亚地块相连，构成布列亚—佳木斯地块（刘永江等，2010）。

佳—蒙地块形成后，东北地区开始接受区域盖层沉积，进而形成了广泛分布、厚度上千米的古生界。因此，"地块说"对东北地区构造演化及油气勘探认识带来了重要转变，上古生界不是中生代—新生代盆地的结晶基底，而是具有区域性准盖层性质的陆相—海相沉积盖层，尤其是二叠系可以作为油气资源勘探的新层系。

二、松辽盆地北部二叠系地层特征

本次系统收集前人研究成果，运用重—磁—电方法及地震地层解释技术，结合松辽盆地内钻井资料开展石炭系—二叠系地层划分对比应用研究。

1. 区域地层特征

松辽盆地主体处于佳—蒙地层大区、内蒙古草原地层区、乌兰浩特—哈尔滨地层小区。区内下石炭统洪湖吐河组为海相沉积，其岩性下部以火山碎屑岩为主，上部为正常沉积碎屑岩与凝灰岩交互，产海相腕足类化石；上石炭统宝力高庙组为陆相火山岩、火山碎屑岩及正常沉积建造，产植物化石；下二叠统大石寨组主要为一套中酸性火山熔岩及凝灰岩，局部夹正常碎屑岩建造，产腕足类、珊瑚等化石；中二叠统哲斯组以正常海相碎屑岩为主，局部地区以石灰岩为主，产丰富的腕足类、珊瑚、菊石化石等；上二叠统林西组以砂岩、泥岩为主，局部地区夹石灰岩、泥灰岩，产双壳类、叶肢介、介形类、植物等化石，为陆相沉积（《中国地层典》编委会，2000；黑龙江省地质矿产局，1993，1997；苏养正，1996）。

松辽盆地及周边地区石炭系—二叠系露头地质剖面主要特征如下。

1）洪湖吐河组（C_1h）

在黑龙江省出露较局限，主要分布于黑河市洪湖吐河沿岸。岩性组合韵律性较为明显，自下而上由粗变细。下部以火山碎屑岩为主，夹凝灰岩，凝灰岩中产腕足类化石；

上部以沉积碎屑岩与火山碎屑岩交替出现为特征，热变质作用明显，部分岩石已变质为角岩。

2）宝力高庙组（C_2bl）

在黑龙江省主要出露于北部的嫩江县，呼玛县及黑河市亦有零星分布。嫩江县关鸟河沿岸，宝力高庙组以中酸性火山岩及酸性火山岩为主，夹凝灰质砂岩及碳质、泥质粉砂岩，产植物化石 *Noeggerathiopsis* sp.；在嫩江县三矿沟北山、花朵山一带以中性火山岩为主，夹少量中酸性及酸性火山岩；在呼玛县老道店地区以中酸性、中性火山岩为主，夹有板岩及砂岩；在黑河市新生鄂伦春族乡一带，以蚀变安山玢岩为主，夹含砾砂岩。

3）大石寨组（P_1d）

在黑龙江省西部龙江县华安地区、小兴安岭西北部嫩江县塔溪地区及德都县宝神山地区都有分布，为中性、中酸性和酸性火山岩为主，夹有正常沉积岩和石灰岩透镜体，塔溪、华安地区沉积岩中产 *Yakovevia*、*Spiriferella* 等为代表的腕足类化石，其时代为早二叠世。

4）哲斯组（P_2z）

在黑龙江省主要出露于龙江县华安地区、小兴安岭西北部嫩江县塔溪地区，为一套富产䗴、珊瑚、腕足类化石的浅海相碳酸盐岩—碎屑岩组合，以石灰岩为主，夹少量粉砂岩、千枚岩及板岩。华安地区发育大量灰岩，厚可达399m，产以 *Yakovlevia*、*Spiriferella* 为代表的腕足类化石，以 *Tachylasma*、*Calophyllum* 为代表的珊瑚化石，以 *Monodiexodina*、*Parafusulina* 为代表的䗴化石；塔溪地区则以细碎屑岩为主，夹石灰岩透镜体，产以 *Yakovlevia*、*Spiriferella* 为代表的腕足类化石。

5）林西组（P_3l）

在黑龙江省主要出露于龙江县华安地区老龙头、嫩江县与黑河市接壤的塔溪地区四站大营南山及蔺家屯南山、呼玛县兴隆地区三包山及小四道沟、德都县莲花山地区卧牛河下游及哈尔滨市阿城区胡家屯等。华安地区林西组主要为砂岩和板岩，间夹多层中性火山岩、酸性火山岩，底部见碳质石灰岩及砾岩；在塔溪地区为砂岩、板岩沉积组合，局部夹泥灰岩和千枚岩；兴隆地区为砂岩、板岩夹凝灰岩及凝灰质砂岩；莲花山地区为板岩、砂岩，局部夹有砾岩、千枚岩及凝灰岩。

2. 盆内地层特征

本次针对前人研究建标探井，除开展岩石地层和生物地层研究外，同时开展了基于野外地质剖面实测与实验分析、重点探井火山岩和沉积碎屑岩锆石年代地层分析、元素地球化学综合应用研究，为重新确立井筒地层归属提供了重要的参考依据。

1）三叠系老龙头组（T_1l）

老龙头组在盆缘区齐齐哈尔市龙江县老龙头一带广泛分布，松辽盆地覆盖区的三叠系鲜有报道。本次研究在ShG1井基岩岩屑凝灰岩中获得248.9±2.2Ma的锆石U-Pb同位素年龄，证实松辽盆地覆盖区存在三叠系。同时，松辽盆地北部任民镇地区XR7井钻遇一套厚达1701m的杂色砂泥岩沉积建造，其砂岩锆石U-Pb同位素年龄证实这一套地层应属三叠系，这不仅证实松辽盆地覆盖区存在三叠系，而且局部地区三叠系相当发育。结合区域地质资料，将井下这一套以紫色色调为主的杂色砂砾岩、砂泥岩沉积建造划归下三叠统老龙头组。

2）二叠系林西组（P_3l）

本次研究对 YS1 井、4S1 井、ShS10 井等取心井段做了大量岩石薄片、微量元素、稀土元素和火山岩、砂岩锆石定年等实验分析，获得了一组重要数据，证实松辽盆地覆盖区存在晚二叠世地层，并将其划归林西组。包含万传彪等命名的 YS1 井"林甸蚀变火山岩组"和 4S1 井的"四站板岩组"两个地层单元。

在升平地区的 ShS10 井基岩中获得一个安山岩样品锆石 U-Pb 年龄，有两组年龄峰值，分别为 282.5Ma 和 255.4Ma，代表了二叠纪两期火山事件，其中 255.4Ma 代表了本期火山喷发事件，其时代属晚二叠世，将其划归林西组。在四站地区的 4S1 井钻遇大套以黑色为主的基岩地层。本次研究重点开展了岩石薄片、微量元素、稀土元素和砂岩锆石年龄测定等实验分析，为重新认识基岩顶界面、沉积环境背景和时代归属提供了依据。25 块碎屑岩样品镜下鉴定均未变质，主要为砂岩、粉砂岩和泥岩，在 3448.18m 砂岩样品中获得大量 110Ma 左右的同位素年龄，证明其应归属营城组而非沙河子组，而在 3550.6m、3719.6m 等样品中获得大量早二叠世、中二叠世的同位素年龄数据，也有少量晚二叠世的年龄数据，而未见中生代年龄数据，说明这些层位应归属二叠纪，晚二叠世的可能性更大。

3）二叠系哲斯组（P_2z）

本文对 D101 井取心井段做了大量岩石薄片、微量元素、稀土元素、碳氧同位素、硫同位素和砂岩锆石定年等实验分析，同时也获得了一些腕足类和腹足类化石，为重新确立其岩相古地理背景和时代归属提供了重要的参考依据。包含万传彪等于 2003 年在 D101 井命名的"一心组"和"泰康板岩组"两个地层单元。

D101 井位于松辽盆地西部，基岩钻进 537.8m，岩性下部主要为砂砾岩、粗砂岩、砂岩与泥岩，上部为灰黑色中细晶、细晶白云质灰岩，夹粉砂岩、砂岩与泥岩。显微镜下薄片鉴定结果表明，原上部层段"一心组"录井所表述的泥灰岩与强碳酸盐化流纹岩互层，实际上主要岩性均为中细晶白云质石灰岩夹少量泥岩、粉砂岩和砂岩；原下部层段"泰康板岩组"经显微镜下鉴定为砂砾岩、砂岩和泥岩，未变质。同时，在 1893.8m 和 2087.1m 处砂岩碎屑锆石中获得大量中二叠世火山事件年龄。根据国际地层命名法则和命名优先率原则，结合区域哲斯组岩石构成特点，将 D101 井 1662.2~2200.0m 井段划归中二叠统哲斯组。

4）二叠系大石寨组（P_1d）

为笔者研究新引进岩石地层单位。通过对 LS2 井基岩侵入岩体石英正长岩获得的两组锆石 U-Pb 同位素年龄分析，分别为 291.5Ma 和 298.8Ma，证实这一侵入岩体形成于早二叠世。LT1 井在井深 3370.98m 处的角闪玄武粗面安山岩中获得 290Ma 年龄，证实其时代属早二叠世。参考龙江地区大石寨组发育特点和分布规律，认为这一套地层与大石寨组相当。

5）石炭系宝力高庙组（C_2b）

为笔者研究引进岩石地层单位。松辽盆地滨北地区 D20 井基岩二长花岗岩获得一组 313.1Ma 锆石年龄，证实这一期岩浆活动形成于晚石炭世。D20 井基岩揭示一套浅灰色、绿灰色、棕灰色碎斑岩、糜棱岩与玄武岩，以及肉红色、浅肉色二长花岗岩。

6）石炭系洪湖吐河组（C_1h）

为文次研究新引进岩石地层单位。如上所述，基于 LS2 井基岩中的侵入岩体石英正长岩所获得的锆石 U-Pb 同位素年龄 291.5Ma 和 298.8Ma，可能暗示的是其围岩应该早于早二叠世，且围岩厚度应该足够大，至少在3km以上。而LS2井基岩取心井段的岩石薄片镜下鉴定结果表明，沉积岩整体未变质或浅变质，为泥岩、粉砂质泥岩和凝灰岩。结合区域地质背景资料分析，这一套地层应该归属早石炭世，层位与龙江地区发育的洪湖吐河组相当。

综上所述，在充分挖掘松辽盆地内有限的井筒资料基础上，综合运用岩石地层学、生物地层学、年代地层学、元素地球化学、事件地层学等地层对比标志，详细开展盆地内与盆缘区地层划分对比，首次建立了松辽盆地与邻区前白垩系划分与对比图（图7-2-1），为后续研究奠定了重要基础。

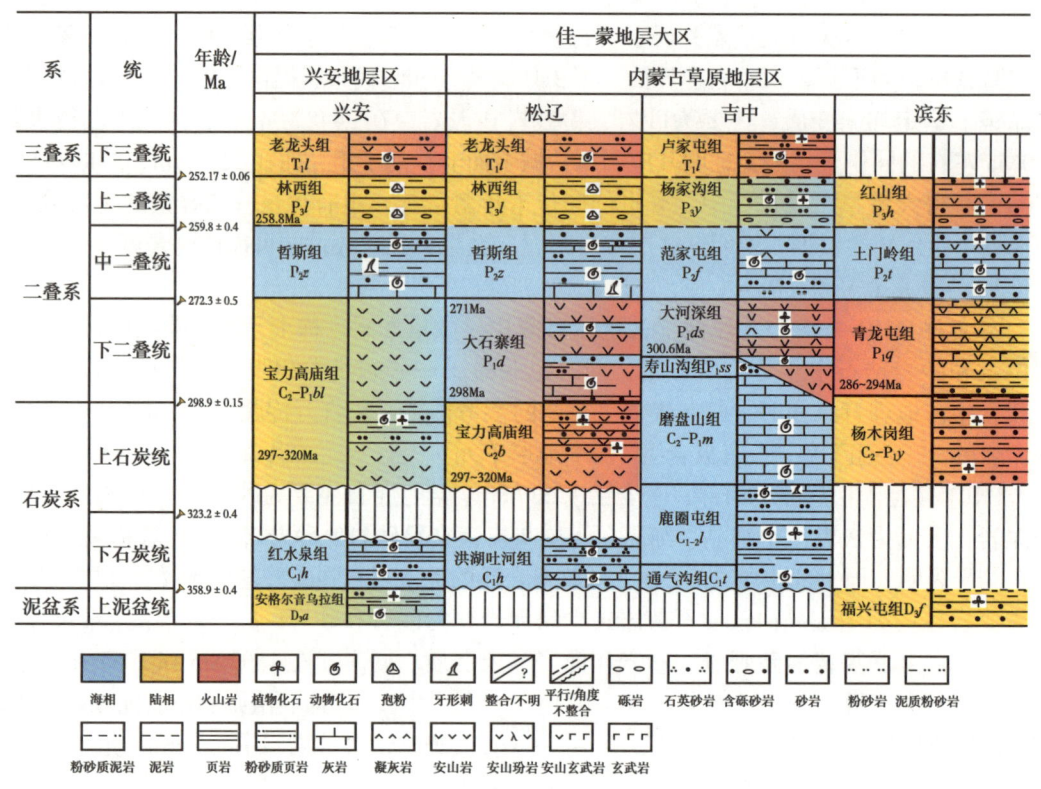

图 7-2-1　松辽盆地与邻区前白垩系划分与对比图

3. 盆内地层分区

截至2019年，盆地内钻遇基岩的探井共计197口，平面分布极不均匀。盆地西部齐齐哈尔以南至泰来县和中部的中央古隆起带等地区钻井密度明显较大，但揭示岩性以花岗岩、闪长岩、玄武岩等岩浆岩类为主，且钻遇地层厚度薄、取心少，可用于地层研究的井筒资料少。即便如此，本次研究深入剖析钻井信息，利用盆内钻遇基岩厚度较大的4S1井、D101井、ShS10井、LS2井、D20井、YS1井、XR7井、ShG1井、MG1井等典型井，通过古生物、年代、元素、岩性等多重地层对比技术，落实了盆内不同地区的地层划分对比证据资料，通过地震资料和区域地层资料综合分析，将盆地划分为7个地层分区，在此基础上，首次建立了松辽盆地北部石炭系—三叠系综合柱状图（图7-2-2）。

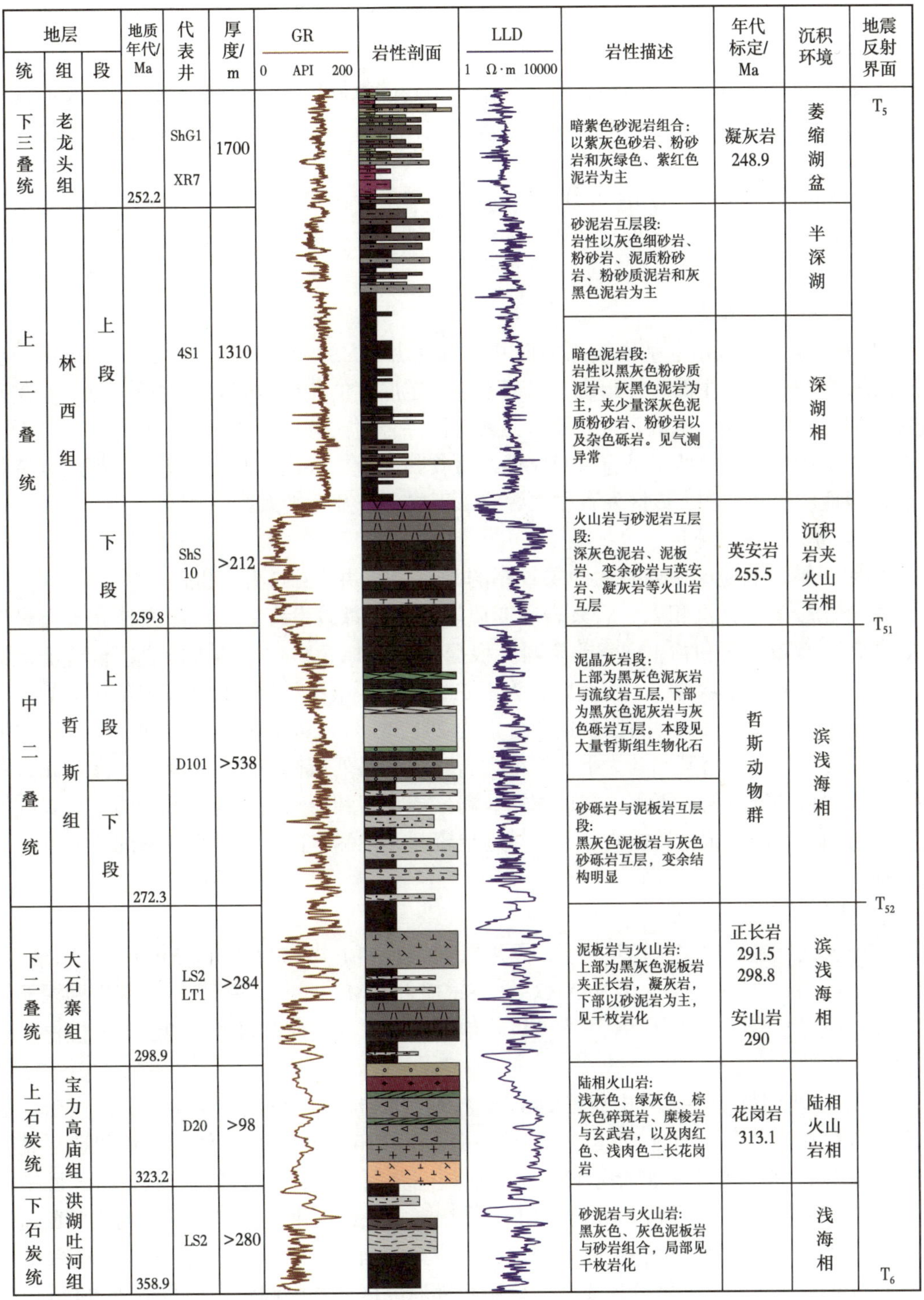

第七章 基岩油气地质条件、富集规律研究与勘探新进展

地层			地质年代/Ma	代表井	厚度/m	GR 0 API 200	岩性剖面	LLD 1 Ω·m 10000	岩性描述	年代标定/Ma	沉积环境	地震反射界面
统	组	段										
下三叠统	老龙头组		252.2	ShG1 XR7	1700				暗紫色砂泥岩组合：以紫灰色砂岩、粉砂岩和灰绿色、紫红色泥岩为主	凝灰岩 248.9	萎缩湖盆	T₅
上二叠统	林西组	上段		4S1	1310				砂泥岩互层段：岩性以灰色细砂岩、粉砂岩、泥质粉砂岩、粉砂质泥岩和灰黑色泥岩为主		半深湖	
									暗色泥岩段：岩性以黑灰色粉砂质泥岩、灰黑色泥岩为主，夹少量深灰色泥质粉砂岩、粉砂岩以及杂色砾岩。见气测异常		深湖相	
		下段	259.8	ShS10	>212				火山岩与砂泥岩互层段：深灰色泥岩、泥板岩、变余砂岩与英安岩、凝灰岩等火山岩互层	英安岩 255.5	沉积岩夹火山岩相	T₅₁
中二叠统	哲斯组	上段		D101	>538				泥晶灰岩段：上部为黑灰色泥灰岩与流纹岩互层，下部为黑灰色泥灰岩与灰色砾岩互层。本段见大量哲斯组生物化石	哲斯动物群	滨浅海相	
		下段	272.3						砂砾岩与泥板岩互层段：黑灰色泥板岩与灰色砂砾岩互层，变余结构明显			T₅₂
下二叠统	大石寨组		298.9	LS2 LT1	>284				泥板岩与火山岩：上部为黑灰色泥板岩夹正长岩，凝灰岩，下部以砂泥岩为主，见千枚岩化	正长岩 291.5 298.8 安山岩 290	滨浅海相	
上石炭统	宝力高庙组		323.2	D20	>98				陆相火山岩：浅灰色、绿灰色、棕灰色碎斑岩、糜棱岩与玄武岩，以及肉红色、浅肉色二长花岗岩	花岗岩 313.1	陆相火山岩相	
下石炭统	洪湖吐河组		358.9	LS2	>280				砂泥岩与火山岩：黑灰色、灰色泥板岩与砂岩组合，局部见千枚岩化		浅海相	T₆

图 7-2-2 松辽盆地北部石炭系—二叠系综合柱状图

1）杜尔伯特地区

盆地内 D101 井、D103 井和 F50 井等钻井揭示了一套泥晶灰岩、生物碎屑灰岩与暗色砂泥岩的岩性组合，富含腕足、珊瑚、有孔虫等哲斯动物群化石，本次研究对 D101 井等井补做了大量岩石薄片、微量元素、稀土元素、碳氧同位素、硫同位素和砂岩锆石定年等实验分析，同时也获得了一些腕足类和腹足类化石，多种资料证实该套地层归属为中二叠统哲斯组。

地震剖面资料表明，D101 井基岩顶面 T_5 之下直接揭示中二叠统哲斯组，表明该区缺失上二叠统林西组，同时依据区域地层资料，推测该区哲斯组之下仍然存在下二叠统和石炭系。

2）依安—北安地区

依安—北安地区钻遇基岩较深的探井有 BS1 井、YS1 井、BC1 井等井，均揭示一套暗色泥板岩和砂岩为主的岩性组合，局部不乏一定厚度的花岗岩侵入岩体或岩脉。本次研究根据岩性组合特征、微量元素和稀土元素特征综合对比分析，认为该区发育的暗色泥板岩和砂岩沉积地层与林西组具有可对比性，将其归为上二叠统林西组。同时依据地震资料结合区域地层资料推测，该区发育中二叠统、下二叠统及石炭系。

3）林甸—黑鱼泡地区

林甸—黑鱼泡地区钻遇基底地层较厚的井有 YS1 井、LS2 井、ShuS4 井、LS4 井等，岩性组合比较复杂，沉积岩、岩浆岩和变质岩三大类都较发育。本次研究补充了大量岩心、测年、微量元素和稀土元素等资料。根据 YS1 井暗色砂泥岩与火山岩组合特征，结合微量元素和稀土元素特征，将其归属为上二叠统林西组；其次，LS2 井上部地层的侵入岩体石英正长岩锆石 U-Pb 同位素年龄分别为 291.5Ma 和 298.8Ma，证实这一侵入岩体形成于早二叠世，据此将其归属为下二叠统大石寨组，另外依据该井岩石薄片、微量元素和稀土元素组合特征分析，下部地层以泥岩、粉砂质泥岩和凝灰岩，与区域上的下石炭统洪湖吐河组相当。同时根据地震资料和区域地层资料，推测本区依然发育完整的石炭系—二叠系地层序列。

4）明水—任民镇地区

该地区钻遇基底的探井相对较多，厚度较大的有 Sh1 井、ShG1 井、MG1 井、XR7 井、R11 井、R5 井、R7 井等井，其中 XR7 井、ShG1 井、MG1 井三口井是针对基岩勘探部署的井位，均揭示厚度上百米至上千米的沉积地层，为深入研究基岩地层和烃源岩提供了充实的资料基础。

ShG1 井基岩岩屑凝灰岩中获得 248.9±2.2Ma 的锆石 U-Pb 同位素年龄，证实松辽盆地覆盖区存在三叠系。同时，XR7 井钻遇一套厚达 1701m 的杂色砂泥岩沉积建造，其砂岩碎屑锆石 U-Pb 同位素年龄暗示该套地层应属三叠系，结合区域地质资料，将任民镇地区这套以紫色色调为主的沉积建造划归下三叠统老龙头组，由此证实松辽盆地北部覆盖区存在三叠系，且根据地震资料推测局部地区三叠系相当发育。MG1 井是 2019 年完钻的一口针对石炭系—二叠系部署的地质井，位于东部断隆区明水隆起带，该井钻遇 200m 以黑灰色泥岩为主局部夹粉砂质泥岩、泥质粉砂岩的岩性组合，本次研究根据微量元素和稀土元素特征，将其划归为上二叠统林西组。另外，D20井基岩揭示一套浅灰色、绿灰色、棕灰色碎斑岩、糜棱岩与玄武岩，以及肉红色、浅肉色二长花岗岩。在二长花岗岩获得一组313.1Ma锆石年龄，证实这一期岩浆活动形成于晚石炭世，通过与区域地层资料对比，将该套地层划归为上石炭统宝力高庙组。

上述证据表明，明水—任民镇地区已证实存在的地层包括下三叠统老龙头组、上二叠统林西组和上石炭统宝力高庙组，表现出复杂的地层构成和叠置关系，另外根据地震资料和周边区域地层资料，认为该区依然发育齐全的古生界地层序列，并且具有相当可观的厚度规模。

5）三肇地区

三肇地区针对徐家围子断陷部署的深钻井较多，有相当一部分钻井兼探基岩，大多揭示了厚度几十米至二百米左右的基底地层，其中ShaS2井、CS8井等井揭示暗色砂泥岩地层较厚。本次研究工作根据CS8井、ShaS2井等井的岩性组合、微量元素和稀土元素特征，将该套地层归属为上二叠统林西组。同时依据地震资料和区域地层资料，推测三肇地区发育较全的石炭系—二叠系。

6）四站—庙台子—双城地区

该地区钻遇基岩的典型井包括4S1井、ZhS1井、YS5井、Shu16井等井。其中4S1井于1988年完钻，共揭示基岩约1300m，岩性以大套灰黑色调为主的砂泥岩组合为主，本次研究根据岩石薄片、微量元素、稀土元素和砂岩锆石年龄测定等实验分析，将这套地层划归为上二叠统林西组。另外结合区域地层资料和地震资料解析，该地区具备厚度在几千米左右的石炭系—二叠系。

7）中央古隆起带

中央古隆起带已部署了LT1井、LT2井、LTX3井等多口探井，并且取得了基岩勘探突破，但地层归属、构造特征和沉积环境等基础研究相对薄弱，油气地质条件认识不清。本次工作重在基础研究，在升平地区ShS10井基岩安山岩样品中获得282.5Ma和255.4Ma的两组锆石U-Pb年龄峰值，分别为代表了二叠纪两期火山事件，其中255.4Ma表明该套地层属上二叠统林西组。LT1井在井深3370.98m处的角闪玄武粗面安山岩中获得290Ma年龄，证实其时代属早二叠世。参考龙江地区大石寨组发育特点和分布规律，认为这一套地层与大石寨组相当。根据区域地层资料及盆地其他地区地层发育特征，本次研究认为中央古隆起带石炭系—二叠系地层序列相对较齐全，依然具有一定的厚度规模。

4. 盆地内二叠系分布特征

基于目前地震资料品质分析，充分挖掘可用信息，结合钻井资料，本次研究选取地震资料品质较好、区域跨度较大、结构特征相对较好的地震大剖面作为主要测线，建立了全区骨架剖面，开展松辽盆地北部上古生界地震解释研究，解释结果如图7-2-3所示。

根据石炭系—二叠系发育特点及侵入岩体分布特征，构建了盆内构造地层解释模型，指导全区地震地层解释工作。由于盆地内无钻井钻穿二叠系任何界面，因此本次主要针对上二叠统和中二叠统两个地层，参考剖面地震相特征及区域上石炭系—二叠系各地层大致厚度来开展地震层位解释工作。区域上，哲斯组为大陆边缘沉积，厚度变化相对稳定；上二叠统林西组属于湖相沉积，厚度变化相对较大，且由于后期遭受剥蚀改造及岩浆侵入影响，不同地区其残留地层厚度变化更加明显，局部地区存在该套完全缺失现象（如盆地西部的 Du101 井区）。

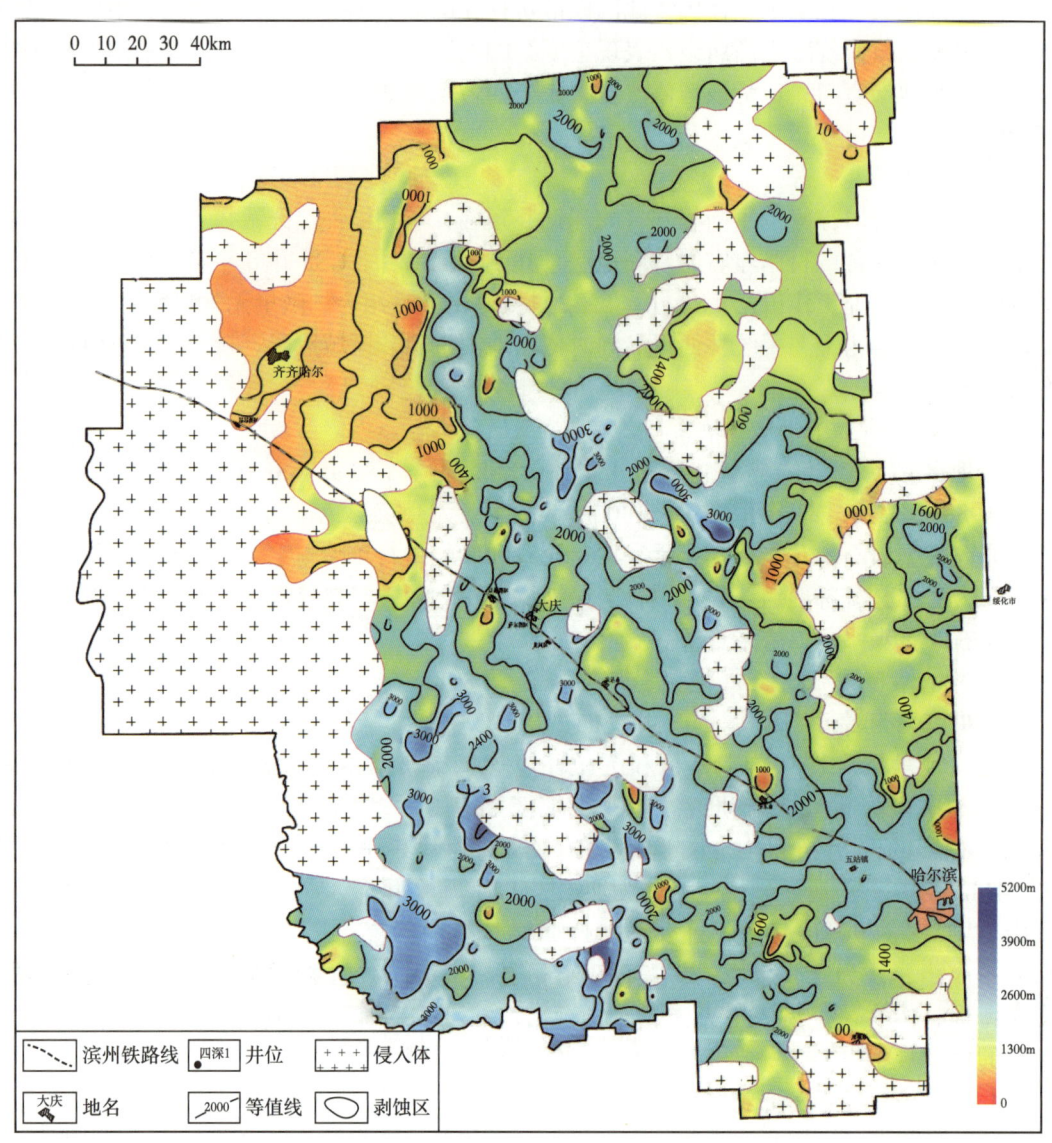

图 7-2-3 松辽盆地北部上二叠统林西组等厚图

盆地内钻遇基底的井大都有钻遇林西组，其中 4S1 井揭示厚度约 1306m。因该套地层后期广泛遭受剥蚀，残留厚度变化幅度较大（图 7-2-3）。林西组残留地层厚度整体表现为研究区中部厚、向两侧逐渐减薄的变化特征。整体上研究区四周残留厚度较小，一般小于 1500m，在 D20 井、Du101 井、Du103 井、LS2 井等井区缺失林西组。靠近盆地中心位置，林西组残留地层厚度较大，一般大于2000m（面积约为17300km²），最厚可达5200m左右。

中二叠统哲斯组属于海相沉积，局部剥蚀，厚度相对稳定，位于盆地西部的Du101井、Du103井和F50井等钻遇该套地层，岩性为碳酸盐岩与砂岩、泥板岩。在D20井、LS2井区域缺失哲斯组，直接钻遇晚石炭世或早二叠世侵入岩体。整体而言，在研究区北部和西部地区，哲斯组厚度相对比较薄，一般小于1500m；在盆地东南部区域，哲斯组厚度较大，一般大于1500m，最厚可达3300m左右（图7-2-4）。

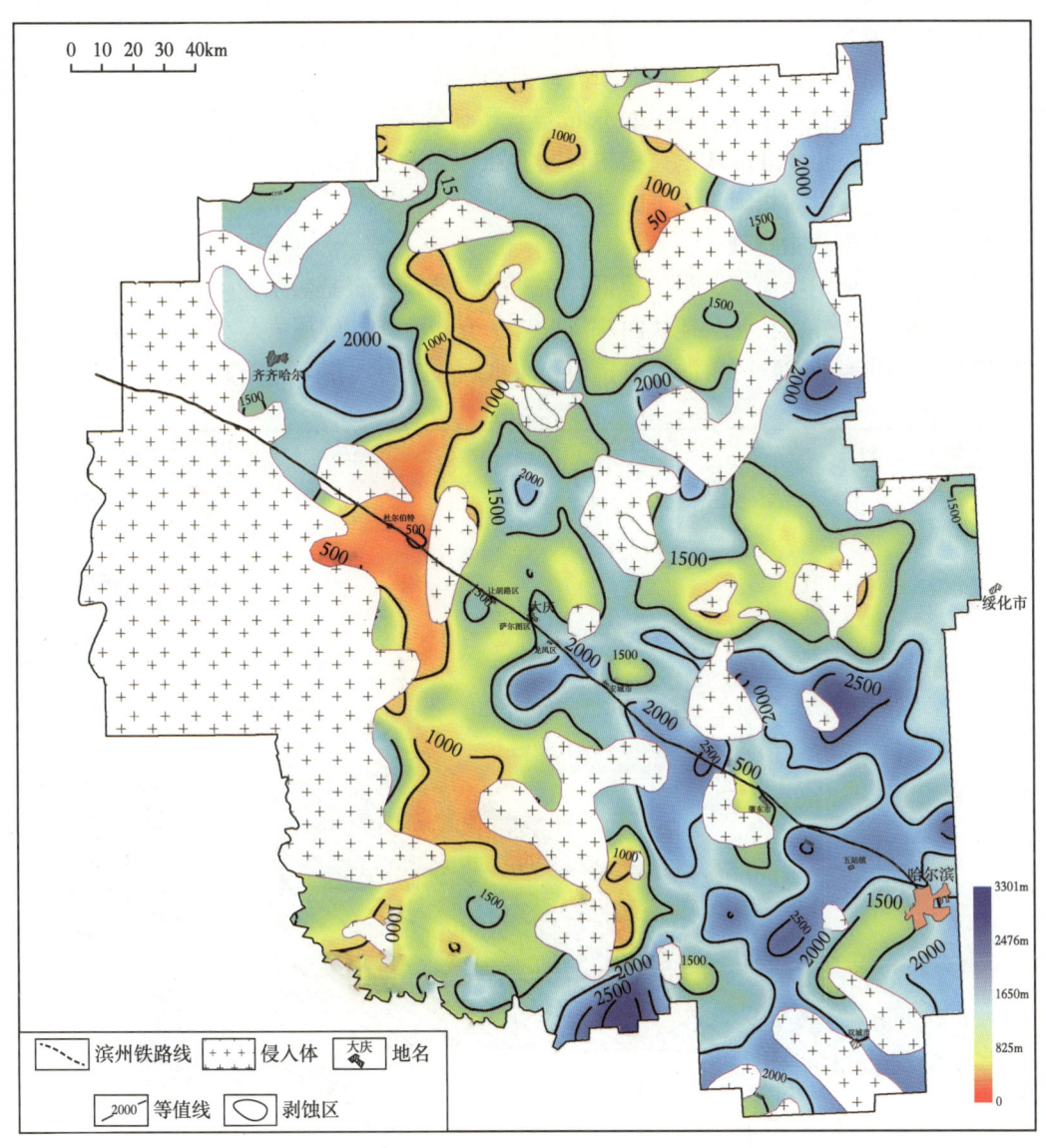

图7-2-4 松辽盆地北部中二叠统哲斯组等厚图

三、松辽盆地北部二叠系岩相古地理特征

二叠纪是中国地史上的一个主要变动时期,海西晚期的构造运动使二叠纪海陆变迁发生了新的变化。中国北方地区二叠系岩石类型多样,发育大量碎屑岩、碳酸盐岩,在不同地区和不同层位发育煤、火山岩、火山碎屑岩等,在东北地区发育泥板岩、板岩等各种变质岩。

目前学术界对松辽盆地及邻区的晚古生代岩相古地理认识不一(和政军等,1997;翟大兴等,2015;张梅全等,1998)。本次研究通过对盆缘区实测剖面和盆内重点探井样品的同位素和元素地球化学特征解析,结合区域地质背景,重新梳理了东北地区,尤其是松辽盆地及毗邻地区的二叠纪岩相古地理,认为早二叠世和中二叠世以海相为主导、晚二叠世以陆相为主导的岩相古地理格局。研究区海陆转换与佳—蒙联合地块形成及古亚洲洋最终消失紧密相关,佳—蒙联合地块的形成导致了研究区广泛分布了一套大陆边缘相沉积;而佳—蒙联合地块与华北板块的碰撞拼合及古亚洲洋的最终消失,导致了研究区海相沉积完全退出,形成了以陆相湖泊为主的古地理背景。

1. 早二叠世岩相古地理

就佳—蒙联合地块而言,早二叠世存在两个古陆,一个是额尔古纳古陆,另一个是佳木斯古陆。除此之外,在联合地块内广泛发育一套浅海相的碎屑岩与火山岩、火山碎屑岩沉积建造,局部地区发育三角洲碎屑岩相和浅水碳酸盐台地相(图7-2-5)。

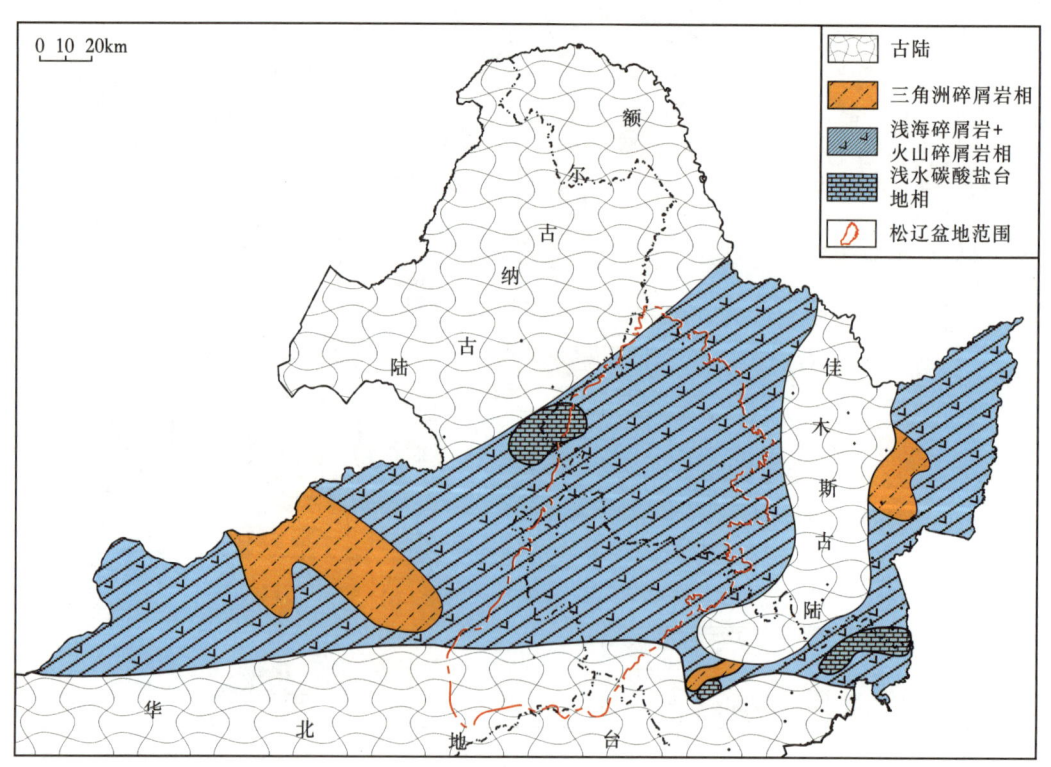

图 7-2-5　东北地区晚古生代早二叠世(P_1)岩相古地理图

早二叠世在林西地区主要发育的为大石寨组，为一套中性火山岩、酸性火山岩，乃至基岩火山熔岩及凝灰岩组合，局部夹正常沉积碎屑岩，含典型的海相生物化石，如腕足类、珊瑚、蜓等。另外，在龙江县济沁河乡见到下二叠统石灰岩（局部大理岩化），含海相化石。

就松辽盆地而言，目前经证实钻遇下二叠统的探井不多。LS2井钻遇一套层状石英正长岩，同位素年龄为298.8Ma，时代属早二叠世早期；BG1井钻遇一套碎裂花岗闪长岩和黑云花岗片岩，获得两组峰值年龄，分别为293.5Ma（捕获锆石年龄304.3Ma）和293.7Ma（捕获锆石年龄305.5Ma），证实早二叠世区域内岩浆活动较为频繁。LT1井在3370.98m井深处获得1个玄武粗面安山岩锆石U-Pb年龄，其值为（290±3.3）Ma，时代应归属早二叠世。LT1井实测样品井段岩石变质程度整体较深，岩性主要为灰色、灰黑色片岩、千枚岩、变余砂岩、变余砾岩等。

2. 中二叠世岩相古地理

中二叠世发生了早二叠世以来最大的一次海侵，表现为大规模的碳酸盐岩台地广泛沉积，包括碳酸盐岩与细碎屑岩形成的混积台地及礁滩相沉积。就佳—蒙联合地块而言，早二叠世时期存在的两个古陆——额尔古纳古陆和佳木斯古陆仍然存在，但古陆面积明显缩小（图7-2-6）。

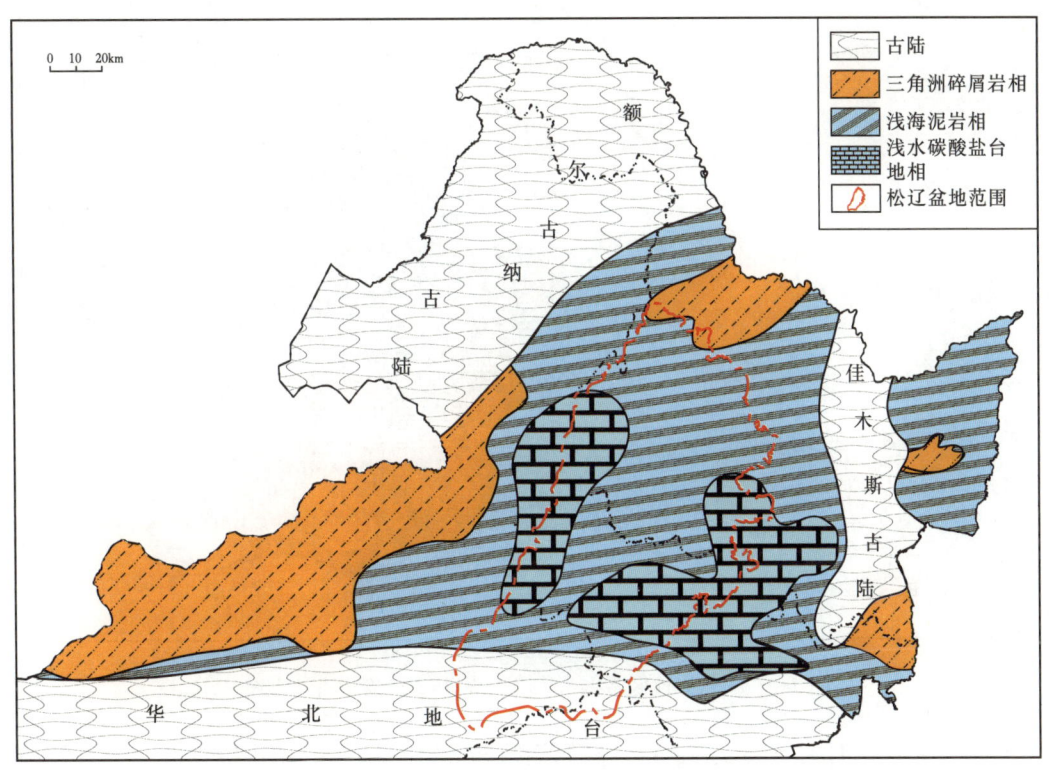

图7-2-6　东北地区晚古生代中二叠世（P_2）岩相古地理图

中二叠世，松辽盆地及其周边地区主要发育浅海细碎屑岩相、浅水碳酸盐岩台地相和三角洲碎屑岩相。浅海细碎屑岩相是这一时期分布最为广泛的沉积，松辽盆地周缘露头剖面多有揭示；三角洲碎屑岩相主要发育于林西地层小区锡林浩特—东乌珠穆沁旗—霍林郭勒一线以西地区，嫩江县—北安县一线以北地区；浅水碳酸盐台地相则主要分布于松辽盆地东西两侧，盆地东缘的阿城、宾县一带，吉林长春一带，盆地西缘的乌兰浩特—扎赉特旗一带，以及盆地内D101井、D103井等均见到富含腕足类、珊瑚、双壳类等海相化石的碳酸盐岩沉积。

3. 晚二叠世岩相古地理

研究区晚二叠世主要发育有滨浅湖相、深湖相、三角洲前缘相和前三角洲相、河流相。在呼玛—东乌地层小区东南部、林西地层小区、乌兰浩特—哈尔滨地层小区以浅湖相沉积为主；白城以南伴随有陆相火山岩系，据地震资料解释，大安—农安—榆树—安达—北安一带可能存在半深湖相或深湖相；在长春—磐石地区主要发育浅湖相；在伊春—北安一线以北、哈尔滨—吉林以东地区、锡林浩特—东乌珠穆沁旗大石寨一线以西等地区发育三角洲前缘相和前三角洲相（图7-2-7）。

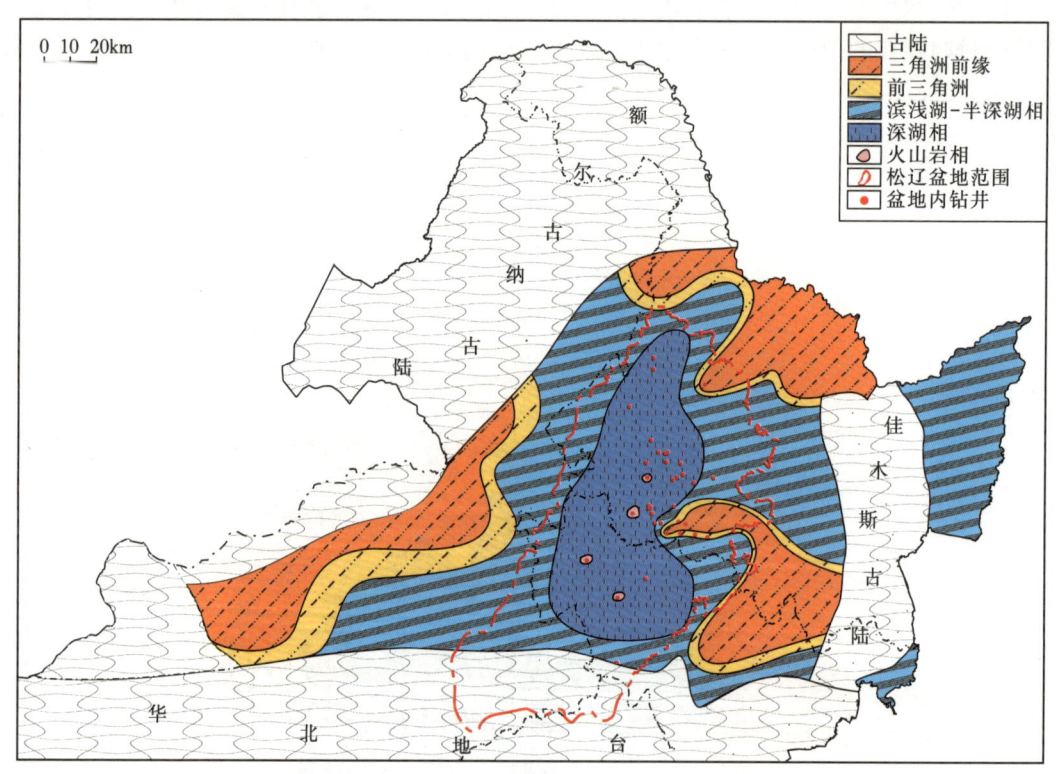

图7-2-7　东北地区晚古生代晚二叠世（P_3）岩相古地理图

区域上，这一时期地层以林西组、杨家沟组和五道岭组、红山组为代表。林西组以黑灰色砂岩、板岩为特征，产淡水双壳类和植物；杨家沟组由浅灰色、浅灰黑色粉细砂岩、粉砂岩、泥质粉砂岩韵律层组成，产植物化石和淡水叶肢介，为浅湖相沉积，并伴随有陆相火山岩系。红山组、五道岭组岩性主要为砾岩、砂岩和板岩、中性火山岩、酸性火山岩，化石丰富，产以 Com ia 为代表的晚二叠世安加拉植物群，为河流—湖泊沉积相区（黑龙江省地质矿产局，1993，1997；苏养正，1996）。

四、松辽盆地北部二叠系油气地球化学特征与资源潜力评价

烃源岩油气地球化学特征及资源潜力评价是落实低勘探程度区勘探潜力的重要基础工作之一。本次研究在预测二叠系分布的基础上，通过系统收集前人研究成果，结合对重点钻井进行烃源岩有机碳含量、干酪根类型、氯仿沥青"A"、镜煤、岩石热解等检测分析，明确了松辽盆地北部二叠系的烃源岩类型、有机质类型及丰度等关键指标，并通过有效井控资料和综合物探成果，搞清了烃源岩分布规律，落实了有利烃源岩分布区及资源潜力。

松辽盆地二叠系广泛发育，且烃源岩分布广、厚度大，尤其是上二叠统林西组和中二叠统哲斯组，其中最为有利的烃源岩以泥岩为主，石灰岩次之。钻井资料证实，二叠系烃源岩主要为暗色泥岩、泥板岩，主要分布在上二叠统林西组和中二叠统哲斯组。其中，林西组是比较现实的勘探层位，主要为一套暗色泥岩与砂岩互层，泥地比在30%~70%之间；盆内探井多有揭示，井筒资料较为丰富。哲斯组主要岩性为石灰岩、泥岩、砂岩等互层，但盆地内埋藏较深，钻井少，揭示厚度薄，井筒资料有限。本次主要针对上二叠统林西组烃源岩进行系统评价，其他层位简要概述。

1. 烃源岩有机地球化学特征

烃源岩的有机地球化学特征主要包括有机质类型、有机质丰度与有机质成熟度三个方面。其中，有机质丰度决定源岩的生烃物质基础，有机质类型关系有机质生烃产状及能力，有机质成熟度代表烃源岩热演化程度，以上三个方面控制了烃源岩的生烃潜力。本次烃源岩评价以二叠系林西组暗色泥岩为主，钻井样品烃源岩地球化学分析测试结果见表7-2-1。

表7-2-1 松辽盆地北部探井石炭系—二叠系有机地球化学分析数据表

样品编号	井号	层位	$T_{max}/℃$	$S_1/(mg/g)$	$S_2/(mg/g)$	TOC/%	R_o/%	有机物含量/%
1	CS8	P_3l	436	0.02	0.04	1.1254	3.684	0.0011
2	DS4	P_3l	431	0.01	0.04	0.0743		0.0021
3	R11	P_3l	446	0.01	0.03	1.0094		0.0011
4	LS2	C_1h	363	0.01	0.04	1.3487	4.638	0.0009
5	CS8	P_3l	536	0.01	0.04	1.1037	2.29	0.0008
6	LS2	C_1h	375	0.01	0.04	0.6011	4.662	0.0018
7	R5	P_3l	434	0.01	0.07	1.1444	5.233	0.0103
8	Sh1	P_3l	411	0.02	0.05	1.8311	5.398	0.0023
9	YuS1	P_3l	429	0.01	0.04	1.4265	4.636	0.0022
10	YuS1	P_3l	441	0.01	0.07	1.6633	4.771	0.0039

续表

样品编号	井号	层位	T_{max}/°C	S_1/(mg/g)	S_2/(mg/g)	TOC/%	R_o/%	有机物含量/%
11	YuS1	P_3l	434	0.01	0.03	2.3746	4.903	0.0033
12	YuS1	P_3l	443	0.01	0.05	1.5757	4.921	0.0038
13	YuS1	P_3l	443	0.01	0.02	0.4468	5.018	0.0435
14	Du103	P_2z	419	0.01	0.04	0.7769	4.689	0.0066
15	Do1	P_3l	490	0.01	0.03	1.1308	5.446	0.0051
16	4S1	P_3l	424	0.01	0.03	0.7866	4.853	0.0032
17	ZhS1	P_3l	430	0.01	0.02	1.6404	4.345	0.0035
18	ZhS1	P_3l	437	0.03	0.03	1.4674	4.716	0.0022
19	S16	P_3l	316	0.07	0.06	0.8525	4.05	0.0057
20	S16	P_3l	415	0.05	0.12	0.8608	4.249	0.0021
21	R11	P_3l	463	0.03	0.06	1.4327	3.724	0.0033
22	R11	P_3l	488	0.01	0.03	0.9608	3.679	0.0029
23	R11	P_3l	495	0.01	0.03	1.1226	3.626	0.0023
24	Du101	P_2z	426	0.02	0.06	0.5755	4.898	0.0031
25	Du101	P_2z	455	0.01	0.03	0.9862	5.044	0.0039
26	4S1	P_3l	433	0.01	0.03	0.5688	4.916	0.0023
27	4S1	P_3l	433	0.01	0.02	1.515	5.263	0.0021
28	4S1	P_3l	429	0.01	0.03	1.6647	5.371	0.0032
29	4S1	P_3l	434	0.01	0.02	0.6163	5.287	0.0023
30	CS8	P_3l	344	0.01	0.04	0.5969	2.974	0.0073
31	CS8	P_3l	434	0	0.04	0.6027		0.0066
32	ZS6	P_3l	434	0.01	0.05	0.3118	2.737	0.0079
33	ZS6	P_3l	347	0.02	0.12	0.9781	2.722	0.0094
34	ShaS2	P_3l	440	2.54	1.59	2.2049	5.437	0.0549
35	ShaS2	P_3l	443	0.01	0.02	0.2664	5.353	0.0013
36	FC1	P_3l	344	0.01	0.04	0.3758		0.0013
37	FC1	P_3l	468	0.01	0.02	0.447		0.0069
38	R11	P_3l	448	0	0.03	0.1067		0.0083

1）有机质组分与干酪根类型

有机质类型是判断烃源岩生油还是生气，以及生油和生气的能力大小的依据。采用多种地球化学方法分析，结合氯仿沥青"A"族组分和生物标志化合物等特征，判断松辽盆地二叠系母质来源不仅有陆生植物，也有湖相浮游生物，干酪根类型以Ⅱ型为主，Ⅲ型次之。

（1）干酪根镜检法。

根据以往研究认识，松辽盆地北部石炭系—二叠系泥页岩有机质显微组分主要由腐泥组、壳质组、镜质组及惰质组构成，其中腐泥组包括腐泥无定形体、藻类体及腐泥碎屑体，壳质组包括孢粉体、树脂体、角质体、木栓体、壳质碎屑体及腐殖无定形体，镜质组则包括结构镜质组和无结构镜质组，惰质组主要包括丝质体。

本次研究依据石油天然气行业标准《透射光—荧光干酪根显微组分鉴定及类型划分方法》（SY/T 5125—2014），采用干酪根显微组分类型指数法（表7-2-2），对松辽盆地北部石炭系—二叠系34块钻井岩心泥页岩样品的干酪根类型进行了检测分析，结果显示，石炭系—二叠系烃源岩干酪根为以Ⅱ型为主，少量Ⅰ型和Ⅲ型，其中，其中Ⅱ$_1$型（腐殖—腐泥型）为12块，Ⅱ$_2$型（腐泥—腐殖型）为17块，Ⅲ型（腐殖型）为5块（图7-2-8、表7-2-3）。

表 7-2-2 干酪根类型显微组分类型划分表

干酪根类型	Ⅰ	Ⅱ$_1$	Ⅱ$_2$	Ⅲ
TI 指数	≥ 80	40~80	0~40	< 0

TI 指数计算公式为：TI=$100a+80b_1+50b_2-75c-100d$
其中：a—腐泥组；b_1—壳质组中的树脂体；b_2—壳质组中的角质体等；c—镜质组；d—惰质组

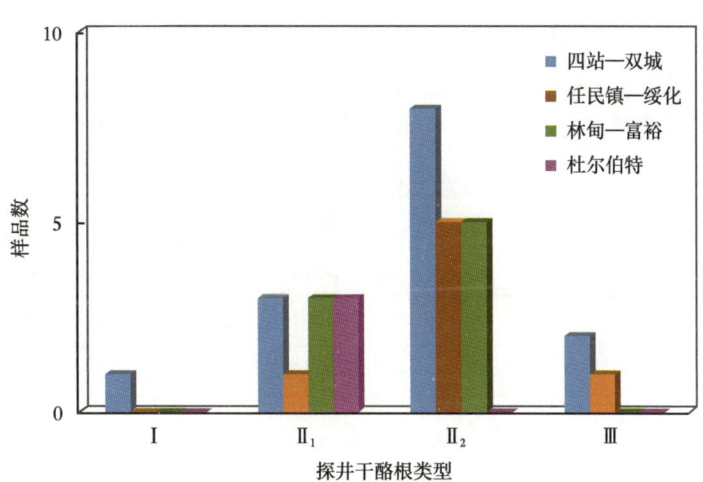

图 7-2-8 松辽盆地北部石炭系—二叠系泥页岩干酪根类型直方图

表 7-2-3　松辽盆地北部石炭系—二叠系烃源岩干酪根镜检结果表

井号	样品深度 / m	层位	样品描述	类型指数 TI	干酪根类型
BS1	2071.44	P_3l	灰黑色板岩	74.1	II_1型
BS1	2371.10	P_3l	灰黑色浅变质泥岩	72.7	II_1型
CS8	3946.23	P_3l	灰黑色泥板岩	11.4	II_2型
CS8	4240.78	P_3l	灰黑色泥岩	35.7	II_2型
Do1	1683.00	P_3l	灰黑色泥板岩	18.5	II_2型
Du101	1694.00	P_2z	粉砂质泥岩	77.8	II_1型
Du101	1711.00	P_2z	泥岩	60.4	II_1型
Du103	1908.43	P_2z	灰黑色泥岩	63.8	II_1型
LS2	3170.18	C	黑色泥岩	52.3	II_1型
LS2	3172.28	C	黑色泥岩	62.9	II_1型
MG1	1932.40	P_3l	黑灰色泥岩	−40.08	III型
R11	2157.11	P_3l	黑灰色泥板岩	20.8	II_2型
R11	2160.74	P_3l	黑灰色泥板岩	65.4	II_1型
R5	1962.57	P_3l	黑灰色泥板岩	−28.7	III型
ShaS2	3250.60	P_3l	黑灰色泥板岩	38.5	II_2型
Sh1	2026.59	P_3l	黑灰色泥板岩	4.3	II_2型
4S1	3607.28	P_3l	灰色泥岩	−16.7	III型
4S1	3847.40	P_3l	黑灰色泥岩	47.3	II_1型
4S1	4030.66	P_3l	黑灰色泥岩	62.9	II_1型
YiS1	2565.30	P_3l	灰黑色浅变质泥岩	1.8	II_2型
YiS1	2693.00	P_3l	灰黑色碳质板岩	33.6	II_2型
YiS1	2720.00	P_3l	灰黑色碳质板岩	0.7	II_2型
YiS1	2885.00	P_3l	灰黑色碳质板岩	16.3	II_2型
YiS1	2996.65	P_3l	灰黑色片岩	30.1	II_2型
YiS1	3050.00	P_3l	灰黑色片岩	49.2	II_1型
YiS1	3156.00	P_3l	深灰色黑云片岩	11.0	II_2型
YiS1	3218.00	P_3l	灰黑色片岩	75.0	II_1型
YS5	4130.00	P_3l	黑色泥岩	−95.0	III型
YS5	4180.00	P_3l	黑色泥岩	−95.9	III型

续表

井号	样品深度/m	层位	样品描述	类型指数 TI	干酪根类型
YuS1	2939.97	P_3l	灰黑色泥板岩	14.4	II_2 型
YuS1	3002.87	P_3l	灰黑色泥板岩	13.8	II_2 型
YuS1	3076.71	P_3l	灰黑色泥板岩	14.6	II_2 型
YuS1	3079.11	P_3l	灰黑色泥板岩	37.9	II_2 型
YuS1	3081.31	P_3l	灰黑色泥板岩	37.3	II_2 型

（2）热解分析法。

通过 270 块烃源岩样品氢指数（HI）与最大热解温度（T_{max}）数据分析，烃源岩样品中 T_{max} 值最低 301℃，最高 561℃，平均 419℃，高低差异较大。如图 7-2-9 所示，58.5% 的样品 T_{max} 值低于 435℃，即属于未成熟阶段，剩余的 41.5% 的样品 T_{max} 值大于 435℃，进入成熟阶段。其中有 32.6% 的样品 T_{max} 值在 435~455℃ 区间内，恰好处于成熟阶段；有 5.94% 的样品 T_{max} 值在 455~500℃ 区间内，已达到高成熟阶段；还有 2.96% 的样品 T_{max} 值大于 500℃，已达到过成熟阶段。这与有机质镜质组反射率和伊利石结晶度指数检测结果所呈现的过成熟—近变质结论完全相反。

对松辽盆地北部二叠系岩石热解数据进行图解分析，将其检测结果投影到氢指数与最大热解峰温关系图上，结果显示：泥岩有机质类型主要为 III 型，其次为 II_2 型，石灰岩有机质类型主要为 III 型和 II_2 型（图 7-2-9）。这与干酪根镜检结果有较大出入，由此可见这种方法不适合用于评价高—过成熟烃源岩。

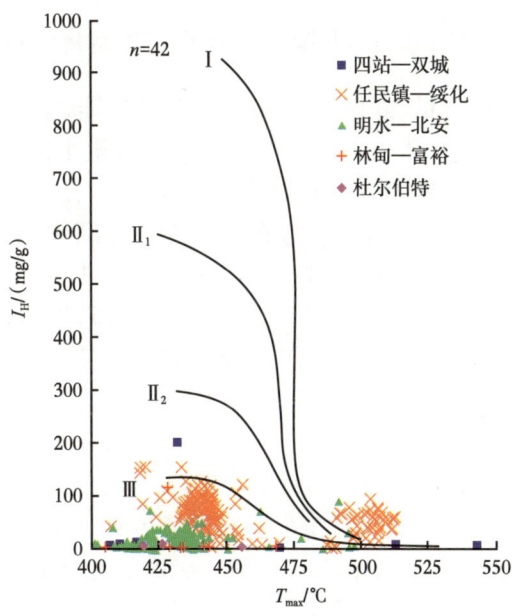

图 7-2-9　松辽盆地北部地区二叠系泥页岩干酪根类型热解图版

2）有机质丰度

松辽盆地二叠系以湖相沉积环境为主，本次研究采用陆相泥质烃源岩评价标准（黄第藩等，1996）进行泥质岩有机质丰度评价。

（1）有机碳含量TOC。

本次研究通过补取老井样品和新井大量取样，共完成二叠系TOC分析数据467个。结果表明，TOC分布在为0.35%~3.47%之间，平均值为1.2%。从各区TOC直方图（图7-2-10）来看，TOC分布的主峰区间为1.0%~2.0%，样品数为311块，占总样品数64.7%。同时，相当一部分样品的TOC大于2.0%，样品数为30块，表明二叠系依然存在高TOC的优质烃源岩段，如4S1井、MG1井均见到一定数量TOC大于2%的样品。总体而言，四站—双城、依安—北安和明水—绥化等地区中等烃源岩和好烃源岩占比较大，少量样品存在高TOC特征。

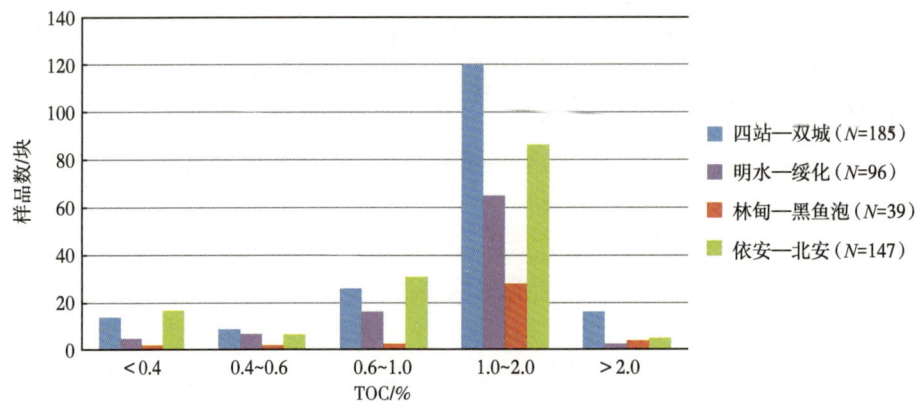

图7-2-10　松辽盆地北部二叠系烃源岩有机碳分布直方图

利用钻遇林西组暗色泥岩的20口井的467个TOC数据，计算得到每口井的TOC平均值，进而绘制了松辽盆地北部二叠系烃源岩有机碳含量平面分布图（图7-2-11）。分析表明，烃源岩TOC整体具有"东高西低"的分布特征，盆地东部的TOC大多数大于1.0%，其中，绥化地区的TOC最高，平均值为2.15%（Sh1井区），而盆地西部TOC一般小于1%，尤其是齐齐哈尔—富裕一带（FC1井区）。由于井控程度低、井点分布不均匀，且每口井钻遇地层厚度和样品数差异大，由此计算的单井TOC平均值所绘制的平面分布图仅代表大致趋势，尤其考虑到基岩广泛分布的面积不等的侵入体影响，原始沉积地层的TOC分布特征有待进一步研究。

（2）氯仿沥青"A"。

统计43块探井样品的烃源岩氯仿沥青"A"含量，分布范围为0.0011%~0.0549%，平均值为0.007%（图7-2-12）。按照陆相源岩有机质丰度评价标准，松辽盆地北部上古生界非烃源岩达到93%，仅有3块样品达到差烃源岩标准，这与TOC实测结果有较大出入。由此认为，氯仿沥青"A"指标可能不适用于松辽盆地二叠系高演化阶段的烃源岩。

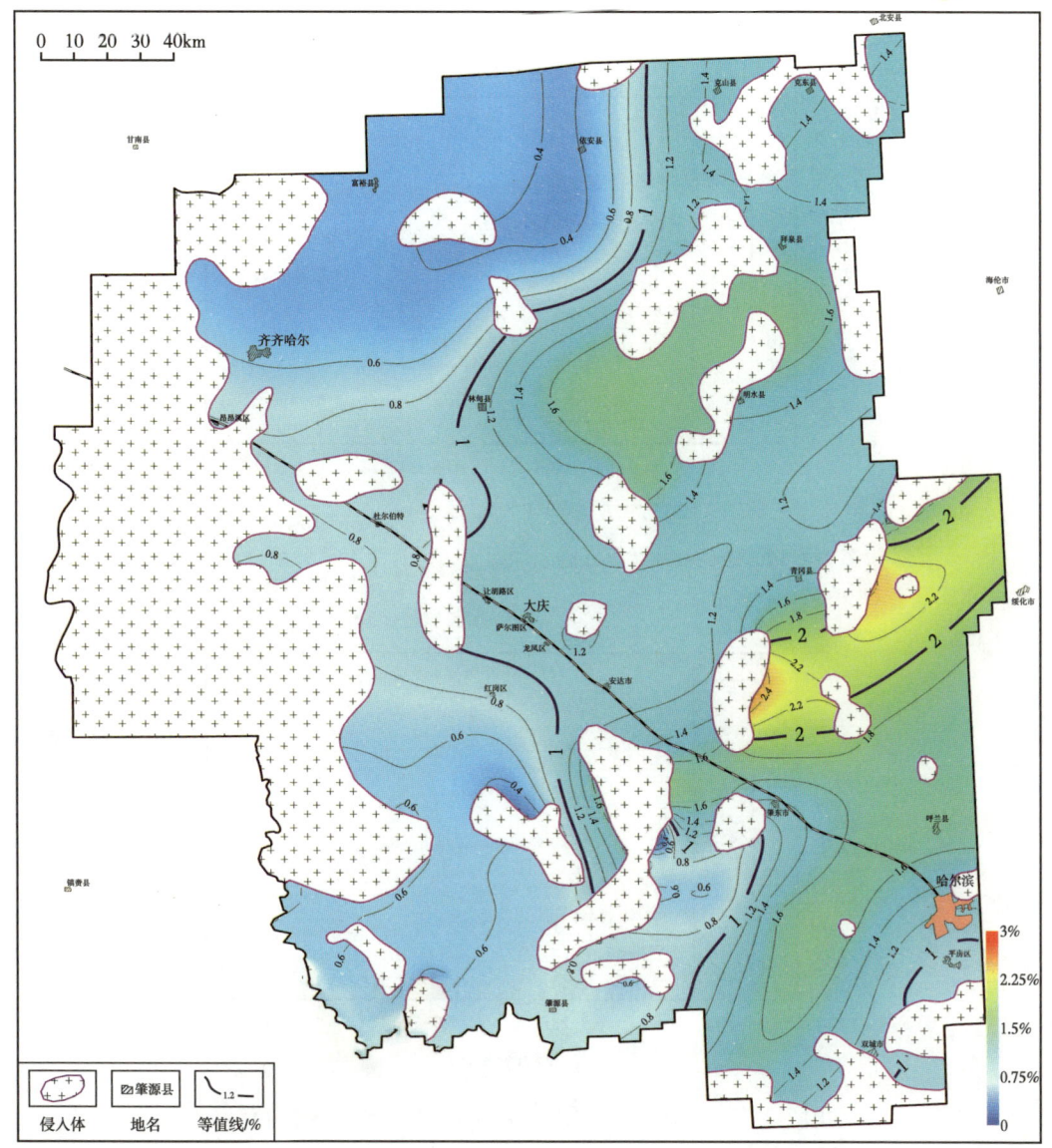

图 7-2-11 松辽盆地二叠系烃源岩有机碳含量平面分布图

(3) 生烃潜量(S_1+S_2)。

统计松辽盆地北部内 44 块上古生界烃源岩生烃潜量数据,生烃潜量分布范围为 0.02~4.13mg/g(图 7-2-13),按照陆相烃源岩生烃潜量标准,95.5% 以上为非烃源岩。中等烃源岩样品约为 4.5%,样品主要集中在非烃源岩范围(<0.5mg/g)。

综上所述,有机碳含量反映松辽盆地北部二叠系烃源岩主要为中等—好烃源岩,但氯仿沥青"A"和生烃潜量(S_1+S_2)指示的烃源岩有机质丰度主要集中在非烃源岩和差烃源岩范围,与 TOC 检测结果不一致。分析其原因主要是由于烃源岩热演化程度高,残余有机碳含量中具有生烃潜力的有效碳含量低所致，同时也表明上述 TOC 指标并不适合评价上古生界高成熟、过成熟烃源岩。

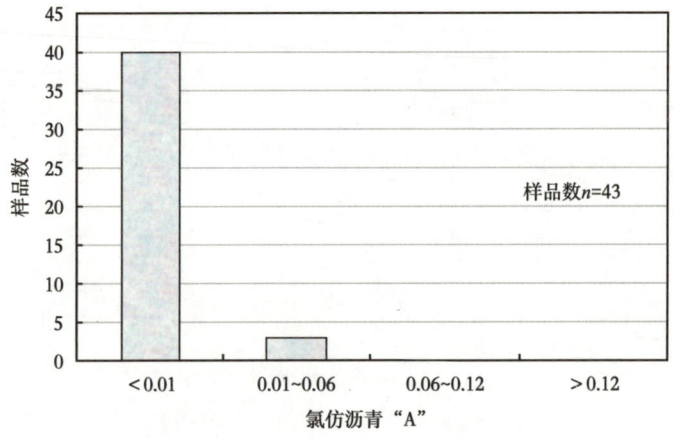

图 7-2-12　松辽盆地北部二叠系烃源岩氯仿沥青"A"频率分布图

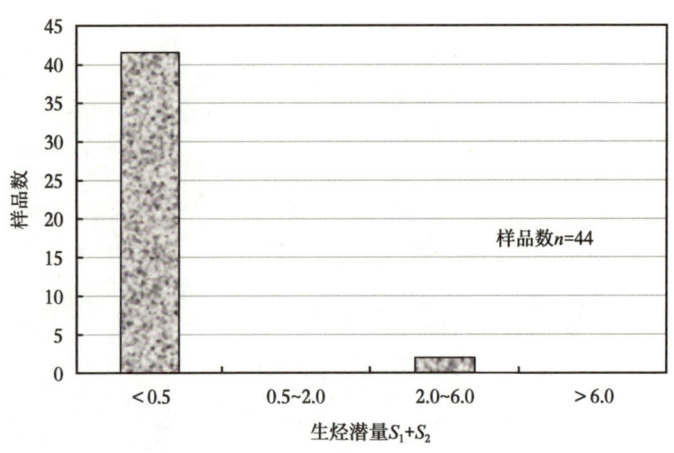

图 7-2-13　松辽盆地北部二叠系烃源岩生烃潜量频率分布

3）有机质成熟度

有机质成熟度的研究方法和评价指标很多，但镜质组反射率 R_o 是应用最多、最可靠及作为其他成熟度指标对比参照的指标。镜质组反射率也称镜煤反射率，它是温度和有效加热时间的函数且具不可逆性，所以它可作为确定煤化作用阶段的最佳参数之一。

（1）有机质处在高—过成熟演化阶段。

本次研究共统计林西组烃源岩镜质组反射率数据 79 个。整体分析，林西组烃源岩演化多处于高成熟和过成熟阶段（图 7-2-14），R_o 分布范围为 2.06%~7.6%，平均值 4.49%，主要有 2%~3.8% 和 > 5.0% 两个峰值区间。盆地内中二叠统哲斯组灰黑色含生物碎屑泥晶灰岩和泥岩测得 7 个数据，LS2 井石炭系灰黑色泥板岩测得 3 个数据。结果表明，盆地内哲斯组和石炭系的镜质组反射率在 3.51%~5.56% 之间，热演化程度达到过成熟阶段，普遍高于上部的林西组。

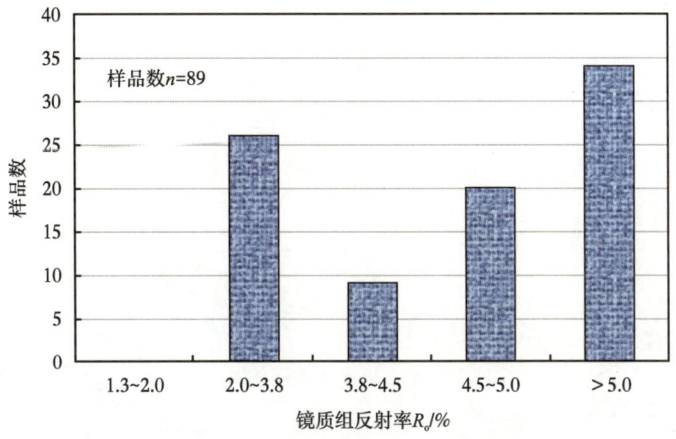

图 7-2-14　松辽盆地北部二叠系林西组镜质组反射率 R_o 分布直方图

（2）有机质成熟度呈"北高南低"特征，局部存在相对低值区。

根据有限资料绘制镜质组反射率 R_o 平面分布图，结果表明松辽盆地北部林西组烃源岩的热演化程度具有明显的分带性（图 7-2-15），整体热演化程度较高，呈现北东向条带状展布，高低相间状排列的特征。表现为 3 个高值中心，分别为 YiS1 井区、Sh1 井区和 4S1 井区；4 个低值中心，分别为 ShS4 井区、C102 井区、H1 井区和 ZhS1 井区（表 7-2-4）。

表 7-2-4　松辽盆地北部 20 口井林西组烃源岩镜质组反射率平均值统计表

井号	R_o 平均值 / %	井号	R_o 平均值 / %
ShuS4	2.1	CS8	3.88
ZS6	2.6	BS1	4.1
C102	2.63	MG1	4.2
HS1	2.73	R5	4.4
FS1	2.88	YuS1	4.69
YS5	3.04	LS2	4.76
Shu16	3.26	ShaS2	4.8
Do1	3.28	Sh1	5.4
ZhS1	3.29	4S1	5.43
R11	3.68	YiS1	5.74

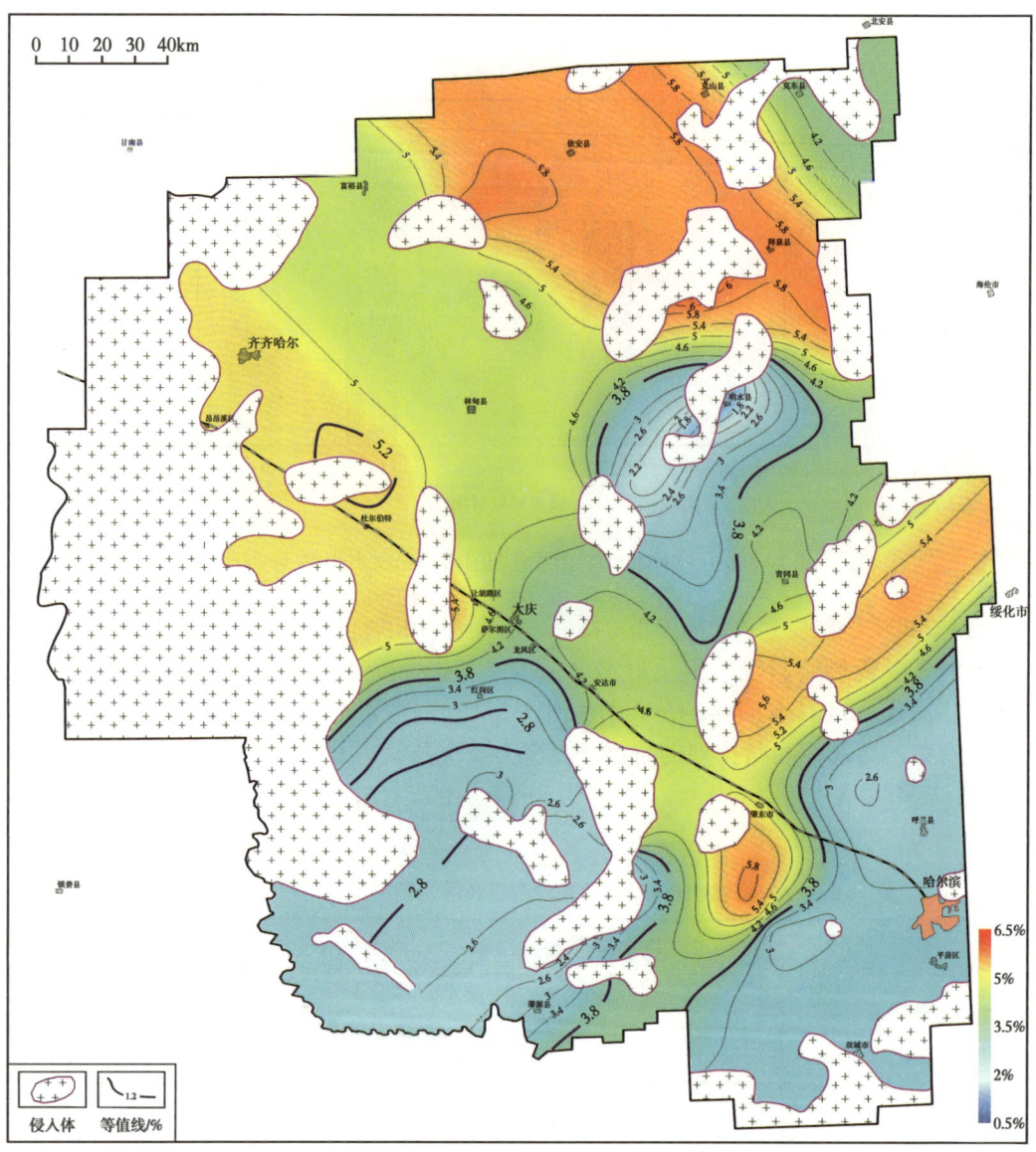

图 7-2-15 松辽盆地北部林西组烃源岩镜质组反射率平面分布图

从各井区数据分析,YiS1 井区最大,平均值为 5.74%;其次为 Sh1 井区和 4S1 井区,平均值分别为 5.4% 和 5.43%;ShuS4 井区最小,平均值为 2.1%;其次为 C102 井区和 HS1 井区,平均值分别为 2.63% 和 2.73%,均处于过成熟演化阶段。松辽盆地北部石炭系—二叠系烃源岩整体演化程度高,甚至达到过成熟演化阶段,此类烃源岩的潜力评价有待深入研究。

2. 烃源岩有效性评价

松辽盆地石炭系—二叠系油气地质条件复杂,诸多问题尚未认识清楚,其中,高—过成熟烃源岩的生烃潜力评价是最关键的问题之一（李景坤等，2007；徐浩等，2017）。上古生界烃源岩演化程度高，剩余生烃潜力小，但不代表地质历史上生烃贡献小。三叠纪和早—中侏罗世，二叠系长时间暴露地表并遭受剥蚀，烃类发生散失，原生气藏遭到破坏。但随着二叠系的二次埋藏，达到或超过原始埋深而再次生烃的源岩所产生的气态烃类可能向上覆地层排烃并得以保存，因此发生二次生烃的烃源岩为有效烃源岩。

为更好评价高成熟烃源岩、过成熟烃源岩的生烃潜力，选取了松辽盆地北部盆缘区和盆地内重点探井烃源岩样品，开展生烃热模拟实验，为定量评价烃源岩生烃潜力和规律提供了重要的证据。

1) 生烃模拟实验

优选松辽盆地北部二叠系有机质丰度较高、成熟度相对较低的泥岩样品开展热模拟试验。

ZS6井板岩样品本身成熟度较高（R_o=2.97%），试验中加热至400℃时开始缓慢生烃，400℃以前的二个温度点收集的烃类主要为吸附气，试验结束时（550℃）R_o约为3.85%，最终累计产烃率为86.4$m^3/t \cdot TOC$。YuS1井由于成熟度过高（R_o: 3.44%），接近生烃极限，没有明显的生气高峰，最终产烃率仅有3.2$m^3/t \cdot TOC$。4S1井样品1（井深4643m处）R_o为4.46%，已超过泥质烃源岩生烃演化极限，试验最终产率仅为0.05$m^3/t \cdot TOC$；样品2（井深3842.5m处）R_o为3.91%，试验结束时未有烃类气体产出，表明该样品已经达到或超过生烃演化极限；样品3（井深3841m处）R_o为3.61%，试验结束时R_o为3.87%，产气量少，累计产气率为3.35$m^3/t \cdot TOC$。ZhS1井样品R_o为2.05%，实验结束（800℃）时，累计产烃率为24.36$m^3/t \cdot$（干酪根）；S16井样品的R_o为1.48%，模拟实验结束（800℃）时，累计产烃率为27.20$m^3/t \cdot$（干酪根）。

上述实验结果表明，尽管松辽盆地北部二叠系烃源岩总体热演化程度较高，但部分成熟度相对较低、有机碳含量较高、埋深适中的烃源岩仍具有一定的生烃潜力。有效烃源岩的分布是寻找油气分布有利区带的关键因素。

2) 烃源岩分布特征

根据井点林西组泥地比统计结果，参考区域岩相古地理特征所确立的松辽盆地晚二叠世的湖相古地理背景，二者共同限定得到研究区的泥地比等值线，进而在林西组预测厚度分布等值线图的基础上，用地层厚度乘以泥地比校正后的分布趋势，最终得到松辽盆地北部林西组的暗色泥岩预测厚度分布图（图7-2-16）。可以看到，林西组暗色泥岩厚度整体呈现中间厚、四周薄的特点。盆地中央存在多个分割的厚度中心，一般暗色泥岩厚度大于2000m，面积合计约为23100km^2；而盆地四周边部地区的暗色泥岩厚度一般小于1000m。

需要指出的是，受井点密度、分布及揭示地层厚度的影响，钻井分布较多、进尺较大的地区，如盆地北部的任民镇、明水、林甸、黑鱼泡，以及东南部的朝阳沟、四站等地区泥岩厚度可信度相对较高；而一些钻井数量少、进尺小且受侵入岩体频繁影响的地区，如YiS1井区、YuS1井区、Du85井区等，暗色泥岩预测的精度和可信度可能比较低。

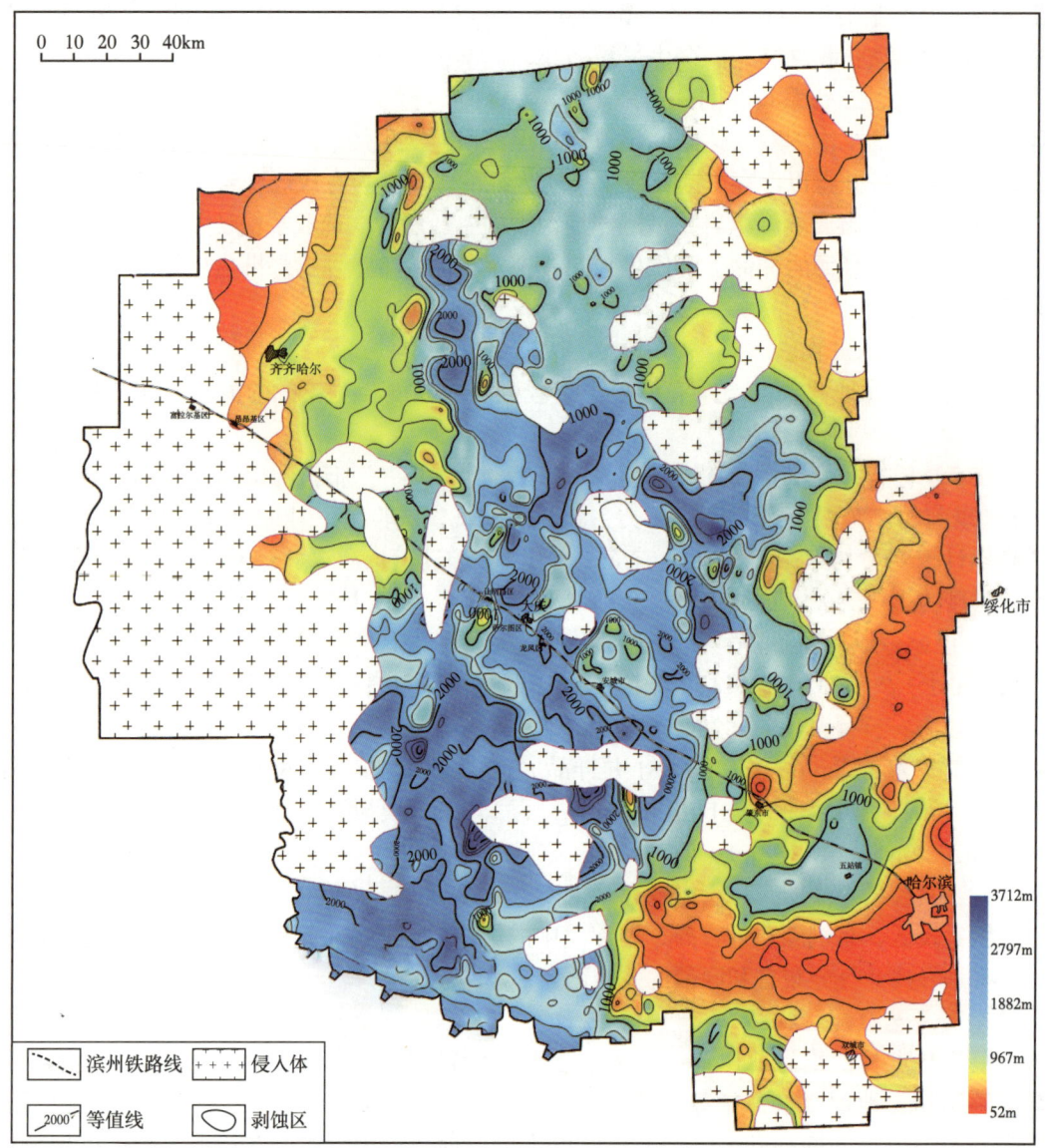

图 7-2-16 松辽盆地北部上二叠统林西组暗色泥岩厚度等值线图

3. 资源潜力分析及有利区预测

松辽盆地北部二叠系发育一定规模的烃源岩，但其演化程度较高，资源潜力主要取决于上覆地层沉积后能否再次生烃及生烃规模大小。井筒资料表明，二叠系泥页岩现今（残余）TOC 值介于 0.2%~12.50% 之间，平均含量 0.89%，说明烃源岩仍残留较高的有机碳含量。因此，恢复原始地层的 TOC、镜质组反射率等关键指标，在此基础上估算二次生排烃规模，进而评价资源潜力。

1）资源潜力估算

经过对原始镜质组反射率及 TOC 进行恢复，结果表明：中生界沉积后，松辽盆地北部的四站—双城地区、明水—北安地区及林甸地区的石炭系—二叠系持续埋深，而且大部分深埋区的二次埋深均超过了原始埋深，从而促使烃源岩发生再次生烃，二次生烃潜力相对较大；而东部的任民镇—绥化地区及西部的杜尔伯特地区石炭系—二叠系沉积后，基本属于后期浅埋藏，普遍未达到二次生烃的能力，生气潜力较小。松辽盆地北部中生界沉积之前，上古生界烃源岩热演化程度已经很高，烃类以天然气为主（任战利等，2010；徐浩等，2017；张兴洲等，2008，2011）。上古生界抬升前有机质生气量（一次生气量）应该包括干酪根生气量和原油裂解气量两部分；中生界地层沉积后，后期深埋区发生二次生烃，有机质进一步热演化，二次生气量主要为干酪根生气量。按照生气量×运聚系数的公式计算远景资源量。

依据恢复的石炭系—二叠系泥页岩中生界沉积前有机碳含量与镜质组反射率、原始有机碳含量、烃源岩厚度、密度及烃源岩有机质类型、干酪根成熟门限等参数，本次研究采用热降解率法分别对松辽盆地北部二叠系泥页岩进行一次生气强度和二次生气强度的计算，并根据泥页岩厚度分布特征分别计算二叠系的一次生气量和二次生气量分别为 $1612.32\times10^{12}m^3$ 和 $156.51\times10^{12}m^3$。

一次生烃阶段，主生烃中心位于四站—双城地区的 4S1 井区，同时分别在 R5 井—R11 井—YuS1 井—ShuS4 井区、Du101 井区及 ZS6 井区还发育三个次级生烃中心。二次生烃中心位于 4C1 井—ZS6 井区和 Yu2 井—LS2 井区，其中主生烃中心仍然位于四站—双城地区。上覆地层沉积之后二次生烃产出的天然气，埋藏保存条件较好，按照"生气量×运聚系数"的公式计算，天然气聚集系数取值 0.8%~1.5%，计算得出二叠系二次生烃天然气资源量约为 1.25×10^{12}~$2.35\times10^{12}m^3$。

2）有利区预测

就当前探井揭示的地层和区域地质背景分析，中二叠世、晚二叠世沉积地层是比较现实的勘探层系（任战利等，2010；张兴洲，2008，2011）。中二叠统哲斯组为一套海相碳酸盐岩和沉积碎屑岩沉积组合，区域上分布稳定，厚度适中；上二叠统林西组则为一套陆相湖相碎屑岩沉积建造，盆地内大多钻遇基岩探井均有揭示，主要岩性为暗色泥岩、砂岩、千枚岩、糜棱岩和火山岩、火山碎屑岩及花岗岩、闪长岩等，暗色泥岩厚度大，有机质丰度高，类型较好，但成熟度较高，处于高成熟或过成熟阶段。同时，二叠系最上部的林西组由于受后期构造运动和岩浆活动等影响较大，原岩发生褶皱变形或受热液作用发生蚀变，导致烃源岩的有机地球化学特征等发生改变，不利于后期烃源岩的二次生烃。

综合考虑构造、岩相古地理、火山机构、烃源岩变质程度、有机质丰度、成熟度，以及烃源岩发育、后期改造等因素，确立以下区带优选原则：

（1）岩相古地理分析具备页岩沉积环境。岩相古地理分析为深湖相或浅海相，具备发育页岩沉积背景；重磁资料指示为沉积区（低重力、低磁、低阻）；

（2）处于未变质岩区，且页岩保存完整。远离大规模火成岩发育区，尽可能避免热接触变质；远离深大构造发育区，规避动力变质岩带；井筒揭示为未变质或近变质的沉积岩发育区；

（3）连续、稳定、烃源岩规模大。泥页岩质纯，分布稳定；泥页岩厚度大，突破能形成规模场面；

（4）有机地球化学分析结果满足页岩气形成的基本指标。TOC 大于 0.6%，尤其是富含有机质泥页岩；热演化成熟度 R_o 小于 3.8%。

由此预测，松辽盆地二叠系一类有利区主要分布在明水—任民镇和呼兰—双城两个地区，面积合计 7785km²；二类有利区主要分布在古龙地区，面积为 6678km²（图 7-2-17）。

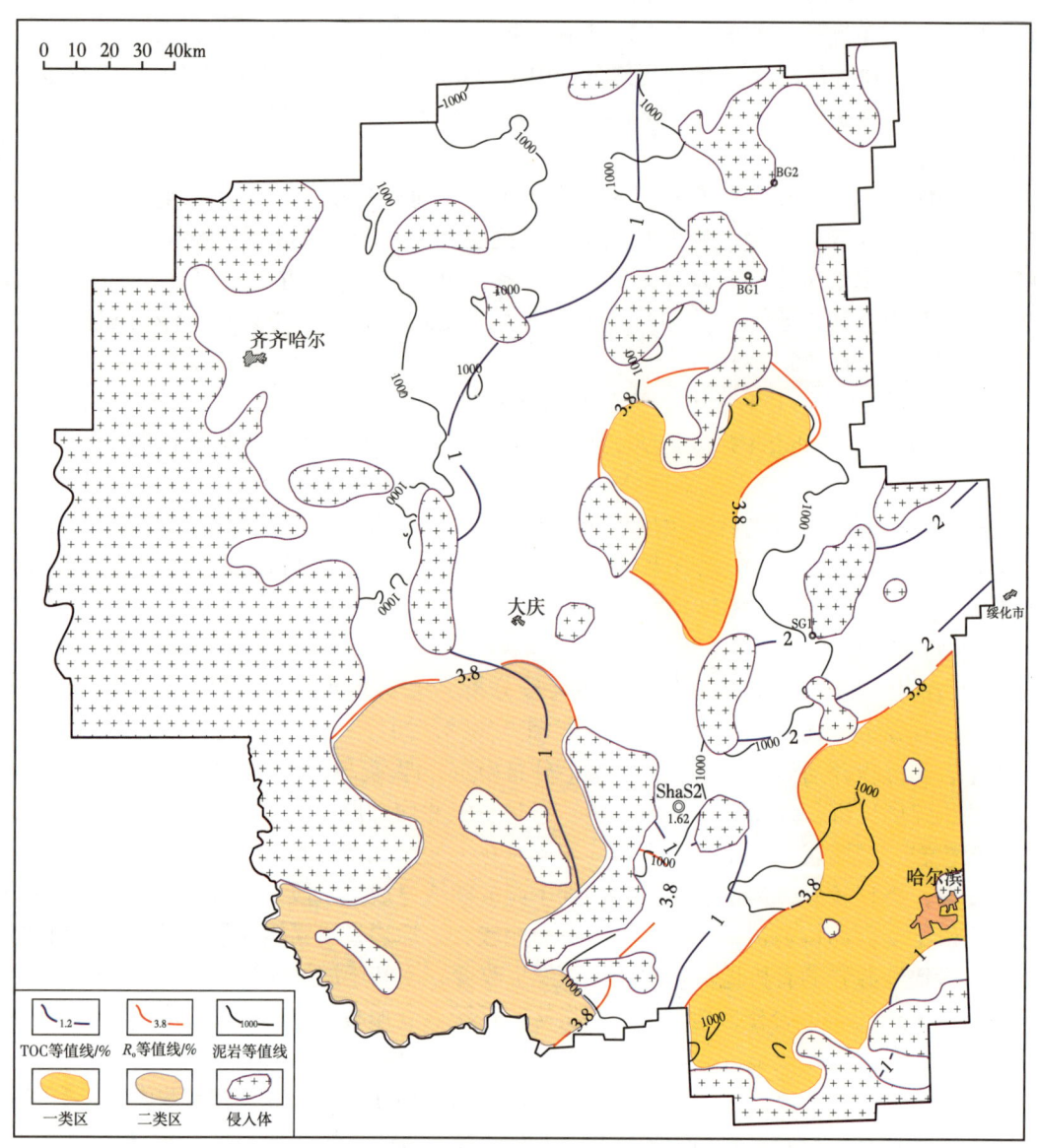

图 7-2-17　松辽盆地北部二叠系勘探有利区带预测图

明水—任民镇地区的 MG1 井、R11 井、Do1 井和 ShuS4 井共 4 口井揭示林西组暗色泥岩，单井最大厚度为 207m（ShuS4 井），TOC 最大值为 2.1%，平均值大于 1.0%，有机质成熟度 R_o 平均值为 2.98%，暗色泥岩普遍大于 1000m，属一类有利区，面积为 2311km²。

呼兰—双城地区的 4S1 井、ZhS1 井、S16 井和 HS1 井等 4 口井揭示较厚层林西组暗色泥岩，单井最大厚度为 160m（S16 井），TOC 最大值为 3.3%，平均值大于 1.0%，有机质成熟度 R_o 平均值为 3.1%，暗色泥岩厚度变化较大，4S1 井区林西组暗色泥岩厚度大于 1000m，属一类有利区，面积为 5474km²。

第三节 基底特殊岩性气藏成藏条件与富集规律

松辽盆地深层发育多个断陷群，其天然气勘探已经取得了良好效果。深层断陷间发育多个基岩古隆起，具备形成大规模天然气藏的地质条件，是下步勘探的重点研究方向。勘探实践表明，松辽盆地中央古隆起带的油气藏具有一定的复杂性，特别是在储层发育特征和成藏规律等方面认识的不足制约了勘探的进程。近年来，大庆油田通过加大对地震资料的攻关、处理力度，对松辽盆地中央古隆起带气藏的地质资料进行了再认识并开展了区域地质研究，总结了古隆起气藏的成藏条件，使得理论认识有了进一步的发展。

一、基底特殊岩性气藏形成的气源条件

基岩油气藏属于"新生古储"型油气藏。烃源岩与储层之间的空间位置关系不同，其输导类型不同，基岩油气藏形成的方式则不同。按照源—储关系，基岩油气成藏模式分为源下型、源边型和源外型三种模式。

1. 烃源岩层位

利用升平—汪家屯—兴城、昌德、肇州 3 个地区的 41 块烃源岩样品分析，认为中央古隆起带基岩天然气来源于沙河子组烃源岩的贡献比例最大可达 99%，研究区内原岩为沉积岩的样品，发现有机碳含量极低，未抽提出有机质，R_o 等都无法分析，目前现有资料证实本地烃源岩不能生烃。且气样组分对比分析结果认为：中央古隆起带基岩天然气为煤型气（图 7-3-1），基岩天然气碳同位素分布范围与沙河子组烃源岩吸附气碳同位素分布范围相似，基岩天然气组分与沙河子组烃源岩天然气组分相似，主要来源于沙河子组（图 7-3-2、图 7-3-3）。因此，中央古隆起带基岩天然气成藏属于典型的源外型，且隆起带介于古龙和徐家围子生烃凹陷之间，徐西、安达和古龙地区沙河子组烃源岩有机质丰度高，生气强度大，安达地区生气强度为 $10×10^8$~$400×10^8 m^3/km^2$，徐东地区生气强度为 $10×10^8$~$550×10^8 m^3/km^2$，古龙地区生气强度为 $10×10^8$~$190×10^8 m^3/km^2$，可为中央古隆起带提供气源。

2. 烃源岩分布特征

徐家围子断陷沙河子组烃源岩落实，生气强度大，有机质丰度高，暗色泥岩处于高—过成熟阶段，生气强度大于 $20×10^8 m^3/km^2$ 的分布面积达 1520km²，是主力烃源岩。沙河子组钻遇探井多，揭示沙河子组暗色泥岩分布广，其暗色泥岩基本遍布了整个断陷，断陷呈中间厚边缘薄的趋势。古龙断陷与徐家围子断陷相比，生烃中心分散、规模小，可作为次要气源。

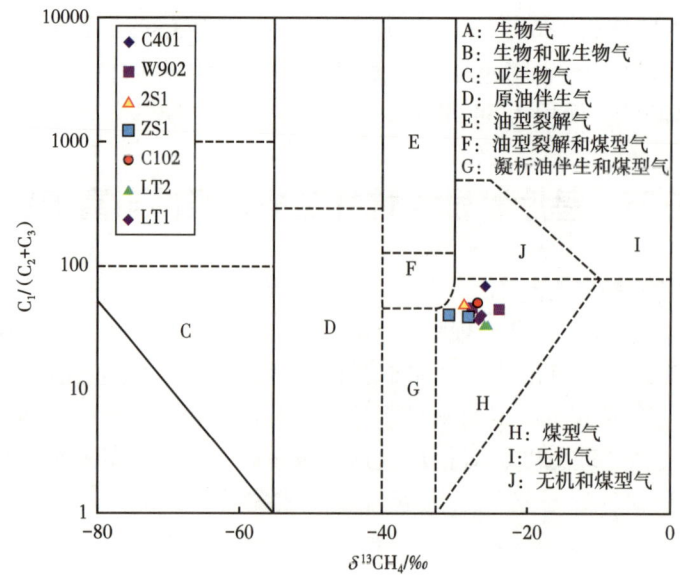

图 7-3-1　中央古隆起带基岩天然气类型判别图

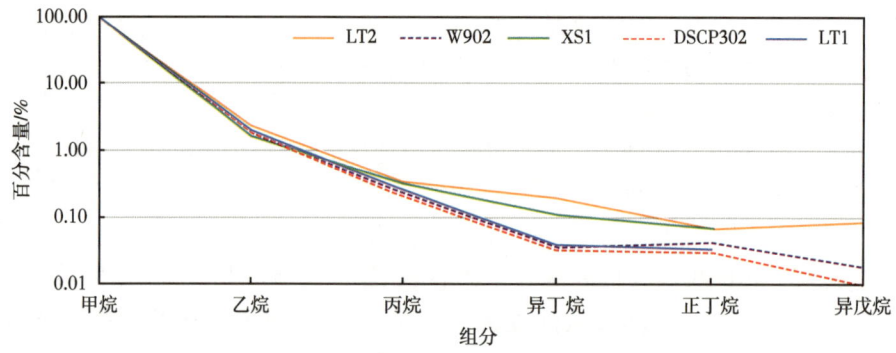

图 7-3-2　中央古隆起带基岩天然气组分与徐家围子沙河子组天然气组分对比图

沙河子组烃源岩具有有效烃源岩厚度大的特征,从层序 1 到层序 4,暗色泥岩分布范围都较大,其中层序 4 和层序 1 的断陷中部最大埋深区烃源岩厚度可达 500m,层序 2 烃源岩厚度可达 350m,层序 3 烃源岩厚度可达 200m。

3. 烃源岩有机地球化学特征

1)有机质丰度

有机质丰度是烃源岩生烃与排烃的物质基础,不仅直接决定其油气生成的数量,而且影响油气生成的潜量。通常用有机质丰度来代表岩石中所含有机质的相对含量,衡量和评价岩石的生烃潜力。运用我国现行的陆相烃源岩有机质丰度评价标准和泥质气源岩的评价标准(表 7-3-1),利用 TOC、氯仿沥青"A"、生烃潜量等分析结果对徐家围子断陷深层烃源岩进行评价。

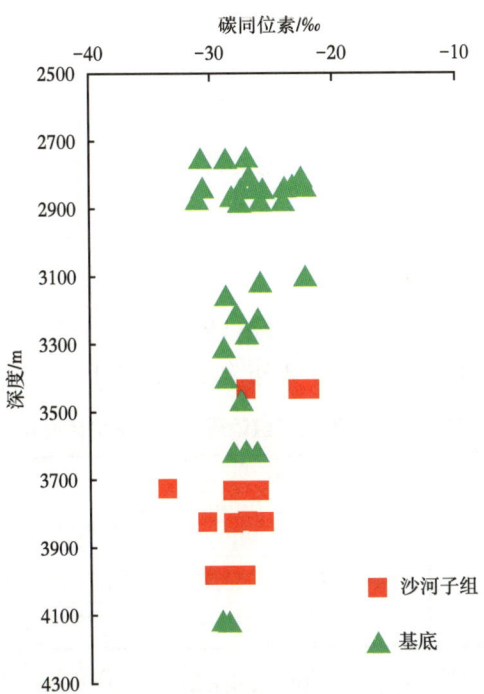

图 7-3-3 中央古隆起带基岩天然气碳同位素与徐家围子沙河子组天然气碳同位素对比图

表 7-3-1 泥质气源岩评价标准

有机质丰度	非气源岩	差气源岩	中等气源岩	较好气源岩	好气源岩
TOC/%	<0.1	0.1~0.4	0.4~0.6	0.6~1.0	>1.0
I_H/(mg/g)	<20	20~100	100~300	>300	>300

据徐家围子断陷沙河子组地球化学分析数据统计（表 7-3-2），沙河子组暗色泥岩 TOC 平均值为 11.29%，氯仿沥青 "A" 平均值为 0.049%，生烃潜力（S_1+S_2）平均值为 5.02mg/g，氢指数平均值为 38.8mg/g，从目前勘探程度较高的徐家围子断陷来看，钻井揭示沙河子组暗色泥岩最大厚度 384m，烃源岩有机质丰度较高，综合评价沙河子组烃源岩为差—好气源岩。

表 7-3-2 徐家围子断陷沙河子组烃源岩地球化学分析数据统计

层位	残余有机质丰度				成熟度		综合评价
	氯仿沥青 "A"/% （21口）	TOC/% （30口）	S_1+S_2/(mg/g) （29口）	I_H/(mg/g) （29口）	T_{max}/℃ （29口）	R_o/% （30口）	
K_1sh	$\dfrac{0.0007\sim0.4776}{0.0490(63)}$	$\dfrac{0.12\sim84.44}{11.29(196)}$	$\dfrac{0\sim71.48}{5.02(186)}$	$\dfrac{0\sim468}{38.8(178)}$	$\dfrac{315\sim595}{501(170)}$	$\dfrac{1.27\sim3.56}{2.31(162)}$	差—好气源岩 高—过成熟阶段

2）有机质类型

徐家围子断陷沙河子组共取 21 口井的 62 块样品，取样覆盖范围广，镜下鉴定有机质类型为Ⅱ型—Ⅲ型，样品类型丰富，且埋藏深，综合反映沙河子组烃源岩具有很好的生气条件。

分析结果表明，在徐家围子断陷深层烃源岩中，有机质类型以Ⅲ型为主，少部分为Ⅰ型和Ⅱ型。有机质类型的多样性表明松辽盆地深层烃源岩沉积环境和母源输入是复杂多变的。在徐家围子断陷沙河子组烃源岩中，某些具有生油潜力的显微组分含量相对较大，反映烃源岩具有生油生气的双重潜能。

3）有机质成熟度

从徐家围子断陷镜质组反射率 R_o 统计结果看（表 7-3-3），沙河子组在徐家围子断陷热演化程度差异比较大，R_o 介于 1.27%~3.56% 之间，处于高—过成熟阶段。

表 7-3-3　沙河子组镜质组反射率统计结果

地区	R_o/%
	沙河子组（30 口）
徐家围子断陷	$\dfrac{1.27 \sim 3.56}{2.31(162)}$

根据徐家围子断陷沙河子组 162 块样品镜质组反射率统计，$R_o \leqslant 2.0\%$ 的只有 46 个点，均值为 1.61%，均分布在 3500m 以上，处于高—过成熟阶段；其余 114 个采样点 R_o 均大于 2.0%，处于有机质过成熟阶段，在 3500m 以下 R_o 明显变大，反映了沙河子组内部在 3500m 左右不同的热演化事件。由于沙河子组暗色泥岩处于高—过成熟阶段，综合评价沙河子组暗色泥岩为深层天然气的主力烃源岩（图 7-3-4）。

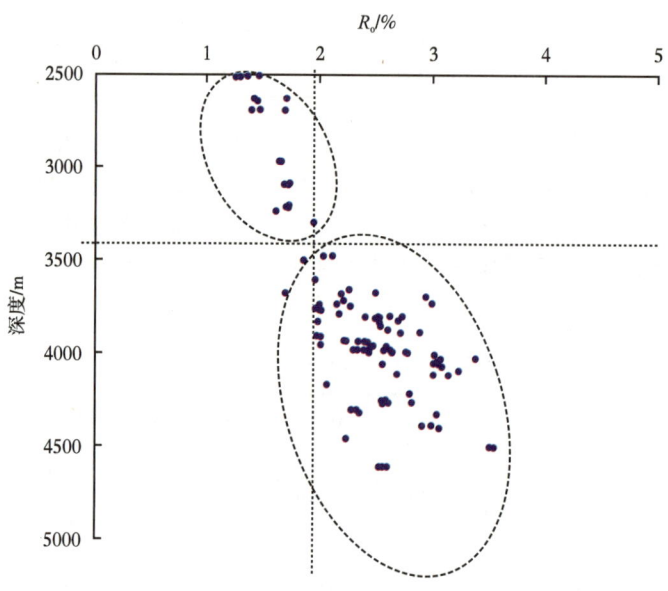

图 7-3-4　徐家围子断陷沙河子组镜质组反射率随深度变化图

4. 沙河子组烃源岩有利区预测

在研究烃源岩与隆起带基岩匹配关系之前，首先分析沙河子组泥岩分布特征。根据徐家围子断陷钻遇沙河子组的 108 口井的单井暗色泥岩发育情况和沉积相特征，分析了沙河子组暗色泥岩在平面上的分布特征。沙河子组主要发育深湖相、半深湖相、滨浅湖相、水下扇和扇三角洲相沉积。其中，深湖相、半深湖相沉积发育大段的黑色、深灰色暗色泥岩，烃源岩品质最好，暗地比达到 60%~90%，将其划暗色泥岩发育区。滨浅湖相和前扇三角洲发育深灰色泥岩、泥质粉砂岩与深灰色粗砂岩互层，暗地比为 20%~60%，烃源岩品质中等，将其划为暗色泥岩较发育区。扇三角洲平原和冲积扇、水下扇扇根主要发育大段的砂砾岩沉积，夹少量薄层暗色泥岩、泥质粉砂岩，烃源岩品质最差，暗地比＜20%，将其划为暗色泥岩不发育区。

暗色泥岩发育区为深湖相、半深湖相沉积，地震上表现为中—强振幅、连续、亚平行反射地震相；暗色泥岩较发育区为滨浅湖和前三角洲沉积，地震上表现为中振幅、较连续—断续、波状反射地震相；暗色泥岩不发育区为扇体根部及中部砂砾岩沉积，地震上表现为中—弱振幅断续杂乱反射（部分具丘状）地震相。暗色泥岩发育区占整个断陷的主体部分，主要分布于断陷中部。暗色泥岩较发育区分布于靠近断陷边缘的地区，呈条带状，且宽度较窄，其规模较暗色泥岩发育区次之。暗色泥岩不发育区分布于断陷边缘，也呈条带状，但是比暗色泥岩较发育区宽度稍大，分布规模最小。

5. 烃源岩与基岩匹配关系

徐家围子断陷沙河子组超覆在隆起带东翼斜坡上，烃源岩与储层距离近，为"直接接触"，但扇体或泥岩与隆起带对接对源储匹配有很大的影响。为了进一步刻画基岩与烃源岩空间匹配关系，通过解剖地震剖面及井震对比，重点分析了近源带汪家屯地区、昌德地区及肇州地区与徐家围子断陷烃源岩的对接关系，汪家屯地区对接安达地区烃源岩，扇体与泥岩相间分布，肇州南部对接徐南地区烃源岩，发育扇体，徐西地区、肇州西地区均为泥岩对接。隆起带东侧大部分地区与泥岩直接对接，源—储匹配较好。从供烃窗口看，中央古隆起带东侧沙河子组烃源岩供烃窗口范围在 750~3200m，其中汪家屯地区供烃窗口为 2800m，升平地区供烃窗口为 3200m，昌德地区供烃窗口为 2400m，肇州地区供烃窗口为 2200m，供烃窗口大，为气源运移提供有利条件。因此，中央古隆起带基岩与泥岩有效对接，气源条件好，有利于隆起带基岩风化壳和内幕天然气成藏。

王雪等（2016）通过盆地模拟计算，徐家围子断陷沙河子组总生气量为 $28.13\times10^{12}m^3$，从层序上看，层序 1 和层序 2 生气量较大，两者合计生气量为 $16.38\times10^{12}m^3$，占比 58%；从类型上看，TOC＞3% 的烃源岩生气量较高，占总生气量的 67%，尤其在安达地区，占比 79.7%；从分区上看，邻近中央古隆起带徐西地区层序 1 和层序 2 烃源岩生气量较高，而安达地区层序 3 和层序 4 烃源岩生气量较高（表 7-3-4、表 7-3-5）。

二、基底古生界致密储层特征

1. 物性及储集空间特征

中央古隆起基底分为上部风化壳和下部的内幕两部分。其中风化壳物性较好，从垂向上来看，孔隙度随风化壳顶面距离的增加而递减，说明风化壳中岩石的风化程度因深度而不同，表层风化程度较深；基底岩性包括片岩、片麻岩、糜棱岩和花岗岩等，其中花岗岩为成储的优势岩性。根据20口井岩心资料分析，储层物性致密，岩心孔隙度一般为1.7%~6.8%之间，中值2.1%，空气渗透率在0.02~87.4mD之间，中值0.077mD，属于低孔隙度、特低渗透率储层（图7-3-5）。结合多口探井中含气储层的发育情况，发现主要含气层分布在花岗岩中，这表明以花岗岩岩性为主的厚层风化壳可形成有效储层。

表 7-3-4 徐家围子断陷安达地区沙河子组各层序生气量汇总表

层位	沉积面积/km²	安达地区生气量/10¹²m³				
		TOC=0.5%~3%	TOC=3%~5%	TOC=5%~40%	煤 TOC>40%	合计
层序4	661.07	0.581	0.384	0.672	1.102	2.739
层序3	612.46	0.406	0.445	0.833	0.700	2.384
层序2	547.28	0.341	0.314	0.820	0.113	1.588
层序1	453.35	0.376	0.078	1.180	0.034	1.668
合计		1.705	1.221	3.504	1.949	8.379

表 7-3-5 徐家围子断陷徐西地区沙河子组各层序生气量汇总表

层位	沉积面积/km²	徐西地区生气量/10¹²m³				
		TOC=0.5%~3%	TOC=3%~5%	TOC=5%~40%	煤 TOC>40%	合计
层序4	785.57	0.703	0.334	0.090	0.008	1.135
层序3	945.14	0.891	0.545	0.091	0.129	1.655
层序2	956.74	1.434	0.503	0.817	0.338	3.092
层序1	753.03	0.897	0.421	1.600	0.508	3.425
合计		3.924	1.804	2.598	0.982	9.307

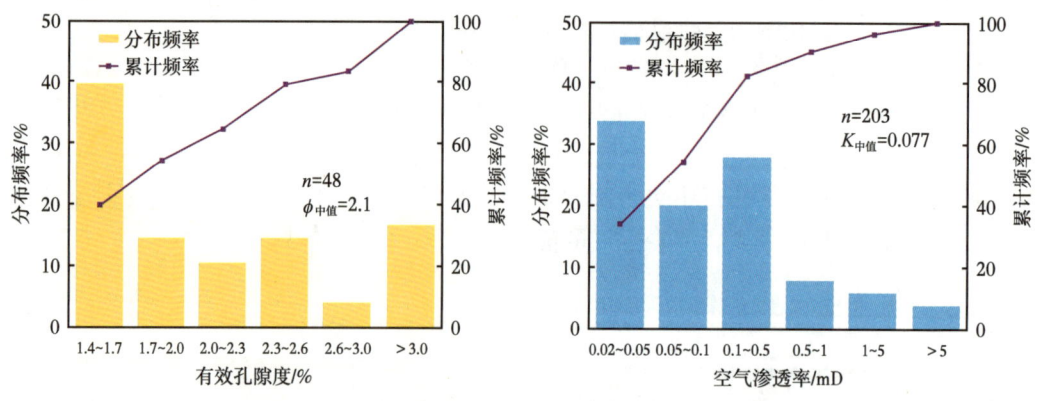

图 7-3-5 中央古隆起储层的孔隙度和渗透率分布特征

根据岩心观察可见高角度垂直裂缝和水平裂缝，局部裂缝被泥质充填；断面处被氧化，沿裂缝面有溶蚀孔洞；纳米CT表明淋滤层储层孔隙连通性较好，裂缝层孔隙多以孤立状分布为主，连通性差。在不整合形成过程中，大气淡水沿早先形成的裂隙下渗，使下伏岩层发生岩溶，形成大量风化裂隙和溶蚀孔洞，造成风化淋滤带次生孔隙（带）发育球状风化。因此，主要储集空间类型为构造裂缝和溶蚀成因的孔、缝，局部发育破碎粒间孔。较发育的裂缝与微孔缝、破碎孔隙结合构成了中央古隆起双重孔隙介质的复合型储层，储集空间类型为裂缝—孔隙型储层（图7-3-6）。

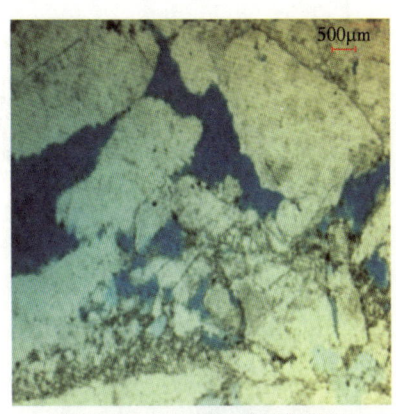
(a) LT1井，2986.58m，构造角砾岩，角砾间溶蚀孔，破碎粒（砾）间孔

(b) LH1HC导眼井，花岗岩，3137.22m，长石粒内溶孔

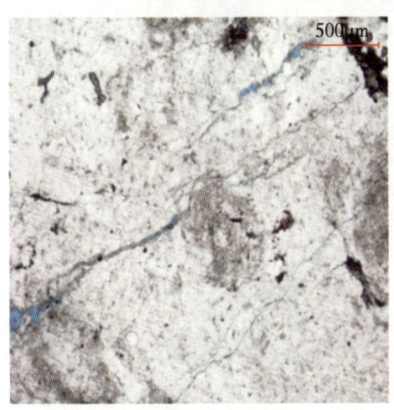
(c) LH1HC导眼井，3202.07m，花岗岩，构造微裂缝，溶蚀孔

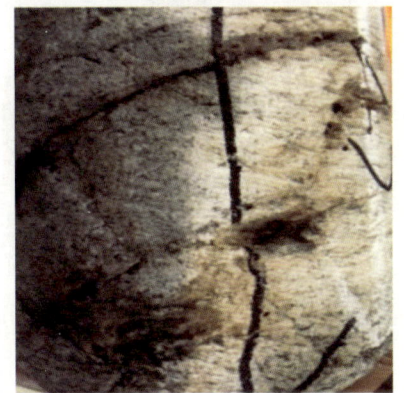
(d) CS1HC井，3076m，基底，孔缝组合岩心特征

图7-3-6 中央古隆起基底储层孔隙类型特征图

2. 储层四性关系

1）岩性与物性关系

基岩造岩矿物分为浅色矿物和暗色矿物两种，根据中央古隆起17口井123块全岩分析样品，分析认为浅色矿物含量越高，储层孔隙度与渗透率越高，在浅色矿物高含量区，有效孔隙度、渗透率值域变化范围大（图7-3-7）。花岗岩、碎裂花岗岩、构造角砾岩、糜棱化花岗岩等酸性岩的暗色矿物含量低，孔隙度较高；闪长岩、浅变质安山岩及浅变质沉

积岩暗色矿物含量较高，孔隙度较低（图7-3-8）。从岩性与裂缝发育密度关系看，花岗岩、碎裂花岗岩、构造角砾岩、糜棱化花岗岩裂缝密度较大，裂缝较发育；闪长岩、浅变质安山岩及浅变质沉积岩裂缝密度较小，裂缝不发育（图7-3-9）。

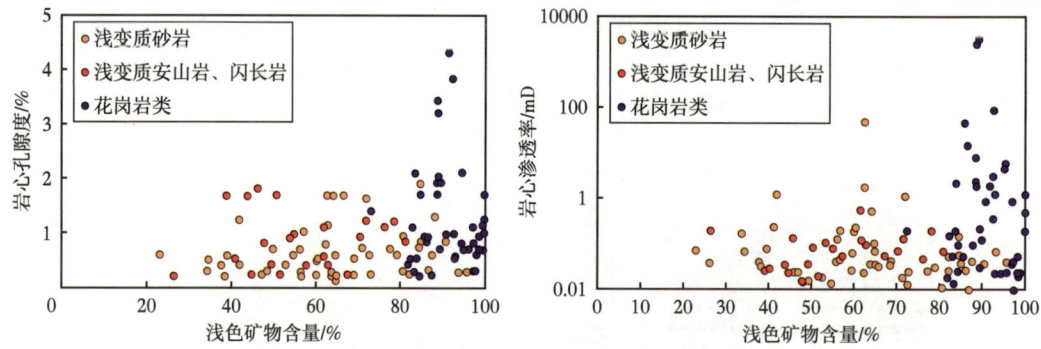

图7-3-7　中央古隆起带基岩浅色矿物含量与有效孔隙度、渗透率关系图

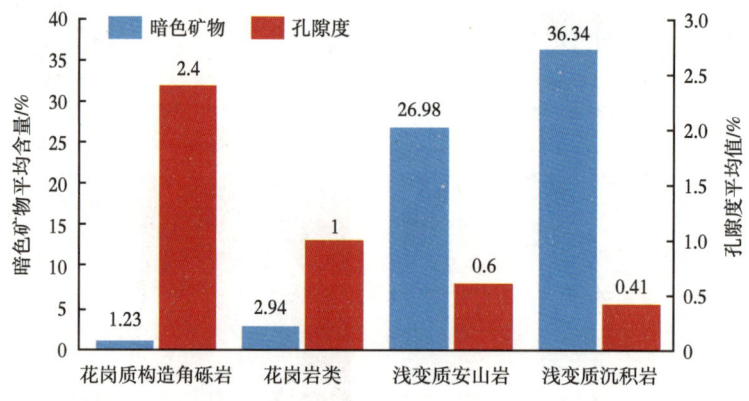

图7-3-8　中央古隆起带基岩岩性与物性关系

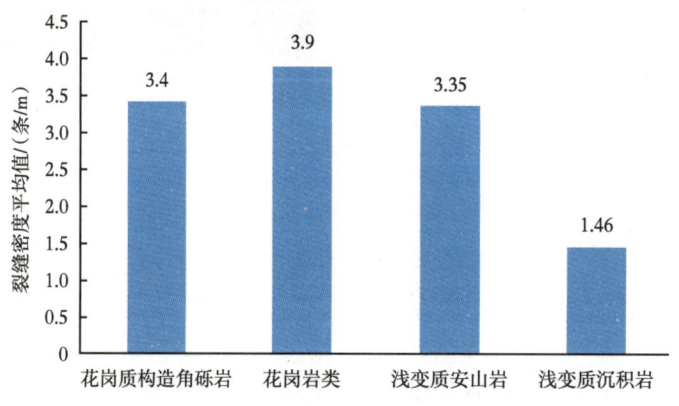

图7-3-9　中央古隆起带基岩岩性与裂缝关系

综上所述，花岗岩类和构造角砾岩浅色矿物含量高，脆性大，裂缝发育，储层物性最好，是成储优势岩性。

2）岩性与电性关系

对研究区23口井51段取心资料统计分析表明（表7-3-6），浅变质安山岩、闪长岩具有低自然伽马、高密度、高中子孔隙度、中子密度交会形态较大的负差异特征；花岗岩类具有高自然伽马、低密度、低中子孔隙度、中子密度交会形态正差异特征。云母片岩类典型测井特征为高自然伽马、低电阻率、中子密度交会负差异。

表7-3-6 中央古隆起带基岩测井特征汇总表

测井分类	测井曲线形态特征			测井响应特征		
	电阻率	伽马	中子—密度	伽马/API	密度/（g/cm^3）	中子孔隙度/%
云母片岩	低平直状	锯齿状	负差异	>110	2.70~2.75	>12
浅变质砂岩	锯齿状	平直状	较小差异	55~120	2.65~2.75	5~10
浅变质安山岩、闪长岩	锯齿状	平直状	较大负差异	<50	2.70~3.0	>6
花岗岩类	锯齿状	平直状	正差异	>100	2.55~2.65	0~3

3）岩性与含气性关系

根据中央古隆起基岩储层9口井36层试气资料，建立产量与岩性直方图（图5-13），研究表明花岗岩类（LT1井2层、LT2井7层、ZS3井1层、C401井1层、2S1井1层）、浅变质安山岩、闪长岩（LT1井2层、LT2井4层、C102井2层、FS2井1层）和浅变质砂砾岩（W901井、W902井）均有一定的产能，花岗岩类有效厚度大，产气量整体较高。

根据LT1井、LT2井15层产能测试结果，建立产能与储层参数关系图（图7-3-11），研究表明有效孔隙度和有效厚度越大、裂缝越发育，储层含气性越好，产能越高；浅变质酸性岩有效厚度大，裂缝更发育、产气量整体较高。综上所述，花岗岩、碎裂花岗岩、构造角砾岩含气性最好。

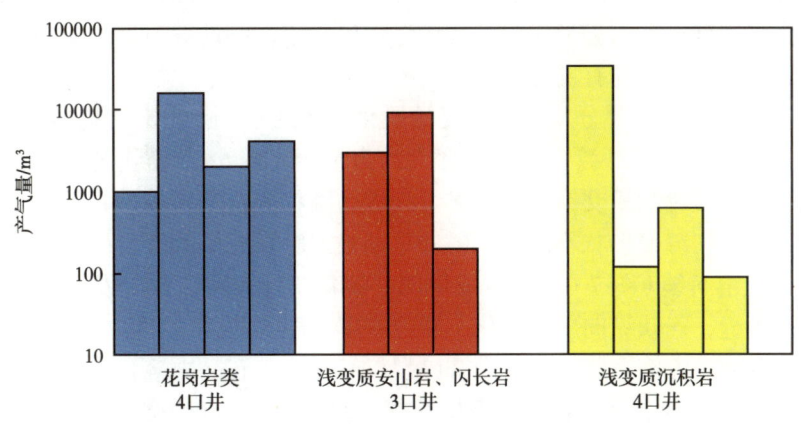

图7-3-10 不同岩性基岩储层产气量分布直方图

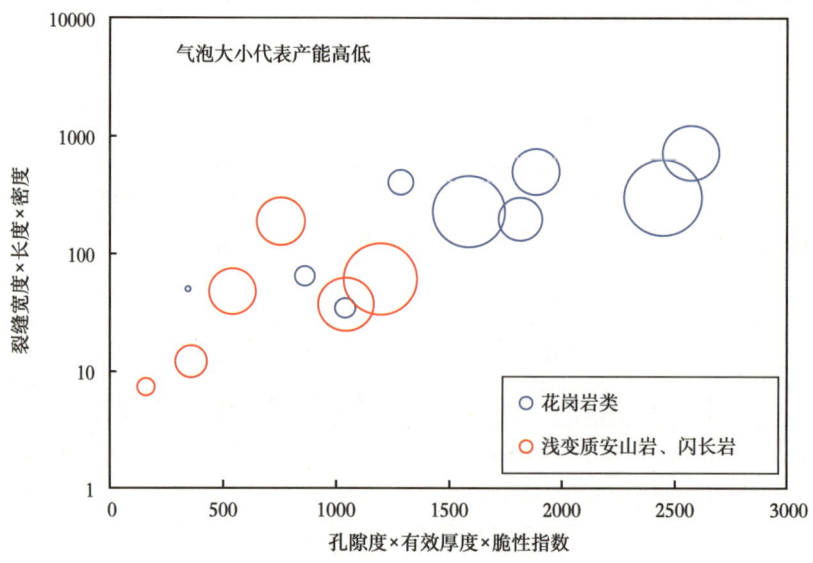

图 7-3-11　中央古隆起带基岩储层产能与含气性关系图

4）含气性与电性关系

基岩储层试气资料表明，典型气层特征为：（1）电阻率具有高阻背景下低阻特征，双侧向电阻率具有幅度差；（2）低电阻率处，气测全烃值较高；（3）裂缝孔隙度、次生溶蚀孔隙度较大处，气测显示较好（图 7-3-12）。

基岩四性关系研究表明花岗岩、碎裂花岗岩、花岗质构造角砾岩浅色矿物含量高，脆性大，裂缝发育、储层物性最好，是成储优势岩性；孔隙度越大、裂缝越发育，储层含气性越好、产能越高。

3. 基岩储层类型

通过岩心观察（23 口井）、铸体薄片（226 块）及成像测井（3 口井）资料，将基岩储层划分为孔隙—裂缝型、裂缝—孔洞型及裂缝型 3 种类型，孔隙—裂缝型储层发育在风化壳内，厚度大；裂缝—孔洞型储层发育在构造角砾岩中，物性好，但分布局限；裂缝型储层在风化壳和基岩内幕中均有发育。

孔隙—裂缝型储层主要分布在风化壳的风化淋滤层中（图 7-3-13）。岩心观察以构造裂缝为主，多为高角度张开缝，裂缝密度大约为 13~46 条 /m，裂缝面延伸较长，缝面张开，多切割岩心，裂缝纵横交错，常见多组裂缝呈网状分布，导致岩心破裂成小碎块，沿构造裂缝溶蚀，使裂缝壁形状不规则。另外早期被方解石充填的裂缝，后期又受到不同程度的溶蚀，形成溶解缝（图 7-3-14）。成像测井解释统计表明，裂缝发育程度较高，主要为高导缝和微裂缝，产状纵向上有变化，裂缝密度大于 5 条 /m（图 7-3-15）。局部发育半充填裂缝，裂缝处见方解石脉。局部发育碎裂粒间孔，长石晶内溶孔，发育程度较差，大小不等。孔隙度一般为 0.3%~4.8%，平均 0.7%；渗透率为 0.004~5.81mD，物性好，厚度大，一般为 6.2~36.2m，是基岩潜山最有利的储层类型。

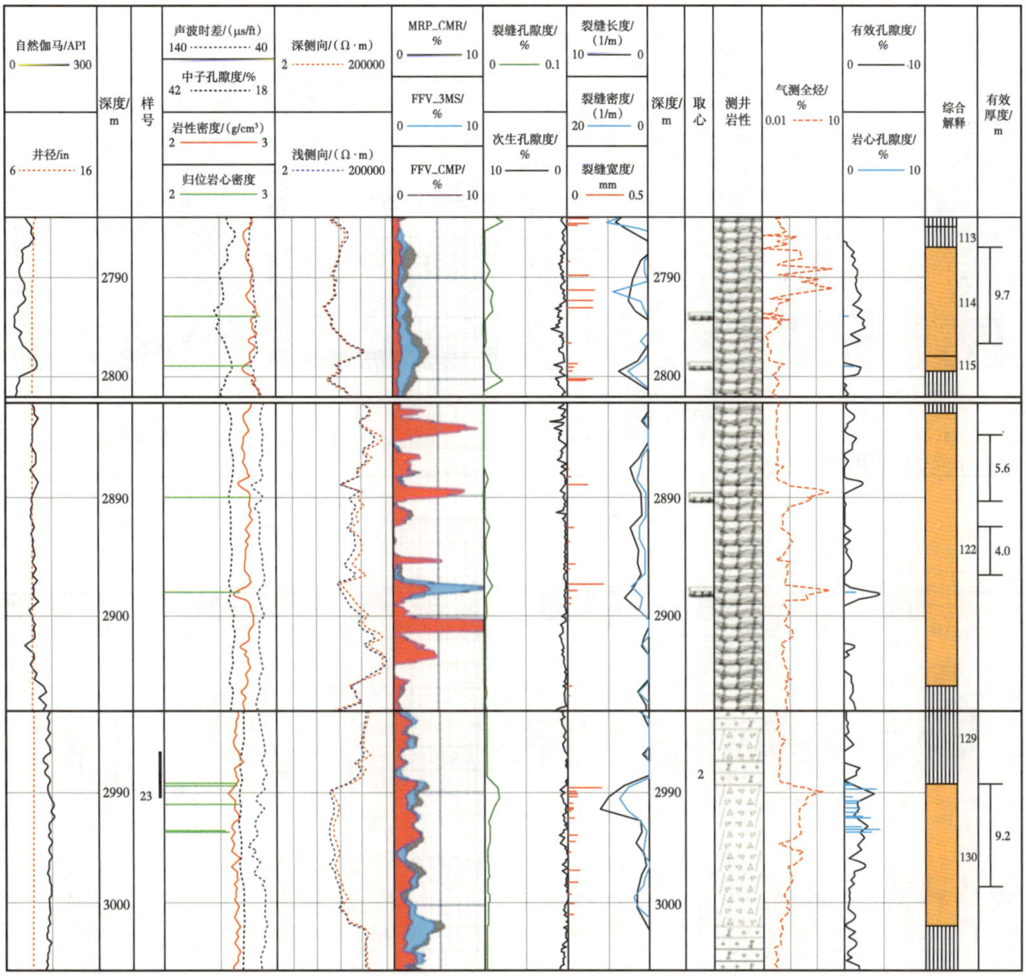

图 7-3-12　LT1 井典型气层特征图

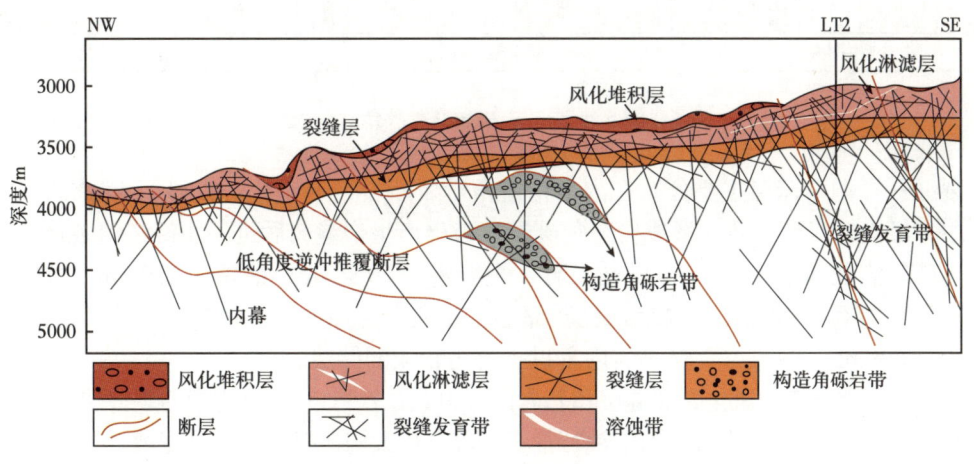

图 7-3-13　基岩成储剖面图

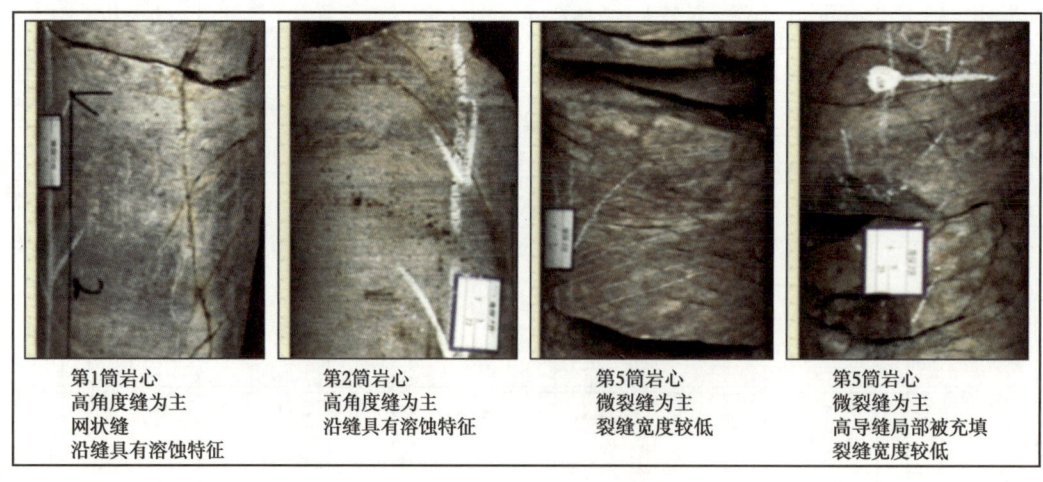

图 7-3-14 裂缝发育特征

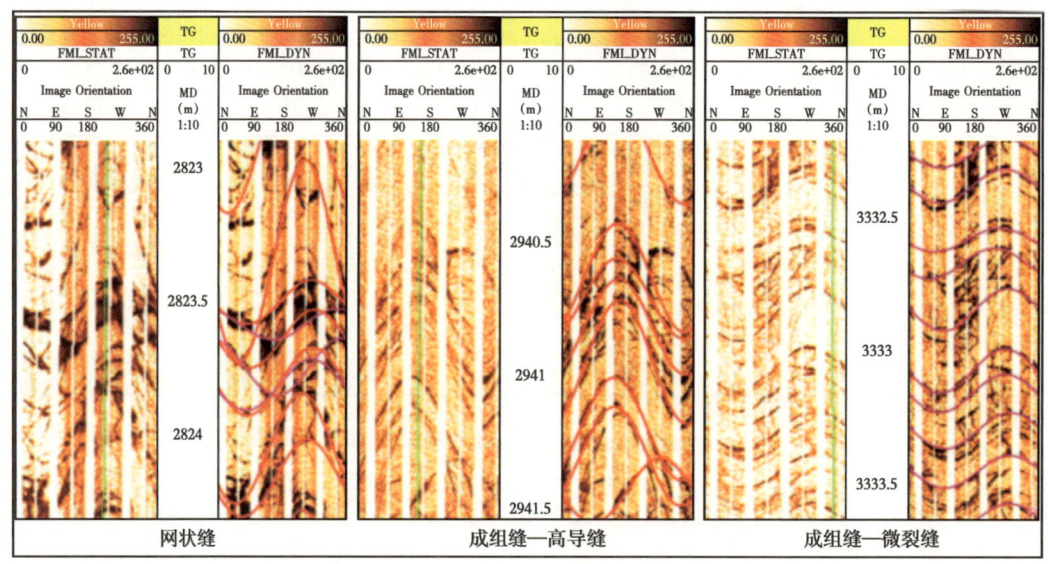

图 7-3-15 成像测井裂缝特征

裂缝—孔洞型储层主要分布在内幕构造角砾岩断裂带上（图7-3-13）。花岗岩经历构造作用，经脆性变形后破碎形成构造角砾岩，破碎产生裂缝，后进一步经过溶蚀产生大量溶孔。破碎裂缝和破碎粒（砾）间孔发育，裂缝密度20条/m，最长达150mm，缝宽最宽3mm；发育溶孔，形成孔—缝组合优质储层，基质孔隙度0.9%~4.3%，平均2.2%，渗透率0.09~14.39mD，物性好，是基岩内幕勘探潜力较大的储层。

裂缝型储层分布在风化壳裂缝层和基岩内幕中（图7-3-13）。风化壳的裂缝层裂缝发育，裂缝密度大于1.4条/m，沿缝具有溶蚀特征，局部见粗大构造缝且被完全充填，孔隙发育差。内幕裂缝是构造作用形成的构造缝，未见溶蚀特征。整体上风化壳裂缝好于内幕裂缝。

4. 基岩储层发育的主控因素

中央古隆起带储层受到多种因素的综合作用，才形成了现今多裂缝、多孔隙的基岩储层，为基岩油气藏提供了良好的储集条件。基岩储层受构造作用、岩性特征、风化剥蚀作用及岩浆侵入作用等多因素的影响。

1）构造作用

构造作用是形成并促进储集空间发育的一种有利因素，在地壳浅处，由于温度和压力较低，许多岩石具有较大的脆性，当所受应力超过一定限度时，就会发生碎裂，碎裂的强度主要取决于应力的性质、强度、作用时间的长短等因素。碎裂对于基岩运移油气具有十分重要的影响。研究区变质岩储集空间的发育，主要取决于构造应力和构造变动的强度。其发育程度还与所受应力的性质和作用时间有关。研究表明，松辽盆地基岩储层经历了印支、燕山、喜马拉雅多期构造运动，具有多期的断裂，因此裂缝十分发育，形成较好的储集空间，提高孔隙度和渗透率。所以构造破裂作用是中央古隆起带基岩储层主要的控制因素。

2）岩性影响

研究区基岩主要以脆性的花岗岩类、构造角砾岩类和石英片岩类为主要的储集岩类，其中二长花岗岩中石英和长石等浅色矿物总体积分数高达80%~95%，由于其性较脆，遭受构造运动容易产生大量裂缝。另外，斜长石、暗色矿物和方解石等矿物不稳定，易于受到溶蚀和蚀变而产生次生孔隙，这也使储层发育较多的溶蚀孔洞。构造角砾岩中，较硬脆的粒状矿物长石和石英总量高达 90% 以上，石英片岩的长石和石英体积分数也较高，这些岩石都具有很大的脆性，经受了多期构造运动，容易产生大量的裂缝，形成良好的储集体。

3）风化剥蚀作用

在漫长的地质历史时期，中央古隆起带自三叠纪到早白垩世末期，经历了长达 1.5Ga 裸露地表的岩石经物理风化作用，遭受剥蚀和破碎，特别是构造裂缝发育及抗力性差的岩石，物理风化作用更加显著，使岩石破碎程度加大。在潜山顶部和平缓的山坡上易形成厚度很大的风化壳，在风化壳的残余物中发育大量具有储集能力的空间。由于物理风化作用主要发生于潜山风化壳附近，同时受构造作用的影响，形成大量的裂缝，沿缝具有溶蚀的特征。风化壳储层受断裂及风化淋滤双重控制。

4）岩浆侵入作用

中央古隆起带经历了多期构造运动和其引起的岩浆侵入活动，基底发育大面积侵入岩，造成侵入体与围岩接触，发生各种岩浆作用，对围岩的挤压可使围岩及其本身产生破碎，形成裂缝及孔隙，增加储层的储集空间。研究区大规模花岗岩侵入，造成基岩不同程度地发生碎裂岩化，产生大量的晚期高角度断层，有利于储层改造。所以岩浆侵入作用是研究区较为重要的控制因素。

三、基底特殊岩性气藏盖层特征

中央古隆起带基岩上覆地层主要为登娄库组二段和登娄库组三段的泥岩盖层，局部地区缺失登娄库组二段。为进一步分析中央古隆起带基岩天然气盖层性质，利用录井资料、测井曲线对隆起带 41 口井储—盖组合进行分析（图 7-3-16），发现天然气主要分布于基岩、营城组一段（火山岩）和营城组三段（火山岩），从而可以确定登娄库组二段和登娄库组三段是中央古隆起带天然气的区域性盖层。

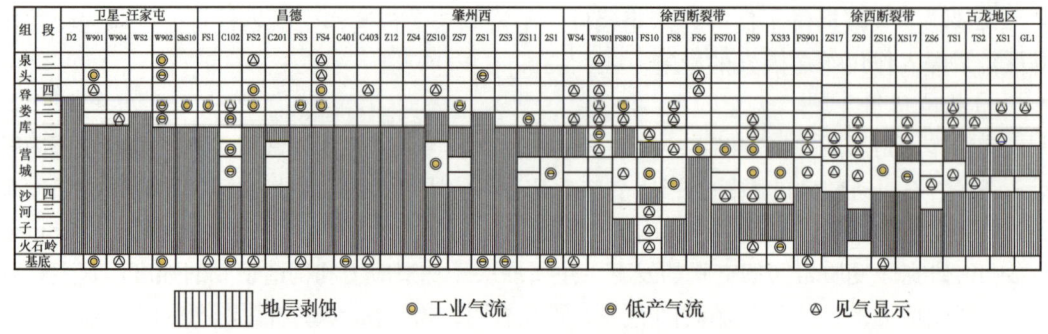

图 7-3-16　中央古隆起带基岩天然气与盖层分布关系图

1. 盖层封闭特征

1）盖层宏观封闭特征

盖层发育特征主要指盖层的分布、岩性、厚度、砂泥岩比率和单层厚度分布规律等（吕延防等，2000）。

登娄库组二段泥岩盖层在全区稳定分布，只在北部 WS2 井区、D2 井区、W901 井区和南部 ZS1 井区、ZS10 井区缺失，泥岩累计厚度为 0~160m；隆起区主体部位泥岩厚度为 20~80m，徐西斜坡和大庆断阶带泥岩厚度为 100~160m，泥地比为 0%~78.56%，高值区可达到 50% 以上。

登娄库组三段泥岩盖层在全区稳定分布，只在北部 D2 井区缺失，泥岩累计厚度为 0~200m；隆起区主体部位泥岩厚度为 80~120m，徐西斜坡和大庆断阶带泥岩厚度为 120~200m。

总之，中央古隆起带主体登娄库组二段、三段泥岩累计厚度为 80~200m，说明隆起带基岩上覆的登娄库组二段、三段泥岩横向连续且分布稳定，区域封闭能力好。

2）盖层微观封闭特征

衡量毛细管封闭能力的关键参数为排替压力，指使烃类进入岩石孔隙空间并形成连续的烃类流体所需的最小压力。排替压力的测定方法很多，笔者主要借鉴大庆油田勘探开发研究院实验中心的实验数据分析隆起带基岩盖层微观封闭性研究，前人研究已经证实了登娄库组泥岩颗粒比表面积比较大，最高达 $27.99m^2/g$，封闭性好；突破压力越高，需要突破盖层的气柱高度就越大，突破时间越长，盖层的质量就越好（表 7-3-7），纯泥岩及含砂较少的泥岩突破压力比较高，最高达 8.91MPa，需要突破时间长达 69am，部分泥质粉砂岩突破压力一般为 2.38MPa，需要突破时间 4.6am，可见岩性与突破压力、突破时间有密切关系，封闭性好。研究人员指出不同厚度下突破盖层需要的时间，与厚度的平方成正比，可见厚度越大，需要突破的时间越长。李国平指出当地层压力系数为 1.0 时，埋深在 2500m 以上的地层，封闭 100m 高气柱所需最小理论突破压力为 1.0MPa。从实测突破压力数据来看盖层的封闭是没有问题的。

表 7-3-7　盖层样品参数实测数据

井号	深度/m	层位	岩性	比表面积/(m²/g)	突破压力/MPa	突破时间/(a/m)	声波时差/(μs/ft)
FS2	2884	K_1d_3	泥岩	2.1	5.9	28.4	71.03
	2963	K_1d_3	含砂泥岩	3.05	3.52	10.8	72.73
FS3	2909	K_1d_3	粉砂质泥岩	1.31	2.38	4.6	62.804
	2946	K_1d_3	含砂泥岩	1.50	3.05	12.2	72.972
FS4	2970	K_1d_3	泥岩	2.1	2.7	5.9	68.771
	3043	K_1d_2	泥岩	2.6	6.39	34.7	70.828
	3074	K_1d_2	泥岩	1.0	5.74	28.4	70.686
	3097	K_1d_2	泥岩	1.93	3.77	12.2	68.426
WS2	2733	K_1d_2	泥岩	2.53	3.44	9.7	74.611
	2876	K_1d_2	含砂泥岩	2.09	3.44	9.7	71.121
ZS3	2740	K_1d_3	泥岩	13.77	6.43	36	68.502
	2744	K_1d_3	泥岩	27.99	8.91	69.05	71.106
	2776	K_1d_3	泥岩	15.92	4.95	21.36	63.079

由于受到取心的限制，实验室测试的突破压力数据只是少数几个点，在评价盖层平面封闭能力的变化时具有局限性，利用声波时差与突破压力之间的关系，可以解决这个问题（付广等，1995，1996，2003；刘文国等，2001）。根据实测数据泥岩突破压力与声波时差之间存在如下关系式：

$$p = 0.1145 e^{0.051\Delta t} \tag{7-3-1}$$

式中　p——突破压力，MPa；

　　　Δt——声波时差，μs/ft。

利用公式（7-3-1）对登娄库组二段泥岩盖层进行评价，登娄库组二段泥岩盖层具有较高的排替压力，其值为 2.8~5.6MPa（表 7-3-8）。

表 7-3-8　中央古隆起带登娄库组二段泥岩盖层突破压力表

井号	层位	声波时差/(μs/ft)	突破压力/MPa
C102	K_1d_2	71.21	4.33
C201	K_1d_2	69.27	3.92
C401	K_1d_2	69.96	4.06
C403	K_1d_2	71.66	4.43
DS4	K_1d_2	73.51	4.86
DS401	K_1d_2	71.41	4.37
2S1	K_1d_2	70.98	4.27
FS1	K_1d_2	66.92	3.48

续表

井号	层位	声波时差 /（μs/ft）	突破压力 / MPa
FS10	K_1d_2	69.58	3.98
FS2	K_1d_2	73.06	4.75
FS3	K_1d_2	71.24	4.33
FS4	K_1d_2	71.46	4.38
FS6	K_1d_2	71.21	4.33
FS8	K_1d_2	66.21	3.35
FS801	K_1d_2	71.73	4.44
FS901	K_1d_2	68.89	3.84
GS1	K_1d_2	62.50	2.77
ShS10	K_1d_2	69.60	3.98
ShS201	K_1d_2	66.90	3.47
TS2	K_1d_2	63.14	2.87
W901	K_1d_2	71.13	4.31
W902	K_1d_2	66.59	3.42
W904	K_1d_2	68.68	3.80
WS2	K_1d_3	72.59	4.64
WS4	K_1d_2	70.69	4.21
WS501	K_1d_2	71.84	4.47
Z12	K_1d_2	65.45	3.22
ZS1	K_1d_3	76.21	5.58
ZS10	K_1d_3	73.54	4.87
ZS11	K_1d_2	69.88	4.04
ZS17	K_1d_2	71.21	4.33
ZS3	K_1d_2	69.56	3.98
ZS4	K_1d_2	72.86	4.70
ZS7	K_1d_2	71.02	4.28
ZS9	K_1d_2	69.57	3.98

2. 盖层封闭能力综合评价

勘探实践证明，盖层封闭能力的强弱既受到盖层微观封闭能力的控制，还要受到盖层空间展布面积大小的制约。因此，盖层封闭能力的综合评价既要考虑盖层微观封闭能力，又要考虑到盖层空间展布面积。登娄库组二段直接覆盖在隆起带基岩之上，突破压力高，封闭能力强。但局部发育营城组，所以研究覆盖基岩的直接盖层也至关重要。统计隆起带29口井直接盖层的岩性发现，直接盖层的岩性主要为泥岩、粉砂质泥岩，其间夹厚1~2m的粉砂岩，在已发现的油气层中，W902井基岩顶面之上"泥脖子"厚23m；ZS3井"泥脖子"厚35m，LT2井"泥脖子"厚3m，LT2井获工业气流，说明泥岩的封盖能力较强。局部发育砾岩（C102井、C201井、FS901井、ZS7井、2S1井）和火山岩（FS6井、FS801井、FS9井、WS4井、WS501井及ZS9井，火山岩包括凝灰岩、火山角砾岩、安山岩及酸性喷发岩，火山岩之上发育泥岩盖层。研究表明，泥岩及粉砂质泥岩封盖能力强，排替压力大，而与泥岩相伴生的火山岩盖层排替压力高达9MPa（付广等），封闭能力相对较强。

在盖层厚度分析基础上，开展断裂封堵性研究，基底发育三种类型的断裂，其中晚期的断裂对盖层的影响至关重要。通过断穿T_3和T_5的断层叠合图分析，基底大部分断层与T_3层发育的断层不具有继承性，封堵性较好；只有局部地区（升平地区）发育贯穿T_3和T_5的断层，为封堵性较差地区。

根据对盖层封闭能力的研究，选取上覆盖层累计厚度、单层最大厚度、泥地比、岩性、突破压力及断裂等6个参数来反映盖层宏观展布特征和微观封闭能力。按照每一参数对盖层封盖能力贡献不同，对其进行等级划分（表7-3-9），由好至差赋予4、3、2、1的权值，计算盖层综合评价权值。

$$Q = \frac{1}{n}\sum_{i=1}^{n} a_i \quad (7-3-2)$$

式中　Q——泥岩盖层综合评价权值；

　　　n——评价参数的个数；

　　　a_i——第i项评价参考数的权值，$i=1, 2, \cdots, n$。

表7-3-9　中央古隆起带上覆盖层盖层评价标准

等级划分 （权值）	累计上覆盖层厚度/ m	单层厚度/ m	泥地比/ %	突破压力/ MPa	岩性	T_3—T_5断裂
好（4）	>300	>20	>75	>3	纯泥岩	不发育
较好（3）	300-150	20-5	75-50	3-2	粉砂质泥岩	/
中等（2）	150-50	5-2.5	50-25	2~1	粉砂岩	/
差（1）	<50	<2.5	<25	<1	砂砾岩、火山岩	发育

依据盖层综合评价权值的标准判别，即综合评价权值大于3的为好盖层（Ⅰ类），权值分布为2~3的是中等盖层（Ⅱ类），权值小于2的属于差盖层（Ⅲ类），即可得到盖层封闭能力的评价等级。由上述分析可知，中央古隆起带上覆盖层盖层主要可以划分为Ⅰ类和Ⅱ类，局部发育Ⅲ类，Ⅰ类区直覆盖层岩性为泥岩，断层不发育，主要分布在隆起带主体区域；Ⅱ类直覆盖层岩性为火山岩，断层不发育；Ⅲ类直覆盖层岩性为火山岩，断裂发育，且上覆地层均获得工业气流。

四、基底特殊岩性气藏富集规律

1. 气藏特征

1) 烃源岩优、盖层厚

中央古隆起带基岩气藏属于典型的源外型，通过开展气源分析，气源主要来自东侧徐家围子断陷沙河子组烃源岩（图7-3-17）。徐家围子断陷沉积了巨厚的湖相泥岩，其中沙河子组泥岩为主力烃源岩，有机质丰度高，生气强度大，与西侧中央古隆起带基底侧向对接，沙河子组烃源岩供烃窗范围为750~3200m，可为中央古隆起带提供气源（李晶，2018）。徐家围子断陷沙河子组超覆在隆起带东翼斜坡上，烃源岩与储层距离近，形成源储对接，徐家围子断陷沙河子组烃源岩生气强度大，生气强度大于$20×10^8m^3/km^2$的分布面积达$1520km^2$。通过烃源岩与储层匹配关系刻画，中央古隆起带东侧沙河子组烃源岩各层序对接关系看，靠近隆起带沙河子组沉积相如为辫状河三角洲、扇三角洲平原相，沉积物颗粒较粗导致供烃条件差；沙河子组沉积相如为前缘相、湖相，沉积物颗粒较细，则供烃条件好；综合分析升平凸起及昌德凸起供烃条件好，汪家屯凸起、卫星凸起、肇州凸起次之。

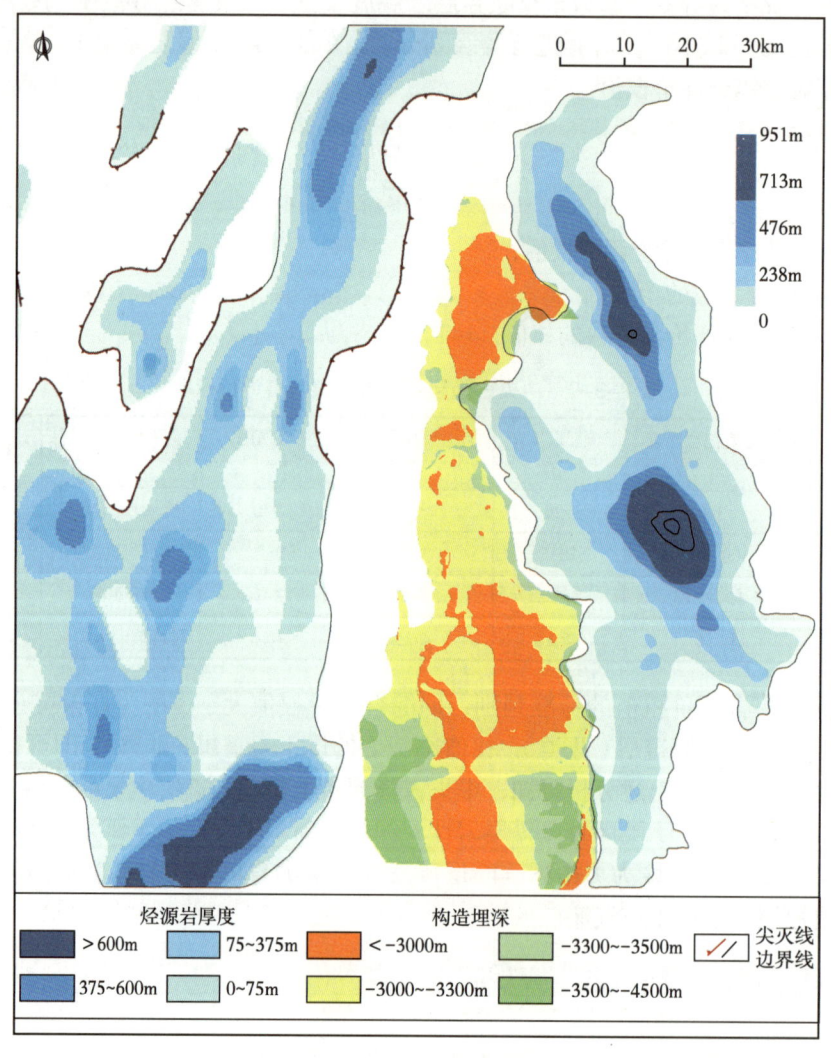

图7-3-17　徐家围子断陷沙河子组烃源岩厚度和构造埋深分布图

中央古隆起带晚白垩世发育坳陷期湖盆，上覆的登娄库组发育河流—滨浅湖相沉积形成的砂泥岩，其中直接披覆的登娄库组二段、三段泥岩横向连续且分布稳定，登娄库组二段、三段泥岩累计厚度为 80~200m，登娄库组二段泥岩盖层具有较高的排替压力，其值为 6.2~7.6MPa（李晶，2019），直接覆盖在基岩潜山上，为花岗岩储层提供了良好的封盖条件（图 7-3-18）。

2）气藏一期充注，成藏时间较长

结合埋藏史及古地温梯度确定中央古隆起古地温演化曲线，可推算盐水溶液包裹体形成时间。通过充注期研究，生排烃时间延续较长，气藏为一期充注，但 LT2 井裂缝见固体沥青，表明存在一期充注的古油藏后期裂解过程。完善成藏期研究，明确气藏为一期充注，成藏时间延续较长。由于包裹体均一温度在 110~150℃ 范围内的连续均匀分布，反映在泉头组沉积末期至嫩江组沉积早期发生连续充注，成藏时间延续较长（图 7-3-19）。

3）圈闭构造已于登娄库组时期存在，早于成藏期

中央古隆起基岩气藏作为其主体为花岗岩的古潜山气藏，经历了多期构造隆升、风化、剥蚀、沉降等一系列复杂地质作用改造，而逐步形成中央古隆起带基岩储层。海西期末期—印支期晚期，随着古亚洲洋向华北板块、东北块体群双向俯冲（以向华北板块下俯冲消减为主）消减，于晚二叠世末期（约为 250Ma）西拉木伦缝合带形成。三叠纪陆陆碰撞，南北向挤压发生区域隆升，基底地层开始遭受风化剥蚀，至早白垩世发生区域伸展裂隙和差异隆升，徐家围子断陷形成之际中央古隆起构造定型，风化壳大面积分布。以昌德古构造恢复为例，从基岩顶面构造宝塔图来看（图 7-3-20），登娄库组沉积前目标区一直处于剥蚀状态，为优质储层的形成奠定了基础；在充注期目标区圈闭构造一直存在，中央古隆起圈闭形成时间早于沙河子组烃源岩大量生烃时期，为油气聚集提供有效场所。开展剥蚀期特征与圈闭形成时间研究，在登娄库组沉积时期圈闭构造已存在，早于成藏期，明确中央古隆起构造圈闭形成时间为登娄库组沉积前。

4）风化壳输导体系是成藏关键因素

石油、天然气和水都是流体，都具有流动的趋势，受某些地质因素的约束被迫停止运移的状态是相对的，运移是永恒的动态过程。油气的运移从其生成那一刻就已经开始，油气既可以从烃源岩运移到输导层，再从输导层运移到圈闭只能够形成油气藏；也可以由于成藏期后地质条件的改变，从成藏圈闭中泄露、并沿输导层运移到其他圈闭中聚集，形成次生油气藏；或者通过断层或封闭性差的盖层尚运移到达地表。因此，油气运移贯穿于油气藏的形成前、形成过程中及调整、破坏、再成藏的整个过程。

输导体系是含油气系统中所有运移通道及其相互配置的总和。作为油气成藏过程中连接烃源灶与有效圈闭之间的"桥梁"，其有效性在一定程度上决定着盆地内各种圈闭最终能否成藏，而且还决定着油气的输导样式、运移方向和距离、油气聚集总量、油气藏类型和成藏位置等。输导体系将成藏要素和成藏作用连接成一个有机整体，控制着油气成藏。然而，含油气盆地在其地质演化过程中，发育了多种类型的输导体系模式，决定了油气运移作用的多期性，也并非所有输导体系都能发挥输导作用。

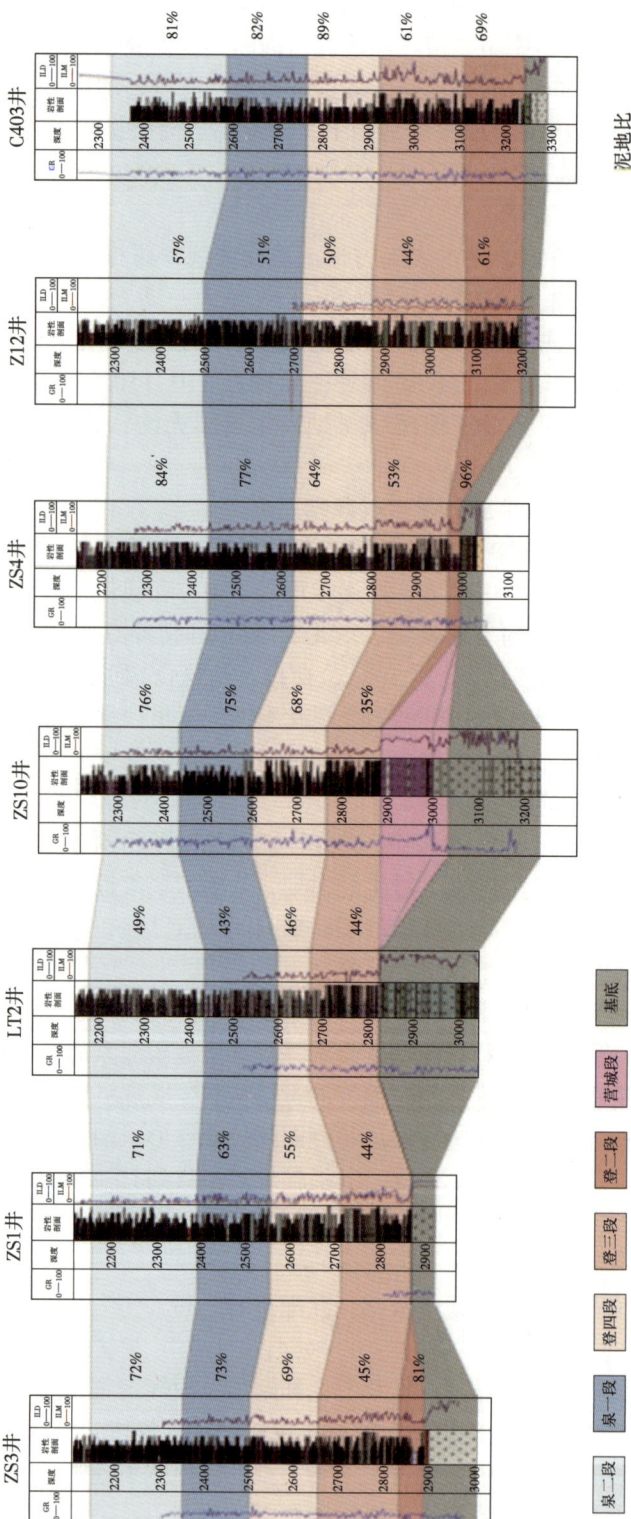

图 7-3-18 中央古隆起带泉头组二段以下盖层条件

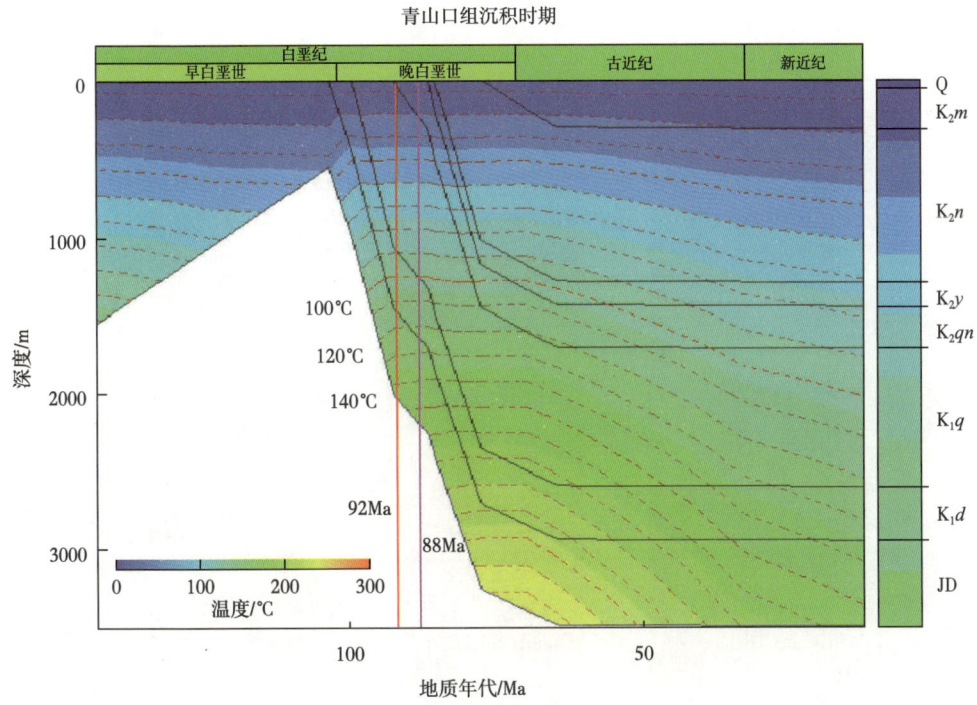

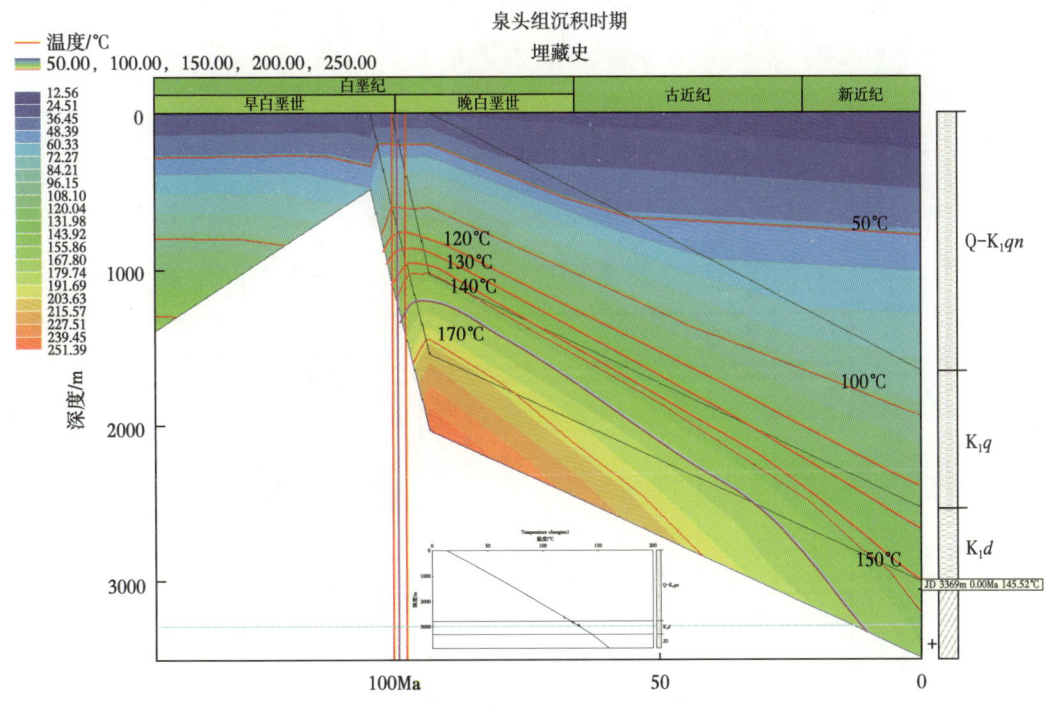

图 7-3-19　中央古隆起带重点井埋藏史和热史图

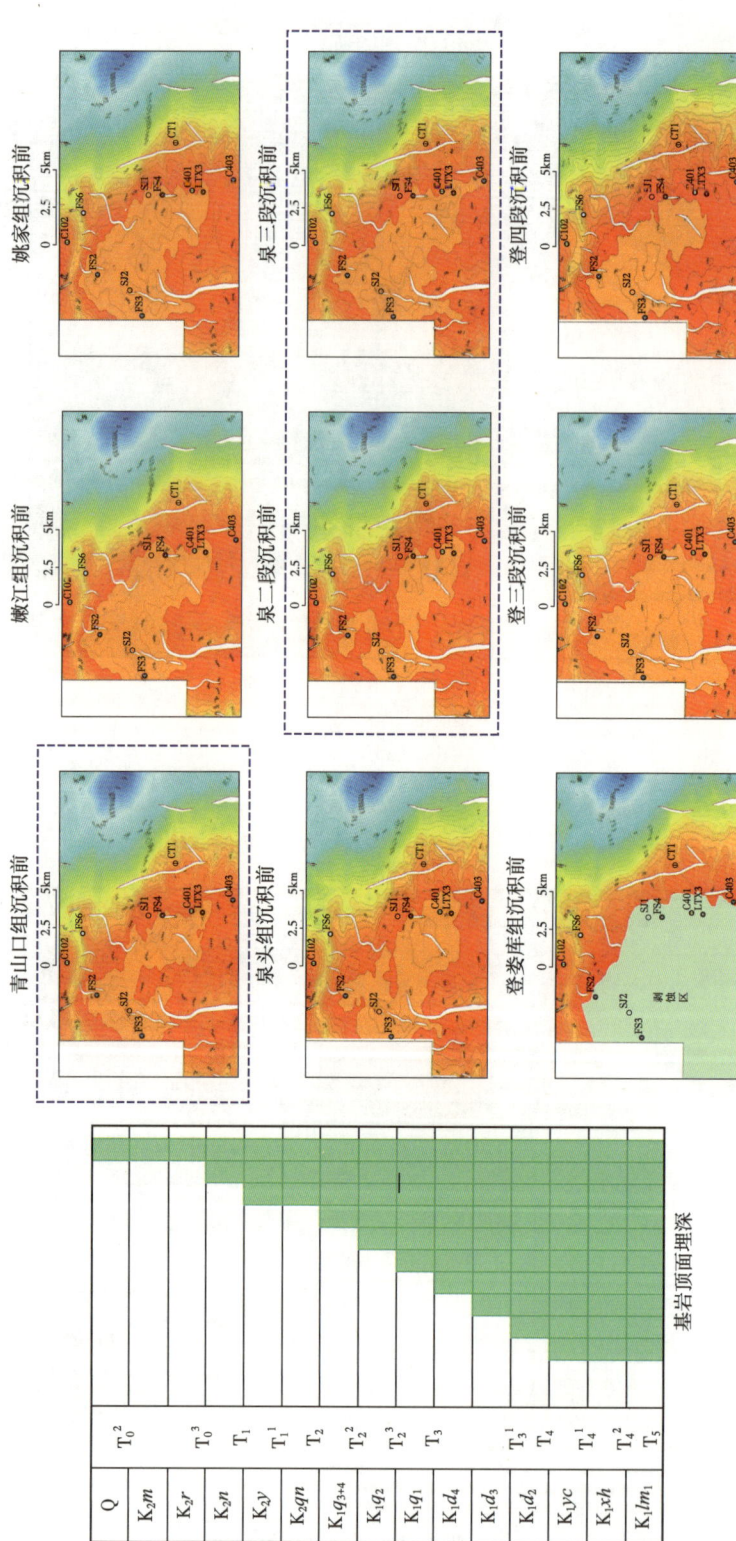

图 7-3-20 中央古隆起带基岩顶面构造宝塔图

不同输导体系决定不同供气方式，控制了古隆起风化壳与内幕的含气性，是古隆起油气成藏的关键因素之一。对于中央古隆起这种源外潜山油气藏，油气运移聚集的输导体系主要有不整合面、断层及裂缝输导体系。

（1）不整合面。

不整合面长期遭受风化蚀，形成具一定孔隙度和渗透率的渗透层，且分布范围大油气沿不整合面远距离运移，是沟通烃源岩与残丘山的主要油气运移通道。

不整合面即风化壳，它在地壳大陆部分构成的一个不连续的、厚薄不均的薄壳。风化壳所形成的不整合面，作为油气运移的通道属于裂缝与孔隙形成的网络系统。中央古隆起风化壳具有薄厚不均、非均质性极强的特点。中央古隆起风化壳岩性为风化后的岩浆岩，原生孔隙不发育，岩石风化主要是通过构造裂缝等进行，同时由于不稳定矿物（暗色矿物、长石）含量较高，岩石极易风化形成溶孔、溶洞。不稳定矿物的溶解使得岩石的孔隙度和渗透率增加。因此，不整合面之下发育的孔渗体既是风化壳储集空间又是高速运移通道（图7-3-21）。

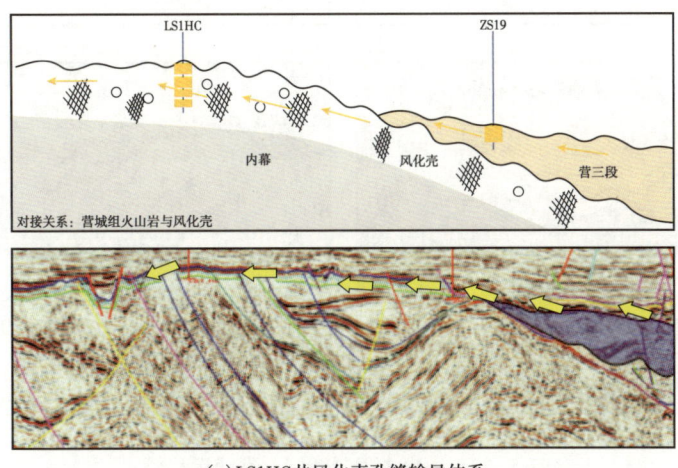

(a) LS1HC井风化壳孔缝输导体系

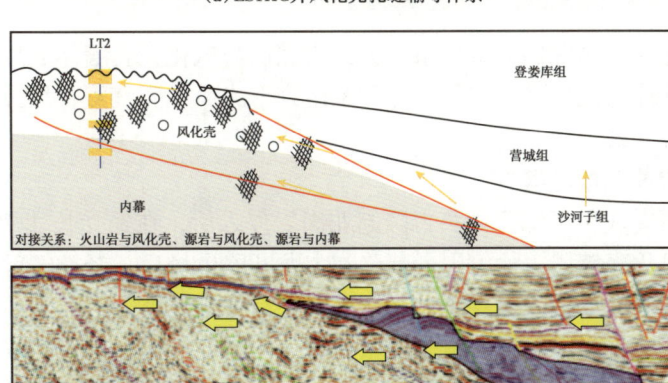

(b) LT2井风化壳孔缝输导体系及内幕断裂输导体系

图7-3-21 中央古隆起风化壳运移模式

（2）断层、裂缝。

断层及裂缝是沉积盆地内最重要的输导体系之一，也是油气运移聚的最主要的输导体系和封堵因素，它们作为输导体系还是封堵因素主要取决于断层两侧的岩性、断层面上泥岩（图7-3-22）。

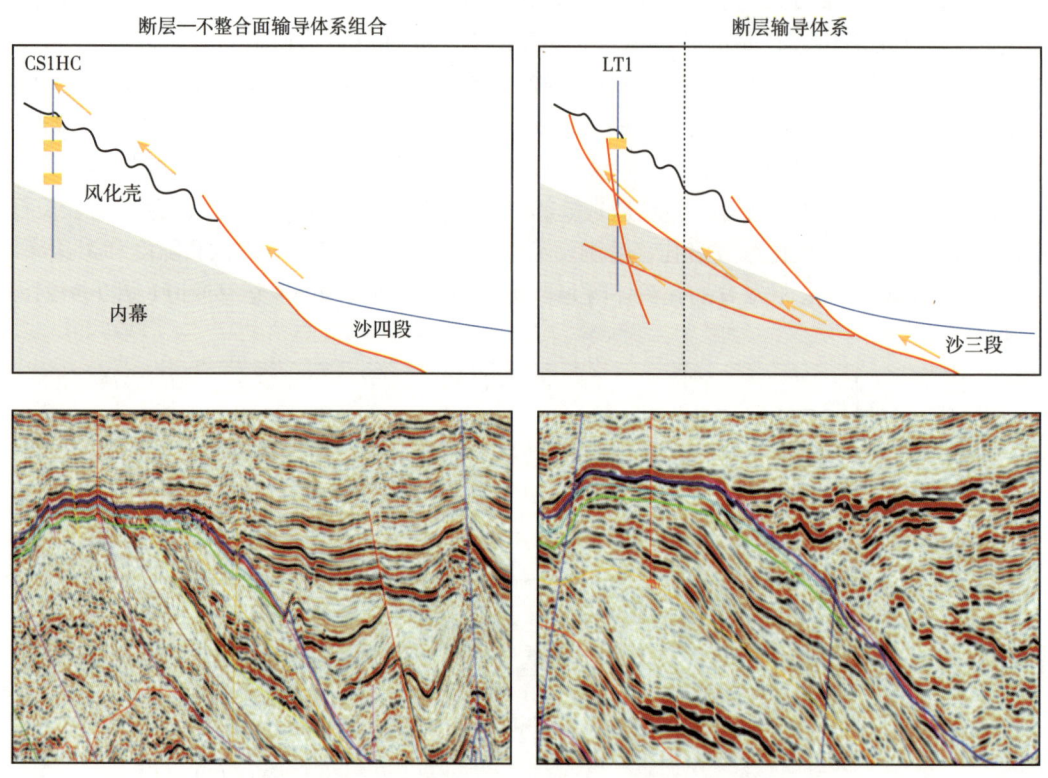

图7-3-22　中央古隆起断层、裂缝运移模式

中央古隆起存在四种源储对接关系：火山岩储层与风化壳孔缝体、烃源岩与风化壳孔缝体，登娄库组砂体与风化壳孔缝体输导体系组合形成风化壳气藏；烃源岩与内幕断裂输导体系，形成内幕气藏。

2. 中央古隆起油气成藏模式

由构造演化研究成果可知，中央古隆起花岗岩侵入后，在经受长达70Ma的风化剥蚀后，形成花岗岩风化壳储层。徐家围子断陷和古龙断陷生烃后，烃类气首先通过断层向构造高部位运移，然后沿风化壳储层进一步运移，还有部分烃类气沿与生烃灶直接对接的内幕断层运移，至中央古隆起风化壳聚集成藏。在先前研究成果基础上，按照中央古隆起形成演化→烃源岩生烃演化→油气成藏这样一个气藏成藏事件（图7-3-23），建立了重要古隆起油气成藏模式（图7-3-24）。

中央古隆起风化壳气藏，具有旁生侧储、新生古储的源储组合特征，优越的时空配置条件。综合研究认为，中央古隆起具有双洼供烃、风化壳输导、顺序成藏的特征。

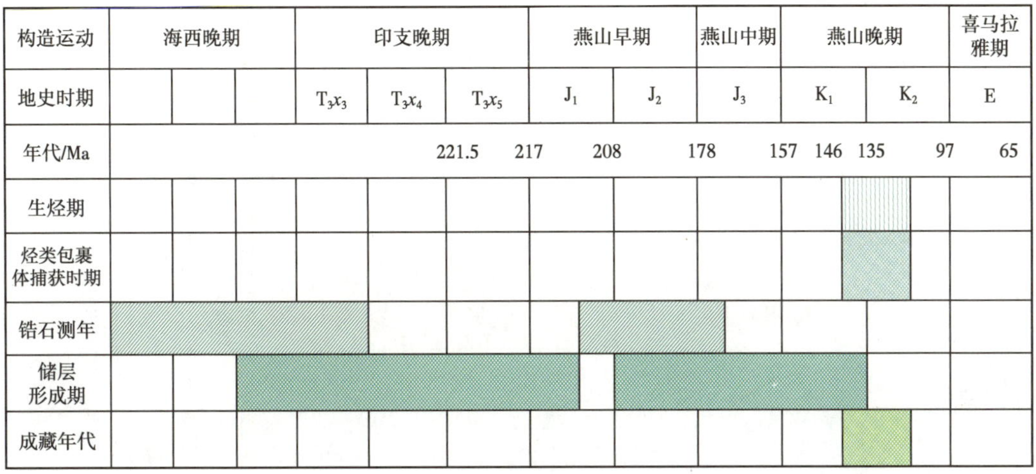

构造运动
海西晚期
印支晚期
燕山早期
燕山中期
燕山晚期
喜马拉雅期
地史时期
T_3x_3
T_3x_4
T_3x_5
J_1
J_2
J_3
K_1
K_2
E
年代/Ma
221.5
217
208
178
157
146
135
97
65
生烃期
烃类包裹体捕获时期
锆石测年
储层形成期
成藏年代

图 7-3-23　中央古隆起基岩气藏成藏事件

LS1HC
徐西断裂
气藏
内幕气藏
内幕断裂
运移
泥岩
溶蚀
缝网
流纹岩
风化壳断层
碎裂花岗岩

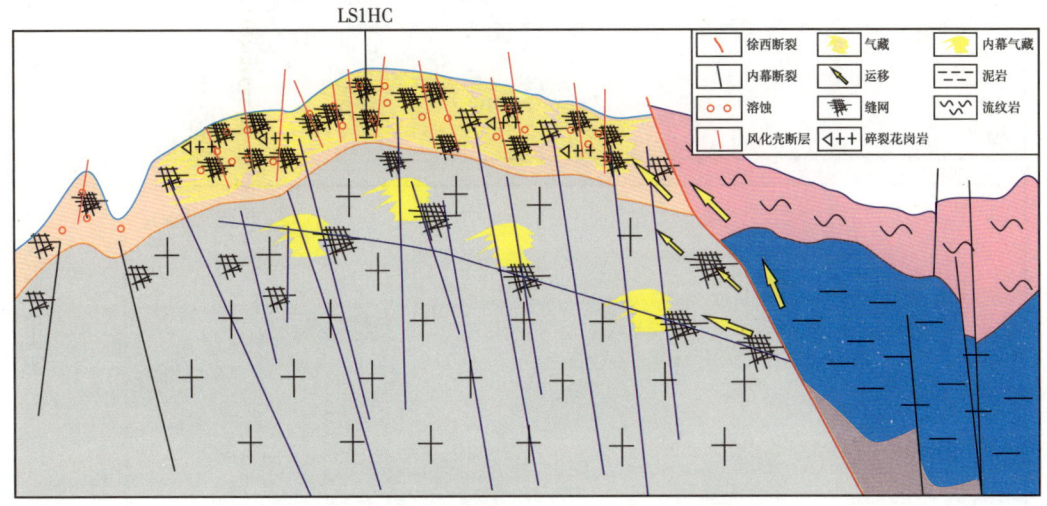

图 7-3-24　中央古隆起基岩风化壳油气成藏模式

2. 气藏富集因素分析

1）源储匹配关系好，保存条件优

中央古隆起东侧徐家围子断陷和西侧古龙断陷在早白垩世沉积了巨厚的湖相泥岩，其中沙河子组泥岩为主力烃源岩，烃源岩品质好，与中央古隆起基岩侧向对接。中央古隆起两侧深凹生成的大量天然气在生烃增压作用下向花岗岩古潜山运移汇聚（图 7-3-25）。

中央古隆起基底和登娄库组为两套断裂系统，登娄库组沉积时期构造对基岩气藏未能形成破坏，从目前勘探成果分析，上部登娄库组气藏主要为砂体内部侧向运移成藏，与登娄库组及基底断裂无相关性，因此分析登娄库作为区域盖层条件封闭能力较好，有利于基底成藏（图 7-3-26）。

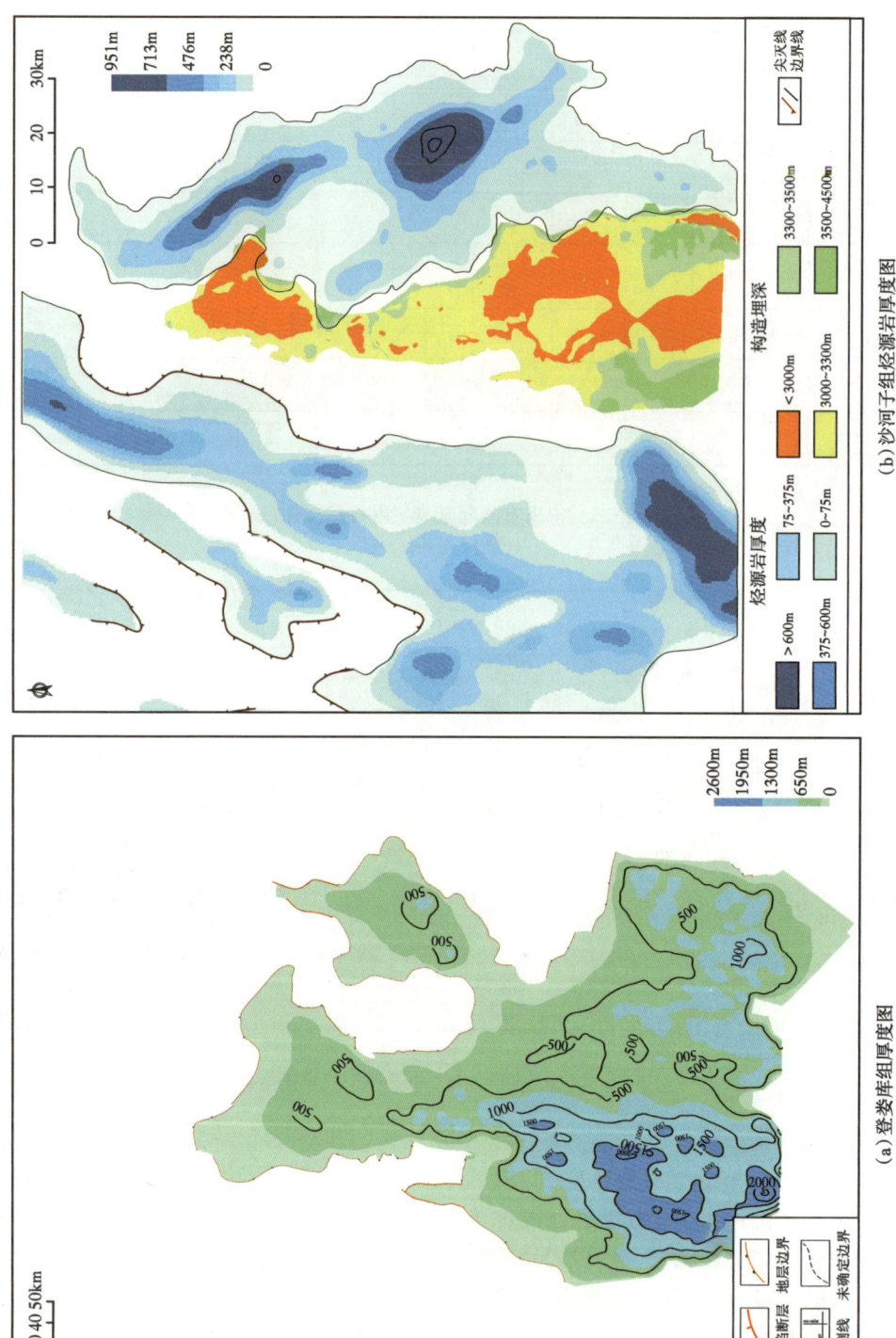

图7-3-25 中央古隆起源岩和盖层条件

图 7-3-26 中央古隆起登娄库组二段断裂与基底断裂叠合图

综上，中央古隆起花岗岩气藏受烃源岩分布控制，天然气靠近富气凹陷聚集。烃类气一般先充注到孔渗性好的营城组后，当烃源岩厚度足够大、质量足够优，且上覆盖层厚度和展布范围均有保障时，天然气才能侧向运移充注到较远的花岗岩储层。

2）储层广泛分布、有效性强

花岗岩本身不发育原生孔隙，当花岗岩经历断裂活动及风化剥蚀等次生改造作用后，形成孔缝组合储集空间，才具备油气成藏条件。中央古隆起经历长期的风化改造，发育较厚的风化淋滤层，在没有大的断裂、裂缝带，在岩性较为均一的情况下，可形成沿不整合面呈广阔展布的风化壳。同时，从前面储层控制因素可知，当大气降水沿风化壳内高角度断层、物理风化作用形成的裂缝、花岗岩体中岩石成分不均一处或花岗岩与不同岩体接触带下渗时，引起差异风化，形成局部加深的纵向风化体，多呈不规则状展布，裂缝越发育，储层厚度越大。横向上，风化强度自风化体中央向边部逐渐减弱；纵向上，上部风化淋滤程度较强，导致不同位置风化程度与埋深有一定相关性。综上所述，作为气藏载体和储集空间，花岗岩发育面积和规模决定了中央古隆起气藏的规模（图7-3-27）。

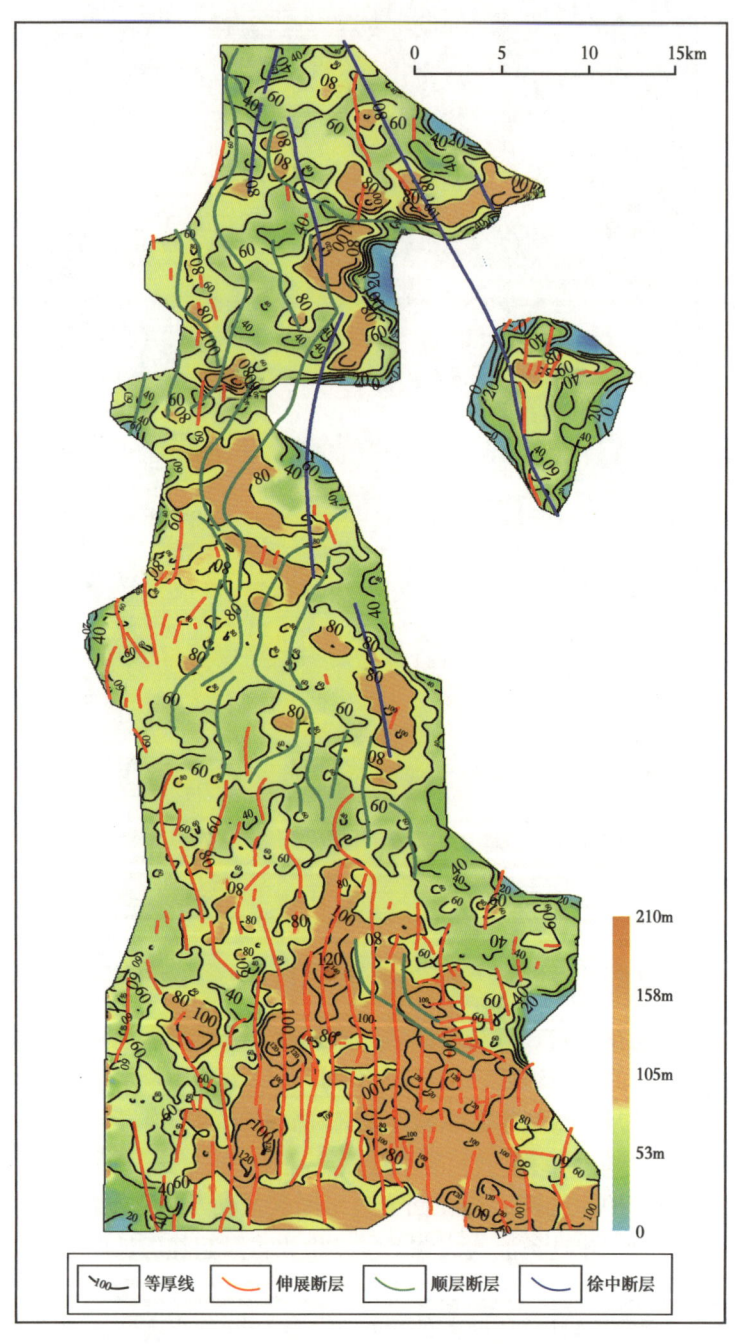

图7-3-27 中央古隆起风化壳储层厚度与断裂叠合图

3）复合输导体系、输导效率高

徐家围子断陷沙河子组烃源岩经历生烃增压后，首先受浮力作用沿断裂及渗透层发生垂向运移，即沿高渗透层储集体发生侧向运移。中央古隆起为源外型气藏，只有高渗透性地层才能远距离运移，实现源外成藏。本区运移通道主要包括不整合面、断陷内基底内部侧向渗透性夹层及纵向、横向断层等。勘探成果揭示，断陷期营城组火山岩与风化壳花岗岩储集体直接对接、烃源岩与风化壳地层直接对接的供烃方式最有利于中央古隆起基底成藏。

丰富的烃类气供给、畅通的运移通道、广布的花岗岩风化壳储层，与区域盖层形成良好的配置关系，促成了中央古隆起风化壳气藏的发育（图7-3-28）。

综上，潜山气藏具有"优势岩性—复合输导—源储匹配"三元控富的特征。

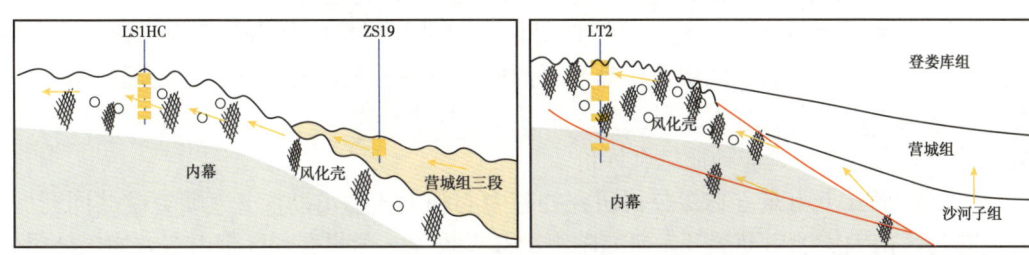

图 7-3-28　中央古隆起基底天然气运移模式

第四节　基岩勘探的主要做法及勘探技术进展

中央古隆起气藏的形成较复杂，储层分布非均质性强。在"十三五"期间主要针对中央古隆起带岩性特征与储层特征开展了研究，形成了基岩岩性识别技术、基岩储层物性评价技术、基岩"可流动性"测井评价技术、基岩"含气性"测井评价技术、裂缝预测技术及储层分布预测技术，总结出了岩性的分布规律性，确定了基岩有利储层，明确了有利储层在基岩空间范围内的展布特征。在此基础上对基岩气藏气源来源、盖层条件进行分析，重新认识了基岩成藏特征，明确了基岩发育三种气藏类型，目前中央古隆起勘探效果最好的为肇州凸起。

一、加强中央古隆起带基岩弱信号地震资料处理攻关，大幅度提高内幕结构的认识能力

松辽盆地北部中央古隆起带是夹持在徐家围子断陷和古龙断陷之间的大型正向潜山构造带，东以徐西断裂为界，西以断陷期地层为界，呈近南北向展布，是松辽盆地北部深层久攻不破的勘探领域。由于"中央古隆起"处于两个生气断陷之间，有利于油气运聚，成藏条件优越。但是基岩以下地层岩性和构造变化都十分复杂，地震资料品质的提高是实现勘探突破的关键。2016年，中国石油天然气股份公司风险勘探在重新认识松辽盆地中央古隆起的成有利条件基础上，将其列为重点风险勘探领域，并首先开展了地震资料处理技

术攻关。通过选择针对性的地震处理技术，基岩内部风化壳地震反射特征、基岩内幕花岗岩侵入体特征、构造动力变质糜棱岩带特征及两组共轭断裂的特征都得到较大改善。进而选择配套的针对性的层位解释和储层预测技术，对中央古隆起这类复杂勘探目标进行了有效识别，有效地支撑了勘探部署。

1. 中央古隆起地震研究历程

松辽盆地北部中央古隆起带，从北向南可分为汪家屯、昌德、肇州凸起三个有利区带（图7-4-1），已实现三维地震勘探采集资料全覆盖。但受制于深层地震资料处理成像品质，地震地质综合研究上，一直无法准确描述中央古隆起带基底内幕地震结构，无法开展内幕地层岩性识别和预测，更无法开展基岩内幕断裂体系的研究工作。

2017年，大庆油田按照中国石油天然气股份公司的部署，组织强有力的深层地震处理解释组，针对松辽盆地北部中央古隆起带开展基岩风化壳地震成像及内幕储层预测的专项技术攻关。主要攻关内容一是，开展针对古隆起带基岩及内幕高精度成像处理技术攻关，大幅度提高基岩及内幕地层成像品质，形成针对基岩及内幕地层成像处理技术系列；二是，开展基岩风化壳及内幕有利、有效储层展布规律研究；三是，开展基岩风化壳、内幕有效储层分类评价及地震地质综合评价。

攻关组织形式上由东方物探公司研究处理中心和大庆油田勘探开发研究院共同开展。汪家屯有利区由大庆油田勘探开发研究院组织开展攻关，肇州有利区带由东方物探公司研究处理中心组织攻关。昌德区带作为并行攻关区带，两家同时开展处理解释技术攻关，最终形成技术系列实现了松辽盆地北部深层中央古隆起带2400km^{2}勘探领域的叠前时间偏移连片处理，为中央古隆起深化地质认识和勘探部署提供了重要支撑。

2. 中央古隆起带地震处理技术

松辽盆地中央古隆起带勘探经历多轮次的地震资料成像处理攻关，但仍无法满足中央古隆起基岩及内幕勘探需求。笔者分析原因大致可总结为两点：一是，中央古隆起带研究区三维地震采集年度跨度较大，地震资料品质差异大，而中央古隆起带基岩及内幕地层埋深大，一般超3000m，深层地震资料信噪比低、地震信号能量弱，加之受基底（T_5）强反射层的屏蔽影响，地震资料处理难度大；二是，中央古隆起带基底以下地层地层高陡构造及断裂系统产状复杂，地震速度纵向和横向变化快，且少井揭示，速度模型很难准确落实，地震资料成像难度极大。基于以上两点，多轮次的地震处理技术攻关仍未很好地解决中央古隆起基岩及内幕地层成像问题。

2017年，笔者以昌德凸起为主要攻关目标，通过对研究区地震资料全面分析，建立了一套以深层弱信号保护去噪处理技术、地质模式约束高精度速度建模技术为核心的技术流程，在实际资料处理中应用效果显著。

1）"六分法"深层弱信号保护处理技术

中央古隆起带三维地震勘探工区多，采集年度跨度大，地震资料品质差异也大。特别是深层地震资料信噪比低、能量弱，不能按照统一的处理技术和统一处理模块、统一的噪声压制参数进行一次性去噪处理，这样对深层弱反射信号伤害很大。本轮次攻关处理，笔者通过对工业界主流噪声衰减技术整理，形成针对不同类型噪声衰减的保幅去噪技术库。

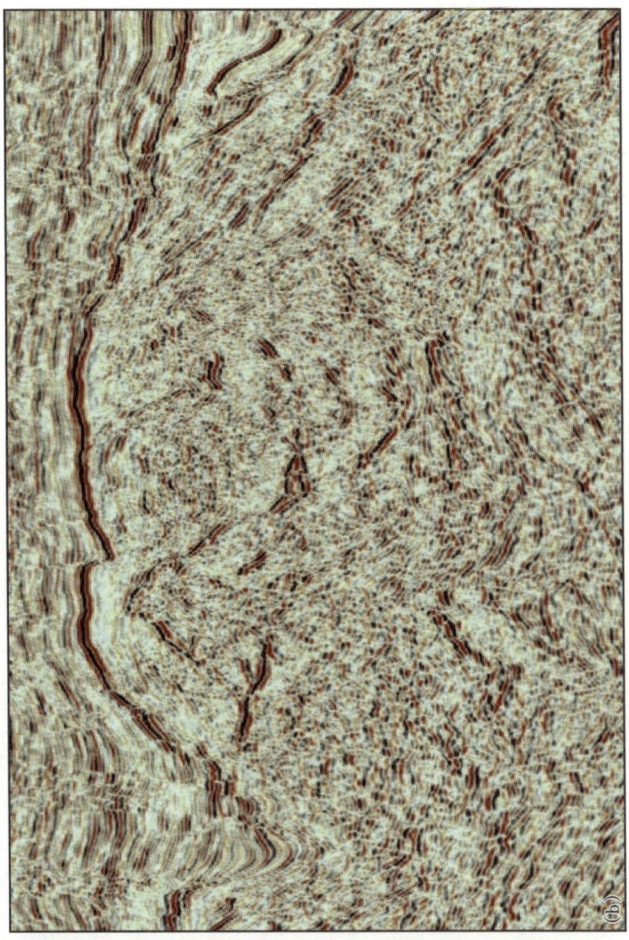
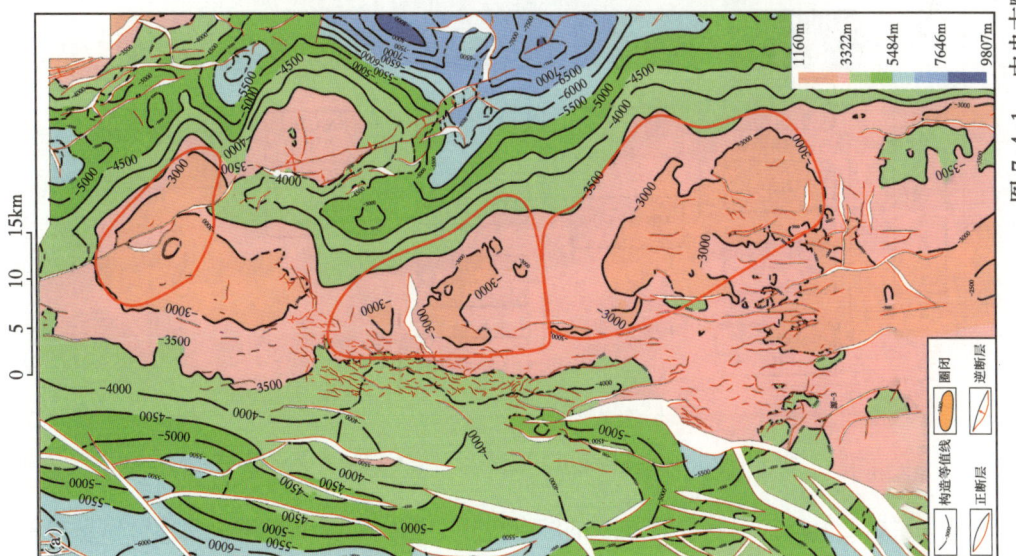

图 7-4-1 中央古隆起带三维地震处理前老剖面及地震处理解释工区位置图

根据不同采集工区噪声在地震剖面上出现的特征进行分析归类，形成多类型的地震数据组，从噪声衰减的技术库中选取合适的去噪技术模块，按照分区、分类、分域、分频、分步、分时的"六分法"去噪理念，分别试验技术参数，遵循先强后弱、先低频后高频、先规则后随机的原则进行组合去噪，大幅度提高深层弱反射信息在单炮和叠加剖面上的信噪比。另外，针对个别地震工区深层反射信号能量弱，很难区分和识别深层地震有效信息和噪音，则首先采取深层弱反射信息补偿技术，先恢复期深层弱反射能量，在进行针对性的"六分法"去噪处理，使深层弱反射信息从复杂噪声中剥离出来，为深层后续复杂构造成像奠定数据基础。具体实现流程如图 7-4-2 所示。

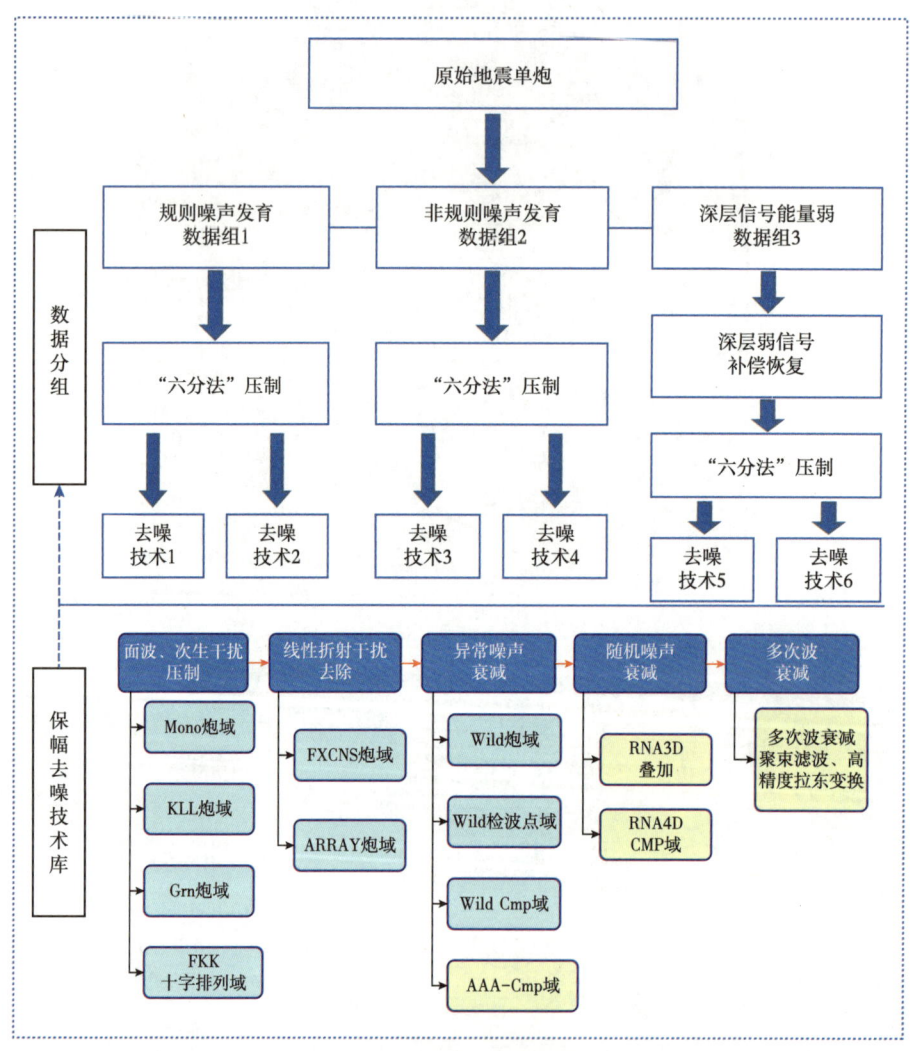

图 7-4-2　中央古隆起带深层弱反射信号保护去噪流程

通过深层弱信号保护去噪处理技术的综合应用，原始地震单炮深层弱反射信息得到较好的恢复，如图 7-4-3 所示，地震反射时间为 2500~4000ms 之间的基岩及风化壳内幕储层的地层信噪比大幅度提升。基岩1900~2500ms反射时间的埋深地层,弱反射信息在单炮上得到较好的恢复,为深层复杂构造成像奠定了资料基础。

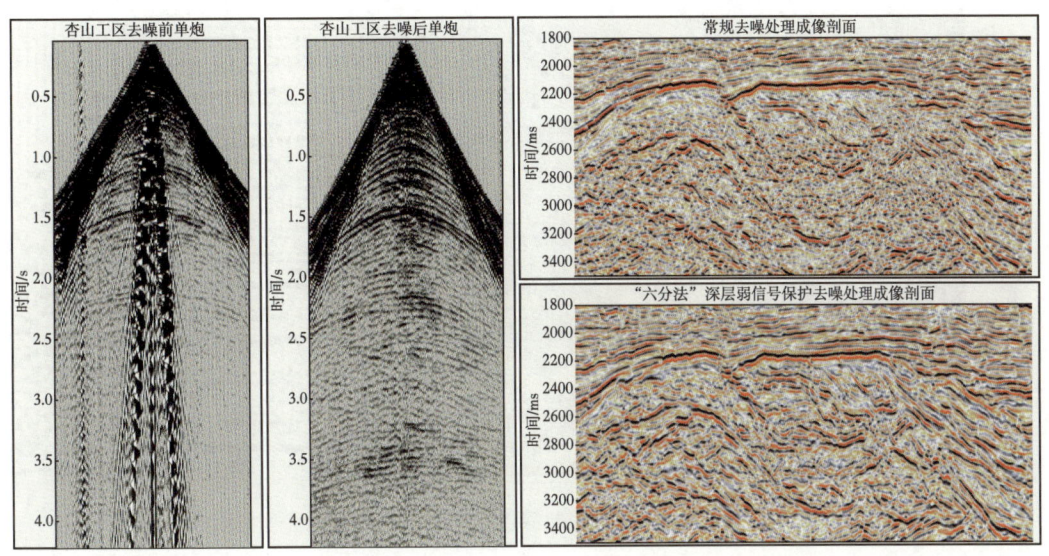

图7-4-3　深层弱信号保护去噪处理前后单炮和剖面对比图

2）地质模式约束高精度速度建模技术

速度模型精度是直接影响时间域和深度域构造成像的关键因素,以往常用的时间域速度拾取方法是通过对不同百分比速度扫描获得偏移叠加剖面,综合CRP道集拉平效果相结合,求取最合适的时间域速度场。但松辽盆地北部中央古隆起带整体地层埋深大,原始地震道集受信噪比、多次波、深层反射能量弱、深层地震信号主要是低频成分的影响,深层速度很难拾取准确。如图7-4-4所示,T_2层(扶余油层的顶面)到T_5层(松辽盆地基底层)之间地层,速度的能量团和聚焦程度非常差,加之多次波发育,深层有效信号弱,频率低,T_5以下基岩内幕地层更难准确拾取。偏移速度模型的不确定性不可避免地引起偏移成像结果的不准确,也必然影响地震解释方案的不确定性。因此,提高深层速度建模拾取精度成为决定松辽盆地中央古隆起带成像的关键因素。

针对速度拾取中叠前CMP或者CRP道集品质差,无法准确拾取深层速度的问题,形成了一套时间域提高初始速度谱地震道集优化处理技术流程。如图7-4-5所示,时间域针对形成速度谱的地震CRP(或者CMP)道集开展时间域的优化,达到大幅度提高叠前地震道集品质,使地震处理人员能够准确开展深层时间域速度拾取,为深度域建模提供高品质的时间域初始模型。

中央古隆起带基底及以下地层高陡构造及断裂系统产状复杂,地震速度纵向和横向变化快,且少井揭示,尤其在基岩下发育一些特殊岩性体(如火成岩、花岗岩等)分布的区域,速度的剧烈变化导致地震波场复杂多变,时间域成像上往往造成构造成像畸变,还需要深度域成像来改善成像品质。

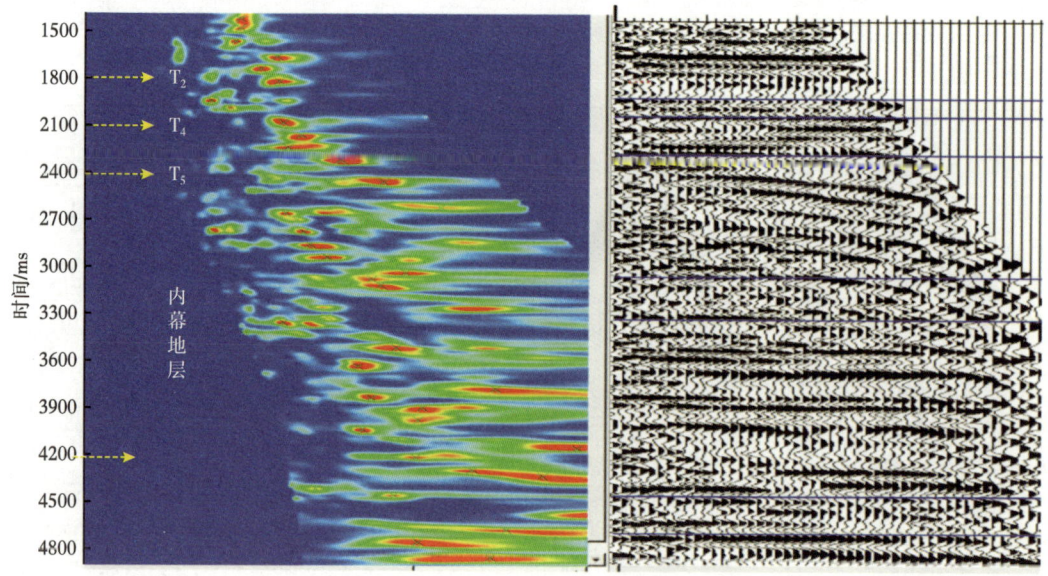

图 7-4-4　中央古隆起深层速度谱和地震道集图

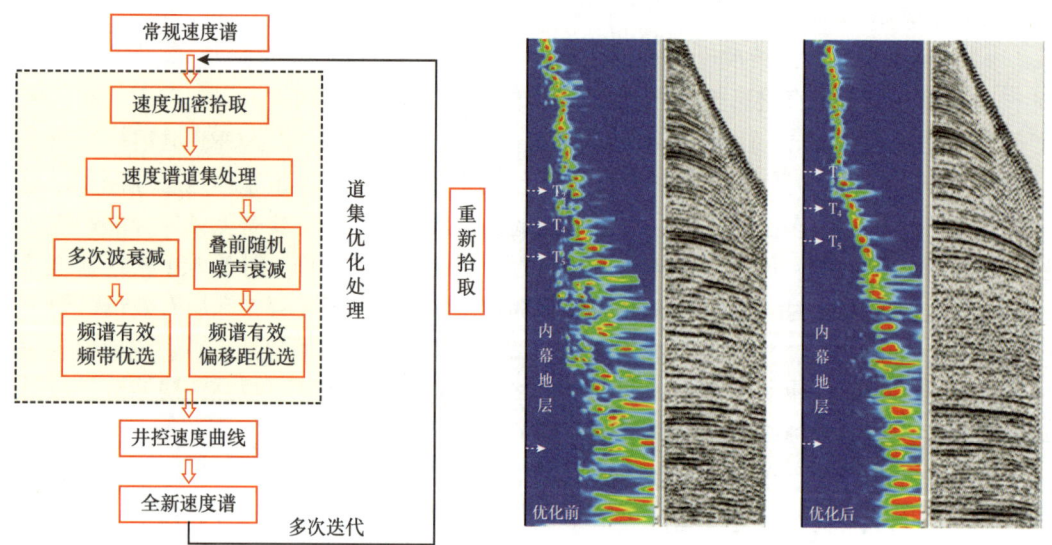

图 7-4-5　时间域提高初始速度模型拾取精度流程及对比效果

通过调研发现，以往叠前深度偏移成像较时间域偏移成像效果改善不大，其中最关键的问题在于深度域速度模型无法准确建立。本次攻关昌德地区的深度域成像处理，开发了一套全新的建模策略（图 7-4-6）。第一步，在建立深度域速度模型时，需要依据前期精细时间域初始速度模型偏移完成叠前时间偏移成像成果，在这套成果基础上开展层位、断裂系统、特殊地质体的精细解释；形成初始深度域速度模型，本轮解释要相对准确刻画特殊地质体顶、底形态，构建出清晰的地下地质模型。第二步，精细分析工区内VSP及测井资料，获得特殊岩性地质体的速度值，利用工区内少数已知井的测井速度信息，约束和提高初始速度模型的精度的同时，依托上一步刻画特殊地质体顶、底形态，开展井约束的特殊地质体速度填充，把特殊地质体融入速度模型中。第三步，开展深度域速度模型的优化。过于平滑的速度场的成像资料，无法满足高精度的特殊岩性勘探成像的需求。过于突跳的速度模型也会造成成像的畸变，因此，需要根据上一轮偏移成像的结果，进一步优化速度模型，通过剩余速度的拾取，消除深度域剩余时差，从而实现速度模型的优化迭代。

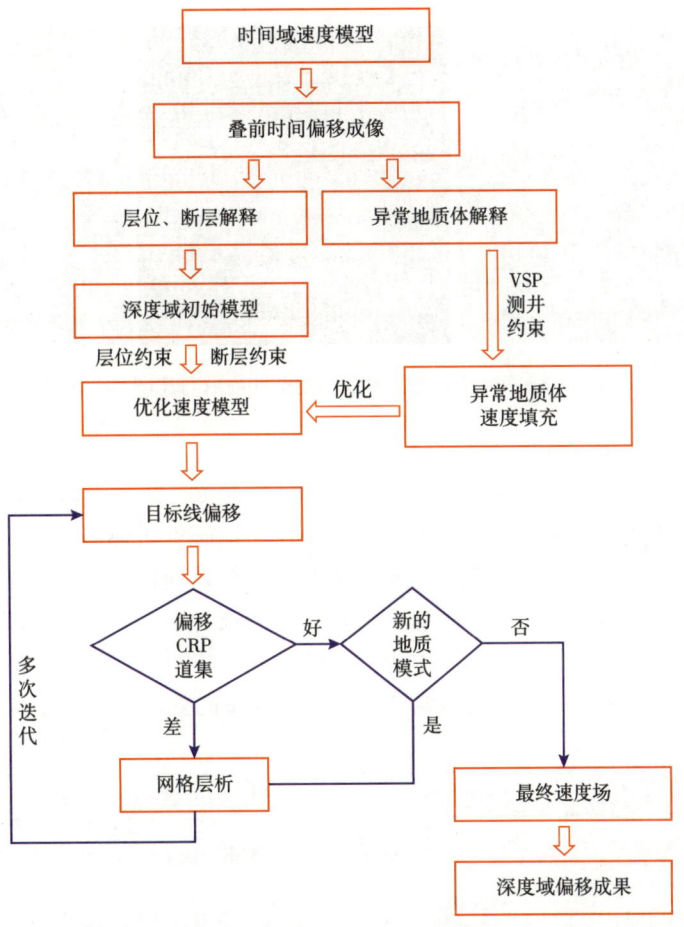

图 7-4-6　深度域地质模式约束一体化高精度速度建模技术流程

图 7-4-7 和图 7-4-8 对比可知，三轮速度模型迭代前后、叠前深度偏移成像对比可以看出，地质模式约束花岗岩特殊地质体填充后的地震成像速度场纵向、横向变化很好地反映了花岗岩岩体变化特征，基岩风化壳及不同时期内幕地震反射特征清晰，高角度断裂系统成像品质有大幅度的提高，叠瓦状逆冲推覆构造断裂界面分明。

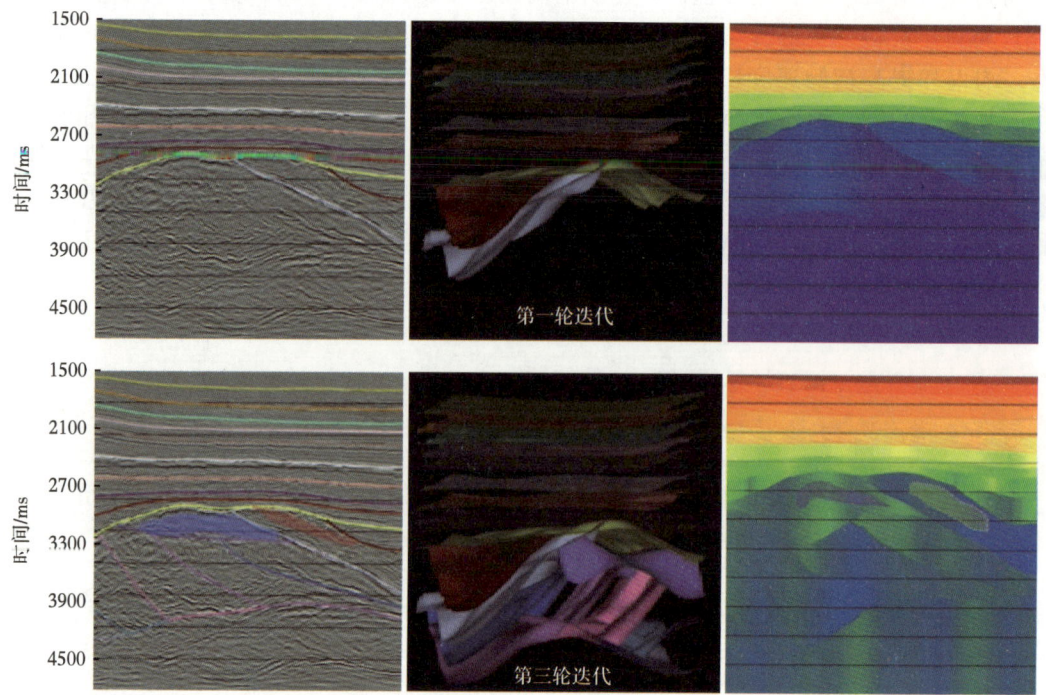

图 7-4-7　速度模型三轮迭代前后对比图

3. 中央古隆起带新资料的地震解释

松辽盆地中央古隆起带埋深大，地层构造起伏也较大，地震资料处理中涉及的地震工区多，部分地震资料信噪比低，采集品质差异大，给地震资料处理带来非常大的难度。通过本轮攻关形成了松辽盆地北部中央古隆起带地震资料处理技术序列，新的叠前深度偏移成果较以往偏移成像品质有本质的提升，基岩风化壳较为连续、中强振幅的地震反射特征清楚。花岗岩体弱振幅，杂乱反射特征非常明确。处理技术系列推广至松辽盆地北部全部地震工区，形成了支撑松辽盆地北部地区中央古隆起带的叠前大连片处理成果。

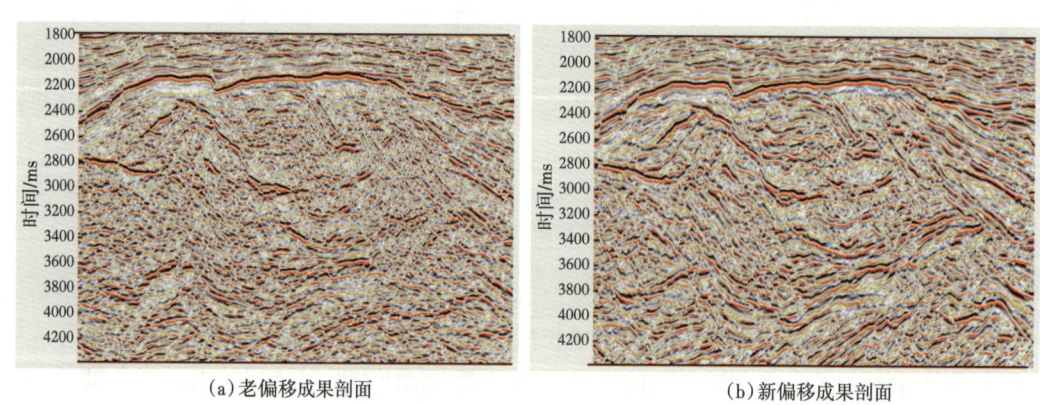

(a) 老偏移成果剖面　　　　　　(b) 新偏移成果剖面

图 7-4-8　以往叠前深度偏移成果新叠前深度偏移成果

1）基底构造解释

（1）风化壳识别与解释。

中央古隆起带勘探研究首要工作就是风化壳识别和解释，通过岩心、岩屑资料、测井资料及地球化学资料等综合分析，中央古隆起带风化壳纵向可划分为三层结构，即风化堆积层、风化淋滤层及裂缝层。风化壳纵向上风化淋滤层和裂缝层物性相对较好，风化淋滤层的物性最好，测井孔隙度为1.2%~5.9%，平均值为2.7%，储层的类型主要是孔隙—裂缝型，储层的储集性最好，厚度大，分布面积较大，为风化壳主要的产气层段。裂缝层测井孔隙度为0.4%~6%，平均为2.1%，储层类型以裂缝型储层为主，局部发育裂缝孔洞型储层，主要分布在花岗质构造角砾岩中。

应用GeoEast软件具有高效和精细构造解释功能，首先应用高精度层位标定功能，通过井—震联合标定，明确基底风化壳具有波组特征较为连续、中强振幅、似层状的地震反射特征，构造形态平行于基底顶面（T_5）反射界面，风化淋滤层和裂缝层的底界面对应波峰反射特征。应用层位追踪解释功能，完成中央古隆起带2400km^{2}的风化壳风化淋滤层和裂缝层底界面解释，落实风化壳平面上具有连续分布，一般厚度为90~330m，其中，风化淋滤层厚度80~180m，裂缝层厚度100~170m；风化堆积层厚度薄（0.3~14m），且发育在局部古地貌较低的区域，地震资料分辨率较低（主频20Hz），目前地震上较难识别（图7-4-9）。

（2）基底断层解释。

中央古隆起带基底内幕结构复杂，断层发育、断层形成的期次及对储层改造作用不清楚。应用GeoEast软件地震构造解释功能，基于多窗口倾角扫描、构造导向滤波功能处理后，突出断层的断面和断点反射特征，提取相干属性分析，识别基底断层，开展基底断层解释，基底共识别和解释四期断层，东西向和南北向断层于前白垩纪的挤压作用形成，高角度伸展断层和走滑断层于徐家围子断陷和古龙断陷形成时期伸展走滑作用形成；永乐凸起、肇州凸起为稳定的块体，高角度断层发育；汪家屯凸起、卫星凸起及昌德凸起发育低角度叠瓦状推覆构造，从浅到深，推覆断层倾角逐步变小，并有向徐西断裂收敛的趋势。中央古隆起带整体上，永乐凸起、肇州凸起以高角度伸展断层为主，肇州以北地区发育逆冲推覆断层和后期伸展断层及走滑断层，伸展断层和走滑断层有助于改善储层质量（图7-4-10）。

2）基底花岗岩体解释与刻画

中央古隆起带基底钻井揭示构造高部位的花岗岩、浅变质沉积岩及浅变质安山岩风化壳发育。薄片证实，花岗岩、碎裂花岗岩、构造角砾岩等花岗岩类岩性较浅变质沉积岩、浅变质火山岩的裂缝和溶蚀孔发育，易形成风化壳储层，岩心观察花岗岩类裂缝发育，密度可达10~24条/m，是中央古隆起带成储优势岩性，花岗岩的识别和预测对井位目标的部署尤为重要。

通过LTX3井单井岩性解释和井震联合标定，明确花岗岩具有杂乱、弱振幅地震反射特征，结合谱反演相对阻抗剖面花岗岩具有波阻抗差异较小的特征（图7-4-11）。基于花岗岩地震反射特征分析，应用GeoEast软件地震解释功能，开展花岗岩岩体顶底界面的追踪解释。

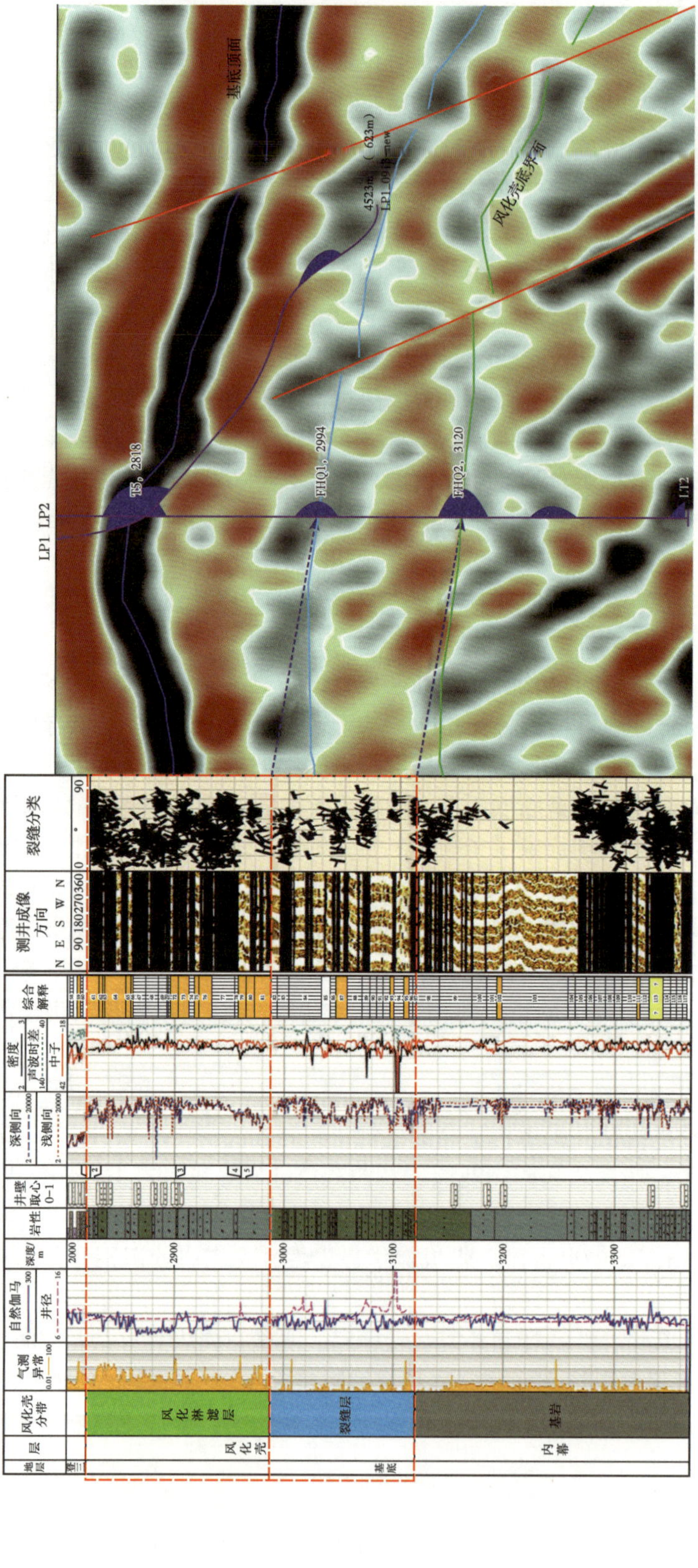

图 7-4-9 LT2井风化壳地震反射特征剖面

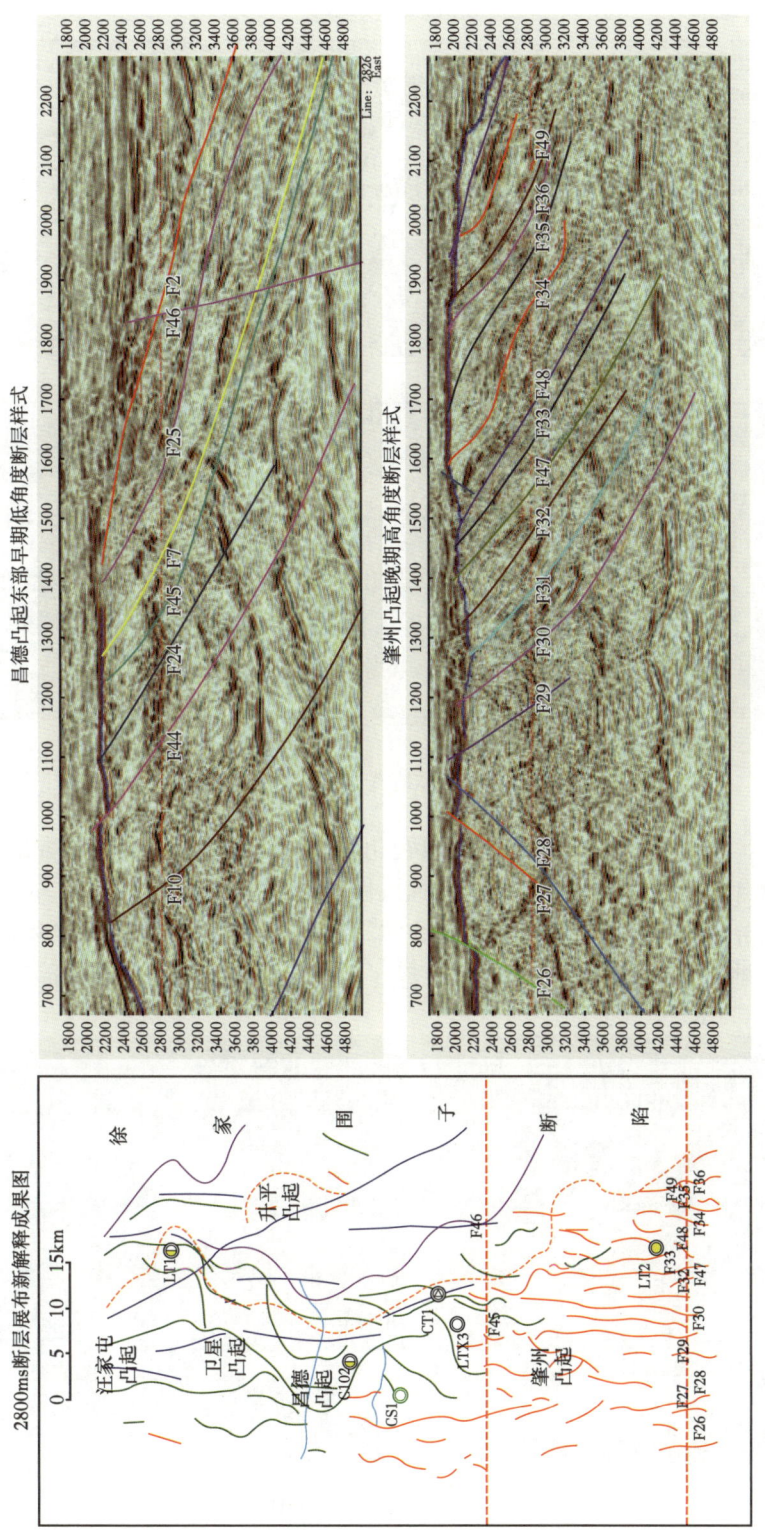

图 7-4-10 中央古隆起带基底断层平面分布图及解释剖面

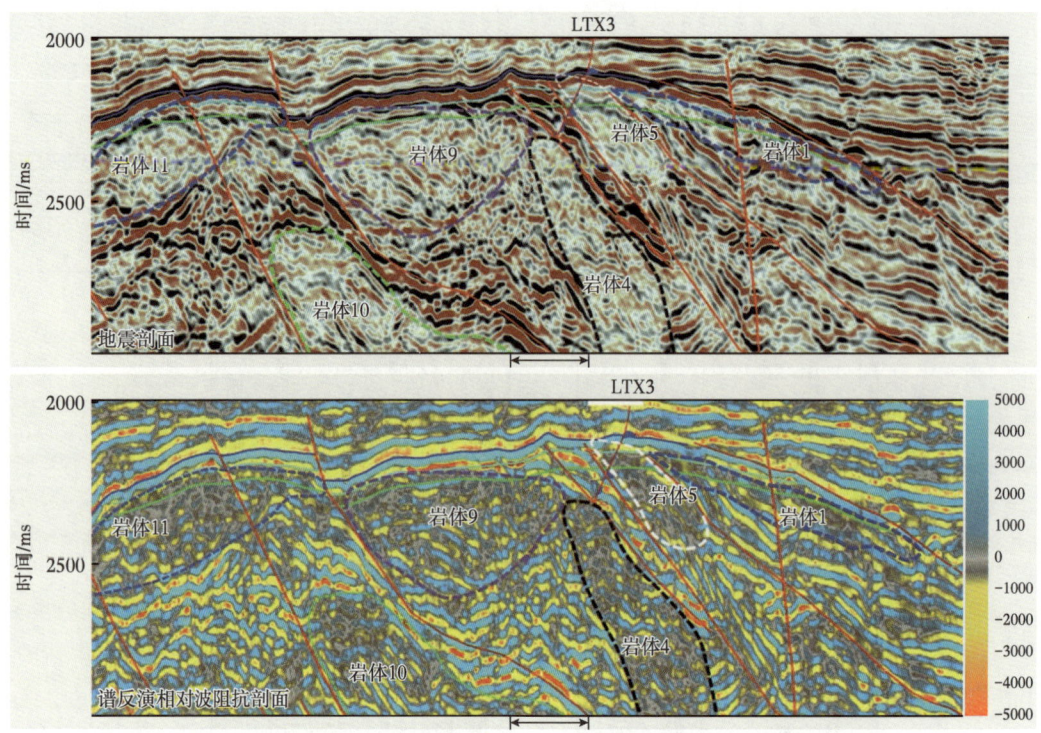

图 7-4-11 花岗岩岩体地震与谱反演剖面特征

应用 GeoEast 软件 GeoSeisInsight 三维可视化模块，具备在三维场景下数据综合显示、断层解释、层位自动追踪、地质体追踪、快速属性建模和构造建模等功能。应用花岗岩岩体顶底界面层位解释成果，通过异常体追踪方法，实现花岗岩岩体的三维立体雕刻，明确了花岗岩岩体空间展布特征（图 7-4-12），支撑了中央古隆起带井位优选和部署。

图 7-4-12 中央古隆起带花岗岩岩体分布图

Z 反演是大庆油田针对中浅层超薄层砂体自主研发的薄层波阻抗直接反演技术，解决了困扰行业界多年的薄层地震波阻抗反演理论难题，打破了欧美近 30 年的技术垄断，还在薄储层地震预测方面实现了对欧美技术的超越。国外主流地震反演软件就是基于 BG 理论的，有两类反演算法，一类反演结果确定，但分辨率低，是国外油田主要反演工具；另一类是基于地质统计学的，反演结果分辨率高，但软件有多个不同的反演结果，并且认为这些不同的反演结果都是合理的，预测结果具有多解性，给地质家和油藏工程师带来困惑。Z 反演认为地震波是由地层反射的，反演地层的波阻抗是矩形窗函数，反演矩形窗函数所需频带与地震记录接近，反演的不确定性得到改善。地震反演的主要误差并非来自地震记录中的加性随机噪声，而是反演所用地震子波不准引起的，通过提高子波精度，Z 反演可将井震匹配误差降低到 1% 以下。

在 CS1HC 导眼井完钻后，针对 2 号气层设计水平井轨迹，由于 2 号气层单层厚度最大为 14m，地震资料的主频为 20Hz，地震资料的分辨率较低无法开展水平井轨迹设计。应用 GeoEast 软件的 Z 反演储层预测技术，提高储层预测的分辨率，有效预测 CS1HC 导眼井钻遇 2 号气层分布特征，支撑了 CS1HC 水平井轨迹设计（图 7-4-13）。完钻后综合解释结果与 Z 反演体对比分析，Z 反演低阻抗与气层和裂缝层对应为符合，预测符合率为 72%（图 7-4-14），建立针对物性较差的孔隙—裂缝型储层预测技术，支撑了 CS1HC 水平井钻探，见到了较好的效果。

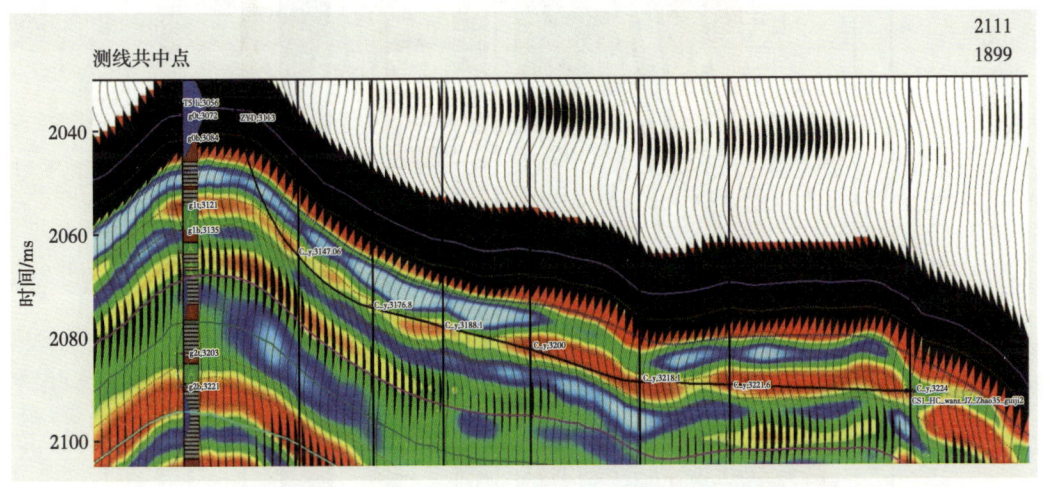

图 7-4-13　过 CS1HC 井 Z 反演与地震叠合显示剖面

3）五维解释叠前裂缝预测

中央古隆起带基底储层类型为孔隙—裂缝型储层，对裂缝的预测尤为重要，OVT 数据域五维地震资料最大优势在于方位角和炮检距分布范围更大、更加丰富且均匀，可充分进行方位各向异性分析。由于方位各向异性的存在，地震波在裂缝性介质中传播时，AVO 梯度、振幅、旅行时、频率等地震属性会随着方位发生变化，可以利用这些属性的变化来检测裂缝。

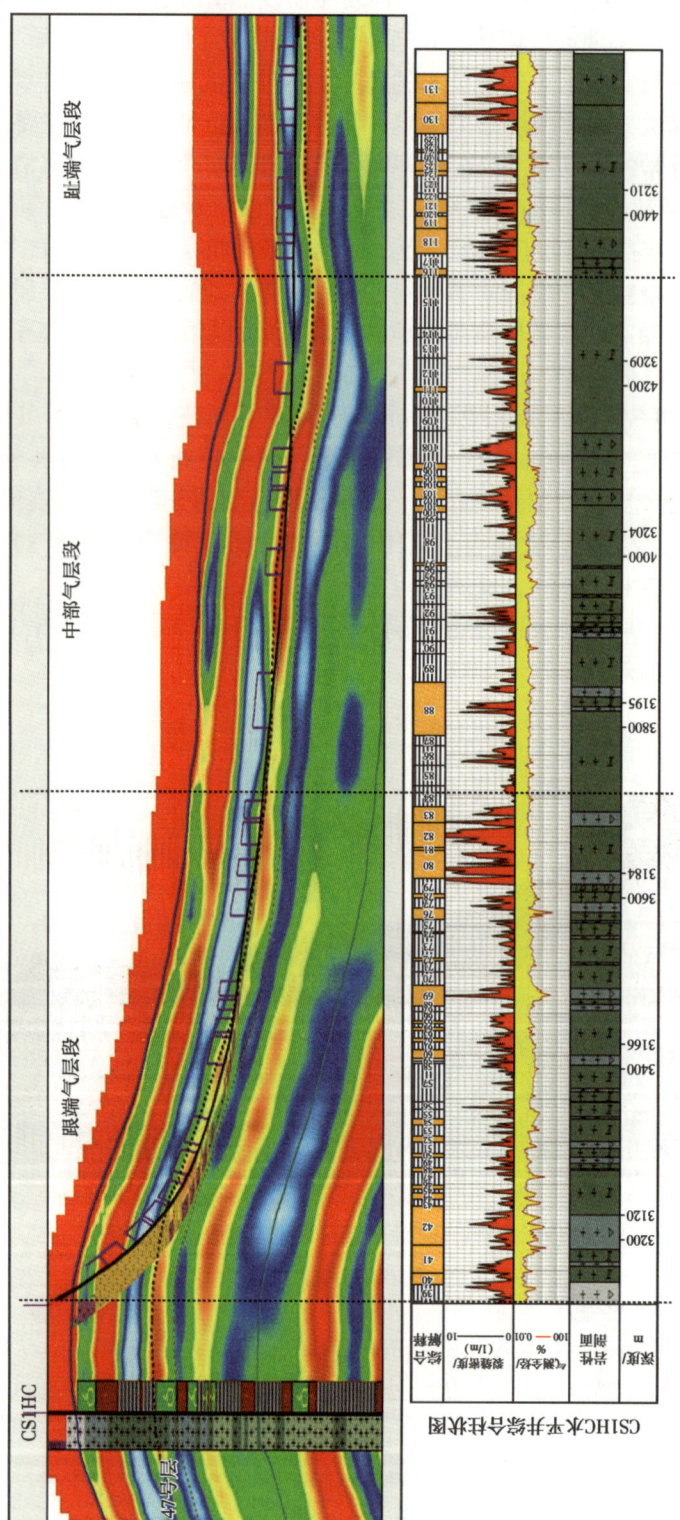

图 7-4-14 过 CS1HC 井 Z 反演波阻抗储层预测符合率剖面

应用 GeoEast 软件五维解释叠前裂缝预测模块，提供了基于方位各向异性分析裂缝检测，包括振幅裂缝分析、时差裂缝分析、方位瞬时属性分析、G(AVO)VAz 分析、G(FVO) VAz 分析等分析方法，通过拟合裂缝预测椭圆模板，拟合裂缝方向和井点解释方向一致，确定椭圆形模板，预测层段裂缝强度、裂缝可信度及方位角等成果。笔者应用五维解释预测基底裂缝发育强度，跟踪分析 CS1HC 水平侧钻，在 B_1 至 C 靶点气测显示较差，与 C 靶点结合五维地震裂缝预测成果，设计轨迹上部裂缝强度预测较高，按照预测结果轨迹上调，调整后整体上气测显示与裂缝强度大的深度具有较好的对应关系（图 7-4-15）。完钻后综合解释结果与叠前五维裂缝强度预测剖面对比分析，裂缝强度高值与气层和裂缝层对应为符合，预测符合率为 71%（图 7-4-16）。

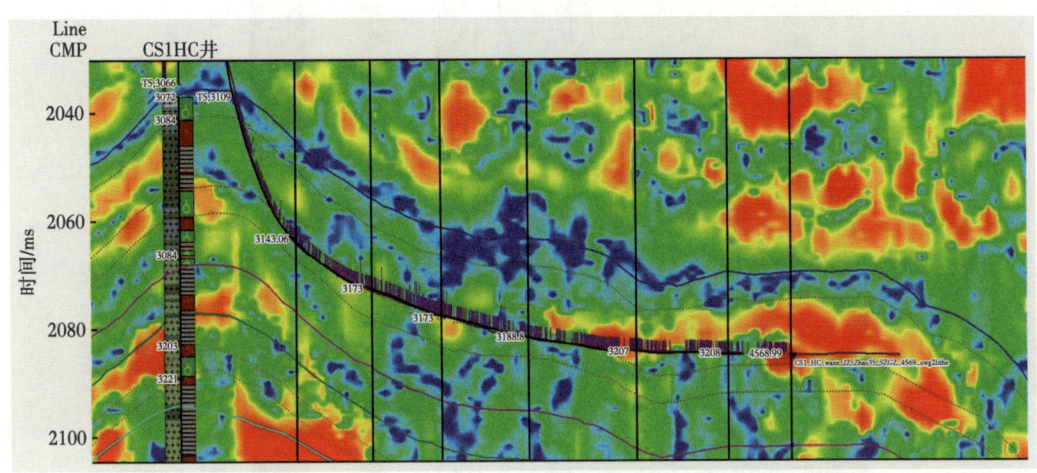

图 7-4-15 过 CS1HC 井五维解释叠前裂缝强度预测剖面

4. 应用效果

建立了中央古隆起带基底构造解释、岩性地震预测、储层及裂缝地震预测技术流程，完成中央古隆起带基底地震解释及储层预测 2400km^2。应用地震预测成果，落实有利勘探区带，优选有利钻探目标 17 个，部署 LP1 井等 7 口井位，均见到较好的勘探效果，其中，LP1 井获 $11.5×10^4m^3$ 高产气流，实现单井产量突破，展现中央古隆起带资源潜力。

二、加强基岩风化壳储层预测技术攻关，大幅度提高有效储层的识别能力

松辽盆地中央古隆起带位于徐家围子断陷与古龙断陷之间，发育大面积分布的基岩潜山风化壳储层，花岗岩为储层发育的优势岩性，储集空间以风化淋滤基质孔和裂缝为主，孔隙—裂缝型储层预测是勘探部署需要解决的核心问题。通过技术攻关，形成了以"敏感属性分析识别岩性、分频反演刻画储层、五维地震解释预测裂缝"为核心的基岩潜山风化壳孔缝储层预测技术，基于岩石物理和地震响应特征分析，应用振幅属性和相对波阻抗属性定性识别风化壳花岗岩平面分布；通过反射波和散射波分离技术，突出风化壳储层地震反射信息，应用分频波阻抗反演和地质统计学协模拟孔隙度预测技术，定量预测孔隙度较高的优质风化壳储层三维空间展布；应用五维解释叠前裂缝预测技术识别储层内部高角度

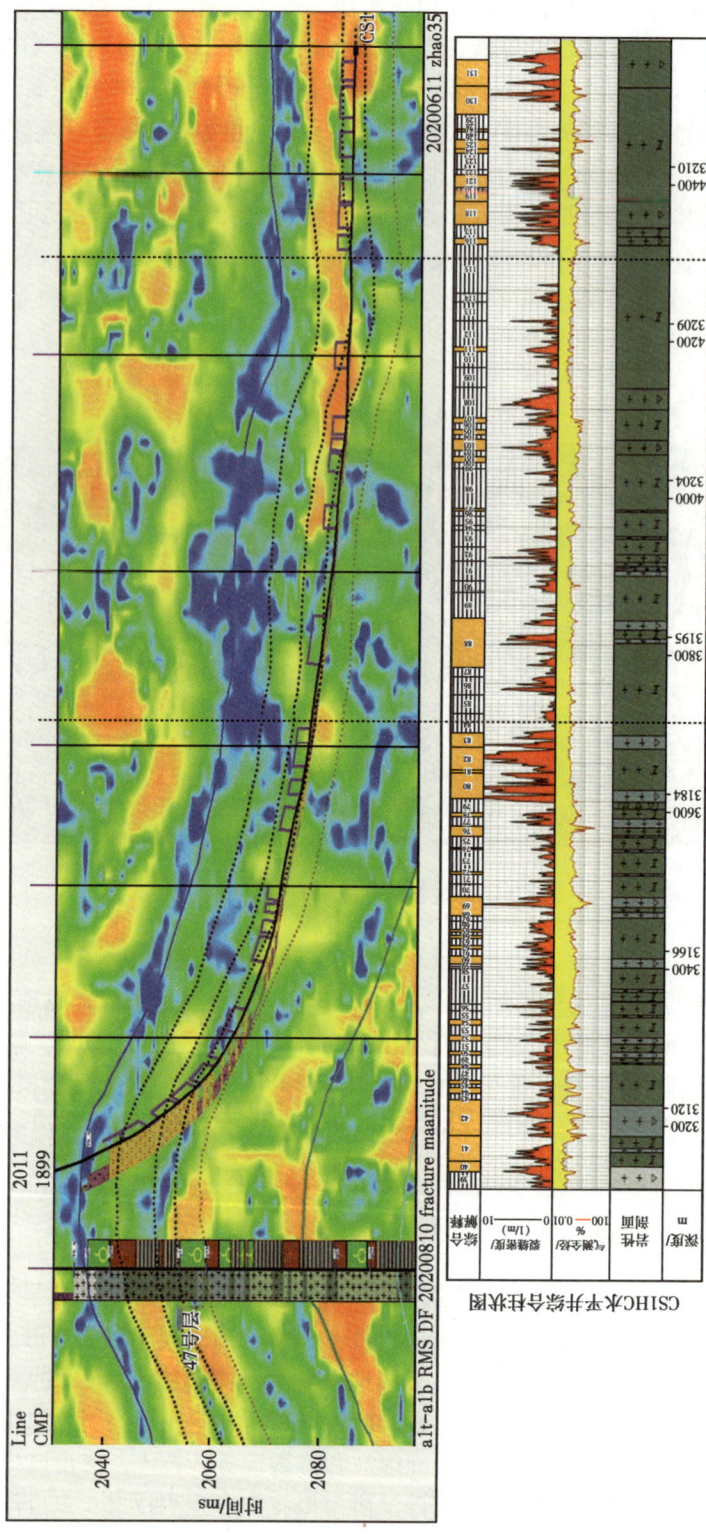

图 7-4-16 过 CS1HC 井五维解释叠前裂缝强度预测符合率剖面

裂缝；综合构造特征、优势岩性分布规律、优质储层和裂缝预测结果，优选有利钻探目标，基岩潜山风化壳储层展现了巨大的勘探潜力。

1. 基岩孔隙连通性评价技术

针对基岩储层非均质性，形成孔隙连通性评价技术。裂缝和次生溶孔在井壁附近常被钻井液充填，具有较高的电导率值，在 FMI 图像上表现为低阻暗色特征。应用 Techlog 软件 ABG 模块（Advanced Borehole Geology Suite），通过全井壁图像、基质图像、变化梯度图像、马赛克图像分割等处理后，计算马赛克图像中的波峰线（电导率最高值的连线），波峰线数值大小表征储层孔隙连通性的好坏。通过人机交互非均质性分析，选择电导及电阻截止值，对暗色高导斑块进行分类，划分出连通孔隙与孤立孔隙，实现孔隙连通性定量评价。通过该技术可评价纵向上孔缝组合发育情况，以判断优质储层发育位置。

LT2 井孔隙连通性处理解释成果图，从图 7-4-17 中可知，裂缝和次生孔隙均发育处，孔隙连通系数较大、气测全烃值较高，试气产能最高。

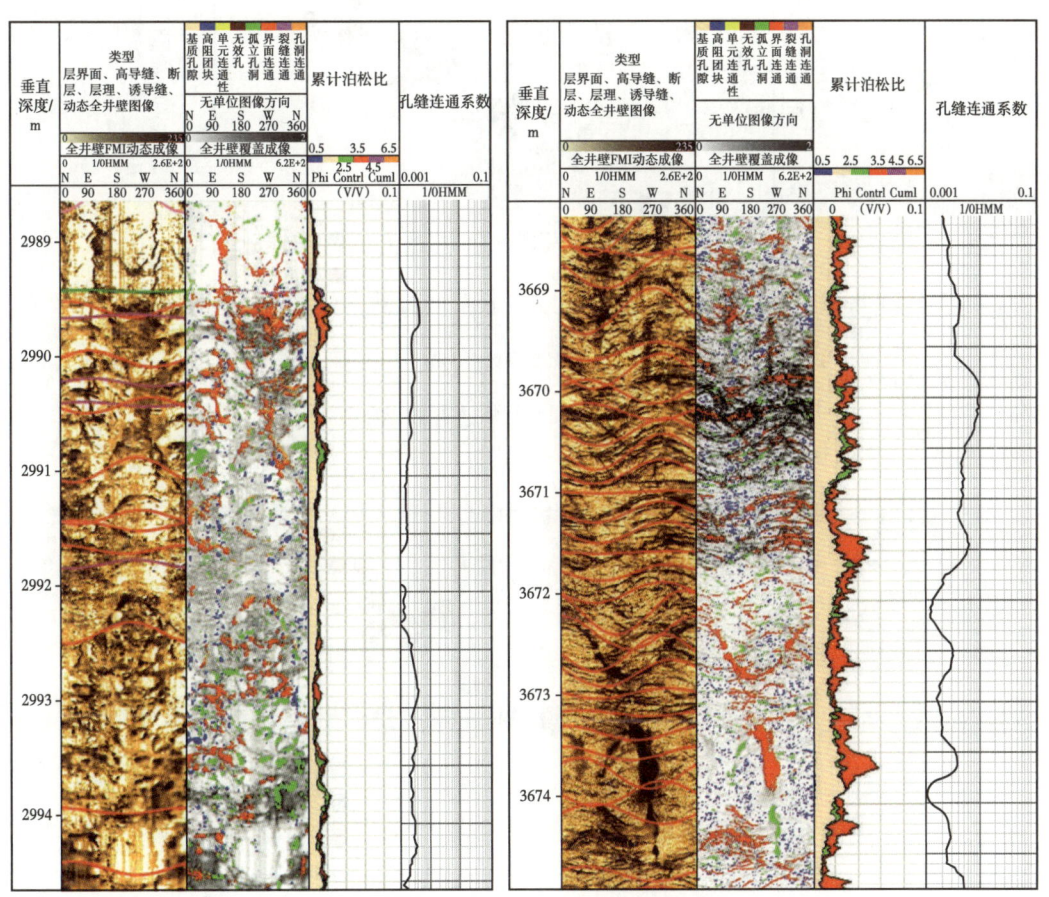

图 7-4-17　LT2 井孔隙连通性处理成果图

2. 岩石物理特征及波场规律

开展基岩复杂岩性地震岩石物理特征及波场规律研究，通过超声频段和地震频段岩石物理弹性参数测试分析，明确不同岩性弹性参数响应特征，作为地质模型充填参数依据，建立不同岩性储层类型地质模型，开展不同模型数值模拟，明确不同岩性储层地震响应特征。

实验室声波响应规律分析

基于花岗岩类的超声频段实验测试结果，建立了弹性参数的敏感因子分析，基于超声实验数据计算的弹性参数敏感性指标值，针对储层段进行的饱和流体与干燥的敏感指标计算。从图 7-4-18 和图 7-4-19 看出，大部分常规弹性参数非常敏感，包括 v_p/v_s、v、λ、λ/μ、$\lambda \times \rho$。这些敏感性较高的弹性参数交会情况，可以看出优选了弹性参数的交会图中可以区分干燥和饱和流体状态的样品。

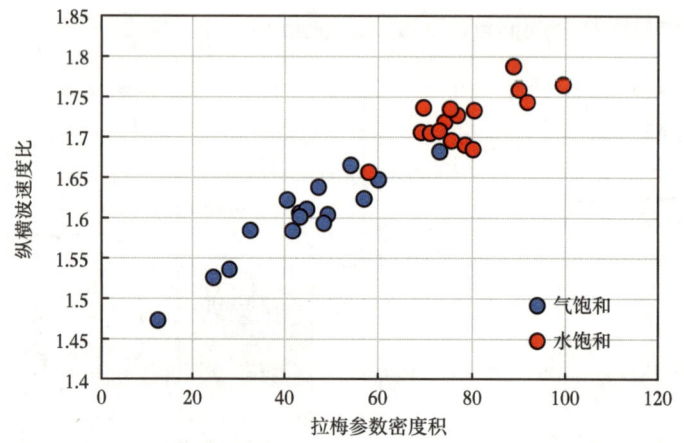

图 7-4-18　不同弹性敏感参数交会图

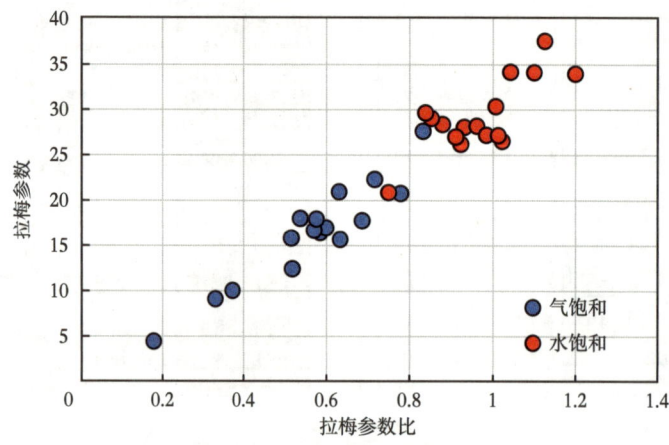

图 7-4-19　不同弹性敏感参数交会图

模拟裂缝储层裂缝参数及流体变化，研究裂缝敏感参数和裂缝流体敏感参数。取样岩心由于胶结作用，样品中的大多数裂缝都已经被破坏，而存在大量裂缝的样品，在实验加工的过程又会被外力所破坏，因此使用超声条件下测量样品速度，反推出基质模量，再将基质模量代入倾斜裂缝模型来研究裂缝储层中对于裂缝和流体敏感的参数。从图版看出，不论裂缝储层是含水还是含气，大部分常规弹性参数非常敏感，包括 E、λ、μ、$\lambda \times \rho$、K、Z_p、Z_s。这些敏感性较高的弹性参数交会情况，可以看出优选了弹性参数的交会图中可以区分干燥和饱和流体状态的样品（图 7-4-20）。

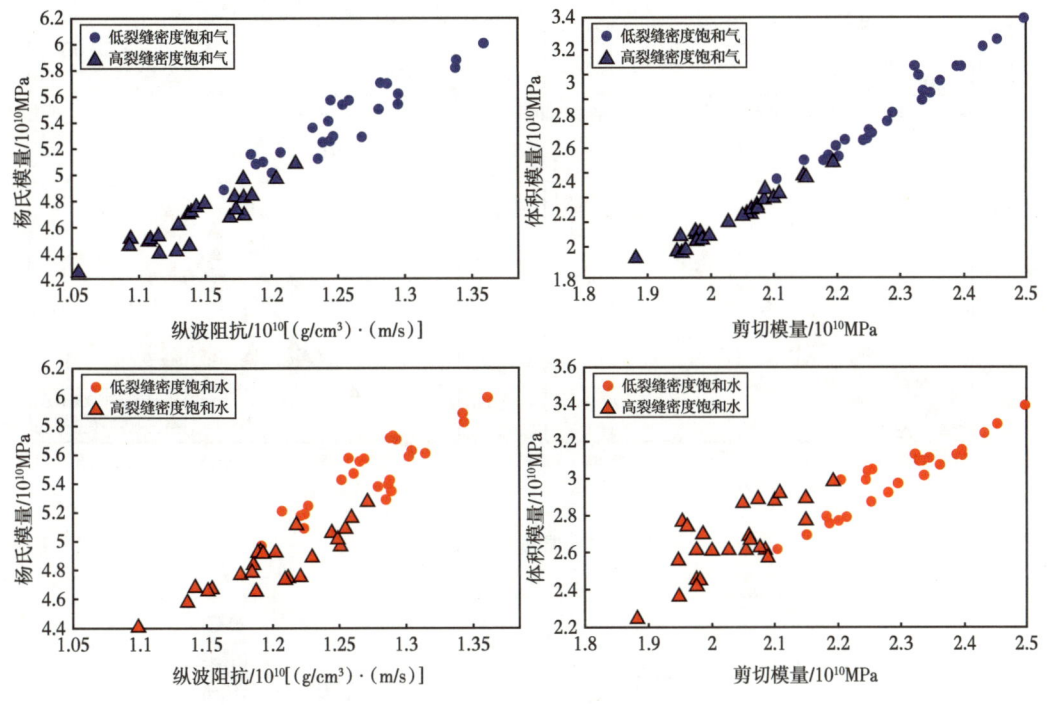

图 7-4-20　敏感参数交会分析

在研究中，将裂缝密度大于 3m^{-1} 的定义为高裂缝密度，反之，定义为低裂缝密度。同样对常规弹性参数和物性参数进行交会分析，分析了纵波速度—横波速度，纵波阻抗-密度在不同流体条件下与裂缝密度的敏感关系。常规的 v_p—v_s 在一定程度上可以区分裂缝密度的高低（图 7-4-21）。

同样，针对高裂缝密度储层进行了单独的流体敏感因子测试。裂缝倾斜模型计算出高裂缝条件下的流体弹性参数敏感性指标值，针对数据敏感指标计算（图 7-4-22）。从图版看出，不论裂缝储层是含水还是含气，大部分常规弹性参数非常敏感，包括 E、λ、μ、$\lambda \times \rho$、K、Z_p、v_p/v_s。这些敏感性较高的弹性参数交会情况（图 7-4-23），可以看出优选了弹性参数的交会图中可以区分干燥和饱和流体状态的样品。

这里选择了 2 个敏感性较差的弹性参数对气饱和和水饱和数据进行交会分析，剪切模量与横波阻抗的交会关系上，无法区分气饱和与水饱和的测试结果（图 7-4-24）。同样，也作了一些常规参数的交会图，可以从纵波速度和横波速度交会图中分辨出含气区域和含水区域，而其他参数的交会图上没有办法区分含气区域和含水区域，所以其不是裂缝流体敏感因子（图 7-4-25、图 7-4-26）。

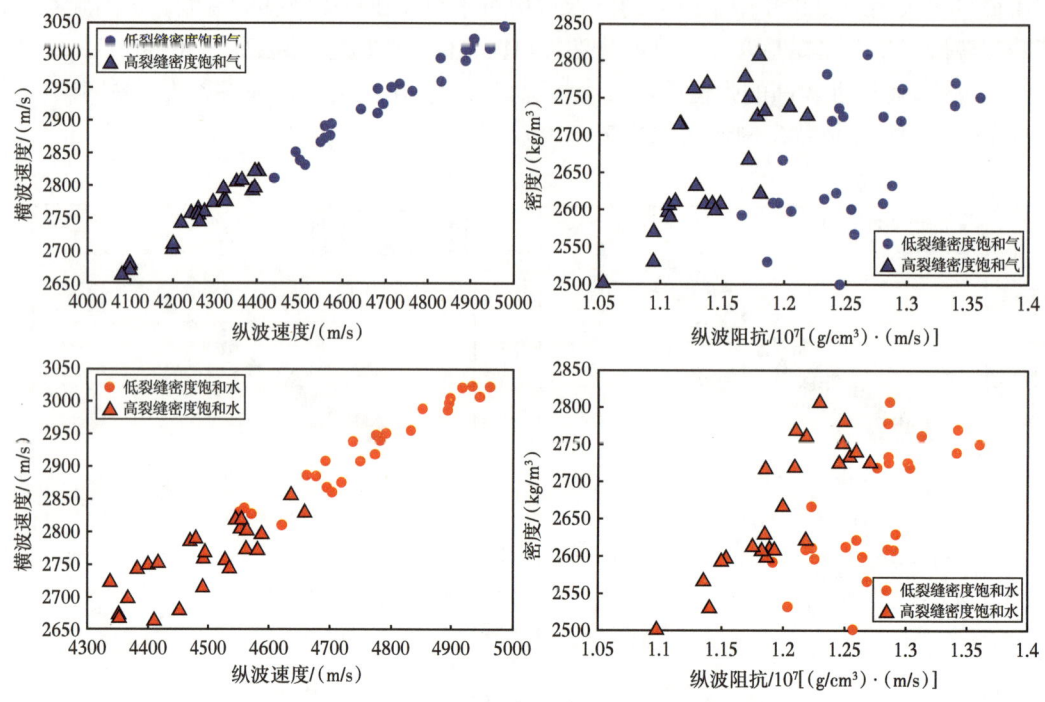

图 7-4-21 常规参数交会分析

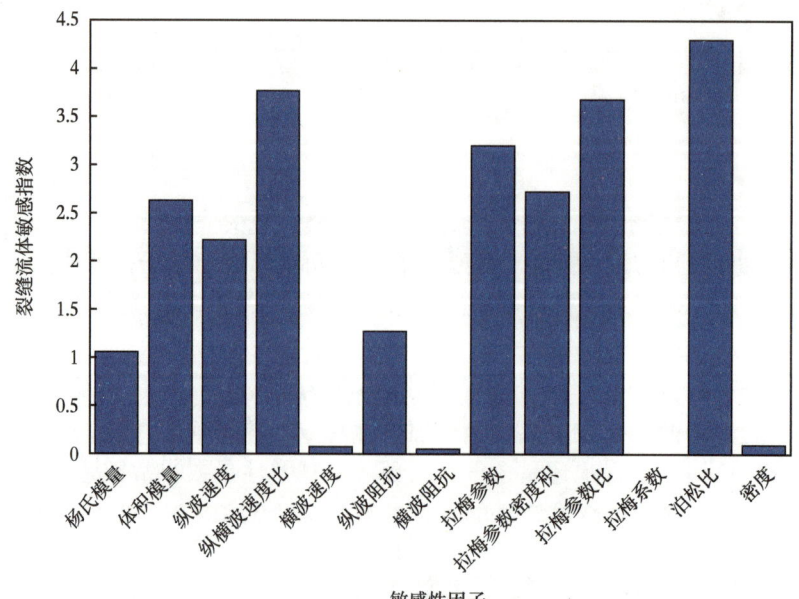

图 7-4-22 裂缝流体敏感因子

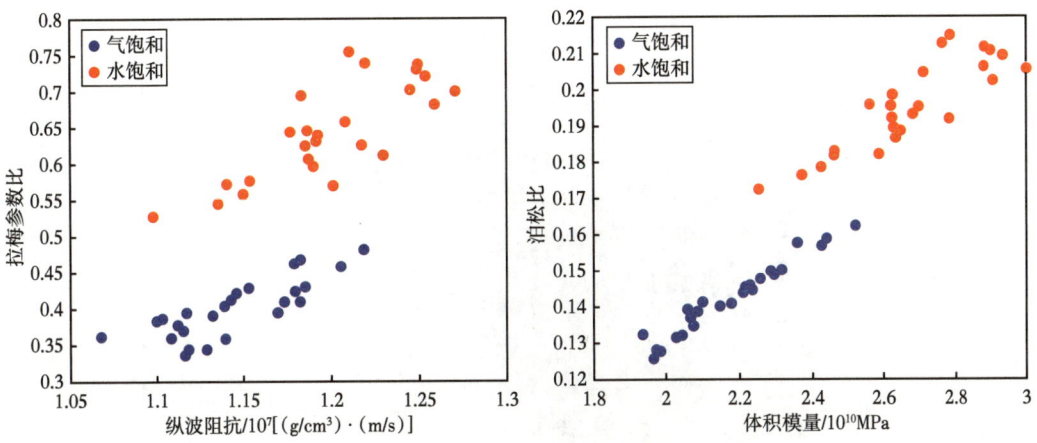

图 7-4-23 敏感参数交会分析

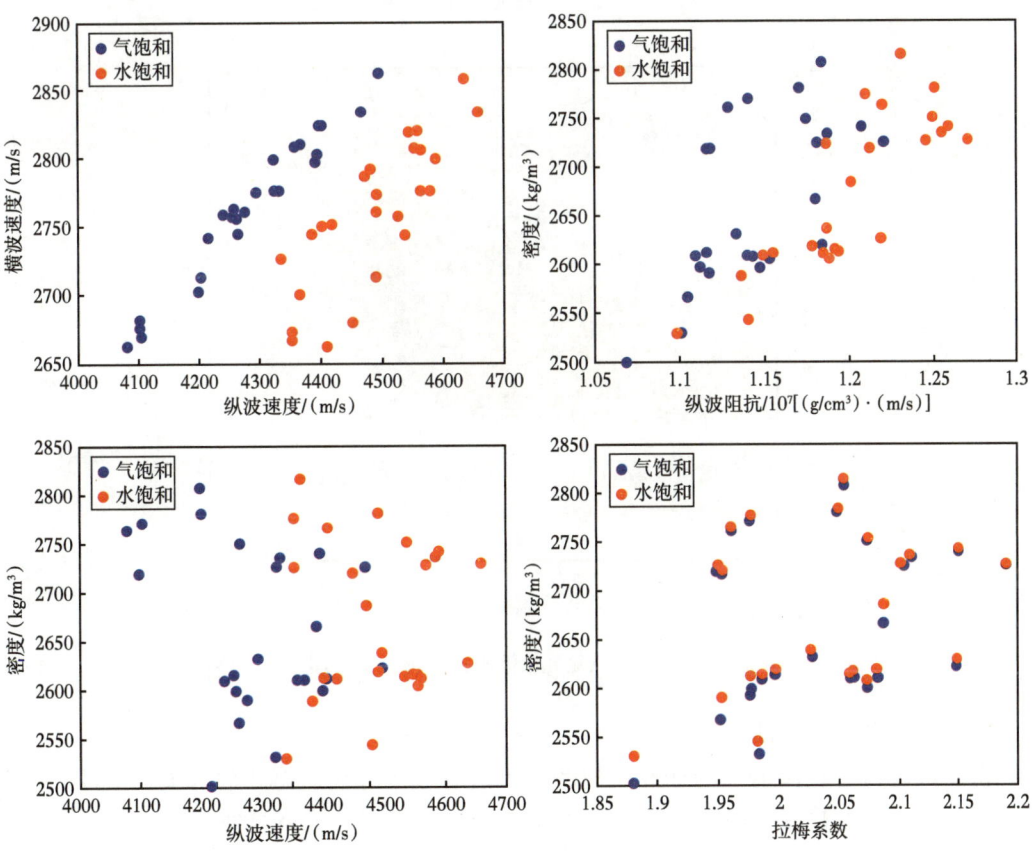

图 7-4-24 常规参数交会图

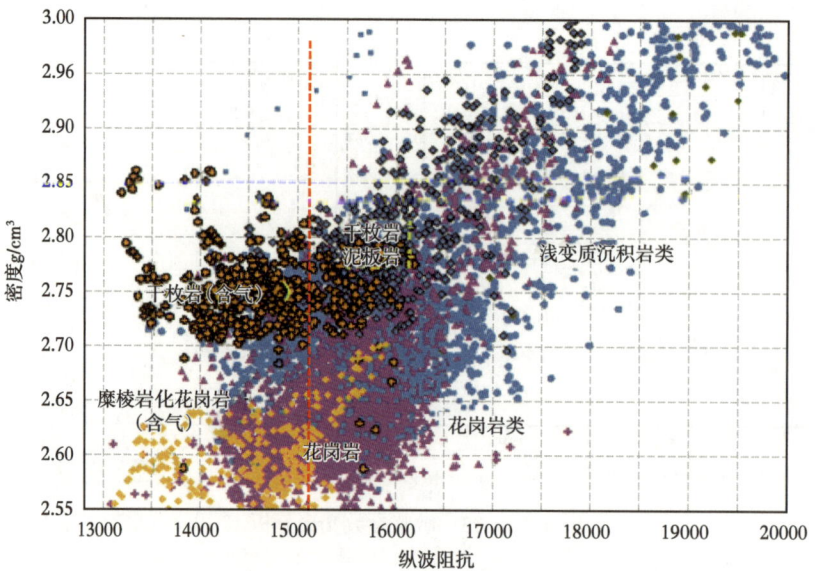

图 7-4-25 波阻抗与密度交会图

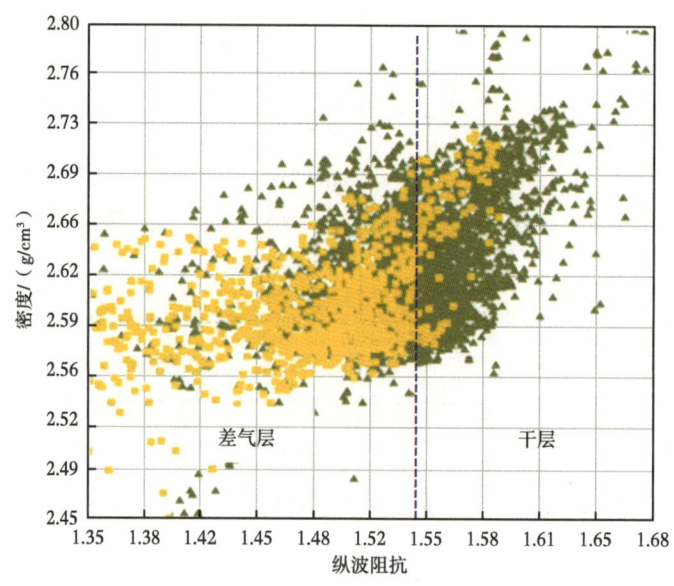

图 7-4-26 风化壳纵波阻抗与密度交会图

3. 储层及裂缝分布预测

密度可以区分花岗岩类与非花岗岩类，无法有效区分变质沉积岩和安山（闪长）岩；花岗岩类储层 I_p 参数较小；v_p/v_s、$\lambda \times \rho$ 等参数能够区分储层的流体类型。

1) 曲率属性叠后裂缝预测技术

地震曲率属性定义为一个用来量化层界面偏离平面程度的三维层面属性。通常意义上曲率是用来表征层面上某一点处变形弯曲的程度。层面变形弯曲越厉害，曲率值就会越大。Bergbauer等（2003）提出并被Al Dossary和Marfurt（2006）延伸到体计算的多频曲率计算方法可以获得长波长和短波长的曲率图，使得解释人员能够分辨不同尺度的地质现象。（短波长）狭曲率可以描述裂缝系统内部细节，而广曲率（长波长）能够突出100~200道常规剖面上很难看见的微小扰曲现象，而且能够分辨小于地震分辨率的裂缝发育区域及那些岩石风化破碎特征和成岩变化引起的陷落现象。对于一个二维的曲线而言，曲率可以定义为某一点处正切曲线形成的圆周半径的导数。如果曲线弯曲褶皱厉害，曲率值就比较大，而对于直线不管水平或倾斜其曲率就是零。一般背斜特征时定义曲率值为正值，向斜特征定义曲率值为负值。

如果将一个三维曲面分割成数个平面，用一条曲线表示，那么曲率的概念就很容易地扩展到了三维曲面上。计算曲线上的每一个点就得到了这个三维曲面的曲率。此时曲面则由两个互相垂直相交的垂面与曲面相切。在垂直于层面的面上计算的曲率定义为主曲率，可以同时计算最大和最小曲率，这两种曲率正好是互相垂直的。通常采用最大曲率来寻找断裂系统。

体曲率在刻画微小扰曲和褶皱时很有用处。除了断层和裂缝识别外，一些地层特征如河堤、点沙坝及与断裂相关的成岩特征如岩溶、热液化白云岩等都能在曲率属性图上得到很好的呈现。有差异压实作用的河道也能反映出来。

岩心观察，从图7-4-27可以看出LT2井碎裂程度重，裂缝纵横交错，高角度构造缝较发育，每米约4~5条，断面平整，缝面张开，裂缝表面被氧化，目前钻井揭示储层类型主要为孔洞—裂缝型储层。通过单井测井裂缝解释成果与岩心分析上看，裂缝与储层发育密切相关，纵向上成层分布，风化壳和内幕裂缝发育相当，但风化壳段裂缝发育处溶蚀孔隙更发育，储层更优。

应用散射波和反射波相对分离技术，消除基底顶面上下地层波阻抗差异大的强振幅影响，突出基底小断层特征（图7-4-28）。基于散射波数据应用地震属性预测裂缝，对比分析处理前后地震资料曲率属性体，处理后基底顶面附近裂缝预测效果明显，处理后预测精度明显提高（图7-4-29）。探索应用曲率属性预测基底裂缝发育，预测结果显示与单井裂缝综合解释结果对应较好。

通过对曲率切片与相干属性融合，可以发现两者具有很好的相关性，相干突出的地方往往曲率发育，从侧面证明了曲率对于裂缝预测的合理性（图7-4-30）。

2）相控AVF反演有利储层预测技术

以往的基岩储层地震反演预测，波阻抗横向变化与波形变化有对应关系，反演分辨率显著提高，但预测气层成层状分布，与基岩孔隙—裂缝型块状气藏地质规律不符。本次研究基于散射波数据体，开展地震反演储层预测技术攻关，采用相控AVF分频反演裂缝预测技术重新落实储层分布。

相控反演是近两年发展起来的一种先进的地震反演技术，依靠测井和地震数据，本次研究通过研究不同地层厚度下的振幅与频率之间的关系（AVF），将AVF作为独立信息引入反演，合理利用地震的低、中、高频带信息，减少薄层反演的不确定性，得到一个高分辨率的反演结果。同时它也是一种无子波提取，无初始模型的相控高分辨率非线性反演。

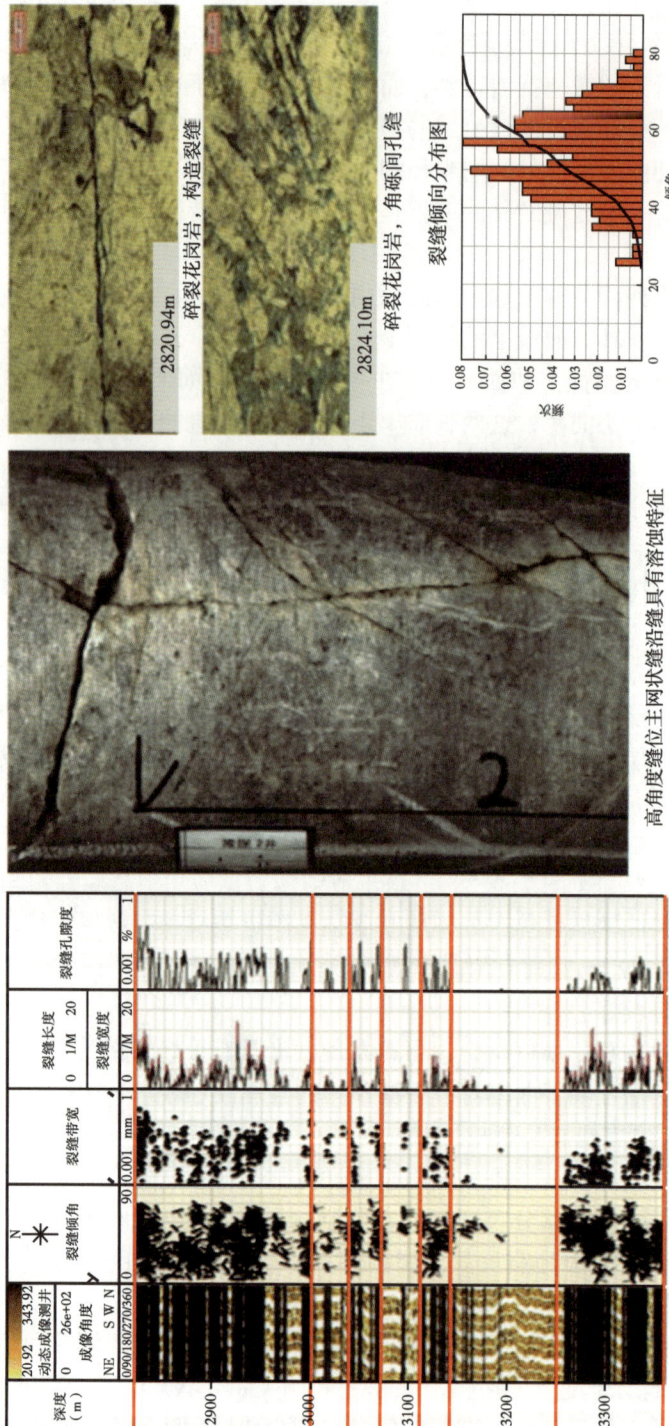

图 7-4-27　LT2井裂缝解释成果图

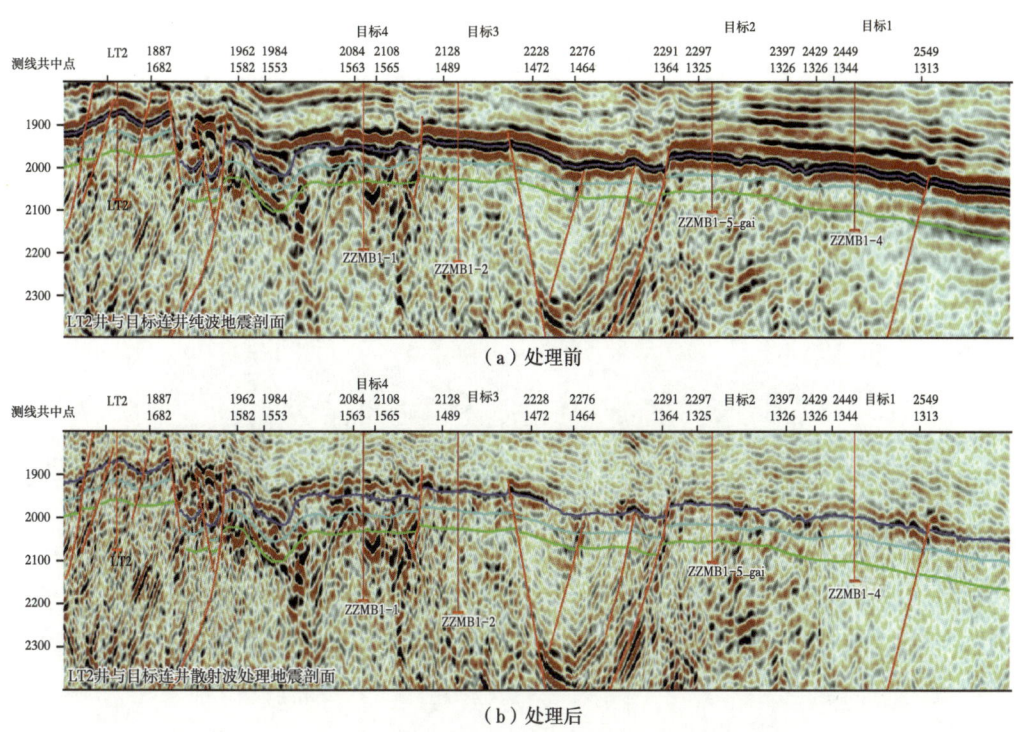

图 7-4-28 散射波技术处理前后地震剖面对比图

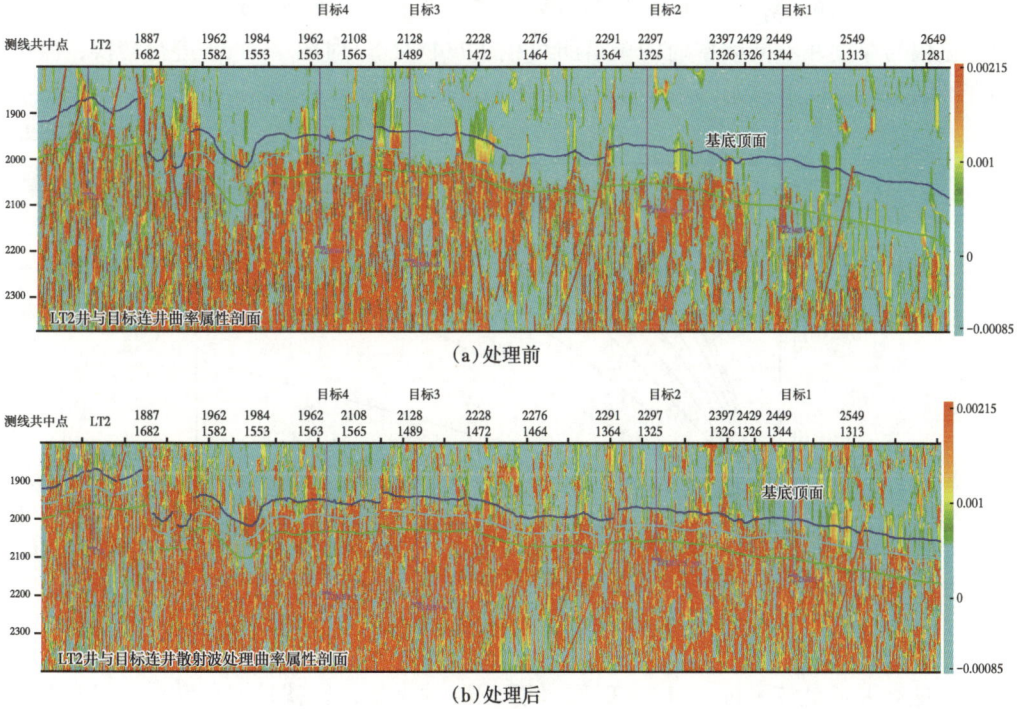

图 7-4-29 散射波技术处理前后曲率剖面对比图

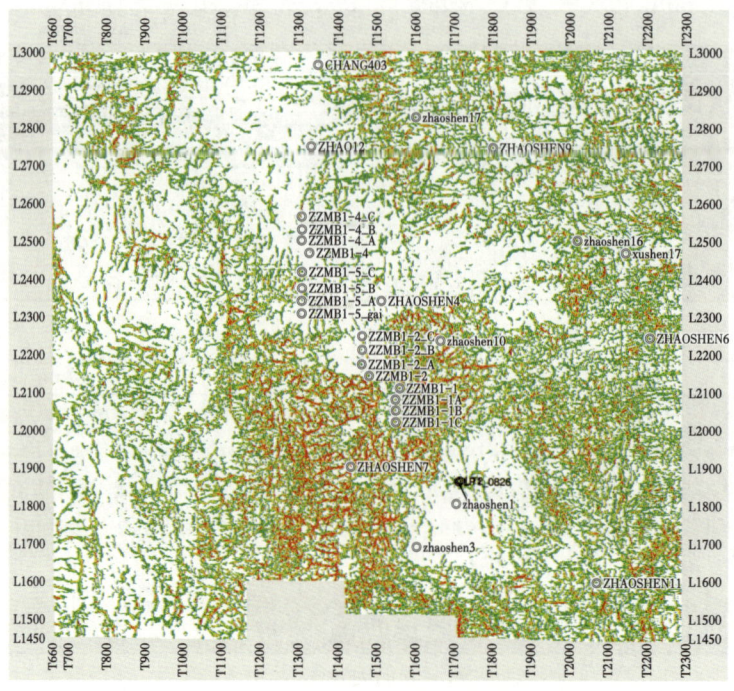

图 7-4-30　曲率与相干属性融合平面图

对于一个楔状模型，用不同主频的雷克子波与其褶积，得到一系列合成地震剖面，从而得到振幅与厚度在不同频率时的调谐曲线（图 7-4-31）。对图 7-4-31 进行转换，就可以得到在不同时间厚度下振幅随频率变化（AVF）的关系（图 7-4-32）。

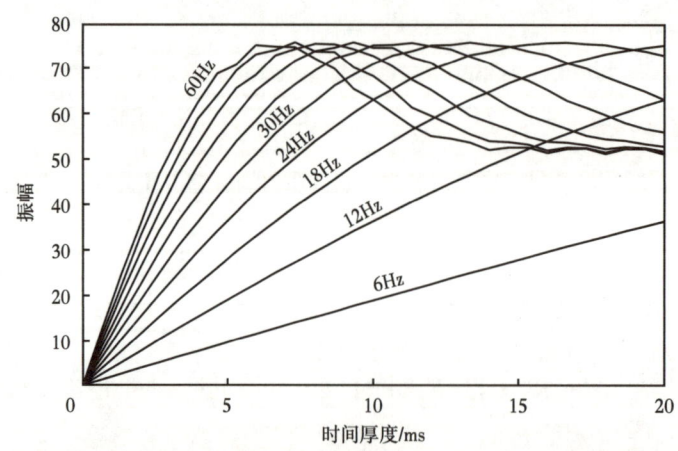

图 7-4-31　不同频率下振幅随时间厚度变化关系

某一地震波形是波阻抗（AI）和时间厚度（H）的函数，也就是说，反演时仅根据振幅同时求解 AI 和 H，即已知一个参数求解两个未知数，结果是多解的。AVF 展示了一个重要规律：同一地层在不同的主频频率子波下会展现不同的振幅特征。但从图 7-4-32 中可以看出 AVF 关系非常复杂，很难用一个显示函数表示，需用支持向量机（SVM）非线性映射的方法在测井和地震子波分解剖面上找到这种关系，利用 AVF 信息进行相控反演。

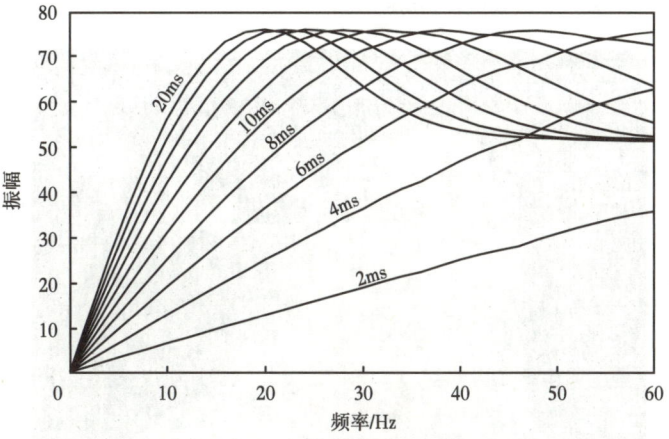

图 7-4-32　不同时间厚度下振幅随频率变化关系

相控分频反演首先要对地震数据进行频谱分析，确定数据的有效频带范围，利用小波分频技术将原地震数据分成低、中、高频分频数据体，通过支持向量机（SVM）的方法计算出不同厚度下振幅与频率（AVF）之间的关系，将 AVF 关系引入反演，从而建立起测井目标曲线与地震波形间的非线性映射关系，得到反演结果。在分频反演过程中，由于加入 AVF 关系，有效地降低了反演的自由度。

综合解释结果与散射波相控 AVF 分频裂缝密度体对比分析，裂缝密度异常与气层和裂缝层对应为符合，LS1 井大斜度井基底共钻遇 1696m，其中符合 1246m，预测符合率为 73.2%（图 7-4-33）。

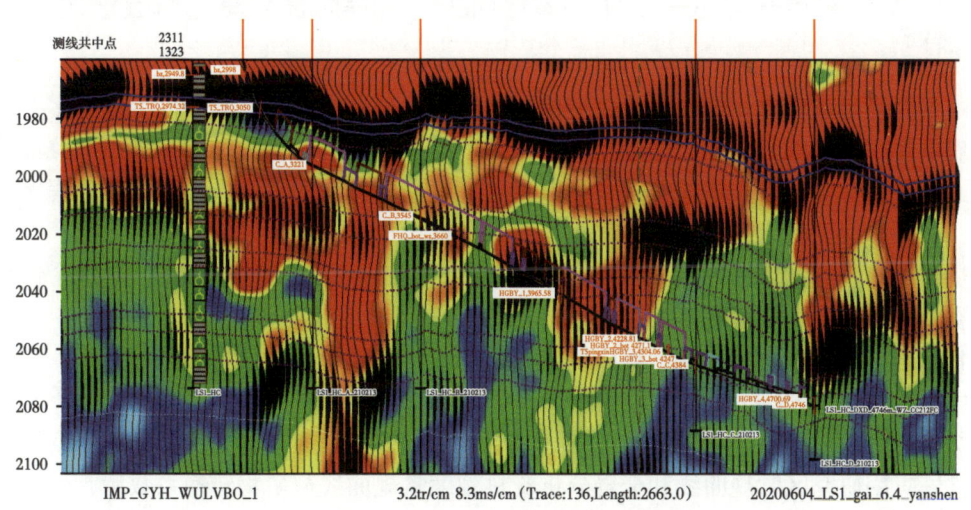

图 7-4-33　过 LS1HC 井大斜度井散射波分频裂缝体反演剖面

基于相控 AVF 分频反演储层预测（图 7-4-34），重新夯实中央古隆起带风化壳储层分布情况。明确了：（1）纵向上，波阻抗预测结果非均质性更强，沿断层储层发育，符合风化壳储层形成机制；（2）平面上，储层发育受构造控制，风化壳储层主要发育在肇州和昌德地区，肇州凸起高角度断层发育，储层厚度大。

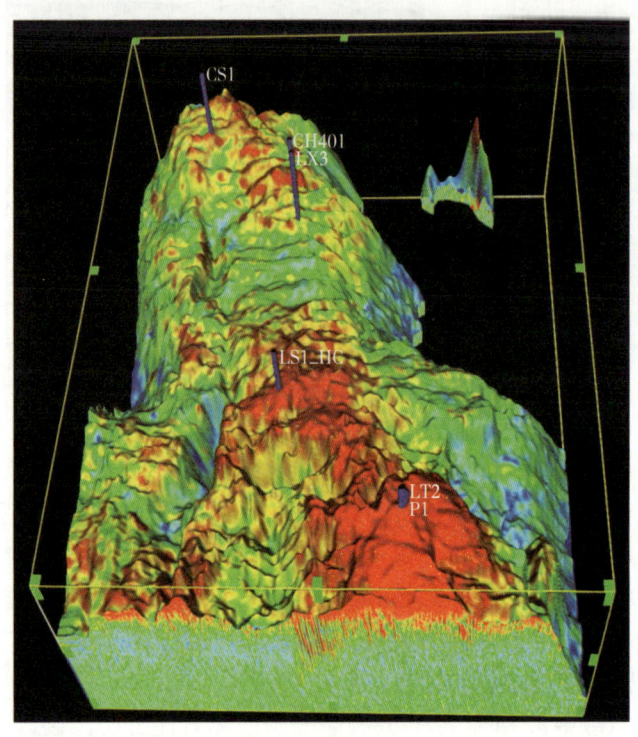

图 7-4-34　波阻抗瞬时属性与构造叠合图

三、加强地质—地震—工程一体化组织，大幅度提高基岩气层钻遇率和压裂针对性

中央古隆起基岩风化壳作为孔缝型储层，储层的分布在垂向上和横向上复杂多变，如何实现单井产量突破，对地震储层预测和压裂工程改造提出了挑战。对于潜山气藏井控程度低的区块，常规的测井和地震资料难以满足高效勘探开发的需要，如何在井控程度低的地区，做好储层预测后设计压裂方案成为一大难点。在综合地质研究基础上，按照储层分类及空间展布特点，依据地质—工程一体化模型，明确工程分类优化思路，开展个性化试气压裂方案设计，提高改造针对性。

1. 以岩心实测数据为基础，以成像测井为手段，开展单井储层精细分类评价，划分基岩储层类型

综合远场声波结果，进一步精细划分储层。基于最优化多矿物和变骨架孔隙度计算方法，首先应用研究区常规曲线和全岩分析资料刻度常规曲线与矿物转换系数后，建立基于常规测井的多矿物模型，采用最优化方法计算有效孔隙度。其次，按照孔隙度、裂缝宽度及长度关系，建立储层分类图版，Ⅰ类储层裂缝以网状缝为主，裂缝、溶蚀孔发育，Ⅱ类储层裂缝、溶蚀孔发育次之，Ⅲ类储层大多发育平直缝，且裂缝、溶蚀孔较少。结合远探测声波井周裂缝发育情况，将Ⅰ类储层进一步细分为Ⅰ-Ⅰ和Ⅰ-Ⅱ，Ⅰ类储层具有储层品质好、气测显示高的特点，Ⅰ-Ⅰ类储层远端有裂缝发育。

2. 基于基岩风化壳储层规律认识，开展散射波相对分离处理，应用三射波数据体开展 AVF 分频地震反演储层预测，建立块状不均质储层预测与裂缝预测模型

以往的基岩勘探中，常规地震资料显示均质性强，小断层特征不明显。应用散射波和反射波相对分离技术，突出小断层和裂缝反射特征，突出了数据的非均质性，地震相特征更符合基岩风化壳块状结构的地质规律（图7-4-35）。从而，基于散射波数据资料的基础上，开展 AVF 分频地震反演储层预测技术攻关，波阻抗预测结果横向非均质性更强，符合基岩储层特征（图7-4-36）。同时，应用散射波数据的曲率属性预测剖面信息丰富，且更加合理。与钻后裂缝密度曲线具有一定的对应关系，散射波剖面小断层、曲率属性值处裂缝密度更大（图7-4-37）。

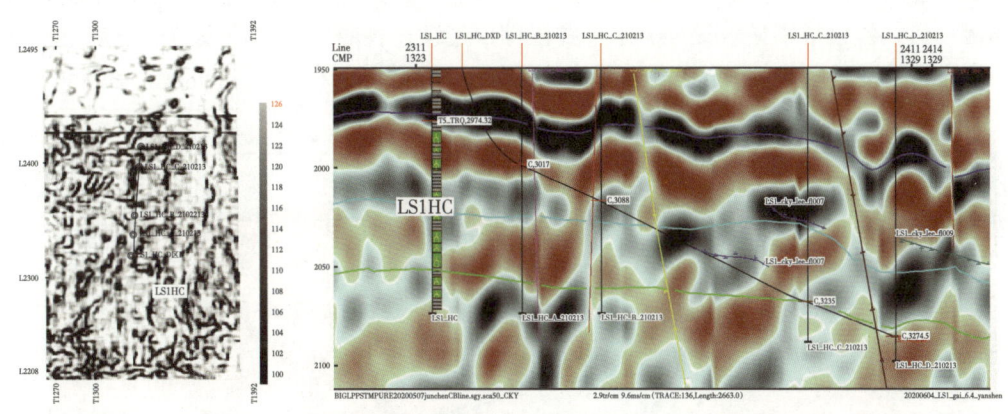

图 7-4-35 基岩顶面散射波相干属性沿层切片与散射波剖面

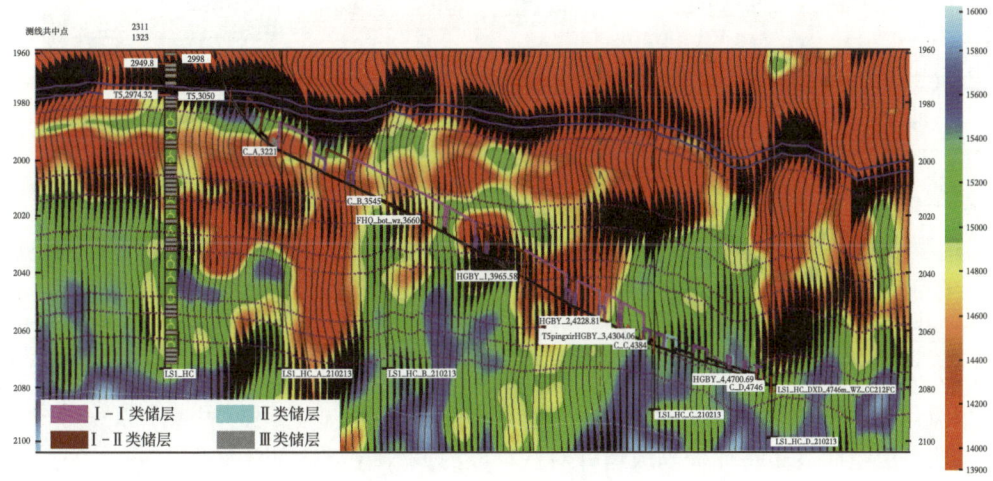

图 7-4-36 散射波 AVF 分频波阻抗反演储层预测剖面

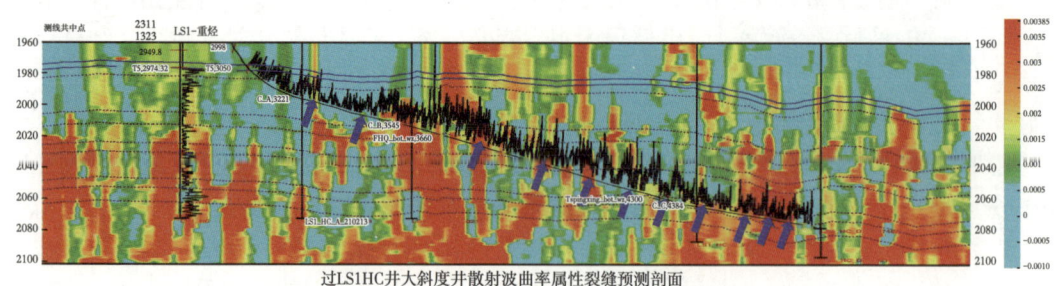

图 7-4-37　散射波曲率属性裂缝预测剖面

3. 应用散射波储层及裂缝预测模型，考虑基岩储集能力和裂缝发育程度，建立三维地质模型

利用 petrel 软件，以井震资料为基础，在构造格架模型上，建立了基于导眼井、水平井约束的三维地质储层、裂缝、力学预测模型。与地震预测模型对比，储层地质模型趋势与地震预测一致，但分辨率显著提高。水平井段储层连续，各隔层在地质模型中均被很好地分辨，裂缝地质模型分辨率显著提高，和井匹配性好，裂缝趋势和地震预测一致（图 7-4-38）。

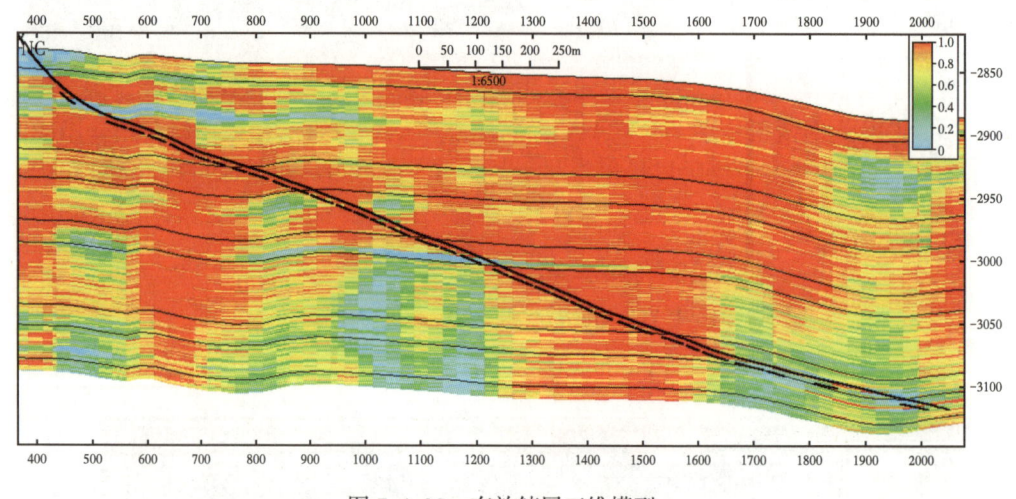

图 7-4-38　有效储层三维模型

4. 一体化压裂方案设计

（1）整体设计原则：依据储集空间类型差异，按储层分类开展精细化设计，调整加砂强度、砂液比、滑溜水比例、支撑剂组合等参数，分类优化；同时，按照储层空间展布规律设计射孔方位（图 7-4-39）。

（2）方案优化思路：首先，按照密集布缝实现缝控储量最大化设计思路，根据应力干扰及渗流理论计算，明确缝控产能最优。依据地质"甜点"与工程"甜点"布簇分段；其次，按照储层空间展布特征提高改造针对性，段内多簇结合限流原理确定射孔方式，优化排量与射孔，按照储层空间展布，个别井段采用定向射孔。

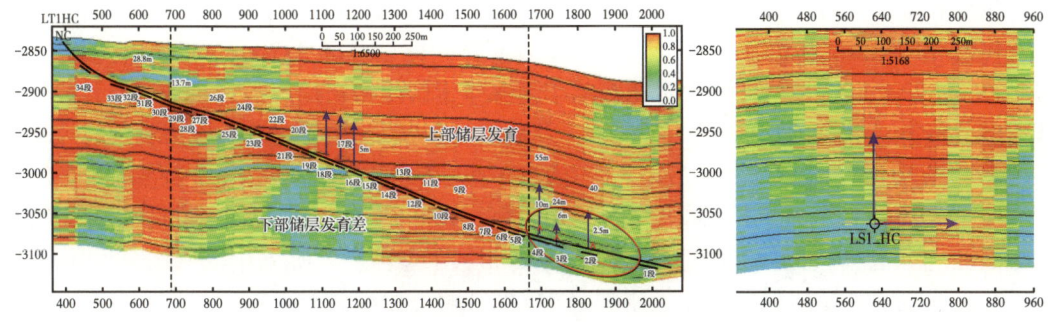

图 7-4-39　根据储层空间展布特征优选定向射孔井段

第五节　基岩油气勘探进展与前景展望

一、重新认识中央古隆起成藏条件，风险勘探取得重大突破

通过成藏主控因素分析，隆起带是典型的侧生侧储气藏，烃源岩是有利区划分的基础，在近源的前提条件下，储层是决定性的因素。依据风化壳厚度、岩性、断裂发育程度、烃源岩接触关系等对隆起带进行评价优选，2016 年针对花岗岩风化壳储层，兼顾风化壳与内幕构造有利圈闭部署风险探井 LT2 井，取得基岩风化壳气藏勘探突破；其后，针对 LT2 井风化壳储层集中段部署水平井 LP1 井，获得基岩潜山产量重大突破。

肇州凸起位于中央古隆起带的南段，整体为一个北西向背斜构造，面积为 232km^2，圈闭幅度为 330m，紧邻徐家围子断陷沙河子组生烃中心。肇州凸起具备整体含气的地质条件，供烃窗口在 750~2200m 且斜交了徐西断裂，有利于油气向上运移，已钻探的 LT2 井和 LP1 井经压裂后获得了工业气流，证实圈闭的成藏条件较好。肇州凸起的基底岩性以花岗岩为主，发育风化壳储层和内幕储层，肇州凸起紧邻徐家围子断陷沙河子组生烃中心，沙河子组暗色泥岩厚度为 200~300m，暗色泥岩有机碳含量为 0.42%~11.89%，平均为 2.43%，氢指数范围 1~200mg/g，平均为 32mg/g，生气强度分布在 $(10~550) \times 10^8 m^3/km^2$ 之间，气源条件好，大部分地区与沙河子组泥岩直接对接，仅局部地区扇体对接，供烃良好，具备整体含气的地质条件。

肇州凸起基岩以花岗岩为主，局部发育碎裂花岗岩。发育风化壳和内幕两套储层。风化壳发育风化堆积层、风化淋滤层及裂缝层，风化壳堆积层厚度薄，发育局限，地震剖面仅识别风化淋滤层和裂缝层，界面对应两套强反射轴。风化壳厚度大，一般为 90~330m。储层发育孔隙—裂缝型和裂缝型两种类型，孔隙—裂缝型为主要的储集类型，发育在风化淋滤层中，物性好，含气层连续稳定分布。内幕储层以裂缝型为主。

登娄库组发育河流—滨浅湖相沉积的砂泥岩，登娄库组二段、三段泥岩厚度分布比较稳定，一般 40~160m，泥岩突破压力为 36.4~5.8MPa。肇州凸起主体部分泥岩直接覆盖在隆起带上，直覆泥岩厚度为 0.65~4.68m，泥地比 44%~76%，没有明显的断层，具备良好的盖层条件，有利于风化壳储层天然气保存。

靠近烃源岩并针对花岗岩淋滤型风化壳及内幕部署LT2井。预测岩性为花岗岩，揭示风化壳和内幕。LT2井于2017年6月11日完钻，完钻井深3370m（加深20m），基岩钻入厚度552m。揭示岩性为大套花岗岩、碎裂花岗岩，另有少量闪长岩，与上覆地层呈不整合接触。综合地层倾角、岩性组合及地震反射特征，将LT2井基岩划分为风化壳和内幕构造层。气测显示65m/31层，全烃0.07%~7.69%，比值2.9~55.9倍；综合解释差气层128.2m/18层，测井解释孔隙度在2.1%~5.4%，平均为3.0%，风化壳裂缝密度为1.19~5.82条/m，内幕裂缝密度为2.2~4.8条/m。对基岩差气层采用套管分簇射孔+复合桥塞分五段大规模压裂，共注入压裂液10607.3m^3，支撑剂654.5m^3，日产气24315m^3，工业气层。

LT2井地震解释发育高角度剪切断层，易于形成裂缝，成像测井及岩心观察均证实了裂缝发育（图7-5-1），裂缝发育程度越高，沟通的能力越强，储集性能就越好。LT2井最深产气层底界距基岩顶面504m，具有整体含气的特征。与临井源储对比分析认为LT2井花岗岩风化壳高产层产能气底距顶深度达293m，表明输导体系良好。综合分析认为LT2井气层的规模可能更大，好储层、近气源是气藏高产的关键。

为了提高花岗岩风化壳产能，针对LT2井3、4、5三个主要含气储层段部署水平井，力争实现产能突破，部署水平井LP1井。LP1井于2018年4月28日开钻，9月2日完钻，完钻井深4523m，水平段长度1623m。井口距离LT2井121m，轨迹离LT2井最近距离119m，靶前距280m，靶点A距离LT2井287m，与LT2井三段储层对比分析，岩性基本相当，均以花岗岩为主，同时发育闪长岩。储层整体较发育，测井孔隙度平均为2.77%，裂缝非常发育，裂缝密度6.77条/m。本井裂缝发育较好的井段主要有5段，累计厚度达999m。其中1~4段厚度820m，为本井主要含气显示段，气测见多层显示。第5段裂缝发育，核磁孔隙结构及物性较好，但气测未见显示。

LP1井气测显示430.6m/58层，全烃含量最大0.65%~8.8%，比值2.1~27；单层最大厚度17m。综合解释差气层727.4m/38层（垂厚104.07m），测井平均孔隙度2.53%。LP1井压裂25段52簇，打入压裂液42590m^3，总砂量2256m^3，返排率18.44%，压裂后日产气11.5×10^{4}m^3。LP1井进一步证实了花岗岩风化壳储层是最现实的勘探领域，储层物性好，裂缝发育，产能大。重新认识基岩风化壳成藏条件及特征，风险勘探LT2井、LP1井取得重大突破。

二、二叠系多口井见到的烃源岩，展示松辽盆地古生界具有良好的勘探前景

松辽盆地北部石炭系—二叠系泥板岩气测显示普遍，尤其是在与其紧邻的火山岩、火山碎屑岩、花岗岩、动力变质岩等储集层中，获工业发现的探井也不鲜见。

继1995年W902井在中央古隆起带基岩风化壳获3.39×10^{4}m^{3}的工业气流后，2018年又获重大突破，LT2井日产气1.89×10^{4}m^3，LP1井压后获日产气11.5×10^{4}m^3。此外，多口探井获低产气流（CH102井、CH401井、ERS1井、LT1井、LTX3井等）或见较好油气显示（CHT1井）。表明基岩石炭系—二叠系具有一定的勘探潜力，展现石炭系—二叠系新的勘探潜力和良好的勘探前景，是深层值得深入研究的新领域新层系。

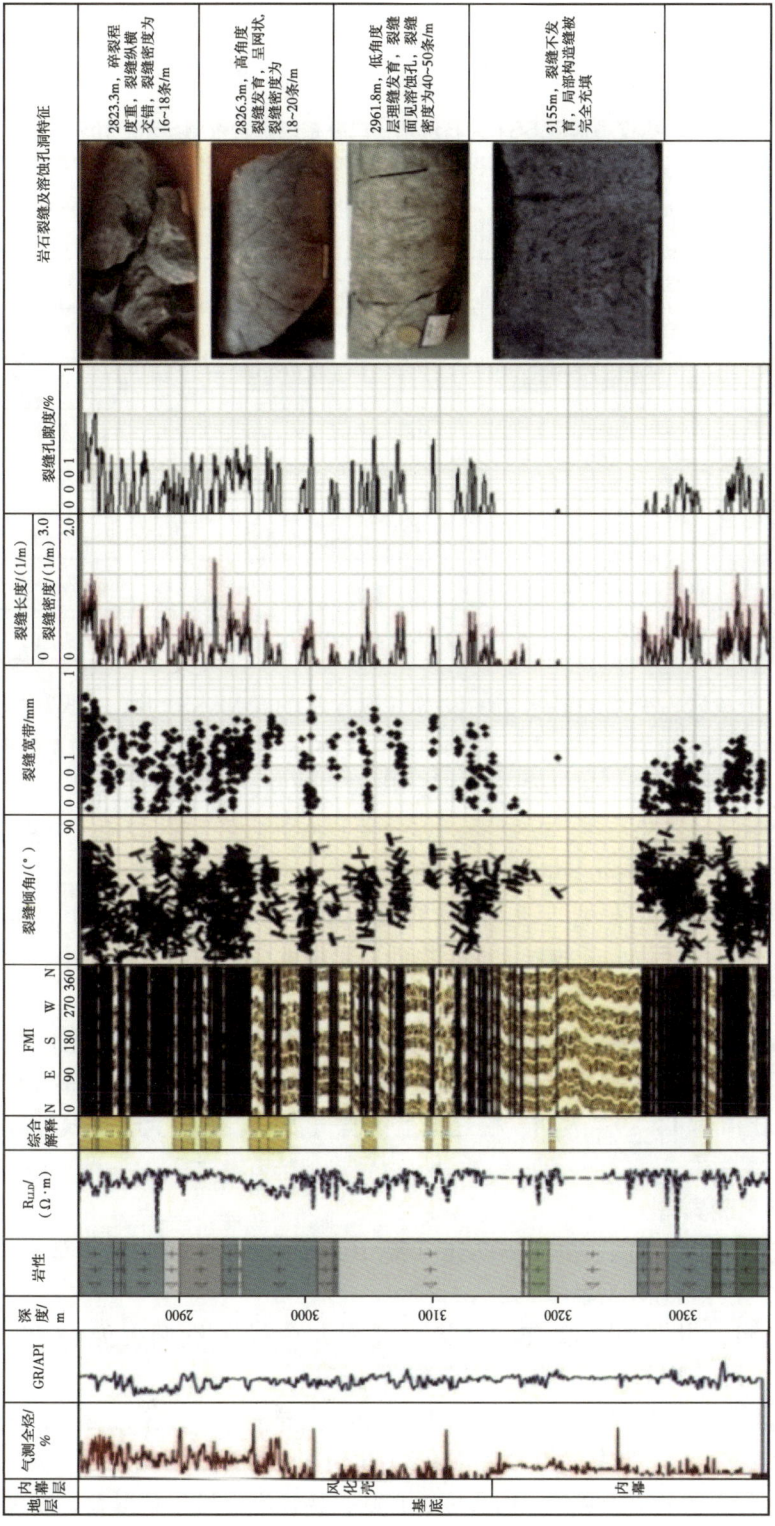

图 7-5-1 LT2井FMI图像及岩石裂缝特征图

除中央古隆起带之外，滨北任民镇地区、四站地区基底多口井见气测显示，如 XR7 井、R7 井、Sh1 井、HFD1 井、YiS1 井、LS4 井、4S1 井等基底探井，在林西组见多层气测异常显示（表 7-5-1），气测全烃异常最大可达到 48.2%，甲烷组分含量高。

表 7-5-1　松辽覆盖区 SS1 井石炭系—二叠系烃源岩气测显示统计表

井段 /m	岩性	全烃值气体含量 /%			比值
		最大	一般	基值	
3638~3646	粉砂岩、泥质粉砂岩	7.05	1.63	0.16	44
3660~3670	粉砂岩、泥质粉砂岩、泥岩	5.8	3.15	0.25	23
3687~3698	粉砂岩、泥质粉砂岩、泥岩	1.5	0.2	0.11	14
3923~3926	粉砂质泥岩	10.1	4.8	0.2	50
4103~4105	粉砂质泥岩	3.93	0.25	0.2	20
4536~4539	泥岩、粉砂质泥岩	4.47	0.95	0.05	89
4679~4688	泥岩、粉砂质泥岩	1.5	0.6	0.1	15
4750~4758	泥岩、粉砂质泥岩	1.36	0.4	0.1	14

在泥板岩、千枚岩、变余粉砂岩层中发育气测异常的探井：SS1 井、REN7 井、ZHS1 井、SHS4 井、SH3 井、SHS2 井、LS4 井、DS401 井、CHS8 井、CH102 井等 10 口探井。

在花岗岩、花岗闪长岩、动力变质岩层、片岩、片麻岩中发育气测异常的探井：ZS1 井、ZS3 井、ZS10 井、ZS16 井、WS2 井、WS4 井、W901 井、W902 井、W904 井、TS1 井、DS4 井、CH401 井、CH403 井等 13 口探井。

相比在花岗岩、花岗闪长岩、动力变质岩层、片岩、片麻岩中发育的气测异常探井，本项研究重点描述在泥板岩、千枚岩、变余粉砂岩层中发育气测异常的探井。

1. SS1 井气测异常

SS1 井石炭系—二叠系泥岩累计厚度约 990m，单层最大 32.8m，泥地比 77%。其中，含气泥板岩 8 层（表 7-5-1），累计厚度 54m，全烃值气体含量最大值 1.5%~10.1%，基值 0.05%~0.25%，比值达 14~89。表明，松辽覆盖区含气泥板岩厚度大，含气性好，为生气潜力较大的含气泥板岩。

2. REN7 井气测异常

REN7 井气测录井分别于 597.0~607.5m（厚 10.5m）、628.0~632.0m（厚 4m）、634.0~642.0m（厚 8m）见异常显示（表 7-5-2）。

REN7 井气测录井于 597~607.5m 见异常显示，全烃含量最大为 48.2%，一般为 21.6%，比值 301 倍，甲烷含量 100%，综合判断为气层。

REN7 井气测录井分别于 628~632m、634~642m 见异常显示，全烃含量最大为 3.7%~15.4%，一般为 0.7%~4.5%，基值 0.12%~0.4%，比值 31~39 倍，甲烷含量 100%，综合判断均为气层。本层气显示特征明显，构造位置有利，物性好，可望获得工业气流。

表 7-5-2　REN7 井气测异常井段解释成果表

序号	层位	异常井段/m	全烃值气体含量/%			比值	组分分析/%					解释意见
			最大	一般	基值		甲烷	乙烷	丙烷	异丁烷	正丁烷	
1		555~562	0.88	0.25	0.1	9	100					含气层
2		572~580	1.2	0.34	0.2	6	100					含气层
3		597~607.5	48.2	21.6	0.16	301	100					气层
4		628~632	3.7	0.7	0.12	31	100					气层
5		634~642	15.4	4.5	0.4	39	100					气层

3. ZHS1 井气测异常

ZHS1 井基底岩性为灰黑色板岩，含石英脉，致密坚硬，气测见两层异常显示：

（1）3141.0~3153.0m，全烃含量由 0.14% 升至 0.19%，基值 0.05，比值为 4。组分分析：甲烷 100%；

（2）3176.0~3227.0m：全烃含量由 0.13% 升至 0.22%，基值 0.02，比值为 11。组分分析：甲烷 100%。

综合解释含气层一层，在井段 3143.54m 至井底进行过中途测试，但测试未成功，待起钻至钻井口点火可燃，火焰高 1cm 左右，但即灭，火焰为红黄色，给今后在深层找油找气增强了信心。

4. SHS4 井气测异常

SHS4 井基底为灰黑色碳质板岩、板岩、千枚岩。

气测录井在 2868.5~2876.5m，3034.5~3038.0m；3051.5~3055.5m 井段气测值出现异常，气测解释为含气层（表 7-5-3）（含煤变质气）。

表 7-5-3　SHS4 井气测录井异常显示表

异常井段/m	全烃值气体含量/%			比值	非烃含量/%		组分分析/%					解释成果
	最大	一般	基值	全烃最大/全烃基值	甲烷	氢气	甲烷	乙烷	丙烷	异丁烷	正丁烷	
2868.5~2876.5	0.34	0.14	0.05	6.8	0.00065/0.006	0.0065/0.006	79.75	14.05	4.89	0.54	0.79	含气
3034.5~3038.0	0.174	0.11	0.05	3.5	0.001/0.0045	0.017/0.042	79.34	10.63	6.89	1.35	1.79	含气
3051.5~3055.5	0.199	0.16	0.05	4	0.00025	0.001	75.97	11.73	8.92	1.49	1.9	含气

5. SH3 井气测异常

SH3 井基底为灰黑色碳质泥板岩。

钻井取心在 2121.0~2121.45m 岩心出筒时见少许微弱小米状气泡。由于该井没有气测，横向也未做解释，故判断该层为可疑气层，厚 0.45m。

6. SHS2 井气测异常

SHS2 井基底为黑灰色、灰黑色泥板岩和灰黑色动力变质岩。

气测录井见 6 层异常显示：

（1）气测录井于井段 3143~3147m 见异常显示，全烃含量最大 2.02%，一般 1.24%，基值 0.10%，比值 20.2 倍；组分分析：甲烷含量 99.49%，丙烷含量 0.31%，正丁烷含量 0.20%，气测解释为差气层。

（2）气测录井于井段 3150~3154m 见异常显示，全烃含量最大 2.01%，一般 0.88%，基值 0.30%，比值 6.7 倍；组分分析：甲烷含量 99.71%，丙烷含量 0.29%，气测解释为差气层。

（3）气测录井于井段 3159~3162m 见异常显示，全烃含量最大 3.44%，一般 2.68%，基值 0.10%，比值 34.4 倍；组分分析：甲烷含量 99.60%，乙烷含量 0.32%，丙烷含量 0.08%，气测解释为差气层。

（4）气测录井于井段 3165~3172m 见异常显示，全烃含量最大 1.21%，一般 0.77%，基值 0.10%，比值 12.1 倍；组分分析：甲烷含量 97.57%，乙烷含量 0.66%，丙烷含量 0.68%，异丁烷含量 0.53%，正丁烷含量 0.56%，气测解释为差气层。

（5）气测录井于井段 3188~3191m 见异常显示，全烃含量最大 3.34%，一般 2.62%，基值 0.06%，比值 55.7 倍；组分分析：甲烷含量 99.83%，丙烷含量 0.06%，异丁烷含量 0.05%，正丁烷含量 0.05%，气测解释为差气层。

（6）气测录井于井段 3215~3218m 见异常显示，全烃含量最大 1.75%，一般 0.71%，基值 0.05%，比值 35.0 倍；组分分析：甲烷含量 98.40%，丙烷含量 1.33%，正丁烷含量 0.27%，气测解释为差气层。

7. LS4 井气测异常

LS4 基底为黑色泥板岩、千枚岩。

气测录井于井段 4799.5~4800.1m 见 1 层异常显示，全烃含量：最大 4.79%，一般 2.53%，基值 0.70%，比值 6.8 倍，组分分析：甲烷含量 99.70%，乙烷含量 0.30%，CO_2 最大 44.45%，基值 0.75%，呈差气层特征。

8. DS401 井气测异常

DS401 井基底为泥质板岩、千枚岩、绢云母砂砾岩、石英砂岩、绢云母凝灰岩。

气测录井过程中见 3 层异常显示：

（1）岩性为灰色变质绢云母石英砂岩，灰绿色变质绢云母凝灰岩。

气测录井于 3568.0~3573.0m 见 1 层异常显示，全烃含量：最大 1.36%，一般 0.75%，基值 0.23%，比值 5.9 倍；组分分析：甲烷含量 97.56%，乙烷含量 2.04%，丙烷含量 0.40%，呈差气层特征。

（2）岩性为灰绿色变质绢云母凝灰岩，黑色泥质板岩，灰色、灰绿色变质绢云母砂质砾岩。

气测录井于 3584.0~3604.0m 见 1 层异常显示，全烃含量：最大 1.51%，一般 0.99%，基值 0.15%，比值 10.1 倍；组分分析：甲烷含量 98.40%，乙烷含量 1.43%，丙烷含量

0.17%，呈差气层特征。

（3）岩性为灰色绢云母千枚岩，黑色泥质板岩。

气测录井于 3626.5~3635.0m 见 1 层异常显示，全烃含量：最大 0.63%，一般 0.55%，基值 0.13%，比值 4.8 倍；组分分析：甲烷含量 97.98%，乙烷含量 1.73%，丙烷含量 0.29%，呈含气层特征。

9. CHS8 井气测异常

CHS8 井基底为黑色板岩。

气测录井过程中见 3 层气测异常显示：

（1）气测录井于井段 3965.2~3971.2m 见 1 层异常显示，全烃含量：最大 1.77%，一般 1.02%，基值 0.43%，比值 4.1 倍；组分分析：甲烷含量 99.08%，乙烷含量 0.84%，异丁烷含量 0.08%，呈差气层特征。

（2）气测录井于井段 3995.0~4000.0m 见 1 层异常显示，全烃含量：最大 1.36%，一般 0.97%，基值 0.60%，比值 2.3 倍；组分分析：甲烷含量 99.14%，乙烷含量 0.72%，异丁烷含量 0.14%，呈差气层特征。

（3）气测录井于井段 4153.0~4168.8m 见 1 层异常显示，全烃含量：最大 0.77%，一般 0.48%，基值 0.20%，比值 3.9 倍；组分分析：甲烷含量 99.05%，乙烷含量 0.77%，异丁烷含量 0.18%，呈差气层特征。

10. CH102 井气测异常

CH102 井基底为岩性为深灰色千枚岩。

气测录井见 3 层异常显示。井段 3363.5~3364.5m、3369.5~3372.5m、3373.0~3376.0m，全烃量最大分别为 2.80%、2.10%、96.00%，一般分别为 0.70%、1.00%、25.00%，基值分别为 0.35%、0.40%、0.70%，比值分别为 8.0 倍、5.3 倍、137.1 倍，组分分析：甲烷相对含量均为 100%，解释分别为含气层、含气层、气层。钻井液录井于井段 3373.0~3376.0m 密度由 1.15g/cm^3 下降到 1.13g/cm^3，黏度由 25s 上升到 29s，气泡占槽面 50%。测井解释可凝气层，综合判断为差气层。

由此可见，松辽盆地北部基底石炭系—二叠系烃源岩内气测异常发育，表明泥板岩（包括灰岩、煤系）为含气烃源岩，具备页岩气形成的基础地质条件，并且具有很好的勘探前景和勘探潜力。

三、松辽盆地北部基岩油气勘探前景展望

资源量计算是区带评价的核心，其结果是评价区带勘探前景的主要依据。估算区带资源量的方法很多，常用的主要有类比法、成因法及统计法三类。中央古隆起勘探程度整体相对较低，地质认识程度、资料的丰富程度各有不同，因此优选地质类比法进行区带资源的评价。地质类比法是通过与勘探程度高的地质条件相近、成藏条件相似的刻度区进行类比确定区带资源量。即通过分析区带的油气成藏条件和分布规律，明确区带评价地质类比参数，并根据成藏主控因素分析确定关键参数，针对成藏条件中起决定因素的关键地质类比参数会赋予相对较大权重，保证类比结果的准确性。

以含油气系统为指导，在深层各层系油气成藏规律研究的基础上，优选与油气成藏条件有关的地质参数建立油气资源评价地质类比体系；通过对参数体系中的参数进行地质和数理分析，确定每个参数的分级标准，建立深层地质类比参数体系及打分标准。

在典型油气藏解剖的基础上明确了五项成藏条件地质基础参数，通过油气富集主控因素分析，优选生油层、储油层、盖层、圈闭及运聚等基础地质类比参数27项，其中包括储层岩性、储层物性、储层厚度、储层类型、源储对应关系、源岩供烃范围、运移距离及输导方式等。针对上述地质类比参数开展地质、数理统计等分析，统计分析各项参数与储层含气性之间的关系，确定各项参数取值标准，建立基岩地质类比参数评价体系（表7-5-4）。

表 7-5-4 松辽盆地深层基岩气地质类比评价参数体系表

参数类型	参数名称	评价系数			
		0.75~1.0	0.5~0.75	0.25~0.5	0~0.25
圈闭条件	圈闭类型	构造—岩性			
	圈闭幅度 / m	>500	300~500	100~300	<100
	圈闭面积系数 / %	>50	20~50	10~20	<10
盖层条件	盖层厚度 / m	>200	120~200	80~120	<80
	盖层岩性	泥岩	泥岩、粉砂质泥岩	泥质粉砂岩	粉砂岩、砾岩
	盖层面积系数 / %	>1.2	1~1.2	0.8~1	<0.8
	盖层以上的不整合数	3	3	3	3
	断裂破坏程度	无破坏	破坏弱	破坏较强	破坏强
储层条件	平均厚度 / m	>120	80~120	40~80	<40
	岩性	花岗岩类	花岗岩类、浅变质岩类	浅变质岩类	糜棱岩
	孔隙度 / %	>3	2~3	1~2	<1
	渗透率 / mD	>0.5	0.2~0.5	0.05~0.2	<0.05
	储层类型	孔隙—裂缝		裂缝	
油气源岩条件	源岩厚度 / m	>300	200~300	100~200	<100
	TOC / %	>3.0	2.0~3.0	1.0~2.0	<1.0
	有机质类型	II_2	III	III	III
	成熟度 / %	1.5~2.5	2.5~3.0	3.0~3.5	>3.5
	供烃方式	汇聚流供烃	平行流供烃	发散流供烃	发散流供烃
	生烃强度 / ($10^8 m^3/km^2$)	>150	100~150	50~100	<50
	供烃窗范围 / m	>2400	1800~2400	750~1800	<750
	源储对接关系	湖相	湖相、三角洲前缘	三角洲平原为主	扇三角洲为主
	运移距离 / km	<10	10~30	30~50	>50
	输导条件	断层+不整合		断层	

续表

参数类型	参数名称	评价系数			
		0.75~1.0	0.5~0.75	0.25~0.5	0~0.25
配套史条件	区带形成时间与生烃高峰时间的匹配	早或同时（0.5~1.0）		晚（0~0.5）	
	成藏期次	晚期成藏		早期成藏	
	生—储—盖配置	自生自储	下生上储	上生下储	异地生储

类比法资源评价以三级构造单元为基本评价单元，根据气藏特征，烃源岩、储层条件、盖层、圈闭、配套等条件与刻度区类比确定该评价区的相似系数，评价区资源量根据以下公式求取：

$$Q = \sum A_i \times K_i \times B_0 \qquad (7\text{-}5\text{-}1)$$

式中 Q——总资源量，m^3；
A_i——单个评价区的面积，km^2；
K_i——评价区的相似系数；
B_0——刻度区资源丰度。

四、刻度区评价

LT2 井区气藏位于中央古隆起南部的肇州凸起上（图 7-5-2），面积为 40.67km^2。肇州凸起为一个北西向发育的隆起区，整体以花岗岩块体为主，发育高角度断层，内幕发育高角度逆冲构造。花岗岩风化壳为主要的储层系。区内有探井 7 口，其中 2 口井获得工业气流（LT2 井、LP1 井），2 口井获得低产气流。

1. 气源岩条件

沙河子组烃源岩为中央古隆起基岩气藏的烃源岩，其中东部徐家围子沙河子组烃源岩落实，生烃强度大，距离近，供烃窗口大，为主要烃源岩（孙立东等，2020；焦贵浩等，2009）。在前文分析中，明确中央古隆起基岩天然气成藏属于典型的源外型，气源主要来自东侧徐家围子断陷沙河子组烃源岩。

徐家围子断陷沙河子组超覆在隆起带东翼斜坡上，烃源岩与储层距离近，徐家围子断陷沙河子组烃源岩落实，生气强度大，生气强度大于 $20 \times 10^8 m^3/km^2$ 的分布面积达 1520km^2。通过烃源岩与储层匹配关系刻画，肇州气藏的主要烃源岩为徐西沙河子组烃源岩，生烃强度高达 $500 \times 10^8 m^3/km^2$。肇州凸起花岗岩直接与徐家围子沙河子组泥岩对接，供烃窗口范围在 750~2200m 之间，为有利供烃区。

依据中央古隆起基岩与东侧徐家围子断陷沙河子组烃源岩接触关系，将中央古隆起划分近源和远源两个带，其中近源带发育升平、汪家屯、昌德、肇州凸起，远源带发育卫星凸起、永乐凸起。从已钻井分析看，见气显示的探井主要分布在近源带的汪家屯、昌德和肇州凸起，且靠近东侧徐西断裂带。以上分析表明，东侧徐家围子断陷沙河子组烃源岩控制着中央古隆起基岩天然气的分布。

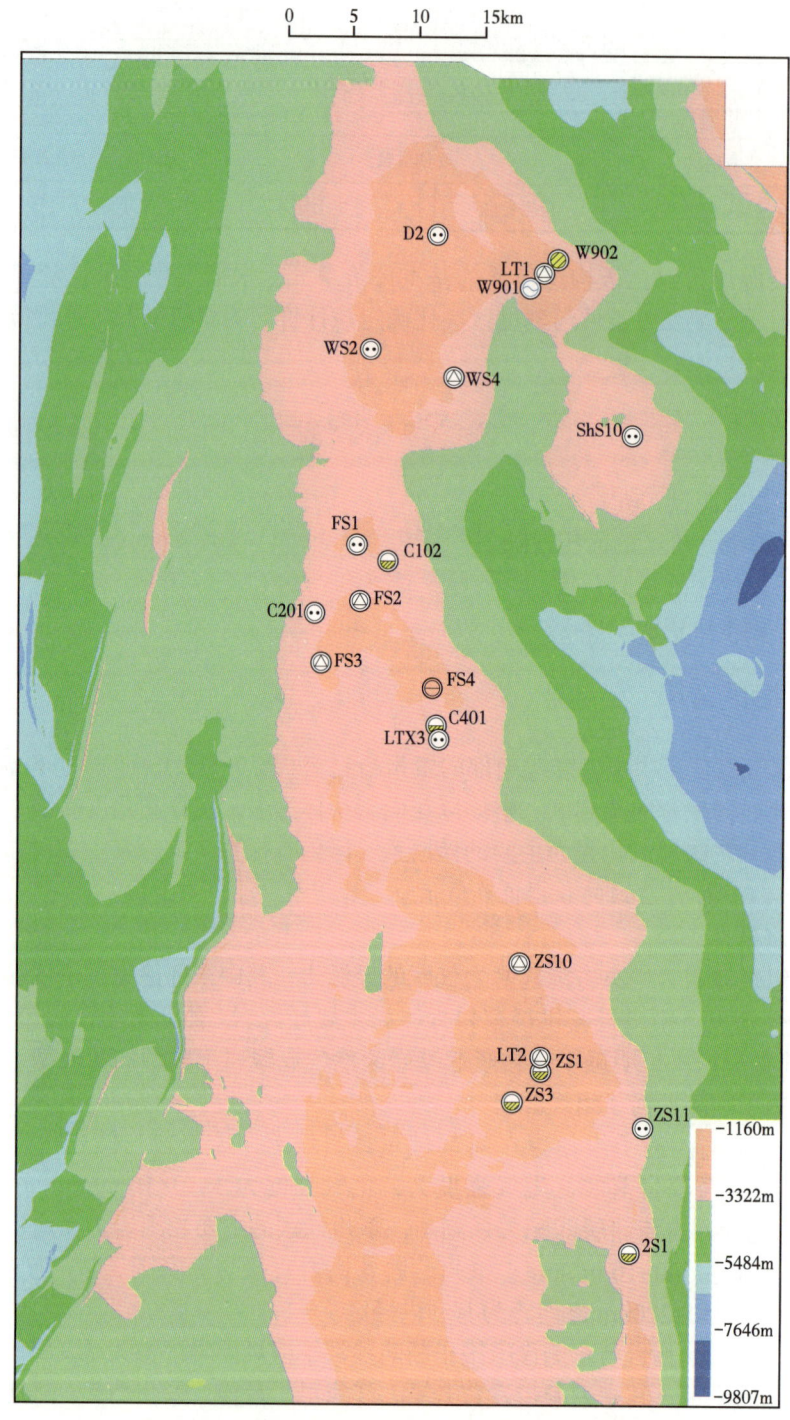

图 7-5-2 中央古隆起构造纲要图

2. 储层条件

根据岩心观察及薄片鉴定分析，肇州凸起基底主要发育风化壳及内幕两大类储层，以花岗岩和碎裂花岗岩等花岗岩类为主，靠近徐西断裂一侧发育糜棱岩带。通过岩心观察，风化壳顶部岩石整体疏松，随着深度增加，岩心整体较完整，基本无破碎，裂缝处充填泥质与红褐色含铁物质。内幕具有断裂破碎带型和溶蚀缝洞型两类储层。

中央古隆起基岩风化壳储集空间为裂缝和溶蚀孔（图 7-3-6），溶蚀孔为粒间溶孔和粒内溶孔。岩心观察见裂缝成组出现，相互切割，裂缝线密度主要为 10~30 条/m；铸体薄片也可见显微裂缝。基底岩石物性分析表明，变质砾岩、花岗岩及碎裂花岗岩物性较好，花岗岩风化壳孔隙度最大达 5.5%、变质砾岩风化壳孔隙度最大达 5.3%。

3. 圈闭条件

中央古隆起位于古龙断陷和徐家围子断陷之间，受徐西断裂控制，近南北向展布。基岩顶面埋深在 2500~3500m 之间，具有南北高中间低、起伏不平的潜山顶面的构造特征，发育汪家屯、卫星、升平、昌德、肇州和永乐 6 个凸起。发育 20 个构造圈闭，圈闭面积大于 $10km^2$ 有 13 个，圈闭幅度 110~910m，面积 10~276km^2。结合构造、烃源岩、盖层及成藏评价肇州地区的圈闭为 I 类圈闭，有利于油气聚集成藏。

4. 盖层条件

通过连井分析，松辽盆地北部中央古隆起基岩上覆的登娄库组发育河流—滨浅湖相沉积形成的砂泥岩，登娄库组二段、三段泥岩厚度分布比较稳定，一般在 80~200m，可成为中央古隆起基岩天然气成藏的区域盖层。

通过松辽盆地北部中央古隆起基岩上覆的登娄库组二段泥岩排替压力计算可知，登娄库组二段泥岩盖层具有较高的排替压力，其值为 6.2~7.6MPa。总体上看，中央古隆起基岩上覆的登娄库组二段泥岩排替压力较高，有利于天然气在基岩风化壳储层中保存成藏。

5. 成藏主控因素分析

肇州已发现的气藏为凸起背景下的层状或块状气藏，风化壳和内幕均可成藏，基底含气厚度大，不含水；平面上分布在有效烃源岩供烃范围内的井均见到气显示，最大含气显示段 504m。肇州气藏以基岩风化壳气藏为主，分布在断层和裂缝发育区，其受断层、裂缝和岩性控制。综合分析其成藏控制因素，徐西沙河子组烃源岩是其主要烃源岩，肇州凸起花岗岩直接与沙河子组泥岩对接，有利于成藏；花岗岩类优质储层发育，物性好，断裂、裂缝带及不整合面有利于改善储层渗透性，有利于天然气聚集，多形成构造背景下的花岗岩风化壳气藏。基岩侧面多为大型断面或不整合面，断裂系统和不整合面构成烃源岩与基岩之间的连通通道，为油气进入基岩提供了有利的输导通道；油气富集受源储匹配、优势储层及通源断裂控制。

6. 资源量计算

由于 LT 2 区块的勘探程度、认识程度及油气资源发现相对较高，因此本次将其作为中央古隆起基岩资源评价的类比刻度区。解剖区边界以 LT2 井揭示的储层厚度 120m 及 LT2 区块的储量边界为界，储层有效厚度根据有效厚度面积撑平确定。有效孔隙度、含气饱和度根据面积内探井的测井解释进行算数平均求取。气藏温度和压力为气藏单井测试温度和压力。偏差系数根据面积内单井实测天然气组分和气藏温度、压力，采用 Dranchuk-Purvis-Robinson 法求取，最后采用容积法计算其资源量为 $42.36\times10^8m^3$，可采资源量为 $21.2\times10^8m^3$；确定资源评价关键参数资源丰度为 $1.04\times10^8m^3/km^2$，可采资源丰度为 $0.52\times10^8m^3/km^2$，可采系数为 50%。

7. 气藏地质参数

通过对肇州气藏和汪家屯气藏的精细解剖，明确了包括气源条件、储层条件、盖层条件以及气藏特征等基岩气藏的地质参数及气藏特征参数共计 30 项（表7-5-5 至表 7-5-8），为建立基岩气藏地质类比评价体系和标准提供依据。

表 7-5-5 中央古隆起肇州气藏气源条件参数表

油气源类型	层位	烃源岩年代/Ma	烃源岩厚度/m	有机碳含量/%	成熟度/%	生烃强度/($10^8m^3/km^2$)	生烃高峰期/Ma
泥岩	沙河子组	98	34~488	2.1	2.2	25.45	90

表 7-5-6 中央古隆起肇州气藏储集条件参数表

层位	岩性	孔隙度/%	渗透率/mD	储层厚度/m	储层面积/km^2	储层空间类型	储层埋深/m
基底	花岗岩、碎裂花岗岩	0.3~3.2	0.02~5.8	110-150	102	溶蚀孔、裂缝	2971.5m

表 7-5-7 中央古隆起肇州气藏盖层条件参数表

层位	沉积相	盖层岩性	盖层厚度/m	突破压力/MPa
登娄库组	三角洲平原	泥岩	80~200	7

表 7-5-8 中央古隆起肇州气藏油气藏特征参数表

气藏类型	气藏面积/km^2	有效厚度/m	气饱和度/%	孔隙度/%	气藏定型时期	地质储量/(10^8m^3)	可采储量/(10^8m^3)	储量丰度/($10^8m^3/km^2$)
基岩气藏	40.67	40	50	2.5	喜马拉雅期	42.36	21.2	1.04

五、资源量计算

根据类比评价原则，优选 LT2 区块作为刻度区，综合类比评价中央古隆起基岩资源量。下面以汪家屯评价单元与 LT2 刻度区类比为例来说明。

综合对比汪家屯评价单元与 LT2 刻度区成藏地质条件表明，两者构造及成藏特征相似，均毗邻源岩，通源断裂及基岩储层匹配控制油气富集。

烃源岩条件：徐家围子断陷北部安达凹陷沙河子组烃源岩为汪家屯评价单元的主力供烃源岩，南部徐西凹陷为 LT2 井区刻度区主要烃源岩，对比两者的生气量，LT2 解剖区略好于汪家屯评价单元；徐家围子断陷沙河子组超覆在隆起带东侧斜坡上，烃源岩与位于东侧的汪家屯、LT2 井的储层"直接接触"，源储匹配关系好，其中汪家屯的供烃窗口为 2800m，LT2 井解剖区的供烃窗口为 2200m，均属于优质的供烃范围。

储层条件：汪家屯评价单元储层岩性以浅变质沉积岩为主，少量变质安山岩，岩心基质孔隙度为 0.4%~1.3%，渗透率为 0.05~0.54mD，储层物性较好，裂缝较发育，属裂缝—孔隙型储层。LT2 井解剖区储层岩性以优质岩性花岗岩类为主，孔隙度为 0.4%~4.8%，平均为 1.0%；碎裂花岗岩孔隙度为 0.7%~2.1%，平均为 1.4%；储集空间主要为裂缝和溶蚀孔，以裂缝为主，为孔隙—裂缝型储层。综合评价 LT2 解剖区储层条件好于汪家屯评价单元。

通过上述条件分析，对类比区带进行成藏要素打分，对各参数进行相应赋值，确定汪家屯评价单元与 LT2 刻度区的相似系数为 0.84，最终计算汪家屯评价单元资源量为 $162.9 \times 10^8 \text{m}^3$。确定中央古隆起各区带相似系数在 0.43~0.91 之间，求出各区带的天然气资源量为 $1133.5 \times 10^8 \text{m}^3$（表 7-5-9）。

表 7-5-9　中央古隆起类比法评价区带资源汇总表

区带名称	面积 / km^2	相似系数	资源量 / $10^8 m^3$
升平	96.57	0.6	36.3
汪家屯	270.56	0.84	162.9
卫星	212.24	0.48	73.4
昌德	380	0.8	271.2
肇州	684.6	0.91	557.1
永乐	804.9	0.45	32.5
合计	2448.87		1133.5

六、区带地质风险分析

区带地质风险分析是以区带石油地质条件分析为基础，采用概率统计分析方法。圈闭、盖层、储层、油源、配套五项成藏地质条件是决定一个区带是否具有油气藏的五个独立事件。因此区带是否存在油气的可能性，就可以用这五个事件同时发生的各自概率的乘积来表示。

即：

$$P = \prod_{i=1}^{5} P_i \qquad (7-5-2)$$

式中　P——区带含油气概率（$0 \leqslant P \leqslant 1$）；

P_i——单项成藏地质条件存在的概率 $0 \leqslant P \leqslant 1$。

综合分析上述各层系油气成藏条件，确定常规气地质评价分别为气源、储层、圈闭、盖层、配套等五大条件。气源条件包括烃源岩厚度、TOC含量、有机质类型、成熟度、供烃面积系数、供烃方式、生烃强度、生烃高峰时间、运移距离及输导条件；储层条件包括储层沉积相、储层孔隙度、储层渗透率和储层埋深；圈闭条件包括圈闭类型、圈闭面积系数和圈闭幅度；盖层条件包括盖层厚度、盖层岩性及断裂破坏程度；配套条件包括圈闭形成时间与生烃高峰时间的匹配、生—储—盖配置。区带地质风险分析参数取值标准的确定主要根据刻度区各项地质参数的分布频率确定。

中央古隆起通过风险勘探已取得了较好的成果，结合地质风险评价标准可以看出（表7-5-10），肇州地区属于低风险区带，其次为汪家屯、昌德、升平等地区，属于中风险区带；卫星、永乐地区属于高风险的区带（表7-5-11）。

表7-5-10 地质风险评价标准表

区带风险等级	无风险	低风险	中风险	高风险
地质评价值	>0.6	0.4~0.6	0.2~0.4	<0.2

表7-5-11 中央古隆起区带地质风险评价表

区带名称	圈闭条件	盖层条件	储层条件	油源条件	配套条件	地质评价值
肇州（基岩）	0.83	0.96	0.9	0.88	0.63	0.4
汪家屯（基岩）	0.75	0.96	0.82	0.88	0.63	0.33
升平（基岩）	0.76	0.8	0.65	0.83	0.65	0.21
昌德（基岩）	0.78	0.96	0.75	0.65	0.63	0.23
卫星（基岩）	0.83	0.96	0.57	0.61	0.6	0.17
永乐（基岩）	0.8	0.96	0.73	0.36	0.57	0.12

七、勘探前景

1. 区带综合评价及优选

区带资源综合评价目的是以各含层系区带石油地质条件分析为基础，采用适宜的评价方法，预测评价区带的油气资源潜力及分布，建立区带资源序列，优化有利勘探目标。本次区带综合评价是建立在区带地质评价和资源量评价的基础上，根据地质评价值和归一化后的资源量评价值，利用下面公式确定综合评价系数；综合评价系数公式如下：

$$R = 1 - \sqrt{(1-\alpha)^2 + (1-\beta)^2} - \sqrt{2} \tag{7-5-3}$$

式中 R——区带综合评价系数；

α——归一化后地质评价值；

β——归一化后资源量评价值。

其中，地质评价值越大，地质条件越好；综合评价系数越大，区带越好。

通过对两因素归一化处理，利用综合评价公式得到各区带综合评价系数。中央古隆起各区带的综合评价系数在 0.2~0.68 之间。通过优选排队，肇州地区为一类区，汪家屯和昌德地区为二类区，均为勘探的有利区带；升平、卫星、永乐为三类区，为未来勘探的接替区带（表 7-5-12）。

表 7-5-12 中央古隆起区带综合评价表

区带名称	地质评价值	地质资源量 /$10^8 m^3$	综合评价值	综合评价
肇州	0.4	574.2	0.675	I
汪家屯	0.33	156.3	0.411	II
昌德	0.23	268.9	0.4	II
卫星	0.17	72.3	0.206	III
升平	0.21	35.2	0.198	III
永乐	0.12	26.6	0.089	III

通过综合评价公式得出的三个有利区：肇州地区、汪家屯地区和昌德地区的圈闭面积大，幅度高；盖层厚；储层物性好，岩性为优势岩性；烃源岩厚度大，各类生烃指标好，源储匹配对接关系好；匹配史成藏条件好，充注时间匹配，生—储—盖匹配关系好，资源量高。

2. 勘探前景

经过对中央古隆起的探索，发现基岩潜山具有大面积含气、气柱高度大，不含水的特点，其中 LT2 井、LP1 井获得工业气流，展现了中央古隆起具有良好的勘探前景（孙立东等，2020；李景坤等，2006），并且认识到了水平井的体积压裂可以实现潜山气藏的有效动用。

根据目前研究，除中央古隆起外，松辽盆地北部部深层还有 22 个潜山区带，其中近源潜山有 2 个，分别是万隆古隆起和对青山古隆起，这两个隆起面积共有 2957km^2，大的构造面积表明隆起区带可能具有可观的资源量。除近源潜山外，在古龙断陷陷、徐家围子断陷和莺山断陷中共分布着大大小小共 19 个源内潜山（图 7-5-3）。这些潜山与渤中19-6、乍得等典型油气藏具有相似背景，具有多向供烃、供烃窗大、山早藏晚、源储时空匹配关系好的特征，勘探前景大这意味着松辽盆地北部深层潜山领域可能存在万亿立方米级规模的资源待探索。通过加强对基岩潜山领域的研究，将会为大庆油田天然气勘探打开新的局面。

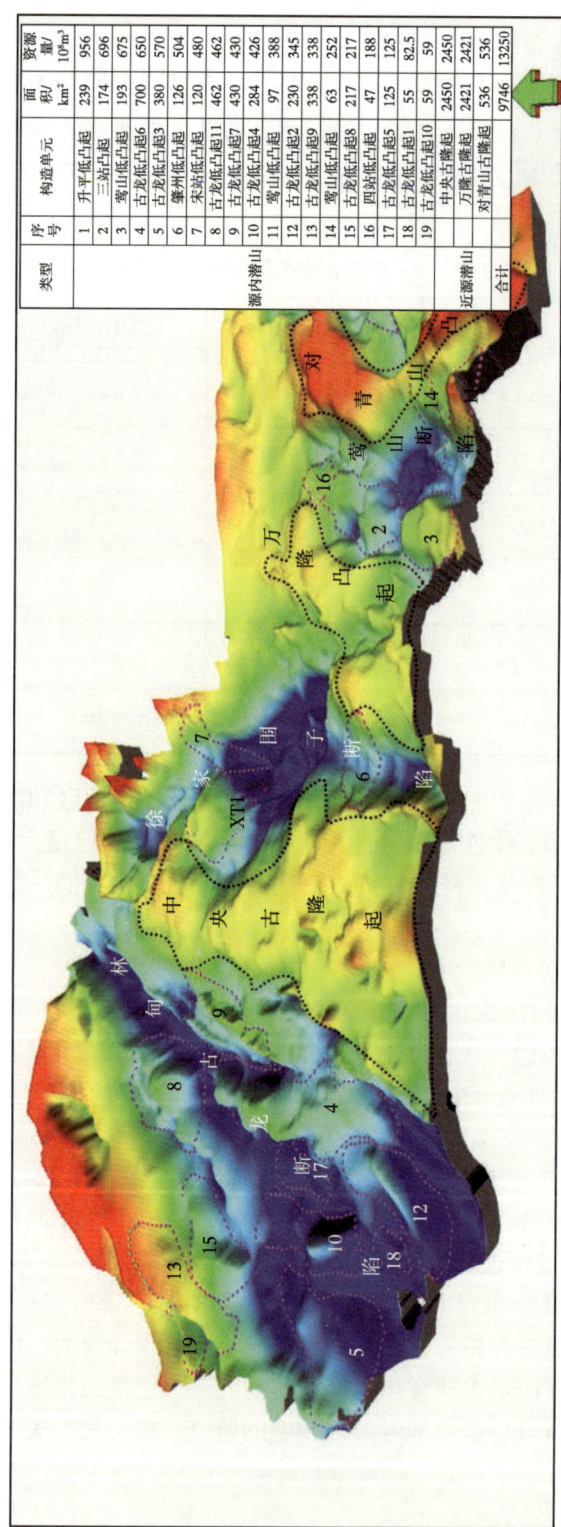

图 7-5-3 松辽盆地北部潜山分布图

第八章　松辽盆地北部深层油气勘探经验与突破方向

松辽盆地北部深层油气勘探始于1976年，50年来历经四个勘探阶段，经过几代深层天然气勘探人锲而不舍、持之以恒的奋斗，认识不断创新，技术不断进步，取得了一系列重大的勘探进展，尤其是进入21世纪以来，以火山岩作为主要储层的天然气勘探取得重大突破，不仅提交近$3000×10^8m^3$烃类天然气探明储量，确立了松辽盆地北部深层具有形成万亿立方米级大气田的勘探基础，同时也推动了全国火山岩作为主要储层的这一新领域油气勘探的新高潮。近十年来，随着松辽盆地北部徐家围子富气断陷营城组火山岩快速增储向精细勘探开发方向发展，解放思想，重新审视松辽盆地深层资源潜力、资源类型，进一步更大、更广的勘探空间，成为大庆勘探人新阶段的新追求。在中国石油和大庆油田的大力支持下，一是在勘探战略上大力实施了风险勘探，加大了对未知领域的探索，多个勘探领域取得重大进展；二是通过科技专项的实施，系统地开展了对松辽盆地北部深层油气成藏条件基础地质研究和地震勘探、钻井、录井、测井和压裂改造技术等工程技术的系统攻关，深层地震勘探、压裂改造等工程技术水平实现了较大提升；三是强化了勘探开发一体化、工程地质一体化、科研生产一体化的组织，实现了松辽盆地北部深层在新阶段多类型油气勘探领域的重要进展，为下一步增储上产指明了方向。但是，与此同时，随着深层非常规油气藏类型的不断增加，资源劣质化、品质低、效益差的矛盾也日益凸显。如何在新的形势下，总结经验、分析问题，进一步明确深层油气规模勘探的方向，尽快实现深层油气效益勘探的大发展，这也是本章重点讨论的内容。

第一节　松辽盆地北部深层油气勘探实践的经验与启示

松辽盆地深层天然气勘探历史是一部艰苦卓绝的油气创业史，也是一篇精彩不断的绚丽篇章。从"四个阶段"的勘探历程看，有过连续20年没有大突破的落寞，也有过火山岩大气田连续发现的成功荣耀；有过后火山岩勘探时代如何寻找新的大场面的渴望，也有开始进入多类型勘探多点突破新希望燃起。尤其是随着深层进入非常规油气勘探时代和国内油气勘探向深部、超深层进军大趋势的到来，松辽盆地深层到底走向何方？这是时代提出的重大命题，也是大庆百年油田绿色高质量发展的迫切需求。笔者参与了松辽盆地北部深层天然气勘探四个阶段，也是开辟松辽盆地北部历史新阶段新辉煌的主力军，力求从勘探思想、勘探实践、科学研究、技术发展的角度总结经验、吸取教训，以求对松辽盆地北部深层油气勘探下一步工作提供一些借鉴。

一、锲而不舍、勇往直前，十年磨一剑终成大器

油气勘探过程是不断认识地球深部的科学探索过程，尤其是盆地深层的油气勘探难度更大。国内外油气勘探的实践表明，每个大油气田的发现都要经过几代人长达几十年经过几上几下的艰苦奋斗才能够完成。松辽盆地的深层也同样经历了近50年的勘探，曾经经历了几上几下的波动，如果说成功的经验，第一条就是"锲而不舍、勇往直前，十年磨一剑终成大器"。

始终坚持"大油田之下必有大气田"的勘探信念。国际上很早以前就有"大油田之下必有大气田"的推论，虽然在油气理论上尚没有严密的理论体系支撑，但这也是世界范围内油气勘探的经验总结，也成为激励大庆勘探人不断向深部进军的动力。"大庆底下找大庆"也是几代石油人努力的方向和梦想。1959年9月26日，位于松辽盆地的松基三井喷油，发现了大庆油田，从此中国甩掉了"贫油"的帽子。2002年1月16日，XS1井位于大庆长垣东部深层的徐家围子断陷在火山岩储层获得高产工业气流，发现了庆深气田。通过对资源潜力进行重新评价，认为庆深气田是具有万亿立方米级储量规模的大气田，成为中国东部天然气的最大发现。实现了"大庆油田底下找大庆"梦想，又一次为"大油田之下必有大气田"推论提供了新的案例。这也是大庆勘探人坚持"科技有限、资源无限"的指导思想，不断解放思想，不断深化认识，不断发展技术，秉承深层一定能够找到大油气田勘探信念，地质家心中始终装着"大油气田"的梦想，不断向新领域、新类型发起挑战的结果；深层天然气勘探也是"超越前人、超越权威、超越自我"的"三超"精神的成功诠释。

始终坚持"实践—认识—再实践—再认识"的哲学思想。油气勘探是对地球深部油气资源的探索过程，由于主要的确定性信息来自地球物理和钻井，而地球物理信息具有多解性、钻井信息具有一孔之见的局限性，这就决定了地质综合研究成果始终具有阶段性和局限性，这就导致世界油气勘探史上很多油气田都要经过漫长的探索过程。但一个盆地或者领域的油气勘探历程中都存在高峰期、低谷期波动现象，这不仅仅是勘探成果的峰谷交替，也是认识、技术不断修正、更新的过程。中国工程院院士、时任大庆油田总经理的王玉普（2008）在《新时期大庆油田勘探工程的哲学思考》中对大庆深层油气勘探的哲学思想总结为"四个辩证关系"：一是认识来源于实践，实践的局限又会造成认识的局限，发展地看待历史结论才能实现大突破；二是勘探的风险是客观存在的，同时机遇也是并存的，辩证地解决好这一矛盾才能获得大发现；三是找油能力是生产力，组织管理是生产关系，生产关系适应生产力才能促进勘探工作大发展；四是勘探思想的解放是内因和基础，勘探技术的发展是外因和条件，外因通过内因起作用才能发生质变。这些认识，不仅是对大庆油田勘探工作的哲学思考，更是预示油气勘探过程实际上是辩证唯物主义的实践过程。大庆油田深层徐深气田的发现、松辽盆地中央古隆起和沙河子组源岩致密气的突破历程，都是"实践—认识—再实践—再认识"哲学思想的创新诠释和成功实践。

始终坚持"锲而不舍，咬定青山不放松"的勘探韧劲。美国石油地质学家华莱

士·伊·普拉特在其名作《找油的哲学》中有句名言——"首先找到石油的地方是在人们的脑海里"。这句话在世界和中国石油界影响很大，华莱士从哲学层面告诫后人，合格的勘探工作者必须头脑中装着油田，必须坚定一定会找到石油的信念。我国老一辈油气勘探工作者也希望石油人在勘探过程中"闻油而动""咬定青山不放松"。"闻油而动"就是不放过任何发现油层、油田的地质和工程细节，从蛛丝马迹中找到有利于油气发现的有利证据，并及时加以科学论证，对油气前景做出预测。"咬定青山不放松"就是针对任何有利的油气显示现象、可能有利的层位、地区和领域，通过扎实、深入的研究工作，直到实现勘探的初衷。但是，说起来容易，做起来难，松辽盆地北部深层勘探始于20世纪60年代，1962—1975年，以盆地边部浅钻和内部隆起部位基准井为主要手段，初步确定了深部地层划分原则，并对深部区域构造和含气性作出了一般推测，为战略侦察阶段。1976—1985年，进行了全面普查勘探，这期间成立了以深层为主要研究目标的勘探项目组；1986—1995年，重点对徐家围子断陷开展评价研究，主要钻探目标是断陷周边隆起带上的构造气藏，相继找到了昌德、汪家屯、升平三个登娄库组砂岩构造气藏。但这些气藏日产气量低、含气面积小、储量丰度低。但是，大庆的勘探人没有放弃寻找大气田的梦想，1996年以后，开展新一轮以地震资料重新采集处理解释为主的断陷结构和资源潜力研究，在徐家围子断陷中部发现了"坳中隆"勘探目标，部署XS1井获得深层天然气历史性突破，十年磨一剑，终成大器。

经过近30年的勘探实践，经过几代大庆勘探人的不懈努力，找到了以火山岩为主要储层的徐深气田。徐深气田发现以后，近十年，大庆新一代勘探人始终坚持锲而不舍、勇往直前勘探精神，遵循"找油哲学"的哲学思想，深化研究，创新技术，在沙河子组烃源岩层，创新了深层广泛发育非常规致密气藏的认识，实现了松辽盆地北部深层致密气勘探突破，并且评价认为致密气也具有万亿立方米级资源潜力；创新了基岩潜山是有利含气领域，基岩已实现战略突破；重新认识二叠系基岩内幕型页岩气藏有利成藏条件，并测算具有$(1.3\sim2.0)\times10^{12}m^3$天然气勘探潜力，二叠系在未来也一定会实现战略突破。

二、强化研究、科学部署，推动了深层天然气勘探不断取得新突破

松辽盆地深层，地层时代跨度大、目的层系多、储层类型多、气藏类型多，埋藏深、构造复杂，地震资料品质差，因此深层天然气基础地质研究和油气富集规律研究、勘探目标的识别与评价始终勘探工作的重中之重，也是难点。实践证明，扎实的基础地质研究和不断迭代的成藏规律认识创新，是推动勘探不断取得新突破的重要基础。尤其是"十二五"到"十三五"期间，大庆油田作为牵头承担单位的国家重大基础研究计划"973"项目《火山岩油气藏形成机制与分布规律》和中国石油天然气股份公司重大科技专项《大庆油气持续有效发展关键技术研究与应用》之第三课题《松辽盆地北部深层天然气富集规律、勘探技术研究与规模增储》的实施，不仅深化了对松辽盆地火山岩天然气藏的分布规律的认识和拓展，在沙河子组烃源岩层致密气、基岩潜山、深层油藏等多类型油气藏勘探油气地质条件和成藏规律、资源再评价、关键技术研究等方面均取得一系列重要进展，并带来了勘探多个领域的新突破。

深层火山岩气藏发现与探明是科研与部署深度结合的成功实践。徐深气田的发现，是大庆勘探人"锲而不舍、勇往直前"精神的成功诠释，也创立了"三个重新认识、三项关键技术创新"的勘探经验，更是科学研究和勘探部署良好结合取得巨大成功的经典案例。火山岩油气藏的发现不是大庆油田的"专利"，但将深层火山岩勘探价值提升，并取得了巨大成就，这是大庆勘探人对中国乃至世界油气成藏理论和火山岩油气藏勘探行业作出的历史性贡献。在油气勘探历史中曾经有过"遇到火山，绕道走"的说法，依据就是因为火山岩由于是高温岩浆喷出地表后快速冷凝后形成的岩石，不具有形成良好孔渗性的条件。但是，当在徐家围子断陷"凹中隆"部署的 XS1 井钻遇厚度 300m 的火山岩含气层以后，油田专家快速开展了火山储层评价研究，取得了一条重要认识：火山岩可以作为有效储层，并能形成高产高丰度气藏。当时油田主管勘探的副总经理冯志强并在 AAPG 会议上发表了题为《火山岩的油气勘探价值被远远低估了》的学术报告，在国内外引起了广泛的反响。2009—2013 年，国家科技部设立重大基础研究计划"973"项目"火山岩油气藏形成机制与分布规律"，大庆油田陈树民、冯志强先后担任了首席科学家，组织领导中国科学院地质地球物理所、北京大学、吉林大学、中国石油勘探开发研究院、吉林油田、吐哈油田等八家单位，高质量完成了这个国家重大基础研究项目，初步建立了火山岩油气地质理论，取得了三个重要理论创新成果：一是任何岩性、任何岩相的火山岩均能够成为良好的油气储层；二是火山岩储层作为盆地深部的储层，受地层压实作用的影响比较小；三是深层断陷盆地快速沉降形成有利烃源岩与火山岩有利于形成良好的匹配关系，有利于形成火山岩油气藏。这些认识对全国乃至全世界范围内各类盆地的火山岩油气勘探具有重要的理论指导意义，也有效指导了松辽盆地深层近十余年（2011—2023 年）的徐家围子断陷营城组火山岩精细勘探和松辽盆地北部古龙、莺山断陷及中央古隆起等深层火成岩（也包括花岗岩）及天然气勘探领域的不断突破。

中央古隆起风险勘探的成功，是深层勘探突破前人的成功实践。松辽盆地北部中央古隆起风险勘探的成功就是"石油首先是在地质家的头脑里被发现"成功实践。按照常规油气勘探理论，盆地的古隆起是找到油气的"聚宝盆"，是含油气盆地最有利油气聚集带。但是，松辽盆地中央古隆起从 1976 年 FS1 井获得工业以后，再没有大的进展，先后以兼探的形式，针对基岩 100m 厚的风化壳钻探了十几口井，均没有获得突破。2016 年，在深入的基岩内幕地震资料解释和基岩岩性、物性分析评价基础上，重新构筑了松辽盆地北部中央古隆起的有利的成藏模式，一是紧邻徐家围子断陷沙河子组烃源岩，750~3200m 的"供烃窗"和"迎烃面"，烃源岩条件有利；二是浅变质的二叠系推覆体与晚期花岗岩侵入体有利形成"潜山型"气藏；三是花岗岩风化壳厚度可以达到 500m，具有良好的"断缝体"储集空间，因此，松辽盆地北部中央古隆起具有战略突破的物质基础。基于此，部署风险探井 LT2 井，在花岗岩风化壳见到 504m 的含气显示，在距顶 289m 处获得低产气流。为了进一步揭示基岩含气能力，在 LT2 井附近部署 LP1 井获得日产 $11×10^4m^3$ 的高产工业气流，实现久攻不破的松辽中央古隆起勘探的战略突破。中央古隆起获得工业突破的重要意义，在于指出基岩勘探是松辽盆地北部的重要勘探领域。尽管迄今为止，中央古隆起仍然没有提交规模效益探明储量，但勘探研究实践却对成藏有利条件作出科学判断。随着地震勘探技术的进步，随着对烃源岩分布与有利储层、输导体系配置关系研究的深入，一定会取得更大的突破，真正发挥出松辽盆地深层油气"聚宝盆"作用。

深层小断陷优质油藏的发现，是深层油气认识体系的重大进展。松辽盆地北部深层一直把天然气勘探作为主要目标。2013年，双城南地区S59井营城组四段砂岩储层压裂后获得日产0.24t的低产油流；此后在实施三维地震勘探采集后，部署S66井登娄库组压裂后获得日产10.03t的工业油流，构造高部位S68井，岩心分析孔隙度10.0%~23.9%，渗透率1.5~2491mD，登娄库组压裂后获得日产90.97t的工业油流；证实双城地区具备形成规模油藏的地质条件，整体提交探明储量$1105.73×10^4$t的探明储量。主要勘探启示：一是深层营城组也能发育优质生油岩，双城南发育Ⅱ型干酪根，有机质主要来自浮游生物和藻类，同时在烃源岩中见凝灰岩、凝灰质泥岩、膨润土，与邻区相比，营养元素和指示氧化还原程度的元素明显异常，表明双城南优质烃源岩的发育与火山作用相关；二是双城南登娄库组、营城组埋藏浅，烃源岩（R_o=0.8%~1.2%）处于生油窗内，同时登娄库组也能发育优质储层，并形成高丰度油藏；三是油藏的形成与走滑断裂有关。走滑断裂有利于下覆营城组形成的天然气向上运移，对优质储层的形成可能也具有改善作用。受郯庐断裂左旋走滑远程效应的影响，在松辽盆地白垩系中广泛发育右旋张扭或者压扭断裂带，可能对松辽盆地油气的分布具有重要的控制作用，也不能排除幔源生烃，油气按照走滑断裂向上运移成藏的石油无机成因的可能；四是松辽盆地北部埋藏浅的小断陷具有良好的石油勘探勘探前景，这是因为在嫩江组沉积之前营城组四段热演化程度已经进入生油门限，然后快速晚期构造隆升，东部小断陷被大幅度抬升，不仅减缓了登娄库组致密砂砾岩储层的原生孔隙，也保持深层断陷期地层的生油能力和供油能力。因此松辽盆地北部东部地区的小断陷石油勘探潜力需要高度重视。

三、地震勘探技术在勘探过程中始终发挥着"利剑"的作用

物探技术被称为油气勘探的"三把利剑"之首，一直以来被称为"勘探开发明亮的眼睛"和"地下CT技术"，中国工程院院士邱中建有句名言"成也物探、败也物探"，从哲学高度肯定了物探技术在油气勘探中的作用。在松辽盆地深层油气勘探中，物探技术尤其是三维地震技术，在一系列油气勘探的重大突破中均发挥了关键作用。

地震勘探技术在徐深气田的发现与探明过程中发挥了关键作用。松辽盆地由于地温梯度高、深层岩石成岩作用强，深层地震反射界面比较弱，火山岩、致密砂砾岩及基岩风化壳等储层岩性复杂、类型多样。同时，由于深层主要勘探层系为断陷盆地充填，不仅构造复杂，还在营城组沉积时期火山活动强烈，深埋的断陷前期地层沙河子组和火石岭组，遭受严重的火山岩覆盖及火山通道侵扰，因此，长期以来，松辽盆地北部深层地震勘探不仅是实现深层油气勘探取得突破的关键，也是技术难点。从20世纪90年代开始，曾开展多轮次地震采集技术攻关，并与国家自然科学基金委员会联合资助了国家自然科学基金重大项目"陆相油储地球物理理论及三维地质填图方法"，简称"九五油储"项目，并联合中国科学院、同济大学、成都地质学院、吉林大学等国内多家大学和科学院所等，开展了深层油储地球物理理论和方法系统研究与实践，充分体现大庆油田勘探的决策者们对深层地球

物理技术发展的高度重视。项目的最突出特点是以大庆油田的生产需求为引领，形成国家层面的科研与生产、地质地球物理一体化的高端研究团队，针对深层以火山岩、砂砾岩等特殊储层地球物理描述为目标，开展了地震波传播与成像、综合地球物理、测井地球物理、三维地质建模理论与方法研究。项目取得多项重要的理论研究成果，其中研发的基于哈密顿体系辛几何算法波动方程深度偏移算法，并在大庆油田自主组装了32节点的微机集群，实现了科学理论研究成果工业化应用。通过处理徐家围子二维地震勘探82线，深层凹中隆和火山岩目标的特殊地质结构得到清晰化，在此基础上部署三维地震勘探，最终确立了XS1井的钻探目标。

XS1井取得突破后，为了加快深层天然气勘探进程，实现火山岩油气勘探的战略展开，尽快实现提交$1000×10^8m^3$天然气探明储量的目标，急需一大批井位目标。但火山岩是喷发岩，其分布规律具有非常大的不确定性，储层预测的思路和方法与沉积岩有很大的不同，当时火山岩的圈闭识别没有成功先例，是对地球物理技术严峻考验。大庆油田研究院地震资料处理解释团队全面投入了火山岩储层预测技术攻关，在深入分析火山岩地震地质特征的基础上，经过不懈的努力，创造性地提出了趋势面火山机构识别法、多属性地震切片火山口识别法、地震分频带火山岩—沉积岩区分法等有效的、配套的火山岩储层预测技术，火山岩勘探目标得到清晰刻画。在此基础上，同时在9个地震识别的火山体上部署9口探井，全部获得了成功，为两年内提交$1000×10^8m^3$探明储量的战略目标的实现赢得了主动。火山岩储层预测技术创新的代表人物姜传金，被油田公司授予大庆新时期"五面红旗——矢志不渝的勘探尖兵"。火山岩储层预测技术、方法及工作思路，在松辽盆地南北得到全面推广，并在徐家围子营城组火山岩细分期次的精细勘探和后期的天然气开发中得到了不断的完善和发展。

三维地震叠前连片处理解释在徐深气田精细勘探中发挥了关键作用。徐家围子断陷营城组火山岩在提交第一个$1000×10^8m^3$探明地质储量之后，中国石油天然气集团公司党组又作出尽快提交第二个、第三个$1000×10^8m^3$天然气探明储量的部署。为了更加全面整体认识徐家围子断陷火山岩及其火山岩油气藏分布和富集规律，公司决定开展徐家围子$6000km^2$三维地震勘探连片叠前时间偏移处理，并委托东方地球物理公司承担。历时一年的处理周期，经过甲乙方的共同努力，徐家围子叠前时间偏移连片处理取得非常明显的地质效果，为重新认识徐家围子断陷结构及火山岩分布奠定了扎实的基础。达到了地震资料处理精品工程的效果，打造了大庆油田地震勘探史乃至中国石油范围内盆地级地震资料连片处理形成高端合作的经典。在此基础上，大庆油田勘探开发研究院及时成立地震解释和基础地质专家组成的联合团队，及时开展了全层系的精细层位、断裂系统乃至火山岩分布规律的解释，有效指导近十年来火山岩气藏勘探不断走向深入，乃至为后续沙河子组烃源岩层非常规油气勘探都奠定了扎实的基础。

三维地震叠前连片处理解释是地震资料连片处理解释见到实效，有效支撑勘探部署的成功实践。在做法上，积累了五方面的经验：一是大庆油田定位高端、目标明确、鼎力支撑徐深气田勘探的指导思想，使得油田上下、甲乙双方都深知本轮地震资料处理责任重大、使命光荣；二是东方地球物理勘探公司优质资源配置，追求精品工程的技术实施策略，确保地震资料连片处理技术团队、软硬件资源和专家全程把关组织，为项目高质量实施奠定了基础；三是责任明确、技术精湛，系统深入的全过程甲方质量控制体系的建立，由大庆勘探开发研究院、大庆物探公司长期从事地震资料处理的 17 名专家组成分工明确质控队伍，并形成 4 大阶段 16 个节点，定量化了质量要求和技术指标及模块方法参数等，确保每一步的基础工作都能够经受后续应用的考验，这为本轮精品处理工程的实现提供了坚强保障；四是精诚合作、优势互补，共同破解技术难题的高端合作模式，如表层模型静校正技术、基于覆盖次数的能量补偿、模型约束下叠前偏移速度建模等技术都是甲乙双方共同研究技术，在连片处理中发挥了关键作用；五是以三维地震解释为主体、地震解释与基础地质一体化组织，大连片地震数据体应用价值得到明显提升。徐家围子断陷期地层界面的地震地质层位统层工作，营城组内部一段、三段两大期次的火山岩叠置关系确定，以及徐中、徐西两条走滑断层及其对火山岩列式喷发的控制解释模式的确立等，都充分体现地震地质的充分结合。

在 2006—2008 年期间，大庆油田实施的徐家围子地区针对深层含火山断陷盆地的叠前时间偏移处理和解释，不仅获得了高质量的 6000km^2 三维地震勘探数据体，达到了重新认识松辽盆地徐家围子断陷结构、形成与演化规律的认识，揭示断裂对火山岩的控制，理清了火山岩的分布规律，并识别出大量的火山口为主的钻探目标，为各阶段探明储量提交提供了有效支撑。更重要的是基于这套连片三维地震勘探数据体和解释框架，在 2009—2023 年间，不仅实现了细分为 6 个期次的火山岩地层的解释，层间隐蔽火山口的识别，还实现了沙河子组致密气从三级层序到的四级层序高精度解释和"甜点"识别。徐家围子深层连片处理解释的实践证明盆地级大面积的三维地震勘探连片处理是深化地质认识和规模提交勘探目标的最关键技术。

地震处理解释大数据平台技术推动最新地球物理方法在井位论证的关键时刻发挥关键作用。地震资料处理解释中心最重要的职责是地震资料的目标处理。松辽盆地北部深层天然气勘探实践过程中，形成了一套油公司管理模式下的地震资料目标处理技术，并在勘探部署中应用取得了明显的实效。什么样的地震资料处理是目标处理呢？或者说地震资料目标处理技术具体有哪些特点呢？油公司的地震资料目标处理，就是针对油公司勘探开发各类复杂的勘探目标识别和油气藏描述的需求，在传统、工业化的地震资料处理的基础上，开展新一轮具有评价性、针对性、创新性、时效性、规模性（"五性"）为特点的明显具有甲方特色的地震处理技术。从管理的角度，目标处理任务特点是紧密围绕井位部署和开发方案开展的最贴近生产层的地震资料处理，不需要鉴定甲乙方合同，任务下达具有比较大的随机性。一是评价性，就是在井位部署和开发方案决策之前，对地震资料开展必要的目标处理，评价前期处理解释成果的可靠性，这对降低勘探开发井位风险意义很大；二是针对性，希望针对前期已经开展的地震处理解释资料，针对目的层具体的地震地质特点和技术要求，开展提高分辨率、保真度和成像精度、解释精度的攻关性研究；三是创新性，在不同的阶段都会有一些新技术、新方法的不断进步，油公司希望这些新技术、新方法能够及时应用到井位部署和方案的论证之中；四是时效性，地震资料处理解释时效，是油公司井位部署和开发方案及钻井过程中的轨迹调整、压裂方案的确立与优化等，都需要地震目标处理具有较高的时效性。"好钢要用到刀刃上""新技术没有生产时效就没有应用价值"等说法，都是决策者对地震资料新技术及时应用到生产决策过程之中的希望和要求；五是规模性，长期以来，中国石油天然气股份有限公司组织开展地震技术攻关，在全国各油田都对物探技术发展起到了很好的示范作用，但油田的勘探领域、勘探区块、开发方案等需要每一块都能做到攻关项目的标准，实现规模化推广。面向迫切的生产需求，基于上述地震目标处理"五性"的特点，以松辽盆地北部深层地震目标处理为先行先试示范工程，搭建了"盆地级地震资料处理解释大数据平台"这种油公司地震资料高效目标处理新架构（图8-1-1），在深层勘探部署和井位调整过程中见到明显效果。

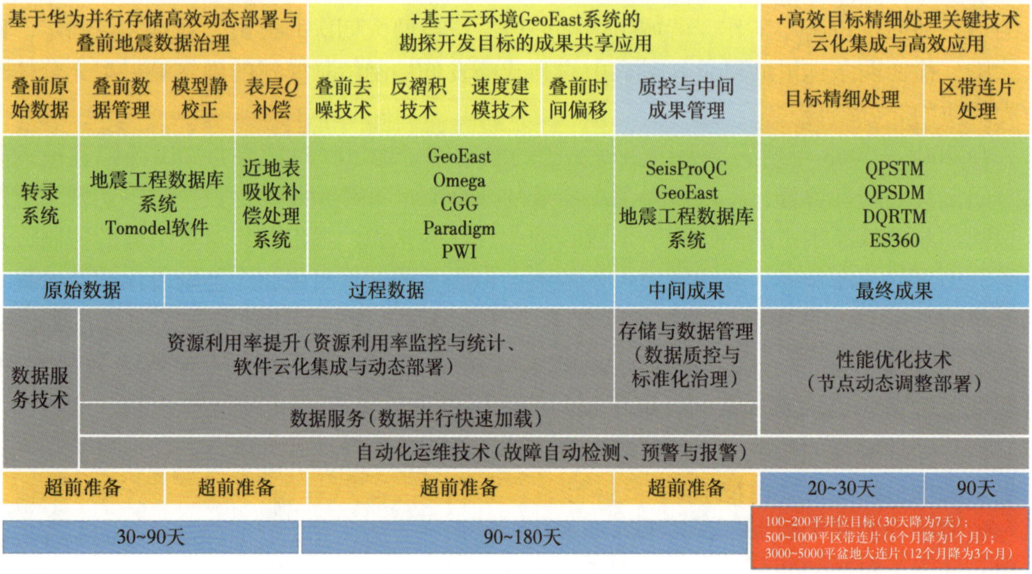

基于华为并行存储高效动态部署与叠前地震数据治理				+基于云环境GeoEast系统的勘探开发目标的成果共享应用				+高效目标精细处理关键技术云化集成与高效应用	
叠前原始数据	叠前数据管理	模型静校正	表层Q补偿	叠前去噪技术	反褶积技术	速度建模技术	叠前时间偏移	质控与中间成果管理	目标精细处理	区带连片处理
转录系统	地震工程数据库系统Tomodel软件		近地表吸收补偿处理系统	GeoEast Omega CGG Paradigm PWI				SeisProQC GeoEast 地震工程数据库系统	QPSTM QPSDM DQRTM ES360	
原始数据				过程数据				中间成果	最终成果	
数据服务技术	资源利用率提升（资源利用率监控与统计、软件云化集成与动态部署）							存储与数据管理（数据质控与标准化治理）	性能优化技术（节点动态调整部署）	
	数据服务（数据并行快速加载）									
	自动化运维技术（故障自动检测、预警与报警）									
超前准备	超前准备		超前准备				超前准备		20~30天	90天
30~90天				90~180天				100~200平井位目标（30天降为7天）；500~1000平区带连片（6个月降为1个月）；3000~5000平盆地大连片（12个月降为3个月）		

图8-1-1　基于华为云与GeoEast云协同盆地级地震处理大数据平台与迭代高效目标处理技术架构

主要的技术构成包括：一是以中国石油自主研发的GeoEast-iEco软件系统为主应用平台，建立盆地级叠前处理中间成果数据库，实现了松辽盆地北部经过严格质控的地震资料处理的中间成果（原始单炮提前加载解编、表层近地表模型及静校正专业化管理、去噪单炮、地表一致性补偿、表层Q补偿、CMP道集、CRP道集等）统一建立数据库；二是根据地震资料处理对计算带宽、存储带宽、计算能力需求大的特点，利用公司建立高性能云数据中心的机会，构建了由华为云中心和研究院云中心协同地震资料处理算力和存储能力的保障体系，其中龙存并行存储技术和商业软件跨节点动态部署云化集成等技术等大幅度改善了地震处理解释大数据平台的使用效率和资源利用率；三是组建了盆地数据库建设专业化团队及地震资料处理解释质量控制及存储标准；四是形成了深层地震资料深度域黏弹性偏移处理和五维地震解释等新技术高效应用的技术流程。基于这几方面的技术，构成了地震资料平台化处理的工作模式，在开展具体工区地震资料目标处理，就可以避免大量的、重复的常规处理工作量，而且便于把工作的重点聚焦到目标刻画上。如该技术在深层HT1井风险井井位部署中及时针对深层开展1300km²黏弹性介质叠前深度偏移处理，目的层地震分辨率提高20%~30%，火石岭组火山岩特征明显改进，更主要生产时效由原来6~8个月，缩短到1个月，及时为风险井井位决策提供了支撑。同样，在CT1井井位部署和钻井过程中及时应用针对基岩内幕的OVT域处理和五维裂缝解释技术，较好地指导了大斜度井井位轨迹的调整和优化，提高了气层的钻遇率。地震处理解释大数据平台技术体系的建立，实现了油公司地震资料目标处理解释工作"三个大幅度提升"，即处理时效性大幅度提升、新技术推广规模大幅度提升、井位或方案新技术应用覆盖率大幅度提升，该技术在松辽盆地中浅层致密油勘探中应用，将自主研发的黏弹性叠前时间偏移技术，在两年时间内处理地震资料10000km^2，基本实现了致密油井位和开发方案黏弹偏移技术全覆盖，有效地支撑了致密油的效益勘探。因此，基于盆地级地震处理解释大数据平台技术是油公司有效提高井位和开发方案钻探效果的关键技术。

四、多专业深度融合确保井位部署设计的高水平

多学科一体化是勘探部署研究的必要手段和基本工作模式。但是长期以来，在勘探部署、井位目标优选过程中，一直存在地震与地质、科研与生产、工程与地质结合不够紧密的问题。中国石油天然气股份有限公司重大专项，专门设置"松辽盆地北部深层天然气富集规律、勘探技术研究与规模增储"课题，实现了基础地质研究、区带综合评价与地球物理技术、压裂改造与测试技术研发与应用研究内容的一体化，并在组织上进一步推行了重大课题科研项目研究与勘探部署、井位论证的一体化，在多专业深度融合组织方面迈出了实质性一步。

中央古隆起基岩勘探成功是地质—地震—测井—工程一体化的经典案例。前面已经述及，松辽盆地北部中央古隆起风险井的部署和成功，是创新的基础地质研究突破前人认识局限的成功实践，同时，在后续的复杂基岩风化壳和内幕的评价勘探中，工程地质一体化的做法为深化中央古隆起地质认识和资源潜力的认识奠定了扎实的基础。一是通过针对基岩内幕地震目标处理技术攻关，采用各向异性逆时偏移技术等配套技术，使得地震老资料基岩内幕中"空白"反射"复杂化"，基岩风化壳沿T_5反射层（基岩顶面），可见两层不规则变化风化壳特征；同时，两组共轭交叉的基岩断裂特征明显清晰，这为准确把握风化壳分布、基岩裂缝型、缝洞型储层发育主控因素奠定了基础。二是借鉴火山岩"973"项目《火成岩风化壳储层形成机制理论》的研究成果，构建双风化壳内幕解释模式，进一步根据高精度合成地震记录和风化壳分类正演模拟，确立随T_5反射层变化的层状反射特征应该为正常的风化壳特征，而不是多次波和反褶积不合适导致的T_5相位的"尾巴"，在此基础上编制了风化壳厚度图。三是测井新技术储层结构的整体认识。基底地层属于浅变质二叠系，后期被三叠纪、侏罗纪乃至白垩纪岩浆侵入，岩心取样观察，基质孔隙度仅为1%~3%，裂缝普遍发育，但是在部分岩心上见到较大的溶洞和溶蚀孔，部分岩心见到构造角砾岩，储层良好。但与沉积岩不同的是复杂储层控制因素，气藏储集空间模型难以构建，通过对成像测井资料进行了孔隙连通性特殊处理，从单井剖面尺度认识了基岩风化壳复杂孔隙结构地质模型的空间分布。四是根据基岩风化壳储层特殊的复杂性，基岩的储层预测采用多种方法叠合的储层预测，紧密结合生产，有效指导了井位部署和钻井轨迹设

计与调整，效果比较突出的方法有保幅的地震成像数据体，较好地将物性最差的糜棱岩强变质带有效避开；基于匹配追踪小波变换的谱反演，通过阻抗差异有效区别了内部相对均匀的花岗岩和沉积岩；基于五维叠前处理方位各向异性特征的裂缝体预测和基于散射波成像微裂缝预测等技术，在不同的生产阶段见到了不同的效果，关键是与地质模型的紧密结合。五是及时且高效的井震结合的井位轨迹调整。这在CT1井大斜度井钻井过程中，为了确保钻头钻进裂缝密集带，及时在钻进过程中，应用五维裂缝体识别技术开展精细储层展布位置评价，确保储层钻遇率最大化；六是多种方法联合压裂方案设计。LS1HC井是在LP1井获得重要突破后，向北部花岗岩风化壳储层发育区甩开的一口水平井，完钻后获得较高的储层钻遇率，解释气层厚度1008m。实现最佳压裂效果，实现中央古隆起产能更大的突破，在时任主管勘探副总经理何文渊的指导下，在最短的时间内，开展了一个由负责井位部署的地质专业人员、测井评价专家、地震储层预测专家和压裂设计的工程技术专家联合的多学科项目组，及时开展钻后的储层预测效果评价、新一轮散射波成像裂缝体预测、复杂断缝体三维地质建模及定向压裂方向、分类的压裂规模等优化压裂设计方案，并由井位部署专家汇报压裂方案设计。通过与LP1井对比，预计该井产量可达到日产$(40\sim60)\times10^4m^3$。遗憾的是这口井后来由于工程事故，没有达到预期效果，但这种真正意义上的工程地质地球物理一体化压裂工程设计，给深层复杂油气藏勘探做出了示范。

沙河子组致密气勘探是从区带评价到目标刻画地震地质一体化实施的经典案例。2016年中国石油勘探年会上何海清副总经理指出"以地质资料精细处理解释为核心的地质研究、目标井位落实一体化技术将是未来的重要方向，这是勘探发展到一定阶段的客观要求"，首次明确阐述了以地震目标处理解释为核心的地质研究、目标井位落实一体化技术概念，这是对新阶段勘探部署研究的新要求，也是长期以来地震地质一体化研究工作思路的新视角。大庆油田在松辽盆地北部深层沙河子组致密气勘探中进行了应用示范。沙河子组是松辽盆地北部深层乃至中浅层天然气藏的主要烃源岩层，2012年，在安达西侧沙河子组扇三角洲平原亚相、地震反射特征相对空白、预测厚砂砾岩体位置部署SS9H井，完钻水平段1135m，综合解释差气层，分12段压裂，日产气$20.8\times10^4m^3$，首次在致密气源岩层提交$189\times10^8m^3$的天然气探明储量，而后，在徐家围子断陷东部、西部及南部次凹，均见到了良好含气显示和工业气流，展示出松辽盆地深层非常规致密气的重大勘探潜力，并具有"满凹含气"的特点，但作为深层断陷盆地，由于受到多期构造改造和火山作用及埋藏太深、储层条件不利等因素的影响，在后续勘探中出现多口失利井，致密气勘探如何实现规模效益突破，面临很多挑战。突破口在哪？有的专家强调地质研究精细沉积相研究、盆地原型分析、成藏机理研究工作，有的专家强调加强地震"甜点"识别技术攻关等。为此，利用中国石油天然气股份有限公司"十三五"科技专项实施的机会，按照勘探年会提出以地质资料精细处理解释为核心地震地质深度融合研究思路，首先，利用叠前时间偏移连片处理资料，开展了沙河子组三级层序的层序地层学研究，并与地震资料构造解释深度融合，提高层序地层学研究研究精度。二是实现了高精度构造解释与盆地原型恢复研究工作相结合，提高原型盆地认识的可信度。三是开展徐家围子断陷$4000km^2$面积四级层序井震结合沉积相的刻画，将纵向研究单元由"十二五"期间的$200\sim300m$，提高到 100~150m，重点区带达到 50~60m，深化断陷沉积空间展布规律的认识。四是开展系统源岩层成藏机制研究，揭示了致密气—页岩气有序成藏机理和控制地质"甜点"的主控因素，初步指出了致密气"甜点"富集规律；五是建立了深层超薄层 8~10m 超薄互层储层地震成像和储层预测技术，识别 230 个"甜点"体，划分 31 个"甜点"区，估算资源潜力 $4224×10^8m^3$。根据总含气量法估算运移游离型页岩气有利区资源量 $5085×10^8m^3$，重新评价松辽盆地北部深层致密气资源具有万亿立方米级规模。

第二节 松辽盆地北部深层勘探重点方向与勘探难点

松辽盆地深层天然气勘探进入 21 世纪以来，在火山岩气藏勘探中取得巨大的勘探成就，近十年的基础研究和勘探实践，使松辽盆地深层油气勘探进入了一个新的历史阶段。一是进入以徐家围子沙河子组致密气、页岩气为主体的深层非常规天然气勘探阶段；二是进入了以徐家围子两侧的古龙断陷、莺山断陷火山岩为主体系、常规非常规气协同发展大发展阶段；三是进入了以东部双城南登娄库组油藏发现为契机，继续拓展找深层油田阶段；四是基岩勘探大突破大发展的阶段，不论是基岩风化壳，还是侏罗系、三叠系、二叠系乃至石炭系；五是天然氢气、氦气及地热水、地热岩等都需要重新审视、重新认识，也都已经展示出较大的勘探潜力和重要的发展苗头；同时，对绿色、高效、高质量发展也提出了新要求，因此，在新的历史阶段，松辽盆地深层的勘探需要更加重视解放思想、更加重视地质创新、更加重视技术、更加重视经济效益。

一、徐家围子断陷多层系剩余天然气资源丰富，仍然是下一步规模增储的主战场

松辽盆地北部深层徐家围子断陷一直是松辽盆地北部深层天然气主要增储上产领域。根据四轮资源评价的认识，松辽盆地北部深层天然气潜在资源量为 $11000×10^8m^3$，$8000×10^8m^3$ 来自徐家围子断陷。近十年来，松辽盆地北部深层天然气勘探主要进展营城组火山岩规模储量提交、沙河子组致密气、基岩风化壳，乃至和火石岭组火山岩勘探的突破都来自徐家围子断陷。通过"十三五"期间的研究，徐家围子断陷致密气、页岩气潜在资源量接近 $1×10^{12}m^3$，这无疑展示出徐家围子断陷在未来相当长的时间里，仍是规模增储的主战场。

1. 营城组火山岩仍然具有天然气规模增储和效益建产的潜力

徐家围子断陷营城组火山岩，是松辽盆地深层天然气在火山岩领域取得突破并实现规模探明、效益建产的功勋层位。虽然已经经过 20 余年的集中勘探、精细勘探，仍然"惊喜不断"，在后续的精细开发中经常出现高产井。笔者通过对徐家围子断陷基本油气地质条件的研究与长期从事该领域精细勘探实践认为，徐家围子断陷规模较大，营城组下覆沙河子组烃源岩条件好，虽然已经提交天然气探明储量近 $3000×10^8m^3$，但是，主要都分布在较大的火山口或者近火山口，并且与构造密切相关的圈闭之中，大面积分布的溢流相储层及非构造型的火山岩体岩性圈闭，乃至非常规致密气并没有实现大的突破。因此，借鉴断

陷盆地"连续油气藏"有序成藏理论，在构造气藏发现之后的岩性油气藏勘探资源的拓展应该是必然的。在以下方面仍然具有十分有利的拓展空间和勘探的潜力。

1）精细研究的空间

徐家围子营城组火山岩分营城组一段和营城组三段两大期次，按照"相面控储"的原则，目前基本实现营城组一段、营城组三段三分的期次界面的地震解释，距离单期次火山岩岩体、岩相的解释还有很大的差距。"十三五"期间，在安达地区在营城组三段三个期次内部又开展了进一步的细分和岩体刻画，但是并没有在整个断陷推广。同时，限于地震资料分辨率和成像精度的限制，期次界面的追踪也还存在较大的细化空间。因此，如果参照安达火山岩气藏描述和深层火山岩天然气开发的精细研究程度，通过野外露头观察、长井段取心分析及测井评价，搞清喷发期次和火山岩岩相的配置关系，井震结合形成了以"源、期次、相"为核心的三级火山岩岩体识别技术，在勘探目标的类型上，由火山口、近火山口拓展到溢流相；从寻找全断陷火山岩期次界面，拓展到刻画火山岩岩体，体内再细分期次和岩相；从构造圈闭拓展到岩性圈闭，在徐家围子断陷范围内开展新一轮或者多轮迭代研究和精细勘探，徐家围子营城组火山岩必然实现规模增储、效益增储。

2）技术发展的空间

进一步在火山岩层段开展地震资料提高分辨率、保真度和成像精度、提高有效储层预测精度及流体识别等攻关，是徐家围子断陷下一步火山岩精细勘探的迫切需求，也是关键技术。2007—2008年期间开展的徐家围子地区三维地震勘探叠前时间偏移连片处理，不仅推动了深层天然气勘探快速发展，也为近十几年开展火山岩精细勘探奠定了基础。为了更好地适应徐家围子火山岩精细勘探、开发的要求，在"十三五"期间中国石油天然气股份公司重大专项的支持下，加大了地震勘探技术攻关，并提出"8993"的技术要求，即要求在3000~4000m深度范围内，识别8m砂砾岩储层、火山岩喷发期次实现9分，并识别9m火山岩岩体，构造图误差小于3‰。主要取得了如下进展：一是开展了深层地震资料高分辨率处理技术研发，自主研发了黏弹性声学介质叠前深度偏移处理技术，成像品质有了质的飞跃，老资料地震叠前深度域成像频宽由8~40Hz拓展至6~60Hz；二是在安达地区DS20井区开展了针对深层的"两宽一高"地震勘探试验，深层地震原始资料目的层段有效频宽较老资料又提高了20Hz，经过黏弹性叠前深度偏移处理后成像频宽可达到6~70Hz（部分达到80Hz）。这表明，通过"十三五"期间地震技术的进步，地震资料整体分能力较老资料提高30%以上。因此如果全面在徐家围子断陷推广黏弹性深度偏移，在重点区域开展"两宽一高"采集，深层火山岩识别能力具有30%的潜力。

此外，通过工程技术的进步和工程地质一体化、勘探开发一体化的组织，进一步实现徐家围子营城组火山岩效益增储、规模增储潜力一定是可能的。

2. 沙河子组致密气—页岩气满凹含气、资源丰富是规模增储的主要领域

沙河子组致密气通过"十三五"的科学研究与勘探实践，在认识上主要有四方面的进展：一是具有全层系"满凹含气""致密气—页岩气"有序成藏的特点，资源潜力可能达到接近$10000\times10^8m^3$；二是原生孔和成岩孔是主要的储集空间，辫状河—三角洲及扇三角洲前缘储层物性相对好，高精度的沉积相刻画和有效储层预测仍然是致密气高效勘探的保障；三是地层超压可能是致密气—页岩气"甜点"富集、规模增储区的重要指向；四是通过增产改造技术的技术攻关，大幅度提高单井产能是沙河子组致密气勘探实现效益增储的关键。但是，与营城组火山岩气藏勘探相比，虽然理论和技术研究均取得了长足的进步，但是在勘探上仍然没有实现规模效益增储。以下三方面的研究有待于进一步加强。

1）富集规律的认识有待深入

沙河子组属于比较典型断陷盆地沉积，国内渤海湾地区在断陷盆地油气勘探与成藏规律方面已经取得很大进展。徐家围子断陷沙河子组勘探实践中充分借鉴了国内断陷盆地勘探开发的成功经验，但是埋藏深、物性差、火山侵染、构造复杂等复杂地质条件，使得致密气、页岩气"甜点"控制因素与富集规律上还需要进一步深化。如沙河子组内部地层超压可能是致密气、页岩气富集重要特征，但是，超压区空间展布规律和预测问题还没有攻克。如储层物性、天然裂缝、可压性是致密气"甜点"的主要特征，但是储层物性、天然裂缝、可压性等关键"甜点"要素在空间变化规律和预测精度还满足不了生产需求。另外，上覆层营城组火山岩、登娄库组、下覆层火石岭组、基岩的天然气的分布状态与沙河子组致密气的富集存在什么相关性和互补性等，需要开展含油气系统整体评价等，因此，沙河子组致密气—页岩气富集规律的研究，仍然需要在新一轮高精度的叠前时间（深度）偏移连片处理解释基础上，进一步精细构造、精细断裂、精细火山、精细层序、精细沉积、精细储层、精细成藏、精细评价研究是搞清沙河子组致密气—页岩气富集规律和实现规模增储的必由之路。

2）"甜点"识别的精度有待提高

非常规油气勘探的重要的工作是"甜点"识别。"十三五"期间松辽盆地北部深层沙河子组致密气"甜点"预测取得了长足的进步，但是还不能满足该领域进一步战略突破和规模增储的要求，主要包括以下几个需要解决的难点：一是现有储层预测方法的分类评价问题，在徐家围子断陷内，根据不同的构造埋深、不同的沉积相带、不同的岩性组合，开展地震反射特征和岩石物理特征的分类研究，需要给出针对性更强、精度更高的岩性、岩相及储层预测结果；二是强化地质力学参数的井震联合的量化表征，这是实现工程地质一体化的关键，而其中最重要的是地震—地质—测井—工程一体化的三维地质建模，在此基础上开展整个断陷的全层系已钻井、已开发区块钻探效果、压裂效果的再评价、再认识；三是强化孔隙压力预测地震地质测井一体化攻关，力求在孔隙压力的维度、对断陷全层系富集段、富集层的尺度进行预测和评价；四是断陷级多尺度应力场演化规律研究，从区域构造应力场控制作用出发，充分利用三维地震数据体丰富的信息，分析断陷、断裂、构造变形与演化及其对储层和油气富集的控制作用，并探索对具体层位、具体部位、具体目标应力状态做出更准确判断方法。

3）单井产量需要大幅度提升

大幅度提高深层致密气的单井产量，是实现深层天然气效益勘探的关键，也是非常规油气勘探工作的"牛鼻子"工程。在上述地质研究工作取得较大进展的基础上，关键还需要压裂改造这"临门一脚"。目前，徐家围子致密气已经试气的产量来看，单井产量整体偏低，或者说多数井达不到效益勘探的要求，但是，安达 XS9H 井（日产气 $20×10^4m^3$）、

DS22H井（日产气 $13.8\times10^4m^3$）井的初产效果和试采效果看，也具有达到较高产量的可能。通过"十三五"期间压裂技术的攻关和现场试验，通过致密气藏物模试验、渗流特征、复杂裂缝扩展规律研究，确定致密气藏增产机理，形成以"最优改造体积"为主的致密气增产改造技术，并完善配套体积压裂技术，取得了较大的进展。主要表现在：一是通过以往已经压裂的深层探井净压力拟合与G函数特征分析，得出复杂缝网（非单一缝网）产量是单一缝网的2.8倍的结论，表明复杂缝网体积压裂是主要增产方向；二是通过开展系统的小岩样岩心及全直径岩心及野外露头岩样的室内物理模拟，进一步明确沙河子组致密气具有良好的脆性（>50），天然裂缝发育，当水平应力差为9MPa时，压裂后形成复杂裂缝；当水平应力差为12MPa时，压裂后形成单一裂缝；如果天然裂缝不发育，在不同水平地应力差、不同压裂液黏度、不同施工排量条件下，压裂后均形成单一裂缝，这表明致密气的天然裂缝和水平压力差是决定压裂效果的重要因素；三是依据致密气藏岩心孔渗测试，结合致密气藏渗流特点，建立致密气水力裂缝—天然裂缝—基质孔隙三重介质气水两相渗流数学模型，建立了不同物性储层，裂缝间距、簇间距、缝长、导流能力、改造体积图版，认为致密气储层以渗流速度、缝控改造体积为优化指标，进而结合压裂后产量与递减规律，明确了裂缝间距、改造体积是实现产量最大化的主要设计指标；四是根据物模研究结果及致密气储层地质特征，建立致密气体积压裂裂缝扩展流固耦合离散元模型和多簇压裂应力干扰—流量分配边界元模型，通过多因素数值模拟和界限划分，建立了致密气藏不同储层压裂工艺细分图版，形成了致密气藏体积压裂优选技术；五是开展深层气井长期关井后二次试气增产机理研究，统计发现致密气压后产量对储层物性的敏感性并不大，而与全烃最大值和地层压力系数更加呈明显正相关关系，为此选取在DS24井、DS32井、SS10井等5口井进行间歇试气试验，产能增加符合率100%，平均增产2.4倍。

研究"十三五"期间，共完成14口井（139段）致密气井压裂施工，相比"十二五"期间平均增产倍数提高12%，但是压裂后日产气量最高仅为 $12.5\times10^4m^3$（DSX23井），直井压裂后日产气量最高达到 $10.8\times10^4m^3$（XS6-308井），总体上，水平井提产效果不够明显，但致密气可压性、高产因素、压裂关键参数设计和工艺上取得多项规律性的认识，对工程"甜点"、地质"甜点"与产能的关系给出量化的描述。分析认为，没有实现产能大幅度改进的主要原因还是因为地质工程在确定井位和勘探部署上没有有机地结合；工程"甜点"要素形成地质条件没有搞清楚，导致目前的产能和预期效果的判断上缺乏有效的标定。通过以高精度地质模型为基础、以地质力学为核心的地质—地震—测井工程一体化研究和井位部署、钻井轨迹优化、压裂方案设计，有望实现沙河子组致密气—页岩气单井产量的大幅度提升和规模效益储量。

3. 火石岭组—基岩风化壳是徐家围子断陷重要的勘探层系

松辽盆地北部的基岩潜山已经在"十三五"期间取得重要的进展，不仅实现了工业突破，更重要的是通过成藏机制研究和勘探部署实践揭示基岩具有形成巨厚（300~500m）风化壳储层的成储机制，也具有新生古储的断陷期地层良好的烃源侧向供烃的良好成藏条件，同时也揭示出从徐家围子断陷期地层形成的烃类气沿风化壳或者断裂向中央古隆起侧向远距离运聚的良好输导体系等三大重要的有利成藏要素。因此，松辽盆地北部中央古隆起基岩风化壳潜山是徐家围子断陷重要的勘探领域。此外，根据"十三五"期间松辽盆地北部断陷地层沙河子组下覆地层火石岭组的盆地充填与分布规律研究发现，火石岭组的分布不严格受断陷的控制，LT1井位于中央古隆起的高部位，缺失断陷期沙河子组，但是却钻遇火石岭组火山岩；SK2井位于断陷期地层沙河子组沉积厚度最大的位置，然而在钻穿沙河子组（118Ma）后，直接钻遇三叠系（242Ma），未发现火石岭组（这与钻前预测差异很大）。同时，在原来断陷地层多条地震剖面上，火石岭组的地震反射特征也多与沙河子组反射特征有较大差异，并且表现出不受断陷伸展沉降控制的特点。根据KT2井的年代地层学研究成果，松辽盆地白垩纪与侏罗纪的分界年代为146Ma，但是通过对松辽盆地基底以上火石岭组测年发现，测年数据值域范围变化较大，74块样品中有49块测年分布范围从146—195Ma不等，表明目前盆地内部认为火石岭组具有明显的穿时现象，排除测年方法不同的影响，仍然有一些井、一些样品反映了侏罗系的存在。结合"十三五"期间中国石油天然气股份有限公司科技专项和SK2井地层研究成果，可以认为，松辽盆地北部深层白垩系火石岭组和侏罗系在242—118Ma之间124Ma内，属于裂陷前含煤火山岩与沉积岩互层岩性组合，并遭受了比较长时间的风化剥蚀的残留潜山，不仅具有与沙河子组烃源岩构成"新生古储"潜山油气藏的成藏条件，同时自身也具有一定煤系生烃的能力。

对于徐家围子断陷富气断陷而言，将基岩潜山与火石岭组（也包括侏罗系）潜山统一考虑，具有大幅增加勘探有利空间的可能。

4. 登娄库组—营城组四段仍然具有一定的规模增储空间

徐家围子地区深层的登娄库组和营城组四段，是比深层火山岩气藏更早取得天然气勘探工业突破的层系，但是，由于主要储层为致密砂岩、砂砾岩，主要气藏类型为构造气藏，分布比较局限，没有实现较大的规模增储。但随着徐家围子深层火山岩气藏、致密气勘探取得重大突破，不仅证明火山岩、致密气具有重大勘探前景，同时也证明徐家围子断陷具有优质的烃源岩条件。而登娄库组—营城组四段处于深层沙河子组生成的天然气沿断裂向上运聚的有利部位上，因此，重新认识登娄库组和营城组四段碎屑岩勘探潜力和成藏条件具有现实意义。"十三五"期间开展了两个方面的研究，一是登娄库组高分辨率层序地层学和沉积相研究，进而重新认识油气富集规律；二是营城组四段高精度地震砂砾岩沉积相刻画与有效储层预测技术攻关，重新认识该层系的资源潜力。两项生产性研究侧重点不同，但是研究思路比较接近，都充分应用近十年深层火山岩、致密气天然气藏勘探的"过路井"开展了大量的岩心观察和测井曲线层序、沉积、储层特征研究，井震结合实现了四级层序高频层序解释，首次实现了徐家围子地区覆盖面积超6000km^{2}的大比例尺沉积相制图；层序解释与构造解释相结合，首次实现了徐家围子地区四级层序10个界面的高精度构造成图；指出了徐家围子登娄库组天然气成藏规律，构建下生上储、自生自储两种成藏模式。烃源岩、断裂、区域盖层、沉积相带、构造五种成藏条件的有机配置控制了气藏的分布。有利沉积相带为扇三角洲前缘砂体、河道砂体和辫状河三角洲分流河道。在此基础上，划分了3类7个有利区，预测圈闭资源量600×10^{8}m^3，最有利勘探区带为泥地比大于60%、沟通烃源岩断裂的汪家屯地区、升平隆起带和徐西斜坡带区域。

二、古龙—林甸断陷仍然具有发现大气田的地质基础

古龙—林甸断陷，勘探面积达到 14682km²，先后部署 PS1 井、GS1 井、GL1 井、GS1 井、LS4 井等深探井，均见到了不同程度的显示或者低产气流，但未获得工业突破。到底如何认识松辽盆地北部深层这样两个重要的断陷的勘探潜力，在"十三五"期间开展了新一轮以地震资料连片处理解释为主要手段的油气地质条件再认识研究，取得一批重要的认识。2022 年，根据"十三五"新一轮地震地质一体化成藏条件研究，古龙断陷的营城组选择比较大的火山岩岩体，部署 GL2 井风险井，获得高压 CO_2 及烃类混合气藏，并且富含氦气，试气后获得无阻流量过百万立方米级的高产气流，实现深层天然气勘探新类型的重大突破。

古龙—林甸断陷，埋藏相对比较深，但勘探面积大，勘探程度低，并且多口井、多个层位见到良好的烃源岩；其中，GL2 井钻遇沙河子组暗色泥岩达到 357m，XiS1 井、LS4 井在登娄库组分别钻遇 506~542m 暗色泥岩，PS1 井登娄库组三段 3600~3900m 见到 300m 连续厚度的气测异常，试气获得微量气，GS1 井营城组 4350~4750m 连续气测异常全烃最大大于 1%，在 4176~4739m 试气获得 1455m³/d 烃类低产气流，已经证实古龙断陷为含气断陷。

主要取得三点创新认识，一是重新评价了古龙—林甸断陷的烃源岩条件。通过与徐家围子断陷对比，认为古龙—林甸断陷至少存在三套烃源岩，登娄库组以薄互层为主，泥地比 2.3%~45.3%，暗色泥岩厚度 50~200m，TOC 最大 6.1%，平均 0.55%，R_o 大于 1.0%；营城组局部发育暗色泥岩，泥地比 0%~52.5%，暗色泥岩一般为 20~150m，TOC 最大 5.3%，平均 0.78%，R_o 大于 1.4%；沙河子组局部发育厚层暗色泥岩，泥地比 2.2%~49.7%，暗色泥岩一般厚度 20~150m，TOC 最大 13.1%，平均 1.34%，R_o 大于 1.6%，沙河子组、营城组有机质丰度达到中等—好，类型以Ⅲ型为主，部分为Ⅱ型，处于高—过成熟阶段，生气条件有利。因此从仅有的主要分布与断陷周边的少量探井揭示，古龙地区深层的沙河子组、营城组，也包括登娄库组，都具有形成良好烃源岩的可能性。

二是重新开展了以地震资料连片处理（叠后）为基础的新一轮地震资料格架解释工作。古龙地区断陷期地层与徐家围子断陷相比整体埋藏比较深，先后开展过二维地震勘探资料连片解释、新一轮重磁勘探资料断陷结构重新认识，但是一直存在断陷地层营城组顶界 T_4、沙河子组顶界 T_{41} 及基底 T_5 解释深方案和浅方案的争议。这一轮三维地震勘探解释，比较准确地把握了营城组顶底面火山岩的特征（三维地震勘探比二维地震勘探效果好），对 T_{41} 的认识相对比较清楚，依次为标定也基本搞清楚了沙河子组顶面特征，沙河子组底面 T_{42} 虽然不很清楚，但是根据沙河子组断陷期沉积岩特征，也进行全区解释。因此本轮研究对古龙—林甸断陷营城组火山岩地层和沙河子组展布认识得到了很大的提升。

三是储层和油气藏的认识，通过三维地震开展比较系统的火山岩目标体的刻画，发现了一批火山岩圈闭，选择最大的火山岩岩体部署 GL2 井，获得了成功。并且取得两点重要的启示，一是古龙断陷营城组火山岩储层发育，具有形成优质火山岩储层条件；二是火山岩气藏地层压力高（压力系数达到 2.0），表明圈闭封闭性很好。但是，遗憾的是 GL2 井

获得的是高产的 CO_2，也说明，古龙断陷烃类气源岩的分布规律认识还存在较大的差距。另外，通过本轮研究，在林甸南部—古龙断陷北部的让胡路次凹和古龙断陷南部敖南次凹，发现较好的沙河子组致密气扇体目标，并且也提出致密气是古龙—林甸断陷重要的勘探领域的认识。但是，由于古龙断陷沙河子组埋藏相对较深，致密气的勘探价值一直没有钻探证实。

如何实现古龙—林甸断陷深层天然气勘探大突破，一直是大庆勘探人的梦想，经过"十三五"期间烃源岩评价和断陷结构的再认识，笔者仍然坚信古龙—林甸断陷是烃类气的重要勘探领域，主要"瓶颈"问题是当下应用的三维地震勘探资料是以中浅层为目的层的三维地震勘探采集的资料，不能很好地解决古龙断陷的断陷结构、烃源岩的分布及火山岩的准确刻画问题。同时，目前已经实施的深层钻井主要还是分布在断陷的边部位置。2022 年开始松辽盆地二维＋三维地震勘探联合的 22 条大剖面重新处理解释，对古龙—林甸地区的深层断陷期地层的规模及裂陷前期的三叠系、侏罗系分布都有一些新认识，古龙—林甸断陷的深层可能具有多层生烃、多层位成藏的特点，但是需要扎实的三维地震勘探资料来支撑。

三、以莺山、双城为代表的东部断陷群，具有形成一定规模油气田的构造背景

莺山—双城断陷仍然是规模增储的重要接替领域。莺山断陷先后有 YS2 井、YS4 井、YS6 井三口井，分别获得日产 $46094m^3$、$53684m^3$、$31573m^3$ 的工业气流，但限于储层条件，一直没有提交规模储量。莺山断陷现已有多口井获得工业突破，在中浅层也探明了三站气田、五站气田、涝州气田、太平庄气田，天然气源来自深层断陷期地层，莺山断陷的天然气烃源岩条件是不容置疑的。同时，在双城南次凹营城组四段发现优质的生油层，并发现深层双城南油田。因此，莺山—双城深层不仅具有形成天然气藏的成藏条件，也具有形成油藏的成藏条件。勘探上存在两个问题：一是莺山断陷如何实现战略展开和规模效益增储？二是如何找到下一个或者更多的与双城深层油藏类似的高丰度油藏？笔者通过对新一轮盆地大剖面的研究认为，莺山—双城地区断陷与徐家围子断陷和古龙断陷在断陷期、坳陷期具有类似的盆地充填、火山作用、沉积深埋与热演化规律，但到嫩江组沉积末期受太平洋向西俯冲的影响，松辽盆地东部，包括北安、绥化、莺山、双城地区，遭到大幅度挤压、逆冲、抬升、剥蚀，最大剥蚀厚度超过 2000m。换言之，与徐家围子断陷相比，莺山—双城地区避免了松辽盆地新生代近 60Ma 的古近—新近系的深埋，这也可能是导致双城营城组烃源岩处于良好生油窗口的主要构造背景。同时，大剖面的研究还揭示，在白垩纪嫩江组二段沉积之前，松辽盆地东边界范围与现在盆地范围要大，而且构造很平缓，青山口组一段与嫩江组一段处于湖相沉积环境，可以作为东部断陷区的区域盖层，东部地区区域盖层也比较好。嫩江组沉积末期的挤压逆冲环境，不仅形成了一系列大型构造圈闭，对深层油气藏也没有形成太大的破坏作用。因此整体上看，东部地区，尤其是莺山—双城地区具有形成一定规模的大型油气田的构造背景，但是，需要深层—浅层统一构造、地层、沉积系统基础地质研究，也需要深层—浅层统一、石油和天然气统一的全油气系统研究和评价。

四、松辽盆地古生代石炭系—二叠系，是松辽盆地北部最重要的潜在领域

石炭系—二叠系是松辽盆地北部的基底的主要组成部分，一直是勘探兼探目的层，口袋井已达196口，见油气显示25口。长期以来，对石炭系—二叠系的勘探潜力的评价一直存在较大的分歧，主要的瓶颈就是有学者认为二叠系经历来了区域变质作用，并经历多期构造运动及隆升剥蚀，已经不具有油气成藏的能力和勘探价值。"十三五"通过股份重大专项，大庆油田研究院黄清华团队、王辉团队与中国石油勘探开发研究院程宏岗团队合作，通过大量的野外地质调查、分析化验及地震、重磁资料重新解释，并实施了4口地质井。主要包括五方面的重要认识：一是地层大规模分布，以二叠系为主，普遍大于2000m。沉积环境为强还原环境，早期大石寨组浅海相（P_1）、中期哲斯组浅海相（P_2）、晚期林西组陆相湖盆（P_3）；二是岩性以沉积岩+火成岩为主，未发生区域变质；三是源岩为中等—好品质，Ⅱ型为主，具备规模生烃条件；四是储层中见多种储集空间类型，发生过多期油气聚集；五是初步确立双城、明水等三个远景区，资源量（1.25~2.35）×$10^{12}m^3$。尽管这轮研究并没有实现工业突破，但是，最重要的是找到了烃源岩，重新确立了松辽盆地北部二叠系的勘探价值。主要存在的问题是基底以下地震资料的品质比较差，不能准确地确定二叠系内部三个组（大石寨、林西）地层的分布，构造格局和沉积环境的认识也存在较大的差距。2023—2024年，大庆油田立项开展了盆地级大剖面重新处理解释，仍然没有很好地追踪石炭系—二叠系的分布。但是，从构造演化的角度可以初步认为松辽盆地北部的东部地区晚期构造抬升和青山口组、姚家组、嫩江组等区域盖层晚期抬升和逆冲挤压作用，更加支持在松辽东部地区石炭系—二叠系实现天然气战略突破的信心。

松辽盆地北部深层已经历40年的勘探历程，经过大庆几代勘探人的不懈努力，尤其是进入21世纪以来，在深层火山岩天然气勘探领域取得重大突破，也推动了中国火山岩领域油气勘探的进程。近十年来非常规油气勘探又取得重大的进展，深层断陷盆地的沙河子组为主致密气勘探中又相继取得重要的进展。与此同时，在久攻不破的中央古隆起也实现了战略突破。东部地区的双城断陷在登娄库组发现高丰度油田，古龙断陷营城组火山岩发现高压CO_2气藏，更有意义的是确立了石炭系—二叠系具有万亿立方米级资源潜力的勘探价值。这充分表明，松辽盆地北部深层勘探前景广阔、前途光明。松辽盆地北部深层油气勘探的实践也充分证明，锲而不舍的勘探精神、扎实的基础地质理论研究、科学的资源评价手段和突破性的勘探技术进步是实现深层天然气勘探不断取得突破的前提和保障。

面向未来，制约深层乃至深部油气勘探实现革命突破的关键仍然是松辽盆地深部的盆地形成与演化规律研究。在松辽盆地最新的22条地震大剖面解释过程中，笔者与吉林大学王璞珺教授仔细交流了SK2井最新研究成果，SK2井钻遇及发现了1000m厚的三叠系（242Ma），而与三叠系顶面直接接触的地层测年是沙河子组（118Ma），不发育火石岭组。因此可得出结论，一是松辽盆地断陷期起点是118Ma的沙河子组沉积开始，在盆地内部已发现的火石岭组充填不受断陷控制；二是松辽盆地三叠系与断陷期地层存在124Ma的沉积间断（夷平面），这段时间松辽盆地到底发生了什么，侏罗系到底存不存在？等基础

地质问题需要重新认识。结合"十三五"期间笔者与北京大学师永民教授合作得出的认识，松辽盆地南北多口井及地震剖面都证明火石岭组分布特征不受断陷控制，而且文献中也统计了70多口井的火石岭组测年资料，年代从120—190Ma，这与侏罗纪存在很大的交叉。因此可以推测，松辽盆地北部的侏罗系一定是存在的。通过SK2井、GL1井等深井的标定对比，提出如果将松辽盆地二叠系顶面作为盆地级的基底，基底以上的三叠系、侏罗系、火石岭组是中生代裂陷前一套火山岩、沉积建造的盆地，这不仅确定未来松辽盆地三叠系、侏罗系及白垩纪火石岭组是新的勘探层系的地位，同时也提出松辽盆地白垩纪断陷盆地的分布与演化规律需要重新认识。同时，在大剖面对比过程中也发现松辽盆地古龙—林甸、滨北目前的小断陷及东部莺山—双城断陷的油气地质特征和勘探潜力都需要深化认识。随着地质认识的不断深化、地震勘探和工程改造等工程技术的不断突破，松辽盆地北部深层油气勘探一定会不断取得新的辉煌。

参 考 文 献

曹花花，许文良，裴福萍，等 . 2012. 华北板块北缘东段二叠纪的构造属性：来自火山岩锆石 U-Pb 年代学与地球化学的制约 [J]. 岩石学报，28（9）：2733-2750.
曹嘉麟 . 2020. 长春—延吉缝合带的构造属性：中生代增生杂岩的制约 [D]. 长春：吉林大学 .
陈斌，赵国春，Simon W，等 . 2001. 内蒙古苏尼特左旗南两类花岗岩同位素年代学及其构造意义 [J]. 地质论评，4：361-367.
陈建平，赵长毅，何忠华 . 1997. 煤系有机质生烃潜力评价标准探讨 [J]. 石油勘探与开发，24（1）：1-5.
崔军平，任战利，史政，等 . 2013. 东北地区二叠纪沉积特征及原型盆地分析 [J]. 现代地质，27（2）：260-268.
丁林，周勇，张进江，等 . 2000. 藏北鱼鳞山新生代火山岩及风化壳复合堆积物的组成和时代 [J]. 科学通报，45（14）：1475-1481.
冯子辉，孙春林，刘伟，等 . 2005. 松辽盆地基底浅变质岩的有机地球化学特征 [J]. 地球化学，34（1）：73-78.
付广，陈昕，姜振学 . 1995. 烃浓度封闭及其在盖层封盖天然气中的重要作用 [J]. 大庆石油学院学报，19（2）：23-26.
付广，孟庆芬 . 2004. 徐家围子地区深层运移输导系统及对天然气成藏与分布的控制 [J]. 油气地质与采收率，11（2）：18-24.
付广，薛永超，付晓飞 . 2000. 油气运移抽导体系及其成藏的控制 [J]. 新疆石油地质，22（1）：24-26.
付广，付晓飞，孟庆芬 . 2003. 利用声波时差研究泥岩盖层毛细管封闭能力 [J]. 石油物探，42（2）：261-264.
付广，庞雄奇，姜振学 . 1996. 利用声波时差资料研究泥岩盖层封闭能力的方法 [J]. 石油地球物理勘探，31（4）：521-528.
付广，杨文敏，雷琳，等 . 2009. 盖层内断裂垂向封闭性定量评价新方法 [J]. 特种油气藏，16（4）：18-20.
葛荣峰，张庆龙，王良书，等 . 2010. 松辽盆地构造演化与中国东部构造体制转换 [J]. 地质论评，56（2）：180-195.
郭振华，王璞珺，印长海，等 . 2006. 松辽盆地北部火山岩岩相与测井相关系研究 [J]. 吉林大学学报（地球科学版），36（2）：207-214.
韩国卿，刘永江，温泉波，等 . 2009. 嫩江—八里罕断裂带岭下韧性剪切带变形特征 [J]. 吉林大学学报：地球科学版，39（3）：397-405.
和政军，刘淑文，任纪舜，等 . 1997. 内蒙古林西地区晚二叠世—早三叠世沉积演化及构造背景 [J]. 中国区域地质，16（4）：403-410.
黑龙江省地质矿产局 . 1993. 黑龙江省区域地质志 [M]. 北京：地质出版社 .
黑龙江省地质矿产局 . 1997. 黑龙江省岩石地层 [M]. 北京：中国地质大学出版社 .
黄第藩，熊传武，杨俊杰，等 . 1996. 鄂尔多斯盆地中部气田气源判识和天然气成因类型 [J]. 天然气工业，16（6）：1-5.
黄飞，辛茂安 . 1995. SY/T 5735—1995 陆相烃源岩地球化学评价方法 [S]. 中华人民共和国石油天然气行业标准 . 北京：石油工业出版社，1-19.
吉林油田石油地质志编写组，1993. 中国石油地质志·卷二（下册）[M]. 北京：石油工业出版社 .
焦贵浩，罗霞，印长海，等 . 2009. 松辽盆地深层天然气成藏条件与勘探方向 [J]. 天然气工业，29（9）：28-31.
李锦轶 . 1998. 中国东北及邻区若干地质构造问题的新认识 [J]. 地质论评，44（4）：339-347.

李晶, 王丽静, 贾卧. 2018. 松辽盆地北部中央古隆起带基岩风化壳储层特征及有利区预测 [A]// 2018 年全国天然气学术年会论文集 [C]. 134-141.

李景坤, 宋兰斌, 刘伟. 2007. 松辽盆地北部石炭—二叠系古镜质体反射率恢复 [J]. 大庆石油地质与开发, 26（3）: 32-34.

李景坤, 刘伟, 宋兰斌. 2006. 徐家围子断陷深层烃源岩生烃条件研究 [J]. 天然气工业, 26（6）: 22-24.

李世超, 王洪涛, 李刚, 等. 2020. 中亚造山带中段古亚洲洋北向平板俯冲过程: 来自埃达克岩的证据 [J]. 岩石学报, 36（8）: 2521-2536.

李双林, 欧阳自远. 1998. 兴蒙造山带及邻区的构造格局与构造演化 [J]. 海洋地质与第四纪地质, 18（3）: 45-54.

刘敦一, 简平, 张旗, 等. 2003. 内蒙古图林凯蛇绿岩中埃达克岩 SHRIMP 测年: 早古生代洋壳消减的证据 [J]. 地质学报, 3: 317-327.

刘立, 汪筱林. 1994. 当前沉积盆地研究的若干进展 [J]. 世界地质, 13（1）: 77-85.

刘维亮, 夏斌, 孙治雷, 等. 2011. 徐家围子断陷深层不整合结构及其与天然气运移的关系 [J]. 油气地质与采收率, 18（6）: 14-17+111-112.

刘文国, 吴元燕, 况军. 2001. 准噶尔盆地区域盖层排替压力研究 [J]. 江汉石油学院学报, 23（1）: 17-19.

刘永江, 冯志强, 蒋立伟, 等. 2019. 中国东北地区蛇绿岩 [J]. 岩石学报, 35（10）: 3017-3047.

刘永江, 张兴洲, 金巍, 等. 2010. 东北地区晚古生代区域构造演化 [J]. 中国地质, 37（4）: 943-951.

吕延防, 付广, 张发强, 等. 2000. 超压盖层封烃能力的定量研究 [J]. 沉积学报, 18（3）: 465-468.

庞雄奇, 李倩文, 陈践发, 等. 2014. 含油气盆地深部高过成熟烃源岩古 TOC 恢复方法及其应用 [J]. 古地理学报, 16（6）: 769-789.

裴福萍, 许文良, 杨德彬, 等. 2006. 松辽盆地基底变质岩中锆石 U-Pb 年代学及其地质意义 [J]. 科学通报, 51（24）: 2881-2887.

彭玉鲸, 齐成栋, 周晓东, 等. 2012. 吉黑复合造山带古亚洲洋向滨太平洋构造域转换: 时间标志与全球构造的联系 [J]. 地质与资源, 21（3）: 261-265.

邱家骧, 吴志勤, 杜向荣. 1989. 黑龙江省富钾火山岩带的板块构造环境及火山喷发特征 [J]. 地质论评, 35（3）: 211-220.

任延广, 朱德丰, 万传彪, 等. 2004. 松辽盆地北部深层地质特征与天然气勘探方向 [J]. 石油地质, （4）: 12-22.

任延广, 朱德丰, 万传彪, 等. 2004. 松辽盆地北部深层地质特征与天然气勘探方向 [J]. 中国石油勘探, 9（4）: 12-23.

任战利, 崔军平, 史政, 等. 2010. 中国东北地区晚古生代构造演化及后期改造 [J]. 石油与天然气地质, 31（6）: 734-742.

尚庆华. 2004. 北方造山带内蒙古中、东部地区二叠纪放射虫的发现及意义 [J]. 科学通报, 24: 2574-2579.

石玉若, 刘敦一, 张旗, 等. 2005. 内蒙古苏左旗白音宝力道 Adakite 质岩类成因探讨及其 SHRIMP 年代学研究 [J]. 岩石学报（1）: 145-152.

苏养正. 1996. 中国东北区二叠纪和早三叠世地层 [J]. 吉林地质, 15（3-4）: 55-65.

孙德有, 吴福元, 高山, 等. 2005. 吉林中部晚三叠世和早侏罗世两期铝质 A 型花岗岩的厘定及对吉黑东部构造格局的制约 [J]. 地学前缘, 12（2）: 263-275.

孙德有, 吴福元, 张艳斌, 等. 2004. 西拉木伦河—长春—延吉板块缝合带的最后闭合时间: 来自吉林大玉山花岗岩体的证据 [J]. 吉林大学学报: 地球科学版, 34（2）: 174-181.

孙革, 赵衍华, 李春田. 1983. 吉林双阳大酱缸晚三叠世植物 [J]. 古生物学报, 22（4）: 447-507.

孙立东, 陆加敏, 杨步增, 等. 2020. 松辽盆地北部中央古隆起带天然气成藏条件与勘探方向 [J]. 石油学报, 41 (10): 1163-1173.

孙立东, 孙国庆, 杨步增, 等. 2020. 松辽盆地北部中央古隆起带古潜山天然气成藏条件 [J]. 天然气工业, 40 (3): 23-28.

孙立东, 印长海, 刘超, 等. 2019. 松辽盆地营城组优质烃源岩地质特征及勘探意义 [J]. 石油学报, 40 (10): 1172-1179.

孙晓猛, 龙胜祥, 张梅生, 等. 2006. 佳木斯—伊通断裂带大型逆冲构造带的发现及形成时代 [J]. 石油与天然气地质, 27 (5): 637-643.

孙永红, 方伟, 李景坤, 等. 2014. Q/SY DQ2014-01 烃源岩评价方法 [S]. 中国石油天然气股份有限公司大庆油田有限责任公司企业标准. 黑龙江: 1-26.

孙跃武, 史骁, 李想, 等. 2018. 东北地区二叠纪植物群及其地质意义 [A]// 中国古生物学会第十二次全国会员代表大会暨第29届学术年会论文摘要集 [C]. 199-200.

孙跃武, 张淑芹, 李明松, 等. 2011. 华北板块东北缘石炭—二叠纪地层序列 [A]// 中国古生物学会第26届学术年会论文集 [C]: 109-110.

童英, 洪大卫, 王涛, 等. 2010. 中蒙边境中段花岗岩时空分布特征及构造和找矿意义 [J]. 地球学报, 31 (3): 395-412.

王成文, 金巍, 张兴洲, 等. 2008. 东北及邻区晚古生代大地构造属性新认识 [J]. 地层学杂志, 32 (2): 119-136.

王芳, 陈福坤, 侯振辉, 等. 2009. 华北陆块北缘崇礼—赤城地区晚古生代花岗岩类的锆石年龄和Sr-Nd-Hf同位素组成 [J]. 岩石学报, 25 (11): 3057-3074.

王惠, 王玉净, 陈志勇, 等. 2005. 内蒙古巴彦敖包二叠纪放射虫化石的发现 [J]. 地层学杂志, 4: 368-371.

王璞珺, 郑常青, 舒萍, 等. 2007. 松辽盆地深层火山岩岩性分类方案 [J]. 大庆石油地质与开发, 26 (4): 17-22.

王雪, 董忠良, 刘婷, 等. 2016. 徐家围子断陷沙河子组烃源岩分类资源潜力评价 [A]// 第四届非常规油气地质评价学术研讨会 [C]. 中国地质学会、中国石油学会.

王玉净, 樊志勇. 1997. 内蒙古西拉木伦河北部蛇绿岩带中二叠纪放射虫的发现及其地质意义 [J]. 古生物学报, 36 (1): 58-69.

王玉普. 2008. 新时期大庆油田勘探工程的哲学思考 [J]. 中国工程学, (3): 21-24, 92.

武殿英. 1989. 吉林伊通新生代玄武岩的岩浆起源 [J]. 岩石学报, 5 (2): 65-75.

夏林圻. 1990. 论五大连池火山岩浆演化 [J]. 岩石学报, 6 (2): 13-30.

向钰鈇, 屈伟伟, 杨争光, 等. 2022. 松辽盆地中央古隆起带南部酸性侵入岩储层特征与主控因素 [J]. 世界地质, 41 (1): 162-172.

谢鸣谦. 2000. 拼贴板块构造及其驱动机理——中国东北及其邻区的大地构造演化 [M]. 北京: 科学出版社.

辛玉莲, 任军丽, 彭玉鲸, 等. 2011. 中国东北兴蒙—吉黑造山带造山作用结束的标志-来自晚三叠世磨拉石（大地构造相）的证据 [J]. 地质与资源, 20 (6): 413-419.

徐浩, 解启来, 王嗣敏, 等. 2017. 内蒙古东部中上二叠统烃源岩地化特征与生烃潜力评价 [J]. 大庆石油地质与开发, 36 (1): 35-42.

杨宝俊, 刘财, 刘万崧, 等. 2006. 中国东北地区岩石圈结构的地震学特征与对矿产资源的动力控制作用 [J]. 中国地质, 33 (4): 866-873.

杨宝俊, 穆石敏, 金旭, 等. 1996. 中国满洲里—绥芬河地学断面地球物理综合研究 [J]. 地球物理学报, 39 (6): 772-782.

杨宝俊, 唐建人, 李勤学, 等. 2003. 松辽盆地隆起区地壳反射结构与"断开"莫霍界面 [J]. 中国科学（D

辑), 33 (2): 170-176.

杨东光. 2017. 珲春南部中生代侵入岩的时代、成因及构造背景 [D]. 长春：吉林大学.

翟大兴, 张永生, 田树刚, 等. 2015. 内蒙古林西地区上二叠统沉积环境与演变 [J]. 古地理学报, 17 (3): 359-370.

张超. 2014. 华北板块东段延边地区中生代构造演化 [D]. 长春：吉林大学.

张帆, 冀晓珊, 吴玉明, 等. 2022. 松辽盆地北部深层天然气多层位成藏要素耦合度研究与有利区带预测 [J]. 世界地质, 41 (4): 815-825.

张帆, 冉清昌, 吴玉明, 等. 2019. 松辽盆地北部中央古隆起带天然气地球化学特征及成藏条件 [J]. 天然气地球科学, 30 (1): 1-7.

张立斌. 2019. 松辽盆地白垩纪大陆科学钻探松科 2 井火山—沉积地层埋藏史研究 [D]. 长春：吉林大学.

张梅生, 彭向东, 孙晓猛. 1998. 中国东北区古生代构造古地理格局 [J]. 辽宁地质, (2): 91-96.

张兴洲, 乔德武, 迟效国, 等. 2011. 东北地区晚古生代构造演化及其石油地质意义 [J]. 地质通报, 30 (2-3): 205-213.

张兴洲, 周建波, 迟效国, 等. 2008. 东北地区晚古生代构造—沉积特征与油气资源 [J]. 吉林大学学报, 38 (5): 719-725.

张贻侠, 孙云生, 张兴洲, 等. 1999. 中国满洲里—绥芬河地学断面 [M]. 北京：地质出版社.

周建波, 韩杰, Simon W, 等. 2009. 吉林—黑龙江高压变质带的初步厘定：证据和意义 [J]. 岩石学报, 29 (2): 386-398.

《中国地层典》编委会. 2000. 中国地层典—二叠系 [M]. 北京：地质出版社.

Abrajevitch A, Zyabrev S, Didenko A N, et al. 2012. Palaeomagnetism of the West Sakhalin Basin: Evidence for northward displacement during the Cretaceous [J]. Geophysical Journal International, 190 (3): 1439-1454.

Bazhenov M L, Alexyutin M, Bondarenko G E, et al. 1999. Mesozoic paleomagnetism of the Taigonos Peninsula, the Sea of Okhotsk: Implications to kinematics of continental and oceanic plates [J]. Earth and Planetary Science Letters, 73 (1): 113-127.

Cogné J P, Kravchinsky V A, Halim N, et al. 2005. Late Jurassic-Early Cretaceous closure of the Mongol-Okhotsk Ocean dem-onstrated by new Mesozoic palaeomagnetic results from the Trans-Ba? Kal area (SESiberia) [J]. Geophysical Journal International, 163 (2): 813-832.

Guan Q B, Liu Z H, Liu Y J, et al. 2022. A tectonic transition from closure of the Paleo-Asian Ocean to subduction of the Paleo-Pacific Plate: Insights from early Mesozoic igneous rocks in eastern Jilin Province, NE China [J]. Gondwana Research, 102: 332-353.

Gutscher M A, Maury R. 2000. Can slab melting be caused by flat subduction? [J]. Geology, 28 (6): 535-538.

Halim N, Krarvchinsky V, Gilder S, et al. 1998. A palaeomagnetic study from the Mongol-Okhotsk region: Rotated Early Cretaceous volcanics and remagnetized Mesozoic sediments [J]. Earth and Planetary Science Letters, 159 (3): 133-145.

Han Jie, Zhou Jianbo, Wang Bin, et al. 2015. The final collision of the CAOB: Constraint from the zircon U-Pb dating of the Linxi Formation, Inner Mongolia [J]. Geoscience Frontiers, 6 (2): 211-225.

Hou Hesheng, Wang Chengshan, Zhang Jiaodong, et al. 2018. D eep continental scientific drilling engineering in Songliao Basin: Resource discovery and progress in earth science research [J]. Geology in China, 45 (4): 641-657 (in Chinese with English abstract).

Hou Qijun, Feng Zhiqiang, Feng Zihui. 2009. Continental petroleum geology in Songliao Basi [M]. Bei Jing: Petroleum Industry Press, 70.

Huang Lei, Tong Hengmao, Yang Donghui, et al. A new model for the formation and evolution of middle-shallow faults in the Daqing placanticline, Songliao basin[J]. Acta Geologica Sinica, 2019, 93（3）：597-605.

Jia D C, Hu R Z, Yan L, et al. 2004. Collision belt between the Khanka block and the North China block in the Yanbian Region, Northeast China[J]. Journal of Asian Earth Sciences, 23（2）：211-219.

Jian P, Liu D Y, Kroner A, et al. 2008. Time scale of an early to mid-Paleozoic orogenic cycle of the long-lived Central Asian Orogenic Belt, Inner Mongolia of China: implications for continental growth[J]. Lithos, 101（3-4）：233-259.

Karsakov L P, Zhao C J. 2001. Tectonic Map of the Central Asia-Pacific Belts Junction Area[M]. Khabarovsk: Yu. A. Kosygin Institute of Tectonics and Ggeophisics, Far Eastern Branch, Russian Academy of Science.

Kemkin I V. 2008. Structure of terranes in a Jurassic accretionary prism in the Sikhote-Alin-Amur area: Implications for the Jurassic geodynamic history of the Asian eastern margin[J]. Russian Geology and Geophysics, 49（10）：759-770.

Lin W, Chen Y, Faure M, et al. 2003. Tectonic implications of new Late Cretaceous paleomagnetic constraints from Eastern Liaoning Peninsula, NE china[J]. Journal of Geophysical Research-Solid Earth, 108（B6）：1-17.

Liu H B, Wang P J, Gao Y F, et al. 2021. New data from ICDP borehole SK2 and its constraint on the begining of the Lower Cretaceous Shahezi Formation in the Songliao Basin, NE China[J]. Science Bulletion 66（5）：411-413.

Liu J F, Li J Y, Chi X G, et al. 2012. Petrogenesis of middle Triassic post-collisional granite from Jiefangyingzi area, southeast Inner Mongolia: Constraint on the Triassic tectonic evolution of the north margin of the Sino-Korean paleoplate[J]. Journal of Asian Earth Sciences, 60：147-159.

Liu J F, Li J Y, Chi X G, et al. 2013. A late-Carboniferous to early early-Permian subduction-accretion complex in Daqing pasture, southeastern Inner Mongolia: Evidence of northward subduction beneath the Siberian paleoplate southern margin[J]. Lithos, 177：285-296.

Liu Y J, Li W M, Feng Z Q, et al. 2017. A review of the Paleozoic tectonics in the eastern part of Central Asian Orogenic Belt[J]. Gondwana Research, 43：123-148.

Liu Y J, Li W M, Ma Y F, et al. 2021. An orocline in the eastern Central Asian Orogenic Belt[J]. Earth-Science Reviews, 221：1-33.

Liu Y J, Feng Z Q, Jiang L W, et al. 2019. Ophiolite in the eastern Central Asian Orogenic Belt, NE China[J]. Acta Petrologica Sinica, 35（10）：3017-3047.

Ma X, Chen B, Chen J F. 2013. Zircon SHRIMP U-Pb age, geochemical, Sr-Nd isotopic, and insitu Hf isotopic data of the Late Carboniferous-Early Permian plutons in the northern margin of the North China Craton[J]. Science China Earth Sciences, 56（1）：126-144.

Maruyama S, Seno T. 1996. Orogeny and relative plate motions: example of the Japanese Islands[J]. Tectonophysics, 127：305-329.

Maruyama S. 1997. Pacific-type orogeny revisited: Miyashiro-type orogeny proposed[J]. The Island Arc, 6, 91-120.

Miao L C, Liu D Y, Zhang F Q, et al. 2007. Zircon Shrimp U-Pb ages of the "Xinghuadukou Group" in Hanjiayuanzi and Xinlin areas and the "Zhalantun Group" in Inner Mongolia, Da Hinggan Mountains[J]. Chinese Science Bulletin, 52（8）：1112-1124.

Passey Q R, Creaney S, Kulla J B, et al. 1990. Practical model for organic richness from porosity and resistivity logs [J]. AAPG Bulletin, 74 (12), 1777-1794.

Pei F P, Zhang Y, Wang Z W, et al. 2016. Early–Middle Paleozoic subduction–collision history of the southeastern Central Asian Orogenic Belt: Evidence from igneous and metasedimentary rocks of central Jilin Province, NE China[J]. Lithos, 261 (1): 164-180.

Pepper A S, Corvi P J. 1995. Simple kinetic models of petroleum formation. Part III: Modelling an open system [J]. Marine and Petroleum Geology, 12 (4): 417-452.

Scotese C R. Paleomap PaleoAtlas for GPlates and the PaleoData Plotter Program, Paleomap Project [R]. 2016. http://www.earthbyte.org/paleomap paleoatlas-for-gplates/.

Shi Y R, Liu D Y, Miao L C, et al. 2010. Devonian A–type granitic magmatism on the northern margin of the North China Craton: SHRIMP U–Pb zircon dating and Hf–isotopes of the Hongshan granite at Chifeng, Inner Mongolia, China[J]. Gondwana Research, 17 (4), 632-641.

Soloviev A, Garver J I, Ledneva G. 2006. Cretaceous accretionary complex related to Okhotsk-Chukotka Subduction, Omgon Range, Western Kamchatka, Russian Far East[J]. Journal of Asia Earth Sciences, 27 (4): 437-453.

Song Ying. 2010. The Post-rift Tectonic Inversion of Songliao Basin, NE China and Its Dynamic Background[D]. Wuhan: A Dissertation Submitted to China University of Geosciences for the Doctor Degree of Philosophy.

Sun Deyou, Wu Fuyuan, Gao Shan, et al. 2005. Confirmation of two episodes of A–type granite emplacement during Late Triassic and Early Jurassic in the central Jilin Province, and their constraints on the structural pattern of Eastern Jilin–Heilongjiang Area, China. Earth Science Frontiers, 12 (2): 263-275.

Sun Deyou, Wu Fuyuan, Zhang Yanbin, et al. 2004. closing time of the west Lamulun River –Changchun –Yanji plate suture zone Evidence from the Day ushan granitic pluton, Jilin Province[J]. Journal of Jilin University (Earth Science Edition), 34 (2): 174-181.

Uyeda S. 1983. Comparative subductology[J]. Episodes, 2: 19-24.

Wang C W, Sun Y W, Li N, et al. 2009. Tectonic implications of Late Paleozoic stratigraphic distribution in Northeast China and adjacent region[J]. Science in China Series D: Earth Sciences, 52 (5): 619-626.

Wang Dandan, Li Shizhen, Zhou Xingui, et al. 2016. Shrimp U–Pb Dating of Detrital Zircon from the Upper Permian Linxi Formation in Eastern Inner Mongolia, and Its Geological Significance. Geological Review, 62 (4): 1021-1040.

Wang F, Xu W L, Xing K C, et al. 2019. Final Closure of the Paleo–Asian Ocean and Onset of Subduction of Paleo–Pacific Ocean: Constraints From Early Mesozoic Magmatism in Central Southern Jilin Province, NE China[J]. Journal of Geophysical Research: Solid Earth, 124 (3): 2601-2622.

Wang P J, Chen S M. 2015. Cretaceous volcanic reservoirs and their exploration in the Songliao Basin, northeast China[J]. AAPG Bulletin, 99 (3): 499-523.

Wang P J, Xie X A, Mattern F, et al. 2007. The Cretaceous Songliao Basin: Volcanogenic succession, sedimentary sequence and tectonic evolution, NE China[J]. Acta Geologica Sinica, 81 (6): 801-811.

Wang Y N, Xu W L, Wang F, et al. 2018. New insights on the early Mesozoic evolution of multiple tectonic regimes in the northeastern North China Craton from the detrital zircon provenance of sedimentary strata[J]. Solid Earth, 9 (6): 1375-1397.

Wang Yujing, Fan Zhiyong. 1997. Discovery of Permian Radiolarians in Ophiolite Belt on Northern Side of Xarmoron River, Neimonggol and its Geological Significance[J]. Acta Palaeontologica Sinica, 36 (1): 58-69.

Wang Xi, Ren YunSheng, Zhang Yang et al. 2021. Sedimentary response to the non-synchronous closure of Paleo-Asian Ocean: evidence from U-Pb ages and Hf isotopic compositions of detrital zircons from the Linxi Formation, NE China[J]. International Geology Review, 63（2）: 144-160.

Wilde S A. 2015. Final amalgamation of the Central Asian Orogenic Belt in NE China: Paleo-Asian Ocean closure versus Paleo-Pacific plate subduction-A review of the evidence[J]. Tectonophysics, 662: 345–362.

Wu F Y, Sun D Y, Jahn B M, et al. 2004. A Jurassic garnet-bearing granitic pluton from NE China showing tetrad REE patterns[J]. Journal ofAsian Earth Sciences, 2004, 23: 731-744.

Wu F Y, Sun D Y, Li H M, et al. 2001. The nature of basement beneath the Songliao Basin in NE China: Geochemical and isotopic constraints[J]. Physics and Chemistry of the Earth, Part A: Solid Earth and Geodesy. 26（9-10）: 793-803.

Wu F Y, Yang J H, Lo C H, et al. 2007. The Heilongjiang Group: A Jurassic accretionary complex in the Jiamusi Massif at the western Pacific margin of northeastern China[J]. Island Arc, 16（1）: 156-172.

Xiao W J, Santosh M. 2014. The western Central Asian Orogenic Belt: a window to accretionary orogenesis and continental grouth[J]. Gondwana Research, 25（4）: 1421-1444.

Xie Kairui. 2016. Petrogenesis of early Late Jurassic rhyolite from Zhirui Basin in Southern Great Xing'an Range: Constraints from chronology and geochemistry[D]. Nanchang: Dissertation for master's degree of East China University of technology.

Yin Y K, Gao Y F, Wang P J, et al. 2019. Discovery of Triassic volcanic-sedimentary strata in the basement of Songliao Basin[J]. Science Bulletin, 64（10）: 644-646.

Zhang D H, Huang B C, Zhao J, et al. 2018. Permian paleogeography of the Eastern CAOB: Paleomagnetic constraints from volcanic rocks in Central Eastern Inner Mongolia, NE China[J]. Journal of Geophysical Research: Solid Earth, 123（4）: 2559–2582.

Zhang Fengqi. 2007. Early Cretaceous Volcanic Event in the Northern Songliao Basin and its Geodynamics [D]. Hangzhou: A Dissertation submitted to Zhejiang University For the Academic Degree of Doctor of Science.

Zhang S H, Zhao Y, Kröner A, et al. 2009a. Early Permian plutons from the northern North China Block: constraints on continental arc evolation and convergent margin magmatism related to the central Asian Drogenic Belf [J]. International Journal of Earth Science. 98（6）: 1441-1467.

Zhang S H, Zhao Y, Liu X C, et al. 2009b. Late Paleozoic to Early Mesozoic mafic-ultramafic complexes from the northern North China Block: constraints on the composition and evolution of the lithospheric mantle[J]. Lithos, 110（1-4）: 229–246.

Zhang X H, Zhang H F, Jiang N, et al. 2010. Early Devonian alkaline intrusive complex from the northern North China craton: a petrological monitor of post-collisional tectonics[J]. Journal of the Geological Society, 167（4）: 717–730.

Zhang Y B, Wu Fuyuan, Wilde S A, et al. 2004. Zircon U-Pb ages and tectonic implications of 'Early Paleozoic' granitoids at Yanbian, Jilin Province, northeast China[J]. Island Arc, 13（4）: 484-505.

Zhao G C, Wang Y J, Huang B C, et al. 2018. Geological reconstructions of the East Asian blocks: From the breakap of Rodinis to the assembly to pangea[J]. Earth-Science Reviens, 186（1）: 262-286.

Zhou J B, Wilde S A, Zhao G C, et al. 2018. Nature and assembly of microcontinental blocks within the Paleo-Asian Ocean [J]. Earth-Science Reviews, 186, 76-93.

Zhou J B, Wilde S A, Zhao G C, et al. 2010. New shrimp U-Pb Zircon ages from the Heilongjiang high-pressure belt: Constraints on the Mesozoic evolution of NE China[J]. American Journal of Science, 310: 1024-1053.